国家重点研发计划项目（2018YFC1507200）
国家自然科学基金（91937301、41675057、41175045、40875023） 联合资助
“气象灾害预报预警与评估”省部共建协同创新中心建设项目

Dynamic Meteorology of the Tibetan Plateau

青藏高原动力气象学

（第四版）

李国平　著

内容简介

本书简明、系统地总结了青藏高原动力气象学(大气动力学、天气动力学以及与动力学有关的大气热力学)研究的基本问题以及国内外学者对于这些问题的最新研究成果,着重介绍青藏高原大气动力学尤其是高原及邻近地区暴雨动力学、高原动力作用、高原热力作用研究的方法及进展。全书共分十章,内容包括高原大气动力学基础、高原气候与气候变化、高原天气系统、高原动力作用、高原热力作用、高原大气适应理论、高原大气波动理论、高原上的类热带气旋低涡、高原大气低频振荡、高原大气科学研究回顾与展望等。

本书可作为大气科学学科博士、硕士研究生课程的教科书或大学高年级学生专业选修课的参考书,也可供气象、地理、生态、环境、水文、海洋或其他相关专业、行业的科研、教学和业务人员参考。

图书在版编目(CIP)数据

青藏高原动力气象学 / 李国平著. -- 4版. -- 北京:
气象出版社, 2022.11
ISBN 978-7-5029-7797-9

Ⅰ. ①青… Ⅱ. ①李… Ⅲ. ①青藏高原－理论气象学
Ⅳ. ①P43

中国版本图书馆CIP数据核字(2022)第161163号

青藏高原动力气象学(第四版)

QINGZANG GAOYUAN DONGLI QIXIANGXUE(DISIBAN)

李国平 著

出版发行:气象出版社

地　　址:北京市海淀区中关村南大街46号　　**邮政编码**:100081

电　　话:010-68407112(总编室)　010-68408042(发行部)

网　　址:http://www.qxcbs.com　　**E-mail**:qxcbs@cma.gov.cn

责任编辑:杨泽彬　　**终　　审**:吴晓鹏

责任校对:张硕杰　　**责任技编**:赵相宁

封面设计:地大彩印设计中心

印　　刷:三河市君旺印务有限公司

开　　本:720 mm×960 mm　1/16　　**印　　张**:25.5

字　　数:510千字

版　　次:2022年11月第4版　　**印　　次**:2022年11月第1次印刷

定　　价:99.00元

序

青藏高原占我国陆地面积的1/4，平均海拔在4000 m以上，是全球海拔最高、地形最为复杂的高原，号称地球“世界屋脊”“地球第三极”和“亚洲水塔”。作为地球上一块隆起的高地，青藏高原地表面位于大气对流层中部，它以感热、潜热和辐射加热的形式成为一个高耸入对流层中部大气的热源，对全球大气运动有着重要的影响。因此，高原下边界的物理性质，如近地层大气层结稳定度、地面植被、高原积雪以及土壤温度、湿度的变化都直接影响着高原地-气系统间的热量和水汽交换，从而对亚洲气候和季风的变化与异常起着十分重要的作用；并且，高原作为一个对流层中部大气的动力和热力扰动源，对东亚季内大气环流的变化、中国长江流域的梅雨(Meiyu)、日本列岛的“Baiu”(梅雨)和朝鲜半岛的“Changma”(梅雨)的异常也有重要作用。因此，青藏高原地-气系统物理过程对全球气候、东亚大气环流以及我国灾害性气候和天气的发生都有重大影响。

早在20世纪50年代，我国老一辈气象学家就开始对青藏高原的动力和热力作用进行研究，对青藏高原气象学的提出做出了卓越贡献。1979年开展了第一次青藏高原气象科学实验(QXPMEX)；随后，在1994—2000年又开展了第二次青藏高原大气科学试验(TIPEX)；近年来正在进行第三次青藏高原大气科学试验(TIPEX Ⅲ)以及多次国际合作的高原观测试验，积累了丰富的高原实测资料。在此基础上，我国气象工作者从多方面对高原天气气候问题进行了全面而系统的研究，揭示出高原地区许多重要的大气动力和热力过程。国家科技部实施的多个气象类《国家重点基础研究发展规划》(973计划)中，也把青藏高原对我国天气、气候灾害发生的动力、热力作用以及对亚洲季风年际异常的影响作为研究重点之一，并取得了一系列新的研究成果和进展。

本书是成都信息工程大学学者李国平教授在参加多项青藏高原大气科学试验、国家973计划项目和国家自然科学基金项目相关研究的基础上，简明而系统地总结了他和有关学者多年来对青藏高原大气的动力和热力过程的研究成果，特别是较详细地回顾了青藏高原大气动力学、天气动力学的研究进展；并且，书中还综述和总结了国内外学者关于青藏高原天气和气候变化问题的最新研究成果。由于目前国内外对青藏高原气象学的研究很需要一本能较系统地论述青藏高原大气动力学问题的书，因此，本书的出版将有助于对青藏高原天气气候变化机理研究的深入。相信这本书的出版对于从事青藏高原科学试验、理论研究以及业务实践的科技工作者都会有一定帮助。

黄荣辉*

* 黄荣辉：中国科学院院士

前　　言

青藏高原是世界上海拔最高、地形最复杂、中纬度或北半球面积最大的高原。作为平均海拔在4000 m以上、伸展至对流层大气中部的高大地形，人们称其为“世界屋脊”，许多地理学家、气象学家和探险家也把它与南极、北极相提并论，称其为地球的“第三极”。青藏高原还是除南极和北极以外冰雪储量最大的地区，是黄河、长江、澜沧江、怒江、雅鲁藏布江、恒河、印度河、阿姆河、锡尔河、塔里木河、伊犁河、黑河、疏勒河等十多条亚洲重要河流的发源地，因此又被称为“亚洲水塔”。从地图上看，青藏高原像一只矫健的鸵鸟雄踞中国的西南边陲。帕米尔高原是“头”，昆仑山、阿尔金山、祁连山是“背”，喜马拉雅山是“胸脯”，横断山是“腿”，展现出迈开脚步、向前奔跑的雄姿。具体而言，青藏高原是指位于副热带、中国西南部面积约为260万 km^2 的高海拔地区，具体包括中国的6省(区)：西藏自治区和青海省全部，新疆北部、云南省西北部的迪庆藏族自治州(青藏高原东南缘)、四川省西部(川西高原、青藏高原东坡)和甘肃省西南缘(青藏高原东北角)。尽管不同学科、不同学者对青藏高原的水平范围尚无统一界定，但气象研究中多取为一个矩形网络区域：25°—40°N，73°—105°E。尽管亚欧大陆上除青藏高原(含帕米尔高原)之外，还有诸如伊朗高原、德干高原、云贵高原、黄土高原、蒙古高原、盖马高原等众多高原，但本书中所简称的高原均默认为青藏高原。需要注意的是，西藏高原、青藏高原、第三极是三个范围不同的地理学概念：西藏高原指的是平均海拔超过4500 m，最高海拔为8848.86 m(2020年12月8日由中国与尼泊尔共同宣布的基于全球高程基准的珠穆朗玛峰峰顶雪面海拔的最新高程)，主要在西藏自治区境内，是“世界屋脊”的主体；青藏高原平均海拔超过4000 m，面积约260万 km^2，是地球上独有的寒旱高极；而所谓的第三极平均海拔3000多米，面积500多万平方千米，是地球上数一数二的大高原。

青藏高原的隆升对于我国西北内陆干旱化的形成和发展有重要的影响；青藏高原与亚洲季风气候的关系也很密切。夏季，高原就像一个抬高到大气层的火炉，使得高原上的空气受热上升，同时拉动印度洋的暖湿气流前来补充，由此带来充沛的季风降雨，冬季的情形正好相反；青藏高原的地-气物理过程对全球气候与东亚大气环流以及我国极端天气、气候具有关键性的重大影响。1979年5—8月，我国进行了有史以来规模最大的一次大气科学试验，即第一次青藏高原气象科学实验(QX-PMEX)，获得了丰富的实测资料。在此基础上我国气象工作者对有关高原气象问题进行了大量研究，取得了一系列成果，使人们对高原地区一些重要的大气过程有了系统性的认识。例如，地面辐射平衡和热量平衡的时空分布、高原的加热作用、高原对行星尺度环流季节变化的作用、高原上夏季天气系统的发生发展及结构等，并开展了高原对大气影响的流体力学模型和数值模拟等工作。20 世纪 80 年代中期以来，随着气候变化受到人们日益关注以及全球气候变化研究的兴起，青藏高原对于全球气候和我国区域性气候变化的影响再次成为当代大气科学甚至地球科学研究领域的一个热点问题。1994—2000 年，我国开展了第二次青藏高原大气科学试验(TIPEX)，其中 1998 年 5—8 月为加强观测期(IOP)。在此次试验的前后，根据中国国家科委(现为科技部)和日本科技厅签订的中日亚洲季风合作研究计划，在西藏 4 个站点(1997 年 7 月后增至 6 个)进行了持续长达七年的高原地面热量平衡和水分平衡的首次自动观测试验(1993 年 7 月—1999 年 3 月)，其在 1998 年 5—8 月的观测也加入成为 TIPEX 的组成部分。随后还有中国科技部和日本文部省批准实施的中日青藏高原陆面过程合作试验(GAME/Tibet，1999—2009)，全球协调加强观测计划之亚澳季风青藏高原试验(CAMP/Tibet)，中国-挪威珠峰气象科考，以及中日气象灾害合作项目(JICA，2005—2009)等国际合作研究项目。除了上述几次较大规模的综合性高原大气试验之外，我国在 20 世纪 80 年代初期独自进行、80 年代中期与美国、90 年代与挪威、韩国、德国等国的科学家在青藏高原不同区域进行了多次地面热源观测、大气边界层物理过程的合作观测和研究。因此 20 世纪 90 年代以后，气象科技工作者开始获得时段更长、间隔更短、要素更多、观测手段更先进的、前所未有的高原观测资料，为进一步揭开青藏高原大气的神秘面纱创造了弥足珍贵的条件。近年来在公益性行业(气象)科研专项、国家重点研发计划重点专项、国家自然科学基金重大计划和科技部国家重点研发计划的支持下，正在开展第三次青藏高原大气科学试验(TIPEX Ⅲ)、青藏高原地-气耦合过程及其全球气候效应以及第二次青藏高原综合考察等科学研究，气象工作者已利用或正在利用这些资料，在诸如高原地-气物理过程的研究以及对下游天气气候、亚洲季风、气候变化(包括 ENSO)的影响以及高原中尺度气象学等多个方面进行更为广泛、深入的研究，并已取得了一批有价值的新发现、新成果。例如，观测和理论的综合研究发现，高原上生成的中尺度对流系统(MCSs)及其有组织的发展、东移并与高原天气系统(如高原低涡、西南低涡、高原切变线)的耦合，对高原下游暴雨洪水有显著加强作用。因此，深入研究高原大气科学试验获取的丰富而宝贵的资料以及进一步加密高原气象立体观测站网，从而深化人们对青藏高原影响的科学认识，仍是我国大气科学界在 21 世纪重点开展的工作之一。

最新研究表明，青藏高原是大气对流活动和灾害性天气系统的多发区，长江流域暴雨过程中尺度对流云团(MCC)、中尺度对流系统的源地，是对流层中部大气的一个动力、热力扰动源和水汽扰动源，是中国长江流域及东亚地区季风水汽输送的

"转运站",是中低纬季风能量与水分循环的"活跃区",是大气波动、低频振荡(次季节振荡)的活跃区和重要源地之一,高原夏季存在臭氧低值中心。青藏高原的陆面过程和云降水过程,对高原下游的天气和气候有重要影响,也是理解亚洲季风系统和北半球大气环流变化的关键。青藏高原春季感热异常信号可以通过非绝热加热-局地环流正反馈机制维持到夏季并影响东亚夏季风和我国东部的天气、气候异常。

由于我国在青藏高原气象研究领域具有得天独厚的地理优势和雄厚的科研力量,在国际大气科学界占有该研究领域的优势地位,具有重要的学术影响,因而有不少青藏高原气象专著、研究文集或教科书面世。从 20 世纪 60 年代初杨鉴初、陶诗言、叶笃正等先生著的《西藏高原气象学》,到 70 年代末叶笃正、高由禧先生等著的《青藏高原气象学》。但由于当时观测资料和研究方法、技术手段所限,这些著作主要论述的是青藏高原的气象要素、天气现象、天气系统、气候变化及高原的影响,对青藏高原大气的动力学问题涉及的还不多。时隔 20 年后,随着青藏高原大气观测和研究的日益深入,国内对青藏高原大气动力学问题的研究也随之增多,但目前对青藏高原大气动力学研究的成果及进展尚缺乏系统性总结,至今仍无这方面的学术专著问世。有鉴于此,作者萌发了编写一本重点论述青藏高原大气动力学相关问题书籍的想法,在本校段廷扬、万军、麦庆民、卢敬华等教授的热情鼓励下,作者冒才疏学浅之惟,以诚惶诚恐的心情坚持写就此书。本书第一版的顺利出版也得益于本校杨家仕教授以及李燕凌副研究员的大力支持。特别是中国科学院大气物理研究所研究员黄荣辉院士欣然为本书作序,作者在此表示衷心感谢。本书第一版、第二版出版后,得到了学界的广泛关注和广大读者的热情肯定。本书第二版的修订要特别感谢我的两位当时在读研究生刘晓冉和黄楚惠的大力协助。此外,还要感谢气象出版社李太宇编辑对本书第一版、第二版顺利出版所给予的支持。本书第二版的出版距今已有 14 年,印书早已售罄,不少读者热心关注何时出版第三版,同时在教学、科研中也时常感到原书中尚有很多不足,加之近年来高原气象学的研究获多个国家大项目资助、吸引了大量新生研究力量加入并取得了不少新进展,著者带领的课题组也先后在多个国家自然科学基金、国家重点基础研究发展计划(973 计划)、科技部公益性行业(气象)科研专项经费项目、国家重点研发计划重点专项项目的支持下,持续不断地开拓高原大气科学领域的研究,因此十分有必要对本书第二版进行修订、扩展。本书第三版的内容相较于第二版有较大更新,对约 70% 的章节进行了架构调整、内容扩充,全书字数也由第二版的 25 万字增加到 51 万字。全书的结构更为合理,论述更加全面,内容也更能反映该研究领域最新进展。非常感谢我的博士、硕士研究生刘晓冉、张鹏飞、黄楚惠、刘红武、陈功、宋雯雯、陶丽、邓佳、赵福虎、张虹、周强、何钰、卢会国、倪成诚、蒋璐君、胡祖恒、母灵、董元昌、范瑜越、岳俊、邱静雅、孙婕、叶瑶、张恬月、王沛东、王凌云、张博、刘云丰、李山山、韦晶晶、罗雄、刘自牧、陈佳、杜梅、罗潇、顾小祥等诸位近十多年围绕青藏高原气象问题及其对下游天气、气候影响所开展的持续性研究对本书第三版修订所做的重要贡献，同时感谢气象出版社杨泽彬编辑的鼓励与付出。本书作为成都信息工程大学大气科学学科研究生选修课“青藏高原气象学进展”的教材，15 年的授课体会与教学对本书的修订和完善也大有裨益。此外，也要感谢我夫人王静的理解、支持以及对本书素材整理给予的协助。

本书向读者介绍了青藏高原大气动力学以及与动力学相关的大气热力学研究的基本问题以及国内外学者对于这些问题的最新研究成果，内容以大气动力学研究的方法及进展为主，其中也包括作者近 40 年来参加有关高原大气试验和相关项目课题的研究成果，以及在成都信息工程大学讲授本科生课程“大气流体力学”“动力气象学”“天气诊断分析”“热带天气学”“大气科学综合应用”“大气科学科研讲座”以及研究生课程“高等大气动力学”“青藏高原气象学进展”“大气科学前沿讲座”时收获的一些教学相长、教学与科研互促的感悟。希望本书能抛砖引玉，对从事高原大气试验和理论研究及业务实践的科技工作者有所帮助，同时作者也衷心希望有更多、更好的高原大气动力学、天气学、中尺度气象学、气候与气候变化方面的著作问世，进一步推动青藏高原气象学的整体发展。由于作者水平有限，书中缺点、错误在所难免，诚望读者批评指正。

成都信息工程大学二级教授　李国平

2001 年深秋初作于蓉城

2006 年初冬修订于蓉城

2020 年初春再修于三亚

目　　录

CONTENTS

第1章　青藏高原大气动力学基础

在这一章里，我们将用较大篇幅讨论用动力学方法研究青藏高原大气所涉及的一些基本问题，这些问题构成了用动力学观点和方法研究青藏高原大气运动的理论基础。首先是诸如坐标系和方程组的选取、方程组的简化、动力学下边界条件的处理等；然后介绍一些国内外比较新的、可用于高原大气研究的诊断方法和动力学分析方法；最后，简单评述一下与动力学研究密切相关的数值模拟、试验方法在青藏高原地区应用的基本情况、主要的结果以及面临的挑战。

关键词：垂直坐标，位涡，湿位涡，Q 矢量，螺旋度，对流指数，不稳定，动能分解，能量级串，涡度收支，水汽收支，抽吸效应，波作用量，波活动通量，波能频散，大圆理论，非线性波动分析，复杂地形，模型实验，模拟试验

1.1　坐标系和基本方程组

1.1.1　局地直角坐标系

对于中低纬度、水平尺度不超过地球半径的大气运动，可采用局地直角坐标系（也称 z 坐标系）来研究。这种坐标系中大气方程组和边界条件的数学形式比较适中，不受特别的气象条件限制，但方程组显含大气密度 ρ 且该量又不能直接测量，必须对其进行一定的假设。如果大气运动是中小尺度强对流天气系统，此时经常采用的静力平衡近似不再成立，则宜用 z 坐标系。该坐标系中大气方程组的一般形式为

$$\begin{cases} \dfrac{\mathrm{d}u}{\mathrm{d}t} - fv = -\dfrac{1}{\rho}\dfrac{\partial p}{\partial x} + F_x \\ \dfrac{\mathrm{d}v}{\mathrm{d}t} + fu = -\dfrac{1}{\rho}\dfrac{\partial p}{\partial y} + F_y \\ \dfrac{\mathrm{d}w}{\mathrm{d}t} = -\dfrac{1}{\rho}\dfrac{\partial p}{\partial z} - g + F_z \\ \dfrac{\mathrm{d}\rho}{\mathrm{d}t} + \rho\left(\dfrac{\partial u}{\partial x} + \dfrac{\partial v}{\partial y} + \dfrac{\partial w}{\partial z}\right) = 0 \\ c_p\dfrac{\mathrm{d}T}{\mathrm{d}t} - \dfrac{1}{\rho}\dfrac{\mathrm{d}p}{\mathrm{d}t} = Q^* \end{cases} \tag{1.1}$$

其中

$$\frac{\mathrm{d}}{\mathrm{d}t}=\frac{\partial}{\partial t}+u\frac{\partial}{\partial x}+v\frac{\partial}{\partial y}+w\frac{\partial}{\partial z} \tag{1.2}$$

Q^* 是单位质量空气的非绝热加热率，其余为气象常用符号。

对于均质不可压、静力平衡并具有自由表面的大气运动，可采用 z 坐标系的一种简化形式——浅水方程组（在数值模式中又称正压原始方程组）

$$\begin{cases}\dfrac{\partial u}{\partial t}+u\dfrac{\partial u}{\partial x}+v\dfrac{\partial u}{\partial y}-fv=-g\dfrac{\partial h}{\partial x}\\ \dfrac{\partial v}{\partial t}+u\dfrac{\partial v}{\partial x}+v\dfrac{\partial v}{\partial y}+fu=-g\dfrac{\partial h}{\partial y}\\ \dfrac{\partial h}{\partial t}+\dfrac{\partial(hu)}{\partial x}+\dfrac{\partial(hv)}{\partial y}=0\end{cases} \tag{1.3}$$

式中 h 是大气厚度。

对于浅薄（层）大气运动，可对运动方程组采用热力学简化，这种简化称为 Boussinesq 近似，相应的方程组称为 Boussinesq 方程组，其无摩擦、非绝热形式为

$$\begin{cases}\dfrac{\mathrm{d}u}{\mathrm{d}t}-fv=-\dfrac{1}{\bar{\rho}}\dfrac{\partial p'}{\partial x}\\ \dfrac{\mathrm{d}v}{\mathrm{d}t}+fu=-\dfrac{1}{\bar{\rho}}\dfrac{\partial p'}{\partial y}\\ \dfrac{\mathrm{d}w}{\mathrm{d}t}=-\dfrac{1}{\bar{\rho}}\dfrac{\partial p'}{\partial z}-\dfrac{\rho'}{\bar{\rho}}g\\ \dfrac{\partial u}{\partial x}+\dfrac{\partial v}{\partial y}+\dfrac{\partial w}{\partial z}=0\\ \dfrac{\mathrm{d}\theta'}{\mathrm{d}t}+w\dfrac{\mathrm{d}\bar{\theta}}{\mathrm{d}z}=0\\ \rho'=-\bar{\rho}\dfrac{\theta'}{\bar{\theta}}\end{cases} \tag{1.4}$$

以上方程组已线性化，式中各速度分量（虽然没有扰动量标志“′”）应理解为扰动速度。连续方程(1.4)第 4 式为不可压缩形式，对深厚（层）运动若考虑密度层结，则连续方程应采用

$$\frac{\mathrm{d}\rho'}{\mathrm{d}t}-\frac{N^2}{g}\bar{\rho}w=0 \tag{1.5}$$

1.1.2 气压坐标系

在大气满足静力平衡的条件下，可采用以气压为垂直坐标的所谓气压坐标系（也称 p 坐标系或等压面坐标系）。该坐标系适于等压面分析的需要，可直接利用等压面上的观测资料；方程组不显含密度（其影响隐含在等压面位势变化中），从而减少了一个因变量；连续方程形式简单；已滤除了垂直声波。但上述优点是以复杂的下边界条件为代价换取的，即 p 坐标系不能严格给出下边界条件，很难考虑地形的影响。忽略摩擦作用的 p 坐标系方程组为

$$\begin{cases}\dfrac{\mathrm{d}u}{\mathrm{d}t}-fv=-\dfrac{\partial\varphi}{\partial x}+F_x\\ \dfrac{\mathrm{d}v}{\mathrm{d}t}+fu=-\dfrac{\partial\varphi}{\partial y}+F_y\\ \dfrac{\partial\varphi}{\partial p}=-\alpha=-\dfrac{RT}{p}\\ \dfrac{\partial u}{\partial x}+\dfrac{\partial v}{\partial y}+\dfrac{\partial\omega}{\partial p}=0\\ \dfrac{\partial T}{\partial t}+u\dfrac{\partial T}{\partial x}+v\dfrac{\partial T}{\partial y}-S_p\omega=\dfrac{Q^*}{c_p}\end{cases} \tag{1.6}$$

其中

$$\frac{\mathrm{d}}{\mathrm{d}t}=\frac{\partial}{\partial t}+u\frac{\partial}{\partial x}+v\frac{\partial}{\partial y}+\omega\frac{\partial}{\partial p} \tag{1.7}$$

式中

$$S_p=-T\frac{\partial\ln\theta}{\partial p}=\frac{RT}{pg}(\gamma_d-\gamma) \tag{1.8}$$

称为静力稳定度参数，它与其他形式的稳定度参数 σ_s、c_α^2 和 N^2 等的关系为

$$\sigma_s=\frac{R}{p}S_p=-\frac{1}{\rho}\frac{\partial\ln\theta}{\partial p}=\frac{c_\alpha^2}{p^2}=\frac{R^2T}{gp^2}(\gamma_d-\gamma) \tag{1.9}$$

$$c_\alpha^2=\frac{R^2T}{g}(\gamma_d-\gamma)=\frac{R^2T^2}{g^2}N^2 \tag{1.10}$$

$$N^2=g\frac{\partial\ln\theta}{\partial z}=\frac{g}{T}(\gamma_d-\gamma) \tag{1.11}$$

如果垂直坐标取为气压与地面气压之比，即 $\sigma=p/p_s$，则称为 σ 坐标系，可看作是 p 坐标系的变形。虽然此坐标系的边界条件非常简单，下边界处 $\sigma=1$，上边界处 $\sigma=0$，似乎适用于研究复杂地形问题，但由于其问题本身的复杂性转移至方程组，所以在进行动力学研究时很少采用这种坐标系，而多用于数值模式。

1.1.3 对数压力坐标系

为综合 z 坐标系和 p 坐标系的优点，可设计一种称为对数压力坐标系的坐标系，其垂直坐标取为

$$z^{*}=-H\ln\frac{p}{p_{0}} \tag{1.12}$$

式中：p_0 为标准参考气压，一般取作 1000 hPa。H 为均质大气高度，其中 $H=RT_0/g$，T_0 是全球大气平均温度。在 $T=T_0$ 的等温大气中，$z^{*}=z$；在非等温大气中，$z^{*}\approx z$。在对数压力坐标系中，除密度不直接在运动方程和连续方程出现外，静力稳定度参数在对流层随高度几乎不变。在这种坐标系中，大气运动的原始方程组为

$$\begin{cases}\dfrac{\mathrm{d}u}{\mathrm{d}t}-fv=-\dfrac{\partial\varphi}{\partial x}+F_{x}\\[2mm] \dfrac{\mathrm{d}v}{\mathrm{d}t}+fu=-\dfrac{\partial\varphi}{\partial y}+F_{y}\\[2mm] \dfrac{\partial\phi}{\partial z^{*}}=\dfrac{RT}{H}\\[2mm] \dfrac{\partial u}{\partial x}+\dfrac{\partial v}{\partial y}+\dfrac{\partial w^{*}}{\partial z^{*}}-\dfrac{w^{*}}{H}=0\\[2mm] \dfrac{\partial T}{\partial t}+u\dfrac{\partial T}{\partial x}+v\dfrac{\partial T}{\partial y}+w^{*}\Gamma=\dfrac{Q^{*}}{c_{p}}\end{cases} \tag{1.13}$$

其中

$$\frac{\mathrm{d}}{\mathrm{d}t}=\frac{\partial}{\partial t}+u\frac{\partial}{\partial x}+v\frac{\partial}{\partial y}+w^{*}\frac{\partial}{\partial z^{*}} \tag{1.14}$$

式中

$$\Gamma=\frac{T}{\theta}\frac{\partial\theta}{\partial z^{*}}=\frac{\partial T}{\partial z^{*}}+\frac{RT}{c_{p}H} \tag{1.15}$$

是静力稳定度参数，在对流层可近似为常数，这正是对数压力坐标系的优点之一，因此该坐标系适用于研究与层结稳定度密切相关的问题。

1.1.4 柱坐标系

对于水平剖面为圆形的天气系统（如低涡、台风、龙卷等），可当作轴对称

$\left(\frac{\partial}{\partial\theta}=0\right)$情形来处理。水平坐标宜用柱坐标，因此圆柱-气压坐标系的无摩擦大气的动力方程组为

$$\begin{cases}\frac{\mathrm{d}v_r}{\mathrm{d}t}-\frac{v_\theta^2}{r}-fv_\theta=-\frac{\partial\phi}{\partial r}\\ \frac{\mathrm{d}v_\theta}{\mathrm{d}t}+\frac{v_\theta v_r}{r}+fv_r=0\\ \frac{\partial\phi}{\partial p}=-\frac{RT}{p}\\ \frac{1}{r}\frac{\partial(rv_r)}{\partial r}+\frac{\partial\omega}{\partial p}=0\\ \frac{\mathrm{d}\ln\theta}{\mathrm{d}t}=\frac{Q^*}{c_pT}\end{cases}\tag{1.16}$$

式中：v_r 为径向速度，v_θ 为切向速度，个别微商为

$$\frac{\mathrm{d}}{\mathrm{d}t}=\frac{\partial}{\partial t}+v_r\frac{\partial}{\partial r}+\omega\frac{\partial}{\partial p}\tag{1.17}$$

1.1.5　球坐标系

对于规模很大（水平尺度超过地球半径）的大气运动，必须考虑地球曲率对大气运动的影响，则须采用球坐标系，相应的方程组为

$$\begin{cases}\frac{\mathrm{d}u}{\mathrm{d}t}-\frac{uv\tan\varphi}{r}+\frac{uw}{r}=-\frac{1}{\rho}\frac{\partial p}{r\cos\varphi\partial r}+fv-\tilde{f}w+F_\lambda\\ \frac{\mathrm{d}v}{\mathrm{d}t}+\frac{u^2\tan\varphi}{r}+\frac{vw}{r}=-\frac{1}{\rho}\frac{\partial p}{r\partial\varphi}-fu+F_\varphi\\ \frac{\mathrm{d}w}{\mathrm{d}t}-\frac{u^2+v^2}{r}=-\frac{1}{\rho}\frac{\partial p}{\partial r}-g+\tilde{f}u+F_r\\ \frac{\mathrm{d}\rho}{\mathrm{d}t}+\rho\left[\frac{1}{r\cos\varphi}\frac{\partial u}{\partial\lambda}+\frac{1}{r\cos\varphi}\frac{\partial(v\cos\varphi)}{\partial\varphi}+\frac{\partial(wr^2)}{r^2\partial r}\right]=0\\ c_p\frac{\mathrm{d}T}{\mathrm{d}t}-\frac{1}{\rho}\frac{\mathrm{d}p}{\mathrm{d}t}=Q^*\end{cases}\tag{1.18}$$

其中

$$\frac{\mathrm{d}}{\mathrm{d}t}=\frac{\partial}{\partial t}+u\frac{\partial}{r\cos\varphi\partial\lambda}+v\frac{\partial}{r\partial\varphi}+w\frac{\partial}{\partial r}\tag{1.19}$$

1.2 尺度分析和方程组简化

大气运动的尺度不同，其基本特征就不一样，因此描写不同尺度运动的方程组也应不同。对大气运动可根据尺度(规模)进行分析，寻求控制大气运动各种因子的特征尺度之间的关系，分析运动的基本性质，并给出相应的简化方程组的做法称为尺度分析法。依据水平尺度可以较方便地对大气运动进行分类(表1.1)。

表1.1 大气运动尺度及分类

水平尺度(km)

10000　　2000　　200　　20　　1

行星尺度		天气尺度 (大尺度)	中间尺度 (次天气尺度， α中尺度)	中尺度 (β、γ中尺度)	小尺度	微尺度
中纬度	超长波 副热带反气旋	长波 温带气旋 温带反气旋	锋面 高原低涡 西南低涡 热带气旋类低涡(TCLV)	飑线 背风波 低空急流 雷暴 晴空湍流(CAT)	积雨云 龙卷	尘卷 热旋风 边界层涡动
低纬度	热带辐合带 东风波	云团 热带气旋(TC)	热带气旋类低涡(TCLV)	积云对流群	积云对流单体	边界层涡动

100　　10　　5　　1　　0.1

时间尺度(h)

1.2.1 z 坐标系大气运动的简化方程组

z 坐标系中，大尺度运动的一级简化方程组，也称为非平衡方程组为

$$
\begin{cases}
\dfrac{\partial u}{\partial t}+u\dfrac{\partial u}{\partial x}+v\dfrac{\partial u}{\partial y}=-\dfrac{1}{\rho}\dfrac{\partial p}{\partial x}+fv \\
\dfrac{\partial v}{\partial t}+u\dfrac{\partial v}{\partial x}+v\dfrac{\partial v}{\partial y}=-\dfrac{1}{\rho}\dfrac{\partial p}{\partial y}-fu \\
\dfrac{\partial p}{\partial z}=-\rho g \\
\rho\left(\dfrac{\partial u}{\partial x}+\dfrac{\partial v}{\partial y}\right)+\dfrac{\partial \rho w}{\partial z}=0 \\
\dfrac{\partial T}{\partial t}+u\dfrac{\partial T}{\partial x}+v\dfrac{\partial T}{\partial y}+(\gamma_d-\gamma)w=0
\end{cases}
\tag{1.20}
$$

1.2.2　p 坐标系大气运动的简化方程组

p（又称等压面或气压）坐标系中，忽略摩擦的大气运动方程组为

$$\begin{cases} \dfrac{\partial u}{\partial t}+u\dfrac{\partial u}{\partial x}+v\dfrac{\partial u}{\partial y}+\omega\dfrac{\partial u}{\partial p}=-\dfrac{\partial \phi}{\partial x}+fv \\ \dfrac{\partial v}{\partial t}+u\dfrac{\partial v}{\partial x}+v\dfrac{\partial v}{\partial y}+\omega\dfrac{\partial v}{\partial p}=-\dfrac{\partial \phi}{\partial y}-fu \\ \dfrac{\partial u}{\partial x}+\dfrac{\partial v}{\partial y}+\dfrac{\partial \omega}{\partial p}=0 \\ \dfrac{\partial}{\partial t}\left(\dfrac{\partial \phi}{\partial p}\right)+u\dfrac{\partial}{\partial x}\left(\dfrac{\partial \phi}{\partial p}\right)+v\dfrac{\partial}{\partial y}\left(\dfrac{\partial \phi}{\partial p}\right)+\sigma_s\omega=-Q \end{cases} \tag{1.21}$$

其中：$\sigma_s=-\dfrac{1}{\rho}\dfrac{\partial \ln\theta}{\partial p}=\dfrac{R^2T(\gamma_d-\gamma)}{gp^2}$ 是层结稳定度参数。$Q=\dfrac{RQ^*}{c_p p}$，Q^* 是单位质量空气的非绝热加热率。

1.3　动力学诊断分析方法

1.3.1　涡度收支

涡度收支方程为

$$\frac{\partial \zeta}{\partial t}=-\left[u\frac{\partial \zeta}{\partial x}+v\frac{\partial(\zeta+f)}{\partial y}\right]-\omega\frac{\partial \zeta}{\partial p}-(\zeta+f)\left(\frac{\partial u}{\partial x}+\frac{\partial v}{\partial y}\right)-\left(\frac{\partial \omega}{\partial x}\frac{\partial v}{\partial p}-\frac{\partial \omega}{\partial y}\frac{\partial u}{\partial p}\right)-E \tag{1.22}$$

其中：ζ 为涡度，u 为纬向水平风速，v 为经向水平风速，ω 为垂直运动速度，f 为科里奥利参数。

上式中等号左边项为相对涡度的局地变化项；等号右边第一项为绝对涡度的平流项，它是由于绝对涡度的水平分布不均匀所引起的；第二项为相对涡度的对流项，它代表非均匀涡度场中，由于垂直运动引起的相对涡度的重新分布所造成的涡度局地变化；第三项为散度项，它表示水平辐合（辐散）所引起垂直涡度的增加（减小）；第四项为扭转项，它表明当有水平涡度存在时，由于垂直运动的水平分布不均匀而引起涡度垂直分量的变化；第五项 E 是摩擦耗散项，作为涡度收支方程的余项来计算。

1.3.2　角动量收支

西南低涡是受青藏高原及东侧特殊地形影响，并在一定的大气环流形势下产生的中尺度低涡，其生成爆发的主要动力除与前述的大气环流对水汽、涡度的输送以

外，还与环流对角动量的输送有关。这里的角动量为绝对角动量，即

$$M = r\cos\varphi(u + \Omega r\cos\varphi) \tag{1.23}$$

式中：M 为绝对角动量，r 为地球半径，φ 为纬度，u 为水平速度，Ω 为地球自转角速度。（相对）角动量输送，即角动量平流为

$$\begin{aligned} m &= -\nabla\cdot \rho M\mathbf{V} = -(\mathbf{V}\cdot\nabla\rho M + \rho M\ \nabla\cdot\mathbf{V}) \\ &= -\rho\mathbf{V}\cdot\nabla M - M(\mathbf{V}\cdot\nabla\rho + \rho\ \nabla\cdot\mathbf{V}) \end{aligned} \tag{1.24}$$

式中：m 为角动量平流，ρ 为空气密度。

仅考虑水平方向上的角动量输送，将式(1.23)代入式(1.24)，角动量平流为

$$m = -\rho ur\cos\varphi\ \frac{\partial u}{\partial x} + \rho uv\sin\varphi - \rho vr\cos\varphi\ \frac{\partial u}{\partial y} + \rho\Omega vr\sin2\varphi - M\ \nabla_h\cdot\rho\mathbf{V} \tag{1.25}$$

西南低涡多发年，低层流场在西南低涡关键区表现为西南风旺盛且辐合异常强，气旋性切变加大，低纬季风环流增强，导致大量正角动量输送至关键区，有利于西南低涡生成；同时印度洋输送至关键区的水汽通量增加，也有利于降水发生。而西南低涡少发年，低纬度地区季风减弱，关键区为异常北风控制，南支绕流偏弱，水平散度场表现为辐散异常强，造成角动量输送减弱，不利于西南低涡生成；且来自于印度洋的季风水汽输送减弱，亦不利于降水发生。因此，除地形和加热作用外，西风带以及季风环流带来的水汽和角动量输送也是影响西南低涡发生的重要因子（叶瑶和李国平，2016）。

1.3.3 Q 矢量、非地转湿 Q 矢量和锋生函数

在诊断分析垂直运动场时，常用到准地转 ω 方程。但在实际应用中存在两个难题：①需要用到多层资料；② ω 方程中两项强迫项往往是相互抵消的，即所谓“大量小差”问题，不易计算准确。根据大气运动的流场和温度场要维持热成风平衡的特点，可定义一个矢量

$$\boldsymbol{Q} = Q_x\boldsymbol{i} + Q_y\boldsymbol{j} \tag{1.26}$$

式中

$$\begin{cases} Q_x = -f_0\ \dfrac{\partial\mathbf{V}_g}{\partial\ln p}\cdot\nabla v_g = -R\ \dfrac{\partial\mathbf{V}_g}{\partial x}\cdot\nabla T \\ Q_y = -f_0\ \dfrac{\partial\mathbf{V}_g}{\partial\ln p}\cdot\nabla u_g = -R\ \dfrac{\partial\mathbf{V}_g}{\partial y}\cdot\nabla T \end{cases} \tag{1.27}$$

此矢量称为准地转 $\boldsymbol{Q}$ 矢量，简称 $\boldsymbol{Q}$ 矢量。$\boldsymbol{Q}$ 矢量完全可由位势场和温度场确定，并只与平流过程有关，它对热成风平衡起破坏作用。

相应地，准地转 $\boldsymbol{Q}$ 矢量散度表达式为

$$D_{gQ}=\nabla\cdot\boldsymbol{Q}_g=\frac{\partial Q_{gx}}{\partial x}+\frac{\partial Q_{gy}}{\partial y} \tag{1.28}$$

水平运动对锋生、锋消的作用，可用锋生函数加以表示

$$F=-\boldsymbol{V}\cdot\nabla\theta_{se}=-\frac{\partial u}{\partial x}\cdot\frac{\partial\theta_{se}}{\partial x}-\frac{\partial v}{\partial x}\cdot\frac{\partial\theta_{se}}{\partial y} \tag{1.29}$$

准地转 Q 矢量锋生函数表达式

$$F_{gQ}=Q_g\cdot\nabla\theta_{se}=Q_{gx}\cdot\frac{\partial\theta_{se}}{\partial x}+Q_{gy}\cdot\frac{\partial\theta_{se}}{\partial y} \tag{1.30}$$

用 Q 矢量可推出另一种形式更为简单的准地转 ω 方程

$$\left(\nabla^2+\frac{f_0^2}{\sigma_s}\frac{\partial^2}{\partial p^2}\right)\omega=-\frac{1}{p\sigma_s}\nabla\cdot\boldsymbol{Q} \tag{1.31}$$

其中 $\sigma_s=RS_p/p$。由式(1.31)可知 ω 与 Q 矢量的散度成正比，因此 Q 矢量辐散区有下沉运动，Q 矢量辐合区有上升运动。利用式(1.31)计算 ω 的优点有：①强迫项只有一项，有利于提高计算准确度；②只要有一层位势和温度场资料，就可计算 Q 矢量的散度，从而用于诊断 ω 场。

Q 矢量可分为干 Q 矢量和湿 Q 矢量，其中干 Q 矢量包括准地转 Q 矢量、半地转 Q 矢量及非地转干 Q 矢量等，湿 Q 矢量包括(改进的)非地转湿 Q 矢量、(改进的)非均匀饱和大气中的湿 Q 矢量等。由于准地转 Q 矢量适用于大尺度天气分析，而对于中小尺度天气分析，可采用非地转湿 Q 矢量

$$\boldsymbol{Q}^*=Q_x\boldsymbol{i}+Q_y\boldsymbol{j} \tag{1.32}$$

而

$$Q_x^*=\frac{1}{2}\left[\left(\frac{\partial v}{\partial p}\frac{\partial u}{\partial x}-\frac{\partial u}{\partial p}\frac{\partial v}{\partial x}\right)-h\cdot\frac{\partial\boldsymbol{V}}{\partial x}\cdot\nabla\theta+\frac{\partial(hH)}{\partial x}\right] \tag{1.33}$$

$$Q_y^*=\frac{1}{2}\left[\left(\frac{\partial v}{\partial p}\frac{\partial u}{\partial y}-\frac{\partial u}{\partial p}\frac{\partial v}{\partial y}\right)-h\cdot\frac{\partial\boldsymbol{V}}{\partial y}\cdot\nabla\theta+\frac{\partial(hH)}{\partial y}\right] \tag{1.34}$$

其中：$h=\frac{R}{p}\left(\frac{p}{1000}\right)^{\frac{R}{c_p}}$，$Q_x{}^*$ 和 $Q_y{}^*$ 分别是 x 和 y 方向非地转湿 Q 矢量的分量，其他符号为物理量常用符号。

非绝热加热项 H 的计算公式为

$$H\approx-\frac{L}{c_p}\left(\frac{1000}{p}\right)^{\frac{R_d}{c_p}}\omega\frac{\partial q_s}{\partial p} \tag{1.35}$$

其中：q_s 为饱和比湿，L、R_d 和 c_p 分别为凝结潜热、干空气比气体常数和干空气比定压热容。

非地转湿 Q 矢量取决于风水平和垂直切变的差异效应，以及风的水平梯度和温度梯度的乘积及非绝热效应。把非地转湿 Q 矢量在垂直和平行于等位温线的方向

进行分解用来诊断不同尺度系统对垂直运动的作用。当垂直于等位温线的非地转湿 $\boldsymbol{Q}$ 矢量的辐合较大时，说明中尺度上升运动对暴雨起主要作用，反之则表明大尺度的上升运动起主要作用。

相应地，非地转湿 $\boldsymbol{Q}$ 矢量散度为

$$D_Q = \nabla \cdot \boldsymbol{Q} = \frac{\partial Q_x}{\partial x} + \frac{\partial Q_y}{\partial y} \tag{1.36}$$

当非地转湿 $\boldsymbol{Q}$ 矢量散度 $\nabla \cdot \boldsymbol{Q} < 0$ 时，$\omega < 0$ 为上升运动；当 $\nabla \cdot \boldsymbol{Q} > 0$ 时，$\omega > 0$ 为下沉运动。

设 $|\nabla_p \theta|$ 为二维位温水平梯度绝对值，以等温线的变形作为锋生函数，则定义锋生函数 F 为

$$F = \frac{\mathrm{d}}{\mathrm{d}t} |\nabla_p \theta| \tag{1.37}$$

当 $F > 0$ 时，表示有水平温度梯度增加即锋生，$F < 0$ 时表示锋消。

类似地，非地转湿 $\boldsymbol{Q}$ 矢量锋生函数为

$$F_Q = \boldsymbol{Q} \cdot \nabla \theta_{se} = Q_x \cdot \frac{\partial \theta_{se}}{\partial x} + Q_y \cdot \frac{\partial \theta_{se}}{\partial y} \tag{1.38}$$

非地转湿 $\boldsymbol{Q}$ 矢量锋生函数是反映锋区强弱变化的物理量，当锋生函数大于零时，有锋生存在，反之，则为锋消。

用非地转湿 $\boldsymbol{Q}$ 矢量表示的 ω 方程为

$$\nabla_h^2 (\sigma \omega) + f^2 \frac{\partial^2 \omega}{\partial p^2} = -2 \nabla \cdot \boldsymbol{Q}^* \tag{1.39}$$

其中 $\nabla \cdot \boldsymbol{Q}^*$ 为非地转湿 $\boldsymbol{Q}$ 矢量散度。假设大气的垂直运动呈波动形式，由于波动形式物理量的拉普拉斯与该物理量本身负值成正比，因而有 ω 与 $\nabla \cdot \boldsymbol{Q}^*$ 成正比，当 $\nabla \cdot \boldsymbol{Q}^* < 0$ 时，$\omega < 0$，非地转上升运动会在一定时间尺度内得以维持，持续一定强度的上升运动，为降水提供有利的动力条件；反之为下沉运动。

饱和大气中的非地转湿 $\boldsymbol{Q}$ 矢量的两个分量为

$$Q_x = \frac{1}{2}\left[f\left(\frac{\partial v}{\partial p}\frac{\partial u}{\partial x} - \frac{\partial u}{\partial p}\frac{\partial v}{\partial x} \right) - h\frac{\partial \boldsymbol{V}_h}{\partial x} \cdot \nabla_h \theta - \frac{\partial}{\partial x}\left(\frac{LR\omega}{c_p \cdot p}\frac{\partial q_s}{\partial p} \right) \right] \tag{1.40}$$

$$Q_y = \frac{1}{2}\left[f\left(\frac{\partial v}{\partial p}\frac{\partial u}{\partial y} - \frac{\partial u}{\partial p}\frac{\partial v}{\partial y} \right) - h\frac{\partial \boldsymbol{V}_h}{\partial y} \cdot \nabla_h \theta - \frac{\partial}{\partial y}\left(\frac{LR\omega}{c_p \cdot p}\frac{\partial q_s}{\partial p} \right) \right] \tag{1.41}$$

由此可有包含大尺度稳定性加热效应的非地转 ω 方程为

$$f \frac{\partial^2 \omega}{\partial p^2} + \nabla^2 (\sigma \omega) = -2 \nabla \cdot \boldsymbol{Q} \tag{1.42}$$

其中 $\boldsymbol{Q}$ 矢量散度为

$$\nabla \cdot \boldsymbol{Q} = \frac{\partial Q_x}{\partial x} + \frac{\partial Q_y}{\partial y} \tag{1.43}$$

方程(1.43)表明，$\nabla\cdot\boldsymbol{Q}$ 是非地转非绝热 ω 方程中唯一的强迫项。可见，如果垂直运动具有波动形式分布，则 $\omega \propto \nabla\cdot\boldsymbol{Q}$ 。当 $\nabla\cdot\boldsymbol{Q}>0,\omega>0$；当 $\nabla\cdot\boldsymbol{Q}<0,\omega<0$。下沉运动对应 $\boldsymbol{Q}$ 矢量的辐散区，而上升运动对应 $\boldsymbol{Q}$ 矢量的辐合区。若在计算的层次中 $q/q_s>0.8$ 或相对湿度大于 80%，可认为大气是饱和或者近似饱和的。

1.3.4　对流指数

能量是大气运动的基本条件之一，一般在对流系统发展前，大气层结处于不稳定状态，不稳定能量在一定有利的条件下开始积累，当受到一定的触发机制，不稳定能量开始释放或转变，对流系统强烈发展，最终形成强对流天气过程。描述对流活动或强天气的对流稳定度指数(简称对流指数或对流参数)有很多，其中 K 指数、最大对流稳定度指数(BI)、沙氏指数(SI)、总指数(TT)、强天气威胁指数($SWEAT$)、抬升指数(LI)、对流有效位能($CAPE$)和对流抑制能(CIN)等反映的是大气热力稳定度状况，而风垂直切变(水平风的垂直切变)、风暴强度指数，粗 Richardson 数、风暴相对螺旋度、能量螺旋度指数等反映的则是大气动力稳定度状况。这些对流指数在(强)对流潜势预报中有重要应用。

K 指数。改进后适用于高原的 K 指数计算公式为

$$K=(T_{500}-T_{300})+T_{d500}-(T-T_d)_{400} \tag{1.44}$$

式中：右边第一项为低层与高层层结稳定度，用温度差表示；第二项为低层的湿度情况，用露点表示；第三项为中层的相对湿度，用温度露点差表示。K 指数越大时，大气越不稳定。由于高原海拔高度高，相比于平原地区计算 K 指数时所用的 850 hPa 和 700 hPa 温度，高原上所用的 500 hPa－300 hPa 的温度要低不少，因而计算出的 K 指数与平原相比较低。

最大对流稳定度指数。改进后适用于高原的最大对流稳定度指数的计算公式为

$$BI=\theta_{se\min}-\theta_{se\max} \tag{1.45}$$

其中假相当位温的计算公式为

$$\theta_{se}=T\exp\left[\frac{R_d}{c_p}\ln\frac{1000}{p}+\frac{Lq_s}{c_pT_L}\right] \tag{1.46}$$

即改进的最大对流稳定度指数定义为 500～300 hPa 气层中假相当位温的最小值与最大值之差，BI 值越小，大气层结越不稳定，反之，层结越稳定。由于高原上 $\theta_{se\max}$ 的高度要比平原上高，温度偏低，比湿偏小，因此 $\theta_{se\max}$ 要比平原上的小，因而相较于平原地区，高原 BI 要偏小一些。

沙氏指数。改进后适用于高原的沙氏指数(SI)定义为：气块从 500 hPa 开始沿干绝热过程上升至抬升凝结高度，再从抬升凝结高度沿湿绝热过程抬升至 250 hPa，此时环境温度与气块的温度之差。若 SI 指数小于 0，表示气块的温度高于气层温

度，气块还可以继续上升，因而大气层结为不稳定，发生强对流天气的可能性较大，反之表示大气层结稳定。

SI 指数计算公式为

$$SI = T_{e250} - T_{250} \tag{1.47}$$

与平原地区相比，高原 SI 值偏大。从计算方法上来看，影响 SI 值的主要是温度与湿度。

总指数。总指数（TT）的计算公式为

$$TT = T_{850} + T_{d850} - 2T_{500} \tag{1.48}$$

TT 越大，越容易发生强对流天气。

强天气威胁指数。强天气威胁指数（$SWEAT$）的计算公式为

$$SWEAT = 12T_{d850} + 20(TT - 49) + 2V_{850} + V_{500} + 125(S + 0.2) \tag{1.49}$$

式中：V 代表水平风速（单位为 n mile/h①），$S = \sin(\beta_{500} - \beta_{850})$，$\beta$ 为风向角。如 TT 小于 49，则式(1.49)右边第二项记为 0。

抬升指数。所谓抬升指数（LI），是指一个气块从自由对流高度出发，沿湿绝热线上升到 500 hPa 处所示的温度与 500 hPa 实际温度之间的差。抬升指数表示的是一种潜在不稳定，是自由对流高度（Level of Free Convection，LFC）以上正面积的大小。所当差值为负数时，表明气块比其环境温度更暖，因此将会继续上升，该差值的绝对值越大，出现对流天气的可能性也越大；差值为正数时，表示大气层结稳定，其值越大，正的不稳定能量面积也越大，爆发对流的可能性也越大。

对流有效位能。对流有效位能（Convective Available Potential Energy，CAPE）。$CAPE$ 是评估垂直大气是否稳定、对流是否容易发展的指标之一。近地面的空气块受垂直风切扰动或地形等其他因素而沿着绝热线上升时，在一定高度以上其温度若比周围环境温度高，意味着气块密度较周围环境空气小，则周围环境将给予气块向上的浮力。当气块的重力与浮力不相等且浮力大于重力时，一部分位能可以释放，由于这部分能量对大气对流有着积极的作用，并可转化成大气动能，称其为对流有效位能。物理意义上，$CAPE$ 表征雷暴形成和发展过程中潜在上升运动的强度。

$CAPE$ 的计算范围一般是以自由对流高度以上到平衡高度为止，周围环境所能提供的浮力对高度的积分而得，即汇总气块相对于环境之浮力，从自由对流高度至平衡高度为止，计算公式如下

$$CAPE = g\int_{Z_{LFC}}^{Z_{EL}} \left(\frac{T_{vp} - T_{ve}}{T_{ve}}\right) \mathrm{d}z \tag{1.50}$$

或

① 1 n mile/h=(1852/3600)m/s(只用于航行)

$$CAPE = g\int_{p_{EL}}^{p_{LFC}} R_d (T_{vp} - T_{ve})\,\mathrm{d}\ln p \tag{1.51}$$

其中，T_{vp} 代表气块的虚温，T_{ve} 代表环境的虚温，g 代表标准重力加速度，R_d 为干空气比气体常数。Z_{LFC} 代表自由对流高度(LFC)，是 $T_{vp}-T_{ve}$ 由负值转正值的高度。Z_{EL} 代表平衡高度(Equilibrium Level，简称 EL)，是 $T_{vp}-T_{ve}$ 由正值转负值的高度，此时浮力为零。一个地区的 $CAPE$ 通常由热力学图或探空 T-ln$p$ 图上的温度和露点温度资料来计算。式(1.51)计算得出的大于或等于零的值即为 $CAPE$ 值，单位为 J/kg。

对流抑制能。英文简称 CIN，有时不严格地简称为对流抑制。若式(1.51)中浮力对上升距离之积分为负值时，即为对流抑制能。在 CIN 存在的高度内，气块之虚温较环境低，因此气块的密度较环境大，不利气块上升。气块必须先具备足够动能，才能突破对流抑制能的限制。CIN 的物理意义是指抬升力必须克服负浮力才能将气块抬升到自由对流高度，它表征气块获得对流潜势必须超越的能量临界值，即深厚湿对流形成所需要的抬升触发强度由 CIN 决定。

CIN 的大小决定对流能否发生，而 $CAPE$ 的大小则决定对流发展的旺盛程度，显然 CIN 越小，对流越容易发生，$CAPE$ 越大，对流发展越旺盛。对于强对流发生的情况往往是 CIN 有一较为合适的值，若 CIN 太大，抑制对流程度大，对流不容易发生；若 CIN 太小，能量不容易在低层积聚，对流调整易发生，从而使对流不能发展到较强的程度。也就是说 $CAPE$ 反映了大气环境中是否能发生深厚对流的热力变量，通常与 CIN 结合在一起作为判断深厚湿对流发生潜势和潜在强度的重要指标之一，在触发条件相同的条件下，$CAPE$ 越大，CIN 越小，表示发生深厚湿对流的潜势越大。

CIN 的计算公式为

$$CIN = g\int_{Z_i}^{Z_{LFC}} \left(\frac{T_e - T_p}{T_b}\right)\mathrm{d}z \tag{1.52}$$

式中：T_e 代表气块的温度，T_p 代表环境的温度，T_b 代表该气层的平均温度，Z_i 表示气块起始抬升高度。CIN 的单位也为 J/kg。

标准化对流有效位能。所谓标准化对流有效位能即将 $CAPE$ 除以其积分厚度。它能更准确地衡量浅薄对流系统气团的上升能力。

1.3.5　尺度分离与中尺度滤波技术

改进的 Shuman-Shapiro 滤波尺度分离技术可对次天气尺度(α 中尺度)扰动进行空间分离。该技术的原理是基于格点资料，通过一维三点平滑算子，选择适当的平滑系数 S 和平滑次数，消除原始物理量场 f 中的高频波(次天气尺度)分量，同时尽量完整地保留低频波(天气尺度)分量 $\hat{f}$，通过运算 $(f-\hat{f})$ 即可得到原始物理量场 f 中的次天气尺度扰动场,其波长以格点的格距为单位。但这种方法与奇异谱尺度分离技术相比,多次平滑后容易丢失大气中的次天气尺度扰动信号,夏大庆等(1983)将该方法改进为25点平滑算子(图1.1),并对比分析了几种平滑算子在二维场中的尺度分离应用效果,发现系数取 $s_1=0.5$、$s_2=0.6666$、$s_3=1$、$s_4=1.4472$ 时,就可以得到几乎全部的2～5倍格距波和最少60%的6～9倍格距波,而波长大于17倍格距的波动衰减了80%以上(图1.1)。文中所使用格点资料的格距约为56 km,此方法基本分离了天气尺度(1000 km以上)和次天气尺度(100～500 km)扰动,达到了将次天气尺度系统从背景场中分离出来的目的。

应用于二维场 f 中的平滑公式的离散化形式为(相应的格点标号见图1.1)

$$\begin{aligned}\hat{f}_0=&\left[(1-s_1)(1-s_2)+\frac{s_1s_2}{2}\right]^2 f_0+\\&\frac{1}{2}\left[s_1(1-s_2)+s_2(1-s_1)\right]\left[(1-s_1)(1-s_2)+\frac{s_1s_2}{2}\right]\sum_{i=1}^{4}f_i+\\&\frac{1}{4}\left[s_1(1-s_2)+s_2(1-s_1)\right]^2\sum_{i=5}^{8}f_i+\\&\frac{s_1s_2}{4}\left[(1-s_1)(1-s_2)+\frac{s_1s_2}{2}\right]^2\sum_{i=9}^{12}f_i+\\&\frac{s_1s_2}{8}\left[s_1(1-s_2)+s_2(1-s_1)\right]\sum_{i=13}^{20}f_i+\left(\frac{s_1s_2}{4}\right)^2\sum_{i=21}^{24}f_i\end{aligned}\tag{1.53}$$

对应的响应函数为

$$R=\sum_{m=1}^{4}\left(1-2s_m\sin^2\frac{k\Delta x}{2}\right)\tag{1.54}$$

式中:s_m 为滤波系数;k 代表波数;Δx 为网格格距。当 $s_1=0.5$,$s_2=0.6666$,$s_3=1$,$s_4=1.4472$ 时,响应函数曲线如图1.2所示。

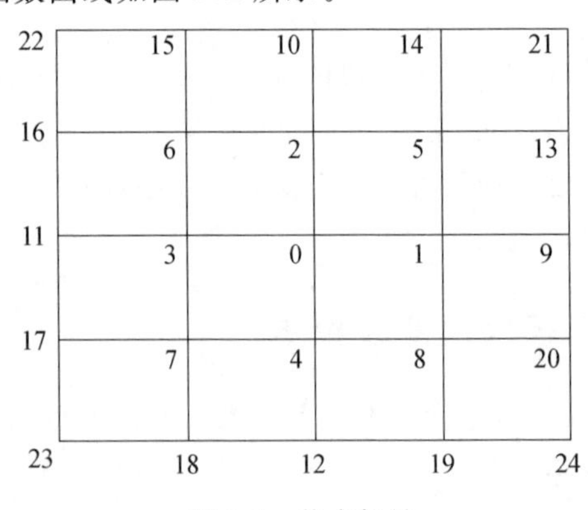

图1.1　格点标号

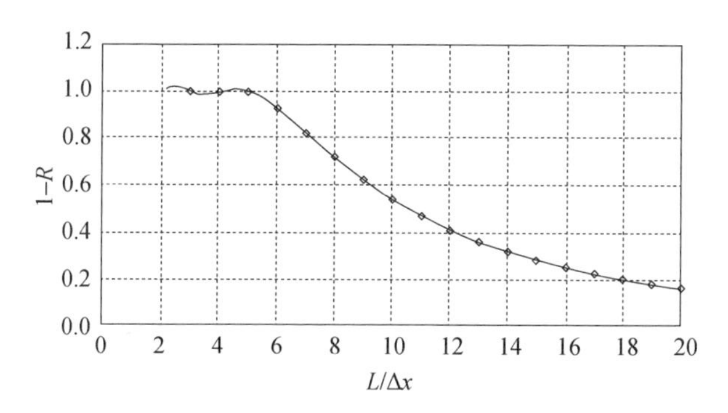

图 1.2　尺度分离方案的响应函数曲线

设 $F_0(x,y)$ 为分析区内网格点的气象要素值，由观测值 $F(x_k,y_k)$ 确定的低通滤波初值场为

$$F_0(x,y)=\frac{\sum_{k=1}^{M} w_k F(x_k,y_k)}{\sum_{k=1}^{M} w_k} \tag{1.55}$$

$$w_k=\exp\left(-\frac{r_k^2}{4c}\right) \tag{1.56}$$

式中：$F_0(x,y)$ 为连续函数；$k(=2\pi/\lambda)$ 为波数；λ 为波长；c 为权重参数；r_k 为测站 (x_k,y_k) 到 (x,y) 的距离；M 为参加点 (x,y) 处滤波的资料样本数。

为了更好地排除高频波与低频波的干扰，对上述 Barnes 带通滤波器进行两次修订，以得到最佳滤波效果。

(1)对获取的初值场 $F_0(x,y)$ 进行第一次修订，即

$$F_1(x,y)=F_0(x,y)+\frac{\sum_{k=1}^{M} w_k D(x_k,y_k)}{\sum_{k=1}^{M} w'_k} \tag{1.57}$$

$$w'_k=\exp\left(-\frac{r_k^2}{4Gc}\right) \tag{1.58}$$

其中：c、G 为滤波常数，$0<G<1$。

(2)对上述滤波函数做进一步订正，即

$$F_L(x,y)=F_1(x,y)+\frac{3}{4}[F_1(x,y)-F_0(x,y)]-\frac{\sum_{k=1}^{M} E_k(x,y) w_k}{\sum_{k=1}^{M} w_k} \tag{1.59}$$

$$E_k(x,y)=F_1(x,y)-F_0(x,y) \tag{1.60}$$

$$w_k=\exp\left(-\frac{r_k^2}{4c}\right) \tag{1.61}$$

三种滤波器对应的响应函数分别为

$$R_0(k,c)=\exp(-k^2c)=\exp\left(-\frac{4\pi^2c}{\lambda^2}\right) \tag{1.62}$$

$$R_1=R_0(1+R_0^{G-1}-R_0^G) \tag{1.63}$$

$$R_L=R_1+(R_1-R_0)\left(\frac{3}{4}-R_0\right) \tag{1.64}$$

对波长很长的波，响应函数趋于1，即 $R_0\to 1$；c 减小时，可以相当好地滤去极小尺度的波（即某些噪音）。

式(1.64)即为最终选定的Barnes带通滤波器。研究指出，Barnes算子的滤波效果较为理想，该算子的客观分析与滤波同时进行，避免了累计误差，通过调节滤波参数 c_1、G_1 和 c_2、G_2，使资料不受限制地分离出指定波长的波动，结果强度近似于实际场，且无高频与低频波干扰。

由以上响应函数公式可知，当 G 取相同值、c 取不同值时，滤波所表现出的特性不同，如图1.3所示。

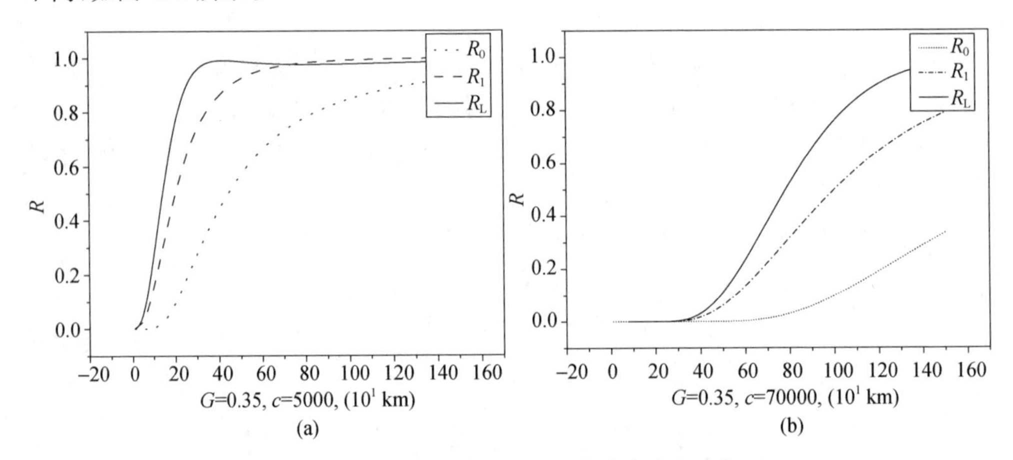

图1.3　选取不同参数 c 得出的滤波响应函数

（R_0：初始场响应函数，R_1：第一次修订后的响应函数，R_L：第二次修订后的响应函数）

(a)c=5000，(b)c=70000

当 c 取较小的值，滤波函数在短波处能快速收敛，响应函数急速趋于最大值。当 c 取较大的值，滤波函数在波长较大处收敛，响应函数缓慢趋近于最大值；当 c_1、c_2 分别取5000、70000 km时，可较好地保留波长在300～800 km的中尺度波动系统，且能较好地滤去小尺度波的扰动以及大尺度的影响。图1.4中的 BR 线即为经过两次修订之后的带通滤波响应函数值。若 λ_1、λ_2 分别为 $BR=0.5$ 时的波长，对应 $\lambda_1<\lambda<\lambda_2$ 的波动可被很好地保留下来。

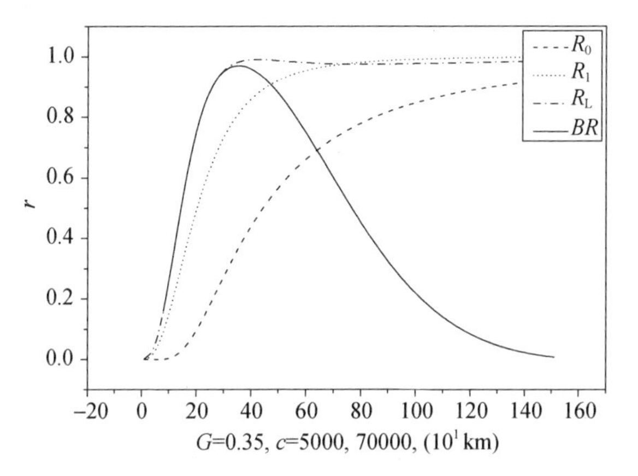

图 1.4　修订后的带通滤波响应函数

$BR=R_L(5000)-R_L(70000)$，其余说明同图 1.3

当 $G<0.5$ 时，在短波处可以得到更大的响应；当 $G>0.5$ 时，响应函数很难快速收敛。针对西南低涡的中尺度滤波，权重参数 c_1、c_2 分别取值 5000、70000 km，G 取为 0.35。

1.3.6　动能空间尺度分解与扰动动能收支

大气中各种尺度运动的发生发展，都离不开能量的供应。相较于常规的热力、动力诊断，能量诊断更有利于从本质上理解天气系统演变与天气灾害的成因，从能量学的角度来揭示大气运动规律无疑具有重要意义。

动能梯度的表达式为

$$\nabla\left(\frac{u^2+v^2}{2}\right)=f(1+\zeta_0R_0)(\boldsymbol{V}'\times\boldsymbol{k}) \tag{1.65}$$

由动能梯度的表达式(1.65)可知，动能梯度反映了地转偏差，而实际风的水平散度是由地转偏差决定的，即地转偏差直接反映了大气的辐合、辐散。故动能梯度和散度这一常用诊断量有着密切的联系。

式(1.65)对矢量取模后有

$$\left\|\left(\frac{u^2+v^2}{2}\right)\right\|=f(1+\zeta_0R_0)\|\boldsymbol{V}'\| \tag{1.66}$$

其中：ζ_0 为无量纲涡度；$R_0=U/fL$，为 Rossby 数。U 为风速尺度，L 为运动的水平尺度；$\boldsymbol{V}'$ 表示地转偏差。由式(1.65)、式(1.66)可知，动能梯度与地转偏差矢量和 $\boldsymbol{k}$ 的叉乘积成正比，动能梯度的大小(模)与地转偏差的大小(模)有正比关系，比例系

数为 $f(1+\zeta_0 R_0)$，其与运动本身有关。然后应用扰动动能方程来计算切变线演变过程中的扰动动能收支，(水平)扰动动能的定义式为

$$k'=\frac{u'^2+v'^2}{2} \tag{1.67}$$

则扰动动能方程可写为

$$\frac{\partial k'}{\partial t}=-\mathbf{V}\cdot\nabla k'-\mathbf{V}'\cdot\nabla\phi'-\omega'\cdot\alpha'-V_2'\cdot(\mathbf{V}'\cdot\nabla\bar{V}_2)+V_2'\cdot(\overline{\mathbf{V}'\cdot\nabla V_2'})+RE \tag{1.68}$$

其中：ϕ 为位势高度；$\mathbf{V}=[u,v,\omega]^{\mathrm{T}}$，$\mathbf{V}_2=[u,v,0]^{\mathrm{T}}$（上标 T 表示矢量的转置）；$\alpha'=-\frac{\partial\phi'}{\partial p}$；$u,v$ 分别代表纬向风和经向风，$\omega\left(=\frac{\mathrm{d}p}{\mathrm{d}t}\right)$ 是垂直速度；∇为三维梯度运算符，上划线表示纬向平均，上标撇号表示叠加在纬向平均上的扰动；方程左边为扰动动能趋势项；右边第一项为扰动动能平流项，此项包含两个部分

$$-\mathbf{V}\cdot\nabla k'=-\bar{\mathbf{V}}\cdot\nabla k'-\mathbf{V}'\cdot\nabla k' \tag{1.69}$$

即扰动动能平均平流项和扰动动能扰动平流项；右边第二项是与气压梯度有关的扰动动能产生项，也称为扰动位势平流项，该项可改写为

$$-\mathbf{V}'\cdot\nabla\phi'=-\nabla\cdot(\mathbf{V}_a'\phi') \tag{1.70}$$

上式右边表示非地转风位势通量散度，下标 a 表示非地转；式(1.68)右端第三项表示扰动有效位能与扰动动能之间的转换，称为斜压转换项；右边第四项代表扰动动能与相互作用动能之间的能量转换，称为正压转换项；右边第五项表示由湍流雷诺效应引起的能量转换，如做纬向平均，此项为零；最后一项是摩擦项，它包含次网格运动到网格运动的能量交换及误差。

强烈的天气系统往往伴随着局地风速的急剧变化，因此了解动能的来源和消耗机制对研究天气系统的发生、发展十分重要。有限区域水平动能的平衡方程为

$$\frac{\partial K}{\partial t}=-\frac{1}{Ag}\iint_A\int_P\mathbf{V}\cdot\nabla\phi\,\mathrm{d}p\,\mathrm{d}A-\frac{1}{Ag}\iint_A\int_P\nabla\cdot k\mathbf{V}\,\mathrm{d}p\,\mathrm{d}A-\frac{1}{Ag}\iint_A\int_P\frac{\partial k\omega}{\partial P}\mathrm{d}p\,\mathrm{d}A+R \tag{1.71}$$

式中：$K=\frac{1}{Ag}\iint_A\int_p k\,\mathrm{d}p\,\mathrm{d}A$，代表区域的平均动能，$A$ 为有限计算区域的面积，k 为单位质量空气的水平动能。上式左侧表示区域平均动能的变化，右侧第一项为动能制造项，正值表示空气质点穿越等高线从高位势区向低位势区运动时，位势梯度力作正功，动能增加；反之，该项为负值时，消耗动能。第二项为动能的水平通量散度项，第三项为动能的垂直通量散度项。第四项为余差项，包含摩擦耗散、次网格尺度效应以及计算误差等因素。扰动动能方程常被用来研究暴雨期急流的变化问题或热带气旋的发展加强过程，并且目前应用在高原切变线的研究已取得初步成功(罗潇和李国平，2019a，2019b)。就扰动动能的基本特征而言，高原天气系统与其他天

气系统的应用结果基本一致，但在影响扰动动能变化的各因子中，与平原地区切变线或其他天气系统（如台风）的扰动动能特征相比，高原切变线的斜压转换项和扰动非地转位势通量项的作用有所不同。表现在斜压转换项的演变与高原切变线上垂直运动的加强有很好的关联，斜压转换项为强降水天气提供了有利的动力条件和能量储备；扰动非地转位势通量引起的能量频散存在时间滞后，扰动非地转位势通量矢量及其散度对高原切变线的生消及移动有一定指示意义。

对于有限区域风暴，区域平均的涡动动能收支方程如下

$$\left[\frac{\partial k_e}{\partial t}\right] = -[\nabla\cdot(\mathbf{V}_h k_e)] - \left[\frac{\partial(\omega k_e)}{\partial p}\right] - \left\{[u^*\omega^*]\frac{\partial[u]}{\partial p} + [v^*\omega^*]\frac{\partial[v]}{\partial p}\right\} - [\mathbf{V}_h\cdot\nabla\phi^*] - [E^*] \tag{1.72}$$

式中：“[]”代表区域平均，带“*”号的量代表对此区域平均的偏差或扰动，涡动动能 $k_e=(u^{*2}+v^{*2})/2$。等号左边项为涡动动能的局地变化项；等号右边第一项为涡动动能的水平通量散度项；第二项为垂直通量散度项；第三项为区域平均动能与涡动动能之间的转换项；第四项为动能制造项，代表非地转运到引起的绝热动能制造；第五项为摩擦耗散项，它包括大气内部和地表的摩擦耗散以及网格尺度和次网格尺度之间的动能交换，这里作为涡动动能收支方程的余项计算。

为了研究天气系统发展过程中不同尺度之间的能量转换特征，可分解出扰动动能和平均动能收支方程。忽略密度变化的影响并略去与摩擦相关的项，得到简化的动能分解方程

$$\underset{\text{TOT}}{\frac{\partial(\overline{k_t})}{\partial t}} = \underset{\text{TKT}}{-\nabla\cdot(\overline{\mathbf{V}\cdot k_t})} + \underset{\text{CKMT}}{C(k_m,\overline{k_t})} + \underset{\text{BCE}}{C(\overline{k_t},\overline{e_t})} \tag{1.73}$$

$$\underset{\text{TOT}}{\frac{\partial(k_m)}{\partial t}} = \underset{\text{MTKM}}{-\nabla\cdot(\overline{\mathbf{V}}\cdot k_m)} \underset{\text{RSW}}{-\nabla\cdot(\overline{\mathbf{V}}\cdot\overline{\mathbf{V}'\mathbf{V}'})} \underset{\text{CKMT}}{-C(k_m,\overline{k_t})} \underset{\text{BCM}}{-C(k_m,e_m)} \tag{1.74}$$

$$\begin{aligned}CKMT = \underset{\text{KP1}}{-(\overline{\mathbf{V}'\mathbf{V}'}\cdot\nabla\overline{\mathbf{V}})} = -(\overline{uu'}\cdot\frac{\partial\overline{u}}{\partial x} \underset{\text{KP2}}{+\overline{u'v'}\cdot\frac{\partial\overline{u}}{\partial y}} \underset{\text{KP3}}{+\overline{u'\omega'}\cdot\frac{\partial\overline{u}}{\partial p}} \underset{\text{KP4}}{+\overline{v'u'}\cdot\frac{\partial\overline{v}}{\partial x}} \underset{\text{KP5}}{+} \\ \overline{v'v'}\cdot\frac{\partial\overline{v}}{\partial y} \underset{\text{KP6}}{+\overline{v'\omega'}\cdot\frac{\partial\overline{v}}{\partial p}} \underset{\text{KP7}}{+\overline{\omega'u'}\cdot\frac{\partial\overline{\omega}}{\partial x}} \underset{\text{KP8}}{+\overline{\omega'v'}\cdot\frac{\partial\overline{\omega}}{\partial y}} \underset{\text{KP9}}{+\overline{\omega'\omega'}\cdot\frac{\partial\overline{\omega}}{\partial p}})\end{aligned} \tag{1.75}$$

$$BCE = -\mathbf{V}'\cdot\nabla_h\phi' \tag{1.76}$$

$$\begin{aligned}RSW = -\nabla\cdot(\overline{\mathbf{V}}\cdot\overline{\mathbf{V}'\mathbf{V}'}) = -\Big(\frac{\partial[\overline{u}(\overline{u'u'}+\overline{v'v}+\overline{\omega'\omega'})}{\partial x} + \\ \frac{\partial[\overline{v}(\overline{u'u'}+\overline{v'v'}+\overline{\omega'\omega'})}{\partial y} + \frac{\partial[\overline{\omega}(\overline{u'u'}+\overline{v'v'}+\overline{\omega'\omega'})]}{\partial p}\Big)\end{aligned} \tag{1.77}$$

$$BCM = -\overline{\mathbf{V}} \cdot \nabla_h \overline{\varphi} \tag{1.78}$$

其中：上划线表示纬向平均；上标撇号表示叠加在纬向平均上的扰动；$k_m = \frac{1}{2}\overline{\mathbf{V}} \cdot \overline{\mathbf{V}}$ 为平均动能；$k_t = \frac{1}{2}\mathbf{V}' \cdot \mathbf{V}'$ 为扰动动能；e_m，e_t 分别表示平均有效位能和扰动有效位能，这里的有效位能是指全球有效位能的局地表达式。TKT 项代表扰动动能的输送（扰动动能平流项）；CKMT 项为平均动能和扰动动能的转换项（简称平均动能转换项），KP1—KP9 为 CKMT 的 9 个独立的分项；BCE 项表示扰动有效位能和扰动动能之间的转换，即扰动气流的斜压转换项；MTKM 代表平均气流对平均动能的输送（平均动能平流项）；RSW 为雷诺应力作用对平均气流的影响（简称雷诺效应项）；BCM 代表平均动能和平均有效位能之间的斜压转换。式(1.73)和式(1.74)左边 TOT 项为能量变化趋势，即式(1.73)和式(1.74)右边各项之和。

1.3.7 E-P 通量和 3D 波活动通量

对于大气长波系统，可引入一个矢量 $\boldsymbol{F}$，它在 y、p 方向上的分量分别为

$$F_y = -\overline{u'v'},\ F_p = \frac{f}{\sigma}\overline{v'\frac{\partial \varphi'}{\partial p}} \tag{1.79}$$

一般称此矢量为 Eliassen-Palm 通量矢量，简称 E-P 通量矢（不严格地也可简称为 E-P 通量）。通过计算 E-P 通量矢的 F_y 和 F_p 就可以描写长波传播所产生的动力和热力效应。

对准地转、准定常的绝热无摩擦波动，在基本气流不随时间变化时，波动 E-P 通量的散度为零（无辐合辐散），即

$$\nabla \cdot \boldsymbol{F} = 0 \tag{1.80}$$

此式称为 Eliassen-Palm 定理。而对于非定常并受外界非绝热加热和摩擦强迫的波动，有广义 Eliassen-Palm 定理

$$\nabla \cdot \boldsymbol{F} = \left(\frac{\partial \overline{q}}{\partial y}\right)^{-1}\left[\overline{qs^*} - \frac{\partial}{\partial t}\left(\frac{1}{2}\overline{q^2}\right)\right] \tag{1.81}$$

其中：s^* 表示非绝热加热和摩擦的作用，q 为准地转位势涡度，表示为

$$q = \frac{\partial v_g}{\partial x} - \frac{\partial u_g}{\partial y} + \frac{f}{\sigma_s}\frac{\partial}{\partial p}\left(\frac{\partial \varphi}{\partial p}\right) \tag{1.82}$$

进一步，可定义所谓波作用量或波作用密度 A，表示为

$$A = \frac{1}{2}\overline{q^2} / \frac{\partial \overline{q}}{\partial y} \tag{1.83}$$

因此，在不考虑外界强迫时，式(1.81)可化为

$$\frac{\partial A}{\partial t}+\nabla\cdot \boldsymbol{F}=0 \tag{1.84}$$

此式称为波作用量守恒方程。当基本气流具有切变但不随时间变化时，定常波动的E-P通量的散度等于零。反之，如果E-P通量有辐合或辐散，则基本气流将随时间变化。

在准地转近似下，描述平均基本气流变化的运动方程、连续方程和绝热方程为

$$\begin{cases}\dfrac{\partial U}{\partial t}-f\overline{v^{*}}-\overline{D}=\nabla\cdot \boldsymbol{F}\\ f\dfrac{\partial U}{\partial p}-R\overline{\dfrac{\partial \theta}{\partial y}}=0\\ \dfrac{\partial \overline{v}^{*}}{\partial y}+\overline{\dfrac{\partial \omega^{*}}{\partial p}}=0\\ \dfrac{\partial \overline{\theta}}{\partial t}+\overline{\omega^{*}}\dfrac{\partial \overline{\theta}}{\partial p}-\overline{Q}=0\end{cases} \tag{1.85}$$

其中：$\overline{D}$ 和 $\overline{Q}$ 分别表示摩擦和非绝热加热的作用，$\overline{v}^{*}$ 和 $\overline{\omega^{*}}$ 称为余差平均经向环流和垂直环流，它们的表达式分别为

$$\overline{v^{*}}=\overline{v}-\frac{\partial}{\partial p}\left(\overline{v\theta}/\frac{\partial \overline{\theta}}{\partial p}\right) \tag{1.86}$$

$$\overline{\omega^{*}}=\overline{\omega}-\frac{\partial}{\partial y}\left(\overline{v\theta}/\frac{\partial \overline{\theta}}{\partial p}\right) \tag{1.87}$$

方程组(1.85)通常称为变换后的Euler平均方程组，从中可见，E-P通量散度是引起平均环流变化的外源强迫。如果 $\overline{D}=\overline{Q}=0$，且 $\nabla\cdot \boldsymbol{F}=0$，则有 $\overline{v^{*}}=\overline{\omega^{*}}=\dfrac{\partial \overline{\theta}}{\partial t}=\dfrac{\partial U}{\partial t}=0$。这表明：若大气运动不受非绝热加热和摩擦作用的影响，当E-P通量散度等于零时，基本气流无加速度，这条结论称为Charney-Drazin无加速原理。如果E-P通量矢是辐散的，西风气流则要加速；如果E-P通量矢是辐合的，西风气流则要减速。因此，可以利用E-P通量的散度来了解平均流场的变化。

利用Takaya和Nakamura(1997，2001)提出的三维波活动通量矢(简称波活动通量，也称T-N通量矢量，简称T-N通量)来研究准定常Rossby波的能量频散特征。波活动通量(WAE)在WKB近似假定下与波位相无关且与定常Rossby波列的局地群速度方向一致。在球面坐标中，与位相无关的波活动通量矢($\boldsymbol{W}$)可表示为

$$\boldsymbol{W}=\frac{p\cos\varphi}{2\mid U\mid}\begin{cases}\dfrac{U}{a^2\cos^2\varphi}\left[\left(\dfrac{\partial\psi'}{\partial\lambda}\right)^2-\psi'\dfrac{\partial^2\psi'}{\partial\lambda^2}\right]+\dfrac{V}{a^2\cos\varphi}\left[\dfrac{\partial\psi'}{\partial\lambda}\dfrac{\partial\psi'}{\partial\varphi}-\psi'\dfrac{\partial^2\psi'}{\partial\lambda\partial\varphi}\right]\\ \dfrac{U}{\alpha^2\cos\varphi}\left[\dfrac{\partial\psi'}{\partial\lambda}\dfrac{\partial\psi'}{\partial\varphi}-\psi'\dfrac{\partial^2\psi'}{\partial\lambda\partial\varphi}\right]+\dfrac{V}{a^2}\left[\left(\dfrac{\partial\psi'}{\partial\varphi}\right)^2-\psi'\dfrac{\partial^2\psi'}{\partial\varphi^2}\right]\\ \dfrac{f_0^2}{N^2}\left\{\dfrac{U}{a\cos\varphi}\left[\dfrac{\partial\psi'}{\partial\lambda}\dfrac{\partial\psi'}{\partial z}-\psi'\dfrac{\partial^2\psi'}{\partial\lambda\partial z}\right]+\dfrac{V}{a}\left[\dfrac{\partial\psi'}{\partial\varphi}\dfrac{\partial\psi'}{\partial z}-\psi'\dfrac{\partial^2\psi'}{\partial\varphi\partial z}\right]\right\}\end{cases}$$

(1.88)

其中：ψ' 是准地转扰动流函数，准地转流函数定义为：$\psi=\phi/f$，ϕ 是位势函数，$f=2\Omega\sin\varphi$，U 和 V 分别为纬向和经向基本流场。

1.3.8 位涡、位涡方程和二阶位涡

p 坐标系中，忽略垂直速度 ω 的水平变化，位涡可表示为

$$PV=-g(\zeta+f)\frac{\partial\theta}{\partial p}+\left(\frac{\partial v}{\partial p}\frac{\partial\theta}{\partial x}-\frac{\partial u}{\partial p}\frac{\partial\theta}{\partial y}\right)\tag{1.89}$$

在等熵面上，忽略垂直速度 ω 的水平变化并引入静力近似，可得 Ertel 位涡或等熵位涡(Isentropic Potential Vorticity，IPV)

$$IPV=-g(\zeta_\theta+f)\frac{\partial\theta}{\partial p}\tag{1.90}$$

其中：ζ_θ 为相对涡度在等熵面上的垂直分量，g 为重力加速度，f 为地转牵连涡度。由式(1.90)可知，等熵位涡由静力稳定度和绝对涡度共同决定。在夏季，由于暴雨过程中有凝结潜热释放，则应用等熵位涡原理分析的有效时间不宜过长。

非绝热加热(冷却)引起的位涡变化可用如下位涡方程表示

$$\frac{\mathrm{D}(PV)}{\mathrm{D}t}\approx-g(f+\zeta)\frac{\partial\dot\theta}{\partial p}\tag{1.91}$$

其中：PV 代表位涡，$\dot\theta$ 为非绝热加热率。北半球通常情况下，$g(f+\zeta)>0$，则由上式可知，当非绝热加热随高度增加(减少)而增大(减小)时，位涡将随时间增加(减少)。

在位涡的基础上，高守亭等(2014)提出并证明了一个包含位涡梯度的不变量，可称之为二阶位涡，其数学表达式为

$$Q_s=\frac{\boldsymbol{\zeta}_g\cdot\nabla Q}{\rho}\tag{1.92}$$

由于位温 θ 和假相当位温 θ_e 一样具有保守性，借鉴上述二阶位涡的概念，我们用假相当位温代替位温，则可得到一个新的诊断物理量即二阶湿位涡

$$Q_{sm}=\frac{\boldsymbol{\zeta}_g\cdot\nabla Q_m}{\rho}\tag{1.93}$$

可见二阶位涡来自绝对涡度和湿位涡梯度的点乘。

1.3.9　水汽位涡、湿位涡、二阶湿位涡和广义湿位涡

位势涡度(简称位涡)是描述大气动力和热力性质的综合物理量,为研究位涡变化与暴雨发展的关系,通常对包含水汽凝结潜热作用的(湿)位涡进行诊断分析。定义这里的水汽位涡为湿静力稳定度和等压面绝对涡度 $\zeta_a=\dfrac{\partial v}{\partial x}-\dfrac{\partial u}{\partial y}+f$ 的乘积,对于绝热、无摩擦的大气运动,它是一个守恒量。根据涡度方程和略去凝结和蒸发的热力学方程,可得 p 坐标系的水汽位涡方程

$$\frac{\partial(\overline{\Gamma\zeta_a})}{\partial t}=-\nabla\cdot(\mathbf{V}\overline{\Gamma}\overline{\zeta}_a)-\frac{\partial(\overline{\omega}\overline{\Gamma}\overline{\zeta}_a)}{\partial p}+\overline{\zeta}_a\frac{\partial\overline{\mathbf{V}}}{\partial p}\cdot\nabla\theta_{se}-\overline{\Gamma}\left(\frac{\partial\overline{\omega}}{\partial x}\frac{\partial\overline{v}}{\partial p}-\frac{\partial\overline{\omega}}{\partial y}\frac{\partial\overline{u}}{\partial p}\right)-$$
$$\frac{\partial(M_c\overline{\Gamma}\zeta_a)}{\partial p}-\frac{\overline{\zeta}_a}{c_p}\frac{\partial}{\partial p}\left[\left(\frac{p_0}{p}\right)^{R/c_p}\overline{H_R}\right]+\overline{\Gamma}\left(\frac{\partial F_y}{\partial x}-\frac{\partial F_x}{\partial y}\right)-$$
$$\overline{\Gamma}\left(\frac{\partial M_c}{\partial x}\frac{\partial\overline{v}}{\partial p}-\frac{\partial M_c}{\partial y}\frac{\partial\overline{u}}{\partial p}\right)\tag{1.94}$$

式中:$\overline{(\quad)}$ 为网格尺度的水平空间平均,$\overline{\Gamma}$ 为平均的湿静力稳定度,单位为℃/hPa,$\overline{H_R}$ 为平均的单位质量空气的辐射加热率,单位为℃/d,M_c 表示积云质量通量,单位为℃/s。式(1.94)的左端为(湿)位涡的局地变化项,其值取决于右端8项的综合结果,依次为位涡通量的水平散度、位涡通量的垂直散度、风垂直切变及假相当位温梯度的影响、网格尺度运动的扭转效应、次网格尺度积云质量通量引起的位涡垂直输送、辐射的垂直差异效应、摩擦效应、风垂直切变及积云质量通量侧向差异的影响。显然,较强的负(湿)位涡值与暴雨相联系。

忽略垂直运动的水平变化,在绝热、无摩擦条件下,p 坐标系中湿空气的涡度守恒,即

$$MPV=-g(\zeta+f)\frac{\partial\theta_e}{\partial p}+g\frac{\partial v}{\partial p}\frac{\partial\theta_e}{\partial x}-g\frac{\partial u}{\partial p}\frac{\partial\theta_e}{\partial y}=\text{const.}\tag{1.95}$$

式中 θ_e 是相当位温。若将 MPV 分解为正压项和斜压项,则分别有

$$MPV1=-g(\zeta+f)\frac{\partial\theta_e}{\partial p}\tag{1.96}$$

$$MPV2=g\frac{\partial v}{\partial p}\frac{\partial\theta_e}{\partial x}-g\frac{\partial u}{\partial p}\frac{\partial\theta_e}{\partial y}\tag{1.97}$$

其中:$MPV1$ 是湿位涡的第一分量(垂直分量),表示惯性稳定度 $(\zeta+f)$ 和对流稳定度 $-g\dfrac{\partial\theta_e}{\partial p}$ 的作用,其值取决于空气块绝对涡度的垂直分量与相当位温的垂直梯度的乘积,为湿正压项。$MPV2$ 是湿位涡的第二分量(水平分量),它的数值由风的垂直切变(代表水平涡度)和相当位温的水平梯度决定,包含了湿斜压性($\nabla_p\theta_e$)和水

平风垂直切变的贡献,故称为湿斜压项。一般来说,绝对涡度为正值,当 $\frac{\partial \theta_e}{\partial p}<0$(对流稳定)时,湿正压项 $MPV1>0$,只有湿斜压项 $MPV2<0$,垂直涡度才能得到较大增长,此时 $MPV2$ 负值越强表明大气斜压性越强;当 $\frac{\partial \theta_e}{\partial p}>0$(对流不稳定)时,$MPV1<0$,只有 $MPV2>0$,垂直涡度才能得到较大增长。湿位涡的单位为 PVU($1\ \mathrm{PVU}=10^{-6}\ \mathrm{m^2\cdot K\cdot s^{-1}\cdot kg^{-1}}$)。

垂直涡度增长的充分条件为:$MPV2\Big/\frac{\partial \theta_e}{\partial p}>0$。因此,在对流不稳定大气中,$\frac{\partial \theta_e}{\partial p}>0$,只有 $MPV2>0$,垂直涡度才能得到较大增长;在对流稳定大气中,$\frac{\partial \theta_e}{\partial p}<0$,只有 $MPV2<0$,垂直涡度才能得到较大增长。也就是说垂直涡度的发展可在对流不稳定大气中发生,也可以在对流稳定大气中发生,θ_e 面的陡立是倾斜涡度发展的重要条件。

考虑到大气垂直速度的水平变化比水平速度的垂直变化小得多,忽略垂直速度的水平变化,则等压面上二阶湿位涡的表达式为

$$Q_{sm}=-g(\zeta+f)\frac{\partial Q_m}{\partial p}+g\left(\frac{\partial v}{\partial p}\frac{\partial Q_m}{\partial x}-\frac{\partial u}{\partial p}\frac{\partial Q_m}{\partial y}\right) \tag{1.98}$$

其中,湿位涡

$$Q_m=-g(\zeta+f)\frac{\partial \theta_{se}}{\partial p}+g\left(\frac{\partial v}{\partial p}\frac{\partial \theta_{se}}{\partial x}-\frac{\partial u}{\partial p}\frac{\partial \theta_{se}}{\partial y}\right) \tag{1.99}$$

强降水区由于上升气流和下沉气流的交汇伴随着强烈的三维空间梯度的动力、热力和水汽量的交换,同时也伴随着位涡的交换,由于凝结潜热产生的高层位涡与低层位涡不断交换,从而使强降水系统中存在较大的位涡梯度,因此包含位涡梯度的二阶湿位涡在强降水区也会像二阶位涡那样出现异常大值区。

实际大气中,当大气相对湿度超过 70%时,局部地区可有凝结现象发生;相对湿度越大,大气中的水汽越容易发生凝结,即大气中水汽的凝结概率随湿度的增大而增加。Gao 等(2004)考虑上述非均匀饱和大气中凝结过程特征,在相当位温的表达式中引入了凝结可能性函数从而提出一个新的物理量——广义位温,其定义式为

$$\theta^*(T,p)=\theta(T,p)\exp\left[\frac{Lq_s}{c_{pm}T}\left(\frac{q}{q_s}\right)^k\right] \tag{1.100}$$

式中:T 是温度,p 是气压,θ 是位温,L 是凝结潜热,c_{pm} 是湿空气的定压比热容,q 和 q_s 分别是比湿和饱和比湿,$(q/q_s)^k$ 表示了大气凝结的权重函数,试验表明当 k 取值为 9 时,能较好地表征实际大气的凝结状态。利用广义位温可以很好地反映实际大气的动力、热力特征,可以证明广义位温的守恒性。将上述广义位温 θ^* 代入热

力学方程后，结合涡度方程，最后可以得到广义湿位涡的倾向方程

$$\frac{\mathrm{d}P_m}{\mathrm{d}t}=\alpha(\nabla p\times\nabla\alpha)\cdot\nabla\theta^*+\alpha\boldsymbol{\zeta}_a\cdot\nabla\left(\frac{\theta^*}{c_pT}Q_d\right)+\alpha\ \nabla\theta\cdot(\nabla\times\boldsymbol{F})\quad(1.101)$$

其中：$P_m=\alpha\boldsymbol{\zeta}_a\cdot\nabla\theta^*$ 即为本研究将讨论的广义湿位涡。考虑大气为绝热、无摩擦的，式(1.101)可以简化为

$$\frac{\mathrm{d}P_m}{\mathrm{d}t}=\alpha(\nabla p\times\nabla\alpha)\cdot\nabla\theta^*\quad(1.102)$$

进一步利用广义位温定义，将式(1.102)改写为

$$\frac{\mathrm{d}P_m}{\mathrm{d}t}=\frac{LR_d}{c_p\rho p}\left[k\left(\frac{q}{q^s}\right)^{k-1}\frac{\theta^*}{\theta}\right](\nabla p\times\nabla\theta)\cdot\nabla q\quad(1.103)$$

可继续将式(1.103)简化为

$$\frac{\mathrm{d}P_m}{\mathrm{d}t}=\varepsilon\psi(RH)\quad(1.104)$$

其中：$\varepsilon=\frac{LR_d}{c_p\rho p}(\nabla p\times\nabla\theta)\cdot\nabla q$，$\psi(RH)=k(RH)^{k-1}\exp\left[\frac{Lq_s}{c_pT}(RH)^k\right]$，$RH=\frac{q}{q_s}$。$\varepsilon$ 项是大气斜压性及水汽梯度对广义湿位涡的影响项，$\psi(RH)$ 项为相对湿度 RH 对广义湿位涡的影响项。500 hPa 上，取 $T=273$ K，由相对湿度 RH 与 $\psi(RH)$ 项的关系图(略)可以看出，当 $RH>0.76$ 时，$\psi(RH)>1$，且 $\psi(RH)$ 随 RH 的增大而迅速增大，从而引起广义湿位涡增大。这说明非均匀饱和大气中相对湿度较大(尤其是大于 75%)的区域对广义湿位涡异常的生成贡献较大，即一定的温湿条件和动力条件的配置有利于广义湿位涡异常的出现。

1.3.10 位势散度和散度演化

可定义位势散度

$$D_\phi=-\frac{\partial\theta_{se}}{\partial p}\left(\frac{\partial u}{\partial x}+\frac{\partial v}{\partial y}\right)\quad(1.105)$$

因此，当低层辐合同时层结不稳定即出现正的位势散度时，有利于降水发生。根据涡度方程和非绝热的热力学方程，可得 p 坐标系的位势散度方程

$$\frac{\partial(D_\phi)}{\partial t}=-\boldsymbol{V}\cdot\nabla(D_\phi)-\omega\frac{\partial(D_\phi)}{\partial p}+\Gamma[2J(u,v)-\beta u-\nabla^2\phi+f\zeta+\nabla\cdot\boldsymbol{F}_D]+$$
$$(D\ \nabla\theta_{se}-\Gamma\ \nabla\omega)\frac{\partial\boldsymbol{V}}{\partial p}-D\frac{\partial Q_T}{\partial p}\quad(1.106)$$

其中：D 为水平散度，$\Gamma=-\frac{\partial\theta_{se}}{\partial p}$，$\boldsymbol{F}_D$ 为摩擦力，Q_T 为除凝结加热以外的非绝热加热项。

对中尺度系统而言,散度的重要性不可忽略,它与中尺度系统发生发展有着比涡度更加密切的关系,因此我们用散度方程分析高原切变线、高原低涡等天气系统。

自由大气水平运动方程组

$$\begin{cases}\dfrac{\partial u}{\partial t}+u\dfrac{\partial u}{\partial x}+v\dfrac{\partial u}{\partial y}=-\dfrac{\partial \phi}{\partial x}+fv \\ \dfrac{\partial v}{\partial t}+u\dfrac{\partial v}{\partial x}+v\dfrac{\partial v}{\partial y}=-\dfrac{\partial \phi}{\partial y}-fu\end{cases} \tag{1.107}$$

得散度方程

$$\frac{\partial D}{\partial t}=-\frac{\partial^2 \phi}{\partial x^2}-\frac{\partial^2 \phi}{\partial y^2}-\left(\frac{\partial u}{\partial x}\right)^2-\left(\frac{\partial v}{\partial y}\right)^2-u\frac{\partial D}{\partial x}-v\frac{\partial D}{\partial y}-2\frac{\partial v}{\partial x}\frac{\partial u}{\partial y}-\beta u+f\zeta \tag{1.108}$$

其中(水平)散度 $D=\dfrac{\partial u}{\partial x}+\dfrac{\partial v}{\partial y}$。

对于 α 中尺度系统,略去式(1.108)中的 β 项得

$$\begin{aligned}\frac{\partial D}{\partial t}&=-\frac{\partial^2 \phi}{\partial x^2}-\frac{\partial^2 \phi}{\partial y^2}+f\zeta-\left(\frac{\partial u}{\partial x}+\frac{\partial v}{\partial y}\right)^2-u\frac{\partial D}{\partial x}-v\frac{\partial D}{\partial y}-2\frac{\partial v}{\partial x}\frac{\partial u}{\partial y}+2\frac{\partial u}{\partial x}\frac{\partial v}{\partial y} \\ &=-(\nabla^2\phi-f\zeta)-D^2-\left(u\frac{\partial D}{\partial x}+v\frac{\partial D}{\partial y}\right)+2J(u,v)\end{aligned} \tag{1.109}$$

其中:$J(u,v)=\left(\dfrac{\partial u}{\partial x}\right)\cdot\left(\dfrac{\partial v}{\partial y}-\left(\dfrac{\partial u}{\partial y}\right)\cdot\left(\dfrac{\partial v}{\partial x}\right)\right.$ 为形变项,表示风场水平切变对局地散度的作用;$(\nabla^2\phi-f\zeta)$ 为非地转项,即散度变化取决于位势高度和涡度变化的相对大小;D^2 为散度平方项。

式(1.107)第一式变形得

$$\frac{\partial u}{\partial t}+u\frac{\partial u}{\partial x}+v\frac{\partial v}{\partial x}-v\frac{\partial v}{\partial x}+v\frac{\partial u}{\partial y}=-\frac{\partial \phi}{\partial x}+fv \tag{1.110}$$

$$\frac{\partial u}{\partial t}+\frac{\partial}{\partial x}\left(\frac{u^2+v^2}{2}\right)-(\zeta+f)v=-\frac{\partial \phi}{\partial x} \tag{1.111}$$

同理式(1.107)第二式同样变形,则得

$$\begin{cases}\dfrac{\partial u}{\partial t}-(\zeta+f)v=-\dfrac{\partial E}{\partial x} \\ \dfrac{\partial v}{\partial t}+(\zeta+f)v=-\dfrac{\partial E}{\partial y}\end{cases} \tag{1.112}$$

其中 $E=\phi+(u^2+v^2)/2$ 为机械能。

相应的散度方程变形

$$\begin{aligned}\frac{\partial D}{\partial t}&=-\nabla^2 E+v\frac{\partial \zeta}{\partial x}-u\frac{\partial \zeta}{\partial y}+(\zeta+f)\left(\frac{\partial v}{\partial x}-\frac{\partial u}{\partial y}\right) \\ &=-\nabla^2 E+(\zeta+f)\left(\frac{\partial v}{\partial x}-\frac{\partial u}{\partial y}\right)+\nabla(\zeta+f)\times\mathbf{V}\end{aligned} \tag{1.113}$$

式(1.113)是相较于经典散度方程的一种新形式。其中 $\nabla=\frac{\partial}{\partial x}\boldsymbol{i}+\frac{\partial}{\partial y}\boldsymbol{j}$ 为二维拉普拉斯算子，$\mathbf{V}=u\boldsymbol{i}+v\boldsymbol{j}$ 为二维风矢量场。

一般讨论大尺度系统运动时，风压场满足平衡关系，即在水平无辐合辐散条件下的平衡方程为

$$-\nabla^2 E+(\zeta+f)\left(\frac{\partial v}{\partial x}-\frac{\partial u}{\partial y}\right)+\nabla(\zeta+f)\times\mathbf{V}=0 \tag{1.114}$$

上式将散度局地变化和大气平衡状态联系起来，其中 $-\nabla^2 E+(\zeta+f)\left(\frac{\partial v}{\partial x}-\frac{\partial u}{\partial y}\right)+\nabla(\zeta+f)\times\mathbf{V}$ 称为非平衡项。应用此方法分析了低空急流与暴雨的联系，得出低空急流轴左侧一般有非平衡项负值区(上升运动)，低空急流轴右侧有非平衡项正值区(下沉运动)。由于高原横切变线以南为西南风，式(1.113)右边又是散度变化$\left(\frac{\partial D}{\partial t}\right)$的制造项，类比可推论在水汽输送带北侧横切变线附近有非平衡项负值区，非平衡项负值减小的位置有利于高原低涡生成；有些高原低涡(尤其是暖性且强度较强的)结构特点与热带气旋类低涡相似，低涡四周为上升运动，低涡中心为下沉运动(李国平 等，2002a，2002b)，因此低涡中心对应非平衡项正值中心，四周对应非平衡项负值区。由式(1.114)可知，当 $-\nabla^2 E+(\zeta+f)\left(\frac{\partial v}{\partial x}-\frac{\partial u}{\partial y}\right)+\nabla(\zeta+f)\times\mathbf{V}\neq 0$，即大气处于不平衡状态，会引起风场和气压场调整，使散度场发生变化。低涡发展加强阶段，低涡以南西南风增强，对低涡中心而言，$-\nabla^2 E+(\zeta+f)\left(\frac{\partial v}{\partial x}-\frac{\partial u}{\partial y}\right)+\nabla(\zeta+f)\times\mathbf{V}>0$ 且数值随时间增大，辐散增强且增幅不断增大，低涡中心的下沉运动加强，有利于低涡发展，伴随着低涡以南西南风带的增强东移，非平衡项正值中心也增强东移，低涡亦随之加强东移；对低涡外围来讲，非平衡项 $-\nabla^2 E+(\zeta+f)\left(\frac{\partial v}{\partial x}-\frac{\partial u}{\partial y}\right)+\nabla(\zeta+f)\times\mathbf{V}<0$ 时且数值随时间减小，辐合增强且增幅增大，低涡四周的上升运动不断加强，有利于低涡发展。低涡减弱消散阶段，低涡以南西南风减弱，整体辐散加强，低涡四周上升运动减弱，非平衡项正值区向外扩展，低涡中心下沉运动增幅减小，非平衡项正值中心数值减小，由以上分析可以看出与低涡中心对应的非平衡项正值减小的时段即低涡强度减弱的时段。

1.3.11　水汽通量、水汽通量散度与水汽散度垂直通量

水汽通量散度的计算公式为

$$A=\nabla\cdot\left(\frac{1}{g}q\mathbf{V}\right)=\frac{\partial}{\partial x}\left(\frac{1}{g}uq\right)+\frac{\partial}{\partial y}\left(\frac{1}{g}vq\right) \tag{1.115}$$

式中：q 代表比湿，u，v 分别为纬向风和经向风，g 为重力加速度。水汽通量散度是水汽集中程度的物理量，当 $A>0$，则水汽通量是辐散的（水汽因输送出去而减少）；若 $A<0$，水汽通量是辐合的（水汽因输送进来而增加）。

整层水汽输送通量的计算公式为

$$Q_u=\frac{1}{g}\int_{p_s}^{p_t}qu\mathrm{d}p \tag{1.116}$$

$$Q_v=\frac{1}{g}\int_{p_s}^{p_t}qv\mathrm{d}p \tag{1.117}$$

$$\boldsymbol{Q}=Q_u\boldsymbol{i}+Q_v\boldsymbol{j} \tag{1.118}$$

其中：Q_u 和 Q_v 是纬向和经向垂直积分的水汽通量，q 表示比湿，g 代表重力加速度，u 和 v 分别表示纬向风和经向风，p_t 代表 300 hPa 的气压，p_s 代表地面气压。

水汽散度垂直通量

$$\Gamma_q=\frac{\omega}{q}\cdot\left(\frac{\partial uq}{\partial x}+\frac{\partial vq}{\partial y}\right) \tag{1.119}$$

ω 表示垂直速度，Γ_q 代表水汽散度垂直通量，上式的物理意义在于可反映降水过程的水汽垂直输送状况。

其他一些类似的散度、螺旋度和散度通量类的动力诊断因子如表 1.2 所示。

表 1.2　几类动力诊断因子一览表

动力因子	计算公式	物理意义
质量散度	$\text{divden}=\rho\left(\frac{\partial u}{\partial x}+\frac{\partial v}{\partial y}\right)$	表征了雨区上空典型的垂直动力结构
垂直螺旋度	$\text{hel}=\frac{\omega}{\rho}\left(\frac{\partial v}{\partial x}-\frac{\partial u}{\partial y}\right)$	代表了相对涡度的垂直通量
质量垂直螺旋度	$\text{helden}=\omega\cdot\rho\left(\frac{\partial v}{\partial x}-\frac{\partial u}{\partial y}\right)$	体现了低涡对暖湿气流的抽吸，本质上是强化对流层低层的传统垂直螺旋度，而弱化高层的传统的垂直螺旋度
水汽垂直螺旋度	$\text{helqV}=\frac{\omega}{\rho}\left[\frac{\partial(vq)}{\partial x}-\frac{\partial(uq)}{\partial y}\right]$	反映了水汽通量涡度的垂直输送情况
散度垂直通量	$\text{wdiv}=\frac{\omega}{\rho}\left(\frac{\partial u}{\partial x}+\frac{\partial v}{\partial y}\right)$	代表了水平散度的垂直通量
密度散度垂直通量	$\text{wdendiv}=\omega\cdot\rho\left(\frac{\partial u}{\partial x}+\frac{\partial v}{\partial y}\right)$	将质量散度与垂直速度相结合，能更准确地描述暴雨系统的发展演变过程
水汽散度通量	$\text{wqvdiv}=\frac{\omega}{\rho}\left[\frac{\partial(uq)}{\partial x}+\frac{\partial(vq)}{\partial y}\right]$	反映了水汽通量散度的垂直输送情况

注：u、v、ω 分别为 p 坐标系中 x、y、垂直方向的速度，ρ 为密度；q 为水汽比湿

1.3.12　水汽通量的势函数和流函数

水汽通量(矢)通过其流函数(Ψ)和势函数(χ)最终可得到其非辐散(旋转)分量和辐散(非旋转)分量,即

$$\boldsymbol{Q}=\boldsymbol{k}\times\nabla\Psi+(-\nabla\chi)=\boldsymbol{Q}_{\Psi}+\boldsymbol{Q}_{\chi} \tag{1.120}$$

式中:$\boldsymbol{Q}$ 表示水汽通量,$\boldsymbol{Q}_{\Psi}$ 和 $\boldsymbol{Q}_{\chi}$ 分别代表水汽通量的旋转分量和辐散分量。

$$\begin{cases}\nabla^2\Psi=\boldsymbol{k}\cdot\nabla\times\boldsymbol{Q}\\ \nabla^2\chi=-\nabla\cdot\boldsymbol{Q}\end{cases} \tag{1.121}$$

$$\begin{cases}\boldsymbol{Q}_{\Psi}=\boldsymbol{k}\times\nabla\Psi\\ \boldsymbol{Q}_{\chi}=-\nabla x\end{cases} \tag{1.122}$$

第一步,根据格点上的 q、u、v 值,计算出 $\boldsymbol{Q}$ 及其散度和涡度场;第二步,求解泊松方程。用超张弛法数值求解式(1.121)得到流函数和势函数;第三步,由式(1.122)得到水汽通量的辐散分量和旋转分量。

将式(1.121)、式(1.122)垂直积分,可得到单位面积上空气柱的势函数和流函数,以及水汽通量的辐散和旋转分量。

1.3.13　区域水汽收支

单位边长整层大气水汽输送通量的计算公式为

$$\boldsymbol{Q}=-\frac{1}{g}\int_{p_2}^{p_1}q\boldsymbol{V}\mathrm{d}p \tag{1.123}$$

式中:q 为比湿(g/kg),$\boldsymbol{V}$ 为水平风速矢(m/s),g 为重力加速度(m/s^2)。

各方向上水汽通量收支的计算公式为

$$Q_L=\int_l\left[-\frac{1}{g}\int_{p_2}^{p_1}qv_n\mathrm{d}p\right]\mathrm{d}l \tag{1.124}$$

其中:l 为计算区域的周长,v_n 是水平风沿区域周线的法向分量。

水汽收支的计算公式另一种形式为

$$F_v=(-1)^m\frac{1}{g}\int_l\int_{p_s}^{p_t}v_nq\,\mathrm{d}l\,\mathrm{d}p \tag{1.125}$$

式中:g 为重力加速度,q 为比湿,p_s 为地面气压,p_t 为顶部气压,为了更好地了解大气的垂直收支情况,将整层大气水汽收支划分为三个部分,即对流层低层、对流层中层、对流层高层,其高度范围依次是地表至 700 hPa、700～500 hPa、500～100 hPa。l 为水平边界的长度,v_n 为垂直于边界的法向速度,m 的值取 0 或 1,其中南边界和西边界取 1,北边界和东边界取 0,F_v 为正值表示流入,负值表示流出。

1.3.14 全型垂直涡度、倾斜涡度和非热成风涡度

垂直涡度的急剧发展常伴有剧烈的灾害天气。经典的(垂直)涡度方程具有明显的平面特征和动力学特征。大量天气分析实践表明:稳定度的变化、斜压性的改变以及与风垂直切变相关的高、低空急流的发展,常与涡度发展相联系。但这些热力学项并不直接出现在经典的涡度方程中,从而使其应用受到限制。Ertel 从干空气的大气方程组得到 Ertel 位涡守恒方程,吴国雄等(1995)引入水汽方程导出饱和湿空气的位涡方程。位涡方程的显著特征是三维空间性,并包含热力因子的影响。进一步考虑摩擦耗散和非绝热加热的作用,可得到全型的垂直涡度倾向方程($\theta_z \neq 0$)

$$\frac{\mathrm{d}\zeta_z}{\mathrm{d}t}+\beta v+(f+\zeta_z)\nabla\cdot\mathbf{V}=-\frac{1}{\alpha\theta_z^2}\left[(P_E-\xi_s\theta_s)\frac{\mathrm{d}\theta_z}{\mathrm{d}t}+\xi_z\theta_s\frac{\mathrm{d}\theta_s}{\mathrm{d}t}+\theta_z\theta_s\frac{\mathrm{d}\xi_s}{\mathrm{d}t}\right]+\frac{1}{\theta_z}\nabla\theta\cdot\boldsymbol{F}_\zeta+\frac{1}{\theta_z}\boldsymbol{\zeta}_a\cdot\nabla Q \tag{1.126}$$

式中:$\boldsymbol{\zeta}_a=\nabla\times\mathbf{V}+2\boldsymbol{\Omega}$ 为绝对涡度矢,α 为比容,$P_E=\boldsymbol{\xi}_a\cdot\nabla\theta$ 为 Ertel 位涡,$\boldsymbol{\xi}_a=\alpha\boldsymbol{\zeta}_a$ 称为比绝对涡度。上式左端第二、三项表示动力因子对垂直涡度发展的贡献,右端是热力因子(静力稳定度 $\frac{\mathrm{d}\theta_z}{\mathrm{d}t}$ 的变化,大气斜压性的改变 $\frac{\mathrm{d}\theta_s}{\mathrm{d}t}$,风垂直切变的发展 $\frac{\mathrm{d}\xi_s}{\mathrm{d}t}$,摩擦耗散 $\boldsymbol{F}_\zeta$ 和非绝热加热 Q 对垂直涡度发展的贡献。

当等熵面呈水平分布时,$\theta_s=0$,则在绝热、无摩擦的情况下有

$$\frac{\mathrm{d}}{\mathrm{d}t}[\alpha(f+\zeta_z)\theta_z]\equiv 0 \tag{1.127}$$

这就是 Rossby 位涡(或称为等熵位涡)守恒方程,可见它是全型垂直涡度方程的特例。当 θ 面出现倾斜时,水平涡度的适当分布可诱发垂直涡度的强烈发展,则将这类以 θ 面倾斜为前提的垂直涡度发展定义为倾斜涡度发展(简称 SVD)。数值模拟表明:当 θ 面非常陡立时,SVD 发展可以十分急剧,比水平散度项引起的涡度发展大一个量级以上。因此,SVD 是剧烈天气发展的一种重要机制。

更加全面地分析可知,在诱发 SVD 的过程中,风垂直切变、稳定度和斜压性的影响不是孤立的,三者可结合成一个天气指示意义明显的综合热力参数加以考虑,其中 $\xi_s\theta_s=-\frac{\partial v}{\partial z}\frac{\partial\theta}{\partial x}+\frac{\partial u}{\partial z}\frac{\partial\theta}{\partial y}=\frac{\partial V_m}{\partial z}\frac{\partial\theta}{\partial S}$,$\xi_s=\frac{\partial V_m}{\partial z}$ 表示风垂直切变。沿倾斜等熵面下滑的气块,当综合热力参数 C_T 减小时,其垂直涡度将发展。

根据非绝热、有摩擦情况下的热成风适应原理(参见 6.4),暖平流分布不均匀之处,热成风平衡被破坏,产生正的非热成风涡度,在热成风适应过程中将产生上升运动、有利于(次天气尺度)低涡生成。可以证明垂直运动的变化与非热成风涡度成正

比，即

$$\frac{\partial \omega_2}{\partial t} = -2\Delta p \cdot f(\hat{\zeta}_2 - \hat{\zeta}_{T2}) \tag{1.128}$$

其中：流场的热成风涡度 $\hat{\zeta}_2 = (\zeta_1 - \zeta_3)/2$，温度场的热成风涡度 $\hat{\zeta}_{T2} = (\Delta\varphi_1 - \Delta\varphi_3)/2f$，$(\hat{\zeta}_2 - \hat{\zeta}_{T2})$为非热成风涡度，1 代表高层，2 代表中层，3 代表低层，$\Delta p = 100$ hPa。对于西南低涡发生、发展的诊断计算，可取 1 为 500 hPa，2 为 700 hPa，3 为 850 hPa。式(1.128)表明当出现正的非热成风涡度即流场的热成风涡度大于温度场的热成风涡度时，在适应过程中将产生上升运动；反之，将产生下沉运动。即上升运动的加强取决于正的非热成风涡度，反之负的非热成风涡度会使垂直上升运动减弱。

1.3.15　涡度矢、湿涡度矢和对流涡度矢

对于三维旋转大气运动，可用相对涡度矢(简称相对涡度矢)描述其旋转情况

$$\boldsymbol{\zeta} = \nabla \times \boldsymbol{V} = \xi \boldsymbol{i} + \eta \boldsymbol{j} + \zeta \boldsymbol{k} \tag{1.129}$$

其中：水平方向的两个分量称为水平涡度，垂直方向的分量称为垂直涡度(简称涡度)。

在中尺度系统的发展和演变中，湿旋转物理量有较大的应用空间。除前面应用的湿位涡外，但在湿深对流系统中，由于湿等熵面的倾斜，位温梯度矢量和涡度矢量的交角变大，极端时可以接近 90°，两个矢量的点乘积变小，则位涡变得较弱，不利于诊断分析。将位涡定义拓展，引入湿涡度矢(MVV)的概念，研究认为 MVV 的垂直分量与湿对流密切相关。

在 z 坐标系中湿涡度矢(MVV)定义式为

$$\boldsymbol{M} = \frac{\boldsymbol{\zeta}_a \times \nabla q_v}{\rho} \tag{1.130}$$

式中：$\boldsymbol{\zeta}_a = \nabla \times \boldsymbol{V} + 2\boldsymbol{\Omega}$ 为绝对涡度矢，θ_e 为相当位温，q_v 为比湿，ρ 为湿空气密度。因此在 z 坐标系中，湿涡度矢为

$$\begin{aligned}\boldsymbol{M} &= \frac{1}{\rho}\left[\left(\zeta_y \frac{q_v}{\partial_z} - \zeta_z \frac{q_v}{y}\right)\boldsymbol{i} + \left(\zeta_z \frac{q_v}{x} - \zeta_x \frac{q_v}{z}\right)\boldsymbol{j} + \left(\zeta_x \frac{q_v}{y} - \zeta_y \frac{q_v}{x}\right)\boldsymbol{k}\right] \\ &= M_x \boldsymbol{i} + M_y \boldsymbol{j} + M_z \boldsymbol{k}\end{aligned} \tag{1.131}$$

其中：M_x 表示经向涡度和比湿垂直梯度的相互作用以及垂直涡度和比湿经向梯度的相互作用；M_y 反映了纬向涡度和比湿垂直梯度的相互作用以及垂直涡度和比湿纬向梯度的相互作用；M_z 表示水平涡度和水平比湿梯度的相互作用，可称为湿涡度矢垂直分量。

在笛卡儿直角坐标系(简称 z 坐标系)中，对流涡度矢量(CVV)定义为

$$\boldsymbol{C}=\frac{\boldsymbol{\zeta}_a\times\nabla\theta_e}{\rho}\tag{1.132}$$

z 坐标系下

$$\boldsymbol{C}=\frac{1}{\rho}\left[\left(\zeta_y\frac{\partial\theta_e}{\partial z}-\zeta_z\frac{\partial\theta_e}{\partial y}\right)\boldsymbol{i}+\left(\zeta_z\frac{\partial\theta_e}{\partial x}-\zeta_x\frac{\partial\theta_e}{\partial z}\right)\boldsymbol{j}+\left(\zeta_z\frac{\partial\theta_e}{\partial x}-\zeta_x\frac{\partial\theta_e}{\partial z}\right)\boldsymbol{k}\right]\tag{1.133}$$

即

$$\boldsymbol{C}=C_x\boldsymbol{i}+C_y\boldsymbol{j}+C_z\boldsymbol{k}\tag{1.134}$$

其中：$\zeta_x=\dfrac{\partial w}{\partial y}-\dfrac{\partial v}{\partial z}$，$\zeta_y=\dfrac{\partial u}{\partial z}-\dfrac{\partial w}{\partial x}+f'$，$\zeta_z=\dfrac{\partial v}{\partial x}-\dfrac{\partial u}{\partial y}+f$，$f$ 是地转参数(科里奥利参数)，$f=2\Omega\sin\varphi$，$f'=2\Omega\cos\varphi$，φ 为纬度。由于 f' 比 $\dfrac{\partial u}{\partial z}-\dfrac{\partial w}{\partial x}$ 小一个量级，为了计算和讨论的方便，这里计算 ζ_y 时忽略 f'。对流涡度矢量的单位是 $\mathrm{m^2\cdot s^{-1}\cdot K\cdot kg^{-1}}$。

1.3.16 涡生参数和 Okubo-Weiss 参数

涡生参数是研究与风暴有关的倾斜涡旋提出的一个概念，水平涡度通过倾斜向垂直涡度的转化率为

$$\left(\frac{\partial\zeta}{\partial t}\right)_{tilt}=\boldsymbol{\eta}\cdot\nabla w\tag{1.135}$$

其中：ζ 为涡度的垂直分量，$\boldsymbol{\eta}$ 为水平涡度矢量，w 是垂直速度。

$$VGP=\left[S(CAPE)^{\frac{1}{2}}\right]\tag{1.136}$$

式中：S 代表平均切变。当平均切变正比于水平涡度矢量，$(CAPE)^{\frac{1}{2}}$ 正比于垂直速度。当上升气流大致具有同样的水平尺度时，涡生参数大致正比于水平涡度向垂直涡度的转化率。国外的研究多利用涡生参数对龙卷和超级单体等强烈发展的小尺度天气系统进行诊断分析，但涡生参数也可作为高原切变线生成和加强的一个明显前兆信号(陈佳和李国平，2018)。

Dunkerton 等(2009)和 Tory 等(2013)研究发现，热带气旋总是生成在一个低变形而强旋转的正涡度区域中。借鉴热带气旋的研究成果，可利用 Okubo-Weiss(以下简称 OW)参数来定量表达气流旋转和变形的相对大小。该参数的计算公式如下

$$OW=\zeta^2-(D_s^2+D_t^2)\tag{1.137}$$

$$\zeta=\frac{\partial v}{\partial x}-\frac{\partial u}{\partial y}\tag{1.138}$$

$$D_t=\frac{\partial u}{\partial x}-\frac{\partial v}{\partial y}\tag{1.139}$$

$$D_s = \frac{\partial v}{\partial x} + \frac{\partial u}{\partial y} \tag{1.140}$$

其中：ζ 为相对涡度(矢量)的垂直分量(简称涡度)，D_t 为伸缩变形(简称伸缩)，D_s 为切变变形(简称切变)。OW 参数为相对涡度的平方减去这两项变形项的平方，表示气流中相对涡度和变形的相对大小，能够定量描述气流中的旋转和变形程度。当 OW 为负值时，表示气流由变形主导，有利于切变线的生成和维持。当 OW 为正值时，表示气流以旋转为主，有利于切变线上气旋性涡度的发生、发展，正 OW 值越大，表示气流的旋转性越强。

1.3.17　变形方程

将水平风场(u,v)作泰勒级数展开并取近似后可得

$$u \approx u_0 + \frac{1}{2}(\delta + D_t)x + \frac{1}{2}(D_s - \zeta)y \tag{1.141}$$

$$v \approx v_0 + \frac{1}{2}(D_s + \zeta)x + \frac{1}{2}(\delta - D_t)y \tag{1.142}$$

其中 (u_0,v_0) 是坐标原点处的风速分量。

$$\delta = \frac{\partial u}{\partial x} + \frac{\partial v}{\partial y} \tag{1.143}$$

为水平散度(简称散度)，其他物理量同上。总变形定义为

$$D = \sqrt{D_s^2 + D_t^2} \tag{1.144}$$

忽略摩擦作用，则等压面上大气运动方程组为

$$\frac{\partial u}{\partial t} + \mathbf{V} \cdot \nabla u = fv - g\frac{\partial z}{\partial x} \tag{1.145}$$

$$\frac{\partial v}{\partial t} + \mathbf{V} \cdot \nabla v = -fu - g\frac{\partial z}{\partial y} \tag{1.146}$$

其中：$\mathbf{V}=(u,v,\omega)$ 为三维速度矢量，z 为位势高度，g 为重力加速度，f 为科里奥利参数。由 $\frac{\partial}{\partial x}$ 式(1.146)$-$ $\frac{\partial}{\partial y}$ 式(1.145)可得到涡度方程

$$A = A_1 + A_2 + A_3 + A_4 + A_5 \tag{1.147}$$

其中

$$A = \frac{\partial \zeta}{\partial t} \tag{1.148}$$

$$A_1 = -u\frac{\partial \zeta}{\partial x} - v\frac{\partial \zeta}{\partial y} \tag{1.149}$$

$$A_2 = -\omega\frac{\partial \zeta}{\partial p} \tag{1.150}$$

$$A_3 = -(f+\zeta)\delta \tag{1.151}$$

$$A_4 = \frac{\partial \omega}{\partial y}\frac{\partial u}{\partial p} - \frac{\partial \omega}{\partial x}\frac{\partial v}{\partial p} \tag{1.152}$$

$$A_5 = -\beta v \tag{1.153}$$

这里 β 为 Rossby 参数，方程(1.147)左端 A 为涡度局地变化(倾向)项，右端 A_1 为涡度平流项，A_2 为涡度垂直输送项，A_3 为涡度散度项，A_4 为涡度扭转项，A_5 为 β 效应项。

而由 $\frac{\partial}{\partial x}$ 式(1.145)$+\frac{\partial}{\partial y}$ 式(1.146)可得切变方程

$$\frac{\partial D_s}{\partial t} = -V \cdot \nabla D_s - fD_t - D_s\delta - \left(\frac{\partial \omega}{\partial y}\frac{\partial u}{\partial p} + \frac{\partial \omega}{\partial x}\frac{\partial v}{\partial p}\right) + \beta v - 2g\frac{\partial^2 z}{\partial x \partial y} \tag{1.154}$$

由 $\frac{\partial}{\partial x}$ 式(1.145)$-\frac{\partial}{\partial y}$ 式(1.146)可得到伸缩方程

$$\frac{\partial D_t}{\partial t} = -\mathbf{V} \cdot \nabla D_t + fD_s - D_t\delta - \left(\frac{\partial \omega}{\partial x}\frac{\partial u}{\partial p} - \frac{\partial \omega}{\partial y}\frac{\partial v}{\partial p}\right) + \beta u - g\frac{\partial^2 z}{\partial x^2} + g\frac{\partial^2 z}{\partial y^2} \tag{1.155}$$

再由 $\frac{D_s}{D}$ 式(1.154)$+\frac{D_t}{D}$ 式(1.155)可得到总变形方程

$$B = B_1 + B_2 + B_3 + B_4 + B_5 + B_6 \tag{1.156}$$

其中

$$B = \frac{\partial D}{\partial t} \tag{1.157}$$

$$B_1 = -u\frac{\partial D}{\partial x} - v\frac{\partial D}{\partial y} \tag{1.158}$$

$$B_2 = -\omega\frac{\partial D}{\partial p} \tag{1.159}$$

$$B_3 = -D\delta \tag{1.160}$$

$$B_4 = -\frac{D_s}{D}\left(\frac{\partial \omega}{\partial y}\frac{\partial u}{\partial p} + \frac{\partial \omega}{\partial x}\frac{\partial v}{\partial p}\right) - \frac{D_t}{D}\left(\frac{\partial \omega}{\partial x}\frac{\partial u}{\partial p} - \frac{\partial \omega}{\partial y}\frac{\partial v}{\partial p}\right) \tag{1.161}$$

$$B_5 = \frac{D_s}{D}\beta v + \frac{D_t}{D}\beta u \tag{1.162}$$

$$B_6 = -\frac{D_s}{D}\left(2g\frac{\partial^2 z}{\partial x \partial y}\right) - \frac{D_t}{D}\left(g\frac{\partial^2 z}{\partial x^2} - g\frac{\partial^2 z}{\partial y^2}\right) \tag{1.163}$$

方程(1.156)左端 B 为总变形局地变化(倾向)项，右端 B_1 为总变形平流项，B_2 为总变形垂直输送项，B_3 为总变形散度项，B_4 为总变形扭转项，B_5 为 β 效应项，B_6 为水平气压(位势)梯度项。

1.3.18 螺旋度、湿螺旋度和相对螺旋度

螺旋度是表征流体边旋转边沿旋转方向运动的动力特性的物理量，最早用来研究流体力学中的湍流问题，在等熵流体中具有守恒性质。螺旋度从物理本质上反映了流体涡管扭结的程度，其大小反映了旋转与沿旋转方向运动的强弱程度，其定义为风矢量与涡度点乘的体积分

$$H = \iiint_{\tau} \boldsymbol{V} \cdot (\nabla \times \boldsymbol{V}) \mathrm{d}\tau \tag{1.164}$$

螺旋度表示涡管相互扭结的程度。因此，可用 H 反映旋转与沿旋转轴方向运动的强弱程度。对等熵流体，H 为守恒量。地转运动中，大气的螺旋度保持守恒，即 $\frac{\partial H}{\partial t} = 0$。

气象中最初把螺旋度用于湍流尺度问题，后多用于分析强雷暴、强风暴的整体旋转发展和维持机制。对大尺度、准水平运动，水平速度分布不均匀所引起的涡度是垂直方向的，$\zeta\omega > 0$，即气旋区域，有上升运动；反气旋区域，有下沉运动。

就全球而言，

$$H = \int_{\tau} \zeta\omega \, \mathrm{d}\tau = \text{const} \tag{1.165}$$

表示系统有气旋性或反气旋性旋转，螺旋度总是不等于零的。

通常使用的螺旋度指局地螺旋度 h，定义为

$$h = \boldsymbol{V} \cdot (\nabla \times \boldsymbol{V}) \tag{1.166}$$

其中：$\boldsymbol{V}$ 为三维风速矢量，∇为三维微分算子。若定义 $\boldsymbol{V}_h$ 为水平风速，ω 为垂直运动速度，ζ 为涡度的垂直分量，则螺旋度可写为

$$\begin{aligned} h &= (\boldsymbol{V}_h + \omega\boldsymbol{k}) \cdot [\nabla \times (\boldsymbol{V}_h + \omega\boldsymbol{k})] \\ &= \boldsymbol{V}_h \cdot \nabla \times (\boldsymbol{V}_h + \omega\boldsymbol{k}) + \omega\boldsymbol{k} \cdot \nabla \times (\boldsymbol{V}_h + \omega\boldsymbol{k}) \\ &= \boldsymbol{V}_h \cdot \nabla \times \omega\boldsymbol{k} + \omega\zeta + \boldsymbol{V}_h \cdot \nabla \times \boldsymbol{V}_h \end{aligned} \tag{1.167}$$

进一步定义 V_χ 和 V_ψ 分别表示水平风速 $\boldsymbol{V}_h$ 的辐散分量和旋转分量，χ 、ψ 分别为势函数和流函数，则螺旋度可以进一步写为

$$\begin{aligned} h &= (\boldsymbol{V}_\chi + \boldsymbol{V}_\psi) \cdot \nabla \times \omega\boldsymbol{k} + \omega\zeta + (\boldsymbol{V}_\chi + \boldsymbol{V}_\psi) \cdot [\nabla \times (\boldsymbol{V}_\chi + \boldsymbol{V}_\psi)] \\ &= (\boldsymbol{V}_\chi + \boldsymbol{V}_\psi) \cdot \nabla \times \omega\boldsymbol{k} + \omega\zeta + (-\boldsymbol{V}_\chi + \boldsymbol{k} \times \nabla\psi) \cdot [\nabla \times (\boldsymbol{k} \times \nabla\psi)] \\ &= (\boldsymbol{V}_\chi + \boldsymbol{V}_\psi) \cdot \nabla \times \omega\boldsymbol{k} + \omega\zeta + (\boldsymbol{V}_\chi + \boldsymbol{V}_\psi) \cdot \nabla \times \boldsymbol{V}_\psi \end{aligned} \tag{1.168}$$

可见，螺旋度是涡旋在辐散风方向和旋转风方向以及垂直速度方向投影作用的共同结果，对于强烈发生发展的中尺度系统，辐散风分量较大，垂直运动也很激烈。因此，螺旋度重点表现了涡旋在辐散风方向以及垂直运动方向的投影作用。可见，螺旋度的重要性在于它包含了辐散风效应，强调了垂直运动场，可以较好地反映涡

旋、辐散以及垂直运动相互作用的典型中尺度系统的动力学特征。螺旋度值的正负情况反映了涡度和速度的配合程度。

螺旋度作为强对流天气分析的一个重要物理量，在国内外暴雨研究中已有广泛应用，其中 z-螺旋度（不严格地有时也称为垂直螺旋度）和相对螺旋度（SRH）常用于暴雨天气系统的诊断计算。

在上升运动 $\omega>0$ 的情况下，z 坐标系下 z-螺旋度计算公式为

$$h=\omega\zeta=-\frac{\omega}{\rho g}\left(\frac{\partial v}{\partial x}-\frac{\partial u}{\partial y}\right) \tag{1.169}$$

则当有上升运动（$\omega>0$），$\zeta>0$ 为正涡度时，螺旋度为正值；反之，$\zeta<0$ 为负涡度，螺旋度为负值。

湿螺旋度散度计算公式为

$$F=\omega\zeta\ \nabla\cdot(q\boldsymbol{V})=\omega\left(\frac{\partial v}{\partial x}-\frac{\partial u}{\partial y}\right)\left(\frac{\partial uq}{\partial x}+\frac{\partial vq}{\partial y}\right) \tag{1.170}$$

只考虑有上升运动 $\omega>0$ 以及正涡度 $\zeta>0$ 时的情况下，则当有水汽通量散度的辐合 $\nabla\cdot(q\boldsymbol{V})<0$ 时，湿螺旋度为负值；反之，当有水汽通量散度的辐散 $\nabla\cdot(q\boldsymbol{V})>0$ 时，螺旋度为正值。

考虑到研究强对流时，涡度的垂直分量较风垂直切变小一个量级以上，同时忽略垂直速度在水平方向的变化，因而得到简化的相对螺旋度密度计算公式

$$h=v_{sr}\frac{\mathrm{d}u}{\mathrm{d}z}-u_{sr}\frac{\mathrm{d}v}{\mathrm{d}z} \tag{1.171}$$

其中：u_{sr}、v_{sr} 分别为相对于风暴的风矢量 $\boldsymbol{V}_{sr}$ 在 x，y 方向的分量，即

$$\boldsymbol{V}_{sr}=\boldsymbol{V}-\boldsymbol{C} \tag{1.172}$$

式中 $\boldsymbol{C}$ 为风暴平移速度。

在此基础上发展出一个可利用单站探空风资料计算风暴相对螺旋度 SRH（以下简称相对螺旋度）公式，其差分形式为

$$H_{s-r}(C)=\sum_{k=1}^{N-1}\left[(u_{k+1}-c_x)(v_k-c_y)-(u_k-c_x)(v_{k+1}-c_y)\right] \tag{1.173}$$

其中：风暴移速 $\boldsymbol{C}$ 一般取为地面、925 hPa、850 hPa、700 hPa、500 hPa、300 hPa 和 200 hPa 平均风速的 75%，方向定为 $\boldsymbol{V}$ 的方向右偏 40°（标记为 40R75）。

1.3.19 对流不稳定、对称不稳定、条件对称不稳定与重力波不稳定

与温度垂直分布相关的不稳定称为热力不稳定或层结不稳定（如静力不稳定、浮力不稳定、重力不稳定等），与流场水平分布和垂直分布相关的不稳定度称为动力不稳定（如重力波不稳定、切变不稳定、对称不稳定、惯性不稳定、正压不稳定、斜压不稳定等）。显然对流不稳定属于动力不稳定，其分析计算对于强对流天气预报很

重要，它是对流发展的必要条件，但不是充分条件。对流不稳定是指具有上干下湿的条件性稳定气层被整层抬升到凝结高度以上变成不稳定时，称该气层为对流性不稳定；反之，则称为对流稳定。这类不稳定的特征是：当没有扰动时，它们呈现的是稳定气层的特征，一旦气层发生气流越山、辐合等受迫抬升过程后，就有可能演变为不稳定气层，而释放大量不稳定能，形成雷暴、龙卷等强对流天气，即气层的对流性不稳定是被地形、锋面等抬升到一定高度后才表现出来。

有时大气对于垂直位移是对流稳定的，对于水平位移是惯性稳定的，但对于倾斜位移仍可能是产生不稳定，由此导致倾斜对流的发生发展。研究这种倾斜对流发生发展的理论称为对称不稳定理论。对称不稳定是除 Kelvin-Helmholtz 不稳定（切变不稳定）之外的另一类与基本气流状态有关的惯性重力波的不稳定，因此对称不稳定是中尺度大气运动发展的一种强迫机制。对称不稳定是中尺度天气系统发生发展过程中的一种动力不稳定，从物理上看，就是大气运动在垂直方向上是对流稳定的并且水平方向上是惯性稳定的情况下，作倾斜上升运动时仍然可能发生的一种大气不稳定现象。对称不稳定的判据分以下几类。

在静力平衡条件下，对称不稳定的判据为：$Ri < \frac{\eta}{f}$，其中 $Ri = N^2 \Big/ \left(\frac{\partial \overline{V}}{\partial z}\right)^2$ 为 Richardson 数，$\eta = \frac{\partial \overline{V}}{\partial x} + f$ 为绝对涡度。由于通常 $\eta \approx f$，所以对称不稳定的判据可简化为

$$Ri < 1 \tag{1.174}$$

如果此时大气层结是稳定的，对称不稳定判据也可写成：$q < 0$，其中 $q = \left(f + \frac{\partial \overline{V}}{\partial x}\right) \frac{\partial \overline{\theta}}{\partial z} - \frac{\partial \overline{V}}{\partial z} \frac{\partial \overline{\theta}}{\partial x}$ 是基本气流的位涡。

在绝热、无摩擦的非静力平衡大气中，干空气的对称不稳定判据为

$$q = N^2 F^2 - (S^2)^2 < 0 \tag{1.175}$$

式中：$F^2 = f\left(f + \frac{\partial \overline{V}}{\partial x}\right)$，$S^2 = f \frac{\partial \overline{V}}{\partial z} = \frac{g}{\theta_0} \frac{\partial \overline{\theta}}{\partial x}$，$N^2 = \frac{g}{\theta_0} \frac{\partial \overline{\theta}}{\partial z}$。因此对称不稳定是中尺度大气运动中的重力波的不稳定，它的传播方向是垂直于基本气流的，而对称不稳定引起的中尺度环流的滚动轴是平行于基本气流的。

对于潮湿大气，初始对称稳定的大气由于潜热释放而变为对称不稳定的现象称为条件对称不稳定（Conditional Symmetric Instability，CSI），处于饱和大气中的二维气流的条件性对称不稳定判据为

$$q_w = N_w^2 F^2 - S_w^2 S^2 < 0 \tag{1.176}$$

式中：$S_w^2 = \frac{g}{\theta_0} \frac{\partial \overline{\theta_w}}{\partial x}$，$N_w^2 = \frac{g}{\theta_0} \frac{\partial \overline{\theta_w}}{\partial z}$。对于绝热、无摩擦的大气，位涡是守恒的，所以对

称不稳定不太可能产生。当有非绝热或其他扰动作用时才可能产生对称不稳定，此时三维大气运动中湿球位温 θ_w 的变化仅决定于潜热之外的非绝热加热。可从整层抬升达到饱和、通过饱和环境中的微小位移来分析、评估大气的不稳定性，这种分析计算 CSI 的方法称为二元法，由此得到条件对称不稳定判据为等压面上的湿位涡小于零，这里的湿位涡 MPV 定义与 1.3.8 节类似，可表示为

$$MPV = -\boldsymbol{\zeta}_a \cdot \nabla\theta_e \tag{1.177}$$

上式展开，并假定为地转气流，再略去垂直运动和 y 方向的变化项，可得

$$MPV = g\left(\frac{\partial M_g}{\partial p}\frac{\partial \theta_e}{\partial x} - \frac{\partial M_g}{\partial x}\frac{\partial \theta_e}{\partial p}\right) \tag{1.178}$$

式中 $M_g = V_g + fx$ 为绝对地转动量。因此，在大气是对流稳定的条件下，如果 $MPV < 0$，则大气是条件对称不稳定的，即在等压面上，绝对涡度为负值的地方是条件对称不稳定区。综合分析式(1.178)可知：在中性和弱对流稳定大气中，容易出现条件对称不稳定(CSI)。进一步，由于 CSI 的释放需要具有抬升机制的饱和环境(相对湿度超过 80%)，因而在暖锋或准静止锋附近，有利于出现条件对称不稳定引起的中尺度雨带。

条件性对称不稳定一般是指空气作倾斜上升时所表现的不稳定，一般来说，条件性对称不稳定往往与对流不稳定($\frac{\partial \theta_{se}}{\partial p} > 0$ 或 $\frac{\partial \theta_e}{\partial p} > 0$ 或 $MPV1 < 0$)同时存在，当 $MPV > 0$，大气是湿对称稳定的，当 $MPV < 0$，大气是对称不稳定的。湿位涡将大气中对流不稳定和湿对称不稳定联系在一起。

与条件性对称不稳定容易混淆的另一个不稳定概念是：条件性不稳定(也称第一类条件不稳定)，指对于饱和湿空气是静力不稳定的大气层结，或者对于干绝热运动是稳定的，而对于湿绝热又是不稳定的情形。与条件性不稳定既有联系又有区别的是第二类条件(性)不稳定(Conditional Instability of the Second Kind，CISK)，指由积云对流和天气尺度扰动两者相互作用所产生的不稳定。

一般认为，重力波的激发主要与地形作用、基本气流在垂直方向的切变不稳定以及积云对流有关。在大气层结稳定条件下，较强的垂直风切变可导致重力波发展，即发生重力波不稳定。Richardson 数(Ri)作为大气热力-动力稳定度判据被广泛应用于诊断大气中由切变不稳定引起的重力波不稳定。一般将 $Ri < 1/4$ 作为重力波不稳定发展的条件，此时重力波可从基本气流中汲取能量而发展。当大气层结稳定时，Ri 数越小所对应的切变不稳定就越大。Richardson 数的计算公式为：

$$Ri = \frac{gz^2\left(\frac{\partial T}{\partial z} + \gamma_d\right)}{TU^2} \tag{1.179}$$

其中：γ_d 为干绝热递减率，$z = \sqrt{z_1 z_2}$，z_1、z_2 分别代表上下两层的高度值。鉴于有

重力波发生时大气要素的垂直分布往往很不均匀，则计算气温直减率以及垂直风切变时宜采用对数差分法(李国平 等，2002a，2002b)。

需要注意与重力波不稳定相区分的另一个不稳定概念：重力不稳定(Gravitational instability)，也称浮力不稳定(Buoyant instability)或静力不稳定(Static instability)，是指气块在垂直运动过程中，在浮力作用下加速离开平衡位置的现象。

1.3.20　Ekman 抽吸、旋转减弱与大气抽吸效应

一般大气边界层的厚度虽然只占对流层的1/10～1/15(高原边界层的厚度可占到1/5)，但它对大气运动具有重要的影响。实际大气中，边界层与其上自由大气之间的水汽、热量和动量的交换表现为多种方式，既有定常情况下的缓慢交换(如湍流扩散)，也有短时间的剧烈交换过程(如不稳定情况下的对流，系统性垂直运动引起的交换)，还有边界层内的摩擦作用通过一个强迫的次级环流(也称二级环流)快速、直接影响自由大气，从而使天气尺度涡旋的涡度减弱的过程，动力学上称为旋转减弱。这种次级环流的直接传送作用远大于湍流黏性本身的扩散作用，它加强了边界层与自由大气间的各种通量交换。

次级环流直接传送作用的大小可用边界层顶的垂直速度表示为

$$\omega_B=\frac{1}{2}h_E\zeta_g=\left(\frac{k}{2f}\right)^{1/2}\zeta_g \tag{1.180}$$

式中：ζ_g 是地转风涡度，h_E 称为 Ekman 标高(相当于 Ekman 层厚度的 $1/\pi$)，k 是湍流系数，ω_B 也称为 Ekman 抽吸速度，表示 Ekman 抽吸(泵)或次级环流垂直分支的强度。该式也建立了边界层与自由大气的联系，可作为边界层与自由大气的衔接条件，也常作为动力学分析或数值模式中自由大气的下边界条件。

而边界层内的摩擦作用使自由大气中大尺度(天气尺度)正压涡旋的涡度减弱规律可表示为

$$\zeta_g=\zeta_{g_0}\mathrm{e}^{-\sqrt{fk/2H^2}\,t} \tag{1.181}$$

式中：ζ_{g_0} 是涡旋的初始涡度值，H 是对流层顶高度。如果把涡度减弱到初始涡度值的1/e所需的时间定义为旋转减弱时间，则有

$$t_E=H\sqrt{\frac{2}{fk}} \tag{1.182}$$

天气学中，借鉴大气边界层埃克曼抽吸概念，常把服从达因斯补偿原理(质量守恒定律)而形成的低层辐合—垂直上升—高层辐散这一系统性大气运动现象形象地称为大气抽吸效应。

1.3.21 球面上 Rossby 波的经向频散——大圆理论

由于引进了 β 平面近似，Rossby(罗斯贝)波经向传播和频散问题的讨论受到限制。若考虑地球球面的几何性质，且考虑纬向气流随纬度改变，则球面上非均匀罗斯贝波的特性将与 β 平面上的非均匀罗斯贝波有很大的区别。下面我们基于 Hoskins 和 Karoly(1981)的工作来讨论此问题。

球面上正压、水平无辐散的涡度方程为

$$\left(\frac{\partial}{\partial t}+u\frac{\partial}{a\cos\varphi\partial\lambda}+v\frac{\partial}{a\partial\varphi}\right)(\zeta+f)=0 \tag{1.183}$$

设

$$u=\overline{u}(\varphi)+u',\ V=V' \tag{1.184}$$

则线性化后的涡度方程为

$$\frac{\partial\zeta'}{\partial t}+\overline{u}\frac{\partial\zeta'}{a\cos\varphi\partial\lambda}+\left(\frac{2\Omega\cos\varphi}{a}+\frac{\partial\overline{\zeta}}{a\partial\varphi}\right)v'=0 \tag{1.185}$$

其中

$$\begin{cases}\zeta=-\dfrac{1}{a\cos\varphi}\dfrac{\partial(\overline{u}\cos\varphi)}{\partial\varphi}\\ \zeta'=\dfrac{1}{a\cos\varphi}\left[\dfrac{\partial v'}{\partial\lambda}-\dfrac{\partial(u'\cos\varphi)}{\partial\varphi}\right]\end{cases} \tag{1.186}$$

由于水平无辐散，可引入流函数 ψ，则有

$$u'=-\frac{\partial\psi}{a\partial\varphi},\ v'=\frac{\partial\psi}{a\cos\varphi\partial\lambda} \tag{1.187}$$

而

$$\zeta'=\frac{1}{a^2\cos\varphi}\left(\frac{\partial}{\partial\varphi}\cos\varphi\frac{\partial}{\partial\varphi}+\frac{\partial^2}{\cos\varphi\partial\lambda^2}\right)\psi=\widetilde{\nabla}^2\psi \tag{1.188}$$

其中 $\widetilde{\nabla}^2$ 是球面上拉普拉斯(Laplace)算子。故线性化涡度方程可写为

$$\frac{\partial\widetilde{\nabla}^2\psi}{\partial t}+\overline{u}\frac{\partial\widetilde{\nabla}^2\psi}{a\cos\varphi\partial\lambda}+\left(\frac{2\Omega\cos\varphi}{a}+\frac{\partial\overline{\zeta}}{a\partial\varphi}\right)\frac{\partial\psi}{a\cos\varphi\partial\lambda}=0 \tag{1.189}$$

为讨论方便起见，采用 Mercator(麦卡托)投影坐标，令

$$\begin{cases}x=a\lambda\\ y=a\ln[(1+\sin\varphi)/\cos\varphi]\end{cases} \tag{1.190}$$

则有

$$\frac{1}{a\cos\varphi}\frac{\partial}{\partial\lambda}=\frac{1}{\cos\varphi}\frac{\partial}{\partial x}$$

$$\frac{1}{a}\frac{\partial}{\partial\varphi}=\frac{1}{\cos\varphi}\frac{\partial}{\partial y}$$

$$\widetilde{\nabla}^2 = \frac{1}{\cos^2\varphi}\left(\frac{\partial^2}{\partial x^2} + \frac{\partial^2}{\partial y^2}\right)$$

$$\cos\varphi = \mathrm{sech}(y/a)$$

$$\sin\varphi = \mathrm{th}(y/a)$$

于是式(1.189)可写为

$$\left(\frac{\partial}{\partial t} + \bar{u}_M \frac{\partial}{\partial x}\right)\left(\frac{\partial^2\psi}{\partial x^2} + \frac{\partial^2\psi}{\partial y^2}\right) + \bar{\beta}_M \frac{\partial\psi}{\partial x} = 0 \tag{1.191}$$

其中

$$\bar{u}_M = \frac{\bar{u}}{\cos\varphi} \tag{1.192}$$

$$\bar{\beta}_M = \frac{2\Omega}{a}\cos^2\varphi + \frac{\partial\bar{\zeta}}{\partial y} = \frac{2\Omega}{a}\cos^2\varphi - \frac{\partial}{\partial y}\left(\frac{1}{\cos^2\varphi} - \frac{\partial(\cos^2\varphi\bar{u}_M)}{\partial y}\right) \tag{1.193}$$

而 $\bar{u}_M$ 、$\bar{\beta}_M$ 是表征介质非均匀性的两个参数。

假定 $\bar{u}_M$、$\bar{\beta}_M$ 仅是 Y 的缓变函数，就可用 WKBJ 方法求方程(1.191)的波包解。令

$$\psi = A(X,Y,T)\mathrm{e}^{\mathrm{i}\theta(x,y,t)} \tag{1.194}$$

其中 θ 为位相，可得频率方程

$$\omega = \bar{u}_M k - \frac{\bar{\beta}_M k}{k^2 + l^2} \tag{1.195}$$

则群速度为

$$\begin{cases} c_{gx} = \dfrac{\partial\omega}{\partial k} = \dfrac{\omega}{k} + \dfrac{2\bar{\beta}_M k^2}{(k^2+l^2)^2} \\ c_{gy} = \dfrac{\partial\omega}{\partial l} = \dfrac{2\bar{\beta}_M kl}{(k^2+l^2)^2} \end{cases} \tag{1.196}$$

注意到频率方程(1.195)的特点，有

$$\frac{D_g k}{DT} = 0, \ \frac{D_g\omega}{DT} = 0 \tag{1.197}$$

其中

$$\frac{D_g}{DT} = \frac{\partial}{\partial T} + c_{gx}\frac{\partial}{\partial X} + c_{gy}\frac{\partial}{\partial Y} \tag{1.198}$$

即波数 k 和频率 ω 在以群速度传播的过程中保持不变。

由于基本气流定常，波作用量 A 守恒，即有

$$\frac{\partial A}{\partial T} + \frac{\partial}{\partial X}(Ac_{gx}) + \frac{\partial}{\partial Y}(Ac_{gy}) = 0 \tag{1.199}$$

其中

$$A=\frac{\widetilde{E}}{\omega/k-\overline{u}_M} \tag{1.200}$$

而 $\widetilde{E}$ 为波动能量密度，此情形下

$$\widetilde{E}=\frac{(k^2+l^2)\,|A_0|^2}{2} \tag{1.201}$$

利用几何光学中波射线的跟踪理论，可以较方便地讨论球面罗斯贝波经向频散的问题。波射线或射线路径是这样的一条曲线，其上各点的切线方向就是群速度矢量的方向。波射线或射线路径也可以理解为一个以群速度运动的质点所通过的路径。由于群速度是波包或波动能量传播的速度，因而所定义的波射线或射线路径，自然也就是波活动中心或能量传播的路径。由波射线的定义，有波射线方程

$$\frac{\mathrm{d}Y}{\mathrm{d}X}=\frac{c_{gy}}{c_{gx}} \tag{1.202}$$

若求出波射线，则可知罗斯贝波的频散性质。

现讨论静止罗斯贝波的频散性质。对于静止波，$\omega=0$，波射线方程变为

$$\frac{\mathrm{d}Y}{\mathrm{d}X}=\frac{c_{gy}}{c_{gx}}=\frac{1}{k} \tag{1.203}$$

由式(1.196)的第1式可知，沿波射线 k 为常值，因而射线与纬圈的交角随 l 而变化。令静止波数为 K_s，则

$$K_s^2=k^2+l^2 \tag{1.204}$$

因 $\omega=0$，所以由频率方程式(1.195)可得

$$K_s^2=\frac{\bar{\beta}_M}{\overline{u}_M} \tag{1.205}$$

由群速度表达式(1.196)可知，$\omega=0$ 时的群速为

$$c_g=\sqrt{c_{gx}^2+c_{gy}^2}=2\,\frac{k}{K_s}\overline{u}_M \tag{1.206}$$

即群速度为基本气流速度 $\overline{u}_M$ 在射线方向分量的两倍。

为了更清楚地说明问题，我们设想在某一纬度上有一定常扰源。显然，若纬向波数 $k^2>K_s^2=\bar{\beta}_M/\overline{u}_M$ 时，有 $l^2<0$，这意味着这种波动在源地附近经向上是被“拦截”(trapped)了，即不能沿经向传播，只有 $k^2<K_s^2$ 时，才能从源地向外传播。而 $k^2<K_s^2$ 时，将产生两条射线，分别与两种可能的经向波数 $l\pm(K_s^2-k^2)^{1/2}$ 相对应，由于

$$c_{gy}=\frac{2\bar{\beta}_M kl}{(k^2+l^2)^2} \tag{1.207}$$

因此，取正号对应于向极地传播，取负号对应于向赤道传播。

若起始时波动向东北方向传播($l>0$)，因 $D_g k/DT=0$，$D_g\omega/DT=0$，所以纬向波数 k 和频率 ω 在射线路径上为常值，但波传播中经向波数 l 是要变化的，这是因

为 K_s 随 $\bar{\beta}_M$ 、$\bar{u}_M$ 变化的缘故[参见式(1.204)和式(1.205)]。假设 K_s 是纬度的减函数，l 也随纬度减少，由式(1.203)可看出波射线与纬圈交角减小，波射线会变得更趋于纬向。当 l 从 $l>0$ 减小到零时，$K_s=k$，此时所处纬度对波射线而言是一个“转向点”，此时波沿纬向传播。若起始时波动向东南方向即赤道方向传播($l<0$)，在接近 $\bar{u}_M=0$(即 $\bar{u}=0$，东西风带交汇处)的纬度(称为临界纬度)，$K_s\rightarrow\infty$，$l\rightarrow\infty$，以及 $c_{gy}l\rightarrow\infty$ 和 $c_{gy}/c_{gx}\rightarrow\infty$ 即波射线接近临界纬度时，其方向为由北指向南。上述所有情形都表明，波射线总是朝着 $(K_s^2-k^2)^{1/2}$ 较大处折射，即朝着 K_s 较大处折射。由于沿射线路径波作用量守恒，如果介质性质仅与 Y 有关，则可以证明 Ac_{gy} 在射线路径上为常值。由式(1.200)、式(1.201)、式(1.196)可知

$$Ac_{gy}=-\frac{\widetilde{E}}{\bar{u}_M}c_{gy}=-\frac{(k^2+l^2)\,|A_0|^2}{2}\,\frac{(k^2+l^2)}{\bar{\beta}_M}\,\frac{2\bar{\beta}_M kl}{(k^2+l^2)^2}=-kl\,|A_0|^2 \tag{1.208}$$

故

$$kl\,|A_0|^2=\text{常值(在波射线上)} \tag{1.209}$$

而 k 在射线路径上为常值，故在射线路径上

$$\begin{cases}|A_0|^2\propto l^{-1}\\ |A_0|\propto l^{-1/2}\end{cases} \tag{1.210}$$

即波包振幅正比于 $l^{-1/2}$，波动能量正比于 l^{-1}。这表明由于经向频散，在转向点附近($l\rightarrow\infty$)，波动能量将被“吸收”。

简单情形下，我们可以求出射线路径。考虑基本气流角速度为常值的情形，即设

$$\bar{u}_M=a\bar{\omega},\ \bar{\omega}=\text{常值} \tag{1.211}$$

这样有

$$\bar{\beta}_M=\frac{2\cos^2\varphi}{a}(\Omega+\bar{\omega}) \tag{1.212}$$

其中 Ω 为地球自转角速度(常值)，静止波数

$$K_s=\frac{\cos\varphi}{\sigma a} \tag{1.213}$$

这里的 σ 为

$$\sigma^2=\frac{\bar{\omega}}{2(\Omega+\bar{\omega})}=\text{const} \tag{1.214}$$

波射线方程可写成

$$\frac{\mathrm{d}Y}{\mathrm{d}X}=\pm\left(\frac{K_s^2}{k^2}-1\right)^{1/2} \tag{1.215}$$

将式(1.213)代入式(1.215)，并注意到

$$\frac{\mathrm{d}\varphi}{\mathrm{d}\lambda}=\cos\varphi\,\frac{\mathrm{d}Y}{\mathrm{d}X} \tag{1.216}$$

则有

$$\frac{d\varphi}{d\lambda}=\pm\cos\varphi\left[\frac{\cos^2\varphi}{(k\sigma a)^2}-1\right]^{1/2} \tag{1.217}$$

积分上式得

$$\tan\varphi=\pm\tan a\cdot\sin(\lambda-\lambda_0) \tag{1.218}$$

其中

$$\cos a=\sigma ak \tag{1.219}$$

上式即是通过 $\lambda=\lambda_0$ 和 $\varphi=0$ 的大圆方程。

以上讨论表明：这种情况下，波射线路径为球面上的大圆。显然当 $\varphi=a$ 时，$K_s=k$，即 $\varphi=a$ 是转向纬度。由于 a 和 k 有关，所以对于不同波数的静止波，其转向纬度和大圆路径各不相同。

人们对观测资料的分析早就发现行星尺度扰动有同时向极地和向东传播的现象，波列路径类似一个大圆。以上讨论的球面上二维 Rossby 波的波射线理论，初步解释了此现象，因而一般称其为“大圆理论”。1949 年叶笃正提出了平面 Rossby 波频散理论，认为平均槽脊的形成与大地形等定常扰动有关，在固定的地理位置经常地给大气以扰动，则大气中就会有槽脊出现，并认为这是定常扰源产生的波的频散造成的。Hoskins 和 Karoly(1981)提出的大圆理论可以说是对叶笃正理论的推广和完善，在近代大气环流理论中具有重要意义。大圆理论的主要结果表明：强迫响应是相当正压结构。在强迫源的下游，波列在纬向传播的同时，还形成向北和向南的两支波列，并且波列的传播路径与强迫源所在的位置密切相关。该理论部分解释了北半球的遥相关现象。

1.3.22 非线性波动分析的级数展开法

研究非线性波动的方法按其适用范围和特点可分为摄动法(小参数展开法)、多尺度分析法(WKBJ 方法)、特殊变换法、散射反演法、Backlund 变换法、行波法、级数展开法(非线性项展开法)等。行波法可求得某些非线性演化方程的解析解，但大量非线性演化方程是很难准确地求得解析解的。根据这种情况，刘式达和刘式适(1982)创立了一种非线性项的级数展开法，利用此方法不但可求得非线性波动的渐近解析解，而且能获得非线性波动的频散关系。

根据这种分析方法，可以证明非线性 Rossby 波(长波)、非线性惯性波、非线性重力波以及非线性惯性重力波都满足 KdV 方程。KdV 方程的解具有趋于稳态、存在多态的特点。KdV 方程中的两个基本动力因子是线性局地频散项与非线性突陡项，它们的作用是相反的。当两者达到精确平衡时，可产生不变形的永恒波，孤立波正是其中的一个典型例子。英国人罗素(J. Scott Russell)在他发表的论文《论波动》

一文中曾生动地描述了他在从爱丁堡到格拉斯哥的运河河面上发现孤立波的情景，并且他敏锐地悟到这种奇特现象的背后隐藏着深刻的规律，即波动方程存在着能量有限的解，这些能量集中在空间的有限区域，不会随时间扩散到无限区域中去。美国气象学者 Leith(1971)据此推测大气中存在着孤立波形式的天气系统。现在人们常将 Rossby 孤立波与大气中的阻塞形势联系起来，也有人提出锋面、高原低涡等天气现象也属于孤立波类系统。考虑弱非线性作用，可得出 KdV 方程的孤立波解；若考虑强非线性作用，可求出孤立涡解，孤立涡是孤立波理论的发展。

下面以非线性 Rossby 波为例来说明用级数展开法分析、求解非线性波动的过程。设有准地转位涡度方程

$$\left(\frac{\partial}{\partial t}+u\frac{\partial}{\partial x}+v\frac{\partial}{\partial y}\right)q=0 \tag{1.220}$$

它可以较好地描写非线性 Rossby 波。在方程(1.220)中

$$\begin{cases} u=-\dfrac{\partial\psi}{\partial y} \\ v=\dfrac{\partial\psi}{\partial x} \end{cases} \tag{1.221}$$

因而

$$\frac{\partial u}{\partial x}+\frac{\partial v}{\partial y}=0 \tag{1.222}$$

这样，若将 x 、y 、t 综合为一个变量，并设

$$\begin{cases} u=u(\theta) \\ v=v(\theta) \\ q=q(\theta) \\ \theta=kx+ly-\omega t \end{cases} \tag{1.223}$$

代入准地转位涡度方程(1.220)有

$$(-\omega+ku+lv)\frac{\mathrm{d}q}{\mathrm{d}\theta}=0 \tag{1.224}$$

但由式(1.222)有

$$k\frac{\mathrm{d}u}{\mathrm{d}\theta}+l\frac{\mathrm{d}v}{\mathrm{d}\theta}=0 \tag{1.225}$$

对 θ 积分一次，取积分常数为零，有

$$ku+lv=0 \tag{1.226}$$

这样，就使式(1.224)化为 $-\omega\dfrac{\mathrm{d}q}{\mathrm{d}\theta}=0$，也就是使准地转位涡度方程中的非线性项消失。所以，对平面波解而言，完全的准地转位涡度方程线性化的解也是非线性方程的解。

基于上述分析，我们用下列简化的正压水平无辐散的方程组

$$\begin{cases}\left(\dfrac{\partial}{\partial t}+u\dfrac{\partial}{\partial x}\right)\dfrac{\partial v}{\partial x}+\beta_0 v=0\\ \dfrac{\partial u}{\partial x}+\dfrac{\partial v}{\partial y}=0\end{cases}\tag{1.227}$$

来描述非线性 Rossby 波，在方程(1.227)中的第 1 式即涡度方程中，若取 u 为基本气流 $\overline{u}$（常数），则应用正交模方法求得线性 Rossby 波的频散关系为

$$\omega-k\overline{u}=-\frac{\beta_0}{k}\tag{1.228}$$

这就是经典的 Rossby 长波公式。现在，我们直接求解非线性 Rossby 波的方程组(1.227)。为此，令

$$\begin{cases}u=\overline{u}+u'(\theta)\\ v=v'(\theta)\\ \theta=kx+ly-\omega t\end{cases}\tag{1.229}$$

代入方程组(1.227)得到

$$\begin{cases}k(-\omega+k\overline{u}+ku')\dfrac{\mathrm{d}^2 v'}{\mathrm{d}\theta^2}+\beta_0 v'=0\\ k\dfrac{\mathrm{d}u'}{\mathrm{d}\theta}+l\dfrac{\mathrm{d}v'}{\mathrm{d}\theta}=0\end{cases}\tag{1.230}$$

将式(1.230)的第 2 式对 θ 积分一次，取积分常数为零，得

$$ku'+lv'=0\tag{1.231}$$

由式(1.231)有 $u'=-\dfrac{l}{k}v'$，代入式(1.230)的第 1 式有

$$k(\omega-k\overline{u}+lv')\frac{\mathrm{d}^2 v'}{\mathrm{d}\theta^2}-\beta_0 v'=0\tag{1.232}$$

设 $\omega-k\overline{u}+lv'\neq 0$，则有

$$\frac{\mathrm{d}^2 v'}{\mathrm{d}\theta^2}+\left[-\frac{\beta_0}{k(\omega-k\overline{u}+lv')}\right]v'=0\tag{1.233}$$

这是关于 v' 的非线性常微分方程，若把 $-\dfrac{\beta_0}{k(\omega-k\overline{u}+lv')}$ 视为已知函数，则方程(1.233)若要表示振动，要求

$$\omega-k\overline{u}+lv'<0\tag{1.234}$$

将方程(1.233)改写为

$$\frac{\mathrm{d}^2 v'}{\mathrm{d}\theta^2}=\frac{\beta_0}{kl}\frac{\dfrac{lv'}{\omega-k\overline{u}}}{1+\dfrac{lv'}{\omega-k\overline{u}}}\tag{1.235}$$

即

$$\frac{\mathrm{d}^2 v'}{\mathrm{d}\theta^2}=\frac{\beta_0}{kl}\left(1-\frac{1}{1+\dfrac{lv'}{\omega-k\bar{u}}}\right) \tag{1.236}$$

上式两边乘 $\dfrac{\mathrm{d}v'}{\mathrm{d}\theta}$，并对 θ 积分得

$$\left(\frac{\mathrm{d}v'}{\mathrm{d}\theta}\right)^2=\frac{2\beta_0}{kl}\left[v'-\frac{\omega-k\bar{u}}{l}\ln\left(1+\frac{lv'}{\omega-k\bar{u}}\right)\right]+A \tag{1.237}$$

其中 A 为积分常数。

对方程(1.237)准确求解几乎是不可能的，但其中的非线性项主要是对数项 $\ln\left(1+\dfrac{lv'}{\omega-k\bar{u}}\right)$，在长波条件下，$v'$ 是小量，因而可以将 $\ln\left(1+\dfrac{lv'}{\omega-k\bar{u}}\right)$ 在 $v'=0$ 附近作 Taylor 级数展开

$$\ln\left(1+\frac{lv'}{\omega-k\bar{u}}\right)=\frac{lv'}{\omega-k\bar{u}}-\frac{1}{2}\left(\frac{lv'}{\omega-k\bar{u}}\right)^2+\frac{1}{3}\left(\frac{lv'}{\omega-k\bar{u}}\right)^3-\frac{1}{4}\left(\frac{lv'}{\omega-k\bar{u}}\right)^4+\cdots\cdots \tag{1.238}$$

相应地，方程(1.237)右端的方括号内

$$v'-\frac{\omega-k\bar{u}}{l}\ln\left(1+\frac{lv'}{\omega-k\bar{u}}\right)=\frac{l}{2(\omega-k\bar{u})}v'^2-\frac{l^2}{3(\omega-k\bar{u})^2}v'^3+\frac{l^3}{4(\omega-k\bar{u})^3}v'^4-\cdots\cdots \tag{1.239}$$

若上式右端仅取第 1 项，则代入方程(1.237)得到

$$\left(\frac{\mathrm{d}v'}{\mathrm{d}\theta}\right)^2=\frac{\beta_0}{k(\omega-k\bar{u})}v'^2+B \tag{1.240}$$

其中 B 是常数。将式(1.240)对 θ 微商，当 $\dfrac{\mathrm{d}v'}{\mathrm{d}\theta}\neq 0$ 时有

$$\frac{\mathrm{d}^2 v'}{\mathrm{d}\theta^2}+\left[-\frac{\beta_0}{k(\omega-k\bar{u})}\right]v'=0 \tag{1.241}$$

它也是方程(1.233)中令方括号内的 v' 为零的结果，因而它表征线性 Rossby 波，且若令 $-\dfrac{\beta_0}{k(\omega-ku)}=1$，即导得波的频散公式(1.228)。

若在式(1.239)右端取前两项，代入方程(1.237)，则得

$$\left(\frac{\mathrm{d}v'}{\mathrm{d}\theta}\right)^2=-\frac{2\beta_0 l}{3k(\omega-k\bar{u})^2}F(v') \tag{1.242}$$

其中

$$F(v')=v'^3-\frac{3(\omega-k\bar{u})}{2l}v'^2+D \tag{1.243}$$

是 v' 的三次多项式，D 是任意常数。

方程(1.242)实际上是 KdV 方程所对应的常微分方程。这样，我们可认为方程组(1.227)或方程(1.233)的高一阶近似是 KdV 方程，它可以描写非线性 Rossby 波。

对方程(1.242)，设 $F(v')$ 有三个实的零点 v_1、v_2、v_3，且设 $v_1>0$，$v_2<0$，$v_3<v_2<0$，则求得方程(1.242)的椭圆余弦波解为

$$v'=v_2+(v_1-v_2)\,\mathrm{cn}^2\sqrt{\frac{\beta_0 l(v_1-v_3)}{6k(\omega-k\bar{u})^2}}\theta\ (v_2<v'<v_1) \tag{1.244}$$

其中 cn 表示椭圆余弦函数，其模数 m 满足

$$m^2=\frac{v_1-v_2}{v_1-v_3} \tag{1.245}$$

其 x 方向上的波长 L 为

$$L=\frac{2}{k}\sqrt{\frac{6k(\omega-k\bar{u})^2}{\beta_0 l(v_1-v_3)}}K(m) \tag{1.246}$$

考虑到 $F(v')=0$ 的根与系数的关系有

$$v_1+v_2+v_3=\frac{3(\omega-k\bar{u})}{2l}<0 \tag{1.247}$$

从而求得

$$\omega-k\bar{u}=\frac{2l(v_1+v_2+v_3)}{3} \tag{1.248}$$

在式(1.246)中引入 $L=2\pi/k$，得到

$$(\omega-k\bar{u})^2=\frac{\beta_0 l(v_1-v_3)\pi^2}{6kK^2(m)} \tag{1.249}$$

综合式(1.249)与式(1.247)求得

$$\omega-k\bar{u}=\frac{\beta_0}{k}\frac{\pi^2}{4K^2(m)}\left(\frac{v_1-v_3}{v_1+v_2+v_3}\right) \tag{1.250}$$

这是非线性 Rossby 椭圆余弦波圆频率的公式。其中 v_1、v_2、v_3 除满足式(1.247)外，还由根与系数的关系可得

$$\begin{cases} v_1v_2+v_2v_3+v_3v_1=0 \\ A=-v_1v_2v_3 \end{cases} \tag{1.251}$$

对于非线性 Rossby 孤立波，$m\to 1$，则 $v_2\to v_3$，则式(1.244)化为

$$v'=v_2+(v_1-v_2)\,\mathrm{sech}^2\sqrt{\frac{\beta_0 l(v_1-v_2)}{6k(\omega-k\bar{u})^2}}\theta \tag{1.252}$$

但由式(1.247)和式(1.251)得

$$\begin{cases} v_1 + 2v_2 = \dfrac{3(\omega - k\overline{u})}{2l} \\ v_2(2v_1 + v_2) = 0 \\ A = -v_1 v_2^2 \end{cases} \tag{1.253}$$

因而求出

$$\begin{cases} v_1 = \dfrac{-(\omega - k\overline{u})}{2l} \\ v_2 = \dfrac{\omega - k\overline{u}}{l} \\ A = \dfrac{(\omega - k\overline{u})^3}{2l^3} \end{cases} \tag{1.254}$$

则孤立波解式(1.252)化为

$$v' = \frac{\omega - k\overline{u}}{l} - \frac{3(\omega - k\overline{u})}{2l}\operatorname{sech}^2\sqrt{-\frac{\beta_0}{4k(\omega - k\overline{u})}}\theta \tag{1.255}$$

其振幅和波宽分别为

$$e = -\frac{3(\omega - k\overline{u})}{2l} \tag{1.256}$$

$$d = \frac{1}{k}\sqrt{\frac{-4k(\omega - k\overline{u})}{\beta_0}} = \sqrt{\frac{l}{k}\frac{8e}{3\beta_0}} \tag{1.257}$$

这两式表明：振幅越大，波越宽，Rossby 孤立波的移速越慢，甚至发生倒退，这很像大气中的阻塞高压。

对于非线性 Rossby 波，$m \to 0$，则 $v_1 \to v_2 \to 0$，$K(m) \to \dfrac{\pi}{2}$，因而式(1.250)退化为 $\omega - k\overline{u} = -\dfrac{\beta_0}{k}$，这就是式(1.228)描述的线性 Rossby 波。

再进一步，若在式(1.239)右端取前三项，代入方程(1.247)，则得

$$\left(\frac{\mathrm{d}v'}{\mathrm{d}\theta}\right)^2 = \frac{2\beta_0}{kl}\left[\frac{l}{2(\omega - k\overline{u})}v'^2 - \frac{l^2}{3(\omega - k\overline{u})^2}v'^3 + \frac{l^3}{4(\omega - k\overline{u})^3}v'^4\right] \tag{1.258}$$

式(1.258)两边对 θ 微商，在 $\dfrac{\mathrm{d}v'}{\mathrm{d}\theta} \neq 0$ 的条件下，

$$\frac{\mathrm{d}^2 v'}{\mathrm{d}\theta^2} + \left[-\frac{\beta_0}{k(\omega - k\overline{u})}\right]v' + \frac{\beta_0 l}{k(\omega - k\overline{u})^2}v'^2 - \frac{\beta_0 l^2}{k(\omega - k\overline{u})^3}v'^3 = 0 \tag{1.259}$$

或再对 θ 微商一次有

$$\frac{\mathrm{d}^3 v'}{\mathrm{d}\theta^3} + \left[-\frac{\beta_0}{k(\omega - k\overline{u})}\right]\frac{\mathrm{d}v'}{\mathrm{d}\theta} + \frac{2\beta_0 l}{k(\omega - k\overline{u})^2}v'\frac{\mathrm{d}v'}{\mathrm{d}\theta} - \frac{3\beta_0 l^2}{k(\omega - k\overline{u})^3}v'^2\frac{\mathrm{d}v'}{\mathrm{d}\theta} = 0 \tag{1.260}$$

这是包含非线性平流项的 mKdV 方程所对应的常微分方程。具体地讲，若在 mKdV 方程中加进平流项 $u\dfrac{\partial u}{\partial x}$，则方程变为

$$\frac{\partial u}{\partial t}+u\frac{\partial u}{\partial x}+\alpha u^2\frac{\partial u}{\partial x}+\gamma\frac{\partial^3 u}{\partial x^3}=0 \tag{1.261}$$

以行波解代入得

$$-c\frac{\mathrm{d}u}{\mathrm{d}\varsigma}+u\frac{\mathrm{d}u}{\mathrm{d}\varsigma}+\alpha u^2\frac{\mathrm{d}u}{\mathrm{d}\varsigma}+\gamma\frac{\mathrm{d}^2 u}{\mathrm{d}\varsigma^3}=0 \tag{1.262}$$

其形式与方程(1.260)相同。所以，更高一阶近似的非线性 Rossby 波可用 mKdV 方程来描写。

事实上，方程(1.243)不必先积分，而直接改写为

$$\frac{\mathrm{d}^2 v'}{\mathrm{d}\theta^2}=F(v')=\frac{\beta_0 v'}{k(\omega-k\bar{u}+lv')}=\frac{\beta_0 v'}{k(\omega-k\bar{u})}\frac{1}{1+\dfrac{lv'}{\omega-k\bar{u}}} \tag{1.263}$$

将 $F(v')$ 在 $v'=0$ 附近作 Taylor 展开，即展开 $\dfrac{1}{1+\dfrac{lv'}{\omega-k\bar{u}}}$，得

$$F(v')=\frac{\beta_0 v'}{k(\omega-k\bar{u})}\left[1-\frac{lv'}{\omega-k\bar{u}}+\frac{l^2 v'^2}{(\omega-k\bar{u})^2}-\cdots\right] \tag{1.264}$$

$F(v')$ 的展开式若取第一项，则方程(1.262)化为方程(1.241)，$F(v')$ 的展开式若取头两项，则方程(1.263)化为

$$\frac{\mathrm{d}^2 v'}{\mathrm{d}\theta^2}+\left[-\frac{\beta_0}{k(\omega-k\bar{u})}\right]v'+\frac{\beta_0 l}{k(\omega-k\bar{u})^2}v'^2=0 \tag{1.265}$$

或对 θ 再微商一次

$$\frac{\mathrm{d}^3 v'}{\mathrm{d}\theta^3}+\frac{2\beta_0 l}{k(\omega-k\bar{u})^2}v'\frac{\mathrm{d}v'}{\mathrm{d}\theta}-\frac{\beta_0}{k(\omega-k\bar{u})}\frac{\mathrm{d}v'}{\mathrm{d}\theta}=0 \tag{1.266}$$

这是 KdV 方程相应的常微分方程，用 $\dfrac{\mathrm{d}v'}{\mathrm{d}\theta}$ 乘方程(1.265)并对 θ 积分一次即得方程(1.242)。$F(v')$ 的展开式若取前三项，则方程(1.263)化为方程(1.259)或方程(1.260)。

上述求解过程充分说明：应用对非线性方程组求解特别有效的非线性项的级数展开法(简称级数展开法)，清楚地显示：在弱非线性条件下，最低阶的展开表征线性波，高一阶的展开是用 KdV 方程表征的非线性波，更高一阶的展开是用 mKdV 方程表征的非线性波。

1.4 流体力学模型实验与大气数值模拟试验

流体力学模型实验就是用流体力学方法，将大气运动过程及其现象在实验室内进行模拟，以研究大气运动各因子间的相互关系。实际大气的运动及其有关的现象非常复杂，它们往往是多种因子和物理过程相互作用的结果。如：大气环流的形成，青藏高原等地形对大气环流的影响，台风、龙卷等天气系统的形成和结构，以及不同地形条件下污染物的扩散（见空气污染气象学），都是涉及面很广、非常复杂的问题，目前还难以对它们进行详细的实际观测和研究。而通过模型实验可以把大气运动过程在实验室内再现，对其内部结构进行详细的测量，也可以进行单因子的控制试验，以了解不同因子对大气运动的作用。为了正确地模拟实际的大气现象，使模型上的现象和大气中的现象相似，模型必须遵循以下基本的原则：①动力相似。作用在模型中和大气中的力必须相似，即根据相似原理得到的控制两者运动的无量纲数（如 Reynolds 数、Roosby 数等）必须相等。②几何相似。模型中现象的几何比例和大气中现象的几何比例必须相似。③边界条件相似。模型中和大气中的边界情况必须相似。

20 世纪 50 年代初，D. 富尔茨在美国芝加哥大学流体实验室进行的转盘实验，开辟了大气模型实验的新时代。他的实验装置主要是一个旋转的圆盘，实验中不仅模拟出哈得来环流和罗斯贝长波，而且还模拟了锋和气旋的产生。1953 年 R. 海德在英国剑桥大学也进行了模拟实验，他用的是深环形容器，他的重要发现是流型中有一连串的相同的波出现，人们称之为定常 Rossby 波。海德的另一个发现是所谓“摆动”（vacillation）现象，即波在运动坐标系中，以一种有规律的周期形式，改变它们的形状和运行速度，在完成摆动循环后又回复到它们原来的形态。人们认为这很像西风指数（见大气环流型）的循环。中国气象工作者在 1958 年也开始了模型实验的研究，并取得了一定的成果。特别是 20 世纪 70 年代用转盘实验成功地模拟了青藏高原对大气环流的影响，实验表明：在夏季，青藏高原是巨大的热源，它造成了高原上广泛的对流活动。这些对流活动破坏了高原南部的哈得来环流，维持了高原上的大尺度环流，补充了高原上空由于大型交换而消耗的热量和由于摩擦而消耗的动能。由于实际大气的运动过程十分复杂，模型实验中不能做到完全相似。例如：地球是近似球形的，地球引力是向心力场。而在室内实验时，能够很好模拟这种向心力场。常用的实验工作盘，对模拟北半球（或南半球）的大气环流基本上是成功的，但模拟南、北两个半球大气环流的相互作用则比较困难。此外，实际的地形和地表的受热状况是非常复杂的，在进行模拟实验时，只能加以简化，以突出运动主要结构的相似性。因此,流体力学模型实验在研究青藏高原这样的高大地形、复杂加热条件下的大气问题时具有很大局限性,在 20 世纪 90 年代后逐渐被大气数值模式方法所取代。

1904 年 V. Bjerknes 首先勾画出用动力学方程描写大气运动并进而用数值方法求解、从而预报天气的工作步骤,他写道:“如果像每一个设想的那样,前一个大气状况真的可按照物理学定律发展成下一个大气状况的话,则合理地求解预报问题的充要条件似乎是:①对初始时刻的大气状况具有足够正确的认识。②对大气从一个状况发展成另一个状况的定律具有足够正确的认识。”时至今日,在确定 Bjerknes 所述的这两个条件上我们的认识和能力仍很有限,特别是对于某些物理过程或某些特殊区域,如青藏高原。自 1950 年 von Neumann 和 Charney 在 ENIAC 计算机上实现了 Richardson 1922 年未竟的数值天气预报梦想之后,Phillips 在 1956 年第一次成功地完成了大气环流的数值模拟。这两次突破开创了大气科学的新纪元,使大气科学成为一门可以进行实验的科学。随着计算机和计算科学的迅速发展,数值模拟和数值预报在大气科学的各个领域得到了广泛应用。

气候模式(CCM)是用计算机对全球气候系统进行三维模拟和预测的一种研究工具。它是大气环流模式(GCM)完善和拓展的结果,而大气环流模式是从早期的数值天气预报(NWP)模式发展而来的,数值天气预报模式又是在一些简单的理论模式上发展起来的。由于气候系统的复杂性和存在多次反馈,用数值方法研究气候系统对外来条件变化的响应成为一种行之有效的方法。

全球气候系统主要由大气、海洋、陆地和海冰或大气圈、水圈、冰雪圈、岩石圈和生物圈这几个部分组成,其中涉及气候系统中的基本物理问题,如全球风、温度、降水、海流和海冰的基本分布,辐射和云过程、积云对流和降水过程、地面输送过程、生物圈过程,以及大气—海洋—陆地之间的相互作用(耦合过程)。求解模式方程组的基本问题包括有限差分法、谱方法以及垂直坐标的选择等。

数值气候模式是一门新兴和发展较快的学科,也是应用电子计算机最早的学科之一,数值模拟对人类潜在的效益是巨大的、多方面的,其真正价值之一是人类能够定量地估计可能的气候变化,从而对未来计划做出决策。近 30 年来,随着数值模式模拟和预报能力的显著提高,其在大气科学、地理学、地质学、水文学和海洋学等领域得到日益广泛的应用。但目前气候的多样性不仅说明还需要继续探索以不断改进模式,而且暴露出还没有一套通用的、“理想化”的参数化方案。实际上,参数化“最好的”组合取决于模式想解决什么问题。数值模式改进的途径有计算能力的提高、资料系统的改进、人们对气候系统的了解以及从数学上加深对气候系统方程组的认识,改善气候系统各部分的耦合,还有次网格过程的参数化,特别是陆面过程的参数化。

相较于 20 世纪 70 年代青藏高原的流体力学模型实验(考虑地形及加热的转盘

实验），在用数值模式方法研究青藏高原的天气和气候问题时，遇到的特殊而又重要的问题是如何准确刻画高原的动力和热力作用。从数值模式的观点来看，地球上的地形是大气流动的障碍物，可称为地形的动力作用，而地形的其他效应与感热、潜热和动量的输送相联系，称为地形的热力和摩擦作用。通常假设地形的作用是其动力作用和热力作用的叠加。次网格地形在数值模式无法表示出来，但地形引起的重力波拖曳（GWD）即重力波的垂直动量输送具有重要作用，这种作用只能用参数化的办法在数值模式中表示。

当考虑地形的动力作用时，大气被视为理想流体。而把大气看作热力不均匀的湍流流动时，地表面则被认为是光滑的，两者可分别考虑后再叠加起来。由于考虑热力作用时对地形的存在并未提出特别的问题，因此对地形作用的研究几乎集中在处理其纯动力作用。通过选择合适的垂直坐标和改进数值计算方法，现在无论在全球模式或有限区域模式中，都能对地形的动力作用进行较好的描述。

常用的坐标系有两类，一类是坐标面是接近水平的，但是地表面随时间起伏，下边界条件很复杂，需要发展特殊的技巧。另一类有着简单的下边界条件，但在数值计算的精度上发生了困难。由此产生了混合坐标系的思路，但也未能完全克服在数值计算方面的困难。Mesinger(1979)设计了一种新的坐标系，即为 η 坐标系

$$\eta=\frac{p-p_T}{p_S-p_T}\frac{p_{rf}(z_S)-p_T}{p_{rf}(0)-p_T} \tag{1.267}$$

其中：p 是气压，下标 T 和 S 分别表示在模式大气上界和地表面的值，z 是高度。$p_{rf}(z)$ 是参考气压，它是高度 z 的函数。地表面的海拔高度理想化为一组离散的值，即将实际地形理想化为阶梯形状。这是一个坐标面既接近水平，同时又与地面重合的坐标系，因此既有简单的下边界条件，又没有数值计算方面的困难。特别当取 $z_S=0$ 时，η 坐标系就变为 σ 坐标系。

σ 坐标系是数值模式中应用最广泛的坐标系。其中与地形问题相关的数值计算的改进主要涉及三个方面的误差：①高山陡坡地区（如青藏高原的南坡和东坡都是地形十分陡峭的地区，即地形梯度的大值区），气压梯度力成了两个大量小差，则会产生很大的计算误差。②在水平扩散项的计算中也存在类似的误差。③等压面资料内插到等 σ 面或等 σ 面计算的结果反插回等压面的过程中的误差。如何减少这些误差似乎成为数值模式中处理地形的核心问题，为此不少学者提出了许多有价值的算法。另外，数值模式中采用的区域平均地形低估了实际地形的作用，虽然有人提出包络地形的办法，但如何正确地增强地形作用并未真正解决，需要设法考虑次网格地形的作用，而这种作用无法在模式中直接表示出来，也只能用参数化的办法。

不少研究结果表明：夏季青藏高原的热力作用比动力作用重要。因此，要改进模式的预报水平（特别是夏季），应注意改进数值模式中对地形热力效应的描述。考虑地形的摩擦作用时，如何在模式中正确而又准确地反映出地表面形状对大气运动

变化的影响，如山脉边界层的效应，仍是一个有待研究的问题。

1981 年 7 月 11—15 日发生在四川盆地的特大暴雨过程造成了人民财产的重大损失。对于这次十分典型的低涡型暴雨天气过程，不少中、美气象学者在 20 世纪 80 年代中期进行了大量的诊断和数值模拟研究。这里介绍一个用美国 PSU/NCAR MM4 中尺度数值模式模拟这次西南低涡（简称西南涡）影响过程的情况，该模式改进了复杂陡峭大地形（如青藏高原）下气压梯度力的计算。天气分析表明，这次特大暴雨过程与一个在四川盆地持续发展的西南涡直接有关。涡度和涡源诊断指出：发生、发展在西南季风气流中的该西南涡，最初生成于 700 hPa 青藏高原的东南角，高、低空气旋性涡度中心在四川盆地附近上空的叠加和耦合促使该西南涡在成熟阶段强烈发展，平均涡源和地形强迫对西南涡的生成和维持是重要的，非线性相互作用的涡源对其持续发展起决定作用。能量诊断表明：该西南涡发生、发展的主要能源是湿扰动有效位能，其中潜热释放比斜压强迫重要得多。数值模拟研究的主要结果有：潜热释放对西南涡的发展是本质的，对降水量的预报尤为重要。西南季风气流受青藏高原东南角云贵高原的强迫绕流和爬流是在四川盆地上空产生平均气旋性涡度的动力原因。地面摩擦作用对西南涡的生成并不重要。提高模式空间分辨率和采用高分辨边界层参数化方案，对西南涡的演变、结构及降水预报均有改进。而青藏高原动力作用的数值试验也指出，西南涡的演变对大、中尺度的地形非常敏感。因此，在数值模式中更逼真地处理青藏高原及其周边的复杂地形十分重要。

总之，高原数值模拟和预报作为青藏高原气象学中历史不长的分支学科，在高原及周边这样复杂的地区进行数值试验工作，会遇到资料处理、垂直坐标的选取、水平气压梯度力的计算方法、模式物理过程的特殊考虑等一系列问题，这些问题统称为数值模式中的地形处理问题。

国外，Mintz(1965)首先将地形加进到数值模式中。20 世纪 70 年代中期以来，国内数值模式在地形处理方面也取得了不少进展。在高原资料处理方面，由于高原地区测站（特别是高空测站）稀少，就是经过高质量四维同化系统处理的 FGGE 相对湿度资料，在高原西部都有明显误差。通过时空相关统计分析，用高原中部的资料拟合西部的资料或用前期资料拟合后期的资料，可部分解决高原西部资料的严重不足。也可以利用卫星云图资料部分地处理高原上初始相对湿度场，从而改进预报效果。

在地形坐标系选取方面，钱永甫等(1978)在国内首先使用 p-σ 结合的垂直坐标系。宇如聪(1989)开始发展了我国 η 阶梯地形坐标系的有限区域模式——LASG REM(Regional Eta-Coordinate Numerical Prediction Model)，后经改进和发展，REM 已发展升级为一个水平较为先进的中尺度暴雨数值预报模式，现称之为 AR-EM(Advanced Regional Eta Model)，在我国气象、水文、环境和军事保障等科研和业务单位得到了广泛应用。为克服 σ 坐标系中水平气压梯度力计算精度低的问题，钱永甫和钟中(1985)提出了差微差方法,颜宏(1987)使用了三维插值法,郑庆林和邢久星(1990)、袁重光和曾庆存(1987)也提出了不同的改进方案。

在模式物理过程方面,一些学者在引入地形重力波阻参数化方案考虑地形重力波的拖曳效应(江野和陈嘉滨,1992)、考虑高原多对流云但水汽条件差等特点提出改进的积云参数化和云量参数化方案(陈伯民和钱正安,1992;钱正安 等,1992)等方面进行了试验。

利用数值模拟这一有效手段,国内外已对高原地形影响进行了不少研究,这些研究通过有无高原、不同高度及形状、不同高原下垫面特征、不同初始场等形式的敏感性试验结果的对比分析,在一定程度上区分了高原的动力和热力效应,高原地形对低空急流、东亚大槽、伊朗高压和西太平洋副热带高压等系统形成和维持的作用,比较了青藏高原和落基山地形影响的差异。如钱永甫等(1978)认为夏季高原的热力作用更重要,冬季地形的动力作用更重要。

在数值业务预报模式中引入高原地形影响方面,虽然国内的研究和业务模式中高原地形高度的处理已比较真实,但高原大气的数值预报效果较之我国东部地区还有差距,就连国外一些著名模式在高原地区的预报误差也是比较大的。

在高原大气数值模拟、试验研究中可选择:①基于欧拉方法的数值模式,如 η 模式、MM4、MM5、WRF、RAMS、ARPS、AREM、GRAPES_Meso,其中 WRF 是目前应用最多的模式;②基于拉格朗日方法的模式,如 HYSPLIT、FLEXPART、MeteoInfo,其中 HYSPLIT 模式应用最广。

1.4.1 加热和水汽对高原低涡影响的数值试验

利用中尺度非静力平衡模式 MM5,对 2005 年 7 月 28—29 日和 2009 年 7 月 29—31 日的两次高原低涡过程进行了控制试验以及绝热、无地表感热、地表感热加倍、无蒸发效应、无凝结潜热、无水汽等六组敏感性试验,着重讨论了 2005 年 7 月 28—29 日高原低涡发生、发展及结构特征演变。结果表明:控制试验模拟出的 500 hPa 低涡中心位置和低涡结构与实况基本吻合。绝热条件对低涡形成、发展及结构变化的影响最为显著;凝结潜热、水汽对低涡的形成不具有决定性影响,但对低涡的维持以及结构特征演变起关键作用;地表蒸发潜热对低涡的发展有一定影响,无地表蒸发潜热使低涡的强度略有减弱;地表感热对低涡的影响因个例不同而有所差异,并且在低涡的不同发展阶段也不尽相同,另外还与低涡发展阶段是在白天还是夜晚有关(宋雯雯 等,2012)。

1.4.2 边界层参数化方案对东移高原低涡模拟的影响

利用新一代中尺度气象数值模式 WRF v3.2.1 的三种边界层参数化方案(YSU

方案、MYJ 方案和 ACM2 方案)，比较了 2008 年 7 月 1—3 日和 2009 年 7 月 29—30 日两次青藏高原低涡东移过程的模拟效果，并初步分析了三种参数化方案在高原大气边界层所表现的特征。研究得出，从高原低涡生成后模拟至 24 h，不同边界层方案均能较好地模拟出低涡的路径和中心强度，采用 MYJ 方案得到的结果最接近观测值，而 ACM2 方案带来的偏差最大。不同的边界层参数化方案下，水平风速、位温、垂直速度场以及相当位温场的垂直分布特征有所不同。三种方案较好地模拟出高原边界层高度的时空分布特征，日变化明显，空间上呈西高东低分布。对比地表感热通量和潜热通量可以看出，局地闭合的 MYJ 方案较适用于模拟潜热通量，非局地闭合的 YSU 和 ACM2 方案由于受较强的湍流交换和高层夹卷作用，模拟出的感热通量值偏大。根据研究对象的特点采用相应的边界层参数化方案，模拟效果会有明显的改进(周强和李国平，2013)。

1.4.3 边界层参数化方案对西南低涡模拟的影响

应用中尺度数值模式 WRF v3.3 选用四种行星边界层参数化方案(YSU、ACM2、MYJ 和 NOPBL)对 2011 年 6 月 16—18 日造成强降水的西南低涡过程进行敏感性试验，对比分析不同边界层参数化方案对西南低涡过程模拟的影响。模拟结果为四种边界层参数化方案均能较好地模拟出西南低涡以及暴雨带的东移，其中 YSU 方案对低涡路径、强度及降水的总体模拟效果最好。YSU 和 ACM2 方案，与 MYJ 和 NOPBL 方案相比，模拟的低涡中心区域正涡度柱和垂直上升运动较强，达到的垂直高度更高，造成这种差异的原因主要是对边界层上的夹卷效应以及垂直混合作用考虑的不同。不考虑边界层作用的 NOPBL 方案模拟的地表风速异常偏高，造成地表热通量明显偏大、边界层高度偏高。YSU、ACM2 和 MYJ 三种方案模拟的边界层高度和热通量的日变化比较一致，夜间基本维持少变，白天变化大，其中 MYJ 模拟的边界层高度和热通量较大，ACM2 模拟的较小。地表风速是造成热量输送以及边界层高度模拟差异的主要因子(刘晓冉 等，2014a，2014b)。

1.4.4 地形对西南低涡暴雨影响的数值试验

利用中尺度数值模式 WRF v3.7.1 对一次西南涡大暴雨过程进行数值试验，重点研究了秦巴山区地形对此次暴雨过程的影响。结果表明：地形通过对低涡本身和对山脉两侧南北气流的阻挡作用不利于低涡向东北方向移动；地形通过影响水汽输送和垂直运动改变降水强度及分布，随着地形的升高，雨量增大，雨带西移；地形的阻挡使水汽聚集于四川盆地，在迎风坡形成较强的水汽通量辐合，雨带的位置和强度与水汽通量辐合区相对应；地形强迫的垂直运动在迎风坡较强，其中以地形抬升作用为主，但边界层摩擦辐合作用也有贡献；降水量大值中心位于上升运动中心以南，降水区外围的弱下沉运动和其北部的强上升运动在迎风坡形成一个局地垂直环流圈，从而影响低涡与切变线的相互作用以及暴雨过程演变（王沛东和李国平，2016）。

1.4.5 地形对西南低涡生成和移动影响的数值试验

利用中尺度非静力平衡模式 WRF V3.4.1，对 2010 年 7 月 16—18 日发生在四川盆地的一次西南低涡暴雨过程进行了再现模拟（控制试验）以及降低盆地周边不同地形高度的三组敏感性试验。结果表明，控制试验模拟出的西南低涡位置和强度与实况基本吻合。秦岭、大巴山山脉对西南低涡的形成不具有决定性影响，但对西南低涡的维持和发展具有非常重要的作用；横断山脉、云贵高原对西南低涡的生成位置、强度以及移动路径均很重要；青藏高原大地形对偏东气流的阻挡而产生的绕流有利于西南低涡的生成，对西南低涡的移动也有重要影响。除西南低涡以外，四川盆地周边地形所产生的一些局地小低涡的现象也值得关注（母灵和李国平，2013）。

1.4.6 云微物理参数化方案对高原切变线暴雨数值模拟的影响

利用中尺度数值模式 WRF v3.8.1 中的 16 种云微物理参数化方案，对 2014 年 8 月 26—27 日川渝地区的一次高原切变线主导下的暴雨过程进行了数值模拟对比试验，结果表明：WRF 模式能够较好模拟本次切变线强降水过程，总体来说 NSSL 2-moment 方案的模拟效果最好。但不同云微物理方案对于不同量级降水的模拟各有优势，NSSL 2-moment 方案对大雨及暴雨的模拟效果最好。在主要降水区，各方案模拟的逐小时降水量的峰值均滞后于实况并且突发性更强，NSSL 2-moment with CCN 方案在此区域模拟的累计降水量与实况最为接近。云中水成物含量的模拟结果显示，模拟降水较多的方案中其雪粒子含量也较多，而雪粒子不仅在其凝结过程中的潜热释放有利于对流活动发展，并且亦可以通过融化过程促进降水。而对于暖云降水部分，能够到达地面的雨水粒子含量的模拟在各方案中并无显著差异（顾小祥和李国平，2019）。

1.4.7 HYSPLIT 模式揭示的高原低涡与西南低涡耦合暴雨的水汽来源

与上述基于欧拉方法的中尺度气象模式 WRF 不同，HYSPLIT（Hybrid Single Particle Lagrangian Integrated Trajectory）是美国国家海洋大气局（NOAA）空气资源实验室开发的基于拉格朗日方法的气流轨迹模式，起初主要用于模拟空气中污染物的扩散和传输，近年来该模式越来越多地用于对暴雨过程的水汽输送后向轨迹及来源进行分析研究。

2013年6月30日—7月1日，由于西太平洋副热带高压（简称副高）的稳定少动和热带气旋“温比亚”向西移动所形成的阻塞作用，使得高原低涡一直维持在四川盆地，同时在低层，盆地有西南低涡形成，高原低涡与西南低涡产生耦合作用，使盆地降雨进一步加强。

在不同的高度层次上，影响暴雨的水汽来源有可能不同。但暴雨过程中有几条水汽通道？哪条水汽通道对暴雨起主要作用？基于拉格朗日方法的HYSPLIT水汽轨迹追踪分析得出：在区域轨迹追踪可以看到在此次暴雨达到最大时（6月30日03时）输送来的气块大部分均来自于孟加拉湾。该条轨迹上的气块在初期一直位于950 hPa左右的低空，在6月27日08时气块登陆中南半岛后，气块高度开始抬升，直到6月29日08时之后气块高度基本维持不变。本次过程中在暴雨达到最大时在各个层次上对四川盆地产生影响的气块均来自于孟加拉湾。

通过轨迹聚类方法将此次过程的水汽输送轨迹分为三个通道，通道1所占所有轨迹的百分比为58%，另外两条通道分别为20%与22%。通道2所指示的水汽来源于孟加拉湾地区，因此孟加拉湾地区是个例一过程降水的主要水汽源。来自孟加拉湾的通道2先在孟加拉湾地区低层积累水汽，此后经过云贵高原时由于地形的抬升水汽抬高到1000 m左右进入到四川盆地地区。通道1的水汽来源高度一直维持在150～950 m的低空，且其轨迹一直在盆地东部徘徊，说明通道1的水汽主要来自于盆地东部地区地面蒸发的水汽。而通道3的水汽则一直维持在2000 m以上的高空，来自于西亚地区。可见来自孟加拉湾的水汽大部分是在南亚季风强大的西南气流作用下直接越过云贵高原输送到四川盆地，对四川盆地暴雨提供持续性水汽供应（岳俊和李国平，2016）。

第 2 章　高原气候与气候变化特征

本章一方面简明扼要地介绍了青藏高原及其邻近地区的各种主要气象要素场的平均状况，如平均环流、高原季风、平均气压场、平均温度场、平均湿度场、平均辐射及分布，另一方面重点讨论高原特殊的大气边界层、地-气系统主要的物理过程、边界层对流活动、高原云系和降水。本章内容包含 20 世纪 90 年代以来几次大规模高原大气科学试验在气候研究方面取得的最新成果以及近年来揭示的青藏高原气候变化的主要事实，可为研究青藏高原大气热力学和动力学问题提供事实依据、气候背景场和下边界条件。

关键词：高原季风，超太阳常数，厚边界层，逆湿，湿池，夜雨，强对流，爆米花云团，旗云，变暖，变湿

2.1　平均环流和高原季风

2.1.1　冬季环流

冬季的 500 hPa 等压面上，气流经过高原有明显的分支。西风气流从西侧流向高原后，北支绕过天山以后折向南下，形成强大的新疆高压脊；南支经印巴大陆、过孟加拉湾后折向北，形成宽广的孟加拉湾半永久性低压槽(南支槽)。因此，在高原主体的西半部上空是分支的辐散气流，东半部上空有气流汇合。在青藏高原南北两侧各存在一支西风急流，它们在东亚上空逐渐接近并趋于合并。700 hPa 等压面上的流型与 500 hPa 相近，且在高原主体的东侧(即背风坡)，其南北各有一个小涡旋，南侧为气旋式，一般称西南低涡；北侧为反气旋式，一般称河西或兰州小高压，从而形成所谓的“南槽北脊”环流形势。因此，有人认为这两个涡旋系统的成因与流体力学模型试验中的尾流涡相类似。而在近地层(850 hPa 等压面)，高原以北有次天气尺度的闭合反气旋族活动，高原以南气流有明显的沿地形爬升，气旋活动占优。另外，青藏高原平均高度为 4000 m，但直到 300 hPa 的高空，高原流场仍表现为一个弱风区，这表明青藏高原对西风气流的阻挡作用可达 9000 m 以上，有人将此现象归结

于大气动力学理论中的“Taylor 柱”效应(参见 4.7)。

从波动的观点看,冬季通过高原的平均纬向环流为越山的西风波动,波动的垂直高度可达 150 hPa,高原东西两侧各有一个波谷,波长约为 40 个经度,这种波动可能是稳定层结大气中由高原地形扰动引起的大尺度重力波。而通过高原的平均经向环流南侧为强大的 Hadley(哈得来)环流,北侧为一个很弱的 Ferral(费雷尔)环流,这种强弱关系与海洋上空的情形正好相反。

2.1.2 夏季环流

夏季,西风带气流退至青藏高原以北,500 hPa 等压面上高原以东和以西各有半个大型反气旋环流,分别是西太平洋副热带高压西伸脊和伊朗高压东伸脊,高原主体正好位于副热带高压的断裂带中。在高原上空是西风气流和季风气流直接汇合形成的 500 hPa 切变线(高原切变线),其上常有次天气尺度(α 中尺度)的 500 hPa 低涡(高原低涡)活动。高原以北低空仍是一连串的反气旋涡旋,而高原以南为印度季风槽和季风低压,在高原背风坡的川西地区西南低涡活动频繁。高原中低空气流明显向高原辐合,在高空(200 hPa)才转为辐散流出。夏季高原上空存在一个巨大的上升气柱,其向东的一支一直上升到 200 hPa,到达 180°E 以东才下沉。虽然夏季青藏高原是一个巨大的东亚夏季风环流圈,但在高原南北两侧还存在两个较小的经向环流圈,这与高原加热有关。

因此,夏季高原大尺度垂直环流的基本特征为:高原上空平均为一较强的上升气流,到了对流层上部向四周散开,在北部随西风气流向东太平洋下沉;在南部随东风带气流向阿拉伯海、伊朗以至更西的地区下沉。与此同时,在高原南部上空东风气流中有一较强的北风分量,把从高原上升的空气带到南半球。而高原上升气流不能流向北方,在紧靠北侧的地区下沉,这可能对西北地区干旱、半干旱气候的形成具有重要影响。

2.1.3 高原季风

高原季风是亚洲地区尤其是青藏高原及周边地区的一种重要的季风现象。高原季风最明显的特征是随着青藏高原冷热源性质和强度的季节变化,气压场随之发生明显的季节变化,与气压场相适应的风场也要发生显著的季节变化。夏季高原四周的风向高原辐合,冬季从高原向外辐散。在对流层中下层,冬季为冷高压,夏季为热低压。与此气压系统相适应,在高原周围有一冬夏盛行风向相反的季风层存在。该季风层与(印度的)西南季风和(我国东部的)东南季风之间都有明显的气候平均界线。高原近地层气压场上冬、夏季具有相反性年变化是高原季风最主要的特征之一,在 600 hPa 高度距平图上表现得最为清楚。

一般认为夏季青藏高原的加热作用形成了高原热低压和高原季风，即高原季风的成因是冬、夏季高原大气具有相反的热力作用，是大气环流对高原主体及其周围地区热力差异季节性变化的响应在风场上的具体反映。冬（夏）季高原上大气是冷（热）源，因此在高原近地层为反气旋（气旋）式环流，则高原邻近地区的大气环流就呈现出冬、夏季反向的盛行风。按照大气动力学的地转适应理论和高原的水平尺度，高原季风应是风场向高原热力作用形成的气压场适应的结果。

应该注意的是，由于高原季风并不是海陆之间的直接热力环流，它只是海陆间季风直接热力环流的二级扰动（或次级环流），只能使季风天气、气候产生小一级的变动，而不会改变季风气候的基本特征。

2.2　平均气压场、温度场和湿度场

夏季高原上空的大型环流的主要特征有：和四周相比，高原上是个高湿区。在对流层上部高原是个高温和高压区，虽然高温、高压中心并不在高原上，而高原低层是一个比较稳定的低压环流区。

2.2.1　平均气压场

青藏高原地面气压场的形势与平原地面气压场相似，夏季为一个热低压，冬季是一个冷高压，但地面气压的年变化正好与平原相反，表现为夏季高，冬季低。另外，青藏高原地面气压日变化的振幅比平原大。

2.2.2　平均温度场

与同纬度地区相比，青藏高原地面平均气温要低 10～14 ℃。特别是在夏季，藏北高原平均比同纬度的我国平原地区日平均气温低 20 ℃，比西伯利亚地区也要低 16～20 ℃。因此，将青藏高原称为地球的“第三极”是有一定道理的。但是，与同纬度、同高度的自由大气相比，夏季高原比平原气温要高 5～7 ℃，成为北半球一个独立的暖中心，并且这个暖中心可伸展至 200 hPa。这就是青藏高原既寒冷但又不妨碍其成为大气热源的奇妙之处。

高原气温的变化特点是：年较差比平原小，日较差比平原大，表现为明显的内陆山地气候特征。

2.2.3　平均湿度场

高原上的空气非常干燥，全年平均绝对湿度（指单位容积空气中含有的水汽质

量,即空气中的水汽密度)只有同纬度平原的三分之一,藏北高原比中西伯利亚地区也要小一半。年平均相对湿度为40%~50%,比同纬度平原低20%,冬季低50%左右,但夏季高原东部的相对湿度几乎与同纬度平原相当,干、湿季节分明,湿季的大气可存在"高原湿池"。与同高度的自由大气相比,青藏高原上空夏季是高湿区,直到300~200 hPa,比高原南侧的南亚大陆还要高;冬季高原西部是个干区,但东部仍是高湿区,与我国东部平原上空相当。

高原夏季夜间空气湿度较大,甚至趋于饱和,这也是"高原多夜雨"的原因之一,拉萨—日喀则河谷是我国第二大夜雨区。高原水汽输送分析表明,高原西南边缘可能是高原水汽来源的重要通道之一,其水平输送可影响高原局地的水汽分布及其近地层水汽垂直分布,成为影响高原局地水分循环变化的重要因素之一。

2.3 平均辐射分布

2.3.1 太阳总辐射

由于青藏高原地区海拔高,空气稀薄、洁净,水汽和尘埃少,大气透明度高,所以太阳直接辐射比同纬度其他地区都要强,最大值位于雅鲁藏布江大峡谷一带。高原主体直接辐射约为186 $W \cdot m^{-2}$,相当于四川盆地的四倍。虽然由于同样的原因,高原地区的散射辐射较小,但这比四周仅低10%~20%,所以太阳直接辐射和散射辐射之和的太阳总辐射仍比其他地区大很多,比我国东部地区大一倍,比海洋区域也大不少,甚至比北非、阿拉伯干旱沙漠区还要大。第二次青藏高原大气科学试验(TIPEX)的外场观测表明,若以阿里和改则代表高原西部,则5—8月太阳总辐射的旬平均可达340 $W \cdot m^{-2}$,旬平均最大值高达370 $W \cdot m^{-2}$,超过了第一次青藏高原气象科学试验(QXPMEX)观测的352 $W \cdot m^{-2}$,更高于北半球热带地区和副热带沙漠地区所测的最高值(320 $W \cdot m^{-2}$),成为全球太阳总辐射最大的区域。高原夏季地面总辐射自东向西逐渐增大,即西部最强,中部次之,东部最小。西部总辐射的季节变化不明显,而中、东部干、湿季的总辐射有明显的差异。

太阳总辐射随海拔高度的增加而增大。夏季一天之中高原太阳总辐射的显著特征是容易出现特别强的值,超过太阳常数[(1367±7) $W \cdot m^{-2}$,1981年WMO(世界气象组织)推荐的太阳常数最佳值]的观测记录在几次高原科学试验中屡有出现(表2.1),如1993年7月—1999年3月的中日西藏高原地面热量平衡和水分平衡的自动观测期间,四个站共出现310多个超太阳常数的太阳总辐射记录。需要指出的是,过去报道的总辐射大于太阳常数的记录一般指的是太阳总辐射的瞬时最大值,而自动气象站(AWS)记录的是 10 min 平均的总辐射，由此可见总辐射的瞬时极大值超过太阳常数的次数之多。高原上这种独特的太阳辐射现象是高原特殊的地理、气象条件下，很强的太阳直接辐射和旺盛的积云对流产生较多散射辐射综合作用的结果，其产生必须同时满足以下四个条件：①太阳高度处于一年中的峰值时期，如夏季和正午前后；②云量很多(8 成以上)而又在天空分布适当，即天空几乎为云遮蔽但日面位未被遮蔽，直接太阳辐射仍能穿过云缝到达地面；③大气污染小、透明度高，对太阳辐射的削弱作用较小；④云体的(冰晶结构)散射作用较强，云状以高积云(Ac)为主。

表 2.1　青藏高原太阳总辐射超太阳常数的观测记录

观测时间	观测地点	太阳总辐射(W・m^{-2})
1979 年 6 月 2 日 12:00	林芝	1474.5
1979 年 6 月 13 日 12:00	狮泉河	1465.4
1979 年 7 月 2 日 12:00	那曲	1458.4
1979 年 7 月 2 日 12:00	拉萨	1522.6
1994 年 5 月 30 日 11:20	林芝	1666.3
1997 年 6 月 27 日 12:40	日喀则	1705.0
1997 年 7 月 30 日 11:20	拉萨	1550.1
1998 年 7 月 18 日 11:20	那曲	1678.8

强烈的太阳辐射造成夏季高原近地层大气中巨大的温度垂直递减率。白天，特别是午后近地面 1～2 km 高度气层内温度垂直递减率经常是超绝热的，并可持续数小时。曾观测到在厚度达 1.5 km 的气层出现 1.39 ℃/100 m 的温度垂直递减率。如此强大的温度垂直递减率必然伴随强对流活动，可形成高原上空深厚的混合层，使地面感热向中、高层输送，雨季期间也有利于凝结潜热向上输送，加热对流层上部的空气。

高原辐射的特征还有：有效辐射呈西高东低分布；中部、东部的地面辐射平衡(净辐射)在 6 月中旬有明显的突变现象，西部的突变出现在 7 月下旬；地面辐射平衡的地理分布为：中部最大，东部次之，西部最小。另外，长波逆辐射也很强。

2.3.2　地表反射率

地表反射率(surface albedo，又译为地面反射率、地表反照率)反映了地面对太阳辐射的发射能力，是研究下垫面热力性质的重要参数之一，它除了与地表状况(地面土壤性质、植被覆盖程度等)有关外，还间接与观测时的天气状况有关。由于高原地表植被稀少，雪盖面积大，所以地表反射率很大。年平均地表反射率为 0.2～0.28，其地理分布是西部高、东部低、中部与东部差别不大；季节分布是冬季大、夏季小。夏季，高原地表反射率为 0.15～0.3，其中高原西部和柴达木盆地较大，为 0.2～0.3，藏北那曲和藏南拉萨等地较小，为 0.15～0.25。冬季地表反射率比夏季大 0.03 以上。有积雪时，地表反射率可达 0.7 以上，新雪的反射率更高达 0.8～0.9。

根据高原西部改则、狮泉河 1997 年 11 月—1998 年 10 月 AWS 实测的辐射资料计算出两站地表反射率的年平均值在 0.3 左右，两站地表反射率的季节变化趋势基本一致(图 2.1)。反射率最大值出现在 1997 年 12 月，这主要是因为 1997 年冬季西藏地区发生特大雪灾，地面为积雪覆盖，反射率较大，狮泉河 12 月反射率平均值高达 0.64，改则为 0.50。最小值出现在 8 月，约为 0.23，因为此时高原西部正值雨季，土壤湿度较大，地面植被生长的缘故。

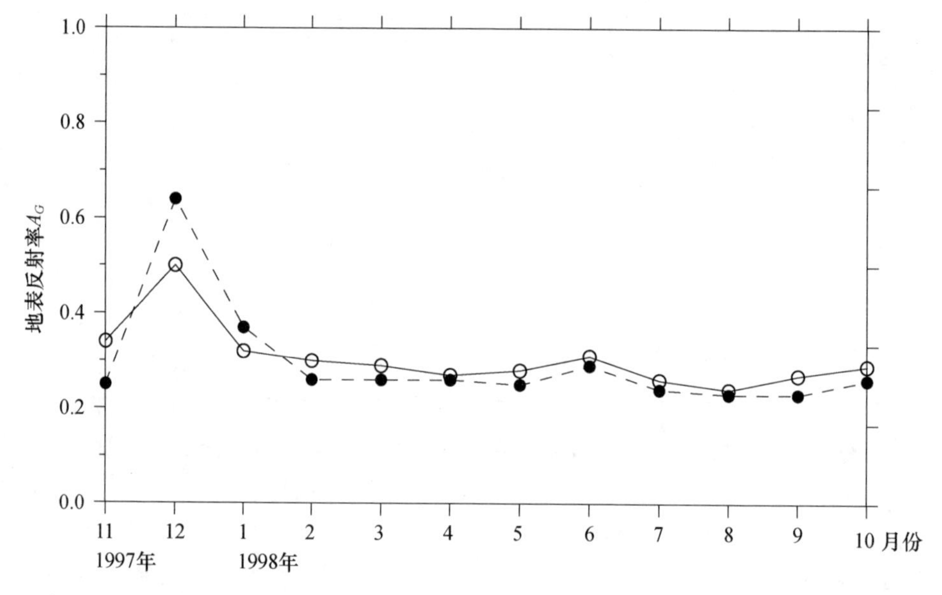

图 2.1　1997 年 11 月至 1998 年 10 月改则(实线)、狮泉河(虚线)地表反射率的月平均值

由于高原西部冬季各日的地表反射率变化情形大致相同，取 1 月中旬的一天来分析冬季地表反射率的典型变化。如图 2.2、图 2.3 所示，冬季两站地表反射率的日变化特征基本一致，即清晨、黄昏地表反射率高，中午地表反射率低，大致呈 U 形曲线。在日出、日落时分出现突变(跳跃)现象，日出时地表反射率出现突降，日落时地表反射率出现跃升。最低值出现在地方时(LST，即世界时＋6 h，下同)的 12—13 时。改则地表反射率的日平均值为 0.33，狮泉河地表反射率的平均值为 0.27。

类似地，取 7 月中旬的一天代表夏季地表反射率的典型变化。如图 2.4、图 2.5 所示，夏季两站地表反射率的日变化特征与冬季基本一致，也是早晚地表反射率高，中午地表反射率低，大致呈 U 形。在日出、日落时分出现突变现象，即日出时地表反射率出现突降，日落时地表反射率出现跃升，并且日落的跃升斜率更大。由于狮泉

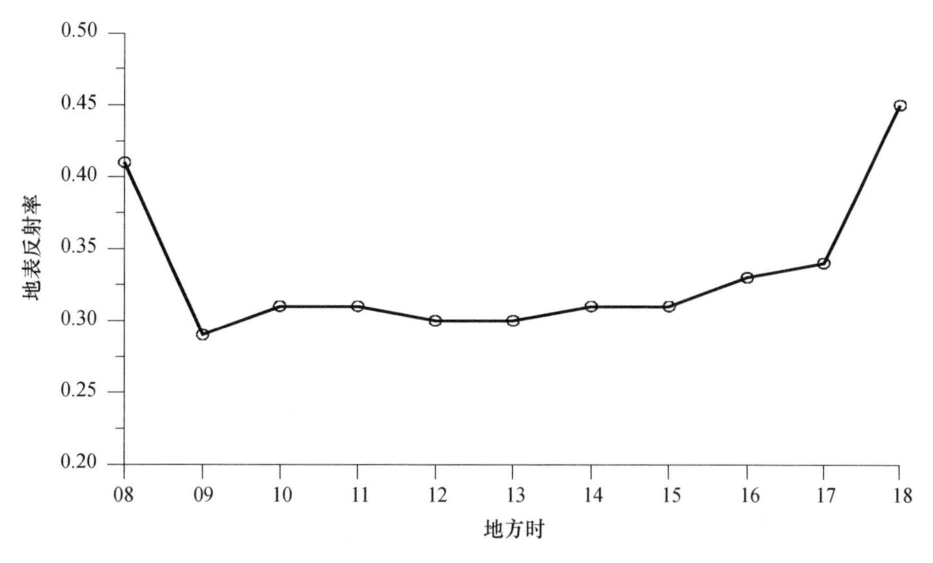

图 2.2　改则 1998 年 1 月 19 日地表反射率的日变化

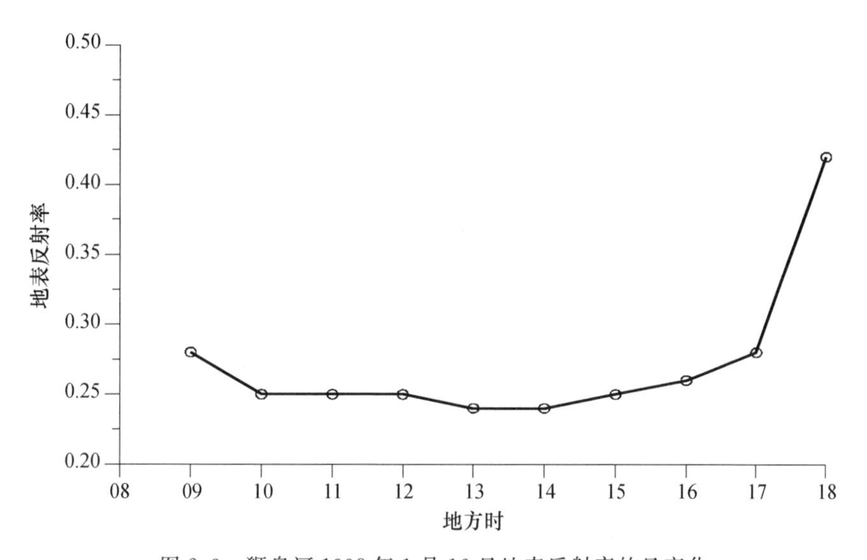

图 2.3　狮泉河 1998 年 1 月 16 日地表反射率的日变化

河比改则偏西，所以其日出、日落时间均较改则晚。上午到中午之间地表反射率逐步降低，最低值出现在 12 时前后。中午到下午之间地表反射率逐步升高。改则地表反射率的日平均值约为 0.27，狮泉河地表反射率的平均值为 0.25。因此，改则冬、夏季地表反射率的日平均值及日变化特征的差异较大，冬季的日平均值大于夏季，冬季日变化较为平稳，日出、日落的突变现象不如夏季明显。而狮泉河冬季地表反射率的日平均值也大于夏季，但冬季和夏季日变化特征的差异不大。

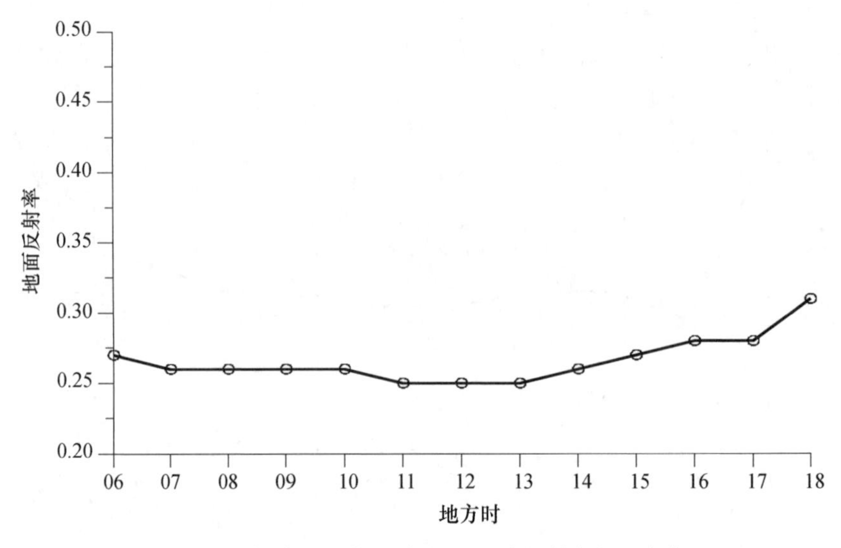

图 2.4　改则 1998 年 7 月 15 日地表反射率的日变化

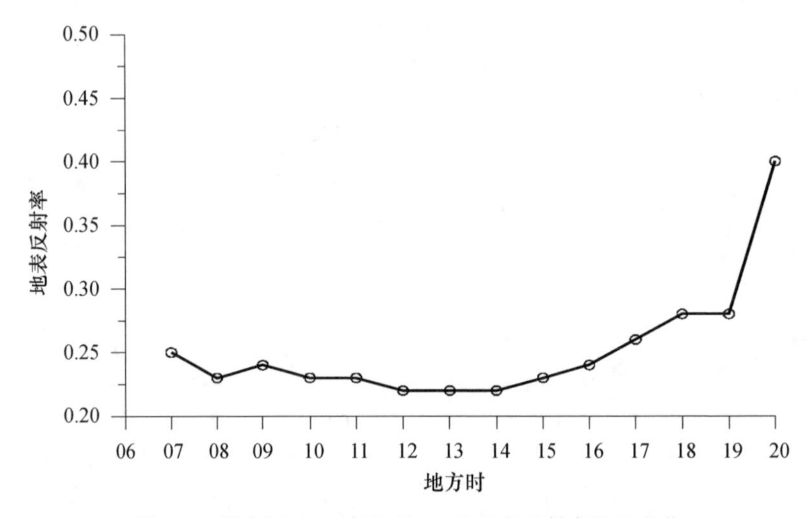

图 2.5　狮泉河 1998 年 7 月 19 日地表反射率的日变化

地表反射率的日平均值可由每日白天(有日照辐射的时段)的各个观测时刻的地表反射率平均而求得。图 2.6 为狮泉河 1997 年 9 月到 1998 年 12 月的日平均地表反射率的时间演变。该图表明冬半年(10 月、11 月、12 月、次年 1 月、2 月、3 月)的地表反射率与夏半年(4 月、5 月、6 月、7 月、8 月、9 月)的值存在明显差异。影响地表反射率的因子主要有地球表面覆盖物类型及其土壤湿润、粗糙程度和太阳高度角等因素,并随空间和时间而变化。而对于确定的地点(如狮泉河或改则),影响其季节变化的最大因素就是地表覆盖物类型的变化及土壤湿润程度，即冬半年地表面的冰雪覆盖和夏半年地表面的稀疏禾草的差异上。冬半年，伴随着几次降雪过程，地表反射率日平均值出现相应的波峰，而且增加幅度也很大。例如 1997 年 12 月 11—12 日地表反射率达到峰值（接近 1），这是因为冬半年出现降雪天气过程后，地表面覆盖物以冰雪为主，冰雪由于其物理性质，对太阳辐射的反射很强而致反射率值很大。而冬半年地表反射率在降雪后的逐渐减小，说明新雪对太阳辐射的反射较强，冰雪面对太阳辐射的反射能力随距冰雪面形成时刻的日数增大而递减，直至冰雪融化为止，地表土壤裸露，地表反射率恢复为该季节的正常值；如果又出现另外一次降雪过程，则反射率又开始变大。夏半年地表反射率相对较小，变化幅度也比较小，说明在夏半年地表覆盖物的物理性质较为单一（为稀疏禾草或矮小的灌木）；从 6 月开始，狮泉河的地表反射率逐步减小，并随着降水过程的发生而出现几个低谷，如狮泉河 1998 年 8 月 17 日，地表反射率逐渐降到全年的最低点 0.16。这是因为 8 月是狮泉河的雨季，随着降水量的增加，地表相对潮湿，土壤湿度增加，地表植被生长，因此地表反射率就会降低。

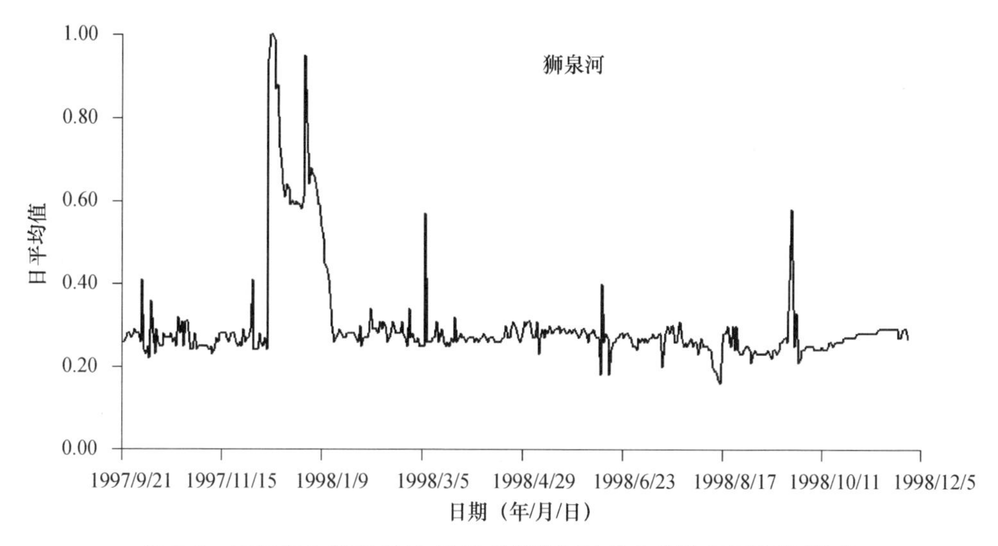

图 2.6　1997 年 9 月至 1998 年 12 月狮泉河站地表反射率的逐日平均值

改则冬半年与夏半年的地表反射率也有明显差异（图 2.7）。冬半年地表反射率日平均最大值是 0.89，出现在 1997 年 12 月 14 日，从日期上看与狮泉河冬季峰值在时间上很接近，即在一次大的降雪过程后，在高原西部出现地表反射率高值现象，并随几次降雪过程而波动变化。夏半年，改则从 6 月末开始进入雨季，土壤湿度增大，地表植被生长，地表反射率明显下降，并伴随降水过程的发生，地表反射率出现几个低谷，最低值为 0.21。到 1998 年 10 月地表反射率又随降雪过程的开始而逐渐增大。另由以上的讨论可知，由于狮泉河和改则两地纬度差异小、海拔接近、地表状况相似，气候也比较类似，两地的地表反射率表现为大小相近，季节变化趋势基本一致，年平均值均在0.31左右。

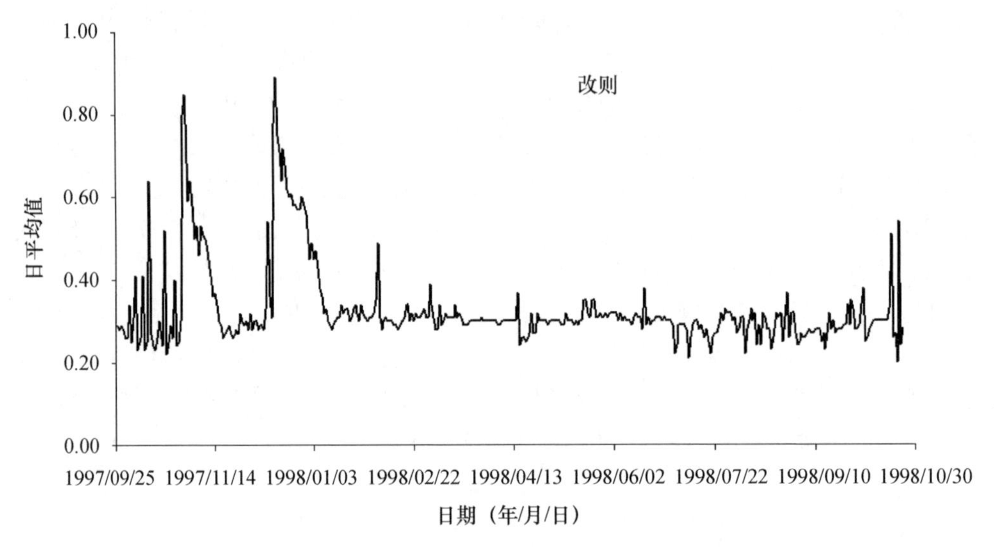

图2.7　1997年9月至1998年10月改则站地表反射率的逐日平均值

地表反射率的月平均值由当月各日的地表反射率求平均而得。由图2.8可知，两站1997年12月的地表反射率非常大，狮泉河12月反射率平均值高达0.60，改则12月反射率平均值也达0.51，这是因为在1997/1998年冬季，西藏大部分地区和青海南部连降大到暴雪，积雪异常偏多，其中1997年12月的连续降雪过程，聂拉木积雪深达81 cm、普兰35 cm、那曲40～50 cm，强度大、范围广，而且持续时间长，西藏南部和北部及青海南部遭受历史上罕见的严重雪灾。而由前面的分析可知，由于积雪对地表反射率有着非常显著的影响，因此1997年12月地表反射率也就非常大。夏末秋初，两站的地表反射率均降至全年最低，因为这个时候高原西部正值雨季，土壤湿度较大，地面植被生长的缘故。狮泉河从6月开始月平均地表反射率逐渐减小，到9月降到最低点0.23；而改则站在只有7、8、9月的地表反射率较低，最低值为0.28，高于狮泉河站的最低值，连续降低幅度也不及狮泉河明显。到1998年10月高原西部降雪过程开始后，地表反射率的月平均值又开始增大，并伴随各月份积雪覆盖量的不同而出现波动状变化。还可以看出由于两站均位于高原西部，地理性质较为相近，气候的季节变化也较一致，表现在地表反射率的季节变化基本一致、各月的平均值也相近。

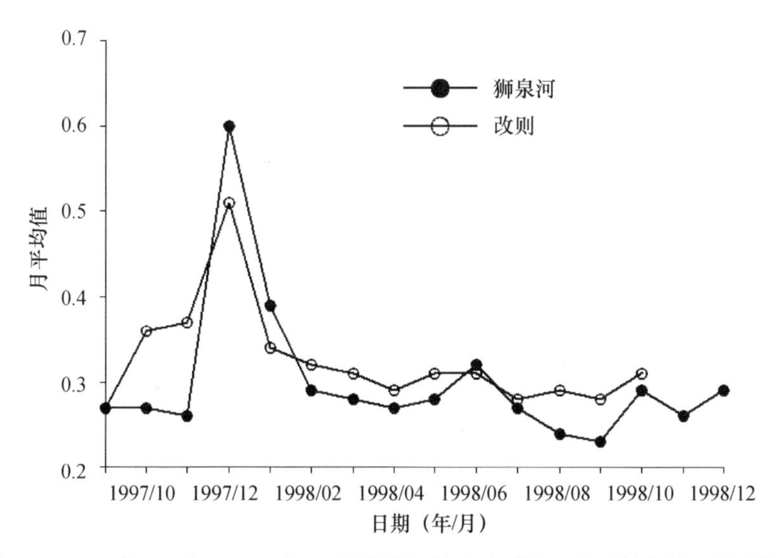

图 2.8　1997 年 10 月至 1998 年 12 月狮泉河站和改则站地表反射率的逐月平均值

另外，由表 2.2 可见：夏季高原西部狮泉河和改则的地表反射率明显大于高原中部的拉萨和东南部的昌都，因此狮泉河和改则均为高原上地表反射率最大的地区之一。

表 2.2　1998 年 5—8 月青藏高原部分站的月平均地表反射率

	5 月	6 月	7 月	8 月	5—8 月平均
狮泉河	0.28	0.27	0.27	0.24	0.27
改则	0.31	0.31	0.28	0.29	0.30
拉萨	0.19	0.17	0.14	0.15	0.16
昌都	0.17	0.16	0.16	0.18	0.17

为了更合理地分析高原地表反射率的日变化特征，可对狮泉河和改则两站 1997 年 10 月 1 日—1998 年 9 月 30 日一整年的逐时地表反射率进行日合成分析，即把这一整年各时刻地表反射率的值按对应时刻(仅取有太阳辐射的时段)求平均，得到一个合成日中日出到日落时段各时次的地表反射率值(图 2.9)。为便于分析地表反射率的日变化特征，我们还计算了对反射率影响最为重要的因子——太阳高度角(1997 年 10 月 1 日—1998 年 9 月 30 日的各个时次值)，并对太阳高度角也进行了日合成分析(图 2.10)。可以看出，两站地表反射率的日变化特征基本一致，均为日出、日落时分地表反射率高，白天其他时段的地表反射率低，大致呈 U 形曲线。在日出、日落时分出现突变现象，即日出时地表反射率出现突降，日落时分地表反射率出现跃升，并且日落的跃升斜率更大。白天的其他时段，地表反射率较为稳定。地表反

射率的最低值出现在地方时的中午时分，即太阳辐射最强烈的时段，狮泉河最低值为 0.28，改则最低值为 0.31。

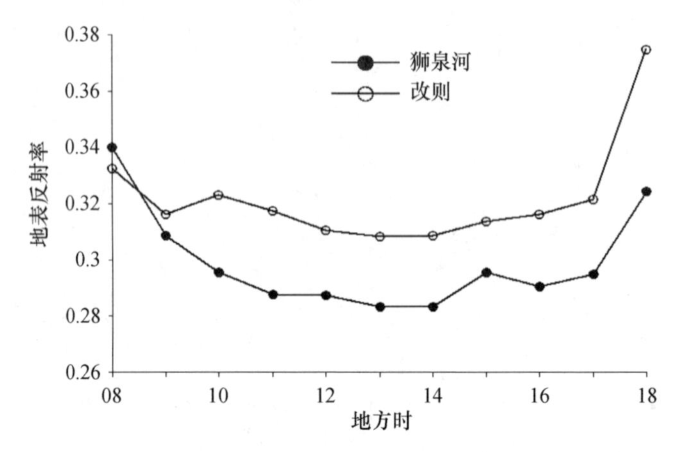

图 2.9　1997 年 10 月 1 日—1998 年 9 月 30 日狮泉河站和改则站地表反射率的日合成分析

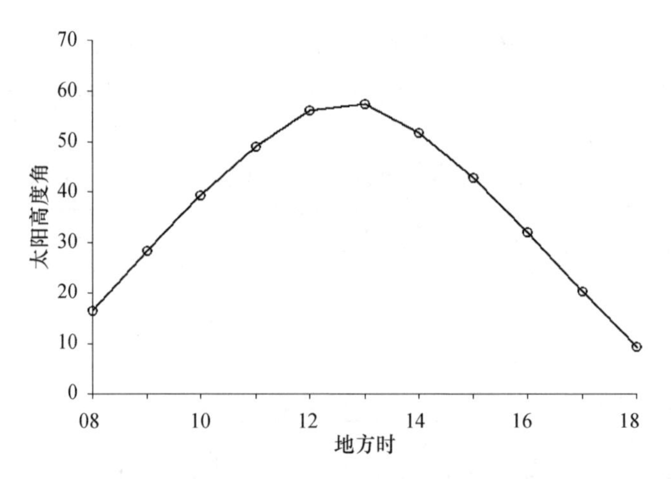

图 2.10　1997 年 10 月 1 日—1998 年 9 月 30 日改则站太阳高度角的日合成分析

地表反射率的日变化特征与太阳高度角的关系为：清晨日出时分，太阳辐射开始出现，由于此时太阳高度角还比较低（图 2.10），太阳辐射穿过地球大气到达地面的路线较长，大气对太阳辐射的削弱较多，到达地面的辐射通量相对较少，且入射太阳辐射的入射角较大，因而地面对这个时候相对还较为微弱的太阳辐射的反射能力较强，故地表反射率较大；随着时间的推移，太阳高度角逐渐增大，太阳辐射逐渐增强，入射太阳辐射的入射角减小，而地表的反射能力变化不大，因而地表反射率就会降低，到地方时的正午时分即太阳高度角最大、日照辐射最强的时候（如改则地方时的 12—13 时），地表反射率值降至白天的最低点；正午之后，随着到达地面的太阳辐射逐渐减弱，地表反射率又逐渐增大，在黄昏日落时分随着太阳高度角再次变得较小，地表反射率又升至较大的值。综上所述，高原地表反射率日变化主要与入射的太阳辐射有关，当太阳高度角较低时，地表反射率的变化较大；当太阳高度角增大以后，地表反射率趋于稳定。

2.3.3 地面辐射平衡

地面辐射平衡也称地面辐射差额，表示地面接收到的太阳净辐射，即

$$R = S(1-\alpha) - E \tag{2.1}$$

式中：R 表示地面辐射平衡，S 表示太阳总辐射，α 表示地表反射率，E 表示地面有效辐射（地面放出的长波辐射与大气长波逆辐射之差）。虽然青藏高原上的太阳总辐射很大，但由于地表反射率和地面有效辐射也都很大，地面辐射平衡反而比四周小。这说明青藏高原地面热容量较小，地面热源对太阳辐射的响应比海洋和平原都要快，因此高原山谷风、高原季风等局地热力环流很明显。

高原地区地面有效辐射远大于平原地区，其地理分布为东部低、西部高。高原东部地面有效辐射的年总量为 2484×10^6 J/m^2，高原西部达 3416×10^6 J/m^2，超过热带沙漠的观测值（3348×10^6 J/m^2）。高原东部地面有效辐射最大值出现在冬季，夏季为小值；高原西部夏季及夏季以后的 9 月出现最大值，冬季为最小值；高原中部是冬季小，春、秋季大。

夏季高原地区，特别是雅鲁藏布河谷地面净辐射大于平原地区。而冬季由于高原地区多积雪，地表反射率较大，使地面净辐射偏小甚至出现负值。就年总量而言，由于高原大部分地区植被稀疏，冬季多积雪，地表反射率大，加之冬季高原有效辐射大，从而使高原地面净辐射的年总量偏低，成为中国大陆地面净辐射的低值区之一。

2.4 大气边界层与地-气系统物理过程

2.4.1 大气边界层

由于青藏高原是一个突起的巨大陆块，高原四周的坡度又很陡（特别是北侧和南侧），高原上还存在着各种尺度的山体，因而形成复杂、多样的大气边界层，如动力边界层、热力边界层、垂直边界层和侧向边界层。在没有必要区分动力边界层和热力边界层的情况下，本书的高原边界层泛指地面动力和热力扰动所能达到的垂直范围。深入了解高原边界层特征对于认识高原的动力和热力影响具有重要意义。

高原边界层的厚度按一般动力学的定义应是风向第一次与地转风重合的高度，但这里着重考虑高原的热力作用而将其定义为高原地区准定常热力性低压系统到达的高度。1979 年 QXPMEX 用准定常热力性气压系统估算出原边界层的厚度约为 2000～3000 m，比平原地区边界层厚度(1000～1600 m)深厚得多，从而增大了高原的有效作用高度。1998 年 TIPEX 首次使用高分辨率探空气球(分辨率为 50～100 m)，探测高度达 3000 m 以上，根据当雄站的探空资料研究发现：高原边界层的厚度在 1850～2750 m 摆动，变化幅度较大。而高原边界层厚度的时间变化规律为：夏厚、冬薄，昼厚、夜薄。边界层高度的动力学定义式为

$$h_B = \pi\sqrt{\frac{2k}{f}} \tag{2.2}$$

其中：h_B 是边界层高度，k 是湍流垂直交换系数，f 是 Coriolis 参数。显然，高原边界层高度大于平原，意味着高原地区的湍流交换强度也大于平原，这种边界层特征为高原地区积云发生、发展提供了极为有利的对流条件和湍流发展环境。

高原大气边界层的显著特征还有：高原边界层低层风向、风速具有多层次变化特征(如近地层风速并不全是随高度增大)；近地层风速廓线一般满足对数规律；高原边界层中对流混合层(近中性层结、相当位温垂直梯度很弱)较深厚(约 2500 m)，温度垂直分布具有较好的混合特征，但风速的垂直分布从地面到边界层顶明显增大，并没有显示出混合层的特征。对热成风方程的分析表明，高原对流边界层存在风速垂直切变的主要原因是高原上复杂的地形、地貌分布形成区域性水平温度梯度后产生的强斜压性；高原边界层由于大气密度远小于平原地区，造成高原湍流运动的“强浮力”效应；高原深厚边界层的 Ekman 螺线摆动高度较高(在 v 值为零附近摆动范围大，梯度风高度高达 2250 m。梯度风高度取第一次 u 值达最大、v 值相对较小的高度)以及高原边界层动力“抽吸泵”效应等。

高原边界层特别是白天近地层存在明显的逆湿现象，这与沙漠地区(比湿随高度基本不变)和绿洲地区(比湿随高度递减)的地表水汽特征完全不同，但对高原逆湿形成原因尚存不同看法。有人认为可能与下垫面长期处于干旱状态或高原特殊地形边界层的湍流输送结构、地表蒸发等有关。另有人认为高原中部西南暖湿气流与西北冷平流均较为显著，两类不同性质的平流配合可能导致高原边界层出现强稳定对流活动或强斜压状态，而低层强西南暖湿气流产生高原逆湿现象。

日出后大气不稳定层结发展迅速，午后边界层中、下层存在较强的辐合气流和强中尺度对流活动，对流云发展旺盛，但云层很低。高原及其邻近地区边界层存在明显的山谷风环流。另外，高原边界层内中尺度天气系统很多，是北半球同纬度地区气压系统出现最频繁的地区。这些系统主要有 500 hPa 横切变线(高原切变线)、500 hPa 高原主体地区的低涡(高原低涡)、700 hPa 切变线(西南切变线)、高原东侧的低涡(西南低涡)、柴达木盆地 700 hPa 热低压(西北低涡)以及高原北侧的小高压

和南侧的小低压等。而高原不稳定近地层中的小尺度系统有浮力垂直卷流、辐合线、上升气层、柱状尘卷风、沙暴等。

2.4.2　地-气系统物理过程

高原地-气系统物理过程也称为高原陆面物理过程，主要包括动量输送、能量输送和物质输送三方面，具体而言是指地面动量(地面拖曳作用)、热量、水分输送，地表反射率、地面辐射平衡、土壤湿度，冰川、雪盖、冻土，地面植被、地表粗糙度、地形等因子的特征及其变化对天气、气候的影响。

青藏高原东西长约 3000 km，南北宽 1000 多千米，平均海拔在 3000 m 以上，约占对流层的 1/3。它作为巨大的地形障碍，使得流经高原地区的气流产生强制性的绕流或爬流，作为高原上一块隆起的台地，通过边界层辐射、感热和潜热输送形成一个高耸入自由大气中的热源强迫和热对流动力扰源。

有关近地层湍流运动特征分析表明，占中国近 1/4 面积的高原地区水平风速脉动方差平均状况接近山地的情况，这表明高原地区为大范围的强湍流运动区，高原的地形高度和复杂特征是导致水平脉动方差增大的重要原因。

研究高原影响的根本目的是要把地—气间的动量、感热和潜热通量计算得更加客观、准确，而至今高原边界层的观测和研究在青藏高原气象学的分支领域中仍较薄弱，故今后要继续加强高原陆面过程、高原边界层及其高原陆地-大气相互作用的观测和研究。

2.5　对流活动、云和降水

高原上空大气的不稳定层结自然会引起强烈的对流活动，即使在雨季前高原绝大部分的午后对流云频率皆在 70%以上，最大对流活动区位于高原的东南部、喜马拉雅山脉西部和喀喇昆仑山脉。进入雨季后，对流活动更加强烈，高原绝大部分对流云频率在 90%以上，最小区域也有 70%，高原对流活动中以积雨云(Cb)为主。因此夏季高原可称得上全球对流活动最旺盛的地区之一。另外，冬季高原的对流活动也很可观的。在地理分布上，高原西部的对流活动并不比东部少，东、西部各有一个最大垂直运动中心，对应两个对流活动中心，只不过东部的对流活动更旺盛。

大气流体力学模型实验还显示出一个有意义的现象，就是地面加热现使低层大气出现层结不稳定，产生低层对流，将热量输送到中层大气。中层大气增温后一方面降低了低层大气的不稳定度、抑制低层大气的对流活动，另一方面中层大气的增温又加大了中层大气的不稳定度，使中高层产生对流，把热量输送到高层，于是中高层的层结又趋于稳定，从而抑制中高层的对流。如此反复，地面加热又重新启动上、下交替的对流活动。

夏季高原的热力作用使午后的对流活动强烈发展，这种小尺度的强对流对于维持高原及其附近地区稳定的低层低压和高层高压是必不可少的。高原边界层内这种有组织的对流一定与边界层内地面加热产生的大涡旋有关。杨伟愚等(1990)对涡度方程的计算分析表明，高原低层的辐合和高层的辐散产生的巨大的涡度制造，不能由大尺度的垂直和水平输送(非线性平流)涡度来平衡，而只能靠高原强烈的对流作用来平衡。这与热带地区和中纬带地区的涡度平衡方式有很大区别。对流活动在夏季抵消散度、制造涡度的物理机制为：高原上夏季低空平均是气旋性环流，高空平均是反气旋性环流，强烈的对流上升能把低空的气旋性涡度带到高空，以抵消那里辐散制造的反气旋性涡度；而下沉气流则把高空的反气旋性涡度带到低空，以抵消那里辐合制造的气旋性涡度。从 5 月到盛夏，由于对流活动不断加强，对流活动平衡涡度的作用也越来越重要。

高原空气密度小，浮力异常，因此边界层湍流特征与平原地区有较大差异。而高原复杂的地形在一定背景风场条件下有利于形成上升气流，成为对流活动的助推剂。从 TIPEX 设置在当雄站的声雷达观测资料发现，高原中部存在活跃的中小尺度对流热泡，结构呈窄长状，热泡结构上升速度很大，可达 1 m/s，两侧为对称细长的下沉带，热对流泡的生命史为 1.2～1.5 h。

根据 TIPEX 现场观测资料还发现，高原与东亚季风、印度季风关键区形成“大三角扇型”区域水汽输送特征。进一步的理论研究表明，在长江流域的旱涝年份，高原与季风区水汽特征出现异常，其时空异常变化反映出高原与季风系统成员活动的影响关系。

TIPEX 揭示的高原边界层强对流发展和维持的机制是：首先，高原地区强烈的辐射使地表具有充足的加热作用，从而使得边界层底部维持充足的热源，奠定了边界层对流产生和发展的热力基础。其次，高原地区复杂的地形、地貌使高原边界层内的风场经常具有较强的风垂直切变，加强了对流混合，为对流发展提供了强大的动力基础。同时下垫面不均一造成的地面加热不均匀，使高原边界层具有较强的斜压性，有利于对流发展。另外，特定的风场在地形作用下产生的上升气流，也有利于对流发展。由此可见，高原地区强对流活动的产生和维持是诸多有利条件综合的结果。在这些条件的共同作用下，高原边界层内可以产生一系列有组织的大涡旋式的强对流活动，这些大涡旋形成的热泡在向上发展的过程中发生合并、尺度增大，对流活动也更为猛烈，达到凝结高度后可形成对流云。成云过程中凝结潜热释放更有利于对流云进一步发展，使对流云逐渐发展成对流云团，从而产生卫星云图上显示的高原“爆米花”云系(徐祥德 等，2002)。

2.5.1 云状和云量

青藏高原多积状云(如积雨云、浓积云、淡积云),而少层状云,高云以密卷云和伪卷云为主,低云以层积云为主。云系演变模式特殊,一般先见到高云,接着出现低云,并且绝大多数积雨云出现时伴随降水。此外,青藏地形云也较多,如旗云等。

云底高度经常出现高云不高、低云不低的特殊形态,积雨云和层积云的云底平均高度为 1500～2500 m,高云的云底平均高度为 3800～5800 m。

分析 TIPEX 期间那曲站的雷达观测资料,发现高原中部地区对流云呈水平尺度小、垂直高度高的柱状单体结构。并且中低层强湍流或上升运动有利于高原对流云突破上层弱逆温层的“暖盖”,形成高原地区常见的“爆米花”形状的积云单体群,积云单体整体作反气旋式旋转。当积云群体经过发展、组织,形成适当规模的云系,在一定条件下可发展成深厚成熟的东移出高原的超级对流云团,有些则在高原下游地区发展成中尺度天气系统,甚至可强烈发展而成为暴雨系统。因此,高原地区是我国东部地区可造成洪涝灾害的对流云团的重要源地之一(周明煜 等,2000)。

冬季,青藏高原平均总云量约为三成,比我国暖湿的南方地区少,但比干冷的北方地区多。夏季,青藏高原是全国云量最多的地区之一,这可能与印度季风经常爬越高原有关,并且总云量自南向北减少。

2.5.2 降水

青藏高原既有我国降水最少的地区(西藏西北部),又有我国多雨中心之一的受印度季风影响、水汽充沛的藏南雅鲁藏布江下游地区,年平均降水量总的分布趋势为从东南向西北减少。绕高原一周有一个少雨带,这与高原周围的次级热力环流的补偿下沉支位置相当。在少雨带的内侧、紧靠高原的边缘,存在一个环型多雨带,它的形成与气流向高原的爬坡抬升有关。

青藏高原的降水主要出现在夏季,降水大多集中在 5—9 月,这段时期的降水量占全年降水量的 80%～90%,干、湿季节分明。高原西部雨季的降水量很小,云量和日照的季节变化也较小。

高原降水有明显的日变化,夜雨率相当高,有“高原多夜雨”之说,是我国仅次于四川盆地的第二大夜雨高发区。所以高原夜雨是高原夏半年气候的一个特色,如位于宽阔河谷的拉萨和日喀则,由于地形的影响,高原雨季中的夜雨率高达 80%以上,为高原的夜雨中心。这种现象与高原特别强的太阳直接辐射和高原加热的直接热力环流的日变化有关,河谷地区还与河谷风环流有关。杨伟愚等(1990)通过分析高原对流活动的日变化,发现高原清晨的对流活动是比较浅薄的,深厚对流出现在下午,日变化非常显著。而高原夜间的对流云也比较旺盛,尤其是夜间云顶辐射冷却造成云上的层结不稳定，使积雨云得以发展，从而产生夜雨。

地形对高原降水的影响也很明显，降水量在一定高度范围内随海拔高度的增加而增大，到达所谓最大降水高度后，又随海拔高度的增加而减少；迎风坡的降水量明显比背风坡多，特别在夏季受西南季风影响的喜玛拉雅山的南、北麓。

第三次青藏高原大气科学试验（TIPEX Ⅲ）那曲站激光雨滴谱仪的观测数据分析指出(Chen et al,2017)，雨滴谱特征分布受到日变化的影响，白天对流性降水雨滴的质量加权平均直径比晚上大，而广义截断参数比晚上小。

DSG5 型降水现象仪是我国自主研发的高精度降水探测设备，其采用现代激光技术，激光波长为 650 nm，实现对毛毛雨、雨、雨夹雪、冰雹等天气现象的自动观测与识别。该仪器的测量区域为 54 cm^2，雨滴等效体积直径和雨滴下落末速度分为 32 个等级；液态降水量的测量精度为±5%，取样时间间隔为 1 min。李山山等(2020)利用 2018 年 6—8 月川西高原四个不同海拔高度站点 DSG5 型降水现象仪的雨滴谱观测数据，对高海拔、大梯度陡峭地形条件下的雨滴数浓度和微物理特征参量进行对比分析得出：不同海拔高度上，弱降水和强降水表现出完全不同的雨滴谱特征。弱降水中，小雨滴粒子（直径 $D<1$ mm）的数浓度随海拔高度的升高而增大，中等直径粒子（$1<D<3$ mm）的数浓度随海拔高度的升高反而略有减小。雨滴粒子的数浓度 N_w 随海拔高度的升高而增大，平均直径 D_m 随海拔高度的升高而减小。强降水中，小粒子和中等直径粒子的数浓度随海拔高度的升高而减小，大粒子（$D>3.25$ mm）的数浓度随海拔高度的升高而明显增大。雨滴粒子的数浓度 N_w 随海拔高度的升高而减小，平均直径 D_m 随海拔高度的升高而快速增大。中等强度降水是大粒子和小粒子数目的转换阶段。究其原因，不同海拔高度弱降水雨滴谱特征差异可能是由于小雨滴粒子是下降过程中碰并作用所致，而不同海拔高度强降水雨滴谱特征差异则可能是由于大雨滴粒子下降过程中的破碎作用造成的。除地形高度的影响外，复杂地形的下垫面特征也对降水粒子直径和数浓度有一定作用。

微波辐射计（Microwave Radiometer，MVR）是一款被动式的微波遥感设备，具有全天候、全天时工作的优势，对云雾有较强的穿透能力，因此较适合垂直大气要素的监测。微波辐射计的监测要素主要有：①有无降水，②液态水含量，③相对湿度，④温度，⑤水汽含量，⑥云底高度等。每个测量值都有独立的算法和通道。图 2.11 为 2013 年青藏高原东侧川西高原理塘站的一次夏季降水过程中微波辐射计反映的高原降水过程的一些特征。由图 2.11a 可以看出，高原大气在 4～6 km 的高度上存在一相对湿度大值层，另一大值层则存在于 2 km 以下。低层的相对湿度大值带是由于靠近地面，水汽含量充足。高层虽然水汽较少，但因为高空空气的饱和水汽压较低，导致在水汽含量较少的情况下大气的相对湿度依然很高。相对湿度大值区云雾较少，这与高原云系多出现在 6 km 以上和 4 km 以下的结论比较吻合。午间由于地面感热作用的加强，使得高原低层大气温度升高，2 km 以下出现了 290 K 以上的高温区域(图 2.11b),低层大气的升温,使得大气层结不稳定,低层能量的集聚极易促发对流性天气的发生。一旦对流形成,低层水汽便会向高层输送,凝结形成降水(图 2.11c、图 2.11d)。

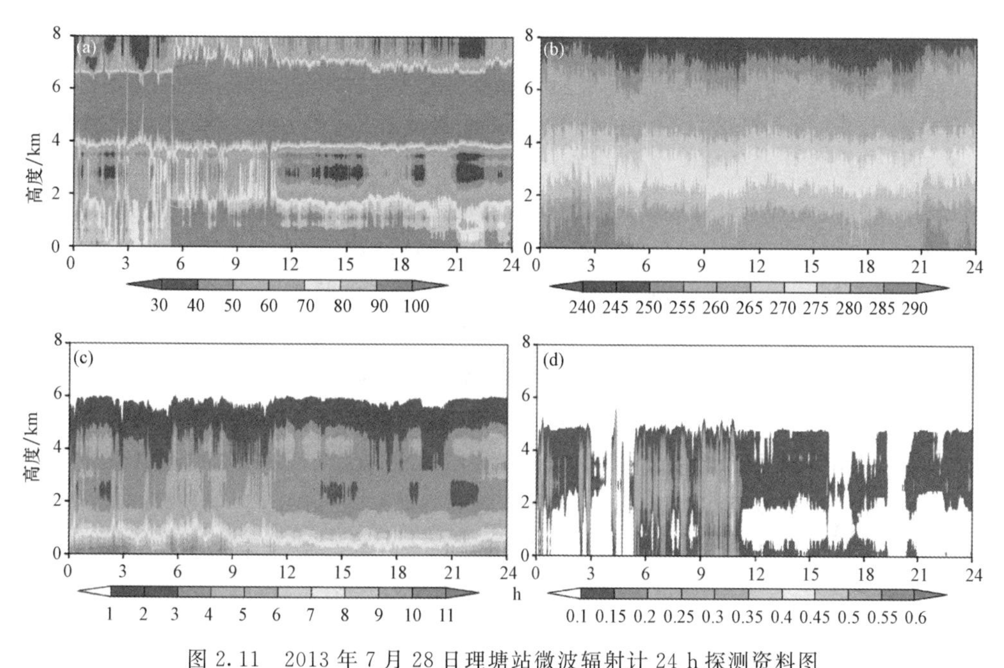

图 2.11　2013 年 7 月 28 日理塘站微波辐射计 24 h 探测资料图

(a)相对湿度(单位:%),(b)温度(单位:K),(c)水汽含量(单位:g/m³),(d)液态水含量(单位:g/m³)

2.5.3　特殊天气现象

在青藏高原地区,由于存在特别强的地面湍流加热和地面动量输送,造成大气层结出现不稳定的概率增多,使青藏高原成为北半球同纬度地带雷暴、冰雹和大风的高发区。夏季由于高原低涡、切变线、低槽等系统的活动,高原上多对流性云和阵性降水天气,有时可达暴雨程度。由于高原气柱的不稳定性,使高原地区成为对流云、雷暴和冰雹的高频发区。多冰雹是高原夏半年气候的又一特色,西藏是全国冰雹日数最多的地区,如那曲年平均雹日 35.9 d,但多为小冰雹。但因水汽条件差,高原对流云具有云底高度高、云块个体小、垂直伸展高等特点,它对维持夏季高原上空南亚高压环流具有十分重要的作用。冬半年高原上多干冷风,有时出现暴风雪灾害性天气。高原地区因各种不同尺度的山脉、河谷及盆地相互交错,还形成了诸如珠穆朗玛北坡特有的一些中小尺度天气系统、冰川风、山谷风等局地环流以及珠穆朗玛峰顶的旗云等有特色的地形云。

2.6 高原气候变化

高原气候变化研究是当前高原气象学研究领域的一个热点问题。由于青藏高原具有高海拔、高大地形以及特殊的地理位置和独特的下垫面，其地形强迫和热力强迫作用对东亚乃至全球气候变化都有重要影响。近年来相关气候变化的研究表明，高原气候变化具有超前性，是中国及东亚气候高原变化的"启动器"和"调节器"；高原气候变化的幅度大，是全球气候变化的"驱动机"和"放大器"；高原气候变化具有升温、增湿快的特点，升温速率是全球平均升温速率的两倍，是全球变暖最剧烈的地区之一，是全球气候变化的敏感区和关键区。因此，在全球气候持续变暖的背景下，包括喜马拉雅山脉在内的青藏高原也在发生显著的气候变化，并且具有一些相对独特的征兆。

1979—2014 年，青藏高原呈现加速增暖的趋势，降水明显增多。因此，高原气候变化的突出特征是变暖和变湿。随着全球变暖，西藏高原气温显示快速升高特征，气温上升不仅高于中国平均水平，而且更明显高于同期全球气温的升温速率，冬季升温尤为突出，日最低气温变化率远大于日最高气温变化率，极端冷天气数减少，同时热天气数增加，暖日(夜)增加，冷日(夜)减少，日气温极端事件增多。高原降水整体呈现增加的趋势，强降水事件增多，降水量呈两极态势，南北差异显著：北部降水量增加，南部同期降水减少，即北部可可西里等藏北地区降水量明显增多，而南部减少，其直接后果就是冰川退缩更严重。这种降水南北差异与印度季风减弱和西风加强有密切联系，受印度季风影响的喜马拉雅地区降水有减少的趋势，而受西风影响的西昆仑-喀喇昆仑地区降水呈现增加趋势。极端降水事件在高原南部、北部增多，中部减少。

高原地面风速显著减小，地温及地气温差上升，近地层大气不稳定度增加，热量总体输送系数增大，但高原地面感热通量变弱，其中春季感热减弱及其对东亚夏季风和我国东部夏季天气、气候异常的影响值得重视。根据 NCEP/DOE 再分析资料的地面感热和潜热通量以及 MICAPS 天气图资料识别的高原低涡资料集的研究表明，1981—2010 年，夏季地面感热总体呈微弱的减小趋势，其中在 20 世纪 80 年代初期和 21 世纪前 10 年的大部分时段，地面感热呈增大趋势(其中在 2000 年前后，由于地温增温加快使地气温差增大或地面风速由减弱变为增强而导致地面感热出现由显著减弱到显著增强的变化趋势转折)，而中间时段呈波动式下降。地面感热具有准 3 a 为主的周期振荡，1996 年前后是其开始减弱的突变点。高原地面潜热通量呈波动状变化并伴有增大趋势，周期振荡以准 4 年为主，地面潜热增大的突变始于

2004 年前后。地面热源总体呈幅度不大的减弱趋势，其中 20 世纪 80 年代到 90 年代末偏强，21 世纪前 6 年明显偏弱，随后又转为偏强。地面热源亦呈准 3 a 为主的周期振荡并在 1997 年前后发生由强转弱的突变。

近 30 多年高原大气热源呈现减弱趋势，但近 10 年的热源强度又有所回升。夏季高原大气热源总体为减弱趋势，年代际变化明显。6 月和 7 月为减弱趋势，而 8 月却有较为明显的增强趋势。高原大气热源强度存在准 3 a 的周期振荡。

根据 MICAPS 天气图资料的识别和统计，近 30 年来夏季高原低涡的生成频数整体呈现一定程度的线性减少趋势，低涡高发期主要集中在 20 世纪 80 年代到 90 年代中后期。低涡生成频数有准 7 a 为主的周期振荡现象，自 20 世纪 90 年代中期开始的低涡生成频数的减少态势在 1998 年前后发生了突变。1954—2014 年标准化低涡指数的统计分析得出西南低涡生成个数（发生频数）的年际变化基本呈波动状，没有明显的减少或增多趋势。因此，相较于生成于川西高原和四川盆地的西南低涡，生成于青藏高原主体的高原低涡活动呈现更为明显的减少趋势。此外，高原沙尘暴活动减少，高原总云量减少，但高原上的强对流天气增多，暴雨、雷电、冰雹等极端天气频发。但高原 MCS 的生成频数没有明显的增多或减少趋势。近半个世纪高原季风总体呈减弱趋势，但高原夏季风却呈显著增强趋势。

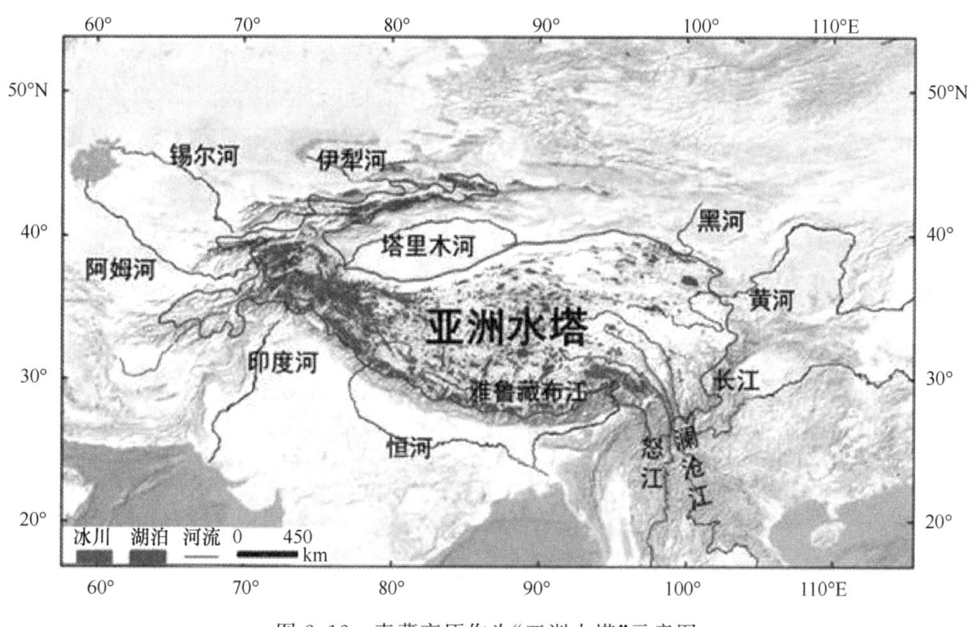

图 2.12　青藏高原作为“亚洲水塔”示意图

青藏高原是亚洲的“水塔”（图 2.12），是黄河、长江、澜沧江、怒江、雅鲁藏布江、恒河、印度河、阿姆河、锡尔河、塔里木河、伊犁河、黑河、疏勒河等亚洲 10 多条大江大河的发源地。在生态上具有特殊战略地位，是我国生态环境极为脆弱的典型区域，阿里、藏北一带的藏北高原是我国第二大沙尘暴尘源区。从气候、水体、生态系统、陆表环境、人类活动影响和灾害风险六个方面所涉及的温度、降水、冰川、积雪、湖泊等 26 项指标，中国科学院 2015 年 11 月发布的《西藏高原环境变化科学评估》报告指出青藏高原现代环境变化的特征主要有：作为水体对气候变暖和变湿的响应，高原水循环过程正在加强。由于高原加速增温，导致积雪迅速融化、积雪覆盖减少，冰川消融、冰川后退，降水增加但蒸发减少，湖泊扩张、水量增加和径流增大。高原湿地面积总体上呈减少态势，但 2000 年后湿地萎缩态势减缓，面积呈现一定程度的增加。在气候变暖和人类活动加强的背景下，西藏高原多年冻土区活动层厚度增厚，冻土退化和沙漠化加剧，高原自然灾害将趋于活跃，主要是滑坡、泥石流、山洪、堰塞湖、积雪、森林火灾，具有突发性、季节性、准周期性、群发性、地带性等特点。随着气候变暖加剧，高原降水增多，湖泊显著扩张、冰川加速退缩、冰川径流增加、冰崩等新型灾害出现，特别是冰湖溃决灾害增多，冰川泥石流趋于活跃，特大灾害频率增加，巨灾发生概率增大，潜在灾害风险进一步增加，人类活动对西藏高原环境有正负两方面的重要影响。

青藏高原湖泊的变化可以比较直观地反映高原气候变化。青藏高原湖泊面积、水位和水量变化自 20 世纪 70 年代到 90 年代中期略有下降，随后呈持续快速增长的态势。青藏高原湖泊的空间格局表现为中北部湖泊整体增长、南部湖泊减少，同时大部分中北部湖水降温、南部升温，北部湖泊结冰期比南部湖泊更长。此外，湖水温度变化与水位变化和湖泊结冰持续时间呈负相关。青藏高原降水增强是湖泊水量增加的主要原因，其次是冰川消融和冻土退化。大西洋年代际振荡处于正相位可能是驱动 20 世纪 90 年代中期以来多年湖泊扩张主因，强厄尔尼诺事件导致 1997/1998 年、2015/2016 年湖泊面积出现明显拐点。

总体而言，在过去 2000 年时间尺度上，西藏高原的温度出现了时间长度不等的冷、暖变化，但整体上呈波动上升趋势。20 世纪以来气候快速变暖，近 50 年来的变暖超过全球同期平均升温率的 2 倍，是过去 2000 年中最温暖的时段。尽管相应的西藏高原的水循环正在加强，即水体对气候变暖和变湿的响应。在整个 21 世纪，西藏高原的冰川以后退为主，积雪以减少为主，河流径流量以不同程度的增加为主，但目前的研究结果表明，21 世纪结束之时，西藏高原上的冰川和积雪并不会消失殆尽。

第3章　高原天气系统

本章将介绍青藏高原及附近几类主要的天气系统，重点分析高原热力和动力作用的影响，总结出的高原天气系统的天气事实将作为高原大气动力学研究对象以及动力学研究结果的验证依据。

青藏高原在夏季是北半球同纬度地区气压系统出现最频繁的地区。这些系统主要有200 hPa青藏高压、500 hPa高原低槽、500 hPa横切变线（高原切变线）、500 hPa高原主体地区的低涡（高原低涡）、700 hPa切变线（西南切变线）、高原东侧的低涡（西南低涡）、柴达木盆地低涡（西北低涡）、高原中尺度对流系统以及高原北侧的小高压和南侧的小低压等。

夏半年高原位于副热带高压带中，100 hPa高空盛行强大而稳定的南亚高压，它是比北美落基山上空的高压更为强大的全球大气活动中心之一。夏季高原中部500 hPa层常有高原低涡和东西向的切变线（横切变线），则高原上空常呈现"上高下低"的气压场配置。受高原主体和四周局地山系的地形强迫作用，低层的西风气流在高原西侧出现分支，从南北两侧绕流，在高原东侧汇合，结果在南（北）侧形成常定的正（负）涡度带，从而有利于产生高原北侧的南疆和河西高压，高原东侧的西南低涡。另外，在特定流场背景下因高原地形绕流的影响，还易产生高原东侧的偏南风低空急流和河西走廊的西北风低空急流。

低涡是指中心位势高度比四周低的高空天气图上的气旋式涡旋，国外更多地称其为涡旋（vortex）。影响我国的低涡一般有两类：①一种是尺度较小的短波系统（次天气尺度或α中尺度低涡），多存在离地面2～3 km的低空（浅薄系统），如高原低涡（简称高原涡，500 hPa）、西南低涡（简称西南涡，700 hPa）、西北低涡（简称西北涡，700 hPa）等，它们东移后，对中国东部广大地区降水、大风都有影响。重庆低涡、云贵低涡则属于尺度更小（β中尺度）、层次更低（850 hPa）的低涡。②另一种是尺度较大的长波系统（天气尺度低涡），从低空到高空都有表现（以500 hPa为代表层），是比较深厚的系统，如极地涡旋（极涡）、中亚低涡、东北冷涡、华北冷涡、东蒙冷涡等，这几种冷涡可以统称为北方冷涡。受冷涡影响的地区，常出现强对流天气，如冰雹、暴雨、低温、暴雪等。

关键词：高原涡，盆地涡，暖涡，水汽涡，角动量输送，两涡耦合，螺旋云带，涡眼，感热，凝结潜热，感热气泵，倾斜涡度，中尺度对流系统，对流性降水，变形，涡线伴随，热力适应，高原热低压，青藏高压，振荡

3.1 高原低涡

3.1.1 高原低涡的天气特征

在青藏高原动力和热力作用影响下，高原上空常有低压涡旋生成。这类低压涡旋水平尺度较小（400～500 km），属于次天气尺度或中间尺度系统，由于其气压场（高度场）不如流场清楚，所以习惯称之为低涡。发生于高原主体的低涡，主要活动于 500 hPa 等压面上，因此又称为青藏高原 500 hPa 低涡（简称高原低涡或高原涡，英文为 Tibetan Plateau Vortex，TPV）。高原低涡是高原地区特有的天气系统，集中出现在高原 30°—35°N 纬带内，多生成于高原西部，尤其是 87°E 以西，消失于高原东部的地形下坡处，高原中部是其过渡带，在此地带低涡生消的概率相当。

高原低涡是一种产生于青藏高原主体边界层中，水平尺度为 400～500 km 的 α 中尺度低压涡旋系统。它主要活动于 500 hPa 等压面，常在青藏高原中西部生成，然后沿高原切变线或辐合带东移发展，生命期 1～3 d，一般在高原的东部背风坡减弱消失。它是特定季节（5—9 月）和有利环流背景下，在高原下垫面热力、动力共同作用下形成的特色天气系统，不仅是高原地区夏季重要的降水系统，而且在有利的环流形势和高原加热作用配合下，少数高原低涡还能移出高原而发展加强，导致高原下游我国中东部地区大范围的暴雨、雷暴等灾害性天气过程并可引发城市内涝、山洪、崩塌、滑坡和泥石流等次生灾害。

高原低涡按生成源地可分为西部涡、中部涡和东部涡三类。根据 1981—2010 年通过人工看图识别方式形成的高原低涡数据集（其中 1981—2001 年基于中国气象局国家气象中心印发的历史天气图、1981—2001 年基于四川省气象局印发的 MICAPS 历史天气图以及 1981—2010 年电子版 MICAPS 天气图）的统计、分析（图 3.1），夏季高原低涡主要分布于西藏那曲和青海玉树、格尔木地区，其中高原东部涡占 47.1%，中部涡占 31.9%，西部涡占 21%（张恬月和李国平，2018）。而基于 1981—2010 年 NCEP/NCAR 再分析资料并通过人工识别的夏季高原低涡分析结果表明，夏季高原低涡生成源地主要集中在西藏双湖、那曲和青海扎仁克吾一带，其中高原中部涡占 50.8%，西部涡占 27.0%，东部涡占 22.2%。6 月、7 月和 8 月生成的高原低涡分别占夏季低涡总数的 44.7%、29.9%和 25.4%。高原低涡生成时绝大多数为暖性涡，占总数的 90.7%。近 30 年来平均每年夏季有 1.3 个高影响高原低涡移出高原并在下游大范围地区产生强降水天气；移出的高原低涡以东移为主，占移出高原低涡的 56.4%，而东北移和东南移的分别占移出高原低涡的 20.1%和 20.5%（李国平 等，

2014)。高原低涡生成源地的统计差异可能与高原西部地区的探空站几乎空白,而再分析资料在高原是均匀全覆盖有关。

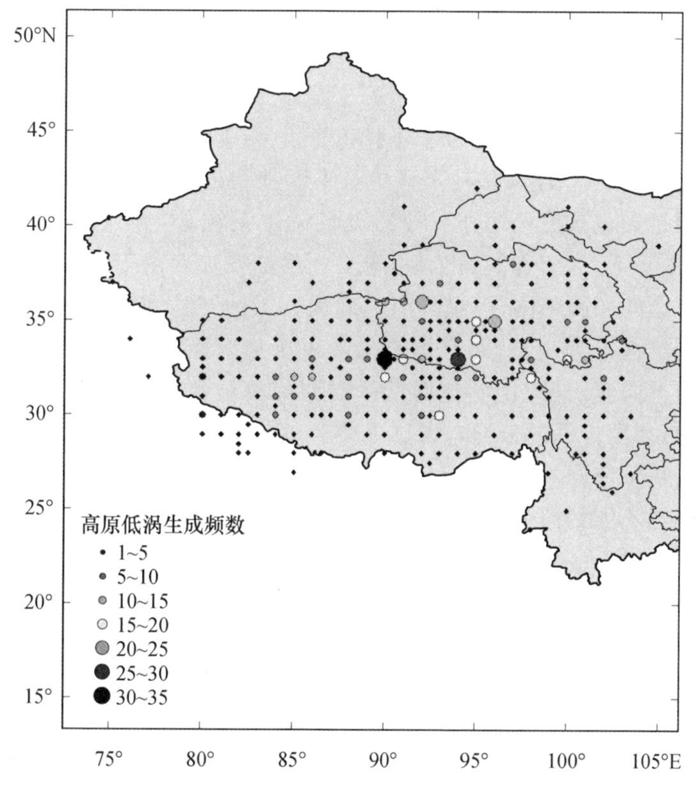

图3.1 1981—2010年夏季高原低涡生成源地累积频数的空间分布

高原低涡按热力性质也可分为三类:有锋区配合的斜压涡,有冷中心或冷槽配合的冷涡,位于暖脊或暖中心附近的暖涡。前两类与处于不同发展阶段的温带气旋类似,统称为冷涡,而暖涡是青藏高原独特的产物。高原低涡多数是暖性结构(约占2/3),多出现在盛夏且天气影响较大,是高原天气系统研究的重点。

多数高原低涡的初始胚胎都在高原西部生成,东移到改则以东发展,多消失于高原中、东部地形下坡处。低涡对高原有很强的依赖性,常在高原中西部生成后沿切变线东移发展,到高原东缘又减弱消失,只要少数能移出高原主体,这完全不同于基于北美落基山脉的背风系统形成机制,气流爬越山脉的背风理论一般认为低压在背风坡(下坡方)生成和加强。可见高原低涡是特定季节和环流背景下,高原主体地区受下垫面热力、地形动力作用而形成的独特产物。一般而言,高原低涡一旦离开高原,也就失去了赖以生存和发展的基础,所以真正能东移出高原的高原低涡是很少的,但应重视这些为数不多东移的高原低涡对西南低涡及高原外围强对流性降水的直接触发作用或能量频散效应。

高原低涡平均水平尺度一般为400～500 km，发展到最强盛时可达600～800 km。其垂直伸展高度一般在400 hPa以下，最强盛时可达300～400 hPa以上。高原低涡生命史在36 h以上的称为发展的低涡过程，反之称为不发展的低涡过程，两者约各占一半，其中6、7月发展的低涡过程居多，5、8月不发展的低涡过程居多。

按移动特性，高原低涡又分为移动型和静止型（源地型）。高原低涡主要移动方向有向东、向东北和向东南，并且东移中是不断加快的，平均移速为每天4～5个经度。高原低涡是青藏高原雨季中一个重要的降水系统。当低涡处于高原主体上空时，一般降水量并不大，随着低涡东移，降水量逐渐增加。由于冷暖季节高原的热力状况和低涡形成的原因不同，卫星云图上低涡云系的结构和特征有一定差异。盛夏时低涡的螺旋结构十分明显，并且螺旋云带主要从南面向低涡中心卷入，高空的卷云也是向西南方向流出的，说明这时低涡受西南季风和高空东风气流的影响较大。从结构上对比，高原低涡的云型与海洋上热带气旋（TC）十分类似，表明青藏高原在热力性质上与热带海洋有相近之处，只是由于不像海洋上那样有充分的水汽供应，因而高原低涡也不能像热带气旋那样强烈发展，生命史也较短。

3.1.2 高原低涡的温度场和流场结构

高原暖涡在初生时对流层整层都是暖性的，低层暖心偏于低涡的西侧，400 hPa以上暖心位置与低涡中心大体一致。低涡发展成熟后近地层变成冷性的，暖心只存在于450～250 hPa，呈现上暖、下冷结构，这可能与低涡发展引起的降水和垂直运动有关。低涡生成前期及后期具有斜压不稳定特征，低涡成熟期表现为相当正压结构。

初生高原低涡涡区200 hPa以下均为上升气流，最大上升速度出现在350～400 hPa，成熟涡的涡心在近地层可出现弱的下沉气流。因此低涡流场的垂直结构可概括为：涡心四周在近地层为上升，在高层转为下沉，即在近地层为向涡心的逆时针旋转的辐合气流，300 hPa以上转为顺时针的辐散气流，这种三维气流结构与热带气旋类似；而涡心近地层为下沉，上层为相对于四周弱的上升。这也与从卫星云图上看到的一些高原低涡具有涡眼（空心）结构的事实相吻合。

高原低涡主要位于高原边界层中，属于浅薄系统，在400 hPa以下为正涡度、辐合区，涡度在500 hPa最强（约为$0.8\times10^{-5}\ s^{-1}$），散度在500 hPa最强（约为$-0.9\times10^{-5}\ s^{-1}$）；无辐散层在400 hPa附近，在400 hPa以上为负涡度、辐散区，负涡度在200 hPa最强（约为$-1.5\times10^{-5}\ s^{-1}$），辐散在250 hPa最强（约为$0.7\times10^{-5}\ s^{-1}$）。涡区内整层为上升气流，上升运动在400 hPa附近达最大（约为$-7.4\times10^{-4}\ hPa\cdot s^{-1}$）。涡区内各层均为热源，热源强度在地面最强，其中绝大部分来自积云对流及湍流感热输送，这有利于近地层暖涡的生成和东移。

采用大气能量学分析方法（董元昌和李国平，2015）揭示出的高原低涡结构及降水特征有：①在高原低涡发展的强盛期，潜热能会出现螺旋结构，这与热带气旋（台风）云系类似。螺旋结构的形成既得益于高原低涡环流对水汽的输送方式，又与涡区大气的垂直运动有密切关系。②高原低涡发展强盛时期，标准化对流有效位能（NCAPE）场呈现明显的"空心"结构，且与低涡环流圈十分吻合（图3.2a）。这印证了对高原低涡垂直结构的动力学分析结果（李国平 等，2002），从能量角度证明了高原低涡"涡眼"结构的存在。③高原低涡降水区主要分布在涡心的正南或东南方向，低涡环流东南方向的风切变和南侧的NCAPE大值区是导致这种分布的主要原因，干侵入对高原低涡的降水分布也有一定影响。

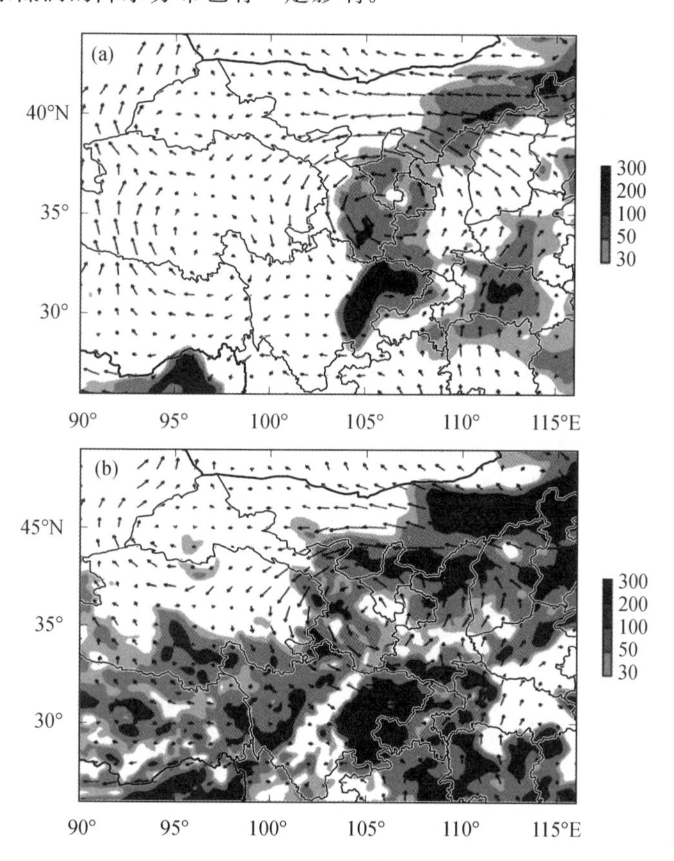

图3.2　(a)2010年7月24日00时高原低涡区标准化对流有效位能(NCAPE)分布(单位:J/kg)及500 hPa风矢量(单位:m/s);(b)同a,但为7月24日06时

3.1.3　高原低涡发生、发展的条件

与温带气旋不同，地面感热加热对高原低涡生成、发展具有重要的作用，特别对

高原西部低涡更为明显。随着低涡东移，潜热加热的作用逐步占据主要地位。数值试验表明，非绝热过程对低涡的贡献占绝大部分，动力作用占一小部分；非绝热贡献中又以积云对流及湍流引起的地面热通量为主，潜热为辅；地面热通量中地面感热占绝大部分，地面蒸发占很小部分。所以，高原地面感热对高原低涡的生成起主要作用，高原动力作用（如爬流）对低涡频发也有相当贡献。高原动力作用对高原低涡形成的贡献，人们的意见比较一致，但对于高原热力作用对高原低涡的贡献看法尚有分歧，多数人认为热力作用对低涡的形成很重要，但也有人认为热力作用不利于低涡生成，数值试验的结果亦各不相同，而理论研究表明地面感热是否有利于高原低涡形成取决于低涡中心与加热中心的配置关系（参见第 7.5 节）。

高原地形高度对高原低涡的生成也影响很大。数值试验表明：当地形高度降低一半时，高原低涡将不复存在而成为印度季风槽北伸的一部分。高原下垫面的特性（如超干绝热和不稳定层结现象）使高原低涡性质及发生、发展规律更类似于热带气旋，而与温带气旋的差异更大一些。因此，高原低涡多发生在强感热区、风速垂直切变小的正压不稳定的初始扰动上。此外，高原次级地形的动力作用（如喜马拉雅山脉的背风坡）也对低涡多发有重要贡献。在一定的高空气流引导条件下（如对流层上层的冷槽及与之相伴的高空西风急流南移或高原东侧西南季风侵入引发的对流系统），低涡的性质和结构将发生变化（如变为冷涡或斜压涡），可促使低涡移出高原，并多能引发我国东部地区一次大范围暴雨、雷暴等灾害性天气过程。

500 hPa 湿 z-螺旋度负值区水平分布与高原低涡相应时段降水落区和强降水中心的分布对应较好，强降水时段，湿螺旋度负值有显著的增加；湿 z-螺旋度垂直分布能很好地反映暴雨发生时大气的动力特征，暴雨区上空低层正涡度、水汽辐合旋转上升与高层负涡度、辐散相配合，是触发高原低涡暴雨的有利动力机制。相对螺旋度对与降水落区及降水中心分布配合较好，并与未来 6 h 的降水落区和分布存在较好的正相关，强降水中心通常出现在相对螺旋度梯度的大值一侧，这对降水落区及强度分布的预报有一定参考价值。低层非地转湿 $\boldsymbol{Q}$ 矢量散度的辐合区与降水区相对应，辐合中心与强降水中心基本吻合，是降水落区定性诊断分析的有力工具；湿 $\boldsymbol{Q}$ 矢量散度的垂直分布对高原低涡未来 6 h 降水的落区和移动预报提供了很好的参考信息（黄楚惠和李国平，2009；黄楚惠 等，2011）

通过大气热源的诊断计算可以揭示高原低涡东移发展过程中垂直结构的特征及其演变（董元昌和李国平，2014），高原低涡在发展东移过程的前期（未移出高原即未下坡前），在垂直方向上有明显的水汽、涡度上传（即垂直向上输送）现象，且两者在垂直方向上的大值中心存在很好的一致性。涡柱内潜热释放对高原低涡垂直厚度、强度有重要影响，潜热加热作用的发挥主要在高原低涡下坡之前和下坡后期以及下坡之后（即移到四川盆地），潜热加热使得高原低涡保持暖心结构，这种热力结构对高原低涡能否维持具有较好的指示作用。潜热加热作用是高原低涡下坡之后能否继续维持、发展的重要因素。

高原低涡常随其东部低槽移出高原，降水主要发生在低涡的东半侧并在低涡移出高原后增强。当高原低涡与热带气旋远距离作用甚至两者合并时，产生强降水可造成长江流域的汛情。卫星 TBB 图与降水时段和落区对应较好。水汽通量散度场的分布较好地反映了水汽的集散情况，其辐合区与降水区相对应，强辐合中心与强降水中心一致，且强降水中心位于 850 hPa θ_{se} 等值线密集区和 500 hPa 的高能区。低涡降水的发生发展与湿位涡的时空演变有很好的对应关系，湿位涡正负区的叠置是高原低涡暴雨发展的有利形势，强降雨区发生在对流层低层湿位涡正压项的正值区东北和东南侧零线附近，而湿位涡斜压项的负值区对高原低涡暴雨的落区和移动有一定指示意义（黄楚惠和李国平，2007）。

3.1.4　高原低涡的气候特征

利用 NCEP/NCAR 2.5°×2.5°再分析资料并通过人工识别与天气图对比，给出 1981—2010 年夏季高原低涡的气候特征（李国平 等，2014）：30 年间夏季高原低涡共出现 965 个，平均每年 32 个，夏季高原低涡发生频数整体呈现出较为明显的增多趋势但增幅并不大（图 3.3a），具有较强的年际变化特征。其中 6 月生成的高原低涡呈现出减少趋势，而 7 月和 8 月生成的高原低涡呈现增多趋势。高原低涡频数在 2000 年和 2005 年存在显著的突变，在 2000 年由增多趋势转为减少趋势，在 2005 年又转为增多趋势，同时低涡频数具有显著的准 5 a、准 9 a 和准 15 a 周期振荡。

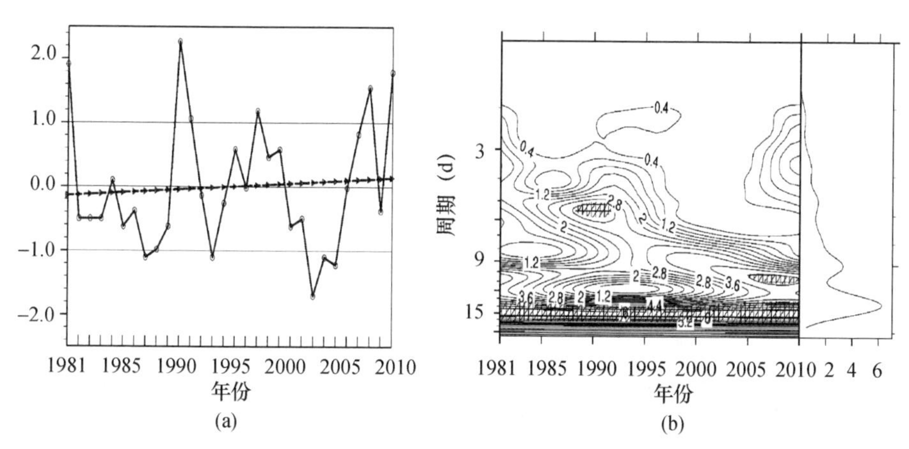

图 3.3　夏季高原低涡频数标准化距平的年际变化(a)和小波功率谱分析(b)
（采用 Morlet 小波，阴影区通过 0.05 显著性水平检验）

对高原低涡的相关研究而言，高原低涡的气候统计是一项工作量大但结果差异也可能较大的基础性工作，即使在对高原低涡定义基本相同的条件下，由于高原低涡尺度较小(α中尺度)、属于边界层系统,加之高原上可用作对比的探空资料稀疏,所以无论是基于再分析资料的人工识别方法或客观识别方法,还是用常规天气图人工识别确定的高原低涡,常因统计年限不同、所用资料的时空分辨率和准确度不同、在历史纸质天气图和MICAPS显示天气图上的反映状况不同(甚至手工绘制天气图时期,中央气象台、省气象台、地市级气象台的预报员判定高原低涡的标准可能有所不同),对高原低涡的源地位置、生成时刻和生命史,对移出高原的低涡也可能因移到临界海拔高度、移过临界经度以及是低涡移动还是新生等方面的判断均可能存在差异,则不同研究者的高原低涡统计结果并不一致(有的甚至差别还较大)。例如,①基于NCEP CFSR高分辨率(水平分辨率为0.5°×0.5°)的再分析数据构建了1981—2010年全年出现高原低涡的客观识别数据集,分析出高原低涡的气候学特征为:30年间客观识别出的全年高原低涡频数总体呈现减少趋势,而其气候倾向率则为每10年减少4个(张博 等,2018);②利用近1981—2010年历史天气图、MICAPS资料以及台站降雨资料,对6—8月移出型高原低涡的时空分布特征及其对我国降雨的影响的研究表明:30年间移出型高原低涡数整体呈减少趋势(图3.4),平均每年有9个高原低涡能够移出高原而发展。移出型高原低涡涡源主要在西藏改则、安多和青海沱沱河以北以及曲麻莱附近,并以东移为主,占移出型高原低涡的58.2%,而东北移和东南移的分别占25.5%和13.8%,其他路径占2.5%。东移路径移出型高原低涡频次与长江流域中上游、黄河流域上游及江淮地区的降雨有较好的正相关。东北移路径移出型低涡频次与长江流域上游、黄河流域以及东北降雨相关较好。东南移路径移出型低涡频次与高原东南侧及长江流域的降雨有较好正相关(黄楚惠 等,2015)。

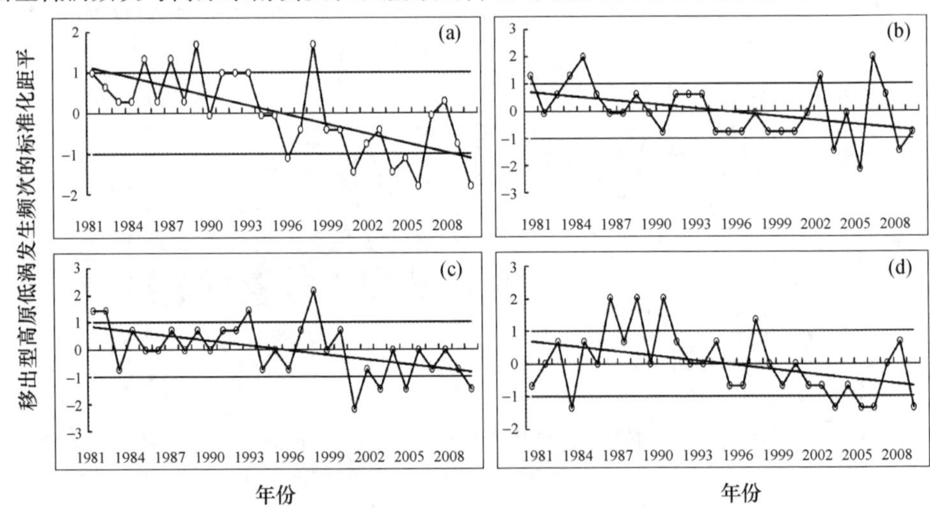

图3.4 夏季移出型高原低涡各月变化及年际变化标准化距平分布

(a)6月,(b)7月,(c)8月,(d)6—8月

3.2 西南低涡

3.2.1 西南低涡的天气特征

西南低涡(简称西南涡,Southwest Vortex,SWV)是出现于我国青藏高原东南侧川西地区700～850 hPa等压面上一种α中尺度(水平尺度平均为400 km,也称次天气尺度或中间尺度)的低压涡旋系统,多以700 hPa等压面最清楚,它是青藏高原大地形和川西中尺度地形共同影响的产物。西南低涡不仅是西南地区重要的降水系统,而且在一定条件下东移发展常给西南、华东和华北等地带来暴雨、大暴雨,我国历史上许多罕见的特大洪涝灾害都与西南低涡有关。因此,西南低涡被认为是我国最强烈的暴雨系统之一,就它所造成的暴雨天气的强度、频数和范围而言,可以说其重要性是我国仅次于台风及残余低压(台风残涡)而排名第二的暴雨系统。

受当时气象资料和科学认知所限,西南低涡在20世纪40—50年代被称为西南低气压。不同年代、不同学者对西南低涡的定义有所不同,如发生在川西地区的一种中尺度扰动,在700 hPa或850 hPa上通常与气旋式环流或是切变线相对应,其水平尺度300～1000 km(陶诗言 等,1984);生成于我国青藏高原东部和四川盆地700 hPa(或850 hPa)等压面上的α中尺度低值系统(卢敬华,1986);在川西高原及四川盆地700 hPa或850 hPa等压面上出现的一种中尺度气旋性环流系统,直径大约为300～500 km,在700 hPa上该系统最清晰(濮梅娟和徐裕华,1991);700 hPa等压面上的生成于高原的背风坡(99°—109°E、26°—33°N),能够连续出现两次或者只出现一次但是同时有云涡出现,有闭合等高线的低压或有三个气象站风向呈现气旋式环流的低值系统(中国气象局成都高原气象研究所和中国气象学会高原气象学委员会,2020b)。

但我们可从总体上这样认为:西南低涡是青藏高原东侧背风坡地形加热与大气环流相互作用下,在我国西南地区(100°—108°E,26°—33°N)形成的具有气旋式环流的α中尺度闭合低压的低层涡旋系统。它是青藏高原大地形和川西高原中尺度地形共同影响下的产物,一般出现在700～850 hPa等压面上,尤以700 hPa等压面最为清楚。其水平尺度约300～500 km,生成初期多为暖性结构的浅薄系统,生命史一般不超过48 h(1～2 d)。西南低涡降水具有明显的中尺度特征,其持续时间约4～5 h。西南低涡主要集中发生在以川西高原(九龙、小金、康定、德钦、巴塘)和川渝盆地为中心的两个区域内,分别称为“九龙涡”(源地位于99°—104°E,26°—30.5°N的川西高原南部)、“小金涡”(源地位于99°—104°E,30.5°—33°N的川西高原北部)和“盆地涡”(源地位于 104°—109°E,26°—33°N 的四川、重庆地区)。有人认为发源于四川攀西(攀枝花—西昌)地区以及云贵地区的低涡系统也可以纳入到西南低涡的范畴。

西南低涡主要活动路径有三条:偏东路径(沿长江东移入海,最东到日本)、东南路径(经贵州、湖南、江西、福建出海,有时会影响到广西、广东,最南到缅甸)、东北路径(经陕西南部、华北、山东出海,有时可进入东北地区,最北到鄂霍次克海),其中以偏东路径为主。西南低涡在全年各月均有出现,以 4—9 月居多(其中尤以 5—7 月为最多),是夏半年造成我国西南地区重大降水过程的主要影响系统,生命史多为 1 d 左右。在有利的大尺度环流形势配合下,少数西南低涡会强烈发展、东移,生命史可达 6~7 d(维持 3 d 以上的称之为长生命史西南低涡),常给下游地区(如长江流域、淮河流域、华北、东北、华南和陕南等地)造成大范围强降水、强对流等气象灾害及次生灾害(如山洪、崩塌、滑坡、泥石流等地质灾害)。在影响我国的众多重大暴雨洪涝灾害中,西南低涡扮演了十分重要的角色,我国历史上许多罕见的特大洪涝灾害都与西南低涡有关。例如 1963 年 8 月华北特大暴雨、1981 年 7 月中旬发生在四川盆地的特大暴雨(“81・7”四川特大暴雨)均是由西南低涡发生发展并长时间维持导致的结果;1998 年夏季长江流域发生的严重洪涝灾害也与西南低涡的活动密切相关;2008 年 6 月西南低涡造成我国南方特大暴雨天气;2014 年 7—9 月西南低涡引发五次过程最大累计降雨量超过 200 mm 的区域性大暴雨。

西南低涡在全年各月均有出现,每年平均有 100 个西南低涡发生,平均每月 8 个,但月际差异明显,以 4—9 月居多,尤以 5—7 月最多,11—12 月最少。能够产生较强天气过程的西南低涡主要集中在夏半年,平均每年约 60 个,6 月最多,7 月最强,8 月最少,是夏半年造成我国西南地区甚至我国东部重大降水过程的主要影响系统,西南低涡暴雨多发生在 7—8 月。西南低涡的源地在四川盆地附近,集中在以下两个地区,九龙、巴塘一带为主源地,称为九龙涡,四川盆地的称为盆地涡,四川盆地涡在 6 月生成最多,7 月发展最强,低涡中心的垂直结构多为后倾,温度场的垂直结构为“下冷上暖”,垂直上升运动中心一般与低涡中心相对应,低涡降水区多位于低涡移动路径的前方。移动性低涡占 60%左右,但移出源地的西南低涡只占总数的 20%~30%。西南低涡的移速平均每日约 5 个纬度。

西南低涡的类型,按移动性可分为:源地型(静止型、停滞型),移动型;按厚度可分为:浅薄,深厚(发展旺盛阶段可伸展到 300~100 hPa);按生命史可分为:短生命史,长生命史(≥36 h,3~7 d);按热力性质分为:暖性、冷性;按几何形状分为:圆形、椭圆形;按发展趋势分为:发展涡、不发展涡;按动力结构分为:正压、斜压;对称、非对称;典型、非典型(奇异);按降水可分为:降水型(湿涡、对流性降水)、非降水型(干涡)。

西南低涡是影响我国东部重要的天气系统之一,其降水具有明显的中尺度特点,它在源地附近以阴雨天气为主,东移发展时雨区扩大、雨量增大,如与其他天气系统配合，可造成大风、冰雹、雷暴等灾害性、极端天气。夏季由于西南季风与西太平洋副高西部偏南风气流合并后北上，在高原东侧边缘常盛行西南气流，这时高原 500 hPa 等压面上常有低槽、高原低涡、高原切变线等中尺度系统东移触发西南低涡生成、发展，它维持较长时间，并多向东北方向移动。由于夏季水汽充沛，大气不稳定性较强，给沿途带来大雨或暴雨天气。表 3.1 为高原低涡与西南低涡的联系与区别。

表 3.1 高原低涡与西南低涡的联系与区别

低涡名称	高原低涡	（广义）西南低涡	
		高原东坡涡	（狭义）西南低涡
水平尺度	α 中尺度	α 中尺度	α 中尺度
直径/km	400～500	300～500	300～500
生命史和活跃期	<3 d，6—8 月	<2 d，5—9 月	<2 d，5—10 月
厚度/hPa	600～400	700～500	850～500
代表层/hPa	500	700	700
源地	青藏高原主体	川西高原	四川盆地（川渝地区）
源地所在行政区域	西藏（那曲、申扎、改则、双湖），青海（扎仁克吾）	四川的九龙、巴塘、小金、雅安等	四川、重庆等
东移出源地的临界经度	100°E 以西	100°—105°E	105°E 以东
底层临界海拔高度/m	>3000	1000～3000	<1000
定涡标准	500 hPa 等压面上，高原地区形成闭合等高线的低压或有 3 个站点风向呈气旋性的低涡环流	700 hPa 等压面上，青藏高原东麓背风坡特定地区（100°—110°E，25°—35°N）出现的闭合气旋式低涡环流	
年均生成频率、移出比及移动路径	32 个，25%左右移出高原（东移过 102°E）；移动方向：东移、东北移、东南移为主	43 个，20%左右移出源地；移动路径：东移、东北移、东南移、北移	

3.2.2 西南低涡的结构

西南低涡初生时是一个浅薄（地面至 600 hPa）系统，位于源地时在低层（850～700 hPa）强度最强。根据西南低涡和 500 hPa 锋区的相对位置又可将其分为暖涡和冷涡两类。涡区一般为热源，冬季主要来自感热，夏季主要来自潜热，春、秋季感热和潜热的贡献相当。西南低涡的低层为辐合流场、高层为辐散流场，最大正涡度和最强气旋性环流一般出现在 700 hPa，整层为上升气流，最大上升速度和最强辐合多出现在 600 hPa，上升气流可向上伸展到 200(300～100)hPa。

由于西南低涡初生时是一种动力性暖性低压，当其发展成熟特别是西南季风侵入而产生暴雨时，它与热带气旋非常类似；当遇有冷空气从涡后侵入(干冷侵入)时，它又常诱生锋面气旋，有人据此把西南低涡与江淮气旋、梅雨锋联系起来。因此，西南低涡的性质和结构介于热带气旋和温带气旋之间。只有当扰动有效位能向扰动动能转化时，才能生成较强的西南低涡并发展东移，否则只能形成切变线或弱的西南低涡，并且很快在源地减弱、消失。

利用热带测雨卫星 TRMM 资料研究西南低涡强降水系统的水平和垂直结构特征表明：强降水系统由一个主降水云团(云带)和多个零散降水云团组成，属于对流性降水，强降水雨强大、范围广。降水系统中对流云降水的样本数量比层云降水少，但对流云降水的平均降水率大，对总降水量的贡献比层云大。从西南低涡降水系统的垂直结构来看，强降水系统的雨顶高度可伸展到 16 km，最大降水率位于地面上空 2～6 km 的大气层，降水强度的垂直和水平分布不均匀，对流层低层云滴的碰并增长过程对降水起主要作用。西南低涡引发的强降水中不管是层云降水还是对流云降水，6 km 高度以下降水量的贡献最大，不同高度降水量对总降水量贡献的大小随着高度的升高而减小(蒋璐君 等，2014)。

应用 AIRS(The Atmospheric Infrared Sounder)/Aqua 资料对发生在四川盆地的西南低涡强降水过程的研究结果表明：在西南涡发生发展的各个阶段 AIRS 获取的 TBB 和 OLR 均能很好地反映西南涡的相关特征；特别是在西南涡强盛阶段，温度廓线显示存在明显逆温层，水汽垂直分布出现逆湿现象，西南涡强盛阶段的水汽含量明显小于初生阶段(Ni et al，2017)。

西南涡强降水的发生发展和湿位涡(MPV)的时空演变有很好的对应关系，强降水区位于对流层低层正压分量 MPV_1 的正负值交界区和斜压分量 MPV_2 的负值区。二阶湿位涡对降水落区有一定的指示作用，当湿位涡梯度增大到一定程度时，二阶湿位涡的水平分布与 6 h 后降水落区分布有较好的对应关系。条件对称不稳定是西南涡强降水发展增强的一种可能机制(韦晶晶和李国平，2016)。

对流涡度矢量(CVV)垂直分量与西南涡引发的暴雨有一定的对应关系，暴雨区 *CVV* 垂直分量区域平均的垂直积分量与实际 6 h 累积降水量之间存在正相关关系，相关系数达到 0.64。当其出现极值时，降水量也会发生显著变化，此时极易发生暴雨天气现象。对流层低层 850 hPa *CVV* 垂直分量 C_z 的正值中心对暴雨落区具有较好的指示意义，其正大值出现的地区基本是暴雨发生最强的地区，且偏向其梯度较大处。对流层 *CVV* 垂直分量的垂直分布对暴雨强度发生演变具有一定指示意义，当对流层低层至高层呈现一致的正值时，暴雨强度会明显加强(陶丽和李国平，2012)。

西南低涡与高原低涡生成机理的不同之处在于：低涡生成前或生成时前者的扰

动动能辐合远大于后者；夏季西南低涡的生成、发展以潜热的作用为主，高原低涡的生成以地面感热为主。利用 TRMM 卫星探测结果对西南涡强降水系统和东移高原涡强降水系统的三维结构特征、雨顶高度以及降水廓线的对比分析研究表明：①两类低涡强降水在水平结构上均表现为由一个主降水雨带和多个零散降水云团组成，高原涡强降水过程比西南涡强降水的降水强度和范围都要大。降水雷达探测到的两个中尺度降水系统均以降水范围大、强度弱的层云降水为主，但对流性降水对总降水量的贡献较大，其中西南涡降水中对流降水所占比例比高原涡的大，对总降水率的贡献也大。②垂直结构上：两次强降水的雨顶高度均是随地表雨强的增加而增加，且最大雨顶高度接近 16 km，但西南涡强降水中的雨顶高度比高原涡更高一些，说明西南涡降水过程中对流旺盛程度强于高原涡（图 3.5）。③两次强降水中雨滴碰并增长过程以及凝结潜热的释放主要集中在 8 km 以下，但 8 km 以上西南涡降水变化大于高原涡，且前者在 8～12 km 高度层的降水量对总降水量贡献百分比大于后者（蒋璐君 等，2015）。

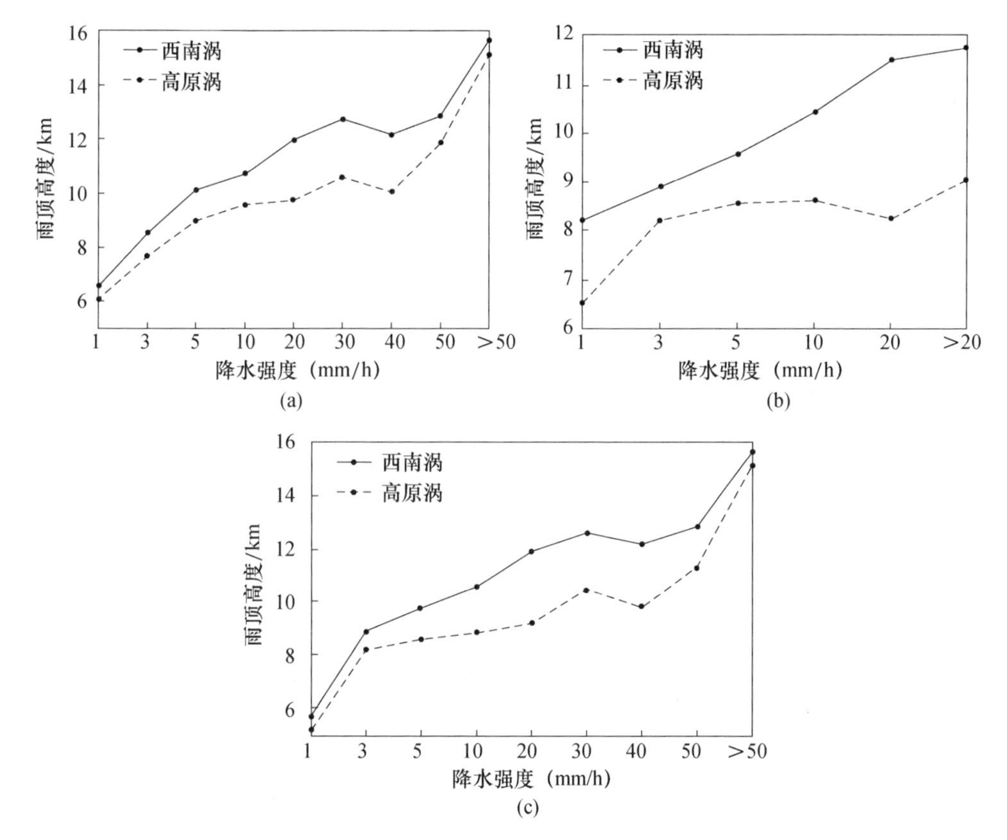

图 3.5　不同地表雨强下西南涡和高原涡的(a)对流降水、(b)层云降水、(c)总降水的雨顶高度分布

3.2.3 西南低涡的形成

目前关于西南暴雨有几点认识:①西南地区地貌种类繁多,暴雨、大暴雨的分布极不均匀。大暴雨的发生频次在四川盆地相对较高,其次是云南西南部和贵州南部,青藏高原上大多数台站10年平均暴雨日数不到1 d。②多尺度天气系统相互作用和复杂地形影响,是产生西南暴雨的一个原因。南亚季风和东亚季风、西太副高和南亚高压、东亚中高纬度阻塞高压和大槽,影响着西南暴雨的大尺度环流背景。③西南低涡是产生中国西南地区暴雨的重要天气系统。有关西南低涡的结构和演变特征,已有大量研究揭示。④ 西南低涡向东移动过程中,在低空急流等天气系统的共同作用下,可能在长江中下游和华南地区,甚至东北地区产生暴雨(罗亚丽 等,2020)。

关于西南低涡生成原因(形成机理),是西南低涡研究中的难题,至今尚无定论。经典理论认为,青藏高原东南侧的偏南气流输送暖空气造成升温降压,同时在高原的摩擦作用下产生气旋性切变,与高原东北缘反气旋切变的偏北气流形成辐合,生成西南低涡。21世纪以来的研究指出,高层位涡扰动、倾斜涡度发展、大气非平衡强迫、高原对流造成的降压和增强气旋性扰动等也可能促进西南低涡的发生、发展。目前关于西南低涡的生成机制大致分为三类:其一归因为地形 ,例如高原大地形影响下的背风气旋((Taylor-Proudman 定理)、尾流涡或南支涡、高原大地形造成的南支气旋性气流及横断山脉的阻挡加强效应;其二归因加热,如高原近地层超干绝热导致条件不稳定、热成风适应、热力适应的结果;其三归因为地形与加热的共同作用,如倾斜地形上的加热,强调斜坡加热强迫的作用促使倾斜涡度发展。近年来又提出水汽作用说(雨生涡)、波动说(切变线波动、非线性惯性重力内波)、位涡不稳定(高层位涡扰动下传)、对称不稳定(高原对流与中尺度对流涡发展)、高原低涡的垂直或水平耦合激发作用,以及除地形和加热作用外,西风带以及季风环流带来的水汽和角动量输送也是影响西南低涡发生的重要因子等新观点。

3.2.3.1 大地形的动力作用

高原地形影响而产生的南北两支西风气流在高原东侧形成一条地面辐合线(或低层切变线),加之受高原上东移的低值系统(低涡、低槽、切变线)影响而形成西南低涡。

根据位涡守恒原理,在山脉的背风面,气柱伸长将使相对涡度增大,有利于低压形成。因此,爬流的作用有利于西南低涡的生成。但西风气流在流经近似椭圆体的青藏高原时,绕流的分量大于爬流。绕流在高原背风面产生汇合,而低层的水平辐合有利于气旋性涡度的增大。如果考虑南北两支西风气流的汇合区与西南涡的源地相一致，要求西风风速要小，则对应春末夏初的环流形势，这可部分解释前述的西南低涡高频发期。数值试验表明，当把高原地形降低到一定程度时，西风气流主要爬越高原东行，西风分支绕流辐合现象消失，则西南低涡也不再出现。

3.2.3.2 侧向摩擦的作用

西风气流在高原南侧由于侧向摩擦作用产生气旋性涡度，在一定条件下可转变为曲率涡度，从而有利于西南低涡的形成。

3.2.3.3 中尺度地形的作用

西南季风气流被青藏高原东南角中尺度山区（云贵高原）阻挡，较高层空气越山后下沉增温，同时气柱在背风坡伸长，气旋性涡度增加，从而有利于在四川地区形成西南低涡。

3.2.3.4 地形形状的作用

地形形状可使垂直速度在水平方向分布不均匀，从而使水平涡度向垂直涡度转换。分析表明四川盆地以及横断山脉的地形形状有利于气旋性涡度的增加。

3.2.3.5 非绝热加热的作用

不论冬夏，非绝热加热对扰动动能的增长都有贡献，冬季主要是感热的作用，夏季主要是潜热的作用。但有人认为动力强迫对西南低涡形成的作用比热力强迫大得多。

3.2.3.6 水汽的作用

水汽通量流函数和势函数的分析表明，在整个降水过程中，四川盆地为一个明显的水汽汇区，来自孟加拉湾大气河（Atomspheric River，AR）输送的两支水汽不断输送到盆地。在孟加拉湾地区有一条明显的水汽聚集带逐渐形成，并不断向陆地靠近。可将孟加拉湾地区的这条水汽聚集带视为大气河，该大气河对本次持续性暴雨具有重要作用。孟加拉湾大气河输送的水汽，在登陆后分为两支，其中一支越过云贵高原到达四川盆地，另一支绕过云贵高原继而通过中南半岛在南海与西太平洋副高外围的水汽及越赤道气流汇合，在低空急流的输送下再抵达四川盆地。两支水汽输送带在盆地汇合，并在盆地环流形势作用下产生暴雨。同时也发现由于四川盆地周边地形的复杂性，孟加拉湾大气河与美国西海岸大气河对降水的作用方式明显不同（岳俊和李国平，2015）。

基于拉格朗日方法的轨迹追踪模式 HYSPLIT 软件可用来追踪水汽的来源以及运行轨迹。结合应用拉格朗日方法与欧拉方法，计算分析得出四川盆地暴雨过程的水汽通道均有多条，但其中最为主要的均为来自孟加拉湾的水汽通道（表 3.2）。孟加拉湾水汽输送在低空环流系统的作用下，一部分是直接越过云贵高原输送向四川盆地，另一部分是绕过云贵高原在南海地区与南海水汽以及越赤道水汽在西太副高外围东南气流的作用下一并输送到四川盆地；其中在南亚季风强大的西南气流作用下，孟加拉湾水汽主要越过云贵高原输送向四川盆地。同时分析对比了孟加拉湾水汽输送通道与大气河(AR)之间的异同点，发现孟加拉湾水汽输送通道与大气河之间存在着一定的相似性(岳俊和李国平，2016)。

表 3.2　四川盆地三次降水过程各条水汽通道的水汽贡献

过程	通道 1	通道 2	通道 3
过程一	22%(本地)	58%(孟加拉湾)	20%(西亚)
过程二	60%(孟加拉湾)	17%(南海)	23%(西亚)
过程三	43%(南海)	8%(东海)	48%(孟加拉湾)

西南涡降水开始前，地基 GPS 遥感的可降水量(GPS-PWV)通常在短时间内有急剧的上升，并在西南涡形成前就达到最大值；西南涡完全形成时，GPS-PWV 急升结束；西南涡东移，GPS-PWV 继续下降到最低，降水趋于结束。水汽散度垂直通量比水汽通量散度能更好地描述暴雨过程中的强上升、辐合辐散运动以及水汽输送情况，它与 GPS-PWV 变化趋势基本一致。因此，GPS-PWV 的急升与陡降对大暴雨的形成与减弱有一定的指示意义(Li 和 Deng，2013)。

结合地基 GPS 水汽资料高时间分辨率与 WRF 模式输出资料高空间分辨率的优点，对高原涡和西南涡共同作用引起四川盆地暴雨的综合分析得出：GPS-PWV 反映的大气可降水量增减趋势与 WRF 模拟较为一致。水汽密度垂直分布反映了大气可降水量分布，水汽密度随高度增加而递减，降雨初期，水汽密度随高度减小迅速；降雨强盛时期，水汽密度随高度减小的速度减慢。水汽辐合使得水汽密度和大气可降水量增大，水平风散度项与水汽通量散度的变化一致。水汽平流项对水汽辐合贡献较小，水汽的辐合主要由风场辐合造成(宋雯雯 等，2018)。

3.2.4　西南低涡的发展和移动

冷空气从低涡后部侵入，可使涡旋性质改变，通过系统性垂直运动，促使斜压不稳定能量释放，引起西南低涡发展。积云对流加热和潜热加热对西南低涡的发展有重要作用，特别是在夏半年。地面感热对低涡的发展也有作用，但明显小于潜热的作用。高层有强辐散也有利于低涡发展。因此，其发展机制既与斜压不稳定有关，又与第二类条件不稳定(CISK)有关。

有利于西南低涡移动的条件与其发展条件相近，具体形式为：低涡上空有强烈的辐散，有充分的水汽供应，低涡前进的方向低层有辐合、强上升运动和潜热释放，低涡南侧有强西南气流。

涡度收支方程诊断表明，散度项的配置与平流项基本相反，散度项对低层西南低涡的发展和维持起主导作用，扭转项对西南低涡的形成也有重要贡献，平流项和摩擦耗散项是西南低涡涡度消耗的主要项，不利于西南低涡的生成发展。而涡动动能收支方程诊断表明，西南低涡发展维持的涡动动能主要源于水平通量散度项和涡动动能制造项，摩擦耗散项和垂直通量散度项是其主要消耗项。西南低涡的初生和成熟阶段都维持对流层低层辐合与正涡度和高位涡中心相耦合的动力结构，并有强烈上升运动，同时存在相当位温的"暖心"结构和相对湿度的"湿心"结构。在西南低涡发展成熟阶段，正涡度柱可发展至对流层高层 300 hPa（刘晓冉和李国平，2020）。

GPS-PWV 的增幅及所达到的最大值可以较好地反映西南暖湿气流对四川盆地水汽的影响程度；而 GPS-PWV 的骤降则预示降水即将结束。西南涡在 GPS-PWV 急速上升之后形成于盆地；在其发展强盛时段，盆地处于低空水汽通量大值区和水汽辐合中心；随着西南涡的东移，GPS-PWV 逐渐减小至最低水平（邓佳和李国平，2012）。

采用三重嵌套、最高分辨率 5 km 的非静力中尺度 WRFV3.3 对引发强降水的一次东移型西南低涡过程进行数值模拟表明，模式比较成功地模拟了此次西南低涡所引起强降水的范围和移动。低涡首先在低层 850 hPa 形成，9 h 后在 700 hPa 出现闭合低涡，发展成熟。西南低涡的初生和成熟阶段在对流层低层都维持辐合与正涡度和高位涡中心相耦合的动力结构，并伴有上升运动，在成熟阶段，上升运动、正涡度柱和高位涡柱明显加强发展至对流层高层 300 hPa。低空水汽通量散度对降水带的强度和移动都具有较好的指示意义。位涡收支诊断分析表明，非绝热作用项的垂直结构与垂直通量散度项相反，潜热释放造成的非绝热作用项有利于低层位涡增长而抑制高层位涡增长，对西南低涡的生成发展有重要作用（刘晓冉和李国平，2014a，2014b）。

对西南涡的统计与合成分析梳理出夏季东移影响湖南的西南涡具有如下特征：①约 20％的西南涡移出源地影响湖南，7 月最多，6 月次之，8 月最少。②影响湖南的西南涡源地主要集中在青藏高原东侧川西高原和四川盆地，最易在夜间生成。③中纬度对流层中高层有冷空气入侵，冷平流使等压面下降促使西南低涡发展东移，这可能是导致西南低涡移出的一个重要环流因子。④影响湖南的西南涡暴雨存在三支水汽输送：一支来自孟加拉湾的西南气流的水汽输送，另一支来自南海的偏南和偏东气流的水汽输送，第三支是较弱的西风带气流的水汽输送（刘红武 等，2016）。

3.2.5 西南低涡的气候特征

利用 NCEP/NCAR 再分析资料，统计了 1954—2014 年间夏半年（5—10 月）西南低涡发生次数的年际变化，揭示了近 61 年夏半年西南低涡的气候统计特征与西南涡异常发生的环流形势（叶瑶和李国平，2016）。1954—2014 年夏半年发生西南涡的平均年次数为 43 次，其变化基本呈波动状（图 3.6、图 3.7），夏半年中又以 6 月最为强盛，8 月最弱。多发年分别为 1954、1955、1956、1963、1964、1997、1998、2005、2007 年和 2009 年；少发年分别为 1960、1961、1962、1972、1974、1975、1981、1982、1988 年和 2014 年，与历史上极端气候事件有较好对应。

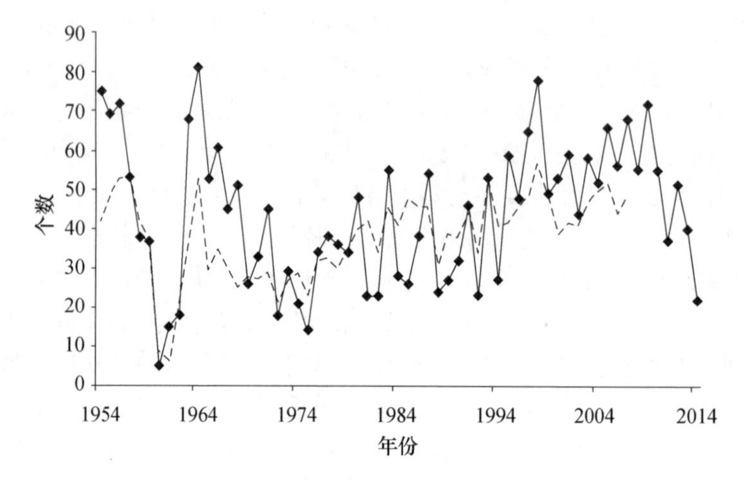

图 3.6 1954—2014 年夏半年西南低涡生成个数的年际变化

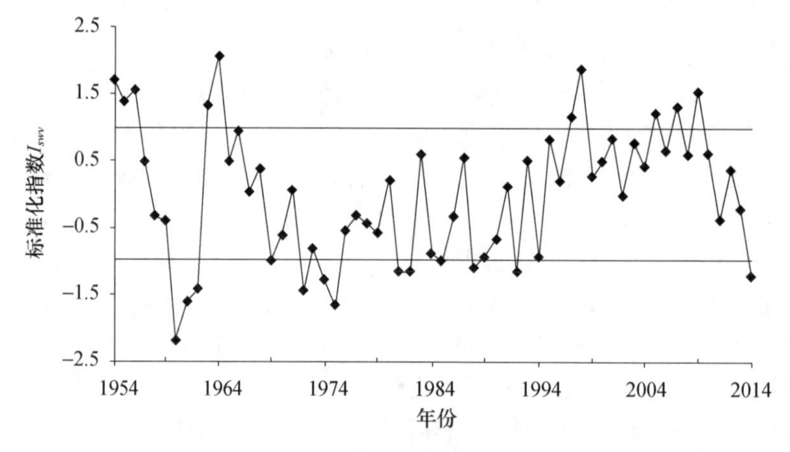

图 3.7 1954—2014 年西南低涡标准化指数（I_{SWV}）的年际变化

西南低涡多发年，低层流场在西南低涡关键区表现为西南风旺盛且辐合异常强，气旋性切变加大，低纬季风环流增强，导致大量正角动量输送至关键区，有利于西南低涡生成；同时印度洋输送至关键区的水汽通量增加，也有利于降水发生。而西南低涡少发年，低纬季风减弱，关键区为异常北风控制，南支绕流偏弱，水平散度场表现为辐散异常强，造成角动量输送减弱，不利于西南低涡生成；且来自于印度洋的季风水汽输送减弱，亦不利于降水发生。因此，除地形和加热作用外，西风带以及季风环流带来的水汽和角动量输送也是影响西南低涡发生的重要因子。

3.2.6　高原低涡与西南低涡的相互作用

对 2013 年 6 月 28 日至 7 月 2 日一次高原低涡(高原涡)与西南低涡(西南涡)相互作用(简称两涡耦合)引发四川盆地暴雨的天气过程位涡诊断分析表明:在高原涡、西南涡形成阶段,位涡中心都位于高度场、风场低涡中心的西侧。高原涡在东移到高原东部的过程中,强度加强;进入四川盆地继续东移的过程中,强度减弱。当高原涡与西南涡实现垂直耦合后,高原涡的强度再次加强;高原涡与西南涡处于非耦合状态时,高原涡东侧的下沉气流将抑制盆地西南涡的发展;而当高原涡东移出高原与盆地西南涡垂直耦合后可激发西南涡加强,高原涡与西南涡垂直合并为一个深厚强涡。两涡相互作用过程中,暴雨中心对应稳定的上升气流;上升气流的右侧出现明显的下沉气流,从而构成次级环流圈,完成高、低空的水汽和能量交换。位涡垂直剖面不仅清晰地反映高原涡与西南涡相互作用过程以及两涡的移动,还可以表示低涡中心强度的变化。等熵位涡水平面上能较好地反映高原涡、西南涡的移动及演变情况,对强降水中心也有指示作用,可从水平方向显示两涡相互作用过程。

对一次引发特大暴雨的西南低涡和高原低涡耦合加强的过程的动力诊断表明:两涡耦合开始阶段,高原涡和西南涡都比较浅薄;耦合贯通强盛阶段,高层的高原低涡和低层的西南低涡分别向上和向下扩展贯通(图 3.8);耦合结束阶段,高原低涡和西南低涡垂直方向萎缩减弱。西南低涡和高原低涡耦合区上方在不同阶段均维持正涡度柱,呈现低空辐合和高空辐散的特征,并伴有强烈上升运动。垂直运动在耦合开始阶段最强,正涡度柱在耦合强盛阶段显著增强,高原低涡和西南低涡耦合贯通后,改变了涡度的垂直特征。西南低涡发展维持的涡动动能主要源于水平通量散

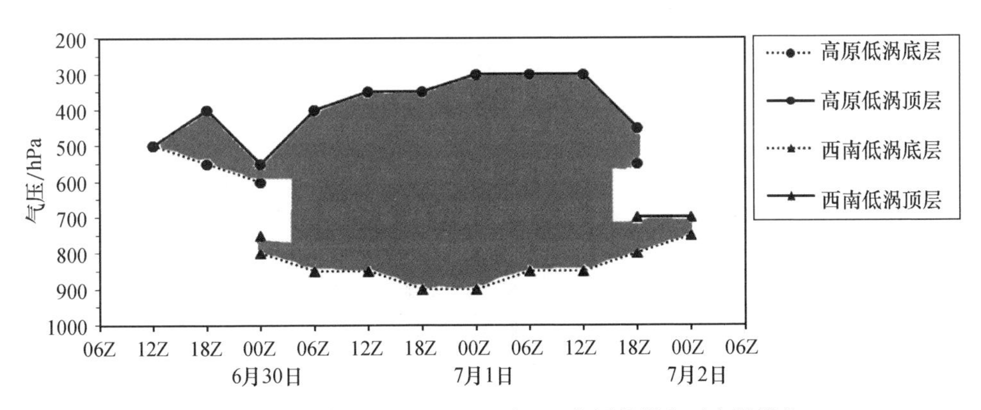

图 3.8　2013 年 6 月 30 日至 7 月 2 日高原低涡和西南低涡的垂直层次演变图(阴影为低涡的厚度层次)

度项和涡动动能制造项,摩擦耗散项和垂直通量散度项是其主要消耗项。高原低涡发展维持的涡动动能主要源于垂直通量散度项和区域平均动能与涡动动能之间的转换项,涡动动能制造项出现负值是其涡动动能减弱的主要原因。两涡耦合期间强烈垂直运动将西南低涡的涡动动能向高原低涡输送,西南低涡对高原低涡发展维持有重要动力作用(刘晓冉 等,2020)。

对流涡度矢量(***CVV***)和湿涡度矢量(***MVV***)的垂直分量可以很好地指示由高原低涡和西南低涡共同作用引起的四川盆地暴雨系统发展演变。***CVV*** 和 ***MVV*** 垂直分量的垂直积分及水平分布的正值带走向与暴雨落区相一致,且其大值中心与降水中心也有较好的对应。***CVV*** 和 ***MVV*** 垂直分量大值区的分布和发展与暴雨区的移动和发展较为一致,暴雨区从低层到高层一致性的正值分布对暴雨发展具有指示意义(宋雯雯和李国平,2016)。

3.2.7 中尺度对流系统与西南低涡的关系

四川盆地持续性暴雨天气过程中的西南低涡及伴随发展的中尺度对流系统(MCS)的分析表明:500 hPa 高空槽、700 hPa 中尺度切变线和暖湿气流为 MCS 的发生提供了良好的环境条件;地面降水时空分布具有明显的中尺度特征,MCS 是造成暴雨的重要原因;暴雨中心集中在 TBB(辐射亮温)冷云区或边缘梯度密集带。在西南低涡发展过程中,MCS 有利于激发上升气流,中低层的上升气流和正涡度配合利于热量和水汽垂直输送,高层的辐散进一步促使 MCS 的发展。水平涡度平流和涡度垂直输送项的配置影响上升气流和涡旋系统的发展,MCS 对西南低涡的移动也有一定的引导作用。有无 MCS 伴随发展时,西南低涡中对流活动对热量和水汽的输送能力迥异(胡祖恒 等,2014)。

3.3 高原切变线

3.3.1 高原切变线的天气特征

切变线(预报员有时不严格地将其简称为切变)定义为等压面上风向或风速的不连续线,是风向或风速发生急剧改变而呈气旋式旋转的狭长气流带。

青藏高原 500 hPa 切变线(简称高原切变线,有时进一步简称切变线。英文为 Tibetan Plateau shear line,TPSL)是高原地区主要的降水系统之一,多出现在 5—9 月,常呈现准定常状态,其作为发生在高原地区 500 hPa 等压面上的流场切变,实际上处于高原的边界层中。按形态高原切变线可分为横切变线和竖切变线两类,其中横切变线出现次数较多，目前高原切变线的研究多为横切变线，竖切变线多归并到高原低槽的研究中。高原切变线指青藏高原地区500 hPa等压面上，温度梯度小、三个测站风向对吹的风场辐合线或两个测站风向对吹且长度大于5个经（纬）距的风场辐合线，其地面24 h变温、变压很小。其中高原横切变线是指500 hPa等压面上生成于28°—35°N，东西跨越5个经度以上，同纬圈夹角小于45°，有风对吹或有明显气旋式切变的风向不连续线。高原切变线西段常位于青藏高原主体上空，从地面到400 hPa等压面上均存在，常伴随气流的水平辐合和垂直上升运动，高原夏季强降雨、冬季暴风雪都与高原切变线活动密切相关。在有利的环流形势下，高原切变线的东移发展以及与诸如高原低涡、西南低涡等其他天气系统的相互作用，往往对高原及下游地区天气格局产生重要影响，是造成我国东部夏季暴雨的一类最为常见的中尺度天气系统。

3.3.2　高原切变线的结构特征

在平均流场上，横切变线反映得较清楚。切变线以北是负涡度区，正涡度中心位于切变线以南，涡度零线与切变线平行、偏于切变线以北一个纬度，因此切变线上只有弱的正涡度，而主要的上升运动位于切变线以南。

切变线两侧温度梯度很弱，而露点梯度却很大，切变线位于高温区，但并不与暖中心重合，因此，它是一个温度场分布较均匀而湿度梯度明显的系统。高原横切变线在垂直方向上是一个浅薄系统，其伸展高度一般在400 hPa以下。多数高原横切变线是西风带短波槽顺转演变而来，其形成初期具有明显的斜压性。

利用中尺度数值模式WRF v3.7.1并结合FY-2F气象卫星TBB数据以及CMORPH降水资料，对2014年6月29日至7月1日的高原横切变线过程进行数值模拟并分析其演变过程中降水、热力、水汽和动力的结构特征得出，WRF模式较成功地模拟了此次高原切变线过程的降水量和落区。在高原切变线活动期间，不同阶段结构特征存在明显差异。切变线附近通常对应TBB＜－20 ℃的云区；随着切变线的发展，TBB值降低，在云区内有多个TBB＜－60 ℃的对流活动中心，对应主要降水期；在切变线减弱阶段，TBB值升高，降水趋于结束。高原切变线存在“南暖北冷”的热力结构，在切变线发展维持阶段呈现高层稳定、低层不稳定的垂直分布特征；高原切变线也是水汽的聚集带，水汽通量散度的转变对高原切变线的发展具有一定指示作用。在切变线初生阶段和维持、发展阶段，垂直方向上存在正涡度中心和辐合中心，呈现对流层低层正涡度和高位涡中心相耦合的动力结构；气旋式切变有利于高原切变线上正涡度的维持；散度场上的低层辐合、高层辐散的结构特征有利于切变线上垂直上升运动的发展；高原切变线上的辐合带先于正涡度带开始减弱、消失是高原切变线减弱的一种特征信号（罗雄和李国平，2018a）。

在高原切变线发生发展时，切变线的位置和强的地转偏差及动能梯度大值区相对应，动能梯度模值的水平、垂直分布和相应的散度分布一致，可以反映切变线的基本结构特征；引入动能梯度有助于从能量变化视角来理解高原切变线的发展演变。扰动动能大值区的分布和切变线的走向一致，在切变线发展初期，扰动动能明显增大。扰动动能平流项和正压转换项的值都比较小，不足以反映切变线演变过程中的能量变化，而斜压转换项和扰动位势平流项是扰动动能收支的主导项；在切变线成熟阶段，扰动有效位能向扰动动能的转换最大，斜压转换项是高原切变线发展过程中能量转换的重要途径，有利于切变线上的上升运动加强。扰动动能趋势项可以较好预示切变线的发展态势，扰动非地转位势通量及其散度对高原切变线的生消及移动具有较好的指示意义，与散度诊断相比，能量诊断有助于更直观地认识高原切变线的演变。低层扰动动能的增幅与高原切变线的发生发展密切相关，在切变线的生成阶段至成熟阶段，扰动动能增加为切变线的发生发展提供了能量保障；平均动能变化大体与扰动动能呈相反趋势，在切变线生成阶段和发展阶段，中低层平均动能随时间减小。在影响动能变化的各因子中，斜压转换项贡献最大；在切变线生成阶段，低层平均动能与扰动动能间的转换对扰动动能变化影响明显。背景场和扰动场的相互作用使得扰动动能增大而平均动能减小，构成动能的降尺度级串，这种能量级串转换有利于属于中尺度的高原切变线生成（罗潇和李国平，2019a，2019b）。

3.3.3 高原对切变线的作用

3.3.3.1 高原的动力作用

西风槽顺转是高原横切变线产生的主要形式，而西风槽的顺转与西风基流中存在着较大的经向水平风速切变有关，因此高原的动力作用是制约高原横切变线形成的主要因子。

3.3.3.2 高空急流的作用

高空急流的强度对低层风场有重要影响，急流增强会使高原切变线上的风切变增大，切变线变长，同时高空急流强度的增强也有利于高原切变线上水汽的辐合。高空急流可通过影响高层辐散、低层辐合的散度场垂直配置，对高原切变线上的正涡度柱与辐合上升运动产生作用（图 3.9）。ω 方程的诊断分析表明，温度平流的拉普拉斯项对高原切变线上的垂直上升运动起主导作用，低层暖平流有利于切变线上产生上升运动。高空急流强度的变化对差动涡度平流项的影响要大于温度平流拉普拉斯项，高空急流强度的增强会放大差动涡度平流项和温度平流项的正贡献，从而更加有利于上升运动及高原切变线的维持（罗雄和李国平，2018b）。

3.3.3.3 高原的热力作用

3 月以后，高原成为热源，高原切变线出现的频次也增多，说明两者之间存在着

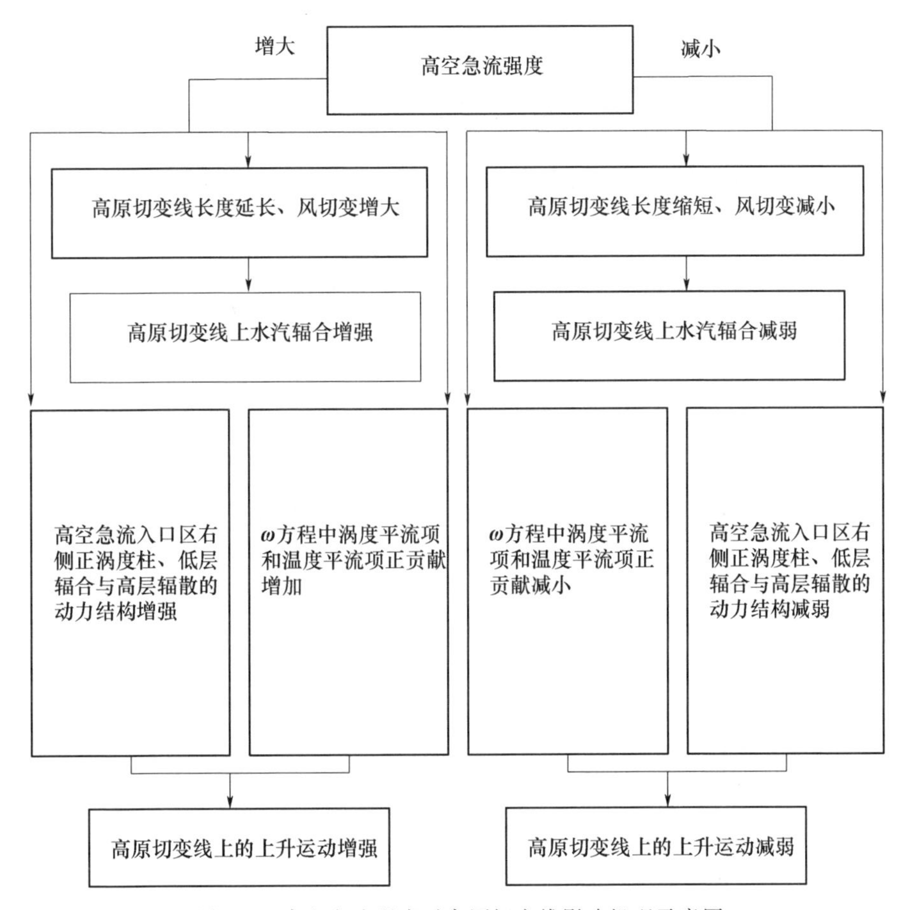

图 3.9　高空急流强度对高原切变线影响机理示意图

联系。数值试验指出，高原切变线的形成与高原热力作用关系很大。高原加热场对切变线形成的贡献主要表现为：高原加热引起的经向热力环流对切变线形成的贡献；高原强大的地面湍流加热可使进入高原的冷锋锋消而蜕变为切变线，故青藏高原上多切变线而罕见锋面系统。

3.3.3.4　水汽的作用

对高原东部切变线引起的强降水的诊断分析得出强的辐合切变线沿着变形场的拉伸轴分布，切变线位于上升区和下沉区之间（图 3.10）。500 hPa 非地转湿 $\boldsymbol{Q}$ 矢量与未来 6 h 的累积降水中心有很好的对应关系。水汽通量散度场显示水汽辐合带基本高位于切变线上，风场的分布对水汽的辐合作用尤为重要。水汽辐合带和非地转湿 $\boldsymbol{Q}$ 矢量辐合带的重叠区对强降水落区有较好的指示意义（李山山和李国平，2017）。

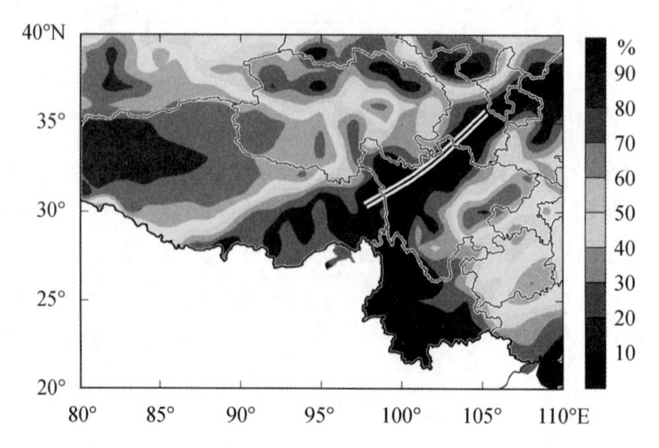

图 3.10　2013 年 7 月 28 日 20 时 500 hPa 切变线(双实线)附近的相对湿度(阴影,单位:%)

3.3.3.5　西南季风的作用

高原雨季中,热带西南季风作为构成高原切变线的一方,对高原切变线特别是东风气流中的横切变线的形成和维持具有重要贡献。

从上面的分析可以看出高原横切变线是高原特殊地形的产物,通常稳定少动,很少移出高原主体。只有在合适的环流背景下,才能南移过 30°N,从而影响高原东南侧的四川和云贵地区,其中 6—8 月以大到暴雨居多,5—9 月以中到小雨为主。虽然绝大多数高原横切变线厚度浅薄,一般局限于 400 hPa 以下,但它却是高原最重要的降水系统之一,这与高原影响下的切变线的动力结构有关。因为切变线上空对流层整层都是上升气流,配合高原地区的不稳定层结和西南气流输送水汽,从而产生降水。高原竖切变线对高原影响的时间短,常能东移出高原,引导冷空气南下、形成冷锋云带并与西风槽结合,对我国东部地区的天气有明显影响,特别在西南地区常引起大到暴雨过程。

高原切变线附近主要是对流云系,这种云系及伴随的降水具有明显的日变化,傍晚开始云带突然加强,出现直径由几十千米到二三百千米大小不同的椭圆型或称为“爆米花”型的积雨云团。高原切变线云系和降水的日变化可能与高原加热场的日变化引起的局地热力环流的日变化有关。

3.3.4　高原切变线的统计特征

应用客观识别技术对 2005—2015 年高原切变线的统计分析表明,高原切变线年均生成 49.4 条,其中东部型切变线年均 38 条,是高原切变线的基本型。东部型切变线占 7 成左右,高发区位于西藏边坝、丁青和青海玉树、石梁一带;西部型切变线约占 3 成,高发区位于 34°—36°N,85°—90°E。横切变数量远远大于竖切变,竖切变仅占全部切变线的 3.9%。高原切变线维持时间多为 6 h，5—9 月为高原切变线的高发月，其中 5 月生成的切变线数量最多。夏季高原切变线占全年切变线的 81.2%，冬季切变线数量较少，占全年切变线的 18.8%。有超过一半以上的高原切变线向东移动，向东南、向南、向西南方向移动的切变线分别各占一成以上，较少的切变线向东北、向西移动，向北、向西北方向移动的切变线极少。切变线上总变形、散度、涡度沿经向的强度变化趋势总体一致，总变形与涡度的变化较为吻合，涡度的变化幅度大于前两者。从 87°—92°E 切变线上各物理量强度逐渐增强，三者强度的最大值均出现在 94°—95°E，特征量强度在 98°E 以东迅速减弱。冬季切变线上主要以变形风为主，夏季切变线上主要以旋转风和辐合风为主(刘自牧和李国平，2019)。

3.3.5 高原涡与高原切变线伴随出现的统计特征

采用客观识别方法，对 2005—2016 年高原涡、高原切变线伴随发生(简称涡线伴随)的数量、生成的先后顺序和源地等特征的统计分析得出：高原涡年均生成 45 个，高原切变线年均生成 48 条。高原涡与高原切变线均存在较大的年变化特征，除 2014 年高原涡数量明显低于高原切变线数量以外，其余年份两者数量的年变化趋势基本一致，伴随性高原涡占高原涡总数的 31.5%，伴随性高原切变线占高原切变线总数的 29.6%。通过对比伴随与非伴随高原涡、高原切变线的生命史可知，无论是否有高原切变线伴随，高原涡维持时间基本保持不变，而高原涡有利于高原切变线维持时间的延长。统计伴随性高原涡、高原切变线生成的先后顺序得出两者同时刻生成的情况较少，仅占伴随高原涡、高原切变线平均数量的 17.3%。高原切变线先于高原涡生成的占伴随高原涡、高原切变线平均数量的 55.9%，高原切变线的出现可为高原涡的生成创造有利条件。伴随出现的高原涡、高原切变线的生成源地覆盖整个高原。高原涡先于高原切变线生成时，两者多发区距离较远；两者同时生成时，高原涡多发区位于高原切变线多发区的西侧；高原切变线先于高原涡生成时，高原涡多发区一般位于高原切变线多发区的东西两侧(刘自牧 等，2018)。

3.3.6 高原切变线与高原低涡的联系

在高原切变线生成阶段，500 hPa 等压面上 Okubo-Weiss(OW)参数值由正转负，*OW* 参数负值强度与高原切变线强度有很好的相关性。高原切变线上以 *OW* 参数负值带可以很好地指示高原切变线的潜在生成区域。*OW* 参数负值中心为主，但也会存在正值中心，说明在切变线上也会有气旋性涡度。高原切变线以伸缩变形为主，高原切变线沿变形场的拉伸轴分布。涡度方程和总变形方程分析得出高原低涡的减弱、消失主要受散度项的影响，时间演变分析表明系统由强气旋性涡度的高原低涡演变为强辐合性的高原切变线。总变形方程中的扭转项对高原切变线的生成贡献最大，其次为水平气压梯度项，散度项最小；当高原切变线上以拉伸变形为主时，不利于其上高原低涡的发展，切变线可能是影响低涡发展的背景流场。

高原横切变线是高原低涡产生的重要背景场，切变线以南的水汽输送与辐合对于低涡的诱发作用是大气处于不平衡状态而引起散度场调整的结果，辐合增强区有利于高原低涡生成，低涡中心对应非平衡正值中心，低涡外围为非平衡项负值区（图3.11）。非平衡项负值大值与水汽辐合带的重叠区对降水落区有较好的指示意义。当高原南部的西南风带向东或东北方向移动或当低涡下游出现非平衡项负值中心时，低涡亦同向移动。若高原出现气旋式环流并且环流中心与非平衡项正值中心对应时，有利于低涡生成；进一步，当低涡中心与非平衡项正值中心对应且正值中心数值不断增大时，低涡趋于发展加强（杜梅 等，2020）。

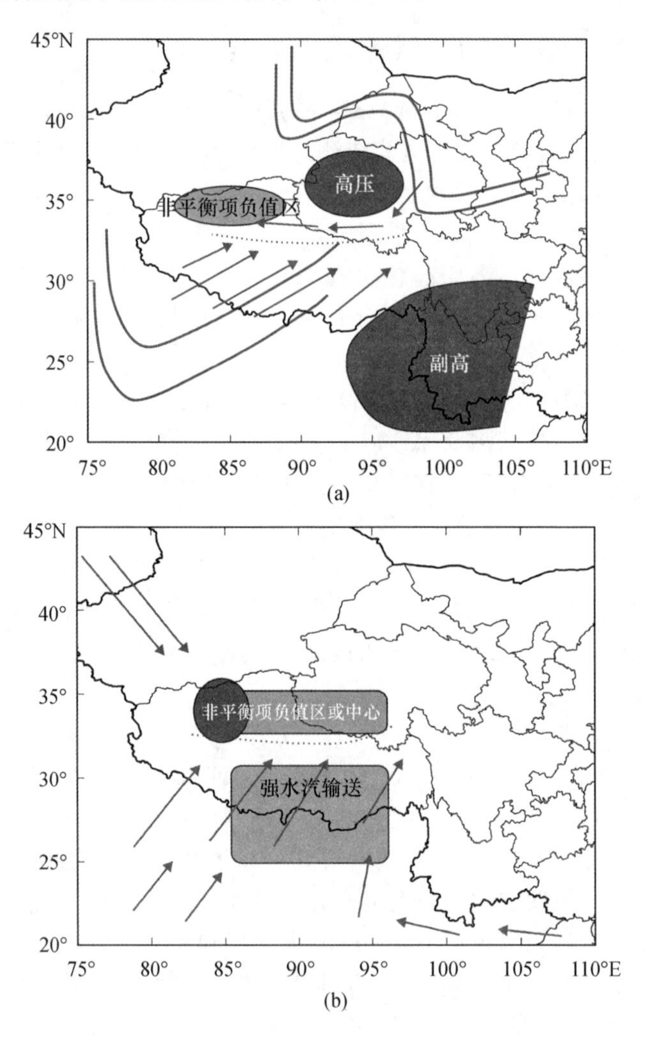

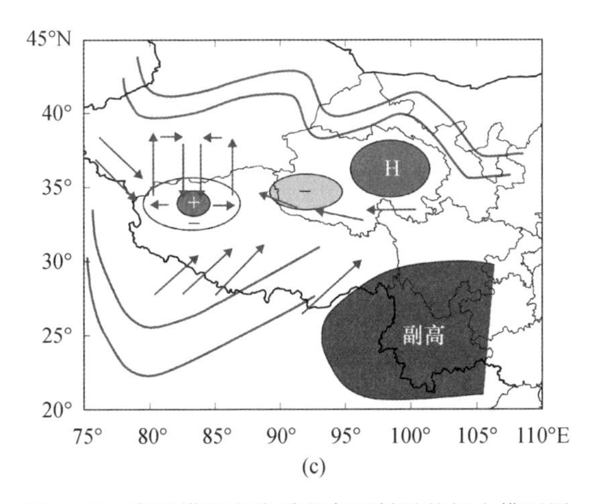

图 3.11　高原横切变线诱发高原低涡的概念模型图

(a)切变线阶段;(b)切变线、低涡、水汽耦合关系(灰色圆圈是低涡易产生的位置,虚线为切变线);

(c)低涡生成前(+代表非平衡项正值,-代表非平衡项负值,H 代表小高压;

箭头代表风向,南侧曲线代表南支槽,北侧曲线代表北支槽脊)

3.3.7　高原切变线、高原低涡和西南低涡对暴雨的协同作用

2015 年 8 月 16—18 日四川盆地的一次暴雨过程的动力因子组合诊断得出:此次降雨过程是由于巴尔喀什湖及贝加尔湖间冷槽逐渐东移南压,底部分裂出弱冷空气侵入四川盆地,同时高原上不断有低值系统(高原低涡、高原切变线)东移至盆地,引导西南低涡在盆地中部生成并维持所造成。随着高原低值系统(高原低涡、高原切变线)东移、减弱,西南低涡生成、发展,相伴的对流云团经历了“加强—合并—减弱—再生—加强—减弱”的过程。动力因子对此次地面降水和影响系统的发展和演变有较好指示意义。西南低涡形成初期,动力因子大值区和高原切变线分布一致,降雨中心位于动力因子大值中心和高原切变线右侧,与西南低涡中心基本一致。西南低涡强盛时期,动力因子大值中心、西南低涡中心、降雨中心趋于重合。降雨区具有深厚的正涡度柱以及上升运动,但辐合层比较浅薄。降雨区上空存在质量散度辐合、气旋性涡度和水汽通量涡度的垂直向上输送、辐合上升运动。由于低涡类影响系统的涡度作用比散度更明显,使得 z 螺旋度、质量 z 螺旋度、水汽 z 螺旋度这三个螺旋度类型的动力因子的垂直结构从低层到高层均表现得十分明显(宋雯雯 等,2018)。

3.4 高原中尺度对流系统

中尺度对流系统(Mesoscale convective system,MCS)泛指水平尺度为2～2000 km具有旺盛对流运动的天气系统,是造成暴雨、冰雹、雷雨大风和龙卷等灾害性天气的重要系统。中纬度常见的中尺度对流系统按运动状态可分为2类:移动性的MCS和准静止MCS;按其组织形式可粗分为3类:孤立对流系统(单体MCSs)、带状对流系统(线状MCSs)和中尺度对流复合体(区域MCSs);根据尺度大小和组织形状则可分为4类:中尺度对流复合体(MCC)、持续拉长状的对流系统(PECS)、β中尺度对流复合体(Meso-β scale MCC,MβCC)和β中尺度持续拉长状对流系统(Meso-β scale PECS,简称MβECS);按具体表现形式又可分为5类:非飑线对流族、中尺度对流复合体、飑线或飑线族群、弓形回波和中尺度对流涡旋(MCV)。孤立对流系统指以个别单体雷暴、小的雷暴单体群以及某些简单的飑线等形式存在的MCSs;带(线)状对流系统是由对流单体侧向排列而成的MCSs,常见的有飑线和中尺度雨带两种;而中尺度对流复合体泛指由若干对流单体或孤立对流系统及其衍生的层状云系所组成的MCSs。

所有的MCSs都可能导致暴雨,有组织的MCSs还可能导致恶劣天气,包括破坏性地面大风、冰雹和龙卷风。此外,MCSs也是大气湍流的来源之一,对航空飞行造成危害。可以说MCSs是强对流天气的直接制造者。就降水特征而言,MCS在至少一个方向上产生一个100 km或更远的连续降水区,即沿某一方向伸展大约100 km,形成一普遍降水区。MCSs降水过程多以塔状对流云降水开始、发展为对流云—层状云耦合垂直环流增长,最终以层状云降水结束,其持续时间一般为几小时,组织性较强的可持续十几小时。强降水通常由α中尺度气旋内有组织的β(或γ)MCSs产生。

全球中纬各地MCCs的特征基本相似,一般在陆地上形成,最易发生在大山脉背风坡,即最活跃区域一般位于大山脉的下游,特别是高温高湿的低空急流前方。平均维持时间为10 h,多向低层的高相当位温区传播,具有明显的夜发性。MCSs最初都是通过环境风切变来组织的,风切变不仅决定了其组织形式,而且决定了中尺度上升气流和下沉气流的倾斜程度。MCSs初生时呈现对流塔,随后会形成冷池,并沿着各自的冷池进行组织,此时环境涡度和冷池涡度达到平衡;在成熟阶段,MCSs主要是层状云降水,但仍然包含对流云降水,特别是在其前缘;当冷池远离对流塔时,低层入流和冷池出流终止,于是MCSs将减弱消亡,此时降水主要来自层状云。在长生命史、大型MCSs中,层状云区域的潜热释放和辐合会导致中尺度对流涡旋(MCV)形成,新的对流会在MCV内触发。对流层低层及边界层内一些扰动可能对

MCS具有触发作用，降水潜热释放及其形成的中层扰动对MCS的移动和发展起重要作用。边界层过程对底层水汽辐合及位势不稳定层结的建立和维持有影响，尤其是在对流发生阶段更为明显，而地面感热和潜热通量会影响MCS的强度。

高原中尺度对流系统研究是高原气象学研究领域除高原气候变化研究之外的另一个新兴领域和研究热点。当前研究较多的是暖季(5—9月)生成于青藏高原的MCS，多应用地球同步卫星获取的遥感资料集，主要有日本、美国静止卫星系列(如GMS-5，GOES-9，MTSAT-1R，MTSAT-2，Himawari-8)，以及中国风云2号系列(FY-2C，FY-2E和FY-2G)。一般基于TBB资料或红外云图资料采用人工识图、自动判识或半自动(自动判识结合人工识图订正)方法进行高原MCS的统计，从而形成MCS的多年数据集，在此基础上分析研究MCS的空间分布(生成源地、高低频次发生区域)，形状和分类(如MCC、圆形、线状)，水平尺度(如β中尺度、小尺度)，生成环境条件，生命史，移动路径，以及时间变化(日变化、月分布、年际变化和年代际倾向率)等重要特征。进一步还可以研究MCS与降水、MCS与高原低涡(TPV)的联系，以及MCS移出高原后与西南低涡(SWV)相互作用对强降水的影响。

青藏高原腹地是东亚地区中尺度对流系统(MCSs)活动的高频区，并存在明显的日变化和月季变化，对流不稳定是高原带状MCSs形成和演变的充分条件，而高原南侧输送的水汽对带状MCSs的生成与发展有重要作用，但降水频率和降水贡献都比较小，而且高原上的MCSs生命史短，移动速度慢，面积小。关于青藏高原MCSs的发展机制，有研究表明午后对流层上部的反气旋东移加强，低层低压有增强或印度季风爆发后中纬度长波槽的移动均与MCSs的发生有关。

AIRS卫星遥感反演的云顶亮温数据可以很好地表示高原东南部MCSs的发展过程，云顶亮温的低值区与MCSs活动区有很好对应。主要对流指数都能体现MCSs发展过程中大气层结处于不稳定，但是它们之间的细节特征有所不同，从最大值上看K指数没有高值中心出现，但是存在着由大减小的变化，最大对流稳定度BI指数和改进的沙氏指数SI有明显的低值中心出现，SI指数的低值中心值为1 ℃。从时效上来看，SI指数低值出现的时间要早于BI指数。MCSs发展过程中，中层的平均温度递减率变化不明显，低层和高层的平均温度递减率均呈明显减小。而湿度变化整体呈增大的趋势，越往低层，湿度变化越大，说明MCSs发展过程对高层和低层温度、湿度的影响较大。对流指数在MCSs发展过程中有着各自的变化特点，K指数在MCSs发展强盛到减弱阶段由大变小，但无明显的大值中心；BI指数在MCSs发展强盛阶段有明显的低值中心，而SI指数低值的出现先于MCSs发展，具有一定预报意义(王凌云和李国平，2017)。

对于高原MCS，虽然在多生成于高原南部、生命史较短、6月最多、日变化明显等方面已取得初步共识(Mai et al，2020)，但由于识别标准、方法以及资料等原因，高原MCS统计数据集的构建在生成数量、类型、时空尺度和移动路径等不少问题的认知上尚存在较大分歧，可见高原 MCS 的研究无疑是一个既充满挑战又可能蕴含新发现的活力领域。例如，按水平尺度来看西南低涡可归入 MCS，但西南低涡本身一般并不当作 MCS 来研究（虽然西南低涡的降水包含对流性降水），然而西南低涡内已初步证实存在 MCS，两者相互作用的研究值得探索。

3.5 南亚高压（青藏高压）

3.5.1 南亚高压的气候特征

影响我国的副热带高压（以下简称副高）有：西太副高、南亚高压和南海高压。这里的西太副高指对中国东部雨带、高温、旱涝影响很大、位于西北太平洋上的副高，其特征层位于 500 hPa，特征线为 588 dagpm。有一个长期混淆的概念在此澄清一下。地理上对太平洋的划分有三种：北、南太平洋，或北、中、南太平洋，或东、西太平洋。中国学者和业务工作中常称的副高其实是位于西北太平洋上的副高，严格讲应称为西北太平洋副高（Northwestern Pacific Subtropical High），但由于太平洋上的副高一般只分为东、西太平洋副高，故习惯上称西北太平洋副高为西太平洋副高（Western Pacific Subtropical High）或西太副高（英文简称 WPSH），即西太平洋副高和西北太平洋副高在气象上是同一个概念。我国气象业务人员又进一步直接称其为副高，但需要注意的是西太副高只是影响我国最常见、最重要的一类副高，而非唯一的副高。

南亚高压（South Asia High，SAH）一般指夏季位于亚州南部（南亚）上空对流层上部和平流层底部的一个强大而稳定的副热带行星尺度环流系统（其特征层位于 200 hPa，特征线为 1250 dagpm），是北半球夏季对流层上部最强大、最稳定的大气活动中心，对我国天气、气候有非常重要影响。南亚高压东西宽达 180 个经度而南北跨度不足 30 个纬度，是北半球最大的大气活动中心。作为稳定的天气系统，与我国天气、气候与旱涝关系密切，如我国西南旱涝、高温，长江流域降水和东部大范围旱涝。南亚高压的影响从非洲大西洋沿岸经亚洲南部一直伸展到太平洋，作为夏季亚洲季风行星尺度系统的一个成员，也有人称之为亚非季风高压。南亚高压东西方向上的位移很大，存在东西振荡。南亚高压与西太平洋副高的进退也有密切关系。

由于青藏高原对南亚高压的形成和活动具有重要影响，其中心常以青藏高原为中心做东西和南北振荡。当南亚高压夏季出现在青藏高原附近上空的对流层顶部时，我国不少学者称之为青藏高压（Tibetan Plateau High，TPH）。这里的青藏高压指盛夏期间中心位置在中国青藏高原上空的高压反气旋，青藏高压的反气旋环流强、尺度大、位置稳定，是夏季副热带对流层上部最主要的环流。青藏高压是北半球三个高压中最强的，其东西范围约占120个经度，南北围约占30～40个纬距。在500 hPa高度上，青藏高压的势力大为削减，该层次成为高原高层高压变为高原低层低压的过渡层。

3.5.2　南亚高压的平均结构

夏季，南亚高压位于青藏高原上空，400 hPa以下是一个暖性低压，上层暖高压和下层暖低压的中心轴线基本上是垂直的。高原上空整个对流层都为位势不稳定。对流层的中下部是从四周流向高原的辐合气流，200 hPa以上为从高原向外的辐散气流，整个高原几乎全为上升气流。

3.5.3　南亚高压的形成和维持

夏季南亚高压是一个热力性高压，青藏高原的非绝热加热（地面的感热加热和季风雨的潜热加热）对其形成和维持有决定性作用。朱抱真和骆美霞（1985）在分析了十多年的资料后认为，南亚高压的形成多源于副热带西风带动力不稳定长波脊发展所形成的副热带动力性高压单体，当它们移动到高原上空时，强大的高原热力作用使其变性，从动力性高压转变为高空的热力性高压，而在中、低空形成（高原）热低压。

夏季高原加热引起的旺盛的对流活动以及相伴随三维气流结构是维持南亚高压涡度、水分和温度平衡的机制。高空辐散、低空辐合的散度场是维持南亚高压涡度平衡的主要因素。低空辐合带来较大的水汽流入加上地面蒸发量，与高空辐散较少的水汽流出及降水量之和相平衡，从而维持夏季青藏高原的高湿气柱。而高原地区的感热、潜热之和与气柱通过长波辐射及大型涡旋交换向外输出的热量平衡。虽然对南亚高压的成因有高原加热作用和西风带长波调整等不同看法，夏季青藏高原热力作用是南亚高压在青藏高原上空形成和维持的根本原因。

根据数值模拟的结果，吴国雄和张永生（1998）提出“感热驱动气泵”的概念，认为春夏季高原表面感热输送造成了低层气流向高原地区的辐合，形成夏季高原上空强烈的上升运动，由此造成的降水凝结潜热加剧了上升运动及高空的辐散，从而维持着高原上空的高压。进一步，吴国雄和刘屹岷（2000）提出青藏高压的“热力适应”的理论，认为高原上空非绝热加热的垂直分布不均匀是形成近地层浅薄的高原热低压和中高层深厚的青藏高压的重要因素。而李伟平等（2001）的数值试验结果表明，高原表面感热输送显著加强了高原近地层气柱中正涡度的制造和气旋性环流，同时增强了高原上空气柱中负涡度的制造和反气旋性环流。而高原表面摩擦拖曳虽然使得低层辐合略有增加，但施加给整层气柱以反气旋性涡度。因此，高原表面的感热输送和表面摩擦拖曳对夏季青藏高压都有增强作用。

3.5.4 南亚高压的振荡

南亚高压强度、位置的年际变化表现为准3年周期振荡。夏季，南亚高压中心存在一种东西向的位移，分东部型和西部型，一般半个月左右转换一次，这种转换称为南亚高压的东西振荡。高原热源不仅对南亚高压的形成有贡献，而且对其东西振荡也有重要作用，当然动力强迫过程如大尺度环流调整也有重要贡献。

南亚高压的东西振荡导致我国各地晴雨天气也随之变化，因此南亚高压与中国天气气候的分布有密切关系。另外，它还与日本、印度等地的天气以及台风活动、高原低涡、高原切变线、西太平洋副高活动也有联系。

关于南亚高压准周期振荡的物理机制，陶诗言和朱福康(1964)首先提出了南亚高压围绕高原东西振荡及其与长波调整的关系。朱抱真(1983)利用一个准地转两层模式，从强迫扰动和自由扰动相互作用对基本气流的影响出发，认为这种振荡机制可能是大地形和热源所形成的静止性超长波和瞬变性斜压移动波非线性相互作用的结果。

第4章　高原动力作用

本章将简要介绍青藏高原大地形对大气运动的动力作用，涉及地形动力作用的表述方法、大地形对定常波的作用等问题，并通过数值试验、涡度诊断分析以及能量诊断分析等多个侧面讨论了青藏高原的动力作用和热力作用对大气环流、天气系统影响的相对重要性。

关键词：绕流，爬流，地形梯度，临界高度，机械阻挡，摩擦，地形抬升作用，Rossby位涡守恒，Taylor柱，倾斜涡度，背风系统，大振幅重力波，地形Rossby波，长波低频化，地形定常波

4.1　绕流、爬流和阻挡作用

地形动力的作用指纯粹由地形机械阻挡和摩擦引起的大气动力过程的变化，这种作用归纳起来有以下几种形式。

4.1.1　阻挡

广义的阻挡概念就是地形动力作用，而狭义的阻挡概念则指山脉对气流阻挡的直接作用。它是山脉两侧对大气的侧压力不同造成的，这种侧压力称为山脉力矩。山脉力矩使东、西风都减速，则西风带中大气失去角动量，东风带中大气得到角动量。因此，山脉阻挡作用对维持全球角动量平衡有一定的作用。

性质明显不同的气团能够以平衡态存在于山脉两侧，也就是说山脉可以阻挡大气中物理量(热量、角动量和水汽等)的交换。当然，山脉的形状、大小不同，这种阻挡作用的程度也不同。因为青藏高原东西方向很长并且高度很高，对空气南北交换的阻挡作用很大，使高原南北两侧天气、气候具有明显差异，不仅障碍印度季风把水汽输送到中国西北地区，也阻挡冬季冷空气(寒潮)南下入侵南亚大陆。

4.1.2　爬流和绕流

气流在流动过程中遇到山脉后，一部分被强迫抬升越山而过，称为爬流；另一部

分在水平方向偏转并绕山而过，称为绕流。

对于爬流，气流在越山过程中，其动力学性质将发生很大变化，常可在山脉上空形成山脉波，在山脉下游形成背风波。地球上许多山脉的背风面都可观测到背风波或背风系统(背风槽、背风涡)的存在。动力学理论认为背风波是气流爬越山脉过程中保持位涡守恒的结果，即可用大尺度简化的 Rossby 位涡守恒方程

$$\frac{\zeta + f}{h} = \text{const.} \tag{4.1}$$

或

$$\frac{\zeta_p + f}{\Delta p} = \text{const.} \tag{4.2}$$

来解释背风波的形成。

绕流可使气流分支，对于西风气流绕流可使其分为南北两支。北支气流发生反气旋弯曲，南支气流发生气旋式弯曲，则在其下游形成切变线和尾流涡等伴生系统。

爬流和绕流作用的相对大小，一方面取决于山脉本身的特征，以地球上两大著名的地形——青藏高原和北美落基山为例，两者的形状差异很大。对于同样不太强的西风气流，南北尺度较大的落基山其爬流作用比绕流明显；而近似椭圆形状的青藏高原，由于高度较高，其绕流作用就要比爬流明显。另一方面，爬流与绕流的相对大小，还与气流强度和层结稳定度有关。因此，山脉对气流的动力作用可能呈现季节性的变化。青藏高原纯粹爬流和绕流的对比性数值试验表明：青藏高原的纯动力作用在夏季主要表现在绕流作用上，而在冬季爬流与绕流的作用都较大。这种现象可能与冬夏西风气流的强弱有关。

将地形作为刚性边界，则地形抬升作用即在下边界(下垫面)产生的强迫性垂直运动为

$$w_s = \mathbf{V}_s \cdot \nabla h_s = u_s \frac{\partial h_s}{\partial x} + v_s \frac{\partial h_s}{\partial y} \tag{4.3}$$

式中：$\mathbf{V}_s$ 为地面风，h_s 为地形高度函数。w_s 实质上包括了地形对气流的强迫性爬流和绕流作用，较难将两者区分开。若将近地面风 $\mathbf{V}_s$ 分为爬流 $\mathbf{V}_c$ 和绕流 $\mathbf{V}_r$，即

$$\mathbf{V}_s = \mathbf{V}_c + \mathbf{V}_r \tag{4.4}$$

则有爬流方程

$$\mathbf{V}_c \times \nabla h_s = 0 \tag{4.5}$$

$$\mathbf{V}_s \cdot \nabla h_s = \mathbf{V}_c \cdot \nabla h_s \tag{4.6}$$

绕流方程

$$\mathbf{V}_r \cdot \nabla h_s = 0 \tag{4.7}$$

$$\mathbf{V}_s \times \nabla h_s = \mathbf{V}_r \times \nabla h_s \tag{4.8}$$

因此，只要知道 $\boldsymbol{V}_s$ 和 ∇h_s 就可求出爬流和绕流。问题是对一股气流，爬流 $\boldsymbol{V}_c$ 和绕流 $\boldsymbol{V}_r$ 的相对大小如何确定。如果知道 $\boldsymbol{V}_c \ll \boldsymbol{V}_r$，则称为绕流；若 $\boldsymbol{V}_r \ll \boldsymbol{V}_c$，则称为爬流。但仅仅给出上下边界条件，是不能决定多少气流爬，多少气流绕的。曾庆存(1979)根据尺度分析论证了以下不同的情况：①运动的水平尺度 $L \approx 1000$ km，$Z \leqslant 10^3$ m，则大尺度运动是准水平的、准地转的；②运动的水平尺度 $L \approx 1000$ km，$Z > 3\times10^3$ m，则运动一般为绕流；如果此时运动为爬流，则是气流是非地转的，并伴随大振幅的惯性重力波，从而产生地形影响下的地转适应过程(参见 6.1)。

下面讨论水平风矢量分解为绕流分量和爬流分量的计算方案。若 $\boldsymbol{V}$ 表示水平风矢量，则有

$$\boldsymbol{V} = \boldsymbol{V}_r + \boldsymbol{V}_p \tag{4.9}$$

其中：$\boldsymbol{V}_r$ 为水平风矢量的绕流分量，$\boldsymbol{V}_p$ 为水平分矢量的爬流分量，$\boldsymbol{V}_r$ 和 $\boldsymbol{V}_p$ 为正交关系，且分别满足以下方程

$$\begin{cases} \boldsymbol{V}_r \cdot \nabla z_s = 0 \\ \boldsymbol{V}_r \times \nabla z_s = \boldsymbol{V} \times \nabla z_s \\ \boldsymbol{V}_p \times \nabla z_s = 0 \\ \boldsymbol{V}_p \cdot \nabla z_s = \boldsymbol{V} \cdot \nabla z_s \end{cases} \tag{4.10}$$

其中：z_s 为地形高度，∇z_s 为地形高度梯度(简称地形梯度)，且 $\nabla z_s = \dfrac{\partial z_s}{\partial x}\boldsymbol{i} + \dfrac{\partial z_s}{\partial y}\boldsymbol{j}$，可得绕流分量垂直于地形梯度，爬流分量平行于地形梯度。地形梯度表示地形的陡峭程度，青藏高原南坡是高原的最大地形梯度大值区，川西高原(高原东坡)是高原的次最大地形梯度大值区。

将上述方程联立，可得

$$\begin{aligned} u_r &= \left[u_s\left(\frac{\partial z_s}{\partial y}\right)^2 - v_s\frac{\partial z_s}{\partial x}\frac{\partial z_s}{\partial y}\right] \Big/ |\nabla z_s|^2 \\ v_r &= \left[v_s\left(\frac{\partial z_s}{\partial x}\right)^2 - u_s\frac{\partial z_s}{\partial x}\frac{\partial z_s}{\partial y}\right] \Big/ |\nabla z_s|^2 \\ u_p &= \left[u_s\left(\frac{\partial z_s}{\partial x}\right)^2 + v_s\frac{\partial z_s}{\partial x}\frac{\partial z_s}{\partial y}\right] \Big/ |\nabla z_s|^2 \\ v_p &= \left[v_s\left(\frac{\partial z_s}{\partial y}\right)^2 + u_s\frac{\partial z_s}{\partial x}\frac{\partial z_s}{\partial y}\right] \Big/ |\nabla z_s|^2 \end{aligned} \tag{4.11}$$

其中：u_r, v_r, u_p, v_p 分别是绕流矢量和爬流矢量的纬向、经向分量。

垂直运动的产生与地形的存在密切相关，因此针对刚体边界条件有

$$w_s = \boldsymbol{V} \cdot \nabla z_s = (\boldsymbol{V}_r + \boldsymbol{V}_p) \cdot \nabla z_s \tag{4.12}$$

其中 w_s 为地形强迫出的垂直运动。

由于绕流分量垂直于地形梯度，则有 $\boldsymbol{V}_r \cdot \nabla z_s = 0$，因此式(4.12)变为

$$w_s = \boldsymbol{V}_p \cdot \nabla z_s \tag{4.13}$$

由上式可知，地形强迫出的垂直运动只与爬流运动有关，即绕流并不产生垂直运动。

4.1.3 摩擦

气流流经地表面就会受到地面摩擦的影响。对于平坦地面，这种摩擦作用使气流在近地面减速，增大风速的垂直切变。若不考虑地球旋转的影响，这种摩擦不会改变气流的方向。但对于有地形的地区，这种地面摩擦不仅可以加大风垂直切变而且可以改变风水平切变，根据涡度的表达式可知，水平切变必然引起气流的偏转。对于青藏高原这种大地形，地面摩擦作用的影响高度（如 Ekman 边界层高度）比平原地区要高许多（参见 2.4.1）。

4.1.4 地形尺度与地形作用的关系

地形的动力作用与山脉的特征关系密切，特别是地形的空间尺度对地形的动力作用影响很大，比较大、小地形动力作用的差异就可以清楚地看到这一点。

气象中的大地形指地球上水平尺度达数百到数千千米的山脉，如青藏高原、落基山、安的斯山、阿尔卑斯山、格陵兰等，其动力和热力作用可影响大范围地区的天气和环流。而小尺度地形往往只影响局地的天气和环流。除此之外，大、小尺度地形的差异还有：

第一，在研究方法上，研究大尺度地形必须考虑地球的球面性，至少应取 β 平面近似。而小尺度地形往往可忽略地球球面性的影响，如取 f 常数（平面）近似。

第二，地形作用的性质不同。小尺度地形对天气尺度系统的作用可用线性理论来研究，即可只考虑爬流而忽略绕流的作用。吴国雄和张永生（1999）的研究工作表明：地形的作用有一个临界高度（约为 1 km），它是摩擦系数和山脉与气压位相差的函数。只有当地形高度低于临界高度时，才能忽略绕流的转向作用，而采取线性近似。因此，大地形的作用是非线性的，绕流的作用对青藏高原这样的大地形特别重要。

4.2 大地形的动力作用

根据正压地转适应理论，在不考虑地形和地转参数随纬度变化的条件下，若出现非地转扰动，可通过惯性重力外波频散非地转能量，从而建立起新的地转平衡。

并且适应过程中存在一个临界水平尺度，即为 Rossby 变形半径

$$L_0=\frac{C_0}{f}=\frac{\sqrt{gH}}{f} \tag{4.14}$$

当非地转扰动尺度 $L \gg L_0$ 时，风场向气压场适应；当 $L \ll L_0$ 时，气压场向风场适应。在存在大地形的情况下，还会有地转适应过程使得非地转运动迅速恢复到准地转状态吗？郭秉荣和丑纪范(1980)研究的结果是：不管地形如何引起气流的非地转运动，准地转平衡总会很快建立起来的。所以，在讨论地形的动力作用时，仍可使用准地转理论。

由浅水方程组可得到下边界有地形时的位势涡度守恒方程

$$\left(\frac{\partial}{\partial t}+u\frac{\partial}{\partial x}+v\frac{\partial}{\partial y}\right)\left(\frac{\zeta+f}{h-h_s}\right)=0 \tag{4.15}$$

根据准地转理论，也可得到准地转的位势涡度守恒方程

$$\left(\frac{\partial}{\partial t}+\mathbf{V}_g\cdot\nabla\right)q=0 \tag{4.16}$$

其中：$q=\zeta+f-\frac{f_0}{h_0}(h'-h_s)$，$h_0$ 为流体平均厚度，h' 为自由面扰动，$\mathbf{V}_g=-\frac{g}{f}\nabla h'\times\boldsymbol{k}$ 为地转风，$\zeta=\frac{g}{f_0}\nabla^2 h'$ 为地转风涡度。经适当变形可将式(4.16)化为

$$\left(\frac{\partial}{\partial t}+\mathbf{V}_g\cdot\nabla\right)(\nabla^2\psi'+f)=\lambda^{-2}\left(\frac{\partial\psi'}{\partial t}-\mathbf{V}_g\cdot\nabla\psi_s\right) \tag{4.17}$$

其中：$\psi'=\frac{g}{f_0}h'$ 为地转流函数，$\psi_s=\frac{g}{f_0}h_s$ 为地形流函数，$\lambda^{-2}=\frac{f_0^2}{gh_0}$ 为常数。

由于采取了准地转近似，方程(4.17)仅含有 Rossby 波。若忽略地形的影响，并取纬向均匀的西风气流为基本场，即

$$\bar{u}=-\frac{\partial\bar{\psi}}{\partial y}=\text{const.} \tag{4.18}$$

将方程(4.17)线性化，则有

$$\frac{\partial}{\partial t}(\nabla^2\psi'-\lambda^{-2}\psi')+\bar{u}\frac{\partial}{\partial x}\nabla^2\psi'+\beta\frac{\partial\psi'}{\partial x}=0 \tag{4.19}$$

设上式有平面波解

$$\psi'=\Psi\mathrm{e}^{\mathrm{i}(kx+ly-\omega t)} \tag{4.20}$$

可得频散关系式

$$\omega=\frac{k\left[\bar{u}(k^2+l^2)-\beta\right]}{k^2+l^2+\lambda^{-2}} \tag{4.21}$$

只有 $\bar{u}>0$(西风)才可能维持一个定常波($\omega=0$)，并且其波数 K_s 与 λ 无关，即

$$K_s^2 = K^2 = k^2 + l^2 = \frac{\beta}{\bar{u}} \tag{4.22}$$

Charney 和 Eliassen(1949)保留了地形强迫的最低阶项、忽略地形强迫的高阶项,研究了地形强迫对定常波的作用。他们发现对于波数大于定常波数的波($K > K_s$),其响应正好与地形同位相。此时,地形涡度源主要由相对涡度的纬向气流所平衡。对于波数小于定常波数的波($K < K_s$),其响应正好与地形反位相。此时,地形涡度源主要由行星涡度的经向气流所平衡。若把地形总响应分解为分别由东半球地形和西半球地形引起的两部分,总响应清楚地为两个波列的和,一个源于落基山地区,另一个稍强一点的源于青藏高原。

在忽略了式(4.15)左端时间变化项以后,可以清楚地看到只有在扰动处于山脉地区时,其涡度才发生变化。因此,地形(确切地说是地形坡度)是一个扰动源,气流流经地形要获得某种扰动。进一步,气流越过山脉到达平坦地面时,扰动又将如何变化。叶笃正的工作(Yeh,1949)表明平均槽脊的形成与大地形等定常扰动有关,可认为是定常扰动下 Rossby 波的能量频散造成的。

4.3 高原高度的影响

利用中尺度气象模式 WRF3.2 及 NCEP/NCAR 逐日 4 次 1°×1°的 FNL 分析资料,设计了三组对比试验方案:①有高原(TP)试验:高原地形高度不变,最大高度约为 5000 m;②临界高度(LJ)试验:将高原及其附近地形高度降低为 1500 m;③无高原(NTP)试验:将高原及其附近地形高度降低为 500 m。对比研究了青藏高原大地形对我国华南地区 2010 年 5 月一次持续性暴雨过程的影响(图 4.1)。试验结果表明:高原大地形对降水的影响显著,随着高原高度的升高,降水增多,高原以东地区的雨带也由北向南移动;高原地形的机械阻挡作用使迎风坡一侧的近地面层附近为强上升运动,背风坡为下沉运动,并分别对应降水的峰值和谷值区;高原对西风气流的爬流、绕流作用明显,高原升高后爬坡作用减弱,以绕流作用为主;高原的加热作用使气流过高原时南支减弱,北支加强,并加强了高原及其东部地区低层的正涡度和高层的负涡度,使高原上空为强烈的上升运动;高原的热力作用使西太平洋副热带高压位置偏南、偏西并稳定维持;高原大地形对形成稳定的高原季风环流圈有重要作用;高原地形高度的作用有利于定常波的形成,波动中心对应强上升运动,形成降水的大值区,稳定维持的定常波使得降水持续集中在同一地区,造成持续性暴雨(何钰和李国平,2013)。

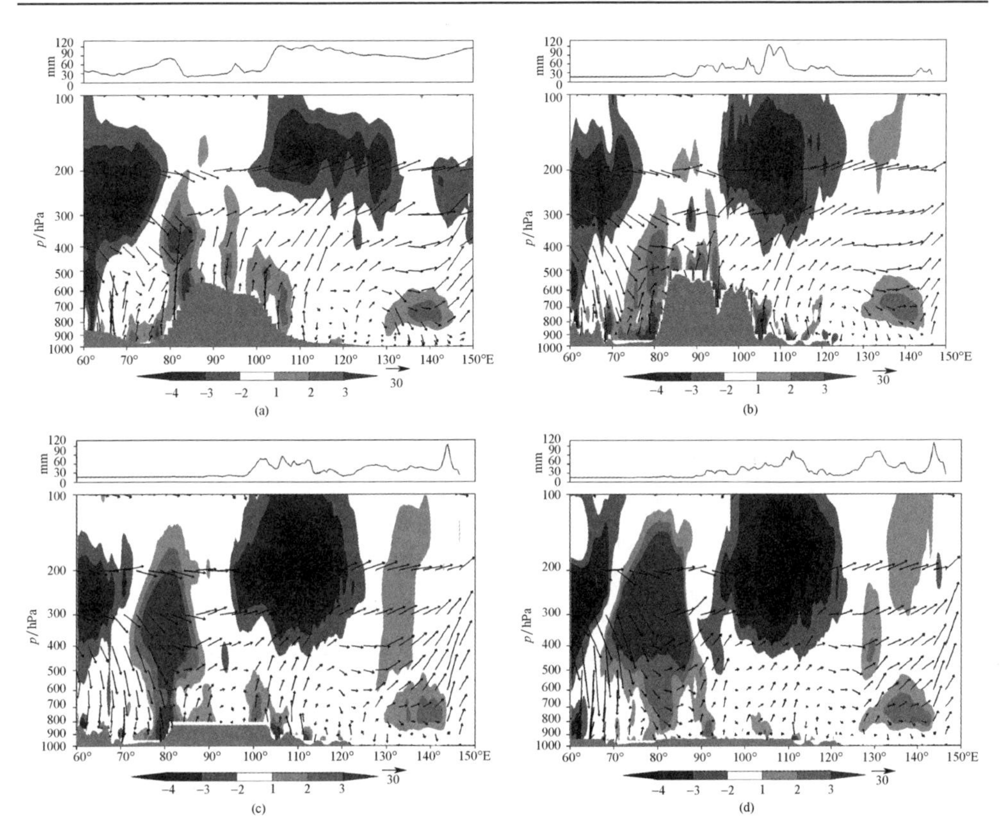

图 4.1　2010 年 5 月 26—30 日沿 28°—30°N 纬向平均的累积降水量(上图,单位:mm)、由平均纬向风 u (单位:m/s)和垂直风 ω (单位:Pa/s)构造纬向剖面环流矢量(u;$-200\times\omega$,下图)表示的风场的纬向垂直剖面图及纬向平均的垂直涡度(图中阴影部分,单位:$10^{-5}\,\mathrm{s}^{-1}$):(a)FNL 资料,(b)TP 试验,(c)LJ 试验,(d)NTP 试验

4.4　高原坡度的影响

考虑青藏高原的地形坡度函数为 $h(x,y)$、摩擦设为 Rayleigh 摩擦,即 $\boldsymbol{F}=-\alpha\boldsymbol{V}$,$\alpha$ 是摩擦系数。非绝热加热项用 Q 表示,则正压模式方程组可写为

$$\begin{cases}\dfrac{\mathrm{d}u}{\mathrm{d}t}-fv=-\dfrac{\partial\phi}{\partial x}-\alpha u\\[2mm]\dfrac{\mathrm{d}v}{\mathrm{d}t}+fu=-\dfrac{\partial\phi}{\partial y}-\alpha v\\[2mm]\dfrac{\mathrm{d}}{\mathrm{d}t}(\phi-\phi_s)+(\phi-\phi_s)\left(\dfrac{\partial u}{\partial x}+\dfrac{\partial v}{\partial y}\right)=-Q\end{cases}\tag{4.23}$$

其中：$\phi = gh$，$\phi_s = gh_s$ 分别为自由面高度和地形高度的重力位势。下边界条件取为地形抬升速度

$$w_s = u\frac{\partial h_s}{\partial x} + v\frac{\partial h_s}{\partial y} \tag{4.24}$$

由水平运动方程可得涡度方程

$$\left(\frac{\partial}{\partial t} + u\frac{\partial}{\partial x} + v\frac{\partial}{\partial y}\right)(f+\zeta) = -\alpha\zeta - f_0 D \tag{4.25}$$

利用方程(4.23)中的第3式(连续方程)，可得

$$\left(\frac{\partial}{\partial t} + u\frac{\partial}{\partial x} + v\frac{\partial}{\partial y}\right)(\psi - \psi_s) + \frac{c_0^2}{f_0}D = -\frac{Q}{f_0} \tag{4.26}$$

其中：f_0 为 f 的特征值(取为常数)，$c_0 = \sqrt{g(H-H_s)}$ 为重力表面波的特征波速，H 和 H_s 分别为自由面和地形的平均高度，D 为水平散度，$\psi = \phi/f_0$，$\psi_s = \phi_s/f_0$ 分别为地转流函数和地形流函数，则纬向风、经向风和地转涡度可分别表示为

$$u = -\frac{\partial\psi}{\partial y},\quad v = \frac{\partial\psi}{\partial x},\quad \zeta = \nabla_h^2\psi \tag{4.27}$$

由式(4.25)和式(4.26)可得包含地形动力和热力作用的准地转位涡度方程

$$\left(\frac{\partial}{\partial t} + \mu\frac{\partial}{\partial x} + v\frac{\partial}{\partial y}\right)q = -\alpha\zeta + \frac{\lambda_0^2}{f_0}Q \tag{4.28}$$

其中：准地转位涡度 $q = f + \zeta - \lambda_0^2(\psi - \psi_s)$，$\lambda_0^2 = f_0^2/c_0^2$，$\lambda_0$ 是 Rossby 变形半径的倒数。由式(4.28)可以看出，在不考虑摩擦和非绝热加热的情况下，准地转位涡度保持守恒。

地形坡度对垂直运动的影响。利用微扰法可将上述方程中的有关物理量分解为沿纬圈平均的基本量和扰动量两部分，其中基本量仍满足原方程和边界条件，即

$$\begin{cases} w_s = \bar{u}\dfrac{\partial h_s}{\partial x} = \dfrac{f_0}{g}\bar{u}\dfrac{\partial\psi_s}{\partial x} \\ \dfrac{\partial\bar{\zeta}}{\partial t} = -f_0\bar{D} - \alpha\bar{\zeta} \\ \dfrac{\partial\bar{\psi}}{\partial t} - \bar{u}\dfrac{\partial\psi_s}{\partial x} + \dfrac{c_0^2}{f_0}\bar{D} = -\dfrac{\bar{Q}}{f_0} \\ \dfrac{\partial\bar{q}_0}{\partial t} + \lambda_0^2\bar{u}\dfrac{\partial\psi_s}{\partial x} = -\alpha\bar{\zeta} + \dfrac{\lambda_0^2}{f_0}\bar{Q} \end{cases} \tag{4.29}$$

式中 $\bar{q}_0 = f + \bar{\zeta} - \lambda_0^2\bar{\psi}$。

下面对方程组(4.29)进行分析：

第1式反映大地形对气流的爬流效应。在西风带中，大地形的西坡有上升运动，东坡有下沉运动。另外，从第3式得知：在不考虑非绝热加热的情形下，由于西风基

流和大地形的东西坡度，大地形的西侧为水平辐散，东侧为水平辐合。由涡度方程（第 2 式）可知，高原西侧的气流在上升过程中造成了反气旋式涡度的增加及气流的辐散；而东侧的下沉运动造成了气旋式涡度的增加及气流的辐合。而辐合辐散造成的抽吸作用又加强了高原两侧对应的上升和下沉运动。

又由第 2 式和第 4 式得知：由于西风基流和大地形的东西坡度，大地形西侧的垂直涡度和准地转位涡度将随时间减少，而大地形东侧的垂直涡度和准地转位涡度将随时间增加。所以，大地形西侧为涡度汇，东侧为涡度源。

由式(4.24)减去方程组(4.29)的第 1 式可得：

$$w'_s = u'\frac{\partial h_s}{\partial x} + v'\frac{\partial h_s}{\partial y} = \frac{f_0}{g}\left(u'\frac{\partial \psi_s}{\partial x} + v'\frac{\partial \psi_s}{\partial y}\right) \tag{4.30}$$

由式(4.30)可以看出：右边第一项反映的是纬向扰动气流受地形作用产生的爬流，但由于 $u' \ll u$，所以 $u'\frac{\partial h_s}{\partial x} \ll u\frac{\partial h_s}{\partial x}$，则第一项的作用可以忽略；第二项反映大地形对纬向气流的绕流效应。在大地形北坡和南坡的西侧产生下沉运动，在东侧产生上升运动，这与气流爬坡作用的效果正好相反。平均而言，青藏高原南北坡度的数值大于东西坡的数值，并且夏季青藏高原气流的绕流作用大于爬流作用，则高原东侧更有利于垂直上升运动的产生，即为对流活动高发区，这与观测事实相符。

地形坡度对 Rossby 波的影响。在不考虑摩擦和非绝热加热的情况下，式(4.28)变为准地转位涡度守恒方程

$$\left(\frac{\partial}{\partial t} + u\frac{\partial}{\partial x} + v\frac{\partial}{\partial y}\right)[f + \zeta - \lambda_0^2(\psi - \psi_s)] = 0 \tag{4.31}$$

线性化后得

$$\left(\frac{\partial}{\partial t} + \overline{u}\frac{\partial}{\partial x}\right)\nabla_h^2\psi' + \left(\beta_0 - \frac{\partial^2 \overline{u}}{\partial y^2} + \beta_1\right)\frac{\partial \psi'}{\partial x} - \lambda_0^2\frac{\partial \psi'}{\partial t} - \beta_2\frac{\partial \psi'}{\partial y} = 0 \tag{4.32}$$

其中：$\beta_0 = \frac{\partial f}{\partial y}$，$\beta_1 = \lambda_0^2\frac{\partial \psi_s}{\partial y}$ 和 $\beta_2 = \lambda_0^2\frac{\partial \psi_s}{\partial x}$ 分别表示 β 效应、地形的南北坡度效应和东西坡度效应。若进一步设基本气流为常数，则式(4.32)简化为

$$\left(\frac{\partial}{\partial t} + \overline{u}\frac{\partial}{\partial x}\right)\nabla_h^2\psi + (\beta_0 + \beta_1)\frac{\partial \psi'}{\partial x} - \lambda_0^2\frac{\partial \psi'}{\partial t} - \beta_2\frac{\partial \psi'}{\partial y} = 0 \tag{4.33}$$

对于青藏高原，由于绕流作用远大于爬流作用，可不考虑东西坡度的作用，则应用正交模方法，设 $\psi' = \Psi e^{i(kx+ly-\omega t)}$，可导出二维线性 Rossby 波的圆频率方程

$$\omega = k\overline{u} - \frac{k(\beta_0 + \beta_1 + \lambda_0^2\overline{u})}{k^2 + l^2 + \lambda_0^2} \tag{4.34}$$

由式(4.34)可做如下分析：地形坡度 β_1 的作用类似于 β 效应的作用；在考虑基本气流和地形坡度的情况下，高原北坡 $\beta_1 < 0$，高原南坡 $\beta_1 > 0$，因此高原南坡更有利于

Rossby 波向低频方向发展。若不考虑基本气流及地形坡度的作用，则式(4.34)变为

$$\omega_0^* = -\frac{k\beta_0}{k^2 + l^2 + \lambda_0^2} \tag{4.35}$$

若进一步不考虑大地形的作用，则式(4.35)化为

$$\omega_{00}^* = -\frac{k\beta_0}{k^2 + l^2 + \lambda_{00}^2} \tag{4.36}$$

其中 $\lambda_{00}^2 = \dfrac{f_0^2}{c_{00}^2}, c_{00} = \sqrt{gH}$，对比式(4.35)和式(4.36)可得：$|\omega_0^*| < |\omega_{00}^*|$，即高原大地形本身的存在就有利于 Rossby 波的频率趋向低频化，也就是会促使天气尺度波向行星波方向演变。这与青藏高原大地形对行星波及其之后通过大地形和行星波相互调整形成长波的演变作用，构成了高原背景下不同尺度大气波动相互作用的重要物理过程。

摩擦和非绝热加热对 Rossby 波的影响。由于青藏高原在夏季为热源，高原对其上空及附近的大气具有加热作用，使气流产生辐合上升运动。若设非绝热加热为：

$$Q = -\eta(\phi - \phi_s)D \quad (0 < \eta < 1) \tag{4.37}$$

其中：D 为水平散度，η 为加热强度系数。则式(4.26)可写为：

$$\left(\frac{\partial}{\partial t} + u\frac{\partial}{\partial x} + v\frac{\partial}{\partial y}\right)(\psi - \psi_s) + \frac{c_0^{*2}}{f_0}D = 0 \tag{4.38}$$

其中：$c_0^{*2} = (1-\eta)c_0^2$。则同式(4.25)联合，得到准地转方程组

$$\begin{cases} \left(\dfrac{\partial}{\partial t} + u\dfrac{\partial}{\partial x} + v\dfrac{\partial}{\partial y}\right)(f + \zeta) = -f_0 D - \alpha\zeta \\ \left(\dfrac{\partial}{\partial t} + u\dfrac{\partial}{\partial x} + v\dfrac{\partial}{\partial y}\right)(\psi - \psi_s) + \dfrac{c_0^{*2}}{f_0}D = 0 \end{cases} \tag{4.39}$$

两式消去 D，可得

$$\left(\frac{\partial}{\partial t} + u\frac{\partial}{\partial x} + v\frac{\partial}{\partial y}\right)q^* = -\alpha\zeta \tag{4.40}$$

其中：$q^* = f + \zeta - \lambda_0^{*2}(\psi - \psi_s)$，$\lambda_0^{*2} = \dfrac{f_0^2}{c_0^{*2}} = \dfrac{\lambda_0^2}{(1-\eta)}$。若设西风基流为常数，且不考虑地形的东西坡度，将式(4.40)线性化后可得扰动方程

$$\left(\frac{\partial}{\partial t} + \overline{u}\frac{\partial}{\partial x}\right)\nabla_h^2\psi' + (\beta_0 + \beta_1)\frac{\partial\psi'}{\partial x} - \lambda_0^{*2}\frac{\partial\psi'}{\partial t} = -\alpha\nabla_h^2\psi' \tag{4.41}$$

进一步设扰动流函数具有波动解，其波动的圆频率方程为

$$\omega^* = k\overline{u} - \frac{k(\beta_0 + \beta_1 + \lambda_0^{*2}\overline{u})}{K^2} - \mathrm{i}\alpha\frac{K_h^2}{K^2} \tag{4.42}$$

其中：$K_h^2 = k^2 + l^2$；$K^2 = K_h^2 + \lambda_0^{*2}$。

由式(4.42)可以得出：大地形的摩擦作用恒使波动圆频率减小，从而使波动趋向低频；若忽略摩擦，则式(4.42)变为：

$$\omega^* = k\overline{u} - \frac{k(\beta_0 + \beta_1 + \lambda_0^{*2}\overline{u})}{K^2} \tag{4.43}$$

因为 $\lambda_0^{*2} > \lambda_0^2$，比较式(4.34)和式(4.43)后可得 $\omega^* < \omega$，即大地形的加热作用也有利于波动向低频方向发展。

波动能量的传播特性。考虑了青藏高原的地形高度、南北坡度和非绝热加热的作用下，有线性化涡度方程：

$$\left(\frac{\partial}{\partial t} + \overline{u}\frac{\partial}{\partial x}\right)\nabla^2\psi - L_0^{-2}\frac{\partial\psi}{\partial t} + \beta\frac{\partial\psi}{\partial x} = 0 \tag{4.44}$$

其中：$L_0^2 = (1-\eta)\dfrac{g(H-H_s)}{f_0^2}$，$\beta = \beta_0 + \beta_1$。设波动解为 $\psi = \Psi e^{i(kx+ly-\omega t)}$，可得波动的圆频率方程

$$\omega_0 = \overline{u}k - \frac{k(\beta + \overline{u}L_0^{-2})}{K^2} \tag{4.45}$$

其中 $K^2 = k^2 + l^2 + L_0^{-2}$。

由此可得 x 方向的相速度为

$$c_x = \frac{\omega_0}{k} = \overline{u} - \frac{B}{K^2} \tag{4.46}$$

其中 $B = \beta + \overline{u}L_0^{-2}$。可以看出，高原的南北坡度对波动相速度的影响是不同的。高原地形南坡值越大，则波动的相速度越小，即波动向东传播速度变慢；而高原北坡对波动相速度的作用则相反。且当高原地形坡度达到一定值时，波动可出现准定常状态，甚至向西移动。这与相关研究结论也是吻合的。

而 x 和 y 方向的群速度 c_{gx} 和 c_{gy} 分别为

$$\begin{cases} c_{gx} = \dfrac{\partial\omega_0}{\partial k} = \overline{u} - \dfrac{BK^2 - 2k^2B}{K^4} = c_x + \dfrac{2k^2B}{K^4} \\ c_{gy} = \dfrac{\partial\omega_0}{\partial l} = \dfrac{2klB}{K^4} \end{cases} \tag{4.47}$$

由式(4.47)可得

$$(c_{gx} - c_x)^2 + c_{gy}^2 = R^2 \tag{4.48}$$

其中 $R = \dfrac{2kBK_h}{K^4}$。讨论式(4.48)得出：波动的相速度和群速度在几何上服从圆的关系，且由于波动的群速度

$$c_g = c_x + k\frac{dc_x}{dk} = c_x + \frac{4Bk^2}{K^3} \tag{4.49}$$

由式(4.49)可以看出波动的群速度大于相速度，即 $c_g > c_x, c_g > 0$，则波动的能量频散会产生上游效应，即波动能量先于波动本身到达下游地区，并在下游产生新的扰动或加强下游原有的扰动，从而对下游天气产生影响。相关研究指出：由于欧亚高空急流中 Rossby 波的能量频散而产生的上游效应是导致我国极端天气、气候事件(严重旱涝灾害)的重要原因。

图 4.2 是大地形作用下 Roosby 波的相速度和群速度之间的关系，其中

$$\begin{cases} \boldsymbol{c}_x = c_x \boldsymbol{i} = \overrightarrow{OA} \\ \boldsymbol{c}_g = c_{gx}\boldsymbol{i} + c_{gy}\boldsymbol{j} = \overrightarrow{OB} \\ \boldsymbol{R} = \boldsymbol{c}_g - \boldsymbol{c}_x = \overrightarrow{OB} - \overrightarrow{OA} = \overrightarrow{AB} \end{cases} \tag{4.50}$$

其中：$\overrightarrow{AB}$ 表示 Rossby 波的传播方向，而 $\overrightarrow{OB}$ 表示 Rossby 波能量的传播方向。所以在图 4.2 中右半圆上的 Rossby 波，波本身和能量均有向东传播的分量；而位于左半圆上的 Rossby 波，其波本身有向西传播的分量，但波能量则有向东传播的分量。

由图 4.2 可知

$$\tan r = \frac{c_{gy}}{c_{gx} - c_x} = \frac{l}{k} \tag{4.51}$$

由于 Rossby 波的等位相线(即槽脊线)满足 $\theta = kx + ly - \omega t = \text{const}$，因此等位相线的斜率为

$$\tan\alpha = \left(\frac{\mathrm{d}y}{\mathrm{d}x}\right)_{\theta=\text{const}} = -\frac{k}{l} \tag{4.52}$$

由式(4.51)、式(4.52)可得

$$\tan r \cdot \tan\alpha = -1 \tag{4.53}$$

因此，可以由槽脊线的分布来判断 r 的正负和大小。对于导式波，其槽脊线呈西北—东南走向，$\tan\alpha < 0$，k 和 l 同号，则 $\tan r > 0$，即波本身及波能量均向东和向北传播(图 4.2 中的上右半圆所示)；而对于曳式波，其槽脊线呈东北—西南走向，$\tan\alpha > 0$，k 和 l 异号，则 $\tan r < 0$，即波本身及波能量均向东和向南传播(图 4.2 中的下右半圆所示)。

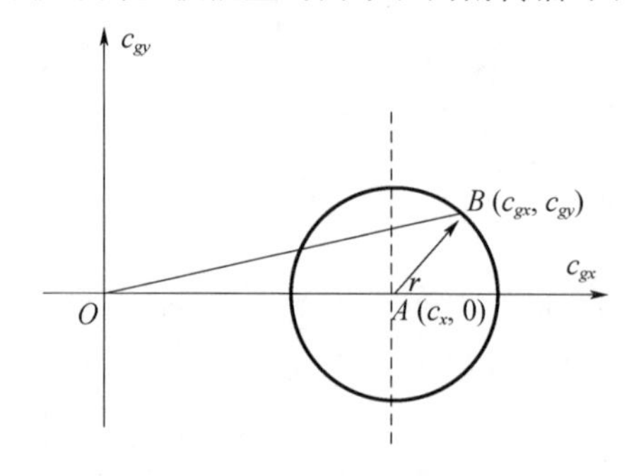

图 4.2　大地形作用下 Rossby 波的相速度和群速度之间的关系

若不计基本气流（$\overline{u}$），将式(4.44)乘以 ψ，则式(4.44)转化为：

$$\frac{\partial}{\partial t}\left[\frac{1}{2}(\nabla\psi)^2+\frac{\psi^2}{2L_0^2}\right]+\nabla\cdot\left[-\psi\frac{\partial\nabla\psi}{\partial t}-\frac{\beta\psi^2}{2}\boldsymbol{i}\right]=0 \tag{4.54}$$

令 $E=\frac{1}{2}(\nabla\psi)^2+\frac{\psi^2}{2L_0^2}$，表示波动总能量；$\boldsymbol{S}=-\psi\frac{\partial\nabla\psi}{\partial t}-\frac{\beta\psi^2}{2}\boldsymbol{i}$，表示波能通量矢。

则有波动能量守恒方程：

$$\frac{\partial E}{\partial t}+\nabla\cdot\boldsymbol{S}=0 \tag{4.55}$$

可以看出，高原的地形高度及非绝热加热的作用是使波动的总能量增大。高原南坡使波能通量矢的绝对值增大而北坡的作用则相反。有研究表明高原大地形的南北坡度使得 Rossby 波的槽脊线斜率减小，即导式槽脊线通过高原后趋于南北走向，波动的波数减少，波长增长；而曳式槽脊线过高原后趋于东西走向，波动的波数增加，波长减小。对于有限范围的扰动，纬向波长增长且同时波槽脊线相对 y 轴（即经向）倾斜度减小，波动能量就增加，反之则波动能量减小。这说明青藏高原的南北坡度会使导式波的能量增加，曳式波的能量减小。

进而通过新一代中尺度数值模式 WRF3.2 及 NCEP/NCAR 逐日 4 次的 FNL 再分析资料，设计了改变青藏高原地形坡度的对比试验，对 2010 年 5 月发生在中国华南的一次持续性暴雨过程进行数值模拟，用模式模拟结果验证了理论分析的结论。试验结果表明：青藏高原大地形本身的存在就有利于大气 Rossby 波的形成，并且高原大地形及其所产生的摩擦和加热作用均可使波动向低频方向发展；高原地形坡度的作用总体上使得高原西侧（上游）以辐散下沉运动为主，东侧（下游）为辐合上升运动，且垂直运动随着地形坡度的增大而增强；高原地形坡度对我国东部地区降水的增幅作用明显，降水中心也随着坡度的增大而增强并逐渐向东向北移动，有利于对流活动在我国东部地区的发生发展；高原南北坡度对 Rossby 波相速度的作用相反且当坡度达到一定值时，可产生准定常波；高原的动力和热力作用通过低频波的上游效应以能量频散的形式影响着高原下游的天气，且波动群速度随坡度的增大而增大；高原地形坡度对 Rossby 波的调制作用可使波动的振幅增强、波数减少、波长加长，形成 Rossby 波的低频化，促使 Rossby 波最终演化为与高原相联系的准定常行星波，在高原南坡较北坡更有利于出现这种现象（He 和 Li，2015）。

4.5　大地形和加热作用的相对重要性

利用数值模式进行数值试验是研究大地形和非绝热加热作用的有效方法。无论是区域模式还是全球模式的计算结果都表明：大地形和非绝热加热对区域大气环流和全球大气环流的形成具有重要贡献，并且大地形和非绝热加热在准定常行星波形成中的作用一直是GCM(大气环流模式)研究的重点问题之一。

4.5.1 大地形和加热作用的相对重要性

关于大地形和加热作用的相对重要性问题已有大量研究。由于所用模式不同、热源和有关参数不同，得到的结果也不尽相同。以Manabe和Hahn(1981)的工作为例，采用GFDL/NOAA低分辨率谱模式进行了两个对比试验：有山试验(考虑真实地形和加热共同作用)和无山试验(仅考虑加热，不考虑地形)。两个试验具有相同的海陆分布和季节变化相同的海温分布。需要注意的是，“有山”和“无山”气流之间的区别不能简单解释为地形对气流的机械转向作用。因为引入山脉后，对非绝热加热的分布也有一定影响。但比较两个试验的非绝热加热分布可以发现：虽然有山时加热场中有许多小尺度结构，但它们的大尺度非绝热加热分布的形式是比较相似的。因此，可认为地形和热源之间的相互作用可能没有流场本身之间的非线性作用重要，则可以把“无山”试验中的涡动场作为“热力分量”，把“有山”和“无山”试验的涡动场之差作为“地形强迫分量”，真实的涡动场即为两个分量之和。

两个试验结果的对比分析表明：热力强迫涡动比地形强迫涡动的尺度大得多，即加热作用的尺度明显大于地形作用的尺度，特别是在对流层上层。由于地形分量的尺度较小，所以其在经向速度和涡度场中比在位势场中的地位更重要。地形作用在近地面处是不能忽略的。无山试验中热带以外地区的非对称气流是由热带外地区的热力非对称强迫的，而不是由热带地区强迫的。

4.5.2 不同区域和基流下的地形作用

邹晓蕾等(1991)用岸保勘三郎(Gambo)和黄荣辉发展的34层准地转、线性、定常的半谱模式，设计了两组试验(东、西半球地形强迫)，以研究模式大气在不同基流下对实际地形强迫的定常响应。结果表明：东、西半球地形强迫的定常1波在高层是反位相的，即在太平洋上空为强高压中心，在大西洋上空为强低压中心。东半球地形强迫的1波的最大振幅远大于西半球地形强迫的1波的最大振幅，并且东半球(青藏高原)地形强迫对低纬对流层上层的定常波是重要的。东半球地形强迫的2波的大部分能量向平流层传播，西半球(落基山)地形强迫的2波的大部分能量在对流层顶附近被截获，但无论东、西半球地形强迫的3波都不能传入平流层。

不同的基本纬向风分布主要影响定常波振幅的强度，但并不影响定常波传播的定性结果。青藏高原和北美落基山对长波传播的影响相似，但对行星尺度超长波传播的影响有差异，主要由于受地形影响的局地纬向风的分布不同，北美的超长波在上传过程中折向副热带，而东亚的超长波在上传中有一支折向高纬进入平流层。可见，青藏高原的地形强迫和局地纬向风的垂直结构对平流层阿留申高压的形成也相当重要。

4.6　西南低涡的倾斜涡度发展机制

关于西南低涡的形成机制有多种理论，这里介绍一种由吴国雄和刘还珠(1999)提出的倾斜涡度发展机制。

尽管西南低涡的发展与水汽凝结潜热的释放有关，但 Wu 和 Chen(1985)的研究表明，其形成的主要原因是由高原的机械强迫作用引起的。因此，可用绝热模式来模拟该低涡的形成。模式采用 θ 坐标系，垂直方向从 305～365 K 以 5 K 为间隔共 13 层，水平格距 80 km，时间步长 60 s。模式的基本方程组有动量方程

$$\begin{cases}\left(\dfrac{\partial u}{\partial t}\right)_\theta+\mathbf{V}\cdot\nabla_\theta u-fv=-\left(\dfrac{\partial M}{\partial x}\right)_\theta+F_x\\[2ex]\left(\dfrac{\partial v}{\partial t}\right)_\theta+\mathbf{V}\cdot\nabla_\theta v+fu=-\left(\dfrac{\partial M}{\partial y}\right)_\theta+F_y\end{cases}\tag{4.56}$$

连续方程

$$\frac{\partial}{\partial t}\left(\frac{\partial p}{\partial\theta}\right)+\nabla_\theta\cdot\left(\frac{\partial p}{\partial\theta}\mathbf{V}\right)=0\tag{4.57}$$

热力学方程

$$\frac{\mathrm{D}\theta}{\mathrm{D}t}=0\tag{4.58}$$

和静力方程

$$\frac{\partial M}{\partial\theta}=\pi\tag{4.59}$$

构成。其中，$\dfrac{\mathrm{D}}{\mathrm{D}t}$ 表示个别微商，F_x 和 F_y 分别为 x 和 y 方向的摩擦力，$M=\phi+c_pT$ 为蒙哥马利(Montgomery)流函数，$\pi=c_p\left(\dfrac{p}{p_0}\right)^{R/c_p}$ 为 Exner 函数。每一变量在每一时间步长的边界条件由初始时刻和终了时刻该量的观测值线性内插而得。模式引进了中国地形分布。

用此模式模拟了著名的 1981 年 7 月 11—15 日由一个 α 中尺度的西南低涡迅猛发展引起的四川地区特大暴雨过程。以 1981 年 7 月 11 日 00 Z 的气象场作为初始场，共积分 60 h，其前 24 h 的积分即准确地模拟出西南低涡的形成。由于在该低涡形成前后，四川盆地 $\theta=315$ K 接近 750 hPa，刚好通过该低涡的上部，则可对该 θ 面

上的变量进行分析,从而说明 SVD(倾斜涡度发展)是如何导致“北槽南涡”形势的形成。1981 年 7 月 11 日 00 Z 的 315 K 等 θ 面上最显著的特征是该 θ 面在高原上空高高抬起,而在高原周围迅速下垂,形成陡立下滑的 θ 面。则 θ 的水平梯度的方向从高原指向外,而风垂直切变正好相反(因为高原东侧的偏南风在近地层随高度增大)。由于 Ertel 位涡 $P_E=\zeta_n\theta_n>0$,故高原东侧的大气是对称稳定的。根据倾斜涡度发展理论(参见 4.6),热力发展因子为负,即高原东侧的初始场满足 SVD 的充分条件。有两个正涡度中心(对应风沿陡立 θ 面下滑的区域),一个在高原东北侧,强度为 $3.15\times10^{-5}\mathrm{s}^{-1}$,与东移的中纬度西风槽相联系;另一个在高原东南侧,强度为 $4.33\times10^{-5}\mathrm{s}^{-1}$,与即将生成的低涡有关。12 h 后,上述两个区域的下滑运动显著加强,315 K 等 θ 面上四川盆地上空出现气压的“暖漏斗”分布,垂直涡度急速发展。高原东北侧的正涡度区域扩大东移,强度达 $3.15\times10^{-5}\mathrm{s}^{-1}$。高原东南侧涡度发展更为迅猛,并分裂为东、西两个中心,西南低涡中心已形成且开始进入四川盆地。原来的气压“暖漏斗”缓慢东移、向下伸展,高原东侧的下滑区也加强东移,从而导致西南低涡也东移,低涡的整个中心已出现在四川盆地。空气质点在高原东北侧和东南侧沿等 θ 面绝热下滑诱发垂直涡度发展,使“北槽”和“南涡”的垂直涡度在 12 h 内分别增加了 $3.11\times10^{-5}\mathrm{s}^{-1}$ 和 $4.09\times10^{-5}\mathrm{s}^{-1}$。

在经典的动力学理论中,常以过山气流沿山脉下沉引起气柱垂直伸展来解释背风槽或低涡的生成。让我们对此做一简单的定量分析,涡度方程中的垂直伸展项为

$$\frac{\mathrm{D}\zeta_z}{\mathrm{D}t}\propto-(\zeta+f)\frac{1}{\alpha}\frac{\mathrm{D}\alpha}{\mathrm{D}t}=1-k(\zeta_z+f)\frac{\omega}{p}\tag{4.60}$$

若取 $p=700$ hPa,$\omega=1\times10^{-3}$ hPa · s^{-1},$\varphi=30°\mathrm{N}$,$\Delta t=12$ h,则下沉气柱由于密度压缩所诱发的涡度增长 $\Delta\zeta_z=0.5\times10^{-5}\ \mathrm{s}^{-1}$。显然,这不足以促使西南低涡迅猛发展。因此,吴国雄和刘还珠(1999)认为下滑气流的倾斜涡度发展(SVD)理论可作为西南低涡形成的一种机制。

4.7 Taylor 柱与西南低涡的形成

如果运动方程略去牵连项(含有 Rossby 数)和黏性力项(含有 Ekman 数),并假定流动是定常的,可得地转平衡方程

$$2\boldsymbol{\Omega}\times\mathbf{V}=-\frac{1}{\rho}\nabla p\tag{4.61}$$

若再假定流体是均质不可压的,即

$$\nabla\cdot\mathbf{V}=0\tag{4.62}$$

对式(4.61)取旋度并利用式(4.62),可得

$$(\boldsymbol{\Omega} \cdot \nabla)\mathbf{V}=0 \tag{4.63}$$

在笛卡尔直角坐标系中，取 z 为与旋转轴平行的坐标，则式(4.63)化为

$$\frac{\partial \mathbf{V}}{\partial z}=0 \tag{4.64}$$

即速度场不随 z 变化。一般把地转流的这一性质称为 Taylor-Proudman 定理(T-P 定理)，以纪念两位杰出的流体动力学家 G. I. Taylor 和 J. Proudman 在 20 世纪初对这一现象所做的开创性工作。按照 T-P 定理，在均匀的无辐散的正压流体中，缓慢的定常运动其基本特点是准水平的。这对中高纬度大气的大尺度运动是成立的，所以这种准水平、准地转运动是地球流体力学中大尺度运动系统的一个特有现象。服从 T-P 定理的湍流在一定条件下会形成以 Sullivan 涡为代表的系列涡流，湍流中诸如超级单体、热带气旋、螺线旋臂、尖型涡、绕流猫眼以及龙卷等大气流体结构可由 Sullivan 涡解给予定性或定量解释。本节重点讨论 T-P 定理的一个重要应用就是解释一种重要的而且初看之下出乎意料的流体运动现象——Taylor(流体)柱。Taylor 柱能很好地演示旋转流动的二维特性，它的产生可通过下面的流体力学模型实验加以理解。

在一封闭的、底部放有一金属小球的透明刚体圆筒中，注满含有悬浮小颗粒(如铝粉)的水，然后把圆筒置于匀速转动的转台上。经过充分长的时间后，筒中的水便作刚性旋转。这时在不扰动流体的情况下使小球相对流体缓慢地移动。实验时选择好相应的参数使 Ekman 数和 Rossby 数都远小于 1，以便产生地转流动。当用一束光照射圆筒时，我们可以观察到流体内悬浮小颗粒的运动，其结果是在小球之上的整个流体柱如同附在球上一般随之运动。这一现象便是所谓的 Taylor 柱，如图 4.3 所示。

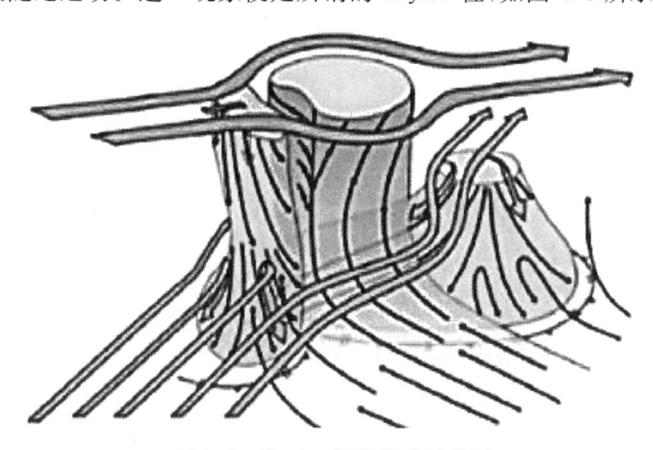

图 4.3　Taylor 气柱形成示意图

Taylor 水柱产生的原因可解释为：由于圆筒顶盖是刚性的并与旋转轴垂直，所以上表面处流体的法向速度为零。若小球上方的流体不随小球一起运动，则必定有

水流越过小球，从而有非零的垂直速度分量。但由 T-P 定理知：垂直速度不随垂直坐标变化，所以垂直速度在上界面为零而在小球的上方不为零是不可能的，即在球的上面不会有流体流过。将此结论推广到任意深度，可知小球上面的流体柱将随小球一起运动。

如果将实验稍加改变，又可看到一些有趣的现象。若沿着筒底给小球一初速度而任其自由运动，则①当流体不旋转时，小球作直线运动；②当流体低速旋转且 Rossby 数未能小到地转平衡所需的量级时，小球将受旋转的影响而偏离直线运动；③当流体旋转速度大到使 Rossby 数远小于 1 时，流体运动基本上是二维的，小球又作直线运动。不过这时它携带着它上方的流体柱一同运动。同时我们会发现，在没有外力使小球继续运动的情况下，它的初速度减小得很快，这是因为小球的能量转移到与它同速运动的流体柱中了。

当气流流经的山脉足够高、足够陡峭，气流中被地形压缩垂直涡管产生的反气旋涡度将不能被涡度平流和耗散所补偿，则会在山脉上空形成一个稳定的涡旋，这就是大气中的 Taylor 气柱现象（简称 Taylor 柱）。此 Taylor 柱现象能够在实验室得到证实，即如果在一个加热或旋转的容器底部放置一可以让流体绕过的障碍物，当作相对运动的流体绕过此障碍物时，流场的流线围绕障碍物呈现柱状，彷佛障碍物一直延伸到了流体上表面。自然界中这种稳定的 Taylor 柱现象据认为与太阳耀斑或著名的木星大红斑有关。但按照流行的观点，对于地球大气而言，Taylor 柱概念并没有任何特殊的气象意义。

将高原低涡、西南涡的特性与上述分析的 Taylor 柱流动作比较，我们可以发现这些低涡形成和运动过程的条件并不完全满足 T-P 定理，所以用 Taylor 柱原理来研究高原低涡、西南低涡的形成机制可能是不合适的。但 Taylor 柱变形实验的结论或许对研究高原低涡、西南低涡的移动路径有一定启发。

4.8 地形对西南低涡的影响

2010 年 7 月 16—18 日，四川盆地自西向东出现了一次持续性大范围的暴雨天气过程，此次强降水过程是四川盆地自 1999 年以来 7 月降水范围最大、影响最广、持续时间最长、强度最大的一次区域性暴雨过程，造成四川省 16 个市州的 76 个县（市、区）不同程度受灾，直接经济损失达 26.9 亿元。本次西南低涡过程是发生在西太平洋副高、青藏高压、贝加尔湖长波低槽和台风低压共同构成的相对稳定的鞍型场结构大尺度环流背景下。四川盆地处于副高和青藏高压两高之间的切变辐合区。由于台风“康森”的阻滞作用，西太副高和青藏高压稳定少动；西南低空急流和“康森”

东北侧的东南急流为本次过程提供了充沛的水汽输送。低层西南低涡为本次过程提供了动力激发条件。200 hPa 青藏高压的西北急流和来自孟加拉湾的暖湿气流交汇于四川盆地上空。以上系统的配置共同导致了本次四川盆地持续性大暴雨天气过程。

采用中尺度数值模式 WRF v3.4.1，模式初始场和侧边界条件均采用 NCEP FNL 1°×1°逐 6 h 分析资料，模拟采用两重双向嵌套方案、兰伯特投影方式，模拟区域中心位置为(31°N，102°E)，水平网格距分别为 30 km、10 km，内外层水平格点数分别为 131×109 和 184×163，垂直方向为 28 层的 η 坐标，顶层气压为 50 hPa，积分时间步长为 120 s，模式每 1 h 输出 1 次结果。微物理过程采用 WSM 6-class graupel 方案，边界层采用 MYJ 方案，陆面过程采用 Noah Land Surface Model 方案，积云参数化采用 New Grell 方案，长波辐射和短波辐射分别采用 RRTM 和 Dudhia 方案。考虑到地形修改后，模式 Spin up 时间较长，模拟时段选为 2010 年 7 月 14 日 18 时到 19 日 00 时，基本涵盖了此次西南低涡生成、发展和消亡的全过程。

为了进一步探讨青藏高原及其周边地形对西南低涡发展以及结构演变的作用，母灵和李国平(2013)在保持其他参数不变的情况下，设计了以下 4 组数值试验方案(表 4.1)。

表 4.1 模拟试验方案

试验序号	试验方案	试验目的
1	模式真实地形	天气过程再现
2	31°—34.5°N，105°—112.5°E 的地形降低 1/3	秦岭、大巴山等地形对西南低涡的影响
3	23°—30°N，97°—110°E 的地形降低 1/3	横断山脉、云贵高原等地形对西南低涡的影响
4	105°E 以西，除去方案 3 中的部分外，地形降低 1/3	青藏高原等地形对西南低涡的影响

从控制试验模拟的 2010 年 7 月 17 日 00 时 700 hPa 流场与实况流场的对比图(图 4.4)可以看出，模式成功地模拟出了本次西南低涡，且低涡的位置与实况吻合较好。

秦岭、大巴山的影响。降低秦岭、大巴山地形高度后，其边界层顶也降低，对气流的阻挡效应降低，偏南气流受地形阻挡的向西偏转的分量减小，偏北气流更能伸展到四川盆地上空，影响盆地上空西南低涡的发展和维持，特别是西南低涡在 700 hPa 等压面的维持。上面的分析说明，秦岭、大巴山山脉对西南低涡的形成不具有决定性影响，但对西南低涡的维持和发展具有非常重要的作用。

横断山脉、云贵高原的影响。降低横断山脉、云贵高原地形后，西南低空急流受到地形的阻挡减弱，利于其携带更多的水汽和能量向北输送，促使四川盆地西南低涡的发展和降水增多；另一方面，西南低涡生成后，更易受到南支系统的影响。因此，横断山脉、云贵高原等地形对西南低涡生成位置、强度以及移动路径都有重要影响。

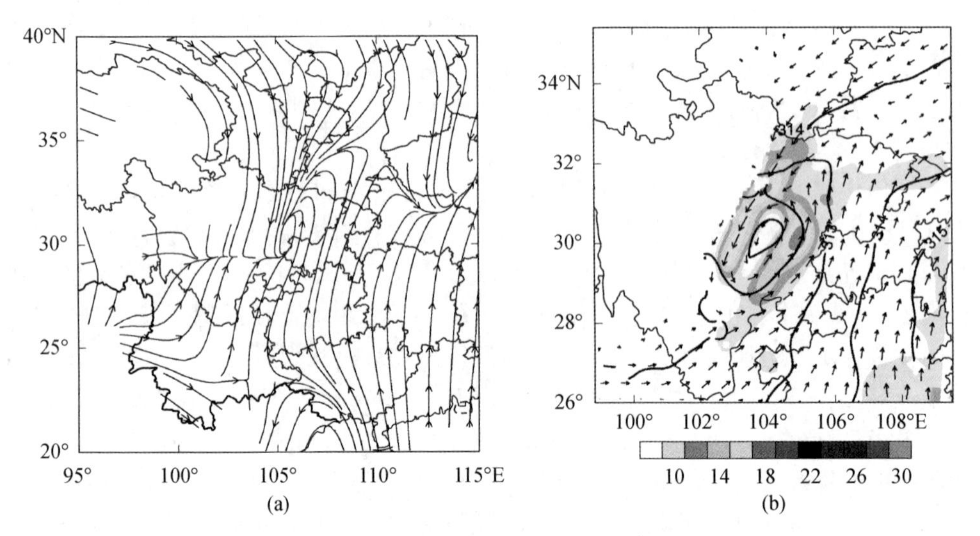

图 4.4　2010 年 7 月 17 日 00 时 700 hPa 流场实况(a)、位势高度场(实线,单位:dagpm)和风场(矢量,单位:m/s,阴影为风速大小)模拟(b)

青藏高原的影响。降低青藏高原地形高度后,高原对中层冷空气的阻挡效应减弱,冷空气南下范围和强度更大;对偏南气流的阻挡也减弱,进入四川盆地的西南暖湿气流也更强盛,使四川盆地上空更易成为西南低涡的生成源地。另外,北支绕流过高原的气流更强,使西南低涡的移动更快速。

综上所述,本数值试验研究得出:秦岭、大巴山山脉对西南低涡的形成不具有决定性影响,但对西南低涡的维持和发展具有非常重要的作用;横断山脉、云贵高原对西南低涡的生成位置、强度以及移动路径均很重要;青藏高原大地形对偏东气流的阻挡而产生的绕流有利于西南低涡的生成,对西南低涡的移动也有重要影响。除西南低涡以外,四川盆地周边地形所产生的一些局地小低涡的现象也值得关注。

第 5 章　高原热力作用

地球大气运动的能量从根本上讲来源于太阳辐射，但太阳短波辐射只有很少一部分真正被大气直接吸收，而主要为地球表面所吸收，然后再通过地面长波辐射、湍流输送等形式传输给大气。因此，大气运动的根本能源来自太阳，直接能源来自地面。如果按热力学的观点，整个大气可看作一部巨大的热机（尽管其效率很低，约为0.7%），而这部热机是靠地球表面受热不均匀来推动和维持的。一般将这种推动力称为热力作用或加热作用。热力作用和动力作用都属于外源强迫项，两者在实际大气过程中很难加以区分。但在理论研究中必须加以区分，如热力学方程中的 Q 项就属于热力作用，通常称为非绝热加热项。

作为本书着墨最多的一章，我们将以较大篇幅集中讨论青藏高原地面热力作用的主要分量的定义、计算方案，人们对青藏高原地面和大气热源性质、构成和变化规律的认识以及这方面研究的新进展。最后通过两个例子，说明青藏高原地面热力作用对于高原天气系统发生、发展的重要作用。

关键词：近地层相似理论，廓线函数，廓线-通量法，总体输送公式，地表粗糙度，总体输送系数，动量输送系数，热量输送系数，正算法，倒算法，地面感热，蒸发潜热，凝结潜热，地面热源，超干绝热，视热源，视水汽汇，大气热源，局地热力环流

5.1　地面感热

地面感热指近地层中由于湍流输送造成的地面和近地层空气之间的热量交换通量。根据湍流交换理论，地面感热通量为

$$F_H = -\rho_s c_p K_T \left.\frac{\partial T_a}{\partial z}\right|_{z=0} \tag{5.1}$$

其中湍流热量交换系数

$$K_T = \frac{\tau_0}{\rho_s \left.\frac{\mathrm{d}u}{\mathrm{d}z}\right|_{z=0}} \tag{5.2}$$

$$\tau_0 = \rho_s C_D u_0^2 \tag{5.3}$$

式中：τ_0 是地面应力，也就是地面动量通量，c_p 为空气定压比热，C_D 是动量总体输送系数(也称拖曳系数)，u_0 是地面风速(一般取为常规地面测风高度，即 $z=10$ m 的值，以后记为 $|\mathbf{V}|$)。若取

$$\left.\frac{\mathrm{d}u}{\mathrm{d}z}\right|_{z=0}=\frac{u_0}{z} \tag{5.4}$$

$$\left.\frac{\partial T_a}{\partial z}\right|_{z=0}=\frac{T_a-T_s}{z} \tag{5.5}$$

则式(5.1)变为

$$F_H=\rho_s c_p C_H\,|\mathbf{V}|\,(T_s-T_a) \tag{5.6}$$

这就是计算地面湍流感热通量的 Newton 公式，也称为总体输送公式(简称总体公式)，ρ_s 是地面空气密度，T_s 是地面土壤温度，T_a 是地面气温。F_H 的标准单位为 $\mathrm{W \cdot m^{-2}}$。

由式(5.6)可知，地面总体输送系数 C_H 是不能直接测定的物理量。对地面总体输送系数的计算方法通常分为两类：一类是倒算法，即根据地面热量平衡方程先将感热作为余项算出，再根据感热通量公式倒算总体输送系数；另一类是直接法，即利用近地层梯度观测资料直接计算总体输送系数。直接法大致又分为三种具体方法：①湍流脉动相关法，精度最好，但对观测仪器的精度和性能(必须能测脉动值)要求较高，从而失去应用的普遍性；②廓线-通量法(又称 Monin-Obukhov 近地层相似理论法或总体输送法)，是一种半经验方法，简便实用，对观测资料要求不高，故应用较广泛；③常规资料参数化法(即经验函数公式)，即将由上述三种方法计算的结果拟合成地面风速、地面气压或地形高度的某类(分段)函数(甚至常数)，便于用常规资料计算总体输送系数，适用范围最广(特别是应用于数值模式中)，但精度不高。下面重点介绍最常用的廓线-通量法。

根据廓线-通量法，总体输送系数可表示为

$$C_D=\frac{\kappa^2}{[\ln(z/z_0)-\Psi_M(z/L,z_0/L)]^2} \tag{5.7}$$

$$C_H=\frac{\kappa^2}{P_{ro}[\ln(z/z_0)-\Psi_M(z/L,z_0/L)][\ln(z/z_0)-\Psi_H(z/L,z_{0H}/L)]} \tag{5.8}$$

$$C_E=\frac{\kappa^2}{P_{ro}[\ln(z/z_0)-\Psi_M(z/L,z_0/L)][\ln(z/z_0)-\Psi_E(z/L,z_{0E}/L)]} \tag{5.9}$$

其中：C_D、C_H、C_E 分别是动量、热量和水汽的总体输送系数，这些系数反映湍流输送地面热量的效率。κ 是 von Karman 常数，其值域为 0.35～0.41，一般可取为 0.4。P_{ro} (=0.74)为中性层结时的湍流 Prandtl 数，Ψ_M、Ψ_H 和 Ψ_E 是动量、热量和水汽廓

线函数从 z_0 到 z 的积分形式。z_0、z_{0H} 和 z_{0E} 分别是地面风速、气温和水汽的粗糙度，这里假定三者近似相等。L 是 Monin-Obukhov 稳定度参数，其常用表达式为 $\zeta = z/L$ 。由于观测高度比地面植被高度高得多，故动量、热量和水汽的零平面位移可以忽略不计。

对于稳定层结（$z/L \geqslant 0$），采用廓线函数(Businger et al，1971)

$$\Psi_M = -\beta_m\left(\frac{z}{L} - \frac{z_0}{L}\right) \tag{5.10}$$

$$\Psi_H = -\beta_h\left(\frac{z}{L} - \frac{z_0}{L}\right) \tag{5.11}$$

由于强稳定层结（$z/L > 1$）下，用廓线关系式(5.10)、(5.11)计算出的 C_D 和 C_H 值偏小，因而我们用以下的廓线关系式来获得在这种层结条件下 C_D 和 C_H 的值，即

$$\Psi_M = -\beta'_m \ln\left(\frac{1+\zeta}{1+\zeta_0}\right) \tag{5.12}$$

$$\Psi_H = -\beta'_h \ln\left(\frac{1+\zeta}{1+\zeta_0}\right) \tag{5.13}$$

对于不稳定层结（$z/L < 0$），采用廓线函数(Paulson，1970)

$$\Psi_M = 2\ln\left(\frac{1+x}{1+x_0}\right) + \ln\left(\frac{1+x^2}{1+x_0^2}\right) - 2\arctan(x) + 2\arctan(x_0) \tag{5.14}$$

$$\Psi_H = 2\ln\left(\frac{1+y}{1+y_0}\right) \tag{5.15}$$

其中：$\beta_m = 4.7$，$\beta_h = \beta_m / P_{ro} = 6.35$，$\beta'_m = 9.4$，$\beta'_h = \beta'_m / P_{ro} = 12.7$，$\zeta_0 = z_0/L$，$x = [1-\gamma_m(z/L)]^{1/4}$，$x_0 = [1-\gamma_m(z_0/L)]^{1/4}$，$\gamma_m = 15$，$y = [1-\gamma_h(z/L)]^{1/4}$，$y_0 = [1-\gamma_h(z_0/L)]^{1/4}$，$\gamma_h = 9$。

除强稳定层结以外，莫宁-奥布霍夫(Monin-Obukhov)稳定度可通过总体 Richardson 数 Ri_b 来计算。我们采用 Byun(1991)得出的用总体 Richardson 数 Ri_b 表示的莫宁-奥布霍夫稳定度的解析解，这比通常的近似式更接近于通过迭代计算出的数值解，即对于稳定层结（$0 \leqslant Ri_b \leqslant 0.21277$）

$$\zeta = \frac{\left(\frac{z}{z-z_0}\right)\ln\left(\frac{z}{z_0}\right)\{-(2\beta_h Ri_b - 1) - [1 + 4(\beta_h - \beta_m)Ri_b/P_{ro}]^{1/2}\}}{2\beta_h(\beta_m Ri_b - 1)} \tag{5.16}$$

对于不稳定层结（$Ri_b < 0$）

当 $Q_b^3 - P_b^2 \geqslant 0$，即 $Ri_b \leqslant Ri_{b0}$ 时

$$\zeta = \left(\frac{z}{z-z_0}\right)\ln\left(\frac{z}{z_0}\right)\left[-2\sqrt{Q_b}\cos\left(\frac{\theta_b}{3}\right) + \frac{1}{3\gamma_m}\right] \tag{5.17}$$

当 $Q_b^3 - P_b^2 < 0$，即 $Ri_{b0} < Ri_b < 0$ 时

$$\zeta = \left(\frac{z}{z - z_0}\right) \ln\left(\frac{z}{z_0}\right) \left[-\left(T_b + \frac{Q_b}{T_b}\right) + \frac{1}{3\gamma_m}\right] \tag{5.18}$$

式中

$$S_b = \frac{Ri_b}{P_{r0}} \tag{5.19}$$

$$Q_b = \frac{1}{9}\left(\frac{1}{\gamma_m^2} + 3\frac{\gamma_h}{\gamma_m}S_b^2\right) \tag{5.20}$$

$$P_b = \frac{1}{54}\left[-\frac{2}{\gamma_m^3} + \frac{9}{\gamma_m}\left(-\frac{\gamma_h}{\gamma_m} + 3\right)S_b^2\right] \tag{5.21}$$

$$\theta_b = \arccos\left(\frac{P_b}{\sqrt{Q_b^3}}\right) \tag{5.22}$$

$$T_b = \left(\sqrt{P_b^2 - Q_b^3} + |P_b|\right)^{1/3} \tag{5.23}$$

这里，Ri_{b0} 为总体 Richardson 数的判别值(其值为-0.20975)。

在强稳定层结时，ζ 不能用方程(5.16)来计算，而应该用由方程(5.12)、(5.13)推导出的下式来迭代计算，即

$$\zeta = \frac{\left(\frac{z}{z - z_0}\right)\left[\ln\left(\frac{z}{z_0}\right) + \beta'_m \ln\left(\frac{1+\zeta}{1+\zeta_0}\right)\right]^2 Ri_b}{P_{r0}\left[\ln\left(\frac{z}{z_0}\right) + \beta'_h \ln\left(\frac{1+\zeta}{1+\zeta_0}\right)\right]} \tag{5.24}$$

迭代初值取为

$$\zeta \approx \left(\frac{z}{z - z_0}\right) \ln\left(\frac{z}{z_0}\right) \frac{Ri_b}{P_{r0}} \tag{5.25}$$

实际计算中，在假定迭代误差不超过 0.001 的情况下，只需要进行 7～8 次的迭代即可得到理想的结果。

总体 Richardson 数的定义式为

$$Ri_b = \frac{g(\theta - \theta_0)(z - z_0)}{\bar{\theta}\,|\mathbf{V}|^2} \tag{5.26}$$

实际计算时采用对数差分方案，即

$$Ri_b = \frac{gz^2\left(\frac{\partial T}{\partial z} + \gamma_d\right)}{T\,|\mathbf{V}|^2} \tag{5.27}$$

式中：$\gamma_d = g/c_p$，$z = \sqrt{z_1 z_2}$，z_1、z_2 分别最低、最高观测层的高度。由上述公式可知地表粗糙度是影响总体输送系数计算准确性的重要因子之一。根据近地层相似理论的适用条件，一般选取风速较大时多层风速资料配以中性层结条件(Ri_b 的绝对值小于某一临界值)来确定地表粗糙度，具体算法可采用最小二乘法。

即使得到合理的地面感热通量，要得到感热加热率，还需要知道感热通量随高度的分布，这也是一个比较复杂的问题。一般处理方法有两种：

（1）假定为线性分布，即认为感热加热主要集中在大气边界层内，取边界层顶的感热通量为零，则感热加热率

$$Q_H=-\frac{1}{\rho}\frac{\partial F_H}{\partial z}=-\frac{1}{\rho}\frac{0-F_{HS}}{z_T-0}=\frac{c_p C_{\mathrm{H}}\mid \mathbf{V}\mid (T_s-T_A)}{z_T} \tag{5.28}$$

或

$$Q_H=g\frac{\partial F_H}{\partial p}=\frac{gF_{HS}}{p_S-p_T} \tag{5.29}$$

下标 T 为边界层顶的值，S 代表地面的值。

（2）认为感热加热场在地面最大并随高度呈指数递减，具体分布形式又有两类：

其一为幂指数分布，即

$$F_H=F_{HS}\left(\frac{p}{p_S}\right)^{\varepsilon} \tag{5.30}$$

式中 ε 是加热随高度的衰减指数，则

$$Q_H=\varepsilon g p_S F_{HS}\left(\frac{p}{p_S}\right)^{\varepsilon-1} \tag{5.31}$$

其二为指数分布，即

$$F_H=F_{HS}\mathrm{e}^{-\beta z} \tag{5.32}$$

采用 1981—2010 年 NCEP/DOE 逐日的日平均地面感热和地面潜热通量数据（单位：$\mathrm{W\cdot m^{-2}}$），通过双线性插值生成 2.5×2.5 的均匀格点值。分析得到近 30 年青藏高原夏季地面热源的时间变化。

如图 5.1 所示，在 1981—2010 年（WMO 规定的气候均值）中，夏季高原地面感热的气候均值为 58 $\mathrm{W\cdot m^{-2}}$，总体呈减小趋势。其线性倾向率为 −1.87（$\mathrm{W\cdot m^{-2}}$）/(10 a)，下降幅度较弱，线性拟合度不高（$R^2=0.1067$，$P=-0.18682$），因此地面感热总体下降趋势并不显著。高原地面感热近 30 年的变化呈斜体“N”型，即在 20 世纪 80 年代初期（1981—1985 年）和 21 世纪前 10 年的大部分时段（2003—2010 年）呈增大趋势，而在中间时段（1986—2002 年）呈波动式下降。近 30 年 6—8 月各月的高原地面感热变化趋势与夏季类同。

值得注意的是，不同作者在不同统计时段、不同计算方法、不同资料获得的夏季高原地面感热的气候均值尚存差别，有些数值差异还较大。

根据图 5.2，夏季高原地面感热具有周期振荡特点，准 3 a、准 7 a 和准 12 a 的周期显著。2～4 a 的周期振荡在 1995—2005 年间有较大谱值，6～8 a 的周期振荡在 1995 年前后有较大谱值。

应用 Mann-Kenddall（简称 MK）检验方法判断气候序列中是否存在气候突变。

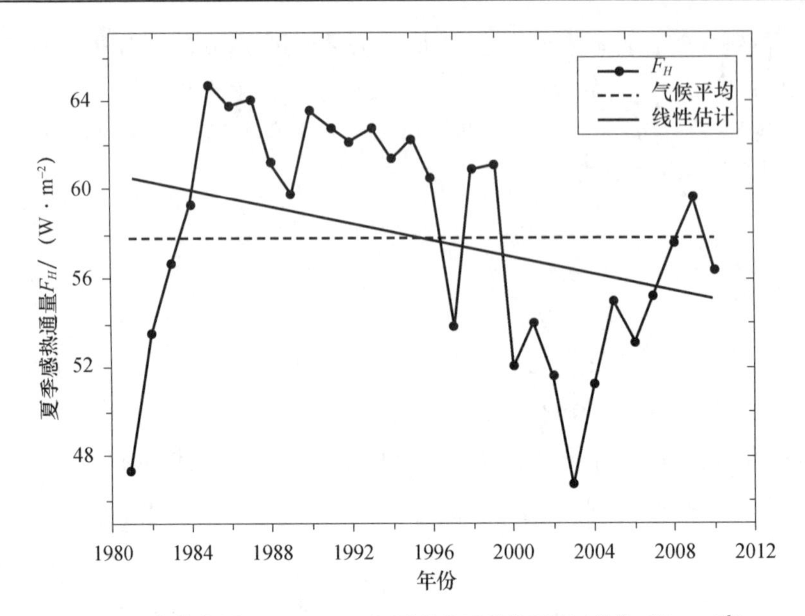

图 5.1　青藏高原 1981—2010 年夏季地面感热通量(单位：W·m^{-2})

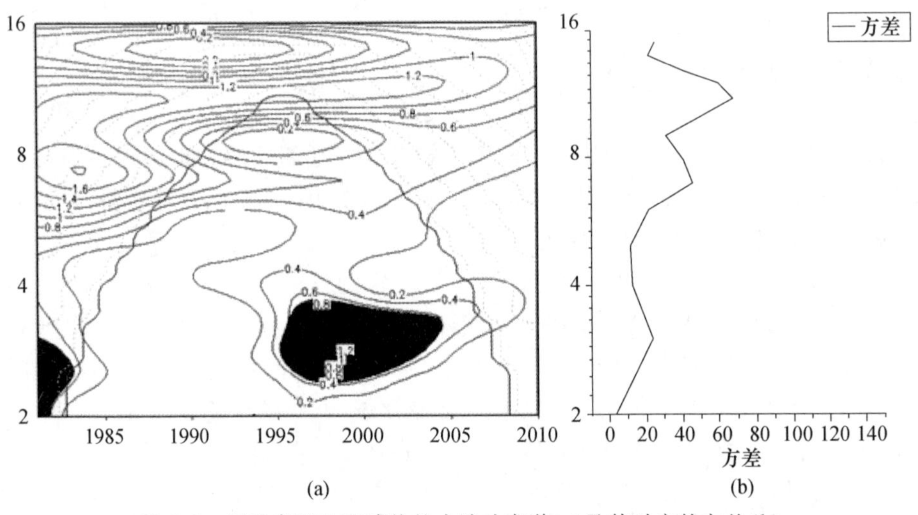

图 5.2　夏季高原地面感热的小波功率谱(a)及其对应的方差(b)
(采用 Morelet 小波分析,阴影区通过 0.05 的显著性水平检验,下同)

MK 是非参数方法(也称无分布检验),其优点是不需要样本服从一定的分布,也不受少数异常值的干扰,更适用于类型变量和顺序变量,计算也比较简便。突变检验计算时用到 UF 和 UB 两个统计量,其中 UF 为标准正态分布,它是按时间序列顺序计算出的统计量序列,UB 则是按时间序列逆序计算出的统计量序列。若 UF 或 UB 的值大于 0,表明序列呈上升趋势;反之,则呈下降趋势。

由图 5.3 可见，*UF* 分量自 20 世纪 80 年代呈增大趋势，1985 年超过显著水平临界线，1999 年后变为减小趋势，于 2003 年超过显著水平临界线，这表明 1999 年后夏季高原地面感热呈减小趋势。*UB* 分量自 20 世纪 80 年代至 20 世纪 90 年代中期呈现减小趋势，1996 年后转为增大趋势，于 2000 年超过显著水平临界线。*UF* 和 *UB* 的交点位于 1996 年，表明夏季高原地面感热总体减小的现象具有突变特点，突变点位于 1996 年前后（表 5.1）。

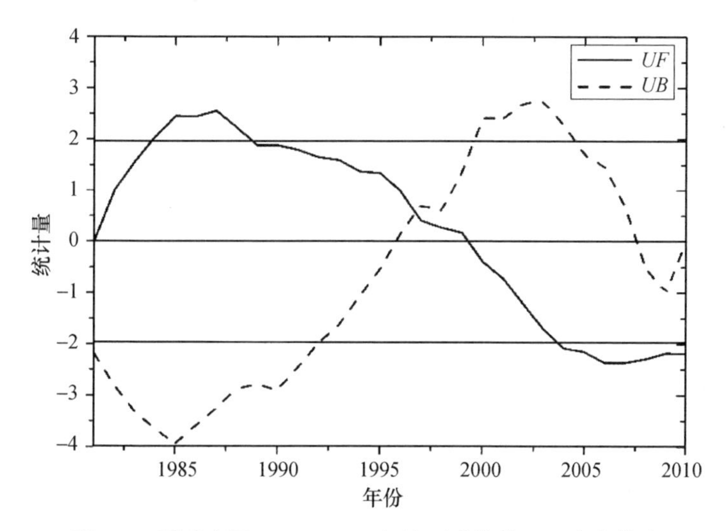

图 5.3　夏季高原 1981—2010 年地面感热的 MK 突变检验

表 5.1　高原夏季地面感热的周期及突变特征

	周期	突变点
6 月	准 3 a、准 7 a、准 12 a	1996 年
7 月	准 3 a、准 8 a、准 13 a	1997 年
8 月	准 3 a、准 7 a、准 13 a	1999 年
夏季(6—8 月)	准 3 a、准 7 a、准 12 a	1996 年

5.2　地面蒸发潜热

地面蒸发潜热指土壤水分蒸发时与大气发生的水汽交换，它以潜热的方式影响大气运动，而不像感热那样以传导的方式直接加热大气。根据湍流交换理论，地面潜热通量为

$$F_L = -L_E \rho_s K_q \left(\frac{\partial q}{\partial z}\right)\bigg|_{z=0} \tag{5.33}$$

与地面感热计算公式的导出类似，并考虑陆面实际蒸发与可能蒸发的差异，上式可化为

$$F_L = \beta \rho_s L_E C_E \mid \mathbf{V} \mid (q_{gs} - q_a) \tag{5.34}$$

如前所述，C_E 是水汽的总体输送系数，由于目前对水汽廓线函数的认识较少，一般假定它与温度廓线函数相同（$\Psi_E = \Psi_H$），则 $C_E = C_H$，即实际计算时可用热量总体输送系数代替水汽总体输送系数。q_{gs}、q_a 分别为地表土壤的饱和比湿和 10 m 处空气的比湿，L_E 是潜热系数。β 是土壤湿度有效因子（moisture availability factor）或称为蒸发系数（$0 < \beta \leqslant 1$），它是土壤实际蒸发与可能蒸发的比例系数，为土壤湿度的升函数。若有土壤湿度的实测值，可用下面的方法计算 β，较之过去多用近地层空气相对湿度估算 β 的经验公式更具客观性。β 的计算公式有

$$\beta = \frac{\overline{W} - W_{ec}}{W_{\text{sat}} - W_{ec}} \tag{5.35}$$

或

$$\beta = \frac{\overline{W}}{W_{\text{sat}}} \tag{5.36}$$

其中：$\overline{W}$ 是表层土壤湿度实测值的算术平均，W_{sat} 是饱和时的相对土壤湿度，W_{ec} 是蒸发所需的临界土壤湿度，可由土壤临近冻结或解冻时（$T_g \approx 0$）的土壤湿度观测值确定。

夏季高原地面潜热通量（图 5.4）的气候均值为 62 W·m^{-2}，与夏季地面感热的数值相近。在 30 年中呈波动变化并伴有增大趋势，线性倾向率为 1.14(W·m^{-2})/(10 a)，但线性拟合率并不高（$R^2 = 0.1899$，$P = 0.114$）。这种增大趋势可能与高原降水有所增多、地面植被有一定程度的增加有关。近 30 年 6—8 月各月的高原地面潜热变化趋势与夏季类似。

夏季，高原地面潜热的准 4 a、准 9 a 的周期振荡现象显著。3～5 a 的周期振荡在 1990 年与 2005 年之间有较大谱值，7～10 a 的周期振荡在 1995 年前后有较大谱值（图 5.5）。

图 5.6 中，*UF* 分量自 20 世纪 80 年代中期呈增大趋势，于 2007 年超过显著水平临界线，这表明 1987 年后夏季高原地面潜热呈增大趋势。*UB* 分量自 20 世纪 80 年代至 90 年代中期出现增大趋势。*UF* 和 *UB* 的交点位于 2004 年（表 5.2），表明夏季高原地面潜热自 20 世纪 90 年代末的增大属于突变现象。

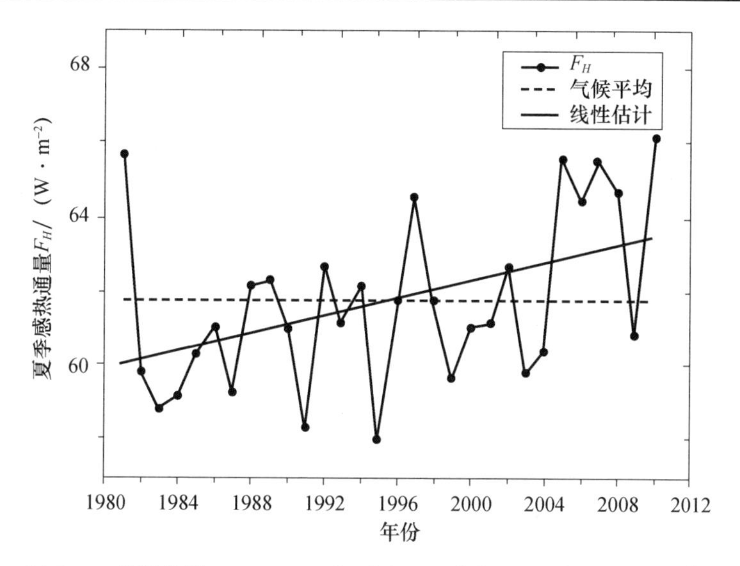

图 5.4 青藏高原 1981—2010 年夏季地面潜热通量(单位:W·m^{-2})

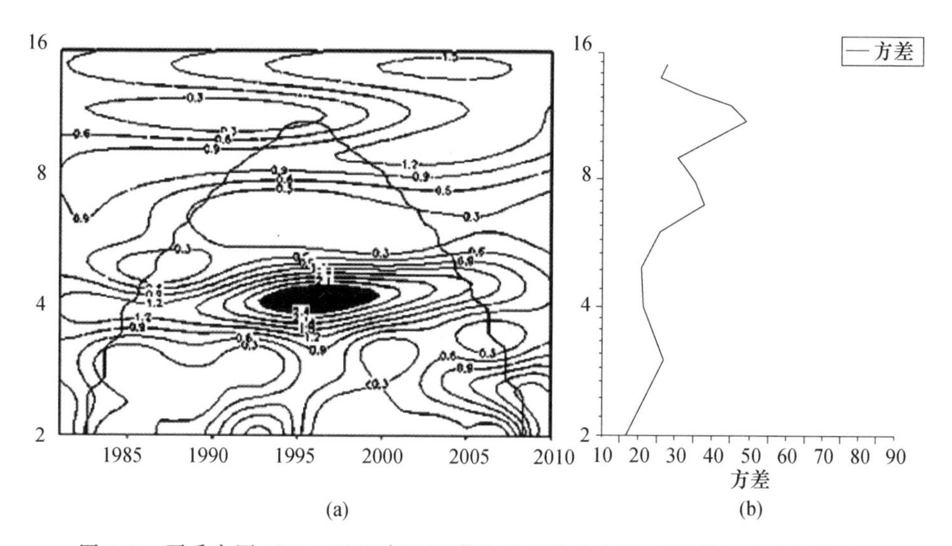

图 5.5 夏季高原 1981—2010 年地面潜热的小波功率谱(a)及其对应的方差(b)

表 5.2 高原夏季地面潜热的周期及突变特征

	周期	突变点
6 月	准 5 a、准 12 a	无
7 月	准 4 a、准 12 a	1999 年
8 月	准 5 a、准 13 a	1997 年
夏季(6—8 月)	准 4 a、准 9 a	2004 年

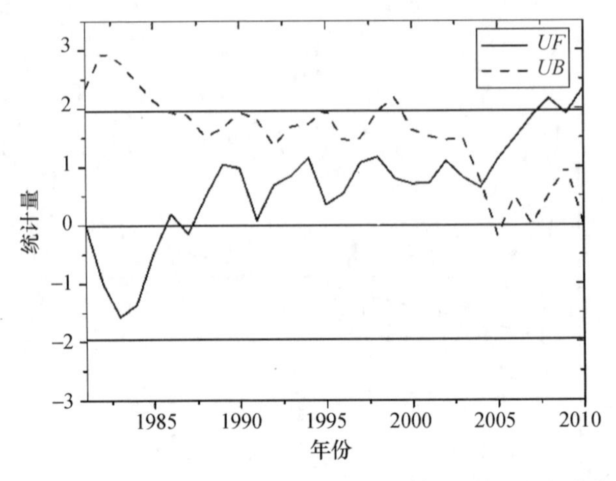

图 5.6　夏季高原 1981—2010 年地面潜热的 MK 突变检验

5.3　辐射加热

以自动气象站(AWS)的太阳辐射观测为例，其观测的辐射分量一般有 4 个，基本分为两种类型。

(1)太阳总辐射(global solar radiation，直接辐射和散射辐射之和)，向下的总辐射(downward total radiation，直接辐射和长波逆辐射之和)，地面反射的太阳辐射(reflective solar radiation)和向上的总辐射(upward total radiation，地面反射的太阳辐射和放出的长波辐射之和)。例如，1993 年 7 月—1999 年 3 月在西藏中、东部拉萨、那曲、日喀则、林芝四地进行的中日亚洲季风合作计划中的“西藏地面热量和水分平衡观测试验”就采用这种观测方式。

(2)地面吸收的短波辐射(downward solar radiation)，地面反射的短波辐射(upward solar radiation)，长波逆辐射(downward long-wave radiation)和地面放出的长波辐射(upward long-wave radiation)。例如，中日“全球能量和水分平衡试验——青藏高原季风试验(GAME—Tibet)”于 1997 年 9 月开始在西藏高原西部改则和狮泉河进行的 AWS 观测。

所谓辐射加热指有效辐射，即地面放出的长波辐射与大气长波逆辐射之差，它是地面向大气输送能量的方式之一。因此，辐射加热通量=(向上的总辐射－地面反射的太阳辐射)－(向下的总辐射－太阳总辐射)=地面放出的长波辐射－长波逆辐射。而地面放出的长波辐射的理论计算公式为

$$R_{LU} = \varepsilon\sigma T_g^4 \tag{5.37}$$

式中：ε 是地面长波发射系数(常取 0.90～0.95)，$\sigma = 5.6697 \times 10^{-8}$ J・m^{-2}・K^{-4}・s^{-1}，为 Stefan-Boltzmann 常数。

5.4　热量平衡和地面热源

5.4.1　地面热量平衡方程与地面热源的定义

高原地面对大气的加热作用是由辐射过程和湍流输送过程的平衡来决定的。前者指地表吸收的短波辐射和放出的长波辐射的能量变化，后者则指地表层吸收太阳辐射能以后又以湍流的方式向大气输送的热量和水汽能量。根据物理学中的“能量守恒定律”，地表面热量平衡方程为

$$R_B - F_S = F_H + F_L + F_P + F_A \tag{5.38}$$

其中

$$R_B = (R_{SD} - R_{SU}) - (R_{LU} - R_{LD}) \tag{5.39}$$

R_B 称为辐射平衡(或称净辐射、辐射差额)，R_{SD} 为地面吸收的太阳短波辐射(也称太阳总辐射)，R_{SU} 为反射的太阳辐射，R_{LU} 为地面放出的长波辐射，R_{LD} 为长波逆辐射，两者的差称为地面有效辐射，用 R_{LN} 表示。F_S 是地表层土壤热交换通量，F_H 为地面(湍流)感热通量，F_L 为土壤(蒸发)潜热，F_P 为地面植被光合作用和其他各种热量转换的通量，F_A 是地面动植物新陈代谢引起的热量转换和植物组织内部及植冠层中热量储存的通量。由于 F_P 和 F_A 相对于其他分量而言所占比例很小，一般可以忽略，则有简化的地面热量平衡方程

$$R_B - F_S = F_H + F_L \tag{5.40}$$

地面冷热源的定义为：如果某地区下垫面有热量从地面输送给大气，则此地称为地面热源；反之，称为地面冷源(或热汇)。但这种热量不一定都用于加热本地区的大气，可能有部分输送给本地以外的大气，如地面蒸发潜热是以潜热形式进入大气，但并不一定在当地凝结释放，因此，这一概念在实用上受到限制。但由于地面是大气的主要能源，特别是地面感热对地面天气系统的影响很大。所以，地面冷热源的概念仍具有一定的实际意义。另外，值得注意的是，关于地面(冷)热源的构成有两种观点：其一，认为是地面湍流感热、地面蒸发潜热和地面有效辐射之和，有人也称之为地面加热；其二，认为是地面湍流感热和地面蒸发潜热之和。按第二种观点计算地面热源时，理论上，方程左边项($R_B - F_S$)和右边项($F_H + F_L$)都可以称为地面热源(或地面加热强度，用 S_H 表示)，但实际应用时一般通过计算右边项来确定

地面热源强度。

5.4.2 高原土壤热通量的传输特征

高原土壤热通量虽然在热源强度或热量平衡总量中所占比例不大，但它是地面热量平衡方程闭合的一个重要因子。土壤热通量（又称土壤热流）是不同深度土壤间由于多种因素共同作用而产生的土壤中的热量交换，它是影响陆地表面能量平衡的重要因子之一。热量总是从温度高处向温度低处传递的，土壤热通量为正时，表示热量传输方向从地表指向下层土壤，土壤吸热；其值为负时，热量传输方向由下层土壤指向地表，土壤放热。利用中日高原观测合作项目（图 5.7）设在高原西部改则和狮泉河的两个 AWS 一年多连续的梯度观测资料，应用测得的两站地下 2.5 cm 和 7.5 cm 深度的土壤热通量以及 6 个层次的土壤温度，分析了土壤热通量、土壤温度梯度和土壤热储存的月变化和季节变化特征，并且取一个整年的数据对这三个描写土壤热状况的物理量进行了日变化的合成分析。这有助于进一步了解青藏高原西部地区土壤热量的传输规律，深入认识青藏高原地表的热量平衡。

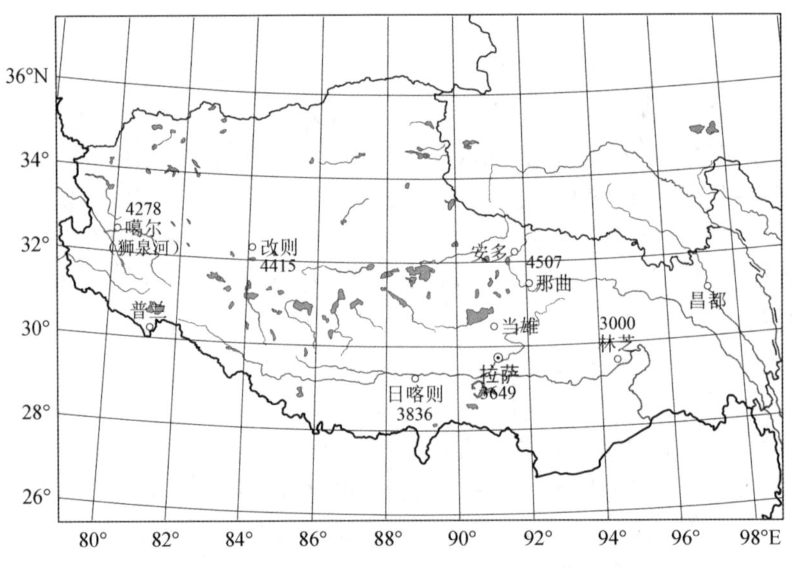

图 5.7　中日亚洲季风机制合作研究计划在西藏高原设置的自动气象站的地理位置和海拔高度（单位：m）示意图

由图 5.8a 可以看出，改则的土壤热通量的月变化特点为：地下 2.5 cm 和 7.5 cm 深度热通量的最大值均出现在 6 月，分别为 11.82 和 11.63 $W \cdot m^{-2}$，两层土壤热通量的平均值也达最大（11.72 $W \cdot m^{-2}$）；土壤热通量的最小值出现在 12 月，两层的值分别为 $-10.19\ W \cdot m^{-2}$ 和 $-7.86\ W \cdot m^{-2}$，平均土壤热通量的最小值为

$-9.03\ \mathrm{W\cdot m^{-2}}$。狮泉河站土壤热通量(图 5.8b)的变化规律与改则基本一致,最大值也出现在 6 月,两层热通量的最大值分别为 $10.30\ \mathrm{W\cdot m^{-2}}$ 和 $9.57\ \mathrm{W\cdot m^{-2}}$,平均最大值为 $9.93\ \mathrm{W\cdot m^{-2}}$;而最小值也出现在 12 月,两层分别为 -13.79 和 $-9.09\ \mathrm{W\cdot m^{-2}}$,其平均最小值为 $-11.44\ \mathrm{W\cdot m^{-2}}$。可见,改则的土壤热通量值略大于狮泉河。

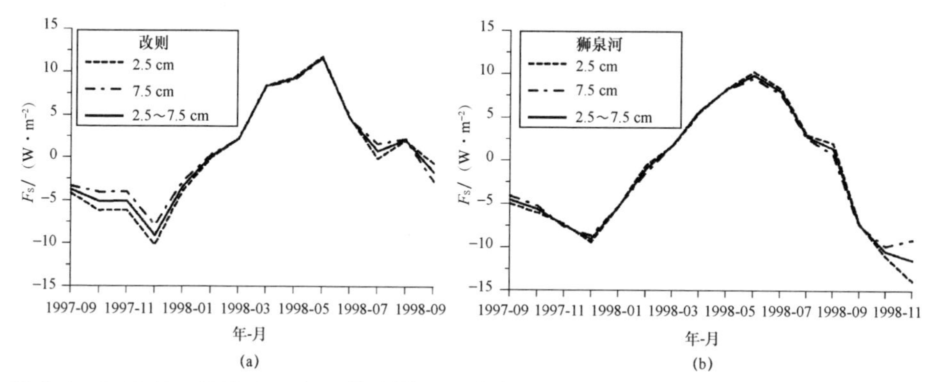

图 5.8 1997 年 9 月至 1998 年 9 月改则(a)和狮泉河(b)地下深度 2.5 cm 和 7.5 cm 土壤的热通量及其 2.5～7.5 cm 平均土壤热通量的月变化

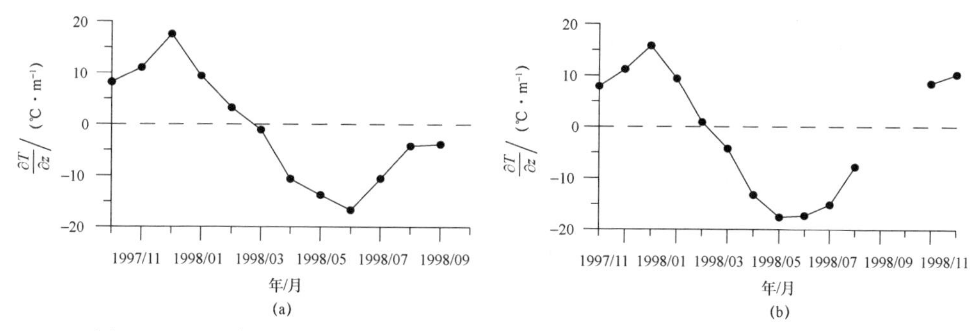

图 5.9 1997 年 7 月至 1998 年 9 月改则(a)和狮泉河(b)土壤温度梯度的月变化

土壤温度(垂直)梯度表示单位垂直距离内的温度变化,可表示为

$$\frac{\partial T}{\partial z}=\frac{\dfrac{\Delta T_1}{\Delta z_1}+\dfrac{\Delta T_2}{\Delta z_2}}{2} \tag{5.41}$$

式中:$\dfrac{\partial T}{\partial z}$ 表示土壤温度梯度,单位是 $℃\cdot\mathrm{m^{-1}}$。ΔT 和 Δz 分别为两层间的土壤温度差(单位为℃)和深度差(单位为 m)。其中两层土壤间的温度差 ΔT 用下式计算

$$\Delta T_1=T_{20}-T_5,\ \Delta T_2=T_{80}-T_{20}$$

式中:T_{80} 为地下 80 cm 深处的土壤温度,T_{20} 为地下 20 cm 深度处的温度,T_5 为地下 5 cm 处的土壤温度,两层间深度差 $\Delta z_1=0.15\ \mathrm{m}$,$\Delta z_2=0.6\ \mathrm{m}$。

为进一步分析青藏高原西部土壤热量垂直输送的特征,下面通过式(5.41)计算

出的土壤温度梯度来分析土壤中热量垂直输送的情况。若土壤温度梯度大于零，表明土壤热量从深层土壤传向地表；若土壤温度梯度小于零，表明土壤热量从地表传向土壤深层。图5.9a表明，改则月平均的土壤温度梯度呈正弦波型变化，1997年10月到1998年2月土壤温度梯度值大于零，热量从土壤深层传向地表，最大值出现1997年12月，为17.58 ℃·m^{-1}。1998年3—9月土壤温度梯度值小于零，热量从地表传向土壤深层；温度梯度最小值出现在1998年6月，为－16.67 ℃·m^{-1}。狮泉河月平均的土壤温度梯度同样呈正弦波型变化(图5.9b)，1997年10月到1998年2月土壤温度梯度值也大于零，热量从土壤深层传向地表，温度梯度最大值同样出现在1997年12月，为15.78 ℃·m^{-1}；1998年3—9月土壤温度梯度值小于零，热量从地表传向土壤深层，温度梯度最小值出现在1998年5月，为－17.58 ℃·m^{-1}。因此，一年中青藏高原西部土壤温度梯度呈正弦波型变化，波峰出现在冬季的12月，波谷出现在夏季的5、6月。夏半年3—9月，土壤温度梯度值小于零，热量从地表向下传向土壤深层；而冬半年10月到次年2月，土壤温度梯度值大于零，热量从土壤深层向上传向地表。

综合以上分析的土壤热通量和土壤温度梯度的月变化特征可有：高原西部土壤热通量3—9月为正，10月至次年2月为负。这是因为夏半年高原地表受太阳辐射加热强烈，地表温度高，土壤温度梯度方向指向地表，热量由地表传向地下，土壤热通量为正，土壤获得热量；而冬季高原地表受太阳辐射加热弱，地表温度低，土壤温度梯度方向指向地下，热量由地下传向地表，土壤热通量为负，土壤释放热量。

若不考虑土壤中热量的水平输送或认为土壤热量的水平输送远小于垂直输送，则可用上层土壤热通量减去下层土壤热量通量来表示这两个深度间土壤的热储存量。如图5.10所示，1997年9月—1998年8月青藏高原西部浅层土壤热储存量的月变化特征为：改则站浅层土壤热储存量的季节变化明显，3—7月的热储存量为小幅正值，略有盈余；其余月份为较大负值，出现明显亏损。而狮泉河热储存量围绕零线呈现波动状变化，但变幅小于改则。

为使高原土壤热通量的日变化分析更具代表性，我们在资料中截取了一整年的数据，然后用每天对应时刻的观测值进行合成计算，最后得出了两站土壤热通量日变化的合成图(图5.11)。

由图5.11a可知：一天中，改则2.5 cm土壤深度的热通量正值出现在11—19时(北京时，下同。地方时＝北京时－2 h)，最大值出现在14时，为90.46 W·m^{-2}；负值出现在20时至次日10时，最小值(－38.67 W·m^{-2})出现在04时；7.5 cm深度的热通量正值出现的时段为12—20时，最大值出现在15时，为58.46 W·m^{-2}，负值出现在21时至次日11时，最小值(－28.46 W·m^{-2})出现在凌晨07时；两层平均土壤热通量的合成日变化特征为：正值出现的时段为11—19时，最大值出现在15时，为74.26 W·m^{-2}；负值出现的时段为20时至次日的10时，最小值为－33.22 W·m^{-2}，出现在凌晨07时。

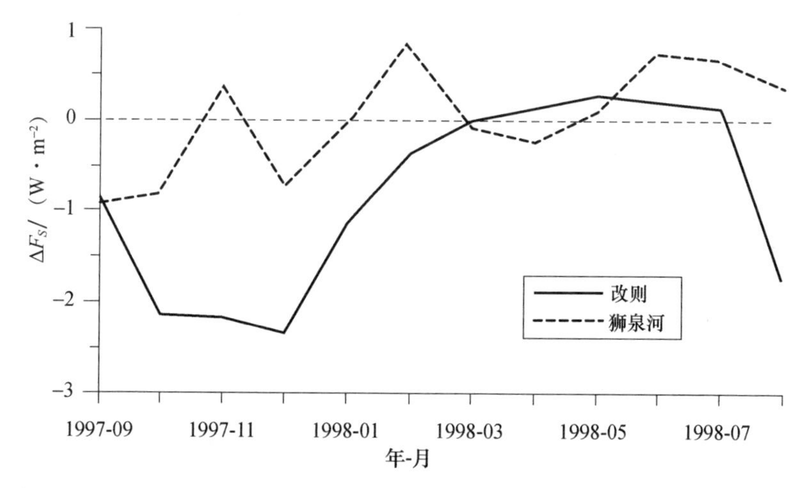

图 5.10　1997 年 9 月至 1998 年 8 月改则（实线）和狮泉河（虚线）地下 2.5～7.5 cm 土壤热储存量的月变化

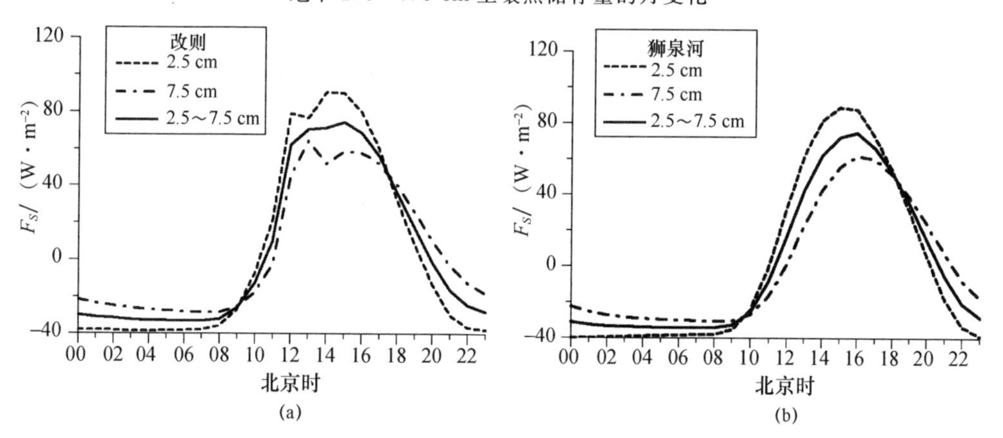

图 5.11　1997 年 9 月至 1998 年 8 月改则(a)和狮泉河(b)土壤热通量的合成日变化

狮泉河土壤热通量的合成日变化曲线（图 5.11b）与改则的情形类似。一天中，2.5 cm 深度的土壤热通量正值出现在 12—20 时，最大值出现在 15 时，为 88.70 W·m^{-2}；负值出现在 21 时至次日 11 时，最小值出现在午夜零时，为−39.99 W·m^{-2}；7.5 cm 深度的热通量正值出现的时段为 12—21 时，最大值（61.78 W·m^{-2}）出现在 16 时，最小值（−30.61 W·m^{-2}）出现在早晨 08 时。两层热通量的平均情况为：正值出现的时段为 12—20 时，16 时出现最大值（74.64 W·m^{-2}）；负值出现的时段为 21 时至次日的 11 时，早晨 08 时出现最小值（−34.32 W·m^{-2}）。

综上所述，两站土壤热通量日变化特点为：下午达到最大值，早上出现最小值，夜间变化比较平稳。白天由于太阳辐射从中午到傍晚土壤吸收热量，而其他时段土壤放出热量。

图 5.12a 表明，改则土壤温度梯度的日变化呈正弦波式变化，每天 14—21 时温度梯度值为负，波谷最小值出现在 17 时，为 −30.55 ℃ · m^{-1}。其余时间段(22—13 时)，温度梯度值为正，波峰最大值出现在 09 时，达 20.40 ℃ · m^{-1}。狮泉河土壤温度梯度的日变化与改则基本相同(图 5.12b)，每天 13—21 时为负的温度梯度，波谷最小值出现在 17 时，达 −35.61 ℃ · m^{-1}。而其余时间段里(22—12 时)温度梯度值为正，波峰最大值出现在 09 时，为 19.35 ℃ · m^{-1}。因此，青藏高原西部土壤温度梯度具有明显的日变化，并且变化形式为正弦波式，最大值出现在 09 时，最小值出现在 17 时。午后到傍晚热量从地表传向土壤深层，其余时段热量从土壤深层传向地表。

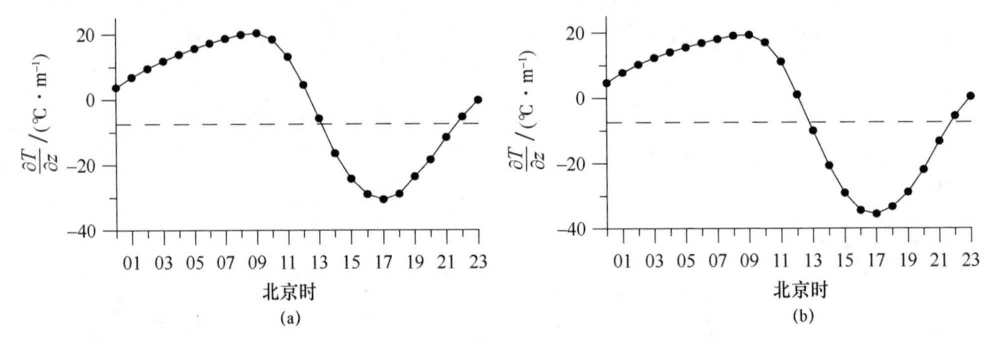

图 5.12　1997 年 9 月至 1998 年 8 月改则(a)和狮泉河(b)土壤温度梯度的合成日变化

根据地面热量平衡原理，白天地面由于受到太阳辐射而获得热量，使地表热于下层土壤，于是土壤中除部分热量与空气进行湍流热交换以及消耗于蒸发外，其余热量从地表向下层土壤传输。而夜间，地面由于放出长波辐射而冷却，地表便冷于下层土壤，于是下层土壤的热量就向上输送。这种地表与下层土壤之间的热量交换，是地球热量平衡中的分量之一。研究土壤间的热交换量可以了解土壤中吸收和释放热量的状况以及热储存量的变化，这直接关系到大气和土壤中能量的分配，对气候变化也有重要影响。

图 5.13 表明，无论改则还是狮泉河，土壤浅层热储存量均呈明显的日变化，白天为正值，并在午后 13 时变为最大，这表明日出后土壤开始吸收热量，热储存由亏转盈；而热储存在夜间为负值，并在晚上 21 时达到最小，这说明日落后土壤开始释放热量，热储存由盈变亏。

综上所述，青藏高原西部地区土壤热通量的月变化明显。3—9 月，土壤热通量为正，这时土壤热量由地表向下层土壤传输，深层土壤获得热量，最大值出现在夏季的 6—7 月；10 月至次年 2 月，土壤热通量为负值，土壤热量由下层土壤向地表传输，深层土壤释放热量，最小值出现在冬季 12 月。一年当中，土壤温度梯度呈正弦波型变化，波峰出现在冬季 12 月，波谷出现在夏季 5—6 月。夏半年 3—9 月，土壤温度梯

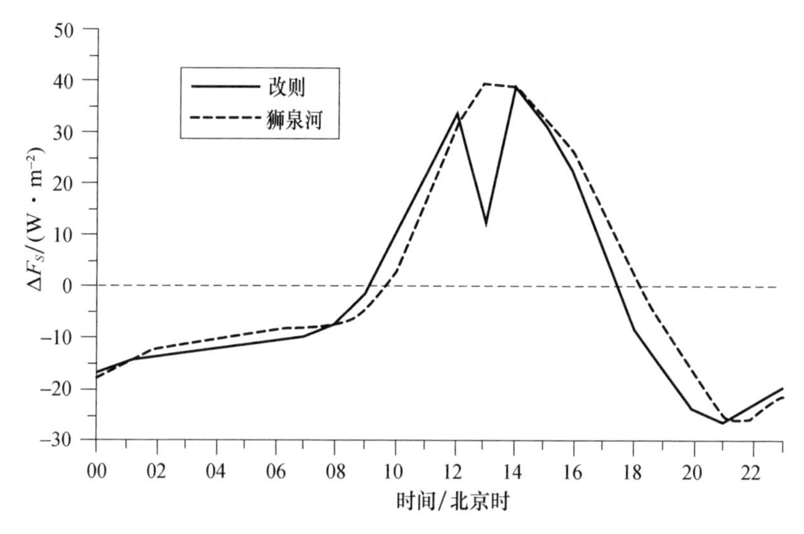

图 5.13　1997 年 9 月至 1998 年 8 月改则(实线)和狮泉河(虚线)
地下 2.5～7.5 cm 土壤热储存量的合成日变化

度值小于零,热量从地表向下传向土壤深层;而冬半年 10 月到次年 2 月,土壤温度梯度值大于零,热量从土壤深层向上传向地表。改则浅层土壤热储存量的季节变化明显,3—7 月的热储存量为小幅正值,略有盈余;其余月份为较大负值,出现明显亏损。而狮泉河热储存量围绕零线呈现波动状变化,但变幅小于改则。而高原西部土壤热通量的日变化特点为:从中午到傍晚为正值且在下午达到最大值,表层土壤向深层土壤传递热量,深层土壤吸收热量;其他时段为负值且在早上出现最小值,深层土壤向表层土壤传递热量,深层土壤释放热量。土壤温度梯度的日变化呈正弦波型,最大值出现在早上,最小值出现在傍晚。土壤浅层热储存量也有明显的日变化,白天为正值并在午后达到最大值,说明日出后土壤开始吸收热量,热储存由亏转盈;而热储存在夜间为负值且在晚上达到最小值,表明日落后土壤开始释放热量,热储存由盈变亏。

5.4.3　地面热通量的时空变化

热源观测是估算高原地面热源强度的直接方法。对于地面热通量的日变化,TIPEX 观测资料的分析表明,干季感热占主导地位,最大值为 150～300 W·m^{-2},出现在 12—14 时(北京时,下同),潜热通量一般只有 50～60 W·m^{-2}。湿季潜热通量与感热通量相当,有时潜热还略大,潜热通量最大值为 150～200 W·m^{-2}。高原地面热源的高值区位于中部,西部、中部和东部的平均地面热源强度均以感热为主,中部和东部潜热在地面热源强度中的贡献大于西部,其中东部潜热所占地面热源强度的份额最大(周明煜 等,2000)。

夏季，白天向上的感热通量强烈，最大值出现在午后12—13时，拉萨明显高于其他站，峰值可达314 W·m^{-2}，如图5.14a所示。而夜间各站感热通量很小，这与夏季夜间地气温差几乎为零有直接关系。冬季的日变化趋势基本同夏季，夜间两者差别不大，但白天冬季同时刻的值明显小于夏季，13时左右两者的差别达到最大。而冬季夜间一般为负值，即感热通量向下输送，向下输送的最大值一般出现在18—19时，以日喀则最为明显，向下最大通量值达70 W·m^{-2}。

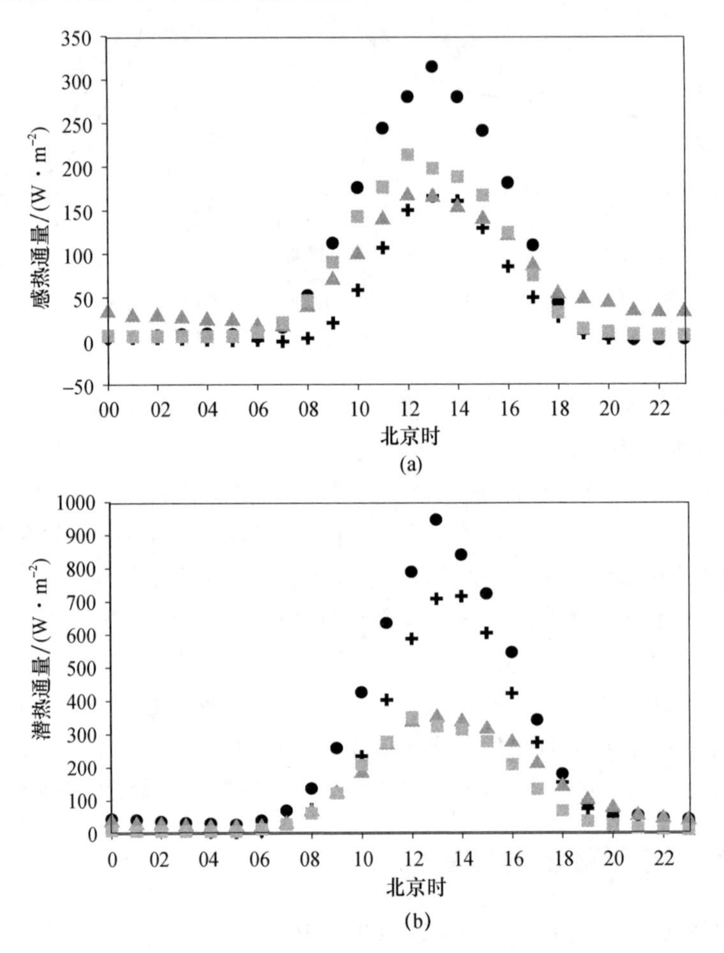

图5.14　四个自动观测站三通量夏季的合成日变化(W·m^{-2})

(a)感热通量，(b)潜热通量

●:拉萨　✚:日喀则　▲:那曲　■:林芝

夏季高原潜热通量的日变化特征与感热通量相似，其峰值也出现在12—13时，同样以拉萨强度为最，最大值可达946 W·m^{-2}，而夜间各站基本为零值(图5.14b)。冬季的日变化特征与夏季相似，但强度比夏季小许多，拉萨站最大值仅为153 W·m^{-2}。

比较图 5.14a 和 5.14b 可以看出，夏季青藏高原中、东部地区的潜热明显大于感热，冬季两者相当或某些站的感热略大于潜热(如那曲和林芝)，所以可认为潜热通量是夏季高原中、东部地区地面加热的主要来源。另外，比较冬夏季同时刻的感热和潜热可以看到：除拉萨外，夏季与冬季感热的差值在午后 13 时出现最大负值(如那曲为 $-100\ \mathrm{W \cdot m^{-2}}$)，即冬季感热日峰值大于夏季；而潜热夏季与冬季的差值在 13 时却出现最大正值(如那曲为 $289\ \mathrm{W \cdot m^{-2}}$)，即夏季潜热日峰值明显大于冬季(图 5.15)。

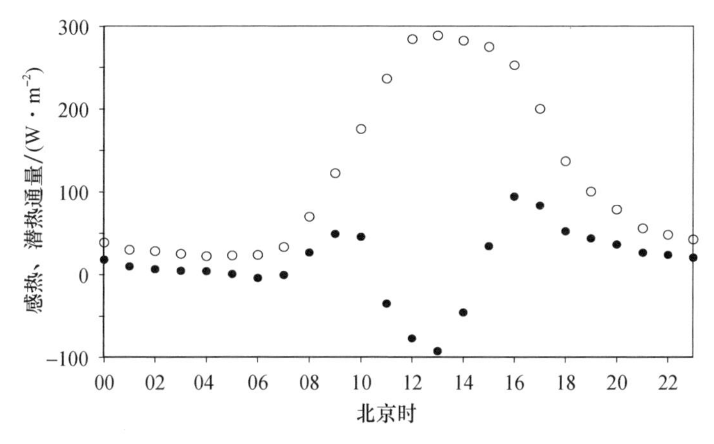

图 5.15　那曲站夏季与冬季湍流热通量的差值

(●:感热,○:潜热)

综上所述，无论冬夏季，高原中、东部地面的热量输送在白天表现得非常明显，在午后 12—13 时达到最大值，其强度比平原地区同期的同类值大许多，这反映出高原地面热力作用的强大和重要。

再来看高原西部的情形。高原西部改则和狮泉河两站地面感热通量(F_H)的日变化无论冬夏季也都十分明显，并且夏季的日变幅明显大于冬季(图 5.16、图 5.17)。白天一般为正值，感热向上输送(即由地面加热大气)，最大值出现在世界时 08 时，李国平等(2000)计算的夏季改则的小时最大值为 $381\ \mathrm{W \cdot m^{-2}}$，比李家伦等(2000)利用 1998 年 TIPEX 加强观测期脉动观测资料和涡旋相关法算出的感热通量的日最大值($250\ \mathrm{W \cdot m^{-2}}$)要大；而狮泉河小时最大值可高达 $632\ \mathrm{W \cdot m^{-2}}$，这大约是平原地区同类值的 3 倍，由此可见高原地面感热作用的重要性；最小值出现在世界时 14 时左右，并且为负值，这是由于高原夜间强烈的地面辐射冷却导致地面温度低于气温、从而出现感热向下输送(即由大气加热地面)，此现象在改则尤为明显。

潜热通量(F_L)日变化的位相特征与感热相同，7 月改则的小时最大值为 $186\ \mathrm{W \cdot m^{-2}}$，(出现在降雨后土壤湿度较大时)，这与李家伦等(2000)利用脉动观测资料和涡旋相关法算出的潜热通量的日最大值($200\ \mathrm{W \cdot m^{-2}}$)相近，而狮泉河的小时最大值仅为 $50\ \mathrm{W \cdot m^{-2}}$。1 月由于土壤冻结，蒸发潜热通量基本为零。值得注意

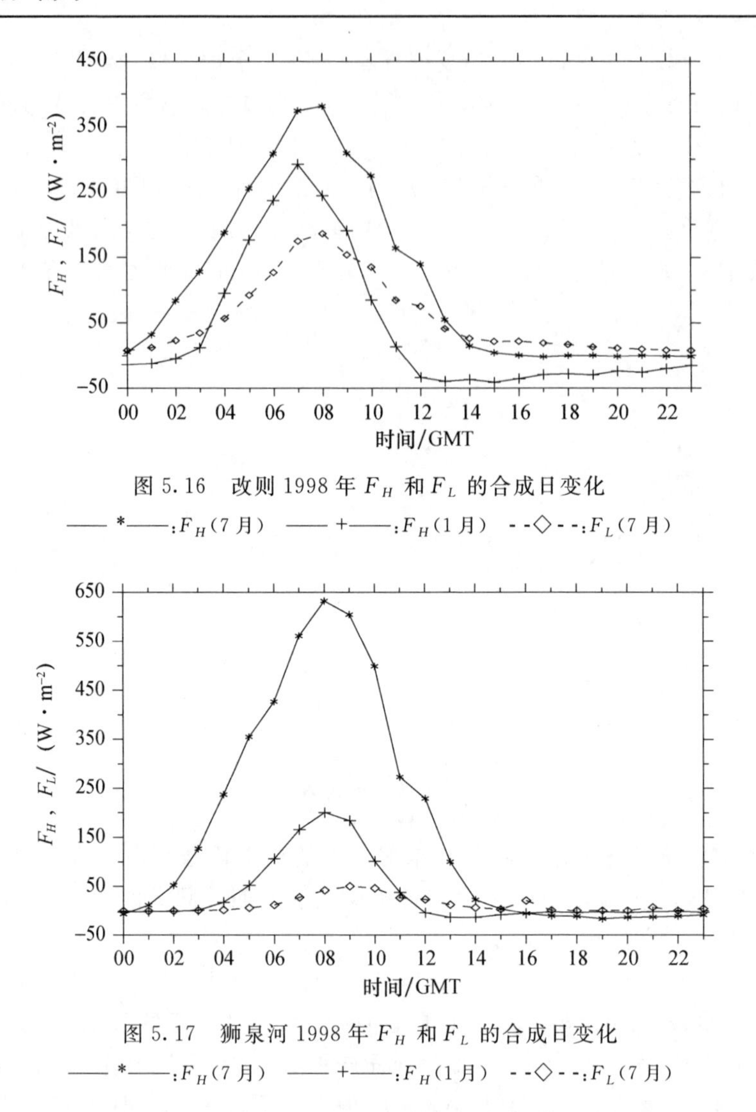

图 5.16 改则 1998 年 F_H 和 F_L 的合成日变化

——*——:F_H(7 月) ——+——:F_H(1 月) --◇--:F_L(7 月)

图 5.17 狮泉河 1998 年 F_H 和 F_L 的合成日变化

——*——:F_H(7 月) ——+——:F_H(1 月) --◇--:F_L(7 月)

的是，无论冬夏季潜热通量都比同时刻的感热通量小得多(图 5.16、图 5.17)，这反映出由于高原西部土壤干燥和地气温差较大，使得感热在地面加热构成中占有重要地位(特别在冬季)。

对于地面热通量的季节变化。李国平等(2000，2002a，2002b)利用中日亚洲季风机制合作研究计划设置在青藏高原中、东部地区的拉萨、日喀则、那曲和林芝四地1993 年 7 月—1999 年 3 月近 7 年的 AWS 近地层梯度观测资料，确定出分季节的高原地表粗糙度(表 5.3)和逐日的地面总体输送系数(表 5.4)，以此为基础用总体输送公式对地面动量、感热和潜热通量进行了计算，并用合成方法分析了 1993—1999 年高原近地层通量夏季、冬季的日变化和月变化特征。

表 5.3 各站地表粗糙度各季节的多年平均值(单位:cm)

	拉萨	日喀则	那曲	林芝
春季(3—4 月)	3.02	4.46	2.78	1.90
夏季(5—8 月)	7.11	8.22	3.21	3.49
秋季(9—10 月)	4.67	5.29	3.31	3.18
冬季(11 月至次年 2 月)	1.10	2.38	2.58	1.17

表 5.4 1993 年 7 月—1999 年 3 月高原中、东部地面通量的平均值

	$C_D(10^{-3})$	$C_H(10^{-3})$	$F_M(10^{-2}\ \mathrm{N\cdot m^{-2}})$	$F_H(\mathrm{W\cdot m^{-2}})$	$F_L(\mathrm{W\cdot m^{-2}})$
拉萨	4.36	5.79	1.36	46.80	49.36
日喀则	4.32	5.70	1.27	19.94	70.73
那曲	4.64	6.26	3.14	52.61	54.96
林芝	4.39	5.94	2.28	52.07	42.59

动量通量最大值出现在春季(3 月),在季风开始爆发阶段(5—6 月),一般又会出现一个次最大值;其最小值出现在秋季,其中拉萨、日喀则为 11 月,那曲、林芝为 9 月(图略)。如图 5.18 所示,感热和潜热通量季节变化的基本趋势是一致的,峰值位于夏半年,谷值位于冬半年。感热全年最大值一般出现在 5—6 月,最小值出现在 12 月。夏半年潜热的变化呈现“双峰型”,第一个峰值出现在 4 月左右,这是春季气温回升、积雪融化或土壤解冻后土壤湿度增加、土壤蒸发加大的结果。第二个峰值(即全年最大值)要比感热的最大值晚 1~2 个月,即 7 月左右,这是高原雨季(6—8 月)的直接反映。潜热的最小值一般出现在 1 月。由于地气温差的季节变化位相与感热、潜热的季节变化位相基本重合,所以可认为近地层热量通量的季节变化主要是由地气温差变化引起的。以拉萨站为例,季风开始前的一个月,感热可大于潜热;季风开始后,潜热迅速增大,在季风强盛期(7—8 月),潜热可以是感热的 2.3 倍。因此,冬半年(10 月至次年 3 月),感热和潜热加热的作用相当或有的站感热略大于潜热;夏半年(4—9 月),潜热加热明显大于感热,仅在有的站季风开始前一个月(5 月),出现感热超过潜热的情形。全年感热交换的活跃期一般出现在季风开始爆发阶段(5—6 月),潜热交换的活跃期有两个,分别出现在春季回暖期(4—5 月)和季风强盛阶段(7—8 月)。

整个观测期的平均状况表明(表 5.4):高原东部地区地面动量总体输送系数 C_D 的平均值约为 4.47×10^{-3},热量总体输送系数 C_H 的平均值约为 5.98×10^{-3},并且 $C_H > C_D$,两者的比值约为 1.34。那曲的动量通量(F_M)较大,这是由其地面风速较大引起的。除日喀则外,感热通量与潜热通量的差别不大,并且各站感热和潜热之和大体相当(约为 100 $\mathrm{W\cdot m^{-2}}$),这表明就全年平均而言,高原中、东部地区地面感热加热和潜热加热的作用同等重要。

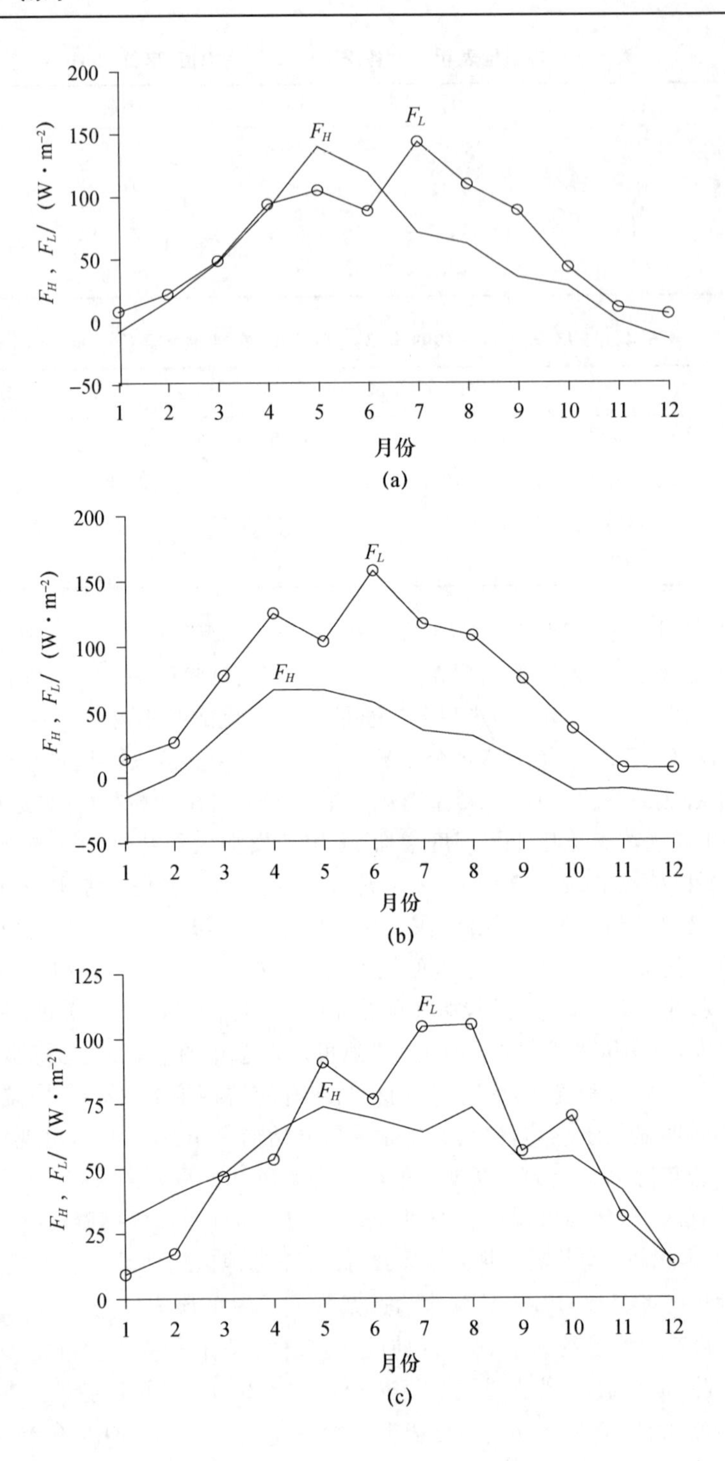
200
150
100
50
0
−50
F_H，F_L/（W·m^{-2}）
F_H
F_L
1
2
3
4
5
6
7
8
9
10
11
12
月份
(a)
200
150
100
50
0
−50
F_H，F_L/（W·m^{-2}）
F_L
F_H
1
2
3
4
5
6
7
8
9
10
11
12
月份
(b)
125
100
75
50
25
0
F_H，F_L/（W·m^{-2}）
F_L
F_H
1
2
3
4
5
6
7
8
9
10
11
12
月份
(c)

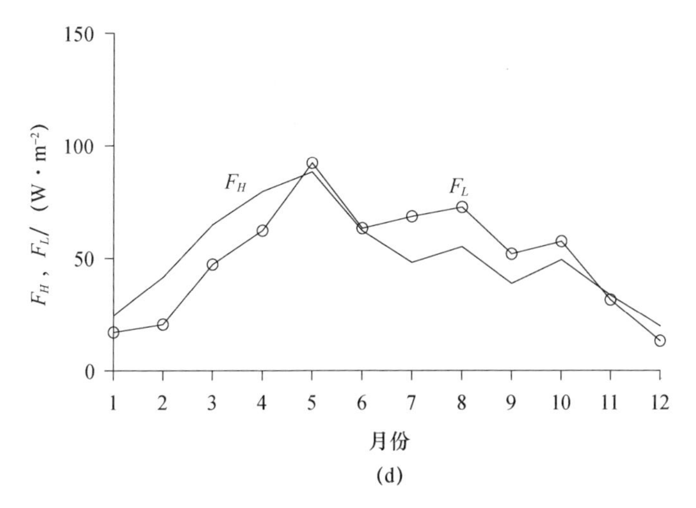

图5.18 7年资料合成计算的感热通量和潜热通量的逐月变化

(a)拉萨,(b)日喀则,(c)那曲,(d)林芝

李国平等(2000)计算的结果表明,高原西部两站地面感热通量的强度和季节变化趋势基本一致(图5.19),一般在5、6月达到最大值(约为122 W·m^{-2})。改则7月的平均值为113 W·m^{-2},这比QXPMEX算出的190 W·m^{-2}要小。狮泉河7月的平均值为119 W·m^{-2},比用QXPMEX资料和总体公式计算出的67 W·m^{-2}大。1月,两站感热通量达到最小值,其平均值为13 W·m^{-2},与用QXPMEX资料给出的月平均最小值12 W·m^{-2}极为接近。地面蒸发潜热通量的季节变化和年际变化与降雨量有很好的对应关系(图5.20和图5.21),并且改则由于雨量较大(特别是1998年)造成潜热通量明显超过狮泉河。1998年改则的月最大值(53 W·m^{-2})出现在9月,比雨量最大的8月滞后一个月。改则6—7月潜热通量的平均值为23 W·m^{-2};狮泉河的月最大值出现在7月,其值为13 W·m^{-2}。比较图5.19和图5.20可见,由于西部是高原雨量最小、湿度最小的地区,则潜热通量明显小于同期感热通量,这也符合5—8月高原西部地面是由强大而稳定的感热为主构成的热源的看法。

高原西部感热和潜热的季节变化特征可以解释为:地面感热加热在5月首先达到最大值,这有利于高原季风的建立。6月随着高原西部雨季的开始,一方面使地表降温,使感热在7月后迅速减小;另一方面由于降雨增多使土壤湿度增大,土壤蒸发加大,则潜热加热在7—9月出现最大值,10月随着高原西部雨季的结束,潜热加热很快减小并趋于零。

利用NCEP/NCAR地面感热通量再分析格点资料可分析1981—2010年青藏高原夏季地面感热通量线性倾向分布的空间分布特征(张恬月 等,2018)。利用最小二乘法

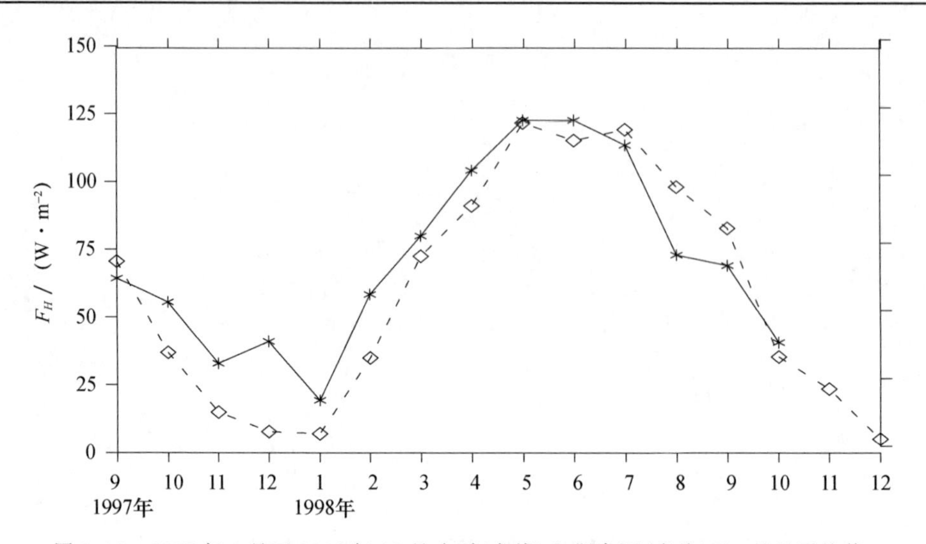

图 5.19　1997 年 9 月至 1998 年 12 月改则(实线)和狮泉河(虚线)F_H 的月平均值

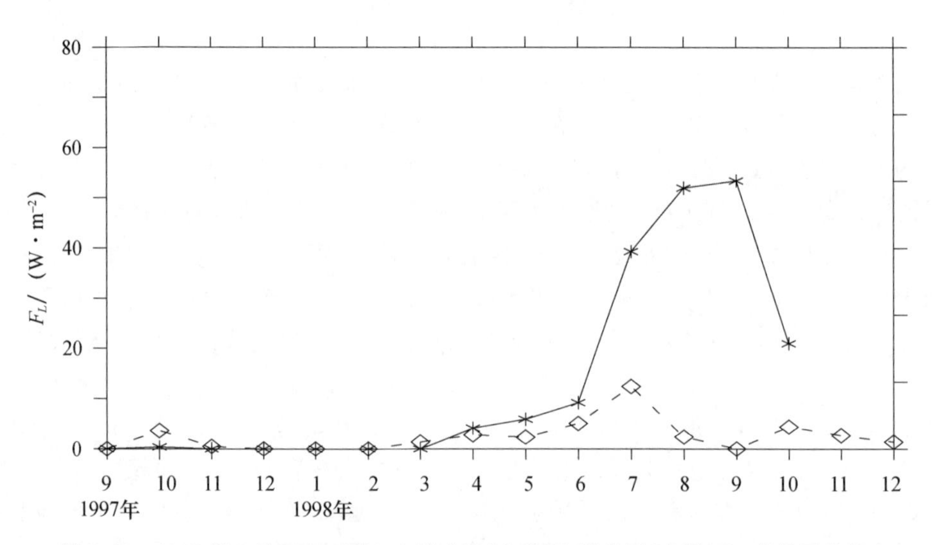

图 5.20　1997 年 9 月至 1998 年 12 月改则(实线)和狮泉河(虚线)F_L 的月平均值

计算的地面感热通量线性变化趋势的空间特征表明(图 5.22),夏季高原西北部的塔里木盆地部分区域、高原东部的柴达木盆地和川西高原地区均是感热通量增加的区域,但增加趋势不明显,最大值仅为 0.4(W·m^{-2})/a。高原其余地区均是感热通量减少的区域,南部大于北部,其中喜马拉雅山脉的减幅值达−1.2(W·m^{-2})/a。6 月、7 月和 8 月(图略)高原地面感热通量线性变化趋势的空间分布与夏季大致相同,减小率和增加率的最大中心均出现在 6 月,分别为−2.0(W·m^{-2})/a 和 0.5(W·m^{-2})/a。8 月感热通量增大的区域有所增加,但减小区域的中心值仅为−0.4(W·m^{-2})/a。

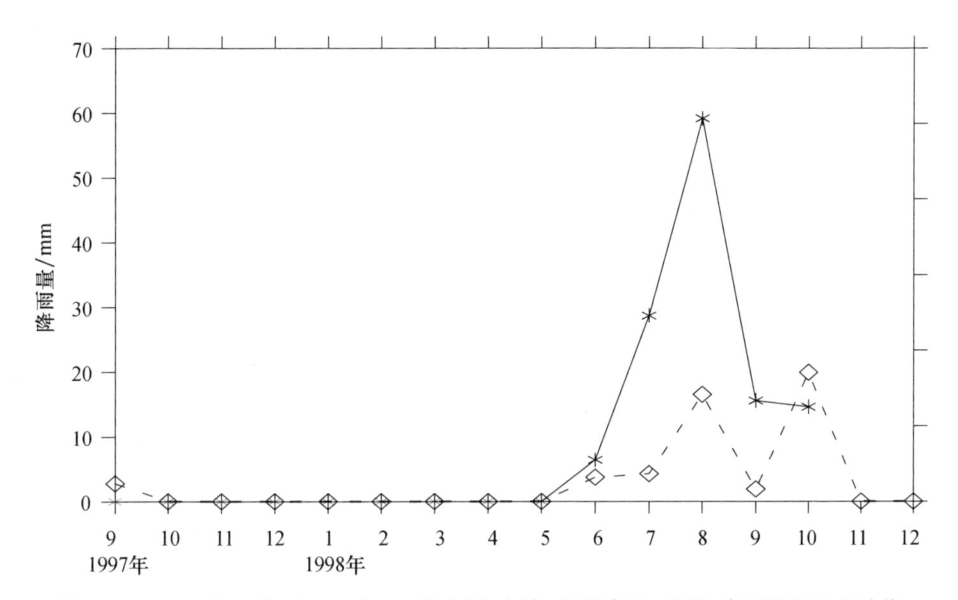

图 5.21　1997 年 9 月至 1998 年 12 月改则(实线)和狮泉河(虚线)降雨量的月累计值

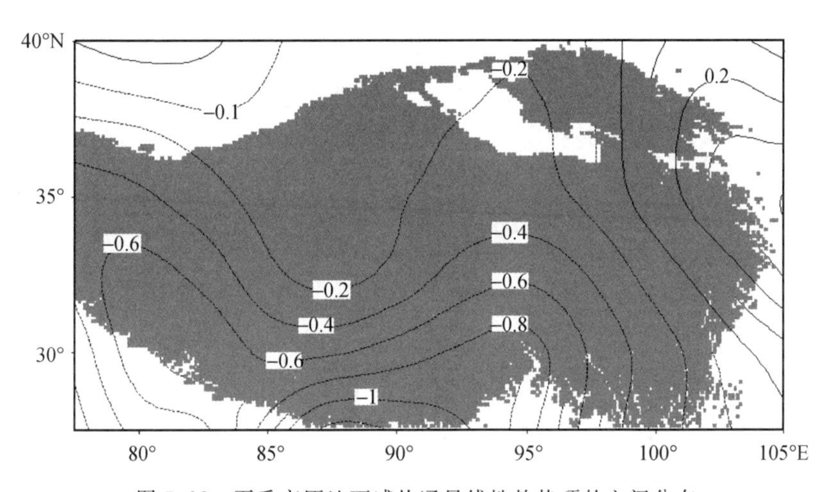

图 5.22　夏季高原地面感热通量线性趋势项的空间分布

可见,近 30 年夏季感热通量的线性倾向分布具有区域性差异,感热减少趋势在高原分布较广且负值中心明显,感热增加主要分布在高原西北部和东部。

5.4.4　高原降雨天气过程中总体输送系数的变化特征

在全球气候系统中,陆面过程的核心问题是下垫面与大气之间的能量及物质的交换。在利用常规气象资料确定这种交换时,通常采用引入了地面总体输送系数的参数化公式。地面总体输送系数不仅是表示湍流输送强度的重要参数，而且对研究某些理论和实际问题也很重要，例如热源计算以及地面热量平衡计算。由于总体输送系数是决定高原下垫面对大气各种通量输送的重要因子，因此在对高原边界层细致观测的基础上，深入研究高原上的总体输送系数，正确估算其数值大小、了解其变化特征，对于认识高原加热强度的时空分布及变化规律，改善数值模式的相关性能，更好地分析和模拟青藏高原对亚洲季风乃至全球气候变化的影响，具有十分重要的意义。

青藏高原的降雨主要出现在夏季，降雨大多集中在5—9月，这段时期的降雨量占全年降雨量的80%～90%，干、湿季节分明。由于高原降雨主要是对流性降雨，常常伴有对流性不稳定，从而影响到总体输送系数的变化。因而研究高原总体输送系数在降雨过程中的响应关系，对于深入认识高原总体输送系数的变化规律十分重要。李国平和陶红专(2005)利用中日亚洲季风合作研究计划设在青藏高原中、东部的拉萨、日喀则、那曲和林芝的4个自动气象站1995年7月—1999年6月期间夏季主要降雨过程的近地层梯度观测资料，计算出上述4站在这些降雨过程中每隔20 min一次的地面总体输送系数，并对其随层结稳定度、地表粗糙度等因子的关系特别是降雨过程中的变化特征进行了初步分析和讨论。

如图5.23所示，对于不稳定层结($Ri_b < 0$)，层结越不稳定，总体输送系数越大，并且随着不稳定程度的增大，总体输送系数的变化由线性变为非线性增大；对于稳定层结($Ri_b \geqslant 0$)，层结越稳定，总体输送系数越小，并且随着稳定程度的增大，总体输送系数的变化由线性变为非线性减少；当层结极端稳定时总体输送系数趋于零，此时地面与大气间的通量交换趋于停顿。另外，从图中还可以看出，热量总体输送系数随Ri_b的幅度一般大于动量总体输送系数(特别是大气层结不稳定时)，而当层结趋于稳定时，两种总体输送系数随Ri_b的变幅趋于一致。

由公式(5.7)—(5.9)可知，地表粗糙度z_0的精度对总体输送系数计算的客观性与准确性有重要影响。总体输送系数随z_0的增大而增大，其中热量总体输送系数随z_0的变幅大于动量总体输送系数，中性层结的变幅大于稳定层结(图略)；$z_0 < 10$ cm时的总体输送系数随z_0的变幅大于$z_0 > 10$ cm的变幅，并且当z_0为0～5 cm时的变幅最大；随着z_0的增大，C_D(或C_H)也由非线性向线性增大转变(图5.24)；中性层结和不稳定层结的总体输送系数随地表粗糙度的变幅大于稳定层结总体输送系数随地表粗糙度的变幅(图略)。因此，确定出能代表高原地表真实状况并具有区域代表性的地表粗糙度对于高原总体输送系数计算的准确性非常重要。

拉萨站1995年7月31日总体输送系数的最大值出现在04时(地方时，下同。北京时＝地方时＋2 h)，降雨过程的雨量最大值出现在16时，而降雨主要集中在21—06时，降雨过程的雨量最大值出现在03时，总体输送系数的最大值

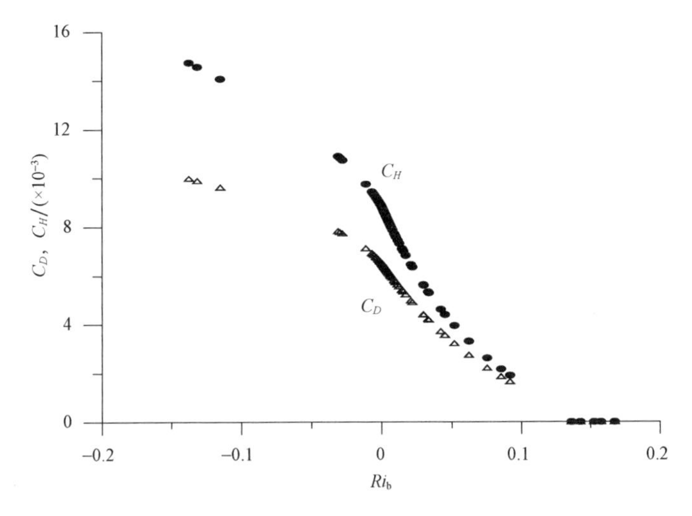

图 5.23　1995 年 7—8 月拉萨站总体输送系数与总体理查森数的关系

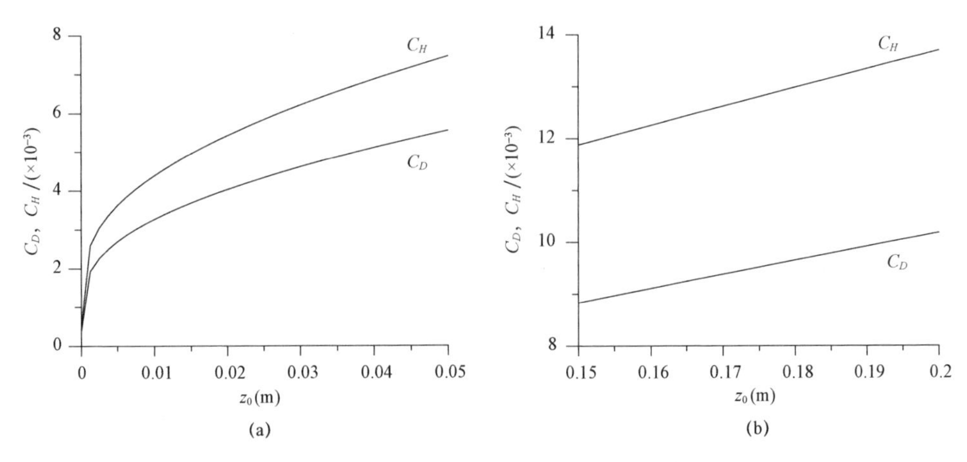

图 5.24　总体输送系数与地表粗糙度的关系

(a)z_0=0～0.05 m,(b)z_0=0.15～0.2 m

比主降雨过程的最大值滞后了 1 h(图略)。8 月 1 日,总体输送系数最大值出现在 07:30,降雨过程的雨量最大值出现在 07:30—08:30,总体输送系数最大值出现的时间超前于降雨过程的雨量最大值。对应主降雨过程,总体输送系数的响应时段基本一致(图 5.25)。

那曲站 1998 年 7 月 29 日的总体输送系数最大值出现在凌晨 03 时,降雨过程的雨量最大值出现在凌晨 02—03 时,前者比后者滞后了 1 h。总体输送系数响应的时段主要集中在 23—03 时,而主降雨过程主要集中在凌晨 00—05 时,前者比后者超前了一个多小时。1999 年 6 月 7 日的总体输送系数最大值出现在

00时,降雨过程的雨量最大值也出现在00时,两者出现时间一致。而总体输送系数响应的时段集中在22—05时,主降雨过程集中在23:30—05:30,前者比后者明显超前(图5.26)。

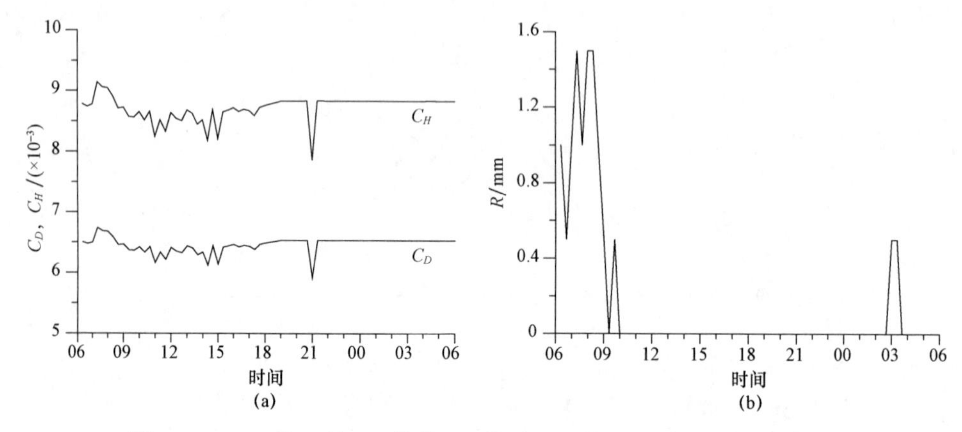

图5.25 1995年8月1日拉萨站总体输送系数(a)和降雨量(b)的变化

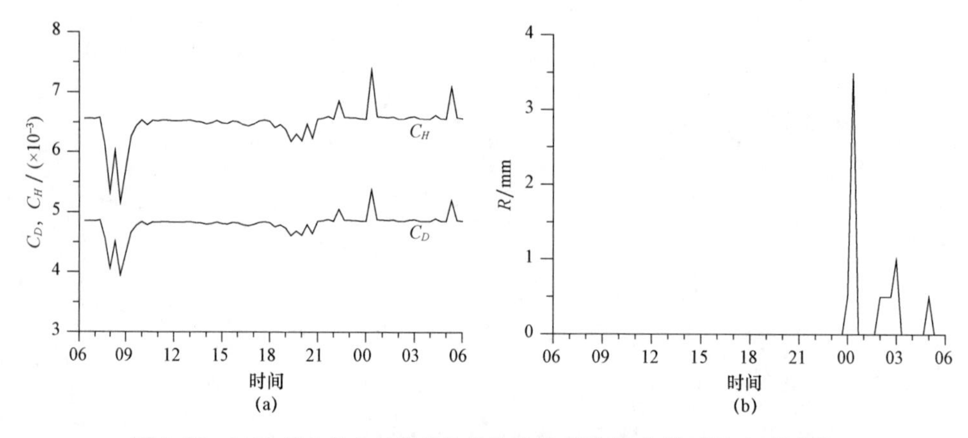

图5.26 1999年6月7日那曲站总体输送系数(a)和降雨量(b)的变化

日喀则站1997年6月25日,总体输送系数的最大值出现在22时左右,降水的最大值出现在19时,而主降水过程的最大值出现在01:30—02:30。总体输送系数的最大值比主降水过程的最大值超前三个半小时,总体输送系数响应变化的时段比主降水过程明显超前。1998年6月23日总体输送系数的最大值出现在01时左右,降雨过程的雨量最大值出现在00时,前者比后者滞后了1 h。对应总体输送系数响应的时段集中在23—05时,而主降雨过程集中在23:00—04:30,两者基本一致(图5.27)。

林芝站1998年6月22日的降雨过程中,总体输送系数的响应(对应关系)不明显。而 1998 年 8 月 30 日的总体输送系数最大值出现在 23 时，主降雨过程最大值出现在 23 时。相对于主降雨过程来说，总体输送系数最大值与主降雨过程的雨量最大值出现的时间基本一致，而总体输送系数响应的时段比降雨过程滞后(图 5.28)。

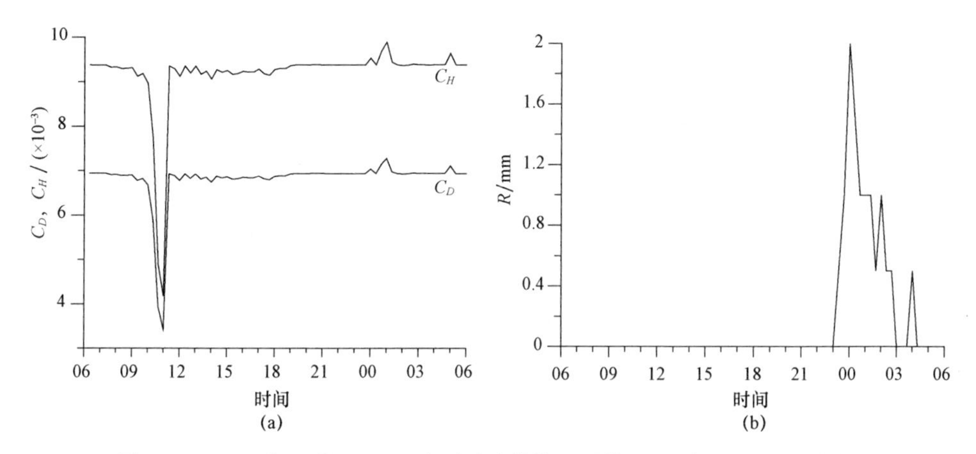

图 5.27　1998 年 6 月 23 日日喀则站总体输送系数(a)和降雨量(b)的变化

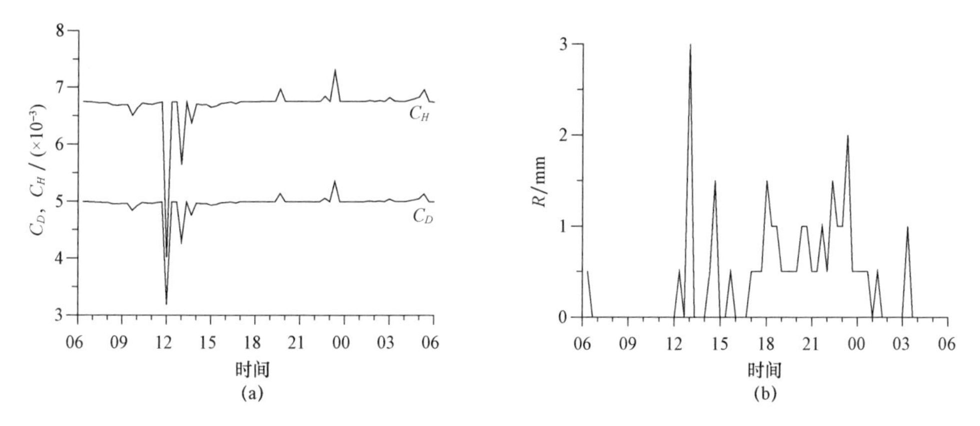

图 5.28　1998 年 8 月 30 日林芝站总体输送系数(a)和降雨量(b)的变化

将 4 站作一综合比较可以发现，总体输送系数与降雨的对应关系具有区域性：对于地处藏北高原的那曲来说，总体输送系数与降雨过程有较好的对应关系。总体输送系数明显增大的时段比降雨过程超前，而极大值与降雨过程的雨量峰值分别呈现超前、滞后或一致的现象。对于拉萨、日喀则两站，总体输送系数增大的时段有与降雨过程有超前或一致的对应关系，极值也有超前或滞后的现象，但两者之间的对应关系没有那曲那样显著。而地处藏南的林芝站的对应关系相对要差一些，这可能与当地的地形和降雨性质有关。

所以,高原总体输送系数在降雨过程一般都具有明显的响应,但各站的对应关系并不完全一致,其响应强度存在明显的地域性差异,这主要是由于各站点所选降雨过程的降雨性质不同所致。为了进一步说明这个问题,我们对表5.5作一分析。对同一站点,总体输送系数随总体理查森数的增大而减小,但由于总体理查森数与降雨量并不具有这样明确的关系,所以总体输送系数与降雨量也不具有规律性的变化关系。不过从表中还是可以看出:总体上,有雨时的总体输送系数日平均值要大于没有降雨时的日平均值。因此,高原总体输送系数的极值,一年中多出现在夏季,同一季节中又多出现在降雨过程中。但也应看到存在例外的情形,如表5.5中有些降雨过程的总体输送系数反而比无降雨(或降雨较小)时的总体输送系数更小,这说明这些降雨过程中近地层的层结不稳定性比无降雨时的还要弱。这主要是因为总体输送系数的大小并不直接取决于降雨量,而是与近地层大气的层结稳定度密切相关。如引言所述,由于高原多对流性降雨,伴有层结不稳定现象,这种不稳定一般在近地层大气中也会表现出来,因此总体输送系数会产生相应的变化,即高原地面总体输送系数一般会对降雨过程产生明显的响应。但是高原的降雨除了对流性降雨外,还有非对流性降雨,而非对流性降雨并不要求层结一定出现不稳定或者近地层大气层结一定也是不稳定的。因此,高原总体输送系数对降雨过程虽有明显的响应,但其变化趋势、变幅峰值并不一定与降雨量的变化趋势和降雨量完全对应。

表5.5 有雨与无雨时总体输送系数日平均值的比较

	无雨				有雨				
站点	日期/年-月-日	C_D/($\times10^{-3}$)	C_H/($\times10^{-3}$)	Ri_b	日期/年-月-日	C_D/($\times10^{-3}$)	C_H/($\times10^{-3}$)	Ri_b	R/mm
拉萨	1995-07-29	6.39	8.62	0.0021	1995-07-31	6.51	8.78	0.0003	0.30
	1995-08-05	6.54	8.62	0.0021	1995-08-04	6.52	8.81	0.0002	0.45
	1997-07-01	6.41	8.65	0.0021	1997-07-03	6.52	8.81	0.0002	0.14
	1997-07-02	6.43	8.69	0.0025	1997-07-04	6.48	8.74	0.0008	0.28
喀则	1997-06-20	6.76	9.11	0.0034	1997-06-23	6.89	8.74	0.0008	0.28
	1997-06-21	6.77	9.12	0.0022	1997-06-24	6.63	8.90	0.0043	0.12
	1998-06-19	6.60	8.88	0.0058	1998-06-22	6.82	9.19	0.0016	0.40
	1998-06-20	6.75	9.11	0.0032	1998-06-23	6.81	9.17	0.0018	0.15
那曲	1998-07-27	4.71	6.35	0.0041	1998-07-29	4.83	6.52	0.0000	0.08
	1998-07-28	4.68	6.29	0.0034	1998-08-01	4.83	6.52	0.0003	0.20
	1999-06-05	4.83	6.52	0.0003	1999-06-07	4.81	6.49	0.0006	0.10
	1999-06-06	4.81	6.48	0.0008	1999-06-11	4.87	6.59	−0.001	0.11
林芝	1998-06-20	4.93	6.65	0.0011	1998-06-22	4.95	6.68	0.0008	0.33
	1998-06-21	4.82	6.50	0.0048	1998-06-23	4.97	6.72	0.0004	0.20
	1998-08-26	4.88	6.58	0.0023	1998-08-28	4.98	6.73	0.0003	0.38
	1998-08-27	4.99	6.74	0.0001	1998-08-29	4.98	6.73	0.0002	0.20

5.4.5 地面热源

人们常把青藏高原的热力作用形象地比喻为亚欧大陆上的“热岛”，高原地面和大气的热源性质、强度及其变化一直是青藏高原气象研究的一个重要问题。20世纪50、60年代曾认为高原地面夏季为热源、冬季除高原东南角以外为冷源。后来，不少学者相继计算分析了高原地面的冷热源强度，指出高原地面全年都是热源，修正了过去冬季高原地面大部分地区为冷源的结论。高原冬季积雪的多寡是决定地面热源强度的重要因素。

因此，对高原热源的研究始终是高原气象研究的重点之一。研究方法有利用气候资料、探空资料、辐射和地面热量平衡观测资料等，但对高原热源的分量构成尚存在不同看法。起初叶笃正等(1957)、Flohn(1968)曾认为感热加热为主。后来发现高原上有大量强对流云后，Flohn转而强调高原东南部潜热加热的重要性，Flohn还形象地写到“高原东南角犹如一部带有大烟囱的热机”，把高原热力作用比喻为“烟囱效应”，实际上，把整个高原看成向大气输送能量的“烟囱”更为恰当。后来，叶笃正等(1979)也认为高原西部以感热为主，东部以潜热为主，整个高原平均仍以感热为主。Luo和Yanai(1984)通过计算高原上的视热源Q_1和视水汽汇Q_2，指出高原西部以感热为主，东部感热和潜热同等重要。以后，杨伟愚等(1990)又认为夏季高原西部的积雨云的活动也不少，潜热对热源也有一定贡献。1998年TIPEX观测资料表明，干季整个高原的潜热通量都很小，地面向大气边界层提供湍流能量以感热为主，进入湿季，潜热通量显著增加，感热通量相应减少，这时高原中、东部地面向大气边界层湍流热量输送以潜热为主，而西部总体上仍以感热输送为主。干湿季的分界线东部为5月下旬，中西部为6月下旬。

地面热源的日变化特点为：正午前后有明显的峰值，日出前出现最小值。热源强度季节变化的特点是湿季大于干季。热源强度的地理分布为中部最大(干、湿季的日峰值分别为567 $W \cdot m^{-2}$和606 $W \cdot m^{-2}$)，西部次之(干、湿季的日峰值分别为315 $W \cdot m^{-2}$和442 $W \cdot m^{-2}$)，东部最小(干、湿季的日峰值分别为321 $W \cdot m^{-2}$和389 $W \cdot m^{-2}$)(周明煜 等，2000)。

李国平等(2000，2003)以1997年11月—1998年10月青藏高原西部改则和狮泉河地区自动气象站(AWS)连续观测的近地层梯度资料，确定出两站的平均地表粗糙度分别为2.7 cm和2.9 cm。采用廓线-通量法计算出观测期逐日的总体输送系数，两站1998年动量总体输送系数(拖曳系数)的年平均值分别为4.83×10^{-3}和4.75×10^{-3}，进一步用总体公式计算出两站逐日的地面感热和潜热通量。结果表明：高原西部地面全年均为热源，两站地面热源强度在7月达到最大值，12月或1月出现最小值(图5.29)。改则站最大月平均值为120 $W \cdot m^{-2}$，狮泉河为122.5 $W \cdot m^{-2}$，改则站的地面热源在1月出现最小值(17.7 W·m^{-2}),狮泉河在12月地面热源强度出现最小值(7.5 W·m^{-2})。就地面加热而言,青藏高原西部不仅在夏季是一个强大的热源,在冬季也是热源,只不过强度较夏季小了许多。需要指出的是,由于高原地表空气密度较小,空气质量比平原地区小一半左右,所以相同强度的地面热源其加热效应要比平原地区大一倍,这正是高原地面加热作用的重要和强大所在。

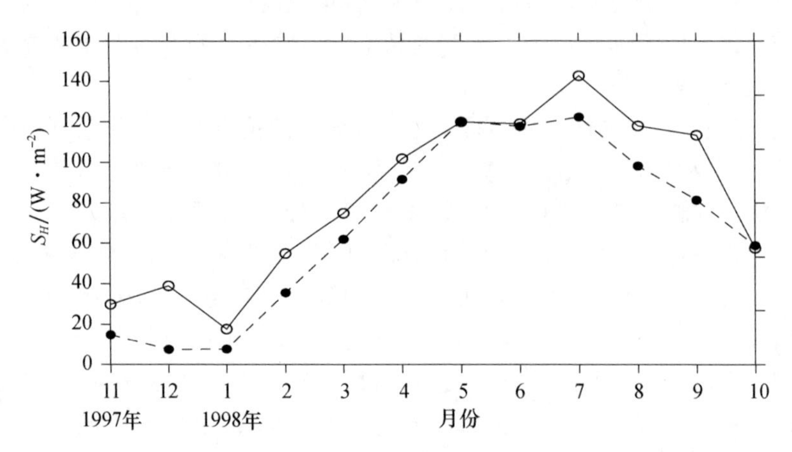

图 5.29　1997年11月—1998年10月改则(实线)、狮泉河(虚线)站地面热源强度的月平均值

在此观测期内青藏高原西部不论冬夏地面皆为热源,地面热源强度具有明显的季节变化,两站地面热源强度的年平均值分别为82.5和68.2 W·m^{-2}。高原西部两站地面热源中感热和潜热所占比例存在差异,改则感热占83%,潜热占17%,狮泉河感热占95%,潜热占5%。因此,青藏高原西部地面热源中以感热加热为主,潜热只在高原雨季(8—10月)有较明显的贡献,这与高原中、东部地面热源构成中两者大体相当明显不同。

综上所述,高原地面全年为热源,干季热源构成以感热加热为主,转为雨季后潜热和感热同等重要,但高原不同地区地面热源构成的差异、地面热源的季节变化和年际变化仍需进一步研究。

夏季高原地面热源的气候均值为120 W·m^{-2},其中地面感热与地面潜热对地面热源的贡献相当。地面热源总体呈减弱趋势(图5.30),但减幅很小,其线性倾向率仅为−0.73(W·m^{-2})/(10 a)。高原地面热源在1985—1999年偏强,但强度呈波动式走低趋势。2000—2006年处于明显偏弱状态,随后又转为增强趋势。因此,高原地面热源的年际、年代际变化特征明显。近30年6—8月各月的高原地面热源变化趋势与夏季类似。

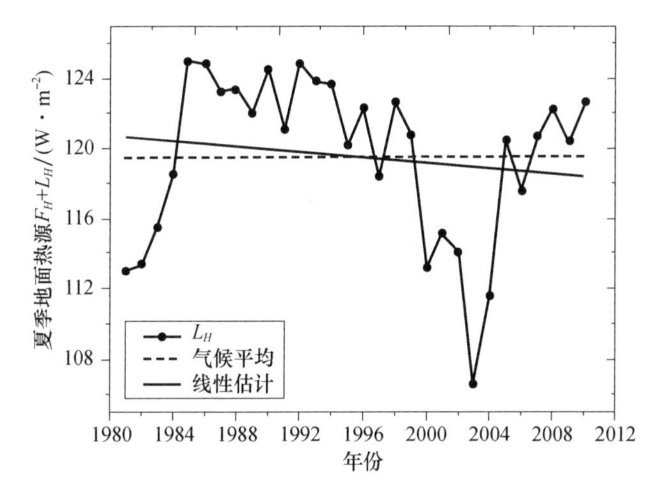

图 5.30　青藏高原 1981—2010 年夏季地面热源

夏季地面热源的准 3 a、准 7 a 和准 12 a 的周期振荡现象显著。2～4 a 的周期振荡在 1997 年与 2007 年之间有较大谱值，6～8 a 的周期振荡在 1995 年前后有较大谱值(图 5.31)。

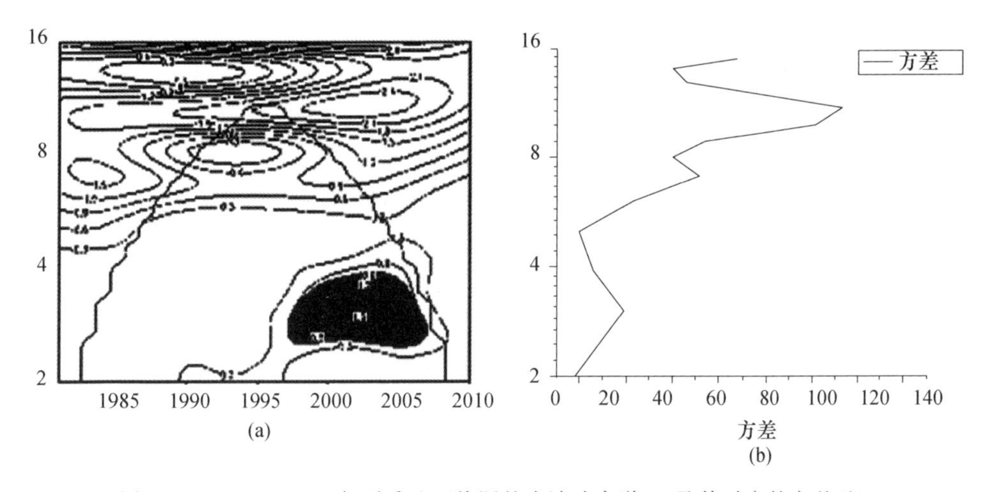

图 5.31　1981—2010 年夏季地面热源的小波功率谱(a)及其对应的方差(b)

由图 5.32 可见，UF 分量自 20 世纪 80 年代呈增大趋势，1985 年超过显著水平临界线，2000 年后呈减小趋势，这表明 2000 年后夏季高原地面热源呈减小趋势。UB 分量自 20 世纪 80 年代至 90 年代中期呈减小趋势，1994 后出现增大趋势，于 2000 年超过显著水平临界线。UF 和 UB 的交点位于 1997 年，表明夏季高原地面热源在 1997 年前后发生了突变(表 5.6)。

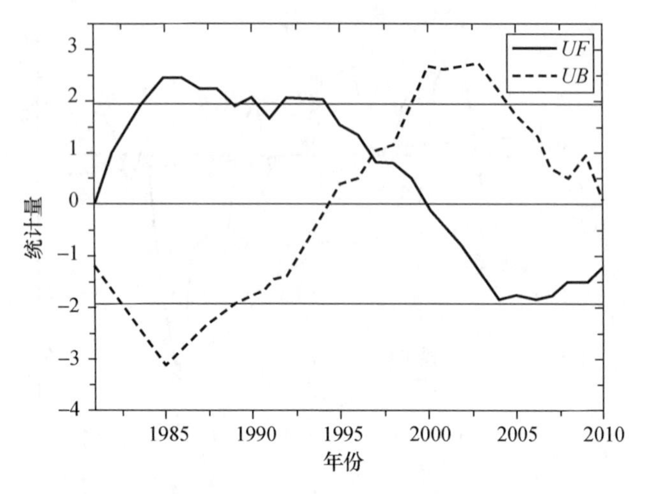

图 5.32　1980—2010 年夏季高原地面热源的 MK 突变检验

表 5.6　高原夏季地面热源的周期及突变特征

	周期	突变点
6 月	准 3 a、准 7 a、准 12 a	1996 年
7 月	准 4 a、准 13 a	1983 年
8 月	准 4 a、准 7 a、准 13 a	无
夏季(6—8 月)	准 3 a、准 7 a、准 12 a	1997 年

5.4.6　地面热源倒算与感热、潜热分量分解

一般而言，在均质下垫面、大气定常情况下，地表能量平衡方程可表示为

$$R_N - Q_G = Q_H + Q_E \tag{5.42}$$

其中：R_N 为地表净辐射(W・m^{-2})，非直接加热量，故用不同于 Q 的符号表示，Q_H 为地表感热通量(W・m^{-2})，Q_E 为地表潜热通量(W・m^{-2})，Q_G 为土壤热通量(W・m^{-2})。

定义 $R_N - Q_G$（倒算法，也可 $Q_H + Q_E$，正算法）为地面加热强度(地面热源)。当 $R_N - Q_G > 0$ 时，地面向大气输送热能，地面相对大气是热源；反之，当 $R_N - Q_G <$ 0 时，地面对大气而言为冷源。

如果通过倒算法获得地面热源后，还想获取其分量构成(即感热、潜热的具体贡献)，则式(5.42)中感热通量 Q_H 、潜热通量 Q_E 可基于组合法进行计算而得出

$$Q_H = Q_{H_0} C_R \tag{5.43}$$

$$Q_E = Q_{E_0} C_R \tag{5.44}$$

$$C_R = \frac{R_N - Q_G}{Q_{H_0} + Q_{E_0}} \tag{5.45}$$

$$Q_{H_0}=\rho c_p\kappa^2 z_a^2 \frac{\partial u}{\partial z}\frac{\partial \theta}{\partial z}\approx \rho c_p\kappa^2 z_a^2 \frac{\Delta u}{\Delta z}\frac{\Delta \theta}{\Delta z} \tag{5.46}$$

$$Q_E=\rho\lambda\kappa z_a \frac{\partial u}{\partial z}\frac{\partial q}{\partial z}\approx \rho\lambda\kappa z_a \frac{\Delta u}{\Delta z}\frac{\Delta q}{\Delta z} \tag{5.47}$$

$$\theta=T\left(\frac{1000}{p}\right)^{0.286} \tag{5.48}$$

$$B=\frac{Q_H}{Q_E} \tag{5.49}$$

其中：C_R 称为能量闭合度，其值越接近 1，表示净辐射与土壤热通量之差越接近感热通量与潜热通量之和，能量闭合度越高，通量数据质量越高。B 称为波文(Bowen)比，表示感热通量与潜热通量的比值。波文比还可以衡量近地层空气的稳定度状况，波文比越大，表明感热交换越强烈，空气越不稳定；波文比越小，大气越稳定。Q_{H_0} 和 Q_{E_0} 为未经层结订正的感热通量和潜热通量；ρ 为空气密度，c_p 为空气等压比热(1.01×10^3 J/kg·K)，λ 为水的汽化潜热(2.45 MJ/kg)；z_a 为两层观测高度的 z_i (m)和 z_{i+1}(m)的几何平均值，可分别取 z_i 和 z_{i+1} 为 0.7 m 和 2 m；κ 为 Karman 常数，取 $\kappa=0.4$，T 为气温(℃)，θ 为位温(℃)，q 为比湿(kg/kg)，p 为大气压(hPa)。

5.4.7　高原积雪异常对地面热通量和地面加热的影

根据近 10 年高原降雪和积雪资料，选取 1996/1997 年为少雪冬季(也称少雪年)，选取 1997/1998 年为多雪冬季(也称多雪年)。如表 5.7 和图 5.33 所示，冬季，多雪年的感热通量出现程度不同的减小(日喀则最明显)，这主要取决于地-气温差的降幅。由于冬季表层土壤基本冻结，多雪年与少雪年的地表蒸发所致的潜热通量没有明显差异。

表 5.7　多雪年和少雪年冬季地面物理量的差异

		A_g	ΔT (℃)	C_D ($\times10^{-3}$)	C_H ($\times10^{-3}$)	F_M ($\times10^{-2}$N/m^2)
拉萨	多雪年	0.18	1.82	3.03	4.03	0.97
	少雪年	0.21	0.97	3.06	4.07	0.96
日喀则	多雪年	0.2	−3.64	3.51	4.66	1.22
	少雪年	0.2	−1.64	2.83	3.7	1.07
那曲	多雪年	0.38	3.1	4.7	6.4	2.74
	少雪年	0.3	2.81	4.5	6.08	3.05
林芝	多雪年	0.28	2.42	4.04	5.46	2.57
	少雪年	0.22	2.81	3.32	4.45	1.79

注：A_g 是地表反射率，ΔT 是地-气温差。

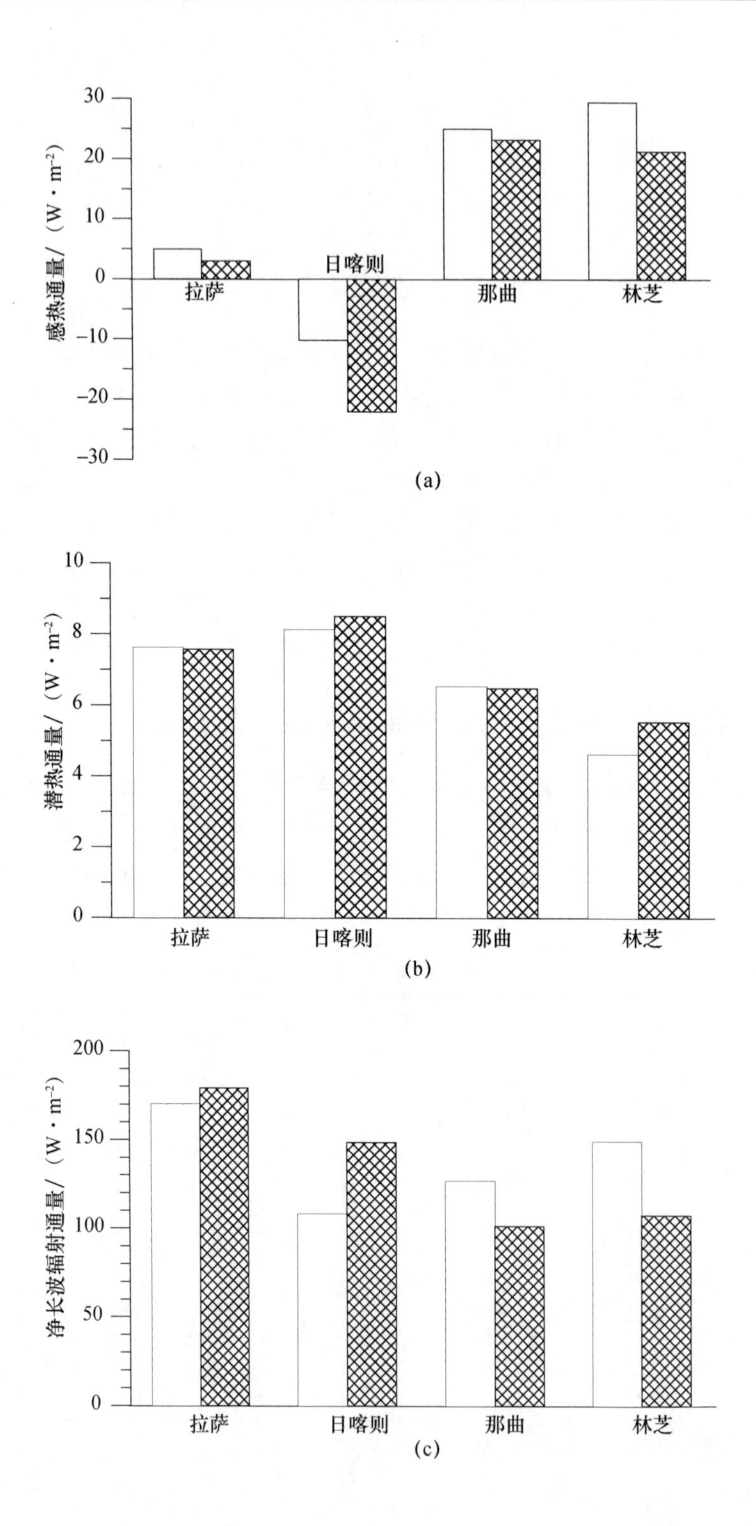
30
20
10
0
-10
-20
-30
感热通量/（W·m-2）
拉萨
日喀则
那曲
林芝
(a)
10
8
6
4
2
0
潜热通量/（W·m-2）
拉萨
日喀则
那曲
林芝
(b)
200
150
100
50
0
净长波辐射通量/（W·m-2）
拉萨
日喀则
那曲
林芝
(c)

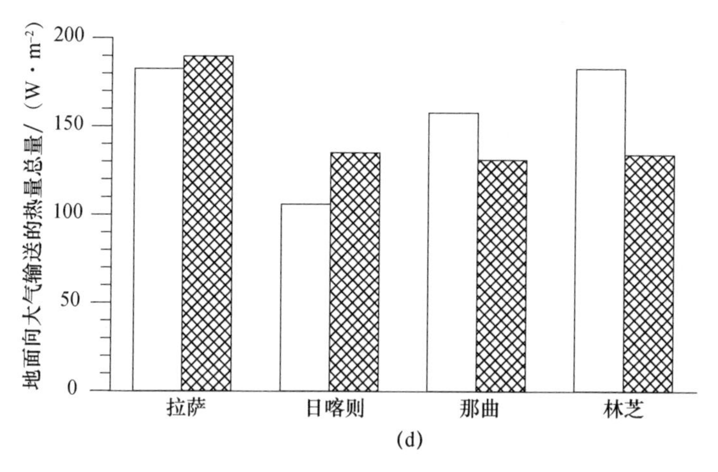

图 5.33　少雪年(左边空白柱)和多雪年(右边网格柱)高原冬季地面热通量(W·m^{-2})的对比
(a)感热,(b)潜热,(c)净长波辐射,(d)地面向大气输送的热量总量

直接加热大气的地面热通量有感热和净长波辐射,后者是地面输入大气热通量的主要份额。在积雪异常显著的多雪年净长波辐射明显减少,例如那曲和林芝。因此,总的来说,多雪年高原地面热通量在积雪明显异常的地区是显著减少的,但那些积雪异常不明显的地区地面热通量可能呈相反的变化趋势,如拉萨和日喀则。这反映出由于高原降雪和积雪分布不均匀,多雪年和少雪年冬季高原各地区的地面加热的差异不能一概而论(图 5.33)。

表 5.8　多雪年和少雪年春季地面物理量的差异

		A_g	ΔT/℃	C_D/(×10^{-3})	C_H/(×10^{-3})	F_M/(×10^{-2}N/m^2)
拉萨	多雪年	0.16	5.71	5.12	6.86	1.68
	少雪年	0.18	8.07	5.47	7.41	2.04
日喀则	多雪年	0.19	2.07	5.93	8.01	2.28
	少雪年	0.19	5.26	5.64	7.57	2.23
那曲	多雪年	0.22	4.64	4.81	6.51	4.86
	少雪年	0.26	5.87	4.77	6.45	2.63
林芝	多雪年	0.19	5.71	4.53	6.12	3.67
	少雪年	0.19	6.64	4.46	6.04	2.52

高原冬季积雪异常不仅影响冬季的地面物理过程,而且由于雪盖的存在及其时间后延效应,还会影响春季的地面物理过程和大气环流。春季,随着气温升高积雪开始融化。如表 5.8 和图 5.34 所示,由于融雪所致的土壤湿度增加,多雪年地表反

射率降低，甚至会低于少雪年的同类值。多雪年春季的地气温差仍是减少的，其变化的均一性和变幅均高于冬季的情形。多雪年与少雪年春季动量总体输送系数 C_D（拖曳系数）和热量总体输送系数 C_H 的差异与冬季的情况相同。图 5.34 中，多雪年与少雪年春季感热通量的差异非常显著，高于冬季的同类值，特别是在拉萨和日喀则，并且四个测站的变化趋势是一致的。多雪年春季地表潜热通量随着融雪所致的土壤湿度和地表蒸发的增加而增大，尤其在冬季积雪异常显著的地区（如那曲和林芝）。多雪年的春季净长波辐射明显减少（日喀则除外）。因此，多雪年春季地面向大气输送的热量总量是明显减少的（图 5.34d），并且多雪年与少雪年地面向大气输送的热量总量的差异在春季明显大于冬季（表 5.8）。由此可见，青藏高原冬季积雪异常的影响在随之而来的春季表现得更加清楚，也更加显著。

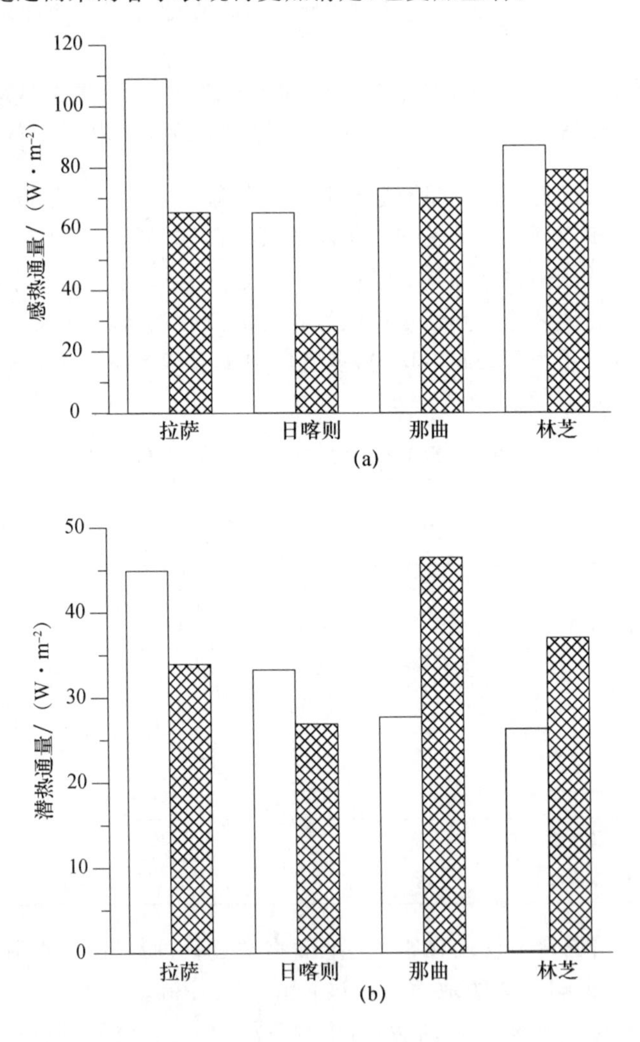

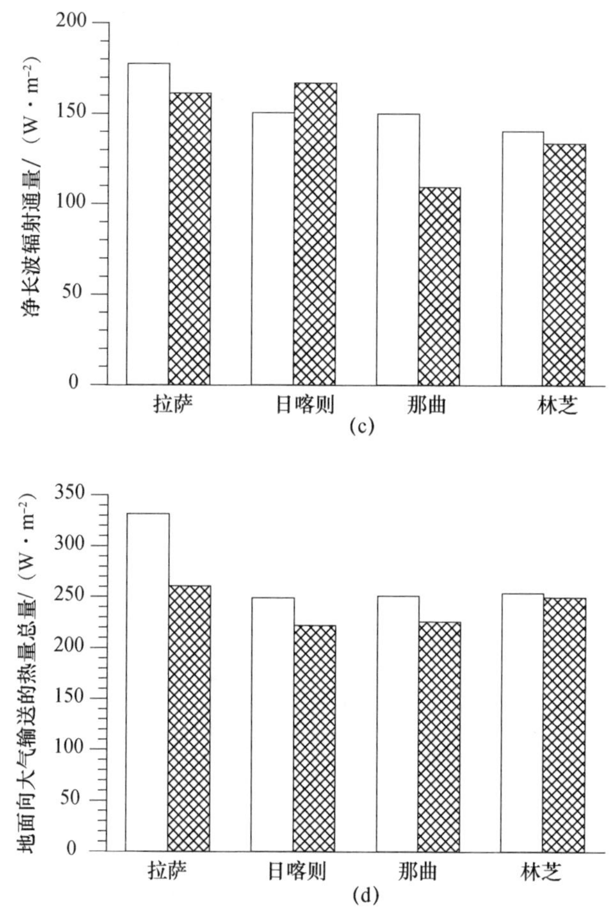

图 5.34　少雪年(左边空白柱)和多雪年(右边网格柱)高原春季地面热通量的对比
(a)感热,(b)潜热,(c)净长波辐射,(d)地面向大气输送的热量总量

5.4.8　高原地面热源异常对 Rossby 长波活动的影响

2008 年 1 月在我国的中东南部地区爆发了一次极端冰雪灾害天气,此次灾害过程持续了 22 d,造成了十分严重经济损失和社会影响,下面利用此次典型个例重点对高原加热异常对大气波动和南方冰雪灾害天气的影响展开研究。

采用直接算法(正算法)来研究青藏高原地区的地面热源,即用高原区域 27°—45°N,70°—105°E 内 190 个格点平均的地面热通量来表征高原的地面热源强度,地面热通量取自 NCEP/DOE 的逐日数据,包括地面潜热通量和感热通量。

从地面热源的时间序列(图 5.35)上可以看出,地面热源强度随时间不断增强,这种增加有一个 3 d 左右的短周期和一个 7～10 d 的较长周期。2008 年 1 月,高原地面热源强度较30年(1979—2008年)平均气候态明显偏强,并具有明显的波动性,特别是从1月7日开始有一个十分明显的加强过程。在7—11日的4 d时间里,高原地面热源强度增大了近30 W·m^{-2}。11—16日,高原地面热源强度开始呈现大幅减弱,但下降幅度仍然不及上升幅度,即便是在16日,其强度和30年平均态也相差无几。16日之后又开始上升,在19—20日达到第二个峰值,并且该峰值的强度比第一个峰值的强度更大。此后地面热源强度虽有所下降,但是一直维持在较高状态。值得注意的是,2008年1月袭击我国南方的持续性低温雨雪天气可分为4个阶段,分别为1月10—15日、18—22日、25—28日以及1月31日—2月2日。而这四个时段和上述高原地面热源强度异常波动有很好的对应关系。

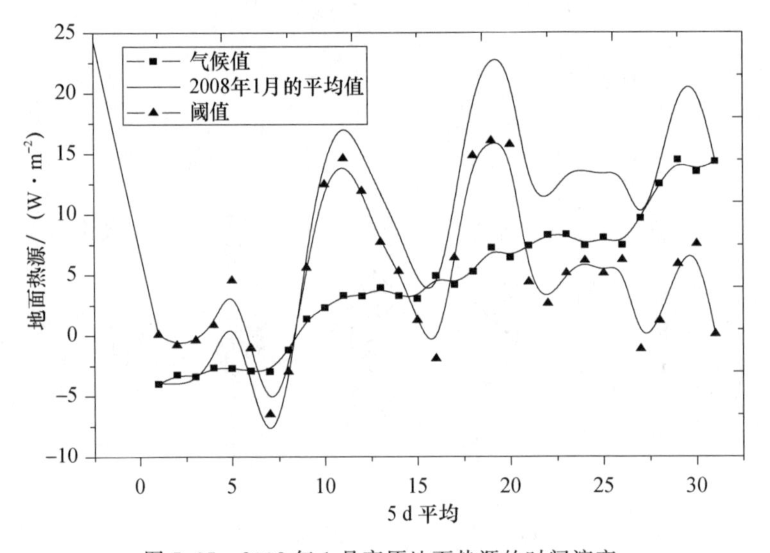

图5.35　2008年1月高原地面热源的时间演变

为了减少地面热源资料在逐日分析时可能出现的不稳定性,我们对高原地面热源从2007年12月开始取候的累积,并与30年的平均态进行对比(图5.36)。

从图5.36中可以看出,在气候态上,地面热源在前8候(12月和1月上旬)基本处于异常偏低状态,到1月上旬(第8候)后开始持续上升。2007年12月(即1—6候)高原地面热源较气候态有较大波动,先后经历了"一降一升"的过程,在12月中旬地面热源开始上升并且这种上升趋势一直持续到2008年1月底。同时,可看到高原地面热源在第9—11候(对应2008年1月11—25日)的地面热源强度较气候态异常偏高。

为更加客观地证明这种Rossby波能量频散的上游效应(即下游发展效应),我们利用T-N通量进一步研究分析得到2007年12月高原热源异常偏低,而2008年1

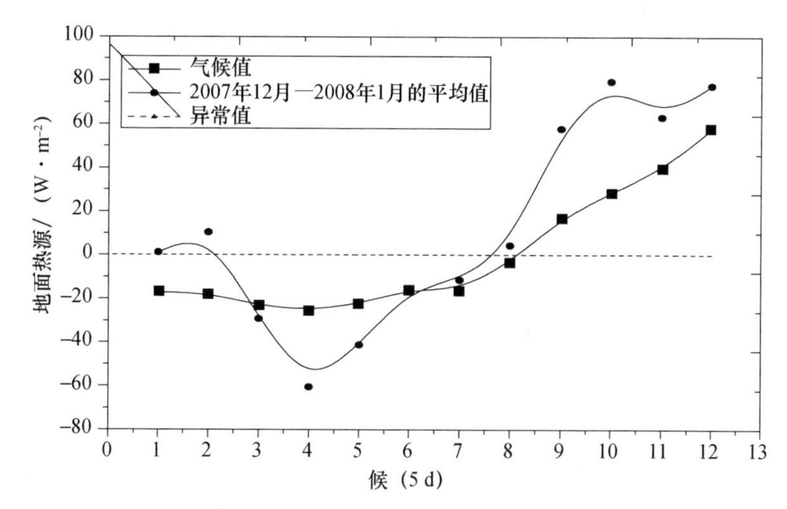

图 5.36　2007 年 12 月 2 日—2008 年 1 月 30 日候平均的地面热源时间演变

月异常偏高，本工作研究了这两个月份高低层 Rossby 波的能量频散特征。

从图 5.37a 中可以看到在 2007 年的 12 月在东欧地区有一正位势高度异常中心，Rossby 波从该中心东传到 60°N 左右的亚洲东岸地区的负位势高度异常中心，并在该中心的东部激发出新的波动沿西南方向传播。在中低纬上，在我国青藏高原的上游顺着正负交替的位势异常中心可以看到以 Rossby 波向东传播，但传播到高原地区后该波动就不再东传。

从图 5.37b(2008 年 1 月)中可以看到，东欧地区有一正位势高度异常中心，Rossby 波从该中心东传到伊朗高原西侧与来向西的波作用通量在伊朗高原西部辐合。同时，在伊朗高原的东侧有波作用通量东传到青藏高原西侧边缘辐合；在青藏高原西部地区 Rossby 波传播不明显，但是在高原主体区域又重新激发出 Rossby 波，并东传到我国东部和南方地区。值得注意的是，青藏高原地区是波通量(矢)的辐散区，说明青藏高原地区是波源区，对比 2007 年 12 月的波动传播特征，可以认为这中波源的产生可能与高原地面热源异常产生外源强迫有关。根据相关的研究结论(Yanai 和 Li，1994；李国平，2007)，我们有理由认为青藏高原的大地形和热力作用是高原区域 Rossby 波激发和传播的主要影响因子。在 500 hPa 上，Rossby 波的能量传播特征和 300 hPa 基本保持一致，只是在强度上有所减弱。

综上所述，在高原加热异常与高度场异常的相关图上，可以看到在中低纬(20°—40°N)有两列正负交替中心表征的 Rossby 波列。这种波列在流场距平及其与高原热源异常的相关分析中也有显现，说明高原热源的异常对中纬度 Rossby 波列的激发和传播有影响。利用 T-N 通量对 2007 年 12 月和 2008 年 1 月的 Rossby 波动能量频散进行分析发现在大气的中高层，高原地区在热源异常强时能激发出 Rossby

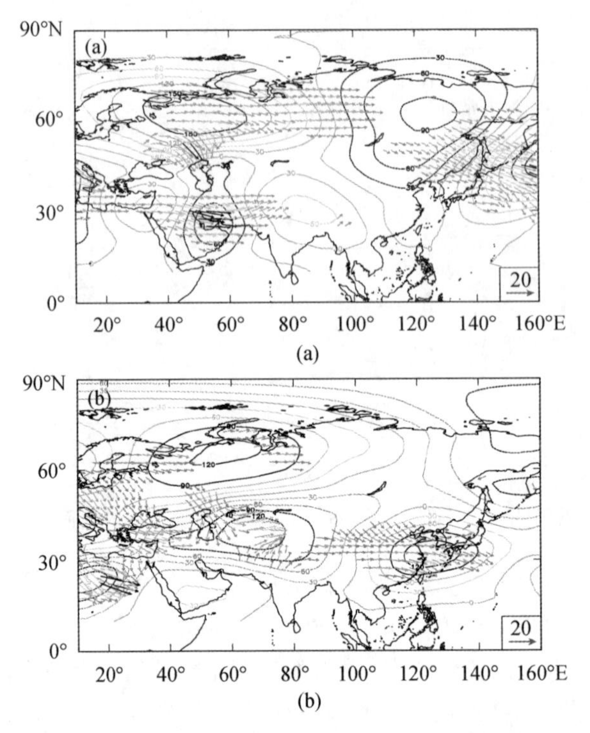

图 5.37　300 hPa Rossby 波通量(单位:m/s^2)与位势高度异常的叠加

(a)2007 年 12 月,(b)2008 年 1 月

(图中只画出了大于 5 m/s^2 的 Rossby 波通量)

波列,并且由于波能频散的上游效应东传到高原下游地区,为我国南方冬季冰冻灾害天气的爆发和持续提供能量支持(Fan et al,2015)。

5.4.9　高原地面热源与我国夏季降水的关系

首先对青藏高原地表热通量再分析资料与自动气象站(AWS)实测资料进行对比,结果表明:相对于美国国家环境预报中心和国家大气中心 20 世纪 90 年代研制的 NCEP/NCAR 和 NCEP/DOE 再分析资料,ECMWF ERA 资料在高原地区的地表热通量具有较好的代表性。进一步利用奇异值分解(SVD)方法分析了 ERA 资料反映的高原地面热源与我国夏季降水的关系,发现前期青藏高原主体的冬季地面热源与长江中下游地区夏季降水量呈负相关,与华北和东南沿海地区的夏季降水量呈正相关。而长江中下游地区夏季降水量还与春季高原南部的地面热源存在负相关、与高原北部的地面热源存在正相关。高原冬、春季地面热源场的变化是影响我国夏季降水的重要因子(刘晓冉和李国平,2008)。

5.5 大气热源

大气冷热源是以大气是否得到热量来定义的。在某个时段内，某地的大气柱内若有净热量的收入(通过运动从侧边界流出的热量不计在内)，则把这个时段该地的大气称为热源；若有净热量支出，则称为冷源。大气冷热源由以下五个加热分量之和构成，即地面有效辐射(净长波辐射)、地面感热、太阳短波辐射、降水凝结潜热和大气顶向外放出的长波辐射。显然大气冷热源全面考虑了各种热量之间的平衡，是大气运动的热力强迫因子，也是大气运动的能量来源。大气冷热源的计算方法很多，大致可归纳为两类：一是直接计算法(也称正算法)，即通过参数化方案或结合经验公式分别算出五个加热分量，然后求和；二是间接计算法(也称倒算法)，即根据热力学量的变化通过热力学方程倒算出非绝热加热作为大气冷热源。

青藏高原上直接观测资料的获取非常困难，大气热源/汇的三维分布难以计算，用降水、地面温度、风场资料和卫星观测的资料仅能估算各分量对大气热源的数量贡献。计算感热通量时所用的湍流感热交换系数难以确定，参数的选取不一，所估算的热源强度差别很大，这也是结果正确与否的关键。因此，采用正算法计算大气热量源/汇，虽然各分量物理意义明确，但具体计算仍存在不少问题。间接计算称为倒算法，倒算法不仅能计算整层大气视热源(垂直积分即得到大气中总的热源汇的变化)，也可计算大气加热率的垂直分布。过去倒算法要用到垂直速度(不易算准)、难以分离出各种加热场相对贡献以及必须知道运动场才能确定加热场，所以在实际应用时受到不少限制，因此大气冷热源的计算方法多采用正算法进行。现在通过再分析资料可以方便地获取垂直速度等资料，则采用倒算法计算视热源相对较为方便，已成为计算大气热源的主流方法，但其结果的可靠性很大程度上取决于再分析资料的准确性及时空分辨率。

由于正算法需要大气凝结加热、感热及其垂直传输、辐射平衡等数据，目前的实际观测资料缺乏，在现有情况下，直接计算大气热源的三维分布显然是很困难的。而用降水、地面温度、风场资料和卫星观测的资料能估算大气中总热源(汇)的变化，即大气中的总(垂直积分)加热或冷却。因此，大气冷热源的计算方法多采用倒算法进行。大气热源的倒算法是利用大尺度观测的物理量(温度、湿度和风场)，在等压坐标或等熵坐标下，带入热力学方程间接算出大气各高度层热量源汇。这种方法可给出大气热源的三维结构，但计算结果的可靠性依赖于观测或再分析资料。采用Yanai等(1973)研究热带对流时提出的倒算法，即大气(视)热源可表示为

$$Q_1 = c_p\left[\frac{\partial T}{\partial t} + \mathbf{V}\cdot\nabla T + \left(\frac{p}{p_0}\right)^{\kappa}\omega\frac{\partial\theta}{\partial p}\right] = Q_R + L(c-e) - \frac{\partial\overline{(S'\omega')}}{\partial p} \quad (5.50)$$

而大气视水汽汇(即单位时间内单位质量水汽凝结释放热量引起的增温率)可表示为

$$Q_2 = -L\left(\frac{\partial q}{\partial t} + \mathbf{V}\cdot\nabla q + \omega\frac{\partial q}{\partial p}\right) = L(c-e) + L\frac{\partial\overline{q'\omega'}}{\partial p} \tag{5.51}$$

其中:Q_1 为单位质量大气热量的源汇,其主要由净辐射加热(冷却)Q_R、潜热加热和扰动产生的垂直感热输送组成。c 为凝结率,S' 为扰动感热通量,ω' 为扰动垂直速度,视水汽汇 Q_2 为单位质量大气凝结潜热加热,L 为潜热系数,c 为单位质量空气凝结比率,e 为云雨的蒸发比率,其他为常用符号。

采用质量权重对大气视热源、视水汽汇进行垂直积分

$$\langle Q_1\rangle = \frac{1}{g}\int_{p_t}^{p_s} Q_1\,\mathrm{d}p = \frac{c_p}{g}\int_{p_t}^{p_s}\left[\frac{\partial T}{\partial t} + \mathbf{V}\cdot\nabla T + \left(\frac{p}{p_0}\right)^{\kappa}\omega\frac{\partial\theta}{\partial p}\right]\mathrm{d}p \tag{5.52}$$

$$\langle Q_2\rangle = L(P-E)$$

式中:p_s 是地面气压,p_t 是大气层顶气压(本研究取为 100 hPa),$\langle Q_1\rangle$ 是整层大气热源 Q_1 在单位面积下的垂直积分。$\langle Q_1\rangle$ 的正负表示大气柱总的非绝热加热或冷却,即大气热源或热汇。P 为降水总量,E 为蒸发总量。

陈隆勋和李维亮(1983)、Luo 和 Yanai(1984)相继采用正算法计算分析了高原大气中的冷热源强度,指出高原大气 3—9 月平均为热源,10 月至次年 2 月平均为冷源。陈隆勋和李维亮(1983)还特别指出,夏季大气热源的中心并不在高原上空,而是在高原东南侧的孟加拉湾东部。

青藏高原上空的水汽对高原的热源影响很大,干燥期最大加热率只有 1～3 ℃/d,而在湿润期可增加到 5 ℃/d。因此,高原上空的水汽变化可直接引起高原热源的异常。1998 年 TIPEX 观测资料表明:干季,整个高原的潜热通量都很小,地面向大气边界层提供的湍流能量以感热为主;进入湿季,潜热通量显著增加,感热通量相应减少,这时高原中、东部地面向大气边界层湍流热量输送以潜热为主,而西部以感热输送为主。

近年来,随着再分析资料的逐步完善及应用普及,再分析资料在高原大气研究的可靠性也日益受到关注。为了检验大气热源计算结果的可靠性和准确性,我们对本研究计算的大气热源结果与前人的相关计算结果进行了比对(表 5.9)。

表 5.9　青藏高原大气热源区域平均的月均值和年均值(单位:W·m^{-2})

作者	资料	1 月	2 月	3 月	4 月	5 月	6 月	7 月	8 月	9 月	10 月	11 月	12 月	年均值
本研究	NCEP	−71	−39	−7	32	74	108	118	88	40	−31	−77	−84	12
叶笃正等(1979)	地面观测资料	−72	−42	25	60	93	108	101	74	44	−10	−54	−77	21
陈隆勋和李维亮(1983)	气象卫星观测资料	−59	−34	14	40	53	80	89	85	45	−29	−59	−78	12

续表

作者	资料	1月	2月	3月	4月	5月	6月	7月	8月	9月	10月	11月	12月	年均值
赵平和陈隆勋(2001)	地面观测资料	−60	−34	−12	18	50	78	75	51	17	−27	−57	−72	2
Yanai 等(1992)	FGGEⅡ-b	−36	−15	22	38	107	88	80	62				−40	

青藏高原 1981—2010 年大气热源的均值(表 5.9)表明,高原地区从 10 月到次年 3 月为热汇,其中最强热汇月出现在 12 月,为−84 W・m^{-2};高原地区 4—9 月为热源,最强热源在 7 月,为 118 W・m^{-2}。与前人研究结果进行比较,我们计算的大气热源与叶笃正等(1979)、陈隆勋和李维亮(1983)、Yanai 等(1992)、赵平和陈隆勋(2001)的结果差异主要体现在具体数值上,这种差异可能是所选区域、计算方法所用资料以及研究年代不同造成的。但就热源性质、数量级及月变化趋势的比较结果来看,本研究(刘云丰和李国平,2016)利用 NCEP 再分析资料计算的高原大气热源月均值是可靠的。

图 5.38 为 1981—2010 年青藏高原夏季大气热源强度的空间分布。6 月(图 5.38a),高原主体为热源,青藏高原大气热源强度呈现“南高北低”,且东部热源明显强于西部。高原主体大气热源强度为 50～100 W・m^{-2},最大中心强度达到 200 W・m^{-2}。7 月(图 5.38b),随着孟加拉湾北部大气热源加强,200 W・m^{-2} 等值

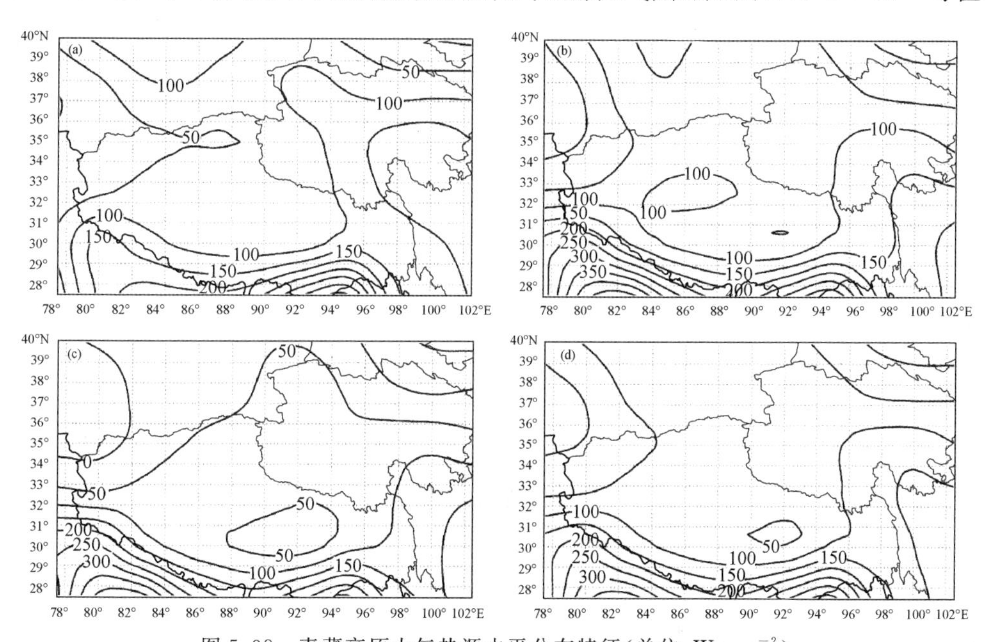

图 5.38　青藏高原大气热源水平分布特征(单位:W・m^{-2})

(a)6 月,(b)7 月,(c)8 月,(d)夏季

线明显北上，青藏高原南部大气热源强度到达 100 $W \cdot m^{-2}$ 以上，青藏高原大气热源强度整体增强，达到全年最强，中心强度可达 300 $W \cdot m^{-2}$ 以上。8 月(图 5.38c)，100 $W \cdot m^{-2}$ 等值线开始南撤，同时高原主体大气热源强度减弱，东北部甚至出现冷源(热汇)。此时，孟加拉湾西北侧大气热源逐渐减弱南撤。夏季总体上高原大气热源为一强热源区(图 5.38d)，平均强度在 100 $W \cdot m^{-2}$ 以上，高原东部热源明显强于西部。热源中心主要位于高原南侧，且热源等值线密集，表明由于高原南侧喜马拉雅山脉地形的陡峭，导致大气热源强度的经向差异显著。

图 5.39 为 6 月高原大气热源强度的年代际变化和 Morlet 小波分析。从 1981 年开始 6 月大气热源强度整体呈减弱趋势，气候倾向率为 $-0.95(W \cdot m^{-2})/a$，大气

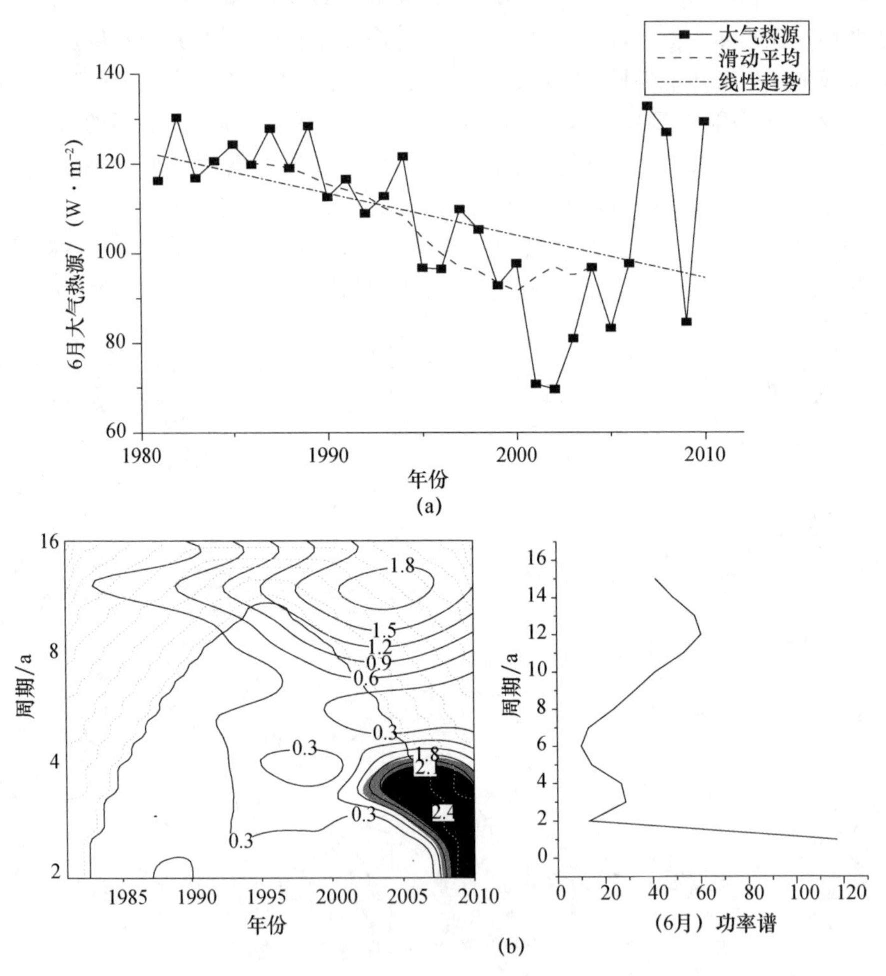

图 5.39　1981—2010 年 6 月大气热源(a)年代际变化和(b)小波图(左)及对应的方差图(右)

(阴影区通过了 95%的显著性检验)

热源平均强度为 108 W・m^{-2}；1981 年后，大气热源强度呈持续下降趋势，从 21 世纪开始大气热源强度逐渐由减弱趋势转为增强趋势；并且高原大气热源具有准 3 a 和准 12 a 的周期振荡现象(5.39b)，但准 3 a 的振荡周期只有在进入 21 世纪后才显著，通过了 95%的显著性检验。

图 5.40 为 7 月高原大气热源强度的年代际变化和 Morlet 小波分析。从 1981 年开始 7 月份高原大气热源整体呈减弱趋势，气候倾向率为－0.69(W・m^{-2})/a，大气热源平均强度为 118 W・m^{-2}；自 20 世纪 80 年代中期到 20 世纪末大气热源持续减弱，21 世纪初大气热源强度转变为增强趋势。由图 5.40b 可知，该月大气热源序列存在准 3 a 和准 9 a 的周期振荡现象，其中准 3 a 的周期振荡从 1981 年前后到 1990 年前后以及从 1995 年到 2010 年前后都比较明显，且均通过了 95%的显著性检验。自 20 世纪 80 年代初到 21 世纪初，则具有 8～10 a 周期振荡，但没有通过 95%的显著性检验。

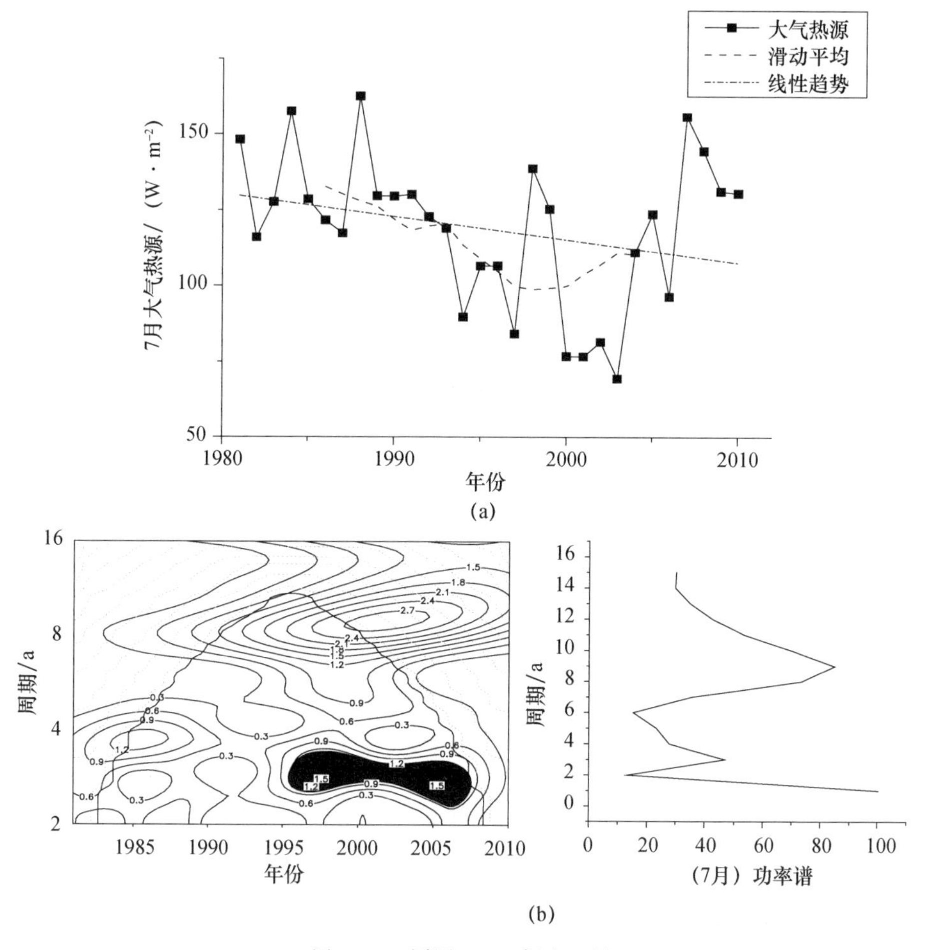

图 5.40　同图 5.39，但为 7 月

由图 5.41,自 1981 年以来 8 月大气热源强度整体呈增强趋势,但年代际变化趋势不明显,气候倾向率为 0.33($W \cdot m^{-2}$)/a,大气热源平均强度为 88 $W \cdot m^{-2}$。高原大气热源存在准 3 a、准 6 a 和准 10 a 的周期振荡现象(图 5.41b),准 3 a 的周期振荡在 1986 年到 21 世纪初前后比较明显,5～6 年的周期振荡自 1990 年到 1995 年前后较为明显,且准 3 a 和准 6 a 的周期振荡都通过了 95%的显著性检验。

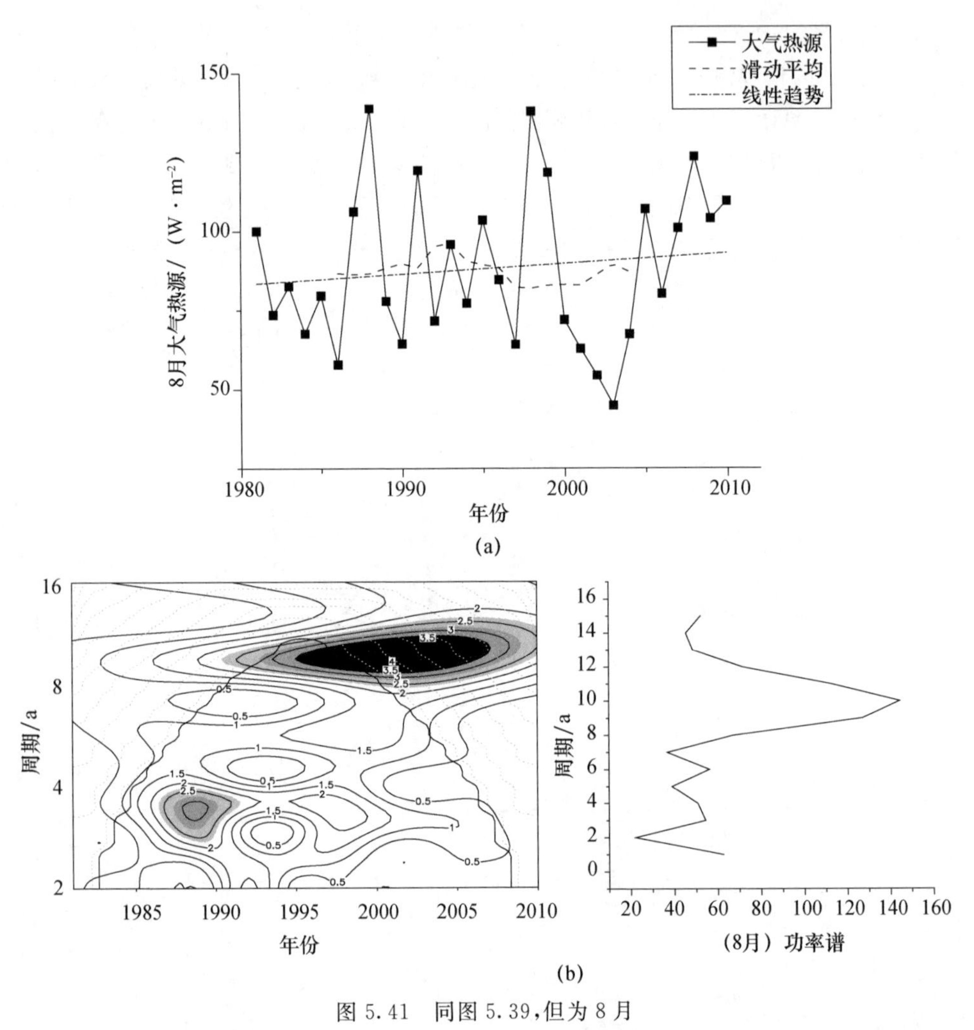

图 5.41　同图 5.39,但为 8 月

图 5.42 是夏季大气热源强度的年代际变化和 Morlet 小波分析。从 1981 年开始夏季高原大气热源强度表现为减弱趋势,其气候倾向率为−0.46($W \cdot m^{-2}$)/a,夏季大气热源强度均值为 104 $W \cdot m^{-2}$;2000 年以前,大气热源强度有减弱趋势,21 世纪开始逐渐由减弱趋势转为增强趋势。由图 5.42b 可知,高原大气热源强度存在准 3 a 和准 11 a 周期振荡,1985 年到 1990 年前后和 2007 年前后具有较为明显的准 3 a

周期振荡，且均通过了 95%的显著性检验。9～11 a 周期振荡存在于 20 世纪 80 年代中期到 21 世纪初，但该振荡不显著。

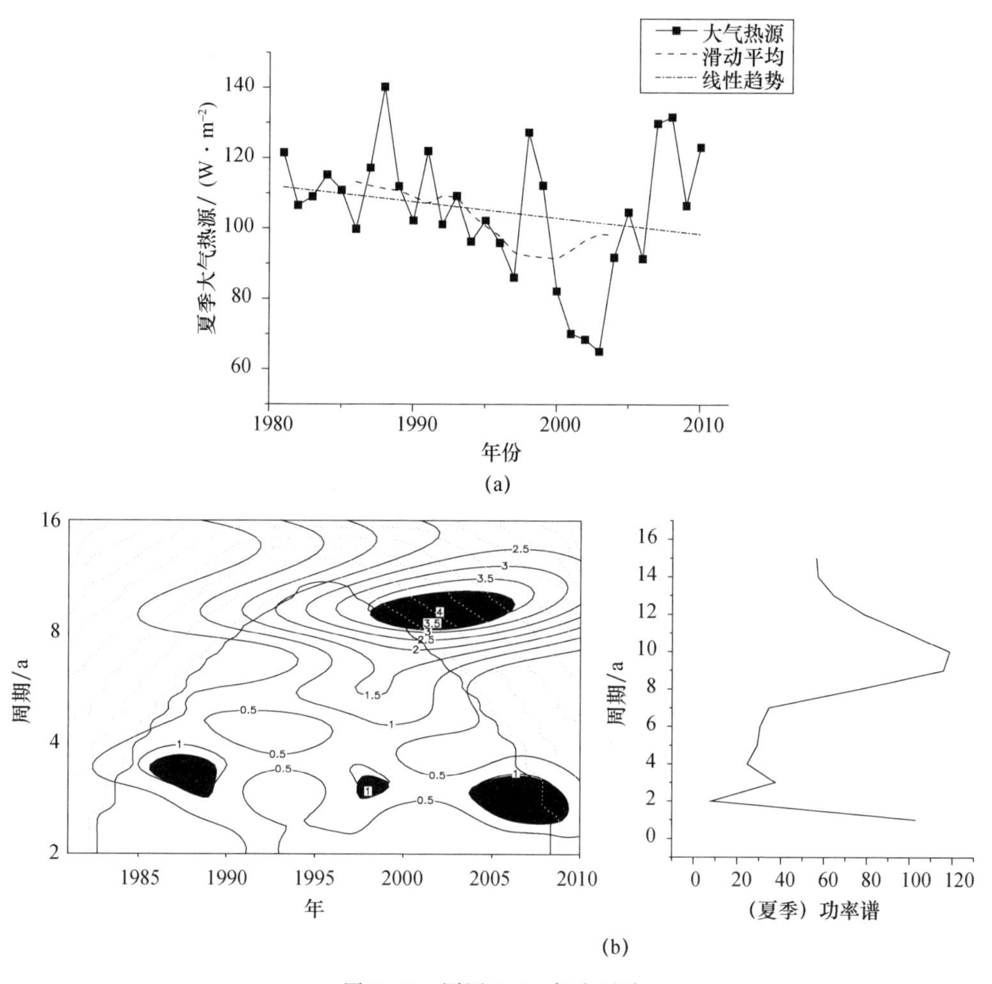

图 5.42　同图 5.39，但为夏季

5.6　高原西部低涡的超干绝热生成机制

在平原地区，地面感热加热只与地面热低压相联系，但这种系统呈准静止状态、有明显的日变化、强度相当弱，并且温压场都很浅薄。但在青藏高原(特别是高原西部)地面感热却能产生发展性、移动性的涡旋系统。

从大气动力学的观点，任何天气系统的发生、发展都可以看作一种动力不稳定过程。温带气旋的发展机制主要是斜压不稳定,热带气旋的发生、发展与第二类条件不稳定(CISK)有关。根据夏季高原低涡的发生过程和结构特征,不少研究表明CISK对高原东部低涡(如那曲涡)的发生、发展也有重要作用,但这种机制不能解释水汽极端缺乏的高原西部低涡的产生和发展。因此,常发生于近似正压气流中的高原西部的暖性、干涡能够得到较大发展可能存在另一类动力不稳定机制。例如,此类低涡产生于地面感热中心上空并随之移动,因此感热的作用非常重要。受感热加热影响,低涡中心降压,气流从四周向中心辐合,一般情况下上升运动中干绝热过程马上使气柱降温,从而抑制热低压进一步发展。但研究发现,在高原主体地区,当地面出现最高气温时,几乎每天在500 hPa以下出现超干绝热递减率现象(即$\gamma > \gamma_d$)。在超干绝热条件下,上升气流相对于四周仍然是升温的,则此时可能存在类似于热带洋面条件性不稳定大气中的CISK机制。因为当上升气流不再降温反而升温时,将使那里的气柱进一步增暖,高层的辐散加强,引起低层辐合也进一步加强。这是一种正反馈的互激过程,也是一种不稳定发展过程,不稳定发展的结果,使低涡、暖气柱和上升运动同时加强,这种机制较好地解释了具有深厚暖气柱的干涡发展过程。当然,由于超干绝热气层的厚度不可能很厚、维持时间也不会很长,一般高原西部低涡的强度比高原东部低涡要弱。

根据陈秋士(1963)提出的分解分析方法,可将高原低涡的发展看作是非热成风适应过程中热成风不平衡所激发的惯性重力内波不稳定发展的结果。则在超干绝热大气中惯性重力波不稳定发展的判据为

$$L < L_0 \tag{5.53}$$

式中:L为扰动的水平尺度,L_0为热成风适应的特征水平尺度,其表达式为

$$L_0 = \frac{C_d}{\sqrt{2} f} = \frac{R}{f}\sqrt{\frac{T(\gamma - \gamma_d)}{2g}} \tag{5.54}$$

式中C_d是惯性重力内波的波速。显然,高原西部的超干绝热条件有利于满足不稳定判据式(5.53)。

5.7 西南低涡初期发展的超干绝热机制

在西南低涡涡源附近,由于下垫面海拔高,大气中的水汽含量少,由积云对流释放潜热而引起低涡发展的可能性较小。下面介绍大气边界层中层结弱不稳定的超干绝热(热力不稳定)结构引起西南低涡初期发展的一种机制(万军和卢敬华,1986)。

设低涡已在大气边界层中初生,水平尺度数百千米,垂直方向很浅薄。采用柱坐标系,考虑湍流摩擦作用,不考虑水汽凝结潜热效应,则有基本方程组

$$
\begin{cases}
\dfrac{\partial u}{\partial t}+u\dfrac{\partial u}{\partial r}+w\dfrac{\partial u}{\partial z}-fv-\dfrac{v^2}{r}=-\dfrac{1}{\rho}\dfrac{\partial p}{\partial r}+k\dfrac{\partial^2 u}{\partial z^2}+k_L\dfrac{\partial}{\partial r}\left(\dfrac{1}{r}\dfrac{\partial ru}{\partial r}\right)\\
\dfrac{\partial v}{\partial t}+u\dfrac{\partial v}{\partial r}+w\dfrac{\partial v}{\partial z}+fu+\dfrac{uv}{r}=k\dfrac{\partial^2 v}{\partial z^2}+k_L\dfrac{\partial}{\partial r}\left(\dfrac{1}{r}\dfrac{\partial rv}{\partial r}\right)\\
\dfrac{\partial w}{\partial t}+u\dfrac{\partial w}{\partial r}+w\dfrac{\partial w}{\partial z}=-g-\dfrac{1}{\rho}\dfrac{\partial p}{\partial z}+k\dfrac{\partial^2 w}{\partial z^2}+k_L\left(\dfrac{\partial^2 w}{\partial r^2}+\dfrac{1}{r}\dfrac{\partial w}{\partial r}\right)\\
\dfrac{\partial \theta}{\partial t}+u\dfrac{\partial \theta}{\partial r}+w\dfrac{\partial \theta}{\partial z}=k\dfrac{\partial^2 \theta}{\partial z^2}+k_L\left(\dfrac{\partial^2 \theta}{\partial r^2}+\dfrac{1}{r}\dfrac{\partial \theta}{\partial r}\right)\\
\dfrac{\partial \rho}{\partial t}+\dfrac{\partial(\rho u)}{\partial r}+\dfrac{\rho u}{r}+\dfrac{\partial(\rho w)}{\partial z}=0
\end{cases}
\tag{5.55}
$$

其中：r 表示径向，u 表示径向速度，v 表示切向速度，k 表示水平湍流摩擦系数，k_L 表示垂直湍流摩擦系数，其他为气象常用符号。

由于只考虑边界层中的轴对称扰动，设基本运动静止，平均气压和密度只随高度变化，平均密度为常数。加之边界层中的运动属于浅层运动，则采用微扰法，并作简单变量代换后可得如下形式的 Boussinesq 近似下的扰动方程组

$$
\begin{cases}
\dfrac{\partial u_1}{\partial t}-fv_1-\dfrac{v_1^2}{r}=-\dfrac{\partial p_1}{\partial r}+k\dfrac{\partial^2 u_1}{\partial z^2}+k_L\dfrac{\partial}{\partial r}\left(\dfrac{1}{r}\dfrac{\partial ru_1}{\partial r}\right)\\
\dfrac{\partial v_1}{\partial t}+fu_1+\dfrac{u_1v_1}{r}=k\dfrac{\partial^2 v_1}{\partial z^2}+k_L\dfrac{\partial}{\partial r}\left(\dfrac{1}{r}\dfrac{\partial rv_1}{\partial r}\right)\\
\dfrac{\partial w_1}{\partial t}=-\dfrac{\partial p_1}{\partial z}+\dfrac{g\theta_1}{}+k\dfrac{\partial^2 w_1}{\partial z^2}+k_L\left(\dfrac{\partial^2 w_1}{\partial r^2}+\dfrac{1}{r}\dfrac{\partial w_1}{\partial r}\right)\\
\dfrac{\partial \theta_1}{\partial t}=\dfrac{N^2\overline{\theta}}{g}w_1+k\dfrac{\partial^2 \theta_1}{\partial z^2}+k_L\left(\dfrac{\partial^2 \theta_1}{\partial r^2}+\dfrac{1}{r}\dfrac{\partial \theta_1}{\partial r}\right)\\
\dfrac{\partial ru_1}{\partial r}+\dfrac{\partial rw_1}{\partial z}=0
\end{cases}
\tag{5.56}
$$

其中：$u_1=\rho u'$，$v_1=\rho v'$，$w_1=\rho w'$，$\theta_1=\rho\theta'$，$p_1=p'$。

在青藏高原地区，边界层顶正是边界层内中尺度天气系统减弱或消失的高度，因此上、下边界条件可取为刚体边界条件。设上述扰动方程组有如下形式的解

$$
\begin{cases}
u_1=U(r)\cdot \cos mz\cdot e^{\omega t}\\
v_1=V(r)\cdot \cos mz\cdot e^{\omega t}\\
w_1=W(r)\cdot \sin mz\cdot e^{\omega t}
\end{cases}
\tag{5.57}
$$

则垂直和水平条件相应为

$$z=0,\ w=0\ ;\ z=H,\ w=w_{\max} \tag{5.58}$$

$$r=0,\ w\ \text{有界};\ r=R,\ w=0 \tag{5.59}$$

其中 R 为低涡半径。可以证明在考虑湍流摩擦的情况下，$W(r)$ 近似满足零阶贝塞

尔(Bessel)方程

$$\frac{d^2W(r)}{dr^2}+\frac{1}{r}\frac{dW(r)}{dr}+n_1W(r)=0 \tag{5.60}$$

其中

$$n_1=\frac{m^2f^2+m^2(\omega+km^2+k_Ln^2)^2}{N^2-(\omega+km^2+k_Ln^2)^2} \tag{5.61}$$

方程(5.60)的解为

$$W(r)=AJ_0(n_1r)+BY_0(n_1r) \tag{5.62}$$

式中：$J_0(n_1r)$ 为零阶贝塞尔函数，$W_0(n_1r)$ 为零阶诺依曼函数。由边界条件(5.59)可得 $B=0$ 和 $W(R)=0$，则 $W(r)$ 要有非零解，必须

$$J_0(n_1R)=0 \tag{5.63}$$

则有

$$n_1R=\mu_i\ (i=1,2,\cdots) \tag{5.64}$$

取 $i=1$(第一个零点值)，有 $\mu_1=2.405$，所以 $n_1=\frac{\mu_1}{R}=\frac{2.405}{R}=n$ 。这样利用式(5.62)可得圆频率方程

$$\begin{aligned}&(m^2+n^2)\omega^2+2(m^2+n^2)(km+k_L^2n^2)\omega+\\&(m^2+n^2)(km+k_L^2n^2)^2+mf^2-n^2N^2=0\end{aligned} \tag{5.65}$$

扰动若不稳定发展，要求圆频率有虚部形式的解，则根据根与系数的关系从上式可得不等式

$$N^2>\frac{1}{n^2}[(m^2+n^2)(km+k_L^2n^2)^2+mf^2] \tag{5.66}$$

而 $N^2=-\frac{g}{\overline{\theta}}\frac{\partial\overline{\theta}}{\partial z}\approx\frac{g}{\overline{\theta}}(\gamma-\gamma_d)$，由此得到

$$\gamma-\gamma_d>\frac{\overline{\theta}}{gn^2}[(m^2+n^2)(km+k_L^2n^2)^2+mf^2] \tag{5.67}$$

此式说明，边界层中浅薄低涡初期发展的条件是大气层结不稳定或气温直减率超过干绝热直减率。若在低涡源地将上式中有关物理量取为：$H=3000$ m，$R=150\times10^3$ m，$k=10^2\ \mathrm{m^2/s}$，$k_L=10^4\ \mathrm{m^2/s}$，平均位温为290 K，纬度取30°N，代入式(5.67)可算得 $\gamma-\gamma_d$ 的临界值为0.02 ℃/100 m。根据实测资料，高原近地层到400 hPa的气层经常出现气温直减率与干绝热直减率相当或超干绝热直减率的现象。因此，边界层大气层结弱不稳定的超干绝热结构可引起西南低涡的初生和发展。当然，以上讨论的只是西南低涡发展的一种启动机制，初步发展的低涡要进一步得到加强必须存在有效位能(available potential energy，APE)和潜热能向动能的转换，这种条件多数只有当低涡从源地移出后才能得到满足。

5.8　地面感热和凝结潜热对高原低涡的作用

高原低涡是夏季青藏高原的主要降水系统，一旦其移出高原能造成高原以东地区的强降水天气过程。对其发生发展条件，学者们提出了不同的看法：①适当的环流条件、较大的地-气温差、湿度、强烈的位势不稳定及对流凝结潜热；②高原地形的动力作用；③特定的加热场（高原中西部加热不均匀）和特定的环流形势（北脊南槽、高原切变线和正压不稳定）；④潜热对低涡重要，感热能加强高原中部低涡，但对南部的低涡作用不大，甚至抑制或减弱其发展。

罗四维和杨洋(1991)从能量分析角度，采用视热源方程、视水汽汇方程及扰动有效位能方程，对一次高原西部低涡的产生及发展进行了能量诊断分析。

热量收支和水汽收支方程为

$$\overline{P^*}Q_1=\frac{\partial \overline{P^*}\,\overline{T}}{\partial t}+\overline{m^2 V}\,\frac{\overline{P^*}\,\overline{VT}}{m}-\frac{\partial \overline{P^*}\,\overline{T\mathrm{d}\sigma/\mathrm{d}t}}{\partial \sigma}-\frac{R\overline{T\omega}}{c_p(\sigma+p_t/P^*)}$$

$$=\frac{L}{c_p}\overline{P^*C^*}-\frac{\partial \overline{P^*}\,\overline{T'\mathrm{d}\sigma'/\mathrm{d}t}}{\partial \sigma}+\frac{R\overline{T'\omega'}}{c_p(\sigma+p_t/\overline{P^*})}+\overline{P^*}Q_R \tag{5.68}$$

$$\overline{P^*}Q_2=-\frac{L}{c_p}\left(\frac{\partial \overline{P^*}\,q}{\partial t}+\overline{m^2 V}\,\frac{\overline{P^*\,Vq}}{m}-\frac{\partial \overline{P^*}\,\overline{q\mathrm{d}\sigma/\mathrm{d}t}}{\partial \sigma}\right)$$

$$=\frac{L}{c_p}\overline{P^*}C^*+\frac{\partial \overline{P^*}\,\overline{q'\mathrm{d}\sigma'/\mathrm{d}t}}{\partial \sigma} \tag{5.69}$$

式(5.68)和式(5.69)中略去了水平涡动通量小项 F_T 和 F_Q 。其中：Q_1，Q_2 分别表示由积云对流、层结降水及辐射冷却 Q_R 所引起的视热源及视水汽汇，m 为地图尺度因子，$\overline{C^*}$ 为网格中平均净凝结，上划线“—”的量是从观测资料得到的大尺度变量格点值，气压厚度 $P^*=P_s$(地面气压)$-P_t$(100 hPa)，$\sigma=\dfrac{P-P_t}{P^*}$，$q'\dfrac{\mathrm{d}\sigma'}{\mathrm{d}t}=\dfrac{L}{c_p}q\dfrac{\mathrm{d}\sigma'}{\mathrm{d}t}$。

式(5.68)减式(5.69)得

$$P^*(Q_1-Q_2-Q_R)=-\frac{\partial \overline{P^*}\,\overline{T'\mathrm{d}\sigma'/\mathrm{d}t}}{\partial \sigma}+\frac{R\overline{T'\omega'}}{c_p(\sigma+p_t/\overline{P^*})}-\frac{L}{c_p}\frac{\partial \overline{P^*}\,\overline{q'\mathrm{d}\sigma'/\mathrm{d}t}}{\partial \sigma} \tag{5.70}$$

由于辐射冷却一般为$-2\sim-1$ ℃/d，它比低涡附近的 Q_1-Q_2 约小一个量级，故可将式(5.70)中的 Q_R 略去，即可以近似地以 Q_1-Q_2 代表由式(5.70)右端表示的积云对流及湍流引起的总热能（潜热和感热）垂直涡动通量输送的散度。对式

(5.70)由地面(P_s)垂直积分到大气顶($P_t=0$)得

$$\overline{Q_1-Q_2}\approx-\overline{\left(\frac{\mathrm{d}\sigma'}{\mathrm{d}t}T'\right)}_s-\frac{L}{c_p}\overline{\left(\frac{\mathrm{d}\sigma'}{\mathrm{d}t}q'\right)}_s+\frac{1}{P^*}\left[\frac{R\overline{T'\omega'}}{c_p(\sigma+p_t/\overline{P^*})}\right]_s \tag{5.71}$$

整个气柱的能量主要来自于积云对流及湍流对地表感热和水汽的垂直涡动输送。计算时,时间步长 $\Delta t=12$ h,水平格距 $\Delta d=80$ km,垂直格距 $\Delta\sigma=0.1$,采用 FGGEⅢ$_b$ 资料并插值到 10 层等 σ 面上,计算范围为 45×32 格点,中心点取在高原中部。

低涡范围内扰动能量的转换可用 Nitta(1983)导出的扰动有效位能和扰动动能方程来分析,有关项在 p 坐标系和 σ 坐标系中的转换关系分别为

扰动辐合量

$$-\left[\frac{\partial(\overline{\varphi'\omega'})}{\partial p}\right]=-\frac{1}{P^*}\left[\frac{\partial(\overline{\varphi'\omega'})}{\partial\sigma}\right] \tag{5.72}$$

及

$$-\left[\frac{\partial(\overline{\varphi'v'})}{\partial y}\right]_p=-\frac{1}{P^*}\left[\frac{\partial(\overline{\varphi'v'})}{\partial\sigma}\right]_\sigma-\frac{1}{P^*}\frac{\partial(\overline{\varphi'v'})}{\partial\sigma}\left(\frac{\partial P}{\partial y}\right)_p \tag{5.73}$$

平均有效位能向扰动动能的转换项

$$-\left(\frac{\partial\overline{u}}{\partial y}\right)_p\overline{u'v'}=-\left[\left(\frac{\partial\overline{u}}{\partial y}\right)_\sigma-\frac{1}{P^*}\frac{\partial\overline{u}}{\partial\sigma}\left(\frac{\partial P}{\partial y}\right)_\sigma\right]\overline{u'v'} \tag{5.74}$$

及

$$-\frac{\partial\overline{u}}{\partial P}\overline{u'\omega'}=-\frac{1}{P^*}\frac{\partial\overline{u}}{\partial\sigma}\overline{u'\omega'} \tag{5.75}$$

平均有效位能和扰动有效位能间的转换项

$$-\frac{1}{\delta}\left(\frac{\partial\overline{\alpha}}{\partial y}\right)_p\overline{v'\alpha'}=-\frac{1}{\delta}\left[\left(\frac{\partial\overline{\alpha}}{\partial y}\right)_\sigma-\frac{1}{P^*}\frac{\partial\overline{\alpha}}{\partial\sigma}\left(\frac{\partial P}{\partial y}\right)_\sigma\right]\overline{v'\alpha'} \tag{5.76}$$

其中稳定度

$$\delta=-\frac{1}{\overline{\rho\theta}}\frac{\partial\overline{\theta}}{\partial p}=-\frac{1}{\overline{\rho\theta}P^*}\frac{\partial\overline{\theta}}{\partial\sigma} \tag{5.77}$$

扰动有效位能向扰动动能的转换项在两个坐标系保持不变。非绝热产生的扰动有效位能 $\frac{R}{c_pP\delta}\overline{\alpha'Q_1'}$ 在两个坐标系也保持不变。

能量计算分析的主要结论为:①地面感热加热对低涡的生成发展起决定性作用,潜热加热在此阶段是次要的;②低涡区的潜热加热 Q_2 最大值在 500 hPa 附近,比视热源 Q_1 的极值高度(约 350 hPa)低很多,说明低涡降水是对流性的;③低涡初期及成熟期扰动动能的产生方式为不均匀的地面感热加热→扰动有效位能→扰动动能,类似于热带大气中能量的转换方式;④在低涡发展前期及后期,其发展机理主要是中纬度大气的斜压不稳定,这时扰动动能产生的主要方式为平均有效位能→扰动

有效位能→扰动动能，其次是非绝热加热。

利用 NCEP/NCAR 地面感热通量再分析格点资料以及 MICAPS 天气图资料识别的高原低涡资料集，分析夏季高原地面感热通量与同期高原低涡生成频数的可能联系尤其是空间相关性后得出：夏季高原地面感热和同期的高原低涡生成频数呈显著正相关，高原地面感热偏强时，高原低涡生成频数偏多。在高原地面感热强年，低层的大气环流场呈现气旋式环流，高层为强盛的辐散气流，高原主体大部分地区上升气流偏强，更利于高原低涡生成；高原地面感热弱年的情况则与此相反。地面感热加热强度与高原低涡的生成频数在空间上有明显联系（张恬月和李国平，2018）。如图 5.43 所示。

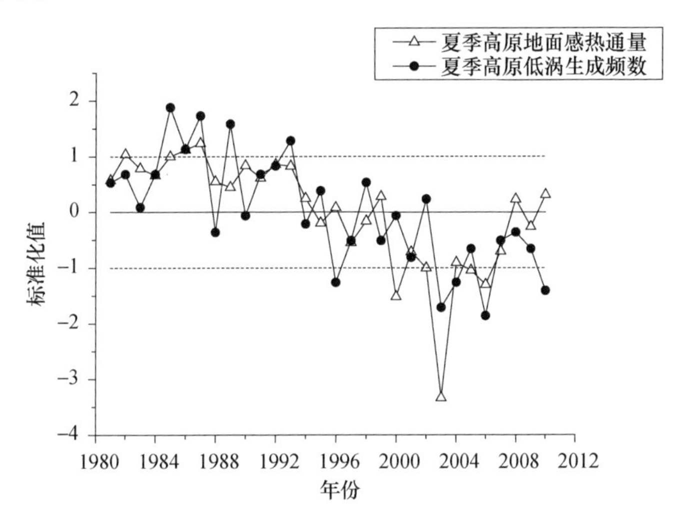

图 5.43　1981—2010 年夏季高原地面感热通量和高原低涡生成频数标准化曲线

5.9　高原地面热源与高原低涡的关系

作为高原灾害性天气系统的典型代表，高原低涡不仅是夏季高原地区的直接降水系统，而且有的高原低涡还能移出高原而发展加强，引发高原下游大范围的暴雨、雷暴等高影响天气过程并可产生山洪、崩塌、滑坡和泥石流等次生灾害。高原低涡的发生发展不仅与有利的大气环流形势有关，而且与高原加热作用的配合密不可分。

根据 NCEP/DOE 再分析资料的地面感热通量和潜热通量以及 MICAPS 天气图资料识别的高原低涡资料集，研究了近 30 年（1981—2010 年）来青藏高原夏季地面热源和高原低涡生成频数的气候学特征，分析了高原地面加热与低涡生成频数的时间相关性及其物理成因。其中周期振荡分析应用了小波功率谱方法，气候突变检测应用的是 Mann-Kenddall 检验方法。

表 5.10 夏季高原低涡生成频数与高原地面加热量的相关系数及置信度

	地面感热	地面潜热	地面热源
相关系数	0.541591	−0.34363	0.410754
置信度	99%	90%	95%

注:高原地面热源值是基于 NCEP/DOE 地面感热和地面潜热通量的再分析资料得出的,高原低涡生成频数的时间序列是根据 MICPAS 天气图人工识别后的统计结果。

由表 5.10 可见,夏季高原低涡生成频数与同期高原地面感热呈高度正相关,通过了 $\alpha=0.01$ 的显著性水平检验;而夏季高原低涡生成频数与同期地面潜热却呈负相关,只通过了 $\alpha=0.1$ 的显著性水平检验;但夏季高原低涡生成频数与同期地面热源仍呈正相关,通过了 $\alpha=0.05$ 的显著性水平检验。因此,气候统计的结果表明:地面热源偏强特别是地面感热偏强的时期,对应高原低涡的多发期;而地面潜热偏强时,对应的是高原低涡少发期。

与温带气旋不同的是,诊断分析结果表明高原低涡的形成主要依靠强烈的地面感热,这一点对于高原西部的低涡更为明显,高原中西部地面感热加热是高原低涡生成、发展和东移的主导因子。故不少研究认为地面感热在低涡形成中具有重要作用,高原地区强烈的太阳辐射给地表以充足的加热,使大气边界层底部受到强大的地面加热作用,从而奠定了高原低涡产生、发展的热力基础。青藏高原低涡正是在高原这种特殊的热力和地形条件下生成的。

这类准正压气流中的暖性干涡产生于地面感热中心上空并随之移动,因此地面感热的作用非常重要。受感热加热影响,低涡中心降压,气流从四周向中心辐合,产生上升运动,有利于引发对流系统;但上升运动中干绝热过程很快使气柱降温,从而抑制热低压的进一步发展,故地面感热激发的高原低涡大多是一种浅薄天气系统(Liu 和 Li,2007)。由此派生出地面感热有利于(罗四维和杨洋,1991;陈伯民 等,1996)或不利于(Dell′osso 和 Chen,1986)高原低涡发生、发展的两种不同观点。Shen 等(1986a,1986b)的研究也指出,地面感热在雨季中只能对大尺度环流起附加的修正作用,24 h 内一般并不能显著改变高原低涡流场的总体特征。造成这种对地面感热作用认知差异的原因可能与地面感热的时空分布有关。一方面,低涡发展与地面感热加热的非均匀程度有关,加热强度最大区对应涡区时,感热有利于低涡的发展;但若地面感热中心与低涡中心配置不一致,地面感热加热就会抑制低涡的发展(李国平 等,2002)。另一方面,在低涡的不同发展阶段,地面感热的作用亦不同,并且还与低涡发展阶段是白天还是夜间有关(宋雯雯 等,2012)。但在气候尺度上,地面感热对高原低涡的生成总体上是正贡献,这从表 5.10 揭示的近 30 年来夏季高原低涡生成频数与地面感热具有显著正相关的统计结果可以得到印证。

高原低涡生成后的东移过程中,潜热加热的作用逐步占据主要地位。数值试验表明无地面蒸发潜热时，低涡强度比控制试验略有减弱，说明地面潜热通量对低涡的发展有一定作用。Sugimoto 和 Ueno(2010)也指出，西部高原低涡东移到地面较为湿润的高原东部后，在对流不稳定条件下通过低层辐合激发出中尺度对流系统。有人认为地面蒸发潜热并不能直接通过热力作用激发高原低涡的生成，它是通过增强中低层大气的不稳定性，为对流系统的发生发展积累能量，形成有利于对流性降水的热力环境；而东移的高原低涡通过加强偏北、偏南气流形成的辐合带，触发高原东部对流系统的生成。高原涡东移诱生的低层偏东气流在川西高原东侧地形的动力强迫抬升作用下，通过释放对流有效位能激发出中尺度对流系统。因此，不难理解表5.10给出的夏季高原低涡生成频数与同期地面潜热呈负相关的结果，即在时间对应关系上，地面潜热与高原低涡的生成并非同期相关，而一般要滞后于高原低涡的生成，这与土壤湿度对降水的影响具有时间滞后效应的原理类似(Li et al,1991)。但总体而言，夏季高原低涡生成频数与同期地面热源在气候统计上具有正相关的结论，进一步证实了高原地面加热对高原低涡乃至高原中尺度对流系统形成(Li et al,2008;Sugimoto 和 Ueno,2010)的重要性。本研究关于夏季高原低涡生成频数与同期地面热源在气候统计上具有正相关的结论，进一步证实了高原地面加热对高原低涡乃至高原中尺度对流系统的形成具有显著作用，从气候统计的时间相关性角度揭示了除高原地形动力作用之外，高原地面加热作用对催生高原低涡乃至高原对流活动的重要性(李国平 等,2016)。

5.10 高原大气热源与高原低涡

高原低涡是青藏高原代表性天气系统，其发生主要集中在夏季6—8月。根据NCEP/NCAR再分析资料主要通过人工识别建立的1981—2010年夏季高原低涡数据集，对夏季高原低涡生成频数的时间序列进行标准化处理，高于或低于1个标准差的年份分别定义高原低涡的高发年或低发年。

图5.44为高原低涡高发年、低发年的大气热源距平场以及高发年减去低发年的大气热源差值场。由图5.44a可知，高原低涡高发年的大气热源强度明显强于气候态，高原南部大气热源比高原整体多年平均值高15～30 W·m^{-2}，高原北部大气热源跟高原整体多年平均值相差5～10 W·m^{-2}；高原涡低发年的大气热源强度总体小于气候态(图5.44b)，具体分布为高原东部大气热源比高原整体多年平均值偏少10～40 W·m^{-2}，负异常中心出现在高原东南部，而高原西部大气热源与高原整体多年平均相当，无明显异常。图5.44c为夏季高原低涡高发年与低发年的大气热源差值场，高发年与低发年的热源差异明显，高发年的大气热源强度整体强于低发年，具体为高发年高原东南、西北部大气热源强度显著偏强，高原热源的水平空间差异明显。

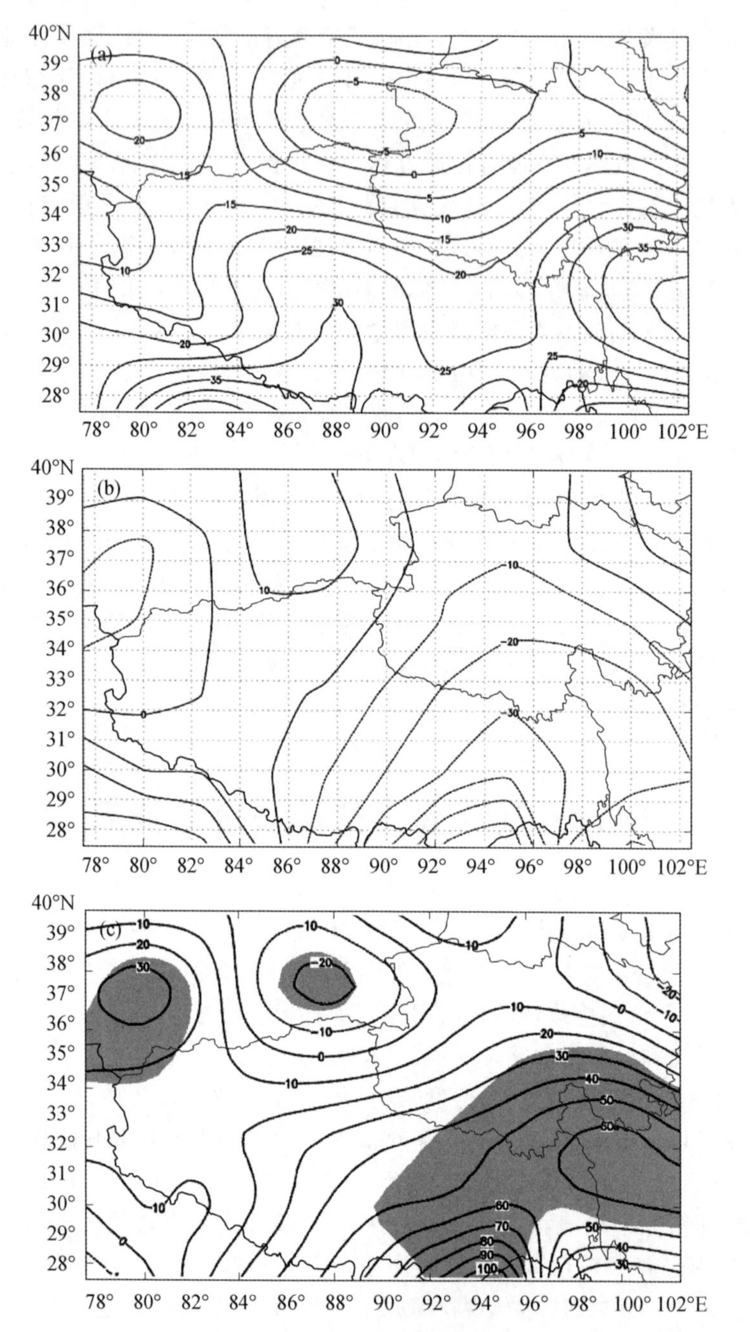

图 5.44　夏季低涡高发年(a)、低发年(b)大气热源距平场分布及其差值场(c)，阴影区通过了 0.01 的显著性检验(单位：W·m^{-2})

由此可见，当高原低涡处于高发年和低发年时，青藏高原大气热源的水平分布有明显差异。青藏高原主体大气热源偏强时(尤其是东南和西北部偏强时)，青藏高原低层易产生低涡；而当高原整体大气热源偏弱，特别是南部和北部的大气热源水平差异不明显时，青藏高原低层则不易产生低涡。通过分析高原大气热源水平分布异常时对应的高原上空经向、纬向风的变化，并参考我们以前一个研究的理论观点(李国平 等，1991a，1991b)，对这一气候统计结果的物理机制我们认为可由热成风理论来做如下解释(图 5.45)。

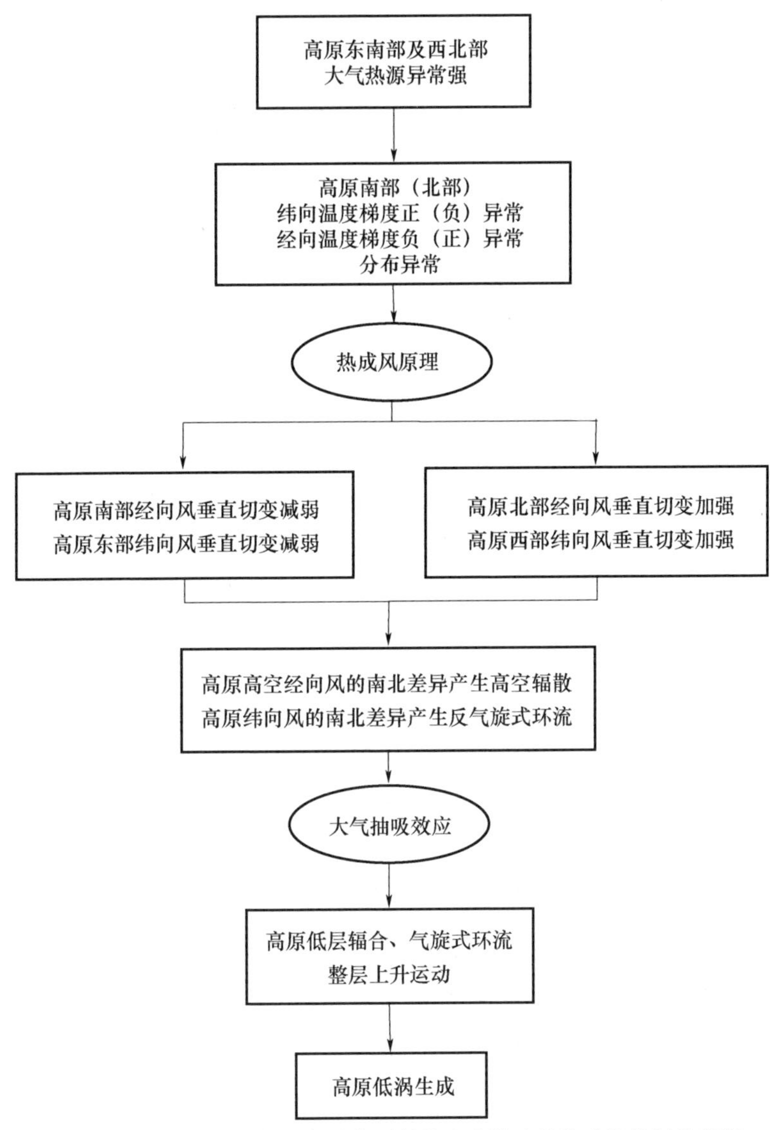

图 5.45　大气热源异常分布对高原低涡生成影响的热成风机制示意图

为进一步探讨夏季大气热源与高原涡生成的物理联系,对夏季大气热源与高原涡生成频数做空间相关性分析。夏季高原大气热源与高原涡生成频数为正相关(图5.46),显著正相关区主要位于高原东南和西北部。南部正相关比北部大,说明高原涡生成频数与高原南、北部(尤其是东南、西北部)大气热源有显著正相关。

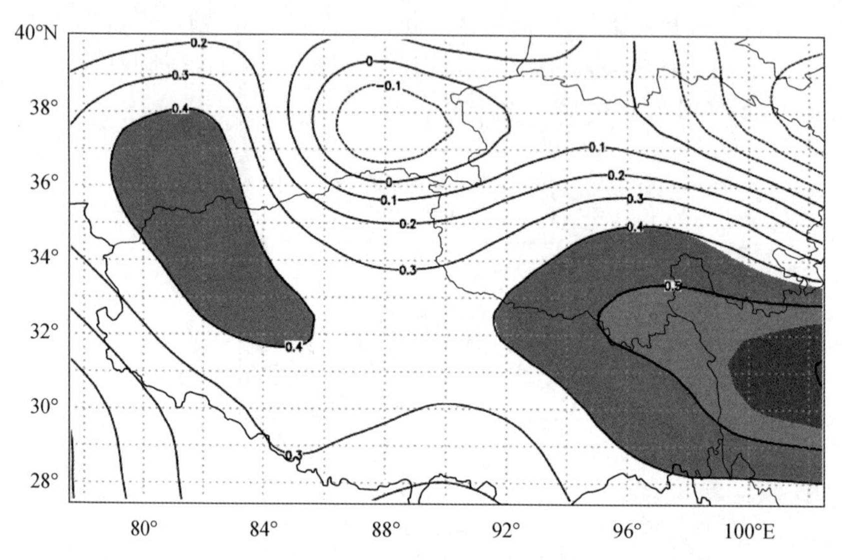

图 5.46　夏季高原低涡生成频数与高原大气热源的空间相关分析
(阴影为通过了 $\alpha=0.05$ 的显著性检验)

以上分析表明,高原低涡的生成频数与高原大气热源有显著联系,下面再运用热力适应理论对高原低涡生成频数统计结果的机制进行分析。大气热力强迫作用作为大气环流的驱动力,其异常变化会导致大气环流的异常。对于大气热源对环流的影响,不少学者都做过研究,吴国雄和刘屹岷(2000)基于位涡理论提出了高原大气的热力适应理论:加热使得气柱中的强烈上升运动像气泵一样,在低层抽吸周围的空气到高层向外排放,则在低层大气产生气旋式环流,气流辐合上升;高层为反气旋式环流,气流辐散流出,从而形成叠加在水平环流之上的次级(垂直)环流圈;反之,当大气为热汇时,低空出现反气旋性环流,高空出现反气旋性环流,导致气流下沉。高原低涡作为高原低层具有气旋式环流的低压天气系统,显然大气为热源时的环流场有利于高原低涡生成(图 5.47)。

下面进一步对高原低涡高发年和低发年的大气热源异常对垂直速度场的影响进行分析。次级环流在高原低涡高、低发年与气候态的差值场存在明显差异。低涡高发年,因为青藏高原主体范围内大气热源异常强,所以在热力适应的作用下,青藏高原上空有偏强的上升气流(高原主体上升气流达到了 0.01 的显著性水平),上升气流由近地层一直延伸到 150 hPa 以上。并且青藏高原上游的伊朗高原上空存在气旋

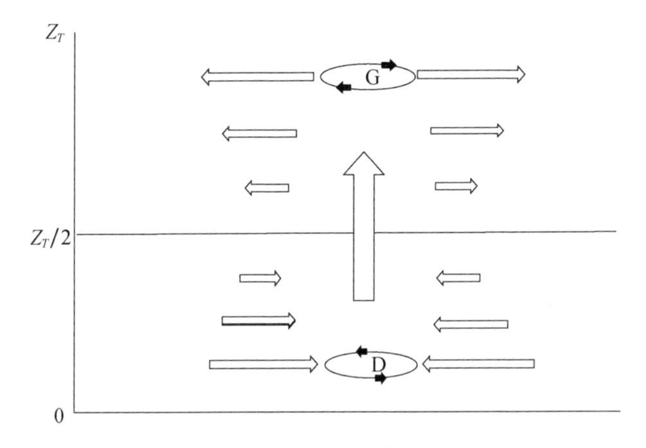

图5.47 高原低涡生成的热力适应理论示意图

式环流，西侧以下沉气流为主，东侧有明显的偏东上升气流。该偏东上升环流流入青藏高原后，有利于增强高原对流活动，也会促进高原低涡的生成。而在高原低涡低发年，高原西侧垂直运动受迎风坡地形的抬升作用存在上升气流；而高原东部由于大气热源偏弱，在热力适应作用下高原东部上空存在下沉气流，抑制了高原对流活动和低层气旋式环流，则不利于高原低涡生成。

5.11 热力强迫对局地环流的扰动作用

局地环流是一种常见的大气运动现象，由下垫面热力差异产生的热力作用引起的局地环流有：在沿海地区常见的海陆风，在山区发生的焚风和山谷风，湖泊附近的湖陆风，以及城市热岛环流等，研究这些环流的特征和性质对中小尺度天气分析与预报有很大帮助，对认识局地气候特征和大气循环规律也有重要作用。

由于引起局地环流的因子很多，本节着重研究地面及大气加热作用影响下的风场（包括垂直风场，水平风场，水平风的垂直切变、水平切变）、温度场（包括水平温度梯度）、散度场和涡度场的空间结构特征及其随时间的变化。试图从动力学分析的角度深化人们对局地环流形成机制和变化规律的认识，对于深入认识热力强迫对局地环流影响的诸多问题（如海陆风、湖陆风、山谷风、焚风、城市热岛、城市雾霾、飞机颠簸或晴空颠簸CAT等）也具有理论指导意义。

5.11.1 数学物理模型及其解析分析

为使问题的数学分析不致变得过于复杂，本研究没有考虑基本气流的影响，但分别考虑了热力强迫的两种加热方式，第一种为地面加热型(可代表地面感热加热)；第二种为高空加热型(可代表大气中的凝结潜热加热)。则适合研究局地环流这种小尺度(可忽略地球旋转效应)扰动现象的二维不可压缩流体的 Boussinesq 方程组可以写为

$$\frac{\partial u}{\partial t}+\frac{1}{\rho}\frac{\partial p}{\partial x}=0 \tag{5.78}$$

$$\frac{1}{\rho}\frac{\partial p}{\partial z}=b \tag{5.79}$$

$$\frac{\partial b}{\partial t}+wN^2=Q \tag{5.80}$$

$$\frac{\partial u}{\partial x}+\frac{\partial w}{\partial z}=0 \tag{5.81}$$

为简单计，式中表示各扰动量的右上标"′"已略去，即 u 为纬向风扰动，w 为垂直风扰动，p 为气压扰动，b 为浮力($b=\frac{g\theta'}{\theta_0}$)，又称约化重力(reduced gravity)。N 为浮力频率(Brunt-Vaisala 频率)，$Q=gQ_m/c_pT$ 为地面热力强迫项(Q_m 为加热率)，ρ 为密度(设为常数，即 $\rho=\rho_0$)，初始扰动场均为零。考虑到地面加热引起的气流扰动形式的复杂性(可能是非谐波型)，本工作采用 Nicholls 等(1991)提出的积分变换法来求该方程组的解析解。

由式(5.78)和式(5.81)得

$$\frac{\partial^2 w}{\partial t\partial z}=\frac{1}{\rho}\frac{\partial^2 p}{\partial x^2} \tag{5.82}$$

又由式(5.79)和式(5.82)得

$$w=\frac{Q}{N^2}-\frac{1}{N^2}\frac{\partial b}{\partial t} \tag{5.83}$$

把式(5.83)代入式(5.82)，经整理得：

$$\frac{\partial^2 p_{zz}}{\partial t^2}+N^2 p_{xx}=\frac{\partial^2(\rho Q)}{\partial t\partial z} \tag{5.84}$$

5.11.2 地面加热的扰动作用

考虑地面加热(地面感热)的空间分布特点，设其具有如下的形式

$$Q=Q_0\left(\frac{a^2}{x^2+a^2}\right)\cos(\ell z) \tag{5.85}$$

其中：Q_0 为地面热源的强度，a 为加热区域的半径，$\ell=n\pi/H$ 为 $z=0$ 到 $z=H$ 高度间的垂直波数，加热率 $Q_{m0}=Q_0c_pT/g$ (单位为 $\mathrm{J\cdot kg^{-1}\cdot s^{-1}}$)。

由于所取的加热形式与时间无关,所以式(5.83)右端为零并可简化为

$$\frac{\partial^2 p_{zz}}{\partial t^2}+N^2 p_{xx}=0 \tag{5.86}$$

对式(5.86)先取 Laplace(以下简称拉氏)积分变换($L[f(t)]=\int_0^{+\infty} f(t)e^{-st}dt$)有

$$\int_0^{+\infty}\frac{\partial^2 p_{zz}}{\partial t^2}e^{-st}dt+N^2\int_0^{+\infty}\frac{\partial^2 p_{xx}}{\partial x^2}e^{-st}dt=0 \tag{5.87}$$

利用拉氏积分变换的性质有

$$\int_0^{+\infty}\frac{\partial^2 p_{zz}}{\partial t^2}e^{-st}dt=s^2L(p_{zz})-sp_{zz}(t=0)-\frac{\partial p_{zz}}{\partial t}(t=0) \tag{5.88}$$

当 $t=0$ 时,有 $\frac{\partial^2 p}{\partial z^2}=0$,则式(5.88)可以变为

$$\int_0^{+\infty}\frac{\partial^2 p_{zz}}{\partial t^2}e^{-st}dt=s^2L(p_{zz})-\frac{\partial p_{zz}}{\partial t}(t=0) \tag{5.89}$$

再取 Fourier(以下简称傅氏)积分变换[$F(\quad)=\frac{1}{\sqrt{2\pi}}\int_0^{+\infty}f(\quad)e^{ikx}dx$]并记 $F(\quad)=\widetilde{(\quad)}$;$F[L(\quad)]=\hat{(\quad)}$,即"～"表示该量取傅氏积分变换,"ˆ"表示该量取拉氏积分变换后再取傅氏积分变换。利用傅氏积分变换性质有

$$\frac{1}{\sqrt{2\pi}}\int_{-\infty}^{+\infty}N^2\frac{\partial^2 L(p)}{\partial x^2}e^{ikx}dx=i^2N^2k^2\hat{p}=-k^2N^2\hat{p} \tag{5.90}$$

则式(5.87)可以变为

$$s^2\hat{p}_{zz}-\frac{\partial\tilde{p}_{zz}}{\partial t}(t=0)-k^2N^2\hat{p}=0 \tag{5.91}$$

当 $t=0$ 时,有

$$\frac{\partial p_{zz}}{\partial t}(t=0)=\rho\frac{\partial Q}{\partial z} \tag{5.92}$$

把式(5.85)代入式(5.92)得:

$$\frac{\partial p_{zz}}{\partial t}(t=0)=-\rho Q_0\ell\left(\frac{a^2}{x^2+a^2}\right)\sin(\ell z) \tag{5.93}$$

再取傅氏变换得

$$\frac{\partial\tilde{p}_{zz}}{\partial t}(t=0)=-\sqrt{\pi/2}\rho Q_0\ell\sin(\ell z)ae^{-ka} \tag{5.94}$$

所以式(5.91)可以变为

$$\hat{p}_{zz}-\frac{k^2N^2}{s^2}\hat{p}=\frac{-\sqrt{\pi/2}\rho Q_0\ell\sin(\ell z)ae^{-ka}}{s^2} \tag{5.95}$$

解此微分方程,可得通解

$$\hat{p} = c_1 e^{\lambda z} + c_2 e^{-\lambda z} + A\sin(\ell z) \tag{5.96}$$

取刚壁条件,可求得

$$\hat{p} = \frac{\sqrt{\pi/2}\rho Q_0 a e^{-ka}}{\ell(s^2 + k^2 N^2/\ell^2)} \sin(\ell z) \tag{5.97}$$

再取拉氏逆变换有

$$\widetilde{P} = \frac{\sqrt{\pi/2}\rho Q_0 a e^{-ka}}{kN} \cdot \sin(\ell z) \cdot \sin\left(\frac{kN}{\ell} \cdot t\right) \tag{5.98}$$

对式(5.98)再取傅氏逆变换$\left[F^{-1}(\quad) = \frac{1}{\sqrt{2\pi}}\int_{-\infty}^{+\infty}(\quad)e^{-ikx}dk \right]$,即求得扰动气压场

$$p = \frac{\rho Q_0 a \sin(\ell z)}{2N}\left(\arctan\frac{Nt/\ell^{-x}}{a} + \arctan\frac{Nt/\ell^{+x}}{a}\right) \tag{5.99}$$

把式(5.99)代入式(5.78)—式(5.82)中,可得浮力场

$$b = \frac{\ell Q_0 a \cos(\ell z)}{2N}\left(\arctan\frac{Nt/\ell^{-x}}{a} + \arctan\frac{Nt/\ell^{+x}}{a}\right) \tag{5.100}$$

扰动位温场

$$\theta = \frac{\ell\theta_0 Q_0 a \cos(\ell z)}{2gN}\left(\arctan\frac{Nt/\ell - x}{a} + \arctan\frac{Nt/\ell + x}{a}\right) \tag{5.101}$$

垂直扰动风场

$$w = \frac{Q_0}{N^2}\cos(\ell z)\left\{\frac{a^2}{x^2 + a^2} - \frac{1}{2}\left[\frac{1}{1 + \left(\frac{Nt/\ell}{a}\right)^2} + \frac{1}{1 + \left(\frac{Nt/\ell^{+x}}{a}\right)^2}\right]\right\} \tag{5.102}$$

和水平扰动风场

$$u = -\frac{Q_0 a\ell\sin(\ell z)}{2N^2}\left(\arctan\frac{Nt/\ell + x}{a} - \arctan\frac{Nt/\ell^{-x}}{a} - 2\arctan\frac{x}{a}\right) \tag{5.103}$$

进一步,可求出风垂直切变场

$$\frac{\partial u}{\partial z} = -\frac{Q_0 a\ell^2}{2N^2}\cos(\ell z) \cdot \left(\arctan\frac{Nt/\ell + x}{a} - \arctan\frac{Nt/\ell^{-x}}{a} - 2\arctan\frac{x}{a}\right) \tag{5.104}$$

水平散度场

$$D = -\frac{Q_0\ell}{2N^2}\sin(\ell z) \cdot \left[\frac{1}{1 + \left(\frac{Nt/\ell}{a}\right)^2} + \frac{1}{1 + \left(\frac{Nt/\ell^{-x}}{a}\right)^2} - \frac{2}{1 + \left(\frac{x}{a}\right)^2}\right] \tag{5.105}$$

以及经向水平涡度(即垂直于纬向剖面的涡度分量)场

$$\eta=\frac{\partial u}{\partial z}-\frac{\partial w}{\partial x}$$

$$=\frac{Q_0\cos(\ell z)}{N^2}\left\{\frac{a\ell^2}{2}\left(\arctan\frac{Nt/\ell-x}{a}-\arctan\frac{Nt/\ell+x}{a}+2\arctan\frac{x}{a}\right)+\right.$$

$$\left.\left\{\frac{2a^2x}{(x^2+a^2)^2}+\frac{1}{a^2}\cdot\left[\frac{Nt/\ell-x}{\left[1+\left(\frac{Nt/\ell-x}{a}\right)^2\right]^2}-\frac{Nt/\ell+x}{\left[1+\left(\frac{Nt/\ell+x}{a}\right)^2\right]^2}\right]\right\}\right\}$$

(5.106)

5.11.3　高空加热的扰动作用

考虑到高空大气加热(相当于潜热加热)的空间分布特点,设其形式为:

$$Q=Q_0\left(\frac{a^2}{x^2+a^2}\right)[1-\cos(\ell z)] \tag{5.107}$$

采用与前述类似的数学推导过程,可从 Boussinesq 方程组解得高空加热强迫下的扰动流场的解析解,其气压场、浮力场、位温场、垂直风场、水平风场、风垂直切变场、水平散度场和水平涡度场分别为

$$p=-\frac{\rho Q_0a\sin(\ell z)}{2N}\left(\arctan\frac{Nt/\ell-x}{a}+\arctan\frac{Nt/\ell+x}{a}\right) \tag{5.108}$$

$$b=-\frac{\ell Q_0a\cos(\ell z)}{2N}\left(\arctan\frac{Nt/\ell-x}{a}+\arctan\frac{Nt/\ell+x}{a}\right) \tag{5.109}$$

$$\theta=-\frac{\ell\theta_0Q_0a\cos(\ell z)}{2gN}\left(\arctan\frac{Nt/\ell-x}{a}+\arctan\frac{Nt/\ell+x}{a}\right) \tag{5.110}$$

$$w=\frac{Q_0}{N^2}\left\{[1-\cos(\ell z)]\frac{a^2}{x^2+a^2}-\frac{\cos(\ell z)}{2}\left[\frac{1}{1+\left(\frac{Nt/\ell-x}{a}\right)^2}+\frac{1}{1+\left(\frac{Nt/\ell+x}{a}\right)^2}\right]\right\}$$

(5.111)

$$u=\frac{Q_0a\ell\sin(\ell z)}{2N^2}\left(\arctan\frac{Nt/\ell+x}{a}-\arctan\frac{Nt/\ell-x}{a}-2\arctan\frac{x}{a}\right) \tag{5.112}$$

$$\frac{\partial u}{\partial z}=\frac{Q_0a\ell^2}{2N^2}\cos(\ell z)\cdot\left(\arctan\frac{Nt/\ell+x}{a}-\arctan\frac{Nt/\ell-x}{a}-2\arctan\frac{x}{a}\right)$$

(5.113)

$$D=\frac{Q_0\ell}{2N^2}\sin(\ell z)\cdot\left[\frac{1}{1+\left(\frac{Nt/\ell+x}{a}\right)^2}+\frac{1}{1+\left(\frac{Nt/\ell-x}{a}\right)^2}-\frac{2}{1+\left(\frac{x}{a}\right)^2}\right]$$

(5.114)

$$\eta=\frac{Q_0}{N^2}\left\{\frac{a\ell^2\cos(\ell z)}{2}\left(\arctan\frac{Nt/\ell+x}{a}-\arctan\frac{Nt/\ell-x}{\alpha}-2\arctan\frac{x}{\alpha}\right)+\right.$$

$$\left.\left\{\frac{2a^2x}{(x^2+a^2)^2}[1-\cos(\ell z)]-\frac{\cos(\ell z)}{a^2}\cdot\left[\frac{Nt/\ell-x}{\left[1+\left(\frac{Nt/\ell-x}{a}\right)^2\right]^2}+\frac{Nt/\ell+x}{\left[1+\left(\frac{Nt/\ell+x}{a}\right)^2\right]^2}\right]\right\}\right\} \tag{5.115}$$

5.11.4 分析和讨论

对在地面加热作用下的扰动流场的解析解(5.108)—(5.115)进行动力学定性分析,可得以下认识:

各扰动物理量场的强度与地面加热的大小成正比,即地面热力强迫作用越强,扰动越明显。另外,在层结稳定的条件下,扰动强度与层结稳定度呈反比。

与地面加热的影响随高度减小的规律一致,扰动温度场和垂直风场的强度也随高度减小。但值得注意的是,扰动水平风场的幅度却随高度增大,即水平风速的变化(水平风切变)在高空反映得更为明显。

根据扰动流场解式(5.101)—式(5.106),在固定高度、固定时间的条件下,地面非均匀加热作用将使扰动温度场在水平方向(东西方向)呈现出不均匀分布的状态,有利于产生水平温度梯度或者水平切变(图 5.48 中的 θ 曲线)。地面加热作用激发的垂直运动在加热中心表现为较强的上升气流,上升区两侧为弱的补偿性下沉气流

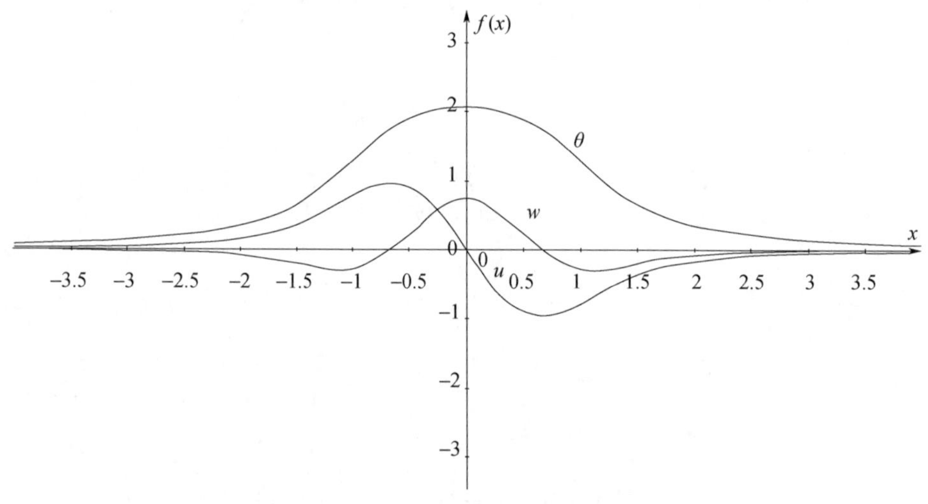

图 5.48 温度扰动场、垂直风场、水平风扰动场的水平分布
(横轴:水平距离,纵轴:相应的扰动物理量)

(图 5.48 中的 w 曲线)。在加热中心西侧,地面加热将使水平风加强,而东侧会使水平风减弱(图 5.48 中 u 曲线)。因此,地面加热会产生明显的水平温度切变和水平风切变,在加热中心表现最为明显,而且加热中心伴随上升运动,加热中心两侧伴随下沉运动。这些变化有利于产生和加强局地环流,而且局地环流的强度和区域强烈地依赖地面加热的强度和半径。地面加热的强度越强,加热的半径越小,局地环流的强度越强;反之,局地环流的强度就越弱。

而时间演变方面,在固定高度上的下风区域,地面加热产生的温度扰动随时间迅速增大,最后趋于稳定(图 5.49 中的 θ 曲线);垂直速度随时间开始是减小,甚至可以变成下沉运动,然后又逐渐增大,最后也趋于稳定(图 5.49 中的 w 曲线);水平风随时间开始减小比较缓慢,然后迅速减小,最后趋于稳定(图 5.49 中的 u 曲线)。因此,地面加热产生的扰动具有突发性和短时性,由此产生的局地环流也具有突发性和短时性,反映出中小尺度运动的典型特征。

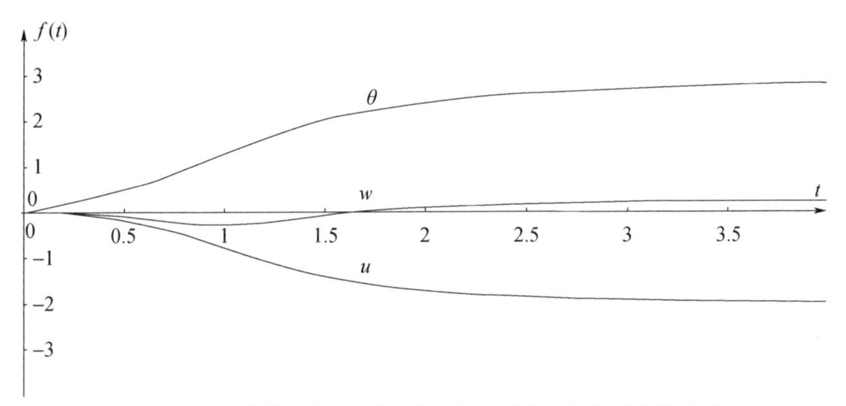

图 5.49　温度扰动场、垂直风场、水平风扰动场随时间的变化

(横轴:时间,纵轴:相应的扰动物理量)

根据式(5.104),由图 5.50、图 5.51 可分析水平扰动风场的垂直切变在水平方向的变化以及随时间的变化。与水平扰动风场的变化一致,在加热中心区域的西侧,风垂直切变最大;而在东侧垂直切变逐渐减弱。而风垂直切变开始随时间减小的较快,而后趋向于稳定,这表明风垂直切变也有明显的突发性和短时性。

根据式(5.105),可分析水平散度在水平方向的变化(图 5.52)和随时间的变化(图 5.53)。在加热区域的西侧,散度逐渐增大,达到一个峰值,再逐渐减小,在加热区域中心达到最小值(负值),然后再增大,又达到一个峰值,最后逐渐减小,趋向于零。在加热区域中心,水平散度小于零,为水平辐合,对应图 5.52 的上升运动;而在加热区域中心的两侧水平散度大于零,为水平辐散,对应图 5.48 的下沉运动,即水平散度的分布与前述的垂直运动是一致的。而水平散度随时间逐渐增大,到达峰值后再减小,最后趋于稳定。

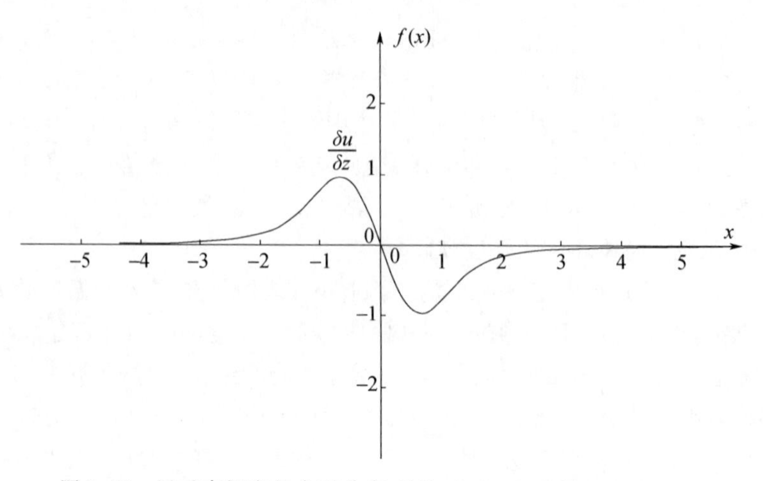

图 5.50　风垂直切变的水平分布(横轴:水平距离,纵轴:风垂直切变)

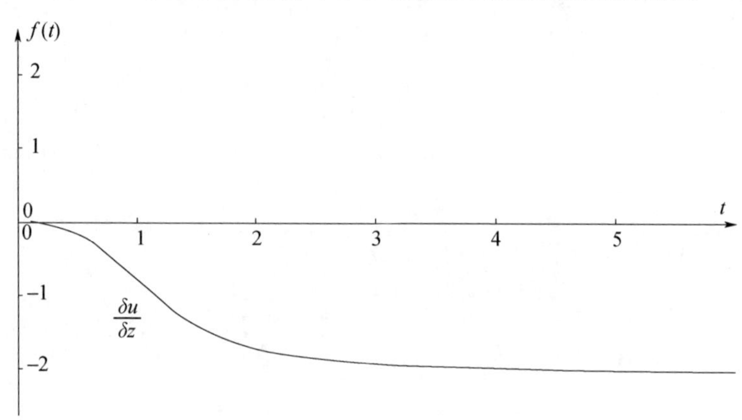

图 5.51　风垂直切变随时间的变化(横轴:时间,纵轴:风垂直切变)

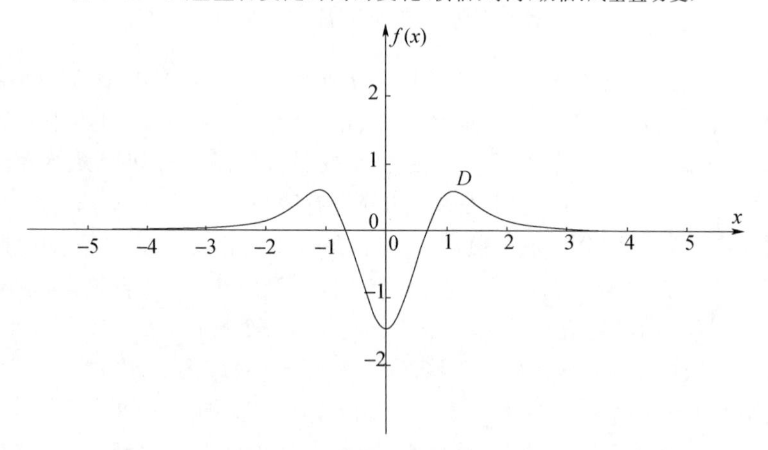

图 5.52　水平散度的水平分布(横轴:水平距离,纵轴:散度)

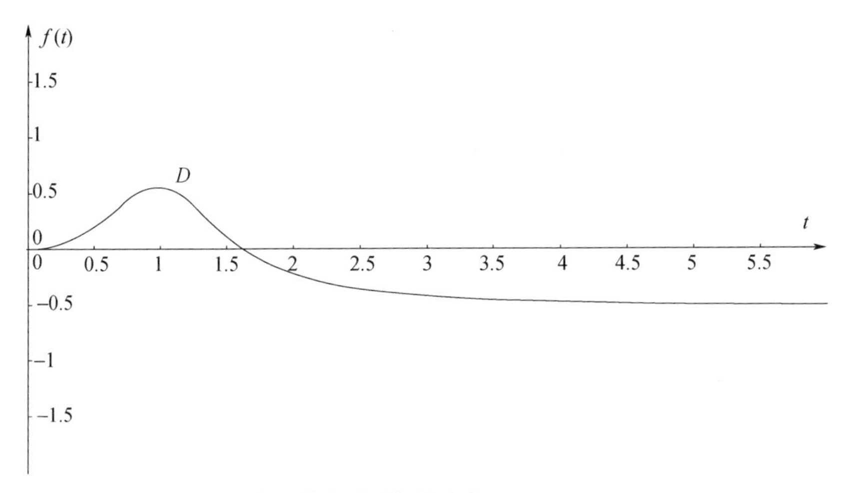

图 5.53　水平散度随时间的变化(横轴:时间,纵轴:散度)

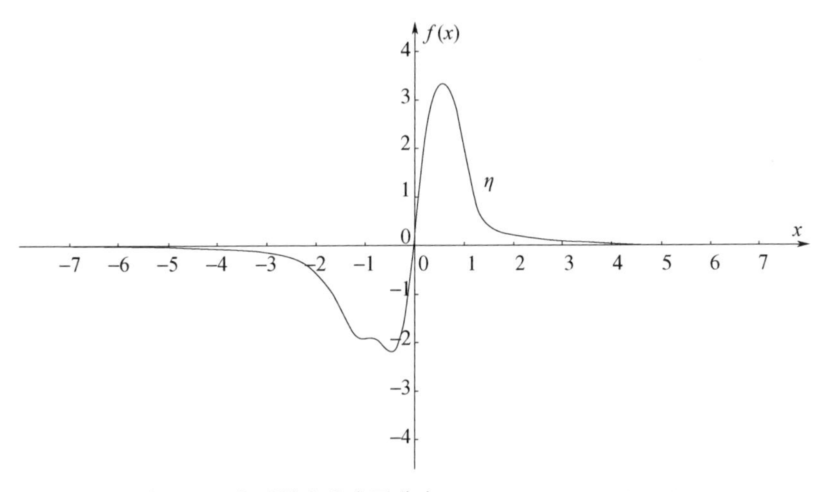

图 5.54　水平涡度的水平分布(横轴:水平距离,纵轴:涡度)

根据式(5.106),可讨论水平涡度的水平变化(图 5.54)和随时间的变化(图 5.55)。涡度在加热区域中心的西侧为逐渐减小,在加热区域的东侧有增强的现象,由于此涡度表示的是 z-x 平面上的旋转情况,运动旋转方向按右手法则决定的方向如果与 y 轴正向相同,则为正涡度,否则为负涡度,所以加热中心伴随上升运动,加热中心的两侧伴随下沉运动,与图 5.48 分析的垂直运动分布是一致的。而此水平涡度随时间的变化趋势为:涡度在开始有一个微弱的减小,而后就迅速增大,最后趋向于稳定。

根据式(5.110)—式(5.112),在固定高度和时间的条件下,大气加热作用也使各扰动场在水平方向上呈现不均匀分布，这有利于产生水平温度梯度或者水平温度切变（图 5.56 中的 θ 曲线）。同样，大气加热激发的垂直运动在加热区域中心为上升运动，在两侧为下沉运动（图 5.56 中的 w 曲线）。而在加热的西侧，加热作用使水平风减弱，在东侧，水平风增强（图 5.56 中的 u 曲线），产生风的水平切变。

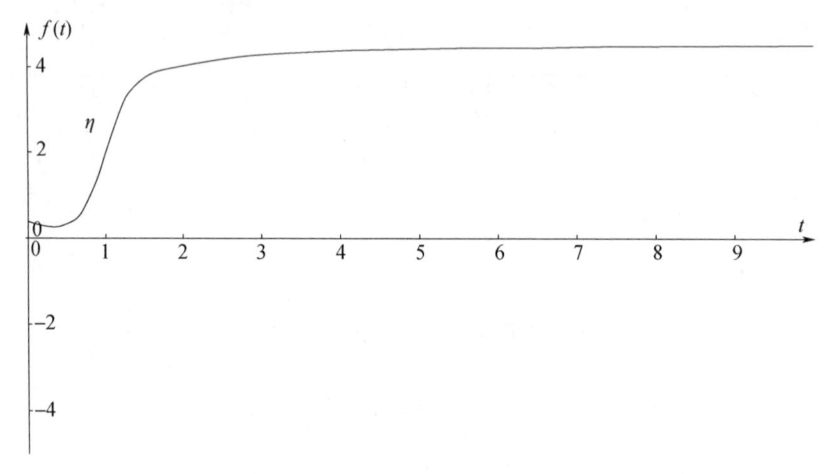

图 5.55　水平涡度随时间的变化（横轴：时间，纵轴：涡度）

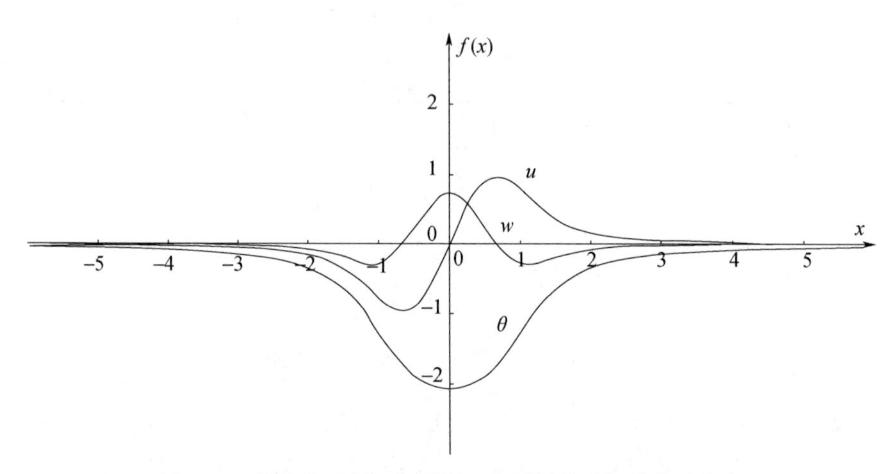

图 5.56　温度扰动场、垂直风场、水平风扰动场的水平分布

（横轴：水平距离，纵轴：相应的扰动物理量）

根据式(5.113)，分析风垂直切变的水平分布（图 5.57）和随时间的变化。可以看出，水平风扰动的垂直切变的水平分布和水平风扰动一样，在加热的西侧均为减弱，在东侧均为增强。而风垂直切变随时间迅速增大，然后趋于稳定。所以风垂直切变也具有明显的突发性和短时性。

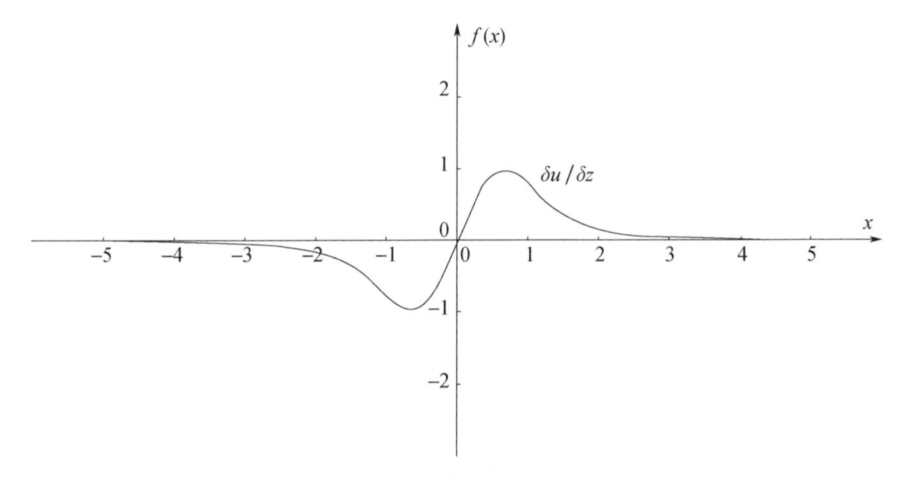

图 5.57　风垂直切变的水平分布(横轴:水平距离,纵轴:风垂直切变)

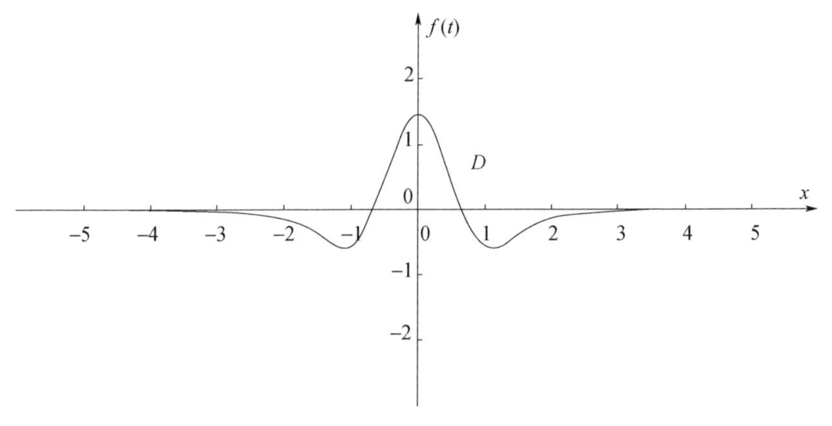

图 5.58　水平散度的水平分布(横轴:水平距离,纵轴:散度)

根据式(5.114),分析散度在水平方向的分布(图 5.58)和随时间的分布。可看出在加热中心为正散度,两侧为负散度,表明在加热中心为辐散,伴随下沉运动,两侧为辐合,为上升运动。在时间变化方面,散度先随时间减小,然后逐渐增大,最后趋于稳定。

根据式(5.115)可分析水平涡度在水平方向的变化(图 5.59)和随时间的变化。涡度在加热区域中心两侧为明显不对称性,在加热区域中心的西侧,涡度先缓慢增大,再比较快地减小,然后再增大,再减小,最后趋向于零,即呈现波动状变化。涡度是在 x-z 平面上的,所以在加热区域的两侧,气流都是顺时针旋转。在时间变化方面,涡度先有微弱的增大,然后减小,最后趋于稳定。

由此可见,地面加热和高空大气加热下的水平风扰动、风垂直切变和水平散度

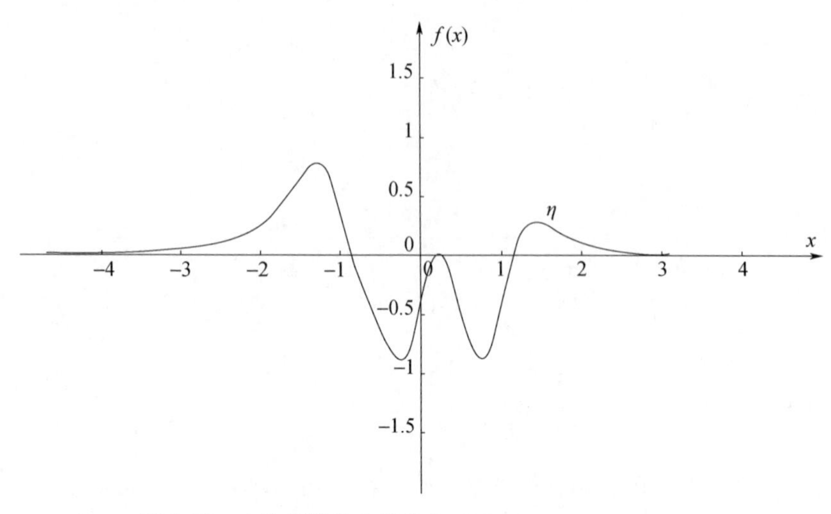

图 5.59 水平涡度的水平分布(横轴:水平距离,纵轴:涡度)

的变化分布正好相反。

综合以上各项讨论,我们通过一个比较简单的数学物理模型,对加热强迫作用通过产生温度梯度,进而改变风场结构和局地环流的物理适应过程进行了理论分析,初步得出以下的物理概念图像:地面加热不均匀产生温度水平梯度,改变风场结构产生散度、涡度和风垂直切变。由于在加热中心有气流的辐合而引发上升运动,有利于在高空产生凝结潜热释放;而高空大气加热下的水平风扰动、风垂直切变和水平散度的变化分布与地面加热的情形正好相反,则形成两个以地面—高空加热为中心轴的左右对称的局地垂直环流圈(次级环流)。

第6章　高原大气适应理论

本书大部分篇幅讨论的都是与高原相关的大气演变过程，本章重点介绍研究青藏高原大气运动时相对于演变过程的另一类被称之为适应过程的大气变化过程，一类有中国特色的被称之为适应理论的动力学分析方法，其中包括地转适应、热成风适应（斜压大气的地转适应）、考虑大地形影响时的地形适应以及与高原加热密切相关的热力适应等。给出这些适应过程的基本概念和原理，以及适应理论在研究高原天气系统生成机制方面的一些应用。

关键词：演变过程，适应过程，地转适应，旋转适应，热成风适应，热力适应，地形适应，湿适应，气候适应

6.1　地转适应

中纬度大尺度大气运动，一方面近似地满足地转平衡，另一方面这种平衡又不是绝对的，否则就不存在天气变化了。也就是说这种平衡会不断受到破坏或者说存在地转偏差。因此，地转平衡是一个不断调整、不断变化的动态过程，则天气变化可看作是围绕地转平衡这个平衡点的振荡过程。在任一个时段内，实际天气演变过程包含着矛盾对立的两个方面，一是从近于地转平衡状态向不平衡状态的转化，称为地转平衡的破坏过程；另一是由不平衡状态向平衡状态的调整，称为地转适应过程或地转调整过程，简称适应过程或调整过程。正是由于地转平衡的不断破坏和不断重建，才构成了天气系统的变化和发展，这是哲学中的对立统一原理在地球大气中的生动体现。因而天气系统的发展变化过程又可看作是由一连串的地转适应过程构成，即为地转平衡状态的发展演变过程，所以天气变化过程又称为准地转演变过程，简称演变过程。

地转适应过程的概念最早由 Rossby 提出，以叶笃正、曾庆存等为代表的中国气象学者在地转适应过程的原理及其应用这一领域进行了大量的、系统性的研究，取得了丰硕成果，确立了我国在世界大气科学这一研究领域的重要地位，叶笃正提出

了地转适应的尺度理论，曾庆存分析了适应过程和演变过程的可分性，对大气运动的适应问题进行了广泛研究，提出了“旋转适应过程”的概念。陈秋士研究了斜压大气中的地转适应问题，提出了“热成风适应”的概念。郭秉荣和丑纪范(1980)研究了大地形影响下的地转适应问题，提出了“地形适应过程”的概念。巢纪平(1999)又研究了热带斜压大气中的适应运动和发展运动问题，而吴国雄和刘屹岷(2000)提出了与高原加热相关的“热力适应”问题。以下对地转适应过程研究的一些重要结论作一简单介绍，为本章后半部分利用地转适应原理研究青藏高原大气运动问题提供理论基础。

如上所述，大气中两种最基本的动力过程分别称为演变过程和适应过程，作为大尺度运动过程的不同阶段，两者在许多方面存在明显差异，是可以区分的。主要表现在：演变过程相对而言是慢过程，具有准涡旋运动性质(涡度为主)，运动基本上是非线性的，垂直运动较弱，Rossby 波起主要作用，在一定条件下位势涡度或绝对涡度守恒；适应过程是快过程(特征时间尺度是 $1/f_0$)，具有准位势运动性质(散度与涡度相当)，运动基本上是线性的，垂直运动较强，惯性重力波起主要作用，在一定条件下奥布霍夫(Obukhov)位势涡度守恒。

地转适应过程最基本的物理机制为：当出现非地转偏差时，在 Coriolis 力(简称科氏力)作用下，通过辐合辐散交替变化，激发出惯性重力波来频散非地转扰动能量，使气压场和风场相互调整，从而重新建立起(或恢复)地转平衡状态。在地转适应过程中存在一个临界水平尺度，称为 Rossby 变形半径，当非地转扰动的水平尺度远大于 Rossby 变形半径时，风场适应气压场，反之，气压场适应风场。因此，在天气分析时，大范围的形势分析应以气压场为主，局地天气系统分析则应以风场为主。

以上是地转适应过程的一些基本性质。具体到大气状态又分为正压地转适应和斜压地转适应，两者主要性质大致相同，但细节仍有差别。如：正压地转适应过程非地转扰动能量是靠惯性重力外波频散的，Rossby 变形半径 $L_0=C_0/f_0$(即惯性重力外波波速与科里奥利参数之比)；斜压地转适应过程非地转扰动能量是靠惯性重力内波频散的，Rossby 变形半径 $L_1=C_1/f_0$(即惯性重力内波波速与科里奥利参数之比)，且 $L_1<L_0$，所以斜压大气中扰源尺度容易满足 $L>L_1$ 的条件，则气压场更能维持，容易出现流场向气压场适应的情况。另外，两者的奥布霍夫位势涡度具体形式也不一样，斜压地转适应速度比正压适应速度慢，对流层高层适应得较快，低层适应得较慢。则对于低层的或浅薄的系统，气压场更容易维持，其成因和变化主要是热力作用引起的。对于高层的或深厚的系统，风场更容易维持，其成因和变化一般是动力作用引起。还有，不稳定层结大气中不存在斜压地转适应过程。

在球面上的二维流体运动中，虽然波动能量不能完全频散，但在考虑非线性作用时，快波所对应的散度场的能量和涡度场的能量可以相互转换。因此在一定条件下，快波能量和非带状扰动能量可以全部被带状纬向环流所吸收，则运动最终趋向于带状环流的状态，这种调整过程被曾庆存称为“旋转适应过程”。

6.2　热成风适应

热成风关系可认为是地转平衡关系和静力平衡关系的统一。大尺度大气运动中静力平衡一般是成立的，因此讨论斜压大气中的地转适应问题等价于讨论热成风适应问题。由于热成风关系反映的是风场、气压场和温度场之间的平衡关系，如果这种关系不成立，则称风场、气压场和温度场之间不相适应或热成风平衡被破坏，则大气中必然有一种物理机制，使遭到破坏的热成风平衡关系迅速得以恢复，从而使大尺度运动保持准静力平衡和准地转平衡的性质，我们把这种热成风平衡重新建立的动力过程称为热成风适应过程。

如果高低层大气运动出现实际风与地转风不一致，即高低层出现地转偏差或气层中存在热成风偏差时，在气压梯度力和科氏力作用下，通过高低层的水平辐合辐散的交替变化以及垂直运动使风场、气压场和温度场相互调整，重新建立起新的热成风平衡状态。这种适应过程最基本的物理机制是惯性重力内波对非地转扰动能量的频散，即在层结稳定条件下，热成风偏差会激发出惯性重力内波，这种具有频散性质的波动可将有限区域的非地转扰动能量散布到更广阔的空间去，从而使围绕热成风平衡位置的惯性振荡迅速衰减，最终建立起新的热成风平衡。

与热成风适应类似的另一个适应概念是“热力适应”，吴国雄和刘屹岷(2000)用它来解释副热带高压和青藏高压(南亚高压)的形成(参见 3.5)。

6.3　地形适应

青藏高原的流体力学模型实验表明：较弱的西风流经高原时，以绕流为主；较强的西风流经高原时，爬流也很重要。因此当一地转气流经过高原时，地转关系要受到破坏，至于破坏程度如何或运动是否还能维持准地转，曾庆存(1979)的研究表明，如果地形的扰动度和大气运动自身的扰动度同量级或地形的特征垂直尺度小于 10^3 m，则地形作用只是改变运动的几何形式，运动仍维持准地转状态。但对青藏高原，平均垂直尺度为 4×10^3 m，则对于纯绕流运动，运动仍为准地转；对于纯爬流运动，运动是非地转的。

接下来的问题是，一旦受到青藏高原的影响，运动变为非地转后，在大地形影响下是否还存在地转适应过程使运动很快恢复准地转状态？有关研究表明：不管青藏高原如何引起气流的非地转运动，总会通过地转适应过程很快使准地转运动重建。准地转运动重建后，基本上是绕流运动，因此青藏高原东侧经常存在因为绕流而产生的切变线系统。

关于青藏高原对地转过程有什么影响。如前所述，在无地形影响的地转适应过程中，存在一个临界水平尺度 $L_0=C_0/f$，对于不可压缩流体，$C_0=\sqrt{gH}$。当运动水平尺度 $L\gg L_0$ 时，风场向气压场适应；当 $L\ll L_0$ 时，气压场向风场适应。不过在有地形作用下，相应的临界水平尺度为 $L'_0=C'_0/f$，$C'_0=\sqrt{g(H-z)}$。可见 $L'_0\ll L_0$，即地形作用缩小了此临界水平尺度，此时气压场较易维持，容易产生流场向气压场适应的情况。

由此，郭秉荣和丑纪范(1980)提出了“地形适应过程”的概念，即在高山陡坡地区，存在着使风平行于地形等高线的动力过程，这是一种其特征时间比大尺度运动的特征时间要小得多的快速调整过程。在青藏高原及附近地区这样的高山陡坡区域，当风向与等高线交角较大时，将发生快速调整过程，然而过滤模式并不包含这种快速过程，不得不将实际山脉高度大大地加以平滑，这就不能正确地考虑青藏高原的动力影响。对于原始方程模式，虽然从理论上讲包含有快波，能够描写这种调整过程，但实际上希望在计算出适应过程的同时又得出演变的预报还存在不少困难，必须进行“初始化处理”，即在高山陡坡地区，近地面的风向与地形等高线几乎接近平行。

地形适应概念同样可以用于山地暴雨事件的分析。由于地形的阻挡作用，使得气流发生旋转，产生绕流运动，形成局地涡旋。同时地形高度差强迫过山气流产生爬流运动，导致垂直上升运动加强。在绕流与爬流的共同作用下，为山地暴雨的发生发展提供了有利的流场条件。对于山地(海拔 500 m 以上且起伏大、多呈脉状分布的高地)这样的地形区域一般爬流分量大于绕流分量，即过山气流对于山地屏障的地形响应以爬流运动为主，绕流运动次之，地形爬流产生的垂直上升运动与雨带的分布密切相关(金研和李国平，2021)。

6.4 西南低涡的热成风适应理论

对于西南低涡的形成，前面已介绍了若干可能的生成机制，这里再介绍李国平等(1991a，1991b)根据热成风适应原理，采用非绝热、有摩擦的斜压两层模式，提出的暖性西南低涡生成的一种可能机制。

包含非绝热和摩擦的 p 坐标系的大气运动方程组为

$$
\begin{cases}
\dfrac{\partial \zeta}{\partial t}+\boldsymbol{V}\cdot\nabla(\zeta+f)+(\zeta+f)\nabla\cdot\boldsymbol{V}+\omega\dfrac{\partial \zeta}{\partial p}+\left(\nabla\omega\times\dfrac{\partial \boldsymbol{V}}{\partial p}\right)\cdot\boldsymbol{k}=(\nabla\times\boldsymbol{F})\cdot\boldsymbol{k} \\
\dfrac{\partial D}{\partial t}+\boldsymbol{V}\cdot\nabla D+\omega\dfrac{\partial D}{\partial p}+D^2+\nabla\omega\cdot\dfrac{\partial \boldsymbol{V}}{\partial p}-f\zeta+(\boldsymbol{k}\times\boldsymbol{V})\cdot\nabla f-2J(u,v)+\Delta\phi=\nabla\cdot\boldsymbol{F} \\
\dfrac{\partial}{\partial t}\left(\dfrac{\partial \phi}{\partial p}\right)+\boldsymbol{V}\cdot\nabla\left(\dfrac{\partial \phi}{\partial p}\right)+\dfrac{c^2}{p^2}\omega=-\dfrac{R}{pc_p}Q \\
\dfrac{\partial \omega}{\partial p}+\nabla\cdot\boldsymbol{V}=0
\end{cases}
\tag{6.1}
$$

其中：$c^2=\alpha RT=\dfrac{R^2T}{g}(\gamma_d-\gamma)$ 是惯性重力内波波速的平方，ζ 表示涡度，D 表示散度，ϕ 表示重力位势，$\boldsymbol{F}$ 表示摩擦力，Q 表示非绝热加热率，$J(u,v)$ 为雅可比行列式,其余为气象常用符号。根据陈秋士(1963)提出的天气形势变化的分解分析方法并应用尺度分析法,可得描述大气适应过程的方程组为

$$
\begin{cases}
\dfrac{\partial \zeta}{\partial t}=-f\,\nabla\cdot\boldsymbol{V} \\
\dfrac{\partial D}{\partial t}=f\zeta-\Delta\phi \\
\dfrac{\partial}{\partial t}\left(\dfrac{\partial \phi}{\partial p}\right)=-\dfrac{c^2}{p^2}\omega-\dfrac{R}{pc_p}Q_S
\end{cases}
\tag{6.2}
$$

描述演变过程的方程组为

$$
\begin{cases}
\dfrac{\partial \zeta}{\partial t}=-\boldsymbol{V}\cdot\nabla(\zeta+f)-\zeta\,\nabla\cdot\boldsymbol{V}-\omega\dfrac{\partial \zeta}{\partial p}-\left(\nabla\omega\times\dfrac{\partial \boldsymbol{V}}{\partial p}\right)\cdot\boldsymbol{k}+(\nabla\times\boldsymbol{F})\cdot\boldsymbol{k} \\
\dfrac{\partial D}{\partial t}=-\boldsymbol{V}\cdot\nabla D-\omega\dfrac{\partial D}{\partial p}-D^2-\nabla\omega\cdot\dfrac{\partial \boldsymbol{V}}{\partial p}-(\boldsymbol{k}\times\boldsymbol{V})\cdot\nabla f+2J(u,v)+\nabla\cdot\boldsymbol{F} \\
\dfrac{\partial}{\partial t}\left(\dfrac{\partial \phi}{\partial p}\right)=-\boldsymbol{V}\cdot\nabla\left(\dfrac{\partial \phi}{\partial p}\right)-\dfrac{R}{pc_p}Q_L
\end{cases}
\tag{6.3}
$$

其中：Q_L 表示凝结潜热释放引起的加热率，Q_S 表示地面感热的加热率。根据潜热和感热的加热方式和它们在大气运动不同阶段的作用,将潜热分解在适应方程组中,将感热分解在演变方程组中。

对适应方程组引入流函数 ψ 和势函数 φ，则 $u=\dfrac{\partial \varphi}{\partial x}-\dfrac{\partial \psi}{\partial y}$，$v=\dfrac{\partial \varphi}{\partial y}+\dfrac{\partial \psi}{\partial x}$，$\zeta=\Delta\psi$，$D=\Delta\varphi$ 。考虑到西南低涡形成初期是一种低层浅薄系统以及涡源地区的地形高度,采用如图 6.1 所示的斜压两层模式对适应方程组进行垂直差分后得

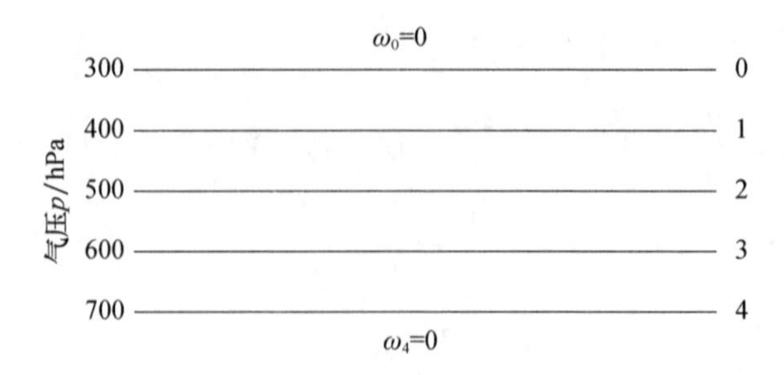

图 6.1 斜压两层模式示意图

$$\frac{\partial \Delta\varphi_1}{\partial t} = -\Delta\varphi_1 + f\Delta\psi_1 \tag{6.4}$$

$$\frac{\partial \Delta\varphi_3}{\partial t} = -\Delta\varphi_3 + f\Delta\psi_3 \tag{6.5}$$

$$\frac{\partial \Delta\psi_1}{\partial t} = -f\Delta\varphi_1 \tag{6.6}$$

$$\frac{\partial \Delta\psi_3}{\partial t} = -f\Delta\varphi_3 \tag{6.7}$$

$$\frac{\partial}{\partial t}(\varphi_1 - \varphi_3) - \frac{2c^2\Delta p}{p_2^2}\omega_2 - \frac{2R\Delta p}{p_2 c_p}Q_L = 0 \tag{6.8}$$

$$\Delta\varphi_1 = -\frac{\omega_2}{2\Delta p} \tag{6.9}$$

$$\Delta\varphi_3 = \frac{\omega_2}{2\Delta p} \tag{6.10}$$

式(6.4)减式(6.5)并利用式(6.9)减式(6.10)可得

$$\frac{\partial \omega_2}{\partial t} = -\Delta p \cdot f\left[(\zeta_1 - \zeta_3) - \frac{1}{f}\Delta(\varphi_1 - \varphi_3)\right] \tag{6.11}$$

令流场的热成风涡度 $\hat{\zeta}_2 = (\zeta_1 - \zeta_3)/2$，温度场的热成风涡度 $\hat{\zeta}_{T_2} = (\Delta\varphi_1 - \Delta\varphi_3)/2f$，则称 $\hat{\zeta}_2 - \hat{\zeta}_{T_2}$ 为非热成风涡度，相应地，式(6.11)变为

$$\frac{\partial \omega_2}{\partial t} = -2\Delta p \cdot f(\hat{\zeta}_2 - \hat{\zeta}_{T_2}) \tag{6.12}$$

上式表明上升运动的加强取决于正的非热成风涡度。

而对于天气尺度或次天气尺度的运动，可将演变方程组中的涡度方程简化为

$$\frac{\partial \zeta}{\partial t} = -\boldsymbol{V} \cdot \nabla(\zeta + f) + (\nabla \times \boldsymbol{F}) \cdot \boldsymbol{k} \tag{6.13}$$

$\frac{\partial}{\partial p}$ 式(6.20) $-\frac{1}{f}\cdot\Delta$ 式(6.10) 得

$$\frac{\partial \zeta'_T}{\partial t}=-\frac{\partial}{\partial p}[\boldsymbol{V}\cdot\nabla(\zeta+f)]+\frac{1}{f}\Delta\left[\boldsymbol{V}\cdot\nabla\left(\frac{\partial\varphi}{\partial p}\right)\right]+\frac{\partial}{\partial p}[(\nabla\times\boldsymbol{F})\cdot\boldsymbol{k}]+\frac{R\Delta Q_S}{fpc_p} \tag{6.14}$$

其中：$\zeta'_T=\frac{\partial\zeta}{\partial p}$ 为热成风涡度偏差，$\zeta'=\zeta-\frac{\Delta\varphi}{f}$ 为地转风涡度偏差。

对式(6.14)从 p_3 到 p_1 垂直积分可得(设 p_1 层即 400 hPa 上的湍流摩擦为零)

$$\frac{\partial}{\partial t}(\hat{\zeta}_2-\hat{\zeta}_{T2})=\frac{1}{2}[-\boldsymbol{V}_1\cdot(\zeta_1+f)+\boldsymbol{V}_3\cdot(\zeta_3+f)]-\frac{\Delta p}{f}\cdot\Delta\left[\boldsymbol{V}_2\cdot\Delta\left(\frac{\partial\varphi}{\partial p}\right)_2\right]-\frac{1}{2}(\nabla\times\boldsymbol{F}_3)\cdot\boldsymbol{k}+\frac{R}{2fc_pp_2}\Delta\int_{p_3}^{p_1}Q_S\,\mathrm{d}p \tag{6.15}$$

上式右端第 1 项为涡度平流项。当此项为正，如高层正涡度平流大于低层正涡度平流时，此项对流场热成风涡度的贡献为正，即有利于正的非热成风涡度的增大。右端第 2 项为温度平流项。当此项为正，即非热成风扰动层(400～600 hPa)中有暖平流中心时，此项在温度场上产生负的热成风涡度，也有利于正的非热成风涡度的增大。右端第 3 项为摩擦项。高原东南侧的偏南气流受到高原侧边界的摩擦作用，在低层会产生气旋性涡度。由于摩擦作用主要限于大气行星边界层内，对高层流场影响不大，故此项在流场上产生负的热成风涡度，使正的非热成风涡度减小。右端第 4 项为地面感热加热项，当其为正，即地面有感热向上输送的中心时，此项在温度场上产生负的热成风涡度，有利于正的非热成风涡度的增大。

以上各项对非热成风涡度变化的贡献通过式(6.12)与垂直运动相联系。当出现正的非热成风涡度即流场的热成风涡度大于温度场的热成风涡度时，在适应过程中将产生上升运动；反之，将产生下沉运动。

式(6.11)对时间微商并利用式(6.6)—式(6.10)得

$$\frac{\partial^2\omega_2}{\partial t^2}=\frac{2(\Delta p)^2c^2}{p_2^2}\Delta\omega_2-f^2\omega_2 \tag{6.16}$$

在西南低涡生成初期，可不考虑潜热的作用，即令 $Q_L=0$，再设 $\omega_2=Be^{-\mathrm{i}\sigma t+\mathrm{i}(kx+ly)}$，一并代入式(6.16)得

$$\sigma^2=-\frac{2(\Delta p)^2c^2}{p_2^2}(k^2+l^2)-f^2 \tag{6.17}$$

记 L 为扰动的水平特征尺度(取为低涡的半径)，则 $L^2=\frac{1}{k^2+l^2}$，相应地，上式可变为

$$\sigma=\pm\frac{\sqrt{2}\,\Delta pc}{p_2}\sqrt{-(1/L^2+1/L_0^2)} \tag{6.18}$$

其中 $L_0=\frac{\sqrt{2}\,\Delta pc}{fp_2}=\frac{c_1}{f}$，称为热成风适应的特征尺度或适应半径。对于本研究采用的

模式，$\Delta p = 100$ hPa，$p_2 = 500$ hPa，则有

$$L_0 = \frac{\sqrt{2}c}{5f} = \frac{R\sqrt{2T(\gamma_d - \gamma)/g}}{5f} \tag{6.19}$$

表 6.1 300～700 hPa 气层内热成风适应的特征尺度 L_0 单位：km

纬度/°N	$(\gamma_d-\gamma)$/(℃/100 m)		
	0.4	0.2	0.1
25	440	311	220
30	372	263	188
35	324	229	162

由表 6.1 可知，L_0 的大小与天气尺度系统的垂直尺度、大气层结稳定度和所在纬度有关。对于西南低涡这样一类低层而又浅薄的副热带系统，其 L_0 较小（因为 Δp 和 f 较小）。尤其当气温直减率 γ 较大即 $\gamma_d - \gamma$ 较小时，L_0 可以小于西南低涡的特征尺度（$L = 300 \sim 500$ km）。因此，根据斜压大气的热成风适应原理，当 $L > L_0$ 时，在适应过程中主要是流场适应温度场。

根据以上热成风适应过程的分析并结合西南低涡生成时的天气形势，我们可概括出如下一种暖性西南低涡生成的可能机制（图 6.2）。由于暖涡生成时，锋区偏北、低槽离暖涡生成源地较远，因此当时涡度平流不强，故涡度平流项产生的流场热成风涡度很小；而偏南气流产生了较强的暖平流，加之源地附近的地面感热加热，这将有利于在温度场上形成负的热成风涡度，因此将产生正的非热成风涡度，这样就破坏了流场和温度场之间的热成风平衡。由于出现了非热成风，必然引起热成风适应过程，使非热成风向热成风调整，从而造成天气形势的变化。正的非热成风涡度，将产生高层流场辐散，低层流场辐合，引起上升运动。

适应过程对天气形势变化的影响与 L 和 L_0 的相对大小密切相关。夏半年，高原地面感热加热较强，常造成 400 hPa 以下较大的气温直减率，甚至出现超绝热现象。当 $\gamma_d - \gamma > 0$，由式(6.19)可知，L_0 随 γ 的增大而减小。至于 $\gamma_d - \gamma < 0$（超干绝热）的情形下西南低涡的生成机制可参见 5.6。由于西南低涡初生时为浅薄系统，当 $\gamma_d - \gamma$ 的值小到一定程度时，可以出现 $L > L_0$ 的情形，则存在正的热成风涡度时，适应过程中主要是流场向温度场调整，适应的结果是温度场基本保持不变，即维持一个暖中心或暖脊；而流场变化较大，在低层形成气旋式涡度和低位势区，在高层形成反气旋式涡度和高位势区。这样在低层形成一个暖性低涡，在高层形成一个暖高脊，并伴有低层辐合、高层辐散和上升运动。

当高原东南侧的偏南气流受到侧向摩擦作用时，在低层流场上将形成气旋式环流，但高层流场受摩擦影响不大。由式(6.15)知，侧向摩擦的作用在流场上将产生

负的热成风涡度，由于 $L > L_0$，适应过程中主要是流场适应温度场，如果没有温度场支持，则适应的结果将使流场趋于消亡。因此，单纯由摩擦产生的低层动力性低涡在适应过程中是趋于消亡的。至于 $L < L_0$ 的情形，适应过程中主要是温度场适应流场，这样在摩擦作用产生负值非热成风涡度的情形下，适应的结果是在低层形成一个尺度较小的暖性低涡，但低涡中心的垂直运动却是下沉的，即形成 TCLV 型西南低涡。

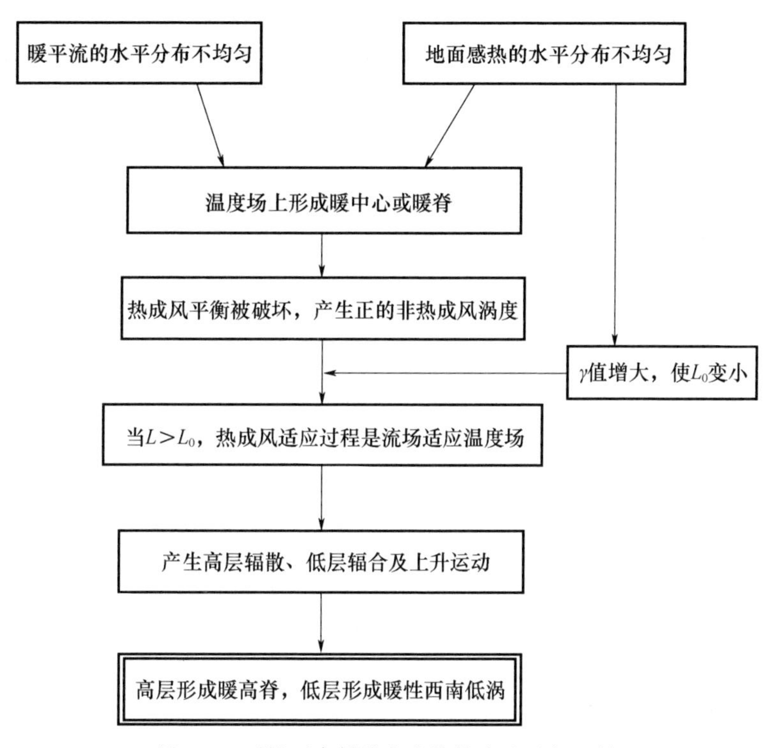

图 6.2　暖性西南低涡生成的热成风适应机制

暖平流和高原地面感热对于暖性低涡的生成也有重要作用，地面感热不仅直接决定非热成风涡度的变化，而且还通过影响 L_0 的大小，间接决定暖涡的生成。由于低涡形成时，低槽和锋区往往偏西和偏北，因此涡度平流的作用与暖平流和高原地面感热相比往往不那么重要。

上述暖性西南低涡生成的机制可用图 6.2 加以概括。类似地，也可用热成风适应原理，采取天气形势的分解分析方法来讨论青藏高原 500 hPa 暖性的移动性高压的生成过程（李国平 等，1991a，1991b）。

第7章　高原大气波动理论

作为本书篇幅较多的一章，我们将系统性地介绍应用大气波动理论特别是非线性波动方法研究青藏高原大气运动的一些成果和进展，内容涉及大地形背风波、地形强迫下的线性和非线性 Rossby 波、高原低涡的奇异孤立波型解、热力强迫对低涡非线性波动解的影响等问题。另外，也简单讨论了与大地形有关的波流相互作用。

关键词：背风波，地形强迫，地形重力波，地形 Rossby 波，非线性 Rossby 波，奇异孤立波，热力强迫

7.1　大地形背风波

气流过山形成的背风波(lee wave)及背风气旋(lee cyclone)的研究已有几十年的历史，是一个非常经典的问题。不少气象学、海洋学及流体力学学者都对此进行了多方面的研究。早在20世纪40—50年代，就初步建立了背风波的线性小振幅波动理论和有限振幅理论。60—70年代，Drazin(1961)和 Smith(1979)进一步研究了大气和海洋中小 Froude 数($Fr \ll 1$)的势流型流动及地形波阻等问题。80—90年代初期，对背风波问题开展了实验室流体力学实验和数值模拟，主要研究了旋转水槽中层结流体流过一个障碍物的现象。随着计算机的迅速发展，数值模拟已成为研究背风波问题的主要方法，Smolarkiwicz 和 Rotunno(1989，1990，1991)用此方法较系统地研究了中等 Froude 数下气流经过一个铃型山脉地背风波和背风气旋问题，并进一步验证了 Smith(1980，1988)关于气流过山的线性理论。Chen 和 Li(1982)、Boyer 和 Chen(1987)等利用相似原理通过转盘实验研究了气流绕过青藏高原的效应以及气流越过落基山脉的背风波问题。

尽管几十年来对背风波已有不少研究，但主要局限在小地形，对大地形背风波的研究极少。转盘实验也主要是研究气流对青藏高原大地形的绕流现象以及高原本身的动力、热力效应对大气环流的影响，而在大地形对背风波的生成关系方面尚缺少系统的研究。近年来，高守亭和陈辉(2000)设计了一个转槽实验来研究具有大地形尺度的铃型山的背风波问题，这种大地形的高度完全可以同青藏高原相比拟，

但形状又不同于青藏高原。实验研究特点主要有:用旋转的转槽来研究槽内大铃型山后的背风波、非旋转及强旋转两种极端情形下层结流体的背风波以及不同 Froude 数下的背风波。整个实验突出了地球的旋转效应和大气层结效应对背风波形成的作用。

对转槽实验结果的分析表明:虽然大地形背风波是由地形造成的,但在不同的 Rossby 数和 Froude 数的控制下,特别是这两个参数的结合可产生出几种不同的波结构,甚至会形成低层涡旋。总的来说,旋转效应主要是加强波的振幅而非波长,并对引发下坡流有重要作用。不论旋转与否,Froude 数都是一个关键参数,即使在无旋转的情况下,在 Froude 数适当时仍存在明显的背风波。当层结适当特别是层结较强时,背风波和背风气旋会在山的下风方同时出现。在季风区内,青藏高原对切变线上低涡(如高原低涡、西南低涡)及气旋波(如江淮气旋)的发展起着重要的驱动作用,这反映出背风波对中国长江流域的天气具有重要影响。

长江流域恰好位于青藏高原大地形的下风方,在西风气流盛行的冬半年,较强的西风气流越过高原,必然在高原的下风区造成背风波。因此,很早就有气象学者认为东亚大槽的稳定和加深与高原下风方的背风波有关。而在夏季 7—8 月,由于高原强烈的加热作用,使其上空出现强大的南亚高压,高原低层是一个热低压,所以层结效应很弱,有时甚至呈现不稳定。加之南亚高压的偏北部才有西风分量,所以正对着高原下风方的背风波不易形成,即使有,其位置也比较偏北,对长江以南的天气不会产生直接影响。因此,7—8 月高原对江南天气的影响主要是热力效应,而非动力效应引起的背风波。4—5 月是东亚大气环流季节转换时期,西风急流开始减弱北退,东亚大槽明显减弱,西南气流及偏南气流在中、低层开始控制中国江南大部分地区,但地面及 500 hPa 上空仍有冷空气及偏西气流活动,所以大气低层在长江流域常维持一条切变线(如西南切变线、江淮切变线)。而 500 hPa 及其以上,由于层结相对稳定,越过高原的西风气流可产生背风波,这种背风波槽前的正涡度平流同低层切变线上的扰动一旦耦合,就会使扰动发展、形成切变线上的低涡系统(如西南低涡)。可见高原下风方背风波的存在,对季风区内切变线上的低值系统的发展起着重要的驱动作用。6 月,江南夏季风普遍爆发,江南地区低层大气处于热力不稳定状态,但对流层上层的层结仍较稳定,所以稳定区仍存在背风波。一方面,背风波槽前的正涡度平流同低层切变线上的扰动仍存在耦合作用;另一方面,由于副热带高压西伸北挺,其西部边缘的西南气流常同背风波槽前的西南气流相遇而明显加强,产生“狭管效应”,结果造成槽的底部和前方地区出现明显的辐散,起到一种“抽吸”的作用,这可能是长江口气旋波明显发展的一个重要原因。因此,大地形的背风波与季风区内不同天气系统的耦合对切变线上低值系统的发展和气旋波的形成具有重要的促进作用。

7.2 大气非线性波动的概念

7.2.1 孤立波与孤立子

在波动的线性理论之后，近年来大气和海洋的非线性波动理论也有了很大发展。最令人感兴趣的是对地球物理流体动力学的非线性方程的研究，得到的波动解除了周期解以外，还存在另一类完全不同的波解，用于描述孤立的（单个的）保持形状不变扰动的传播。因此，孤立波可认为是在频散介质中传播而又不改变自身形状的局地化扰动。在某些情况下，这些孤立波以碰撞的形式发生相互作用但又不改变传播速度或形状，这样的孤立波称为孤立子。

事实上，流体动力学对孤立波的研究可追溯到至少150多年以前。最早的研究者有Scoot、Russell、Boussinesq、Rayleigh等，但1895年之后，大部分理论工作集中在著名的KdV（Korteweg-de Vries）方程上，它用于描述具有小而固定振幅并在浅水近似下频散的长重力表面波的演变。KdV方程的一维形式为

$$h_t + (c_0 + c_1 h) + \nu h_{xxx} = 0 \tag{7.1}$$

这里 c_0，c_1 和 ν 是常数，$h = h(x,t)$ 是自由面的偏差。在线性化近似下，$c_1 = 0$，方程(7.1)有解 $h = \cos\theta$，其中 $\theta = kx - \omega t$ 。频散关系式为 $\omega = c_0 t - \nu k^3$。

对于非线性方程(7.1)，它还有一个用椭圆余弦函数（雅可比椭圆函数）$\mathrm{cn}\,\theta$ 表示的周期解，称为椭圆余弦波（cnoidal wave）。而KdV方程最显著的性质为：除周期解外，它还有另一个特殊解

$$h(x,t) = a\,\mathrm{sech}^2\left[\left(\frac{ac_1}{12\nu}\right)^{1/2}(x - ct)\right] \tag{7.2}$$

其中：$c = c_0 + \frac{ac_1}{3}$，$\mathrm{sech}\, y = 2(\mathrm{e}^y + \mathrm{e}^{-y})^{-1}$。式(7.2)中的 $\left(\frac{ac_1}{12\nu}\right)^{1/2}$ 代表波数，则 $\omega = kc = \left(c_0 + \frac{ac_1}{3}\right)\left(\frac{ac_1}{12\nu}\right)^{1/2}$，这里频散关系为 $\omega = (k,a)$，a 是波的振幅。而线性波的频散关系为 $\omega = \omega(k)$，这是非线性波与线性波最重要的区别。引入变量 $x_1 = x - ct$，式(7.2)中函数 $h(x_1)$ 的形状如图7.1所示。显然，$h(\pm\infty) = 0$，$h(0) = a$ 。这个“驼峰”型的孤立波在 x 的正方向以速度 c 和任意振幅 a 传播。由于线性波动方程不含有此解，所以孤立波是基本的非线性现象。

正如我们所知，线性方程解的叠加仍是该方程的解。基于此事实，如果有两个独立的线性波以不同的速度相向传播，则相遇后能够彼此穿过而不改变自身的形

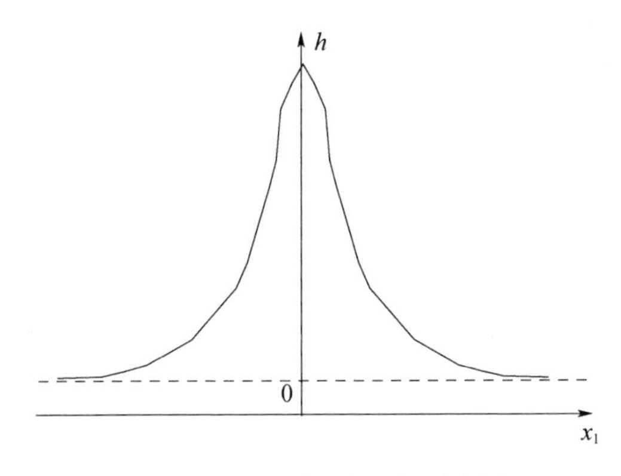

图 7.1 孤立波(孤立子)示意图

状。但对于一般的非线性方程,两个解的叠加并不能给出新解。与此不同的是,大多数孤立波却具有“线性波”的性质(某些孤立波不具备此特性,因此它们不是孤立子,例如灌木林火的前部),它们在发生非线性作用后仍能不改变形状而移动。我们把这种具有与基本粒子相似性质的孤立波称为孤立子。

非线性波特别是孤立波理论在现代物理学中占有特殊的地位。除流体动力学外,在无线电物理、等离子物理以及地球物理等领域也发现了这样的波。因此,最初在流体力学中导出的 KdV 方程,也出现在弹性力学、等离子物理等学科的理论中。在一个时期,人们曾认为孤立子解只存在于 KdV 方程,近十多年的研究才发现并非如此,许多数学物理方程都含有这类解。下面列举一些典型方程

(1)具有立方非线性的 Schrödinger(薛定锷)方程

$$i\psi_t + \psi_{xx} + k \mid \psi \mid^2 \psi = 0 \tag{7.3}$$

其中:k 是常数,$\psi(x,t)$ 是复合函数,可用来描写二维自聚焦的光束。

(2)正弦 Gordon 方程

$$u_{xx} - u_{tt} = \sin u \tag{7.4}$$

可用来描述在超流体 He^3(氦 3 气体)中传播的自旋波以及典型晶体断层的传播等现象。

(3)Boussinesq 方程

$$u_{xx} - u_{tt} + 6(u^2)_{xx} + u_{xxxx} = 0 \tag{7.5}$$

可用来描写类似于 KdV 方程所表示的浅水波。

现在人们对孤立波的研究手段已从经验发展到实验室(包括数值计算和模拟)或自然条件,这对于地球物理流体(大气和海洋)的探索和认识具有特别重要的意义。

7.2.2 大气中的孤立子和孤立波

Christie 等(1978)在探究大气孤立子研究历史时认为:通过设置于澳大利亚中

部等地的一组高度敏感的微气压计得到了地面气压观测和分析的资料，这样在1955年Abdullah(1955)首次用重力内孤立波来描述气压场扰动。典型个例是1951年6月29日，位于美国堪萨斯的气压计记录到一个+3.4 hPa的扰动以18～24 m·s^{-1}速度移动了800 km，激发它的是一个滑过逆温层、位于2 km高度、水平尺度约为150 km且形状保持不变的冷空气核。Abdullah(1955)认为它是热力逆温层中准定常冷锋推动的结果。Christie等(1978)还叙述了不少类似的个例。但是，他们观察到的孤立子的有效宽度仅有几千米。这些相距不远的两个或多于两个孤立子（后者称为孤立子包）沿着夜间逆温层滑动。地面湿度、气温、风速和风向的同期观测表明在地面气压孤立子的移动过程中，其他气象要素场并没有伴随出现类似的现象。研究还发现这种孤立波的移动也不对大气扰动施加任何影响。因此，这些微尺度和中尺度波虽然在定义上是孤立波，但他们在大气动力学中的意义并不是十分重要的。

也许大气中也存在天气尺度和行星尺度的孤立波，其典型的例子是Rossby孤立波（或Rossby孤立子）。理论上，它们是β平面非线性涡度方程的理论解（Redekopp，1977）。然而，至今为止尚无可靠的观测资料证实这种理论解。另外，有人假设木星上的大红斑可看作行星孤立波或一个巨大的二维孤立子。

在海洋中人们也发现了孤立子现象，典型的例子是通常由地震引起的Tsunami（海啸）孤立波，它也可以由洋面上深厚的气旋引起。由于中心是低气压，海面高度在此增加，而气旋静止时近表层风对此也起促进作用。当气旋开始移动时，孤立水波也从中心移向原来被静止气旋占据的圆周区域。

可用于证实上述理论分析的实例是列宁格勒（现称圣彼得堡）洪水是由这样的孤立波引起的。因为深厚气旋一般要在波罗的海海面上停留几天已是气象上一个著名的现象。当它进入芬兰湾后，孤立子的高度会增加，在与涅瓦（Neva）河的水体相遇后形成洪水。通过卫星对海洋中孤立波的观测有望得到支持上述观点的证据。

7.3 地形作用下的线性和非线性 Rossby 波

7.3.1 地形 Rossby 波

我们称背风槽为地形Rossby波，应用正压大气的垂直位涡度守恒定律

$$\frac{\mathrm{d}}{\mathrm{d}t}\left(\frac{\zeta+f}{h}\right)=0 \tag{7.6}$$

来分析地形Rossby波。

如图7.2所示，在迎风面（$x<0$），有一均匀西风$\overline{u}$，气层厚度为H，相对涡度

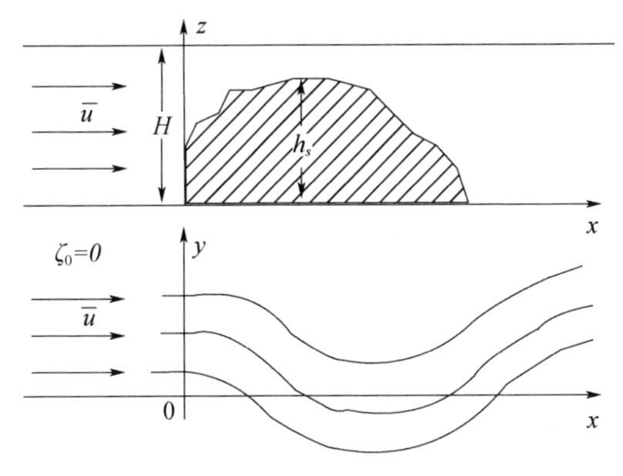

图 7.2　地形 Rossby 波

$\zeta_0=0$；过 $x=0$ 后（$x>0$），由于存在山脉，设山脉高度为 h_s，则气层厚度为 $H-h_s$，相对涡度 $\zeta_0\neq 0$。

在定常条件下，式(7.6)表示位涡 $(\zeta+f)/h$ 沿流线 $\psi=$ 常数(保持不变)，即：

$$\frac{\zeta_{前}+f_{前}}{h_{前}}=\frac{\zeta_{后}+f_{后}}{h_{后}}=\text{const} \tag{7.7}$$

引入流函数：$u=-\dfrac{\partial\psi}{\partial y}$，$v=\dfrac{\partial\psi}{\partial x}$ 以方便求解。

过山前（$x<0$）：气层厚度 $h=H$；平直西风无垂直速度，无径向速度，无水平切变，故有 $w=0$，$v=0$，$\zeta=0$；由流函数公式 $u=-\dfrac{\partial\psi}{\partial y}$ 得 $\psi=-\bar{u}y$；$f=f_0+\beta_0 y=f_0-\dfrac{\beta_0}{\bar{u}}\psi$

过山后（$x>0$）：气层厚度 $h=H-h_s$；$f=f_0+\beta_0 y$；涡度不再等于零，可表示为：$\zeta=\dfrac{\partial v}{\partial x}-\dfrac{\partial u}{\partial y}+f_0+\beta_0 y=\dfrac{\partial^2\psi}{\partial x^2}+\dfrac{\partial^2\psi}{\partial y^2}+f_0+\beta_0 y=\nabla_h^2\psi+f_0+\beta_0 y$

代入式(7.7)可得

$$\frac{1}{H}\left(f_0-\frac{\beta_0}{\bar{u}}\psi\right)=\frac{1}{H-h_s}(\nabla_h^2\psi+f_0+\beta_0 y) \tag{7.8}$$

在 $x=0$ 处(迎风坡山脚)给定初始条件：$x=0$ 处，$\dfrac{\partial\psi}{\partial y}=-\bar{u}$，$\dfrac{\partial\psi}{\partial x}=0$

设在山脚（x,y）=(0,0)处有水平边界条件：$x=y=0$ 处，$\psi=0$

化简式(7.8)

$$\nabla_h^2\psi+\frac{H-h_s}{H}\frac{\beta_0}{\bar{u}}\psi=-\frac{h_s}{H}f_0-\beta_0 y \tag{7.9}$$

令

$$k^2=\frac{H-h_s}{H}\frac{\beta_0}{\overline{u}}=\left(1-\frac{h_s}{H}\right)k_s^2 \tag{7.10}$$

其中 k_s 为静止 Rossby 波的波数。

式(7.9)可化简为

$$\nabla_h^2\psi+k^2\psi=-\frac{h_s}{H}f_0-\beta_0 y \tag{7.11}$$

观察发现,式(7.11)为 Helmholtz 型方程,根据数理方程知识,可得式(7.11)有一特解

$$\psi_1=-\frac{1}{k^2}\left(\frac{h_s}{H}f_0+\beta_0 y\right)=-\frac{H}{H-h_s}\frac{\overline{u}}{\beta_0}\left(\frac{h_s}{H}f_0+\beta_0 y\right) \tag{7.12}$$

根据微分方程求解知识,非齐次方程通解等于非齐次特解加齐次方程的通解,因此式(7.11)具有如下形式的通解

$$\psi=\psi_1+(D+y)X(x) \tag{7.13}$$

将式(7.13)代入式(7.11),然后求解

第一项:$\nabla_h^2\psi=\frac{\partial^2\psi}{\partial x^2}+\frac{\partial^2\psi}{\partial y^2}$

因为 $\frac{\partial\psi}{\partial x}=\frac{\partial\psi_1}{\partial x}+(D+y)X'(x)=(D+y)X'(x)$,所以 $\frac{\partial^2\psi}{\partial x^2}=(D+y)X''(x)$

同理可求出

$$\frac{\partial^2\psi}{\partial y^2}=0 \tag{7.14}$$

故第一项

$$\nabla_h^2\psi=\frac{\partial^2\psi}{\partial x^2}+\frac{\partial^2\psi}{\partial y^2}=(D+y)X''(x) \tag{7.15}$$

第二项

$$k^2\psi=k^2[\psi_1+(D+y)X(x)]=k^2\left[-\frac{1}{k^2}\left(\frac{h_s}{H}f_0+\beta_0 y\right)+(D+y)X(x)\right]$$

$$=-\left(\frac{h_s}{H}f_0+\beta_0 y\right)+k^2(D+y)X(x) \tag{7.16}$$

将两项代回式(7.11)化简得

$$(D+y)X''(x)-\left(\frac{h_s}{H}f_0+\beta_0 y\right)+k^2(D+y)X(x)=-\left(\frac{h_s}{H}f_0+\beta_0 y\right)$$

$$X''(x)+k^2X(x)=0 \tag{7.17}$$

观察得知式(7.17)为二阶常系数齐次线性微分方程,其通解为

$$X(x)=A\cos kx+B\sin kx \tag{7.18}$$

其中：A，B 为任意常数

将式(7.18)代回式(7.13)中，得流函数的解

$$\psi=\psi_1+(D+y)(A\cos kx+B\sin kx) \tag{7.19}$$

$$\begin{cases}\dfrac{\partial\psi}{\partial x}=(D+y)(-kA\sin kx+kB\cos kx)\\[2ex]\dfrac{\partial\psi}{\partial y}=\dfrac{\partial\psi_1}{\partial y}+A\cos kx+B\sin kx=-\dfrac{\beta_0}{k^2}+A\cos kx+B\sin kx\end{cases} \tag{7.20}$$

方程组中 D，A，B 均为待定的系数，再利用 $x=0$ 处的初始条件：

$x=0$ 处，$\dfrac{\partial\psi}{\partial y}=-\bar{u}$，$\dfrac{\partial\psi}{\partial x}=0$ 求得

$$\begin{cases}\dfrac{\partial\psi}{\partial x}=(D+y)kB=0\\[2ex]\dfrac{\partial\psi}{\partial y}=-\dfrac{\beta_0}{k^2}+A=-\bar{u}\end{cases} \tag{7.21}$$

若 $D+y\neq 0$，则 $B=0$，$A=-\bar{u}+\dfrac{\beta_0}{k^2}$

将 A，B 和式(7.12)的值代入式(7.21)，地形扰动下的流函数的解进一步可表示为

$$\psi=-\frac{H}{H-h_s}\frac{\bar{u}}{\beta_0}\left(\frac{h_s}{H}f_0+\beta_0 y\right)-(D+y)\left(\bar{u}-\frac{\beta_0}{k^2}\right)\cos kx \tag{7.22}$$

为了求出常数 D，再利用水平边界条件：$x=y=0$，$\psi=0$ 得：$D=\dfrac{f_0}{\beta_0}$。再将 D 值代入式(7.22)得

$$\begin{aligned}\psi&=-\frac{H}{H-h_s}\frac{\bar{u}}{\beta_0}\left(\frac{h_s}{H}f_0+\beta_0 y\right)-\left(\frac{f_0}{\beta_0}+y\right)\left(\bar{u}-\frac{\beta_0}{k^2}\right)\cos kx\\
&=-\bar{u}\left[\frac{h_s}{(H-h_s)\beta_0}f_0+\frac{H}{H-h_s}y\right]-\left(\frac{f_0}{\beta_0}+y\right)\left(\bar{u}-\frac{H\bar{u}}{H-h_s}\right)\cos kx\\
&=-\bar{u}\left[\frac{h_s f_0+Hy\beta_0}{(H-h_s)\beta_0}\right]+\left(\frac{f_0+\beta_0 y}{\beta_0}\right)\left(\frac{h_s\bar{u}}{H-h_s}\right)\cos kx\\
&=-\bar{u}\left[\frac{h_s f_0+(h_s\beta_0 y-h_s\beta_0 y)+Hy\beta_0}{(H-h_s)\beta_0}\right]+\left(\frac{f_0+\beta_0 y}{\beta_0}\right)\left(\frac{h_s\bar{u}}{H-h_s}\right)\cos kx\\
&=-\bar{u}\left[\frac{(h_s f_0+h_s\beta_0 y)+(Hy\beta_0-h_s\beta_0 y)}{(H-h_s)\beta_0}\right]+\bar{u}\frac{h_s(f_0+\beta_0 y)}{\beta_0(H-h_s)}\cos kx\\
&=-\bar{u}\frac{(H-h_s)\beta_0 y}{(H-h_s)\beta_0}-\bar{u}\frac{h_s(f_0+\beta_0 y)}{\beta_0(H-h_s)}(1-\cos kx)\\
&=-\bar{u}y-\bar{u}\frac{h_s(f_0+\beta_0 y)}{\beta_0(H-h_s)}(1-\cos kx)\end{aligned}$$

至此，求得流函数解的最终表达式：

$$\psi = -\bar{u}y - \bar{u}\frac{h_s(f_0+\beta_0 y)}{(H-h_s)\beta_0}(1-\cos kx) \tag{7.23}$$

因为ψ在x方向上是呈周期变化的，即地形激发出了与时间无关的准静止(定常)Rossby 波，其波长为

$$L = \frac{2\pi}{k} = \frac{2\pi}{k_s}\sqrt{\frac{H}{H-h_s}} = L_s\sqrt{\frac{H}{H-h_s}} = 2\pi\sqrt{\frac{H}{H-h_s}\frac{\bar{u}}{\beta_0}} \tag{7.24}$$

由式(7.24)可见波长与大地形的高度与气层厚度、平均西风风速以及纬度相关。

在相同纬度与平均西风风速的条件下，改变地形高度，以讨论地形高度变化对准静止行星波波长变化的影响。其中地形高度的变化通过其与气层厚度(或称大气标高，H约为 8 km)的比值变化来体现。

已知地球半径$a=6371$ km，Rossby 参数$\beta_0=\frac{2\Omega\cos\varphi}{a}$，地球自转角速度$\Omega=7.292\times10^{-5}\,\mathrm{s}^{-1}$，若取$\varphi=30°$N，$\bar{u}=10\ \mathrm{m\cdot s^{-1}}$，代入式(7.24)：

$$L = 2\pi\sqrt{\frac{H}{H-h_s}\frac{\bar{u}}{\beta_0}} = 2\pi\sqrt{\frac{H}{H-h_s}\frac{a\bar{u}}{2\Omega\cos\varphi}} = 2\pi\sqrt{\frac{H}{H-h_s}\frac{10a}{2\Omega\cos30°}} \tag{7.25}$$

再代入不同地形高度(即不同的h_s与H的比值)，即可计算出相应的地形 Rossby 波波长(表 7.1)。由行星波的定义，其临界波长值约为 5000 km，当$h_s=\frac{2}{10}H$时，所激发的地形 Rossby 波波长最接近行星波波长临界值。若取$h_s=\frac{1}{10}H$，$\varphi=45°$N，$\bar{u}=1\ \mathrm{m\cdot s^{-1}}$，可算得地形激发的定常 Rossby 波的波长$L\approx1.6\times10^6$ m。类似于青藏高原这样的大地形$\left(\frac{h_s}{H}>\frac{2}{10}\right)$，其激发的地形 Rossby 波就属于准静止行星波，其波长在 5000～6000 km。

表 7.1 不同地形高度对地形 Rossby 波的影响

地形高度与气层厚度之比	激发的地形 Rossby 波的波长(10^6 m)
1/10	4.70
2/10	4.99
3/10	5.33
4/10	5.76
5/10	6.31

地形高度的变化对地形 Rossby 波波长有显著影响，且这种影响呈规律性变化。如图 7.3 所示，地形高度越高，所激发的地形 Rossby 波波长越长，也就是说，大地形

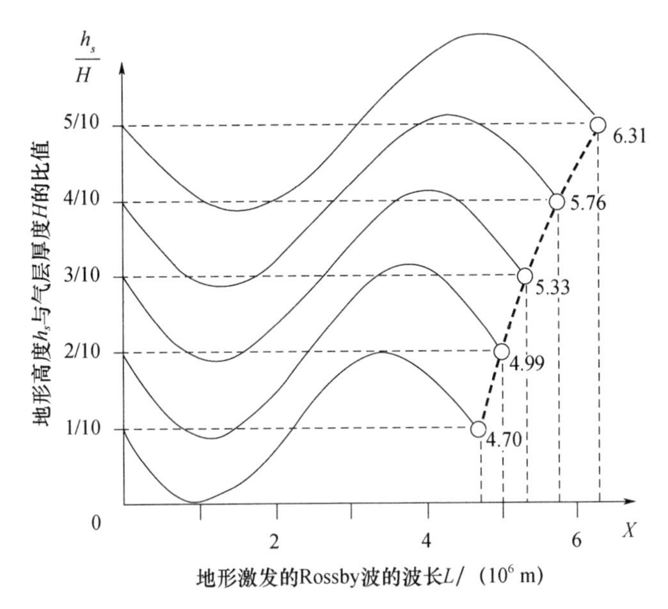

图 7.3　不同地形高度对地形 Rossby 波波长的影响

比相对小的地形激发的地形 Rossby 波的波长更长，更易激发出或有利于演化出准静止行星波。

从高原地质变化历史的角度，也可以说，高原大地形在不同的隆升阶段，地形对大气行星波波长的影响不同的，隆升高度越高，高原大地形激发的行星波的波长就越长。在高原隆升前现代的行星尺度系统几乎不存在，隆升后才形成了北半球冬季以东亚大槽，北美东部大槽和欧洲槽为显著特征的“三波型”环流形势。

7.3.2　地形强迫下的非线性 Rossby 波

地形对大尺度大气运动有重要作用，如地形对大气环流的产生和演变以及地形对阻塞现象的形成都有重要影响。国内不少学者在地形对 Rossby 波强迫作用方面进行了广泛的探讨。刘式适和谭本馗(1988)引入相角函数，对所得常微分方程进行线性稳定性分析，给出稳定条件，然后采用 Taylor 级数展开法，近似地得到平衡态附近的显式波动解，由此讨论了地形对正压模式大气中的非线性 Rossby 波的产生和稳定性的影响。但这种处理方法只能适用于稳定平衡点附近的小振幅波动解问题，在做近似展开时高阶项的取舍随意性很大，因而解具有不确定性，随着高阶项的计入，解将发生本质性的变化。黄思训和张铭(1987)采用逼近函数法讨论了大气中的非线性波动问题。朱开成等(1991)在半地转近似下，引入相角函数、拟能和拟势函数以及常微分方程的相轨线分析，讨论了地形强迫下正压非线性 Rossby 波方程的波动解以及波解存在的地形坡度条件。

设模式大气为 β 平面上的均质不可压流体，其自由面高度 $h=H+\eta(x,y,t)$，下边界高度为 h_B 且 $h_B \ll h$，则有流体运动控制方程组

$$\begin{cases}\left(\dfrac{\partial}{\partial t}+u\dfrac{\partial}{\partial x}+v\dfrac{\partial}{\partial y}\right)u-fv=-g\dfrac{\partial h}{\partial x}\\ \dfrac{\partial}{\partial t}+u\dfrac{\partial}{\partial x}+v\dfrac{\partial}{\partial y}\Big)v+fu=-g\dfrac{\partial h}{\partial y}\\ \left(\dfrac{\partial}{\partial t}+u\dfrac{\partial}{\partial x}+v\dfrac{\partial}{\partial y}\right)(h-h_B)+(h-h_B)\left(\dfrac{\partial u}{\partial x}+\dfrac{\partial v}{\partial y}\right)=0\end{cases}\tag{7.26}$$

引入半地转近似后，水平运动方程变为

$$\begin{cases}\left(\dfrac{\partial}{\partial t}+u\dfrac{\partial}{\partial x}+v\dfrac{\partial}{\partial y}\right)u_g-fv=-\dfrac{\partial\varphi}{\partial x}\\ \left(\dfrac{\partial}{\partial t}+u\dfrac{\partial}{\partial x}+v\dfrac{\partial}{\partial y}\right)v_g+fu=-\dfrac{\partial\varphi}{\partial y}\end{cases}\tag{7.27}$$

其中：$\varphi=g\eta$，$u_g=-\dfrac{1}{f_0}\dfrac{\partial\varphi}{\partial y}$，$v_g=\dfrac{1}{f_0}\dfrac{\partial\varphi}{\partial x}$，$f=f_0+\beta y$ 。由式(7.27)可得半地转近似下的涡度方程

$$\left(\frac{\partial}{\partial t}+u\frac{\partial}{\partial x}+v\frac{\partial}{\partial y}\right)\left(\frac{\partial v_g}{\partial x}-\frac{\partial u_g}{\partial y}\right)+\frac{\partial u}{\partial x}\frac{\partial v_g}{\partial x}+$$

$$\frac{\partial v}{\partial x}\frac{\partial v_g}{\partial y}-\frac{\partial u}{\partial y}\frac{\partial u_g}{\partial y}-\frac{\partial v}{\partial y}\frac{\partial u_g}{\partial x}+f_0\left(\frac{\partial u}{\partial x}+\frac{\partial v}{\partial y}\right)+\beta v_g=0\tag{7.28}$$

讨论两类特殊地形：一类是东西走向，另一类是南北走向，且设地形坡度为常数。对于东西走向地形，其高度假设仅是 y 的线性函数，即 $\dfrac{\mathrm{d}h_B}{\mathrm{d}y}=$ 常数。利用 $h_B\ll h$ 的条件，连续方程可简化为

$$\left(\frac{\partial}{\partial t}+u\frac{\partial}{\partial x}+v\frac{\partial}{\partial y}\right)\varphi-gv_g\frac{\mathrm{d}h_B}{\mathrm{d}y}+(C_0^2+\varphi)\left(\frac{\partial u}{\partial x}+\frac{\partial v}{\partial y}\right)=0\tag{7.29}$$

其中 C_0 是浅水波的相速。引入相角函数 $\theta=kx+ly-\sigma t$，其中 k 和 l 分别是 X 和 Y 方向的波数，σ 是圆频率。

设方程(7.28)和(7.29)有解

$$u=U(\theta),\ v=V(\theta),\ \varphi=\Phi(\theta)\tag{7.30}$$

将此组行波解代入方程(7.28)和(7.29)得

$$\begin{cases}(kU+lV-\sigma)\Phi'''+(kU'+lV')\Phi''-\lambda^2f_0^2(kU'+lV')-\lambda^2\beta k\Phi'=0\\ (kU+lV-\sigma)\Phi'+(kU'+lV')(C_0^2+\Phi)-\dfrac{gk}{f_0}\dfrac{\mathrm{d}h_B}{\mathrm{d}y}\Phi'=0\end{cases}\tag{7.31}$$

其中：$\lambda^2=\dfrac{1}{k^2+l^2}$，撇号代表对相角的微分。积分式(7.31)，不失一般性，取积分常数为零。然后消去 U 和 V 得东西走向地形下非线性 Rossby 波存在的基本方程

$$\Phi''=\lambda^2\frac{\left[\beta C_0^2+f_0^2\left(c_x+\dfrac{g}{f_0}\dfrac{\mathrm{d}h_B}{\mathrm{d}y}\right)\right]\Phi+\beta\Phi^2}{C_0^2c_x-\dfrac{g}{f_0}\dfrac{\mathrm{d}h_B}{\mathrm{d}y}\Phi} \tag{7.32}$$

同样，取南北向地形为 $h=h_B(x)$，$\dfrac{\mathrm{d}h_B}{\mathrm{d}x}=$常数，于是连续方程简化为

$$\left(\frac{\partial}{\partial t}+u\frac{\partial}{\partial x}+v\frac{\partial}{\partial y}\right)\varphi-gu_g\frac{\mathrm{d}h_B}{\mathrm{d}x}+(C_0^2+\varphi)\left(\frac{\partial u}{\partial x}+\frac{\partial v}{\partial y}\right)=0 \tag{7.33}$$

取式(7.30)表示的行波解，则可由式(7.28)和式(7.33)求出东西走向地形下非线性 Rossby 波存在的基本方程

$$\Phi''=\lambda^2\frac{\left[\beta C_0^2+f_0^2\left(c_x-\dfrac{gl}{f_0k}\dfrac{\mathrm{d}h_B}{\mathrm{d}x}\right)\right]\Phi+\beta\Phi^2}{C_0^2c_x+\dfrac{gl}{f_0k}\dfrac{\mathrm{d}h_B}{\mathrm{d}x}\Phi} \tag{7.34}$$

显然，方程(7.32)和(7.34)可统一写为

$$\frac{\mathrm{d}^2\Phi}{\mathrm{d}\tau^2}=\frac{\mathrm{sgn}(\gamma)(\Phi^2+\alpha\Phi)}{\Phi+\delta} \tag{7.35}$$

其中：$\mathrm{sgn}(\gamma)$ 是符号函数，α、δ 和 τ 对于东西和南北走向地形分别取不同的系数值。

对方程(7.35)的进一步讨论表明：地形强迫作用下的非线性 Rossby 波方程不仅存在通常的向西传播的 Rossby 波解，而且存在向东传播的伪(pseudo-)Rossby 波解。对于不同的地形和初相扰动(即拟能)，这些波动可能是周期型的或孤立波型的；与无地形强迫的情形不同，这里西传或东传的波解存在与否，不仅取决于拟能还取决于地形坡度的条件。对同一拟能，可以存在西传和东传两种波解。当非线性 Rossby 波方程退化为线性方程时，只有在南坡、西坡为导式波、东坡时为曳式波的周期型谐波存在。同时地形对波的影响不仅表现在波的存在条件，还表现在波的形态上，即波参数与地形坡度有关。

7.3.3 大地形与正压 Rossby 孤立波

吕克利(1987)考虑了一个包含大地形作用的准地转涡度方程

$$\left(\frac{\partial}{\partial t}+\frac{\partial\psi}{\partial x}\frac{\partial}{\partial y}-\frac{\partial\psi}{\partial y}\frac{\partial}{\partial x}\right)(\nabla^2\psi+\beta y)-\frac{f^2}{c_0^2}\frac{\partial\psi}{\partial t}-\frac{gf}{c_0^2}\left(\frac{\partial h}{\partial x}\frac{\partial\psi}{\partial y}-\frac{\partial h}{\partial y}\frac{\partial\psi}{\partial x}\right)=0 \tag{7.36}$$

式中：ψ 是地转流函数，$h=h(x,y)$ 是地形高度，$c_0^2=gH$。利用行波法，即设 $\psi=$

$\psi(x-ct,y)$，并通过量纲分析得到无因次化的准地转涡度方程。然后采用小参数展开法并消除久期项得到 KdV 方程

$$c_1e_1\frac{\mathrm{d}A}{\mathrm{d}\xi}+e_2A\frac{\mathrm{d}A}{\mathrm{d}\xi}+e_3\frac{\mathrm{d}^3A}{\mathrm{d}\xi^3}=0 \tag{7.37}$$

其中：$\xi=\varepsilon^{1/2}x'$，$x'=x/L$，$A(\xi)=\psi_1(\xi,y)/\varphi(y)$，$\psi'=-\int_0^y u(y)\mathrm{d}y+\varepsilon\psi_1'+\varepsilon^2\psi_2'+\cdots$，$\psi'=\psi/LV$，$c'=c_0+\varepsilon c_1+\varepsilon^2c_2+\cdots$，$c'=c/V$，而 e_1，e_2，e_3 是包含基流、地形和散度效应的一组参量。KdV 方程的特解为孤立波解

$$A(\xi)=-\frac{3c_1e_1}{e_2}\mathrm{sech}^2(\mu\xi) \tag{7.38}$$

其中 $\mu=\left|\frac{e_2}{12e_3}\right|^{1/2}$ 表示 Rossby 孤立波的陡度。

非线性孤立波的主要特征表现为非线性作用与频散效应相平衡，当不考虑地形时，如果基流没有切变，则 $e_2=0$，孤立波不存在。Redekopp(1977)也认为在无地形的情况下，切变气流的存在是准地转孤立波存在的必要条件。当考虑地形时，分析式(7.38)可以发现，即使基流没有切变，只要存在地形，仍有准地转 Rossby 孤立波。即除了切变基流外，地形也可以使 Rossby 波形增陡变为孤立波。显然，这种孤立波与地形有密切关系。

进一步研究了弱切变基流下的 Rossby 孤立波，得出考虑地形和散度效应时的 Rossby 波的波速公式取长波极限时的形式

$$c_{00}=U-\frac{\beta+Mh_{y0}+FU}{m^2\pi^2+F} \tag{7.39}$$

式中：M 是地形因子，F 是散度因子。由上式可见，由于地形改变了 Rossby 波的波速，南坡加快波动、相对于基流向西移动，北坡减慢向西的移动，使经过地形的长波槽呈现东北—西南向，这和实际情况是吻合的。另外，讨论还得出西风带中的 Rossby 孤立波比东风带中的孤立波移速慢。不同的地形高度，对 Rossby 孤立波的作用有很大不同，实际大气中产生的孤立波以 1 波($m=1$)的流型为主。$m=1$ 但没有地形时，西风流型几乎是平直流动。随着地形高度从 $0.1H$ 升到 $0.3H$（H 为均质大气高度），西风基流上的孤立波迅速变陡，呈反气旋式流型；地形高度从 $0.3H$ 增大到 $0.4H$ 时，孤立波流型迅速变化，从反气旋式变为气旋式流型，并且随着地形高度的增大，孤立波陡度迅速减小，低压环流范围加大；当地形高度进一步从 $0.5H$ 继续增大时，孤立波流型不再发生明显的变化。

7.3.4 青藏高原大地形作用下的二维 Rossby 波

研究表明：北半球冬季大气中的准定常行星波是大地形和非绝热加热强

迫的结果；夏季青藏高原是大气低频振荡的活跃区和重要源地。大地形和非绝热加热对 Rossby 波的传播和能量频散也有重要作用，它们可以激发出低频波。

刘式适等(2000a,2000b)在对青藏高原大地形的动力和热力作用分析的基础上，从理论上讨论了青藏高原地形坡度和非绝热加热对二维 Rossby 波的影响。

考虑到青藏高原存在地形坡度 $h(x,y)$、摩擦(设为 Rayleigh 摩擦，即 $\boldsymbol{F}=-\alpha\boldsymbol{V}$，$\alpha$ 是摩擦系数)和非绝热加热 Q，则正压模式方程组可写为

$$\begin{cases}\dfrac{\mathrm{d}u}{\mathrm{d}t}-fv=-\dfrac{\partial\phi}{\partial x}-\alpha u\\ \dfrac{\mathrm{d}v}{\mathrm{d}t}+fu=-\dfrac{\partial\phi}{\partial y}-\alpha v\\ \dfrac{\mathrm{d}}{\mathrm{d}t}(\phi-\phi_s)+(\phi-\phi_s)\left(\dfrac{\partial u}{\partial x}+\dfrac{\partial v}{\partial y}\right)=-Q\end{cases}\tag{7.40}$$

其中：$\phi=gh$，$\phi_s=gh_s$ 分别为自由面高度和地形高度的重力位势。下边界条件为

$$w_s=u\frac{\partial h_s}{\partial x}+v\frac{\partial h_s}{\partial y}\tag{7.41}$$

由水平运动方程可得准地转模式方程组

$$\begin{cases}\left(\dfrac{\partial}{\partial t}+u\dfrac{\partial}{\partial x}+v\dfrac{\partial}{\partial y}\right)(f+\zeta)=-f_0D-\alpha\zeta\\ \left(\dfrac{\partial}{\partial t}+u\dfrac{\partial}{\partial x}+v\dfrac{\partial}{\partial y}\right)(\psi-\psi_s)+\dfrac{c_0^2}{f_0}D=-\dfrac{Q}{f_0}\end{cases}\tag{7.42}$$

式中：f_0 为 f 的特征值(常数)，$c_0=\sqrt{g(H-H_s)}$ 为重力表面波的特征波速，H 和 H_s 分别为自由面和地形的平均高度，D 为水平散度。$\psi=\phi/f_0$，$\psi_s=\phi_s/f_0$ 分别为流函数和地形流函数，则纬向风、经向风和准地转垂直涡度可表示为

$$u=-\frac{\partial\psi}{\partial y},\quad v=\frac{\partial\psi}{\partial x},\quad \zeta=\nabla_h^2\psi\tag{7.43}$$

准地转模式方程组消去 D，就得到包含地形动力和热力作用的准地转位涡度方程

$$\left(\frac{\partial}{\partial t}+u\frac{\partial}{\partial x}+v\frac{\partial}{\partial y}\right)q=-\alpha\zeta+\frac{\lambda_0^2}{f_0}Q\tag{7.44}$$

其中：$q=f+\zeta-\lambda_0^2(\psi-\psi_s)$ 是包含地形的准地转位涡度，$\lambda_0^2=f_0^2/c_0^2$。容易看出，在没有非绝热加热和地形摩擦的情况下，准地转位(势)涡度是守恒的。利用分析线性波动的微扰法可将上述方程中的有关物理量分解为沿纬圈平均的基本量和扰动量两部分之和。因为基本量仍要满足原方程和边界条件，则由方程(7.41)、(7.42)、(7.44)可得出基本量满足的方程组

$$
\begin{cases}
w_s = \overline{u}\dfrac{\partial h_s}{\partial x} = \dfrac{f_0}{g}\overline{u}\dfrac{\partial \psi_s}{\partial x} \\
\dfrac{\partial \overline{\zeta}}{\partial t} = -f_0\overline{D} - \alpha\overline{\zeta} \\
\dfrac{\partial \overline{\psi}}{\partial t} - \overline{u}\dfrac{\partial \psi_s}{\partial x} + \dfrac{c_0^2}{f_0}\overline{D} = -\dfrac{\overline{\theta}}{f_0} \\
\dfrac{\partial \overline{q}_0}{\partial t} + \lambda_0^2\overline{u}\dfrac{\partial \psi_s}{\partial x} = -\alpha\overline{\zeta} + \dfrac{\lambda_0^2}{f_0}\overline{Q}
\end{cases}
\tag{7.45}
$$

其中 $\overline{q_0} = f + \overline{\zeta} - \lambda_0^2\overline{\psi}$ 。对于上述方程组(7.45)第1式实质上反映的是存在大地形时气流的爬坡作用。西风带中,对于大地形的东西坡度,在其西侧有上升运动,东侧有下沉运动。因此,从第3式可得在大地形的西侧形成水平辐散、东侧形成水平辐合。又由第2式和4式可知:由于西风基流和大地形的东西坡度,大地形西侧的垂直涡度和准地转位涡度将随时间减少,而大地形东侧的垂直涡度和准地转位涡度将随时间增加。所以,大地形西侧成为一个涡度汇,东侧成为一个涡度源。另外,从第2式~第4式可以看出,摩擦使涡度和位涡度减小,从而消耗基本气流;非绝热加热使涡度和位涡度增加。大量观测事实表明青藏高原夏季是一个强大的热源,所以青藏高原夏季也应当是涡度源,即是一个动力扰源。

式(7.41)减去方程组(7.45)第1式得

$$
w_s' = u'\frac{\partial h_s}{\partial x} + v'\frac{\partial h_s}{\partial y} = \frac{f_0}{g}\left(u'\frac{\partial \psi_s}{\partial x} + v'\frac{\partial \psi_s}{\partial y}\right) \tag{7.46}
$$

上式右边第一项反映的是扰动纬向气流引起的爬坡作用。右边第二项反映的是存在大地形时气流的绕流作用。在大地形北坡和南坡的西侧产生下沉运动,在大地形北坡和南坡的东侧产生上升运动,这与气流爬坡作用的效果相反。如果认为青藏高原南北坡度的数值大于东西坡度的数值,则可认为青藏高原气流的绕流作用大于爬流作用。因此在青藏高原东侧更有利于对流的产生,这与观测事实是一致的。

进一步分析地形坡度对二维 Rossby 波的作用。若不考虑摩擦($\alpha=0$)和非绝热加热($Q=0$),并设基本气流为常数。对式(7.44)线性化可得扰动涡度方程

$$
\left(\frac{\partial}{\partial t} + \overline{u}\frac{\partial}{\partial x}\right)\nabla_h^2\psi' - \lambda_0^2\frac{\partial \psi'}{\partial t} + (\beta_0 + \beta_1)\frac{\partial \psi'}{\partial x} - \beta_2\frac{\partial \psi'}{\partial y} = 0 \tag{7.47}
$$

其中: $\beta_1 = \lambda_0^2\dfrac{\partial \psi_s}{\partial y}$, $\beta_2 = \lambda_0^2\dfrac{\partial \psi_s}{\partial x}$ 分别表示地形的南北坡度和东西坡度。

对于青藏高原,若不考虑东西坡度的作用,应用正交模方法,可令

$$
\psi' = \Psi e^{i(kx+ly-\omega t)} \tag{7.48}
$$

式(7.48)代入式(7.47)可得二维线性 Rossby 波的圆频率

$$
\omega = k\overline{u} - \frac{k(\beta_0 + \beta_1 + \lambda_0^2\overline{u})}{K_h^2 + \lambda_0^2} \tag{7.49}
$$

其中 $K_h^2=k^2+l^2$。

若不考虑基本气流，只考虑地形的平均高度而不考虑地形坡度，则式(7.49)变为

$$\omega_0=-\frac{\beta_0 k}{K_h^2+\lambda_0^2} \tag{7.50}$$

如果又不考虑地形作用，上式化为

$$\omega_{00}=-\frac{\beta_0 k}{K_h^2+\lambda_{00}^2} \tag{7.51}$$

其中：$\lambda_{00}^2=f_0^2/c_{00}^2$，$c_{00}=\sqrt{gH}$。比较式(7.50)和式(7.51)可知：$|\omega_0|<|\omega_{00}|$，因此从这个意义上讲，地形的存在有利于 Rossby 波向低频发展。在考虑基本气流和地形坡度的情况下，因为地形北坡 $\beta_1<0$，地形南坡 $\beta_1>0$，则由式(7.49)可以看出地形南坡更有利于 Rossby 波向低频发展。另外，频散关系式(7.49)表明地形南北坡度 β_1 的作用类似于 Rossby 参数 β_0 的作用(即 β 效应)。

分析二维 Rossby 波的群速度可以得到如下结论：对于导式波(leading wave)，槽脊线呈西北—东南走向，波和波能量均向东和向北传播；对于曳式波(trailing wave)，槽脊线呈东北—西南走向，波和波能量均向东和向南传播。

大量观测事实表明：青藏高原在夏季为热源，高原地区的温度大于周围地区空气的温度，有利于水平辐合和抬升。下面讨论地形加热对二维 Rossby 波的影响。为简便起见，取浅水模式中的非绝热加热为

$$Q=-\eta c_0^2 D \tag{7.52}$$

其中：D 为水平散度，η 为加热强度系数($0<\eta<1$)。如果认为青藏高原附近空气的运动是以绕流为主的话，则同样可以得出在高原加热作用下，高原东侧有利于水平辐合、上升(对流)运动。将式(7.52)代入准地转无地形摩擦的浅水模式式(7.42)中，类似于上述数学处理过程，可得

$$\left(\frac{\partial}{\partial t}+u\frac{\partial}{\partial x}+v\frac{\partial}{\partial y}\right)q^*=0 \tag{7.53}$$

其中：$q^*=f+\zeta-\lambda_0^{*2}(\psi-\psi_s)$，$\lambda_0^{*2}=f_0^2/c_0^{*2}=\lambda_0^2/(1-\eta)$。即在无摩擦但有特定形式非绝热加热的情况下，此时包含地形影响的准地转位涡度仍是守恒的。在基本气流为常数且不考虑高原东西坡度作用的条件下，可得扰动方程

$$\left(\frac{\partial}{\partial t}+\overline{u}\frac{\partial}{\partial x}\right)\nabla_h^2\psi'-\lambda_0^{*2}\frac{\partial\psi'}{\partial t}+(\beta_0+\beta_1)\frac{\partial\psi'}{\partial x}=0 \tag{7.54}$$

相应地可求出地形加热下 Rossby 波的圆频率方程

$$\omega^*=k\overline{u}-\frac{k(\beta_0+\beta_1+\lambda_0^{*2}\overline{u})}{K_h^2+\lambda_0^{*2}} \tag{7.55}$$

因为 $\lambda_0^{*2}>\lambda_0^2$，比较式(7.49)和式(7.55)不难得出 $\omega^*<\omega$，所以在此意义上，大地形的加热作用也有利于 Rossby 波向低频发展。

7.4 高原低涡、切变线的波动理论

孤立波作为最基本的非线性波动，人们研究它的历史已有150多年。近30年来，对于非线性波动中的孤立波和椭圆余弦波(cnoidal wave)的研究，在大气、海洋等多个学科的非线性研究中占据了一个特殊地位，受到极大重视，并取得了一些重要进展。早期人们认为孤立波解只存在于KdV方程中，近年来的研究表明这类解也存在于许多数学物理方程中。研究孤立波的手段也从理论扩展到观测(包括常规仪器和卫星)、实验(实验室或自然条件下)以及计算机模拟等方面，其结果已用来解释某些天文和地球物理流体现象。同样，大气中也广泛地存在着孤立波，不少学者研究了不同情况下的大气孤立波。但已往的研究多侧重于孤立波解的求得和波动本身的动力学特征分析，较少考虑各类孤立波与实际天气事实的联系，以及波动的非线性特征在天气分析和预报中的应用。事实上，涡旋、锋面、飑线和沙尘暴等天气系统都是大气中典型的非线性现象，并且对人们的日常生活和经济建设造成严重危害，大气非线性动力学理应在上述灾害性天气系统的研究中发挥更大的作用。

青藏高原低涡可看作是一种强烈依赖于高原地形，同时又受环境大气层结稳定度、地面加热和凝结潜热控制的局地性低涡，是夏季盛行于青藏高原地区500 hPa的一种中间尺度或次天气尺度的低压系统。它常在高原中西部生成，然后沿32°N附近的切变线东移发展，最后在高原的东边减弱、消失，它是夏季高原地区主要的降雨系统，而且在有利环流形势配合下东移出高原而发展，多能引发高原东侧地区(特别是四川盆地)一次大范围暴雨、雷暴等灾害性天气过程。本节我们从一类天气系统的非绝热控制方程出发，通过求解非线性惯性重力内波，分析了波解存在的条件、结构特征及其与高原低涡天气事实的联系，进而对高原低涡一些主要的特征从非线性动力学角度进行了初步分析。因此这一研究不但有一定的理论意义，而且在把大气非线性波动研究的成果应用于实际天气分析和预报方面进行了初步的、有益的尝试。

7.4.1 常定热源强迫下的非线性惯性重力内波

由于青藏高原低涡是在高原特殊的下垫面条件下生成的一类中间尺度或次天气尺度副热带涡旋系统，尺度较大，因此需要考虑地转偏向力的作用。并且诊断分析的结果表明高原低涡的形成主要依靠强烈的地面感热。因此这里主要考虑高原的加热作用，而高原的地形只作为背景条件。另外，由于静力平衡和非静力平衡对非线性惯性重力内波不会产生本质上的区别，所以为简便起见，我们采用气压坐标系下忽略地形摩擦及扰动在y方向变化的非绝热大气方程组

$$\begin{cases}\dfrac{\partial u}{\partial t}+u\dfrac{\partial u}{\partial x}+\omega\dfrac{\partial u}{\partial p}=-\dfrac{\partial \phi}{\partial x}+fv\\ \dfrac{\partial v}{\partial t}+u\dfrac{\partial v}{\partial x}+\omega\dfrac{\partial v}{\partial p}=-fu\\ \dfrac{\partial u}{\partial x}+\dfrac{\partial \omega}{\partial p}=0\\ \dfrac{\partial}{\partial t}\left(\dfrac{\partial \phi}{\partial p}\right)+u\dfrac{\partial}{\partial x}\left(\dfrac{\partial \phi}{\partial p}\right)+\sigma_s\omega=-Q\end{cases}\tag{7.56}$$

其中：$\sigma_s=-\alpha\dfrac{\partial\ln\theta}{\partial p}=\dfrac{R^2T(\gamma_d-\gamma)}{gp^2}$是层结稳定度参数；$Q=\dfrac{RQ^*}{c_pp}$，$Q^*$ 是单位质量空气的非绝热加热率，对某一固定等压面取 Q 为常值。

为求解非线性波的渐近解析解，设有行波解

$$u=U(\theta),\ v=V(\theta),\ \omega=\Omega(\theta),\ \phi=\Phi(\theta)\tag{7.57}$$

其中：$\theta=kx+np-\nu t$，$\nu=kc$ 为圆频率，k 是东西方向的波数，c 为波在东西方向传播的速度，$n=\dfrac{\partial\theta}{\partial p}$ 是垂直方向的波数，它是位相在垂直方向的变化率，从波动位相角度反映了波动在垂直方向的结构特征，在同样的气层厚度内，垂直波数 n 越大，说明波动系统的垂直结构越复杂，即垂直变化越明显。需要注意的是，这里的 n 不是一般意义下垂直方向的波数，在满足静力学平衡的条件下，这里 n 的符号与 z 坐标系下一般意义的垂直波数 $n_z=\dfrac{\partial\theta}{\partial z}$ 的符号正好相反。

式(7.57)代入式(7.56)得

$$\begin{cases}(-\nu+kU+n\Omega)U'=-k\Phi'+fV\\ (-\nu+kU+n\Omega)V'=-fU\\ kU'+n\Omega'=0\\ n(-\nu+kU)\Phi''+\sigma_s\Omega=-Q\end{cases}\tag{7.58}$$

定解条件取为

$$\text{当}\ \theta\to\infty\ \text{时},U\to U_0\ (\text{常数}),U'\to 0,U''\to 0\tag{7.59}$$

积分方程组(7.58)第 3 式并考虑定解条件，积分常数可取为零，则有

$$n\Omega=-kU\tag{7.60}$$

将式(7.60)代入式(7.58)，并消去 V 和 Φ，得到关于 U 的单变量方程

$$U''+\frac{f^2}{\nu^2}U-\frac{\sigma_sk^2}{n^2\nu}\frac{U}{-\nu+kU}+\frac{kQ}{n\nu}\frac{1}{-v+kU}=0\tag{7.61}$$

上式为非线性方程，考虑到惯性重力内波的快波特性，利用非线性项展开法将$\dfrac{1}{-\nu+kU}$在其平衡点作 Taylor 级数展开，并且为了讨论非线性波，取二阶近似得

$$\frac{1}{-\nu+kU}\approx-\frac{1}{\nu}-\frac{k}{\nu^{2}}U \tag{7.62}$$

将上式代入式(7.61)得

$$U''+\frac{k^{2}}{n^{2}\nu^{2}}\left(\frac{f^{2}n^{2}}{k^{2}}+\sigma_{s}-\frac{nQ}{\nu}\right)U+\frac{k^{3}}{n^{2}\nu^{3}}\left(\sigma_{s}-\frac{nQ}{\nu}\right)U^{2}-\frac{kQ}{n\nu^{2}}=0 \tag{7.63}$$

上式左右两端对 θ 微商有

$$U'''+\frac{k^{2}}{n^{2}\nu^{2}}\left(\frac{f^{2}n^{2}}{k^{2}}+\sigma_{s}-\frac{nQ}{\nu}\right)U'+\frac{2k^{3}}{n^{2}\nu^{3}}\left(\sigma_{s}-\frac{nQ}{\nu}\right)UU'=0 \tag{7.64}$$

上式即为 KdV 方程对应的常微分方程(以下简称 KdV 方程)。令

$$a=\frac{k^{2}}{n^{2}\nu^{2}}\left(\frac{f^{2}n^{2}}{k^{2}}+\sigma_{s}-\frac{nQ}{\nu}\right),\ b=\frac{k^{3}}{n^{2}\nu^{3}}\left(\sigma_{s}-\frac{nQ}{\nu}\right),\ d=-\frac{kQ}{n\nu^{2}} \tag{7.65}$$

则式(7.63)可简写为

$$U''+aU+bU^{2}+d=0 \tag{7.66}$$

求解 KdV 方程的方法有多种,如非线性项展开法、Backlund 变换法、散射反演法、Bargmann 势方法、摄动法和约化摄动法等。这里将采用与上述方法不同的思路来求解 KdV 方程,即并不直接求解如式(7.64)所示的 KdV 方程,而是求解比 KdV 方程低一阶的方程[即式(7.63)或式(7.66)],对一般的 KdV 方程只要积分一次即可得到类似式(7.66)的形式。

以 U' 乘式(7.66)并对 θ 积分得

$$\frac{1}{2}\left(\frac{\mathrm{d}U}{\mathrm{d}\theta}\right)^{2}+\frac{1}{2}aU^{2}+\frac{1}{3}bU^{3}+dU=C_{1} \tag{7.67}$$

由定解条件可定出积分常数

$$C_{1}=\frac{1}{2}aU_{0}^{2}+\frac{1}{3}bU_{0}^{3}+dU_{0} \tag{7.68}$$

则式(7.67)变为

$$\left(\frac{\mathrm{d}U}{\mathrm{d}\theta}\right)^{2}=a\left(U_{0}^{2}-U^{2}\right)+\frac{2}{3}b\left(U_{0}^{3}-U^{3}\right)+2d\left(U_{0}-U\right) \tag{7.69}$$

或改写为

$$\left(\frac{\mathrm{d}U}{\mathrm{d}\theta}\right)^{2}=\left(U_{0}-U\right)\left[-\frac{2b}{3}\left(U_{0}-U\right)U-\left(a+\frac{4b}{3}U_{0}\right)\left(U_{0}-U\right)+2\left(bU_{0}^{2}+aU_{0}+d\right)\right] \tag{7.70}$$

对于孤立波,在满足条件 $bU_{0}^{2}+aU_{0}+d=0$,即 $U_{0}=(-a\pm\sqrt{a^{2}-4bd})/2b$ 时(这表明孤立波的最终形态与大气层结稳定度和非绝热加热状况有关),式(7.70)变为

$$\left(\frac{\mathrm{d}U}{\mathrm{d}\theta}\right)^{2}=\left(U_{0}-U\right)^{2}\left(-\frac{2}{3}bU-a-\frac{4}{3}bU_{0}\right) \tag{7.71}$$

又令

$$A=-U_0,\ B=-\frac{2}{3}b,\ E=-a-\frac{4}{3}bU_0 \tag{7.72}$$

则式(7.71)可简化为

$$\left(\frac{\mathrm{d}U}{\mathrm{d}\theta}\right)=\pm(U+A)\sqrt{BU+E} \tag{7.73}$$

可以证明上式的正负号并不影响下面的积分结果,故对式(7.73)只讨论取正号的情况。令 $F=U+A$,积分式(7.73)得

$$\int\frac{\mathrm{d}F}{F\sqrt{BF+(E-AB)}}=C_2\pm\theta \tag{7.74}$$

其中 C_2 也是积分常数,式(7.74)左端的积分值可分为下面几种情况来求出。

①若 $E-AB<0$,即取 $U_0=(-a+\sqrt{a^2-4bd})/2b$ 时,式(7.74)左端积分值为

$$\frac{2}{\sqrt{AB-E}}\arctan\left[\frac{BF+(E-AB)}{AB-E}\right]^{1/2}=C_2\pm\theta \tag{7.75}$$

整理后有

$$U=-\frac{E}{B}+\frac{AB-E}{B}\tan^2\left[\frac{\sqrt{AB-E}}{2}(C_2\pm\theta)\right] \tag{7.76}$$

即

$$U=-\frac{3a}{2b}-2U_0-\left(\frac{3a}{2b}+3U_0\right)\tan^2\left[\frac{\sqrt{a+2bU_0}}{2}(C_2\pm\theta)\right] \tag{7.77}$$

因为沿 θ 轴平移可使 $C_2=0$,并注意到 $\tan^2\theta$ 是偶函数,则

$$U=-\frac{3a}{2b}-2U_0-\left(\frac{3a}{2b}+3U_0\right)\tan^2\left(\frac{\sqrt{a+2bU_0}}{2}\theta\right) \tag{7.78}$$

这就是我们得到的第一类解:正切函数解,此解的波型与椭圆余弦波很类似,但波峰处存在周期性间断点。由于此解不满足前面假设的定解条件,属于无物理意义的解,故后面不再讨论此解。

②当 $E-AB>0$,即 $U_0=(-a-\sqrt{a^2-4bd})/2b$,并且 $\sqrt{BF+(E-AB)}-\sqrt{E-AB}<0$ 时,可推出 $BF<0$,则式(7.74)变为

$$\ln\frac{\sqrt{E-AB}-\sqrt{BF+(E-AB)}}{\sqrt{BF+(E-AB)}+\sqrt{E-AB}}=\sqrt{E-AB}\,(C_3\pm\theta) \tag{7.79}$$

令 $\zeta=\sqrt{E-AB}\,(C_3\pm\theta)$,则有关系式

$$\zeta=\ln\frac{\sqrt{E-AB}-\sqrt{BF+(E-AB)}}{\sqrt{BF+(E-AB)}+\sqrt{E-AB}}=\ln\left[\frac{\sqrt{E-AB}-\sqrt{BF+(E-AB)}}{\sqrt{-BF}}\right]^2 \tag{7.80}$$

根据数学变换

$$\cosh\frac{\zeta}{2}=\frac{1}{2}(\mathrm{e}^{\zeta/2}+\mathrm{e}^{-\zeta/2})=\frac{\sqrt{E-AB}}{\sqrt{-BF}} \tag{7.81}$$

并注意到 $F=U+A$，可求得

$$U=-A-\frac{E-AB}{B}\mathrm{sech}^2\left[\frac{\sqrt{E-AB}}{2}(C_3\pm\theta)\right] \tag{7.82}$$

同样平移 θ 轴平移可使 $C_3=0$，并注意到 $\mathrm{sech}^2\theta$ 是偶函数，通过变量代换可得

$$U=U_0-\left(3U_0+\frac{3a}{2b}\right)\mathrm{sech}^2\left(\frac{\sqrt{-a-2bU_0}}{2}\theta\right) \tag{7.83}$$

将上式代入式(7.60)有

$$\Omega=-\frac{k}{n}\left[U_0-\left(3U_0+\frac{3a}{2b}\right)\mathrm{sech}^2\left(\frac{\sqrt{-a-2bU_0}}{2}\theta\right)\right] \tag{7.84}$$

式(7.83)和式(7.84)为 KdV 方程的第二类解：双曲正割函数解或经典孤立波解(即一般意义下的孤立波解)，其图像如图 7.4 所示。此波是由平流产生的非线性作用引起波的突陡和惯性重力内波产生的频散效应达到平衡而产生的，同时大气层结和非绝热加热也有重要作用。孤立波的宽度为 $\dfrac{2}{k\sqrt{-a-2bU_0}}$，水平运动的振幅为 $A_u^*=3\left|U_0+\dfrac{a}{2b}\right|$，垂直运动的振幅为 $A_\omega^*=\dfrac{k}{n}A_u^*$ 。由于运动的振幅与 a,b,U_0 有关，即与波的圆频率 ν 有关，所以波速 c 不仅与波数有关，还与振幅有关，这是非线性波与线性波的一个重要区别。

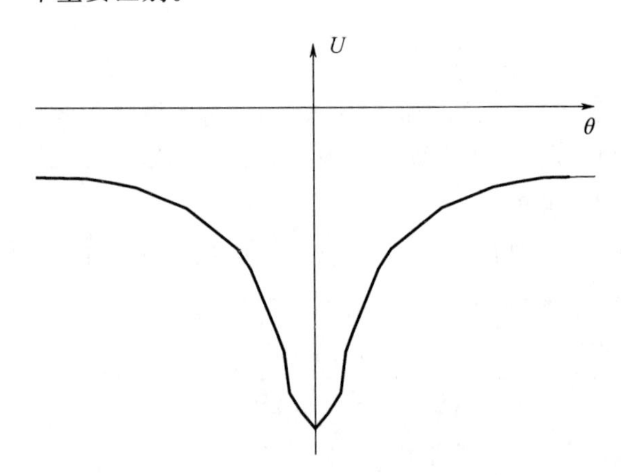

图 7.4　经典惯性重力内孤立波的示意图

③当 $E-AB>0$ 且 $\sqrt{BF+(E-AB)}-\sqrt{E-AB}>0$ 时，可推出 $BF>0$，

则式(7.74)变为

$$\ln\frac{\sqrt{BF+(E-AB)}-\sqrt{E-AB}}{\sqrt{BF+(E-AB)}+\sqrt{E-AB}}=\sqrt{E-AB}\,(C_3\pm\theta) \tag{7.85}$$

同样令 $\zeta=\sqrt{E-AB}\,(C_3\pm\theta)$，则有关系式

$$\zeta=\ln\frac{\sqrt{BF+(E-AB)}-\sqrt{E-AB}}{\sqrt{BF+(E-AB)}+\sqrt{E-AB}}=\ln\left[\frac{\sqrt{BF+(E-AB)}-\sqrt{E-AB}}{\sqrt{BF}}\right]^2 \tag{7.86}$$

同样由数学变换

$$\sinh\frac{\zeta}{2}=\frac{1}{2}(\mathrm{e}^{\zeta/2}-\mathrm{e}^{-\zeta/2})=-\frac{\sqrt{E-AB}}{\sqrt{BF}} \tag{7.87}$$

利用 $F=U+A$，可得

$$U=-A+\frac{E-AB}{B}\mathrm{csch}^2\left[\frac{\sqrt{E-AB}}{2}(C_3\pm\theta)\right] \tag{7.88}$$

同样平移 θ 轴可使 $C_3=0$，并注意到 $\mathrm{csch}^2\theta$ 是偶函数，通过变量代换可得

$$U=U_0+\left(3U_0+\frac{3a}{2b}\right)\mathrm{csch}^2\left(\frac{\sqrt{-a-2bU_0}}{2}\theta\right) \tag{7.89}$$

再将上式代入式(7.60)得

$$\Omega=-\frac{k}{n}\left[U_0+\left(3U_0+\frac{3a}{2b}\right)\mathrm{csch}^2\left(\frac{\sqrt{-a-2bU_0}}{2}\theta\right)\right] \tag{7.90}$$

此解为 KdV 方程的第三类解：双曲余割函数解，即奇异孤立波解，除在 $\theta=0$ 处该解存在间断点外，该波的主要特征与经典孤立波基本一致(如图 7.5 所示)。由于此类非线性波动在过去的研究中很少涉及，故接下来我们重点讨论此解。

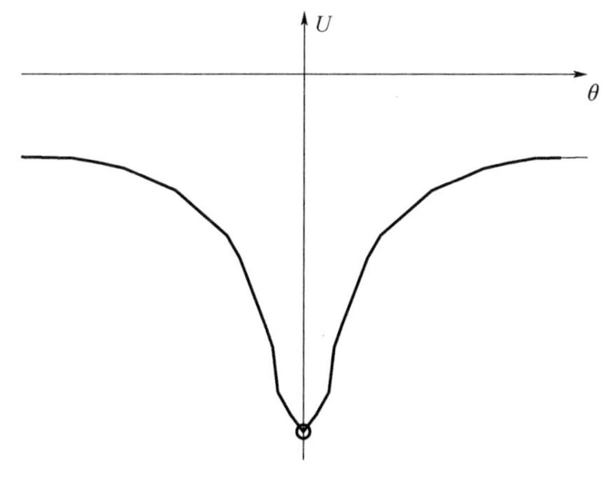

图 7.5　奇异惯性重力内孤立波的示意图

7.4.2 奇异孤立波解与青藏高原低涡的联系

从式(7.89)和式(7.90)可以看出奇异孤立波的特征在多种物理场上都有明显反映,并且在 $\theta=0$ 处,这类孤立波都存在间断点。夏季,青藏高原低涡的发展与涡心的卷入对流云带有关。低涡四周是一个上升环,而涡心近地层为相对下沉区,上层为相对于四周弱的上升区,因此从卫星云图上可看到许多低涡为空心结构(即涡心为无云或少云区)。如果认为高原低涡是在高原强大地面加热扰动下形成的惯性重力内波的频散效应与涡度平流的非线性作用达到平衡时的产物,则奇异孤立波可视为空心高原低涡的理论解,而经典或一般孤立波则是非空心高原低涡的理论解。高原低涡垂直气流的分布特征(涡心下沉,涡周上升)也可以用图 7.5 和式(7.90)加以解释。

长期以来,人们对热带风暴(台风)中的涡眼(空心)结构已有较深入的认识和研究,从飞机和卫星的观测上得到证实,并用天气学和动力学的理论进行了解释。但对中高纬度的低压涡旋是否存在类似于台风的涡眼结构及其成因还了解得不多。近年来,美国气象学者在模拟中纬度气旋的发生、发展过程中,观察到类似台风涡眼的结构。我国气象工作者在对青藏高原 500 hPa 低涡的研究也表明:由于青藏高原下垫面的热力性质与热带海洋有相似之处,所以不少高原低涡的结构与海洋上的热带低压或热带气旋类低涡(tropical cyclone-like vortices,TCLV,也可译为类热带气旋低涡)十分相似。在云形上主要表现为气旋式旋转的螺旋云带中,低涡中心多为无云区(空心)。只是由于不像海洋上有充分的水汽供应,因而高原低涡不像台风那样可以强烈发展,生命史也较短。因此,上述一类有间断点的奇异孤立波解从低涡气流的分布型式上可以较好地解释这种涡眼现象,需要指出的是台风的涡眼结构人们多是从绝对角动量守恒的角度来解释的。

7.4.3 高原低涡特征的非线性波动理论

除上述涡眼结构的理论解释外,高原低涡的一些重要特征还可以从对奇异孤立波解的进一步讨论中寻求更多的理论依据。

7.4.3.1 低涡移动方向与层结、地面加热的关系

由于奇异孤立波解是在 $BF>0$ 的条件下得到的,由式(7.65)和式(7.72)可知这要求 $b(U+A)<0$。如果 $U+A=U-U_0<0$,即 $U<U_0$(风场对应谷式孤立波或垂直运动场对应峰式孤立波,这代表高压系统),此时要求 $b>0$。如果 $U+A>0$,即 $U>U_0$(风场对应峰式孤立波或垂直运动场对应谷式孤立波,这代表低压系统),此时要求 $b<0$,则由 b 的表达式(7.65)可知这意味着稳定

层结中低涡向西传播，在不稳定层结中低涡向东传播，因此如果不考虑地面加热，稳定层结中生成的低涡只能向西移动而不能东移出高原。当考虑地面加热时，只有当高原加热（$Q>0$）且强度超过$\sigma_s\nu/n$时，稳定层结中生成的高原低涡才能向东移动。但低涡东移后受到的高原加热作用又会逐渐减弱，不利于其继续东移。近年来对高原低涡移动和发展的研究表明：高原低涡大多形成于高原西部，消失于高原中、东部地形下坡处，极少能移出高原主体。只有在一定条件下，如有冷空气和西风急流的侵入时，低涡由暖涡变为冷涡（斜压涡）的情况下才能东移出高原。这与上述分析的低涡孤立波移动方向与层结稳定度以及高原加热的关系基本上是吻合的。

7.4.3.2　环境条件对低涡生成和移速的影响

由前可知，孤立波解存在的另一必要条件为

$$E-AB>0 \tag{7.91}$$

或

$$-a-2bU_0>0 \tag{7.92}$$

因此应取$U_0=(-a-\sqrt{a^2-4bd})/2b$，因为要求$U_0$必须是实数，则有

$$a^2-4bd\geqslant 0 \tag{7.93}$$

即

$$\frac{k^4}{n^4\nu^4}\left(\frac{f^2n^2}{k^2}+\sigma_s-\frac{nQ}{\nu}\right)^2+\frac{4k^4}{n^3\nu^5}\left(\sigma_s-\frac{nQ}{\nu}\right)Q\geqslant 0 \tag{7.94}$$

若$Q=0$，即不考虑地面加热，上式变为

$$k^4\sigma_s^2+2k^2f^2n^2\sigma_s+n^4f^4\geqslant 0 \tag{7.95}$$

即

$$(k^2\sigma_s+n^2f^2)\geqslant 0 \tag{7.96}$$

这表明在不考虑非绝热加热的情况下，无论层结是否稳定，高原低涡都有可能生成。实际上层结不稳定时将产生热对流，对流调整的结果又会使层结趋于稳定，因此不论是否有地面加热，稳定层结都是低涡（惯性重力内波）生成的基本条件。

当考虑地面加热时（$Q>0$），稳定层结中（$\sigma_s>0$），若生成向东移动的低涡（$\nu>0$），由前面的讨论得知此时要求$\sigma_s-nQ/\nu<0$，则有$c<nQ/k\sigma_s$。同样，不稳定层结中（$\sigma_s<0$），若生成向西移动的低涡（$\nu<0$），则有$c>nQ/k\sigma_s$或$|c|<nQ/k|\sigma_s|$。这说明无论低涡向东或向西移动，其移速都是有界的，并且地面加热越强、水平尺度与垂直尺度比越大（即系统越浅薄），其最大移速就越大；而层结稳定度或不稳定度越大，其最大移速就越小。

7.4.3.3　低涡尺度与垂直运动振幅的关系

由 KdV 方程的系数 a 和 b 的定义式(7.65)和奇异孤立波垂直运动的表达式(7.90)可知考虑非绝热加热时,垂直运动的振幅为

$$A_{\omega}^{*}=\frac{3k}{n}\left|U_{0}+\frac{a}{2b}\right| \tag{7.97}$$

因为此时 $U_{0}=(-a-\sqrt{a^{2}-4bd})/2b$,上式可改写为 $A_{\omega}^{*}=\frac{3k}{n}\left|-\frac{\sqrt{a^{2}-4bd}}{2b}\right|$,代入式(7.65)有

$$A_{\omega}^{*}=\frac{3}{2}\left[\frac{\nu^{2}}{k^{2}(\sigma_{s}-nQ/\nu)^{2}}\left(\frac{f^{2}n^{2}}{k^{2}}+\sigma_{s}-nQ/\nu\right)^{2}+\frac{4\nu Q(\sigma_{s}-nQ/\nu)}{n}\right]^{1/2} \tag{7.98}$$

上式经整理得

$$A_{\omega}^{*}=\frac{3}{2}\left[c^{2}\left(\frac{k}{n}+\frac{f^{2}}{k\sigma_{s}/n-Q/c}\right)^{2}+4cQ(k\sigma_{s}/n-Q/c)\right]^{1/2} \tag{7.99}$$

可见低涡中垂直运动的强弱与低涡的移动方向关系不大,而主要取决于大气的层结稳定度和低涡水平尺度与垂直尺度的比值,并且量级分析表明方括号中第一项比第二项几乎大一个量级,所以高原低涡生成后[即式(7.94)满足时],在高原加热和低涡移速相同的情况下,水平尺度较大而较浅薄的低涡其垂直运动的振幅较小;水平尺度较小而较深厚的低涡可具有较大的垂直运动振幅。前一类从高原上移出后常造成其下游的四川盆地一次短时小雨天气过程,这也可能是造成“巴山夜雨”或“四川盆地多夜雨”这种独特天气现象的动力学成因之一;后一类低涡对形成强降水天气有利,特别是当其东移出高原后,配合较充沛的水汽条件和环流形势可引发我国东部(特别是四川盆地)一次大范围暴雨、雷暴等灾害性天气过程。

7.4.3.4　高原低涡的暖心结构

由静力方程 $\frac{\partial\Phi}{\partial p}=-\frac{RT}{P}$ 得

$$T=-\frac{P}{R}\frac{\partial\Phi}{\partial p}=-\frac{P}{R}\frac{\mathrm{d}\Phi}{\mathrm{d}\theta}\frac{\partial\theta}{\partial p}=-\frac{P}{R}\frac{\mathrm{d}\Phi}{\mathrm{d}\theta}n=-\frac{nP}{R}\Phi' \tag{7.100}$$

上式在等压面上对 θ 微分得

$$T'=-\frac{nP}{R}\Phi'' \tag{7.101}$$

利用方程组(7.58)第 4 式和式(7.60)得

$$\Phi'' = \frac{k\sigma_s U - nQ}{n^2(-\nu + kU)} \tag{7.102}$$

将 $\frac{1}{-\nu + kU}$ 作 Taylor 级数展开，并略去二次以上的项得

$$\Phi'' = \left(\frac{k\sigma_s U}{n^2} - \frac{Q}{n}\right)\left(-\frac{1}{\nu} - \frac{kU}{\nu^2} - \frac{k^2U^2}{\nu^3}\right) \tag{7.103}$$

或

$$\Phi'' = \left(\frac{k^2Q}{n\nu^3} - \frac{k^2\sigma_s}{n^2\nu^2}\right)U^2 + \left(\frac{kQ}{n\nu^2} - \frac{k\sigma_s}{n^2\nu}\right)U + \frac{Q}{\nu} \tag{7.104}$$

则式(7.101)可改写为

$$T' = -\frac{P}{R}\left[\left(\frac{k^2Q}{\nu^3} - \frac{k^2\sigma_s}{n\nu^2}\right)U^2 + \left(\frac{kQ}{\nu^2} - \frac{k\sigma_s}{n\nu}\right)U + \frac{nQ}{\nu}\right] \tag{7.105}$$

如不考虑高原加热作用（$Q=0$），则在西风气流引导下（$U>0$）、不稳定层结中向东移动的低涡，由式(7.105)知：$T'<0$。而考虑高原地面加热时，视高原低涡为高原加热作用下稳定层结中自西向东移动的奇异孤立波，由于 $U>0$，$\sigma_s>0$，$\nu>0$，初期或当加热强度小于一定幅度（$Q<\sigma_s\nu/n$）时，可能有 $T'>0$；但当加热强度超过一定幅度（$Q>\sigma_s\nu/n$）时，必定有 $T'<0$，这表明在地面加热达到一定程度后，固定等压面上青藏高原低涡温度场的水平分布为：除涡心（间断点）外，其余涡区，$T'=\frac{\mathrm{d}T}{\mathrm{d}\theta}<0$，即离涡心越近，温度越高，离涡心越远，温度越低。说明高原低涡与热带低压或热带气旋类低涡（TCLV）一样，也是一种暖心结构（特别在其强盛期），这也符合有关高原低涡温度场水平分布的观测事实。这种暖心结构既是动力学约束关系所要求的，又是高原强大的地面加热提供热量造成的必然结果。应该指出的是，这里对高原低涡暖心结构的动力学解释也不同于常见的以梯度风平衡和静力平衡关系对台风暖心的解释。

7.4.4　潜热强迫下的非线性惯性重力内波

盛夏季节，青藏高原的加热作用对高原上空的辐合上升气流的维持有重要作用，Luo 和 Yanai(1984)通过对青藏高原的加热作用的分析也认为加热促进了青藏高原上空的辐合上升。而且天气诊断和数值模拟分析的结果表明在高原低涡的发展阶段，凝结潜热对高原低涡的维持和发展起关键作用。下面讨论潜热对非线性惯性重力内波的影响，假定非绝热加热的参数化公式为：$Q=-\eta\omega$，$\eta>0$，其中 η 为加热强度系数，则潜热强迫的非线性惯性重力内波的热力学方程变为

$$\frac{\partial}{\partial t}\left(\frac{\partial \phi}{\partial p}\right) + u\frac{\partial}{\partial x}\left(\frac{\partial \phi}{\partial p}\right) + (\sigma_s - \eta)\omega = 0 \tag{7.106}$$

运动方程和连续方程同前，类似 7.4.1 节的处理过程，可得潜热强迫下的非线性惯性重力内波对应的 KdV 方程

$$U''' + aU' + 2bUU' = 0 \tag{7.107}$$

其中

$$a = \frac{f^2 n^2 + k^2(\sigma_s - \eta)}{n^2 \nu^2},\ b = \frac{k^3(\sigma_s - \eta)}{n^2 \nu^3} \tag{7.108}$$

对于孤立波，在满足条件 $bU_0^2 + aU_0 = 0$，即 $U_0 = -a/b$ 时，类似前面的数学处理，可得 KdV 方程在 $E - AB > 0$ 且 $\sqrt{BF + (E - AB)} - \sqrt{E - AB} < 0$ 条件下的经典孤立波解为

$$\begin{cases} U = U_0 - \dfrac{3}{2}U_0 \operatorname{sech}^2\left(\dfrac{\sqrt{a}}{2}\theta\right) \\ \Omega = -\dfrac{k}{n}\left[U_0 - \dfrac{3}{2}U_0 \operatorname{sech}^2\left(\dfrac{\sqrt{a}}{2}\theta\right)\right] \end{cases} \tag{7.109}$$

和 $E - AB > 0$ 且 $\sqrt{BF + (E - AB)} - \sqrt{E - AB} > 0$ 条件下的奇异孤立波解为

$$\begin{cases} U = U_0 + \dfrac{3}{2}U_0 \operatorname{csch}^2\left(\dfrac{\sqrt{a}}{2}\theta\right) \\ \Omega = -\dfrac{k}{n}\left[U_0 + \dfrac{3}{2}U_0 \operatorname{csch}^2\left(\dfrac{\sqrt{a}}{2}\theta\right)\right] \end{cases} \tag{7.110}$$

类似地，可得出奇异孤立波解存在的必要条件为

$$b = \frac{k^3(\sigma_s - \eta)}{n^2 \nu^3} < 0 \tag{7.111}$$

上式说明，不考虑非绝热加热时（即 $\eta = 0$），要求 $\sigma_s/\nu^3 < 0$，则大气层结稳定时（$\sigma_s > 0$），$\nu < 0$，即高原低涡向西移动，这类高原低涡不能移出高原；在大气层结不稳定时（$\sigma_s < 0$），$\nu > 0$，高原低涡向东移动，这类高原低涡可移出高原。考虑非绝热加热时，大气层结不稳定时，由于 $\sigma_s < 0$，而 $\eta > 0$，所以 $\nu > 0$。因此不论是否有非绝热加热的作用，大气层结不稳定时低涡都将向东移动。一旦这类低涡移出高原，往往会引发高原背风坡的四川、重庆地区，甚至长江中下游地区一次大范围的暴雨、雷暴等灾害性天气过程。对于稳定的大气层结，当非绝热加热的强度较弱时，如 $\sigma_s > \eta$，则 $\nu < 0$，此时有利于低涡向西移动。当加热的强度较强时，如 $\eta > \sigma_s$，则 $\nu > 0$，低涡向东移动。所以，非绝热加热有利于高原低涡的东移，对形成高原下游地区的高影响天气(high impact weather)过程有重要作用。

要使式(7.110)中的 U 有意义，要求

$$a = \frac{f^2 n^2 + k^2(\sigma_s - \eta)}{n^2 \nu^2} > 0 \tag{7.112}$$

即

$$\sigma_s > \eta - \frac{f^2 n^2}{k^2} \tag{7.113}$$

这说明在层结稳定性较强的大气中，有利于孤立波的形成。而波动形成后，加强了大气的垂直运动，从而有利于潜热的释放，使层结趋于不稳定，这对其进一步发展又将起抑制作用。对于不稳定大气层结（$\sigma_s < 0$）中东移的低涡，要求 $\sigma_s > \eta - f^2 n^2/k^2$。由于加热强度系数 $\eta > 0$，$n^2/k^2 = L^2/Z^2$，因此，只有当低涡水平尺度与垂直尺度的比值 L/Z 较大时，才有利于满足 $\sigma_s < 0$ 且 $\sigma_s > \eta - f^2 n^2/k^2$ 的条件。也就是说，在不稳定层结中东移的高原低涡都是水平尺度较大、垂直厚度较小的浅薄系统，这也符合高原低涡水平尺度为400～500 km、垂直高度在400 hPa以下的观测事实。

对于稳定的大气层结中西移的低涡（$\sigma_s > \eta$）自然满足 $\eta < f^2 n^2/k^2 + \sigma_s$；而对于东移的低涡，加热强度系数应满足关系式：$\sigma_s < \eta < f^2 n^2/k^2 + \sigma_s$，所以，适当的加热强度对低涡能否东移也有影响。

由KdV方程的系数 a 和 b 的定义式和表达奇异孤立波垂直运动的方程组(7.110)第2式可知：考虑非绝热影响时，垂直运动的振幅为

$$A_\omega^* = \frac{3}{2}\left|\frac{k}{n}U_0\right| = \frac{3}{2}\left|\frac{kc}{n}\right| \cdot \left|1 + \frac{f^2 n^2}{k^2(\sigma_s - \eta)}\right| \tag{7.114}$$

所以高原低涡水平移动速度越快，垂直运动振幅越大，这对应低涡移出高原后产生的中尺度强对流天气。对于在稳定层结中产生的向东移动的高原低涡，加热强度满足 $\sigma_s < \eta < f^2 n^2/k^2 + \sigma_s$，所以，随着加热强度系数 η 的增大，垂直运动的振幅 A_ω^* 也将增大。

利用式(7.57)和方程组(7.110)第2式，可得水平散度场

$$D_h = \frac{\partial u}{\partial x} = \frac{\partial U}{\partial \theta}\frac{\partial \theta}{\partial x} = \frac{3U_0 k\sqrt{a}}{4}\cosh\left(\frac{\sqrt{a}}{2}\theta\right)\operatorname{csch}^2\left(\frac{\sqrt{a}}{2}\theta\right) \tag{7.115}$$

由于 $a = \dfrac{f^2 n^2 + k^2(\sigma_s - \eta)}{n^2 v^2}$，可见非绝热加热对水平散度场也有影响，并且水平散度的振幅与波动的移速无关，而只与加热强度、层结稳定度及波动的尺度有关。

本节利用相平面分析法，由非绝热大气运动方程组导出了与非线性惯性重力内波有关的KdV方程，然后用直接积分法得到两类有意义的孤立波解，重点分析了一类具有间断点的奇异孤立波解的特征，建立了此波解与一类青藏高原低涡的联系，讨论了高原加热和层结稳定度对高原低涡生成和移动的作用，并且从理论上论证了高原低涡具有与热带气旋类低涡（TCLV）相似的涡眼和暖心结构等重要特征，从非线性动力学角度深化了人们对一类高原低涡的认识。但本工作主要是考虑简化的动力学方程组和高原加热形式，得出了可描述高原低涡发生、发展的非线性解析解并作了若干定性分析。而从实际天气预报的角度讲，还有必要对高原低涡

发生发展机制、结构特征、移动规律、影响因子和预报指标等问题开展更加全面和深入的研究。

7.4.5 高原低涡中的混合波动

在多数研究热带气旋(TC)、热带气旋类低涡(TCLV)中波动的工作里,都是根据一定的观测或模拟假定涡旋的基本流场,然后在此流场基础上进一步分析涡旋中的波动特征。本研究在考虑高原低涡基本特征的基础上建立起两种坐标系下的低涡动力学模型,通过这两种模型得出高原低涡所含波动的频散关系,期望从涡旋波动的角度加深人们对高原低涡发生、发展和移动的认识。

先考虑一种低涡在高原主体生成时的简单情形,此时可忽略地形、地表摩擦的影响,则有正压大气运动方程组(浅水模式)

$$\begin{cases}\dfrac{\mathrm{d}u}{\mathrm{d}t}-fv=-g\dfrac{\partial h}{\partial x}\\ \dfrac{\mathrm{d}v}{\mathrm{d}t}+fu=-g\dfrac{\partial h}{\partial y}\\ \dfrac{\mathrm{d}h}{\mathrm{d}t}+h\left(\dfrac{\partial u}{\partial x}+\dfrac{\partial v}{\partial y}\right)=0\end{cases}\tag{7.116}$$

假定地转参数 f 为常数,纬向基本气流具有水平切变,即 $\overline{U}=\overline{U}(y)$,并且满足地转平衡关系,$f\overline{U}=-g\dfrac{\mathrm{d}\overline{H}}{\mathrm{d}y}$。对该方程组进行线性化,将 $u=\overline{U}(y)+u'$,$v=v$,$h=\overline{H}(y)+h'$ 代入其中,则可得如下的扰动方程组

$$\begin{cases}\left(\dfrac{\partial}{\partial t}+\overline{U}\dfrac{\partial}{\partial x}\right)u'-fv'=-g\dfrac{\partial h'}{\partial x}-v'\dfrac{\mathrm{d}\overline{U}}{\mathrm{d}y}\\ \left(\dfrac{\partial}{\partial t}+\overline{U}\dfrac{\partial}{\partial x}\right)v'+fu'=-g\dfrac{\partial h'}{\partial y}\\ \left(\dfrac{\partial}{\partial t}+\overline{U}\dfrac{\partial}{\partial x}\right)h'+\overline{H}\left(\dfrac{\partial u'}{\partial x}+\dfrac{\partial v'}{\partial y}\right)=-v\dfrac{\mathrm{d}\overline{H}}{\mathrm{d}y}\end{cases}\tag{7.117}$$

设该方程组的物理量具有特征波解,可令 $u'=\hat{U}(y)\mathrm{e}^{\mathrm{i}(kx-\omega t)}$,$v'=\hat{V}(y)\mathrm{e}^{\mathrm{i}(kx-\omega t)}$,$h'=\hat{H}(y)\mathrm{e}^{\mathrm{i}(kx-\omega t)}$,则得如下的常微分方程组

$$\begin{cases}\mathrm{i}(\omega-k\overline{U})\hat{U}+\left(f-\dfrac{\mathrm{d}\overline{U}}{\mathrm{d}y}\right)\hat{V}-\mathrm{i}ghk\hat{H}=0\\ \mathrm{i}(\omega-k\overline{U})\hat{V}-f\hat{U}-g\dfrac{\mathrm{d}\hat{H}}{\mathrm{d}y}=0\\ \mathrm{i}(\omega-k\overline{U})\hat{H}-\mathrm{i}k\overline{H}\hat{U}-\dfrac{\mathrm{d}\overline{H}}{\mathrm{d}y}\hat{V}-\overline{H}\dfrac{\mathrm{d}\hat{V}}{\mathrm{d}y}=0\end{cases}\tag{7.118}$$

下面以两种不同的流场情况来分别讨论低涡中蕴含的波动。

在方程组(7.118)中，假定基本气流 $\overline{U}$ 为零，此时根据地转平衡关系，$\overline{H}$ 应为常数。设各物理量在 y 方向呈现波动形式，即 $\hat{U}=A_1\mathrm{e}^{imy}$，$\hat{V}=A_2\mathrm{e}^{imy}$，$\hat{H}=A_3\mathrm{e}^{imy}$，代入到方程组(7.118)中可得一个线性代数方程组。由于该线性代数方程组中的 A_1、A_2 和 A_3 应是非零解，则系数行列式必须为零，因此可求得方程组所含波动的频率关系为

$$\omega=\pm\sqrt{f^2+(k^2+m^2)g\overline{H}} \tag{7.119}$$

由大气动力学理论可知，该频散关系表明此时低涡中存在沿 y 轴正负两个方向传播的混合波-惯性重力外波。

由方程组(7.117)的第一式和第二式可求得扰动垂直涡度方程

$$\left(\frac{\partial}{\partial t}+\overline{U}\frac{\partial}{\partial x}\right)\left(\frac{\partial v'}{\partial x'}-\frac{\partial u'}{\partial y}\right)=-\left(f-\frac{\mathrm{d}\overline{U}}{\mathrm{d}y}\right)\left(\frac{\partial u'}{\partial x}+\frac{\partial v'}{\partial y}\right)+\frac{\mathrm{d}^2\overline{U}}{\mathrm{d}y^2} \tag{7.120}$$

假定扰动的水平散度为零，可引进扰动流函数，使 $v'=\dfrac{\partial\psi}{\partial x}$，$u'=\dfrac{-\partial\psi}{\partial y}$，将水平扰动代入式(7.120)中，并设扰动流函数具有波动解，即 $\psi=\Psi(y)\mathrm{e}^{\mathrm{i}(kx-\omega t)}$，则有如下的常微分方程

$$(\omega-k\overline{U}_0)\frac{\mathrm{d}^2\psi}{\mathrm{d}y^2}+k\left[\frac{\mathrm{d}^2\overline{U}}{\mathrm{d}y^2}-k(\omega-k\overline{U}_0)\right]\Psi=0 \tag{7.121}$$

如果基本气流的速度在 y 方向呈线性分布，则可以从上式求出一个波动解，其频率是 $\omega=k\overline{U}$，这实际上反映的是基本气流的运动。

如果假定在 $y=0$ 处的基本气流为 $\overline{U}_0$，在经向的任意 y 处(纬度)处基本气流呈非线性分布：$\overline{U}=\overline{U}_0(1+\varepsilon y^2/L^2)$，其中 $|\varepsilon|\ll 1$，L 表示扰动在 y 方向的宽度。小参数 $\varepsilon=[L^2/(2\overline{U}_0)]\dfrac{\mathrm{d}^2\overline{U}}{\mathrm{d}y^2}$ 是一个常数，该条件表示基本流场的二阶风速水平切变很小。将此基本气流在 y 方向的分布函数代入到方程(7.121)中，有

$$\left[\omega-k\overline{U}_0\left(1+\varepsilon\frac{y^2}{L^2}\right)\right]\frac{\mathrm{d}^2\Psi}{\mathrm{d}y^2}+k\left[\omega-k\overline{U}_0\left(1+\varepsilon\frac{y^2}{L^2}\right)\right]\psi=0 \tag{7.122}$$

方程(7.122)是一个变系数的常微分方程。由于 $|\varepsilon|\ll 1$，$y/L\leqslant 1$，即经向运动的范围限制在宽度 L 以内。风速的水平切变比较小，则方程(7.122)中的 $(\omega-k\overline{U})$ 项可略去与量级为 10^0 的项相比而较小的项，则得到方程(7.122)的近似式

$$(\omega-k\overline{U})\frac{\mathrm{d}^2\Psi}{\mathrm{d}y^2}+k\left[\frac{\mathrm{d}^2\overline{U}}{\mathrm{d}y^2}-k(\omega-k\overline{U})\right]\Psi=0 \tag{7.123}$$

由于扰动在 y 方向的运动限制在$[0,L]$的范围内,如再假定在此边界上的经向扰动速度为零,则可导出所求流函数在 y 方向的边界条件为

$$\psi|_{y=0,L}=0 \tag{7.124}$$

方程(7.123)在满足边界条件(7.124)时的波动解可以写为正旋波形式:$\sin(m\pi y/L)$,这里 m 为经向波数。将波动形式解代入式(7.123)可得扰动水平无辐散情况下的波动频散关系

$$c=\overline{U_0}+\frac{\mathrm{d}^2\overline{U}/\mathrm{d}y^2}{k^2+m^2\pi^2/L^2}=\overline{U_0}-\frac{\partial\overline{\zeta_z}/\partial y}{k^2+m^2\pi^2/L^2}=\overline{U_0}-\frac{\beta_1}{k^2+m^2\pi^2/L^2} \tag{7.125}$$

其中 $\beta_1=-\frac{\mathrm{d}^2\overline{U}}{\mathrm{d}y^2}=-\frac{\partial^2\overline{U}}{\partial y^2}=\frac{\partial\overline{\zeta}_z}{\partial y}$,可称为相当β效应,即相当于产生大尺度 Rossby 波的β效应(地转参数或行星涡度的经向变化)。该频散关系实质上表示的是一种空气质点在 y 方向振荡而在 x 方向传播的涡旋 Rossby 波,一般称之为第一类涡旋 Rossby 波(即正压涡旋 Rossby 波),该波动产生的物理根源是相当β效应,即纬向基本气流在经向的二阶风切变。由于从式(7.125)可以看出基本气流的垂直涡度为 $\overline{\zeta}_z=-\frac{\partial\overline{U}}{\partial y}$,故第一类涡旋 Rossby 波产生的物理机制也可理解为基本气流的垂直涡度在经向的变化所致。

第一类涡旋 Rossby 波相对于基本气流 $\overline{U}_0$ 是单向传播的。当 $\beta_1=\frac{\partial\overline{\zeta}_z}{\partial y}=-\overline{U}_{yy}>0$ 时(即基本流场的垂直涡度 $\overline{\zeta}_z$ 沿 y 方向增大时),第一类涡旋 Rossby 波相对于基本气流 $\overline{U}_0$ 是向西传播的(即为西退波);而当 $\beta_1=\frac{\partial\overline{\zeta}_z}{\partial y}=-\overline{U}_{yy}<0$ 时(即基本流场的垂直涡度 $\overline{\zeta}_z$ 沿 y 方向减小时),第一类涡旋 Rossby 波相对于基本气流 $\overline{U}_0$ 是向东传播的(即为东进波)。

式(7.120)在扰动水平无辐散的情况下可以改写为

$$\left(\frac{\partial}{\partial t}+\overline{U}\frac{\partial}{\partial x}+v'\frac{\partial}{\partial y}\right)(\overline{\zeta}_z+\zeta'_z)=0 \tag{7.126}$$

这表明空气质点在运动过程中的总涡度($\overline{\zeta}_z+\zeta'_z$)是守恒的。由于基本气流的垂直涡度$\overline{\zeta}_z$是非均匀分布的,则当空气质点在 y 方向运动时,为了保持总涡度守恒,其扰动垂直涡度 ζ'_z 必然要发生改变,从而引起空气质点的经向振荡,就在纬向激发出第一类涡旋 Rossby 波及其传播。

以上我们分析了高原低涡在正压浅水模型中的波动特征,下面我们用更加接近高原低涡实际状况的柱坐标系正压大气模型来进一步分析低涡中的波动特征,并通过两种模型下结果的对比分析,进一步认识高原低涡中的各类波动及其频散关系。

根据高原低涡的特征，考虑其为处于边界层内并主要受加热强迫的轴对称$\left(\frac{\partial}{\partial \lambda}=0\right)$涡旋系统，且满足静力平衡条件，取柱坐标系$(r,\lambda,z)$的原点位于涡旋中心，并采用 Boussinesq 近似，则低涡的控制方程组为

$$\begin{cases}\dfrac{\partial u}{\partial t}+u\dfrac{\partial u}{\partial r}+\omega\dfrac{\partial u}{\partial z}-\dfrac{v^2}{r}=-\dfrac{1}{\rho}\dfrac{\partial p}{\partial r}+fv\\ \dfrac{\partial v}{\partial t}+u\dfrac{\partial v}{\partial r}+\omega\dfrac{\partial v}{\partial z}+\dfrac{uv}{r}=-fu\\ 0=-\dfrac{1}{\rho_0}\dfrac{\partial p}{\partial z}-g\dfrac{\rho}{\rho_0}\\ \dfrac{1}{r}\dfrac{\partial(ru)}{\partial r}+\dfrac{\partial\omega}{\partial z}=0\\ \dfrac{\theta}{\theta_0}=\dfrac{\rho}{\rho_0}=\dfrac{T}{T_0}\\ \dfrac{\mathrm{d}\theta}{\mathrm{d}t}=\dfrac{\theta_0}{c_pT_0}Q\end{cases}\tag{7.127}$$

此模式中：r 为半径，z 为高度，t 为时间，u、v 、ω 分别为径向风速、切向风速和垂直风速，θ 为位温，ρ 为大气密度，T 为大气温度，下标 0 表示静止背景大气的状态。Q 为非绝热加热率，c_p 为空气的定压比热。方程组(7.127)描写的涡旋流场已能够较为全面地描述高原低涡，但是无论想从中求得流场特征还是波动状况，在数学上都是极其困难的，还需针对不同的研究问题做进一步的简化。而流场状况对波动的影响，将通过讨论不同流场条件下低涡所具有的波动来加以反映。

由于本研究主要用其研究波动问题，故简化中需要重点关注的是与运动学有关的方程，即重点讨论方程组(7.127)的第一、二、四式重组的运动方程组。首先利用静力学方程$\frac{\partial p}{\partial z}=-\rho g$ 由 $z=0$ 到 $z=h$ 积分，得到 $p=p_0-g\rho(h-z)$，表示气压随高度线性减小，并得到 $\frac{\partial p}{\partial r}=g\rho\frac{\partial h}{\partial r}$ 。第四式也由 $z=0$ 到 $z=h$ 积分，最后将方程组(7.127)的第一、二、四式变形后重组为新的方程组

$$\begin{cases}\dfrac{\partial u}{\partial t}+u\dfrac{\partial u}{\partial r}-\dfrac{v^2}{r}=-g\dfrac{\partial h}{\partial r}+fv\\ \dfrac{\partial v}{\partial t}+\dfrac{\partial v}{\partial r}+\dfrac{uv}{r}=-fu\\ \dfrac{\partial h}{\partial t}+u\dfrac{\partial h}{\partial r}+\dfrac{h}{r}\dfrac{\partial ru}{\partial r}=0\end{cases}\tag{7.128}$$

此方程组即为本研究在柱坐标下讨论高原低涡波动特征的简化模型。此模型

与一些研究热带气旋和热带气旋类低涡所采用的模型在动力学框架上相似，能够较好地描述涡旋运动的主要动力学性质，有利于讨论高原低涡所含波动的特征。

下面我们对方程组(7.128)用微扰法进行线性化处理，并注意基本流场满足梯度风平衡 $\frac{\overline{v}^2}{r}+f\overline{v}=g\frac{\mathrm{d}\overline{H}}{\mathrm{d}r}$（此条件类似于直角坐标下的地转风平衡），切向基本流场有径向切变 $\overline{v}=\overline{v}(r)$（类似直角坐标下基本气流存在经向水平切变）。另外设 $u=u'$，$v=\overline{v}+v'$，$H=\overline{H}+h'$，可得如下扰动方程组

$$\begin{cases}\dfrac{\partial u'}{\partial t}-\left(\dfrac{2\overline{v}}{r}+f\right)v'=-g\dfrac{\partial h'}{\partial r}\\ \dfrac{\partial v'}{\partial t}+\left(\dfrac{\mathrm{d}\overline{v}}{\mathrm{d}r}+\dfrac{\overline{v}}{r}+f\right)u'=0\\ \dfrac{\partial h'}{\partial t}+\overline{H}\dfrac{\mathrm{d}u'}{\mathrm{d}r}+\left(\dfrac{\mathrm{d}\overline{H}}{\mathrm{d}r}+\dfrac{\overline{H}}{r}\right)u'=0\end{cases}\tag{7.129}$$

设方程组(7.127)有特征波解：$u'=\hat{U}(r)\mathrm{e}^{\mathrm{i}(m\lambda-\omega t)}$，$v'=\hat{V}(r)\mathrm{e}^{\mathrm{i}(m\lambda-\omega t)}$，$h'=\hat{H}(r)\mathrm{e}^{\mathrm{i}(m\lambda-\omega t)}$，其中 m 为切向(绕圆周方向)波数，得到如下常微分方程组

$$\begin{cases}\mathrm{i}\omega\hat{U}+\left(\dfrac{2\overline{v}}{r}+f\right)\hat{V}=g\dfrac{\partial\hat{H}}{\partial r}\\ \mathrm{i}\omega\hat{V}-\left(\dfrac{\mathrm{d}\overline{v}}{\mathrm{d}r}+\dfrac{\overline{v}}{r}+f\right)\hat{U}=0\\ \mathrm{i}\omega\hat{H}-\overline{H}\dfrac{\mathrm{d}\hat{U}}{\mathrm{d}r}-\left(\dfrac{\mathrm{d}\overline{H}}{\mathrm{d}r}+\dfrac{\overline{H}}{r}\right)\hat{U}=0\end{cases}\tag{7.130}$$

下面分两种情况求解方程组(7.130)，以讨论不同流场特征下低涡模型所具有的波动特征。

方程组(7.130)中若略去切向基本气流，可得

$$\begin{cases}\mathrm{i}\omega\hat{U}+f\hat{U}=g\dfrac{\mathrm{d}\hat{H}}{\mathrm{d}r}\\ \mathrm{i}\omega\hat{V}-f\hat{U}=0\\ \mathrm{i}\omega\hat{H}-\overline{H}\dfrac{\mathrm{d}\hat{U}}{\mathrm{d}r}-\dfrac{\overline{H}}{r}\hat{U}=0\end{cases}\tag{7.131}$$

对方程组(7.131)进行消元，可得关于 $\hat{V}$ 的一元二阶微分方程

$$g\overline{H}r^2\frac{\mathrm{d}^2\hat{V}}{\mathrm{d}r^2}+g\overline{H}r\frac{\mathrm{d}\hat{V}}{\mathrm{d}r}+(r^2\omega^2+f^2r^2-g\overline{H})\hat{V}=0\tag{7.132}$$

然后方程两边同时除以 $g\overline{H}$，则得其变形

$$r^2\frac{\mathrm{d}^2\hat{V}}{\mathrm{d}r^2}+r\frac{\mathrm{d}\hat{V}}{\mathrm{d}r}+\left[\frac{r^2(\omega^2+f^2)}{g\overline{H}}-1\right]\hat{V}=0\tag{7.133}$$

由数理方程知识可知方程(7.133)是一类变形 Bessel 方程，它的通解可用 Bessel 函数表示为

$$\hat{V}=CJ_m\left[r\sqrt{\frac{(\omega^2+f^2)}{g\overline{H}}}\right]+DY_m\left[r\sqrt{\frac{(\omega^2+f^2)}{g\overline{H}}}\right] \tag{7.134}$$

设低涡在 $r=0$ 处的 $\hat{V}$ 有界，半径为 R 处的 $\hat{V}=0$，把边界条件(7.124)代入通解式(7.134)中可得

$$D=0 \tag{7.135}$$

再设 Bessel 函数的零点为 u_n $(n=1,2,3,\cdots)$，即

$$u_n=R\sqrt{\frac{(\omega^2+f^2)}{g\overline{H}}}\qquad(n=1,2,3,\cdots) \tag{7.136}$$

则可得不考虑切向基本气流情形下高原低涡所含波动的频散关系

$$\omega=\pm\sqrt{\frac{u_n^2}{R^2}g\overline{H}-f^2} \tag{7.137}$$

根据大气波动理论上式表示低涡中存在沿切向(圆周方向)顺时针和逆时针双向传播的惯性重力外波。

扰动水平无辐散条件可滤除式(7.137)所示的惯性重力外波，以便考察在基本流场作用下低涡中的其他波动。方程组(7.130)第二式对 r 求偏导并加上第二式乘以 r^{-1} 的结果，可得扰动的垂直涡度方程

$$\frac{\partial\zeta'_z}{\partial t}+(f+\zeta'_z)D'+u'\frac{\mathrm{d}\zeta'_z}{\mathrm{d}r}=0 \tag{7.138}$$

其中：扰动垂直涡度为 $\zeta'_z=\dfrac{\partial v'}{\partial r}+\dfrac{v'}{r}$，平均垂直涡度为 $\overline{\zeta}_z=\dfrac{\mathrm{d}\overline{v}}{\mathrm{d}r}+\dfrac{\overline{v}}{r}$，扰动水平散度 $D'=\dfrac{\partial u'}{\partial r}+\dfrac{u'}{r}$。则式(7.138)可改写为

$$\left(\frac{\partial}{\partial t}+u'\frac{\partial}{\partial r}\right)(\overline{\zeta}_z+\zeta'_z)=0 \tag{7.139}$$

此式表明总的垂直涡度是守恒的。

现设水平散度 D' 为零，引入扰动流函数 ψ'，则 $u'=-\dfrac{\partial\psi'}{r\partial\lambda}$，$v'=\dfrac{\partial\psi'}{\partial r}$，代入式(7.138)得

$$\frac{\partial^3\psi'}{\partial r^2\partial t}+\frac{1}{r}\frac{\partial^2\psi'}{\partial r\partial t}-\frac{\partial\psi'}{r\partial\lambda}\frac{\mathrm{d}\overline{\zeta}_z}{\mathrm{d}r}=0 \tag{7.140}$$

假定扰动流函数在切向具有波动解，可设 $\psi'=\hat{\psi}(r)\mathrm{e}^{\mathrm{i}(m\lambda-\omega t)}$，代入上式并化简后得

$$r^2\frac{\mathrm{d}^2\hat{\psi}}{\mathrm{d}r^2}+r\frac{\mathrm{d}\hat{\psi}}{\mathrm{d}r}+\frac{rm}{\omega}\frac{\mathrm{d}\overline{\zeta}_z}{\mathrm{d}r}\hat{\psi}=0 \tag{7.141}$$

该方程同样是一个变形的 Bessel 方程，采取与前类似的数学处理方法，并注意到低涡在 $r=0$ 处的 $\hat{\varphi}$ 有界，半径为 R 处的 $\hat{\varphi}=0$，则得到扰动水平无辐散条件下的波动频散关系

$$\omega=\frac{mR}{u_n^2}\frac{d\overline{\zeta_z}}{dr}=\frac{mR}{u_n^2}\beta_2 \tag{7.142}$$

其中 $\beta_2=\frac{d\overline{\zeta_z}}{dr}$，与 β_1 类似，也可称为相当 β 效应。此频散关系表示由于空气质点在径向（r 方向）的振荡，形成沿圆周方向单向传播的涡旋 Rossby 波。它的成波机理是由基本气流的垂直涡度在径向的变化引起的，类似于产生大尺度 Rossby 波的 β 效应。这种机理也可在扰动垂直涡度方程式中得到解释，即由于平均垂直涡度在径向分布不均匀，若空气质点在径向产生扰动，为保持总的垂直涡度守恒，扰动垂直涡度必须发生变化，使得空气质点在径向产生振荡而形成涡旋 Rossby 波。该波传播的方向取决于基本气流垂直涡度的径向变化，若 $\frac{d\overline{\zeta_z}}{dr}>0$，则沿圆周逆时针传播；若 $\frac{d\overline{\zeta_z}}{dr}<0$，则沿圆周顺时针传播。由此可见，基本流场的结构对涡旋 Rossby 波的形成及其传播具有重要影响。

本工作将高原低涡视为受加热强迫的边界层内涡旋，分别研究了直角坐标系正压模型和柱坐标系正压模型中低涡所含的波动，揭示了高原低涡中各类波动的频散关系及其基本特征，对比分析了两种模型下结果的异同，讨论了高原低涡中的波动与流场特征的联系。发现高原低涡中同时满足产生涡旋 Rossby 波和惯性重力波的条件，在高原低涡的数值模拟中发现，散度、涡度在各层次上均存在着正负值区域的相临交替分布，体现出一定的波动性，这种波动具有涡旋波与惯性重力波混合的特性，其沿低涡切向的传播速度介于涡旋 Rossby 波与惯性重力波的理论移速之间。低涡中不同区域波动的性质不尽相同。在低涡中心区域，由于较高的涡度径向梯度，同时有较强的辐合辐散，表现出以涡旋 Rossby 波与惯性重力波混合的特性为主，而低涡中心外围区域中涡度径向梯度大大减弱，失去了产生涡旋 Rossby 波的条件，显现为惯性重力波的特性。涡心区域产生涡旋 Rossby 波对惯性重力波有一定的激发作用（波-波作用）。高原热力和边界层作用对高原低涡流场结构影响的机理是不同的，热力作用与边界层作用产生不同的低涡基本流场，而在不同的低涡基本流场中相当 β 因子也不同，从而产生高原低涡中的涡旋 Rossby 波频率的差异。这对于认识高原低涡对高原下游广大地区天气的影响及其影响的途径具有重要意义（Chen 和 Li，2014）。

7.4.6 高原切变线上的波动

从环流变化角度讨论高原切变线成因可能是新疆地区有高压东移与西太平洋

副热带高压西北侧的西南气流之间形成一条东北—西南向的切变线(风场如图 7.6c),分解后风场如图 7.6d 所示。如果仅考虑纬向风的切变而不考虑经向风辐合,即也可将其视为东西风风速不连续面,则可以借鉴分析赤道辐合带上热带气旋发生的方法来研究高原切变线与高原低涡或西南低涡的关系。

仅考虑纬向风南北切变而形成一条近于纬向的高原切变线,即高原横切变线,根据定义其水平尺度一般可视为 α 中尺度或次天气尺度。设风速切变线的分界面为 y_0,切变线南北侧的基本风速分别为 $\overline{u}_2$,$\overline{u}_1$(均设为常数),并假设基本流场在南北方向上可以伸展到无穷远(图 7.7)。

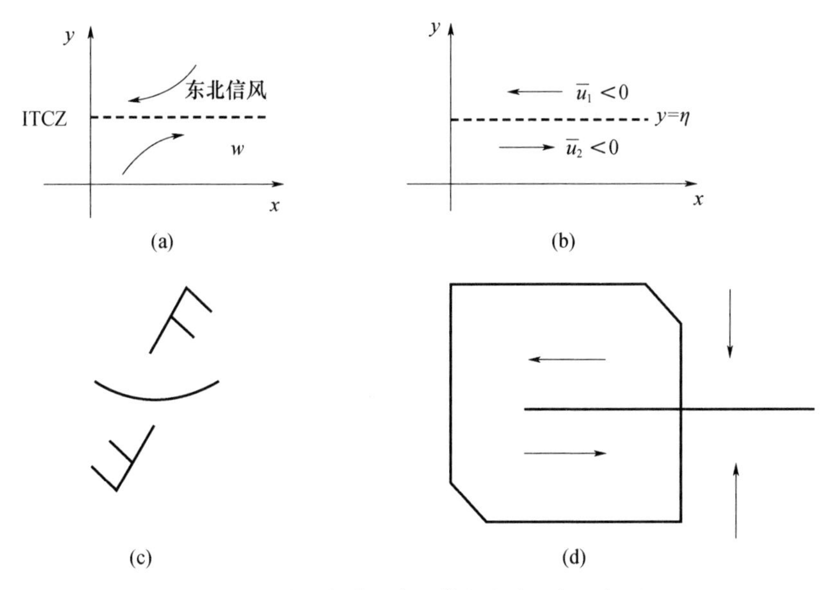

图 7.6　赤道辐合带及高原横切变线两侧风场对比

(a)赤道辐合带;(b)赤道辐合带上的风速切变模式;(c)高原横切变线两侧风场;(d)高原切变线两侧风场分解

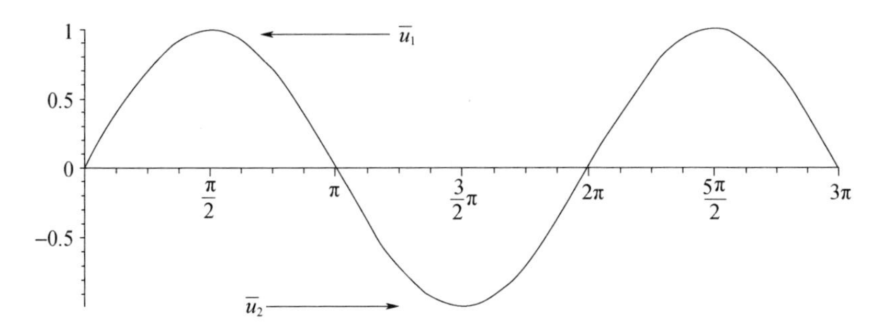

图 7.7　切变波模型示意图,横坐标为波长(单位:m),纵坐标为振幅(单位:m)

z 坐标系中考虑地形的正压原始模式方程为

$$\begin{cases}\dfrac{\partial u}{\partial t}+u\dfrac{\partial u}{\partial x}+v\dfrac{\partial u}{\partial y}=-\dfrac{\partial \phi}{\partial x}+fv \\ \dfrac{\partial v}{\partial t}+u\dfrac{\partial v}{\partial x}+v\dfrac{\partial v}{\partial y}=-\dfrac{\partial \phi}{\partial y}-fu \\ \dfrac{\partial \phi^*}{\partial t}+u\dfrac{\partial \phi^*}{\partial x}+v\dfrac{\partial \phi^*}{\partial y}+\phi^*\left(\dfrac{\partial u}{\partial x}+\dfrac{\partial v}{\partial y}\right)=0\end{cases} \tag{7.143}$$

式(7.143)前两个方程为利用静力学关系和自由面条件简化得到的正压模式水平运动方程,第三个方程是利用静力学关系和自由面条件简化得到的正压模式连续性方程。其中,$\phi^*=\phi-\phi_s$;$\phi=gh$;$\phi_s=gh_s$,$h_s(x,y)$ 为地形高度,h 为上界自由面高度,ϕ 为上界自由面位势高度,ϕ_s 为地形位势高度,其余为常见的物理量符号。

考虑静止大气为背景场(将各变量分解为平均场和扰动场,即 $u=u'$,$v=v'$,$\phi=\phi_0+\phi'$;$\phi_0=gH=c_0^2$,其中 H 为静态自由面高度,ϕ_0 为静态自由面位势高度,右上角带“1”的均为扰动量),则式(7.143)中第三式利用小扰动法线性化后(保留二阶小项)则可以写为

$$\frac{\mathrm{d}_h\phi}{\mathrm{d}t}-\left(u\frac{\partial \phi_s}{\partial x}+v\frac{\partial \phi_s}{\partial y}\right)+(c_0^2+\phi'-\phi_s)\left(\frac{\partial u}{\partial x}+\frac{\partial v}{\partial y}\right)=0 \tag{7.144}$$

由于高原切变线是 α 中尺度天气系统,所以满足 Rossby 数 $Ro<1$,可以视为小参数,水平运动方程参照李子良和万军(1995)准地转动量近似下风速切变线上的波动中使用的一级近似方程,同时方程(7.145)也运用小参数法求得一级近似方程,其中各量纲为 $(x,y)=L(x_1,y_1)$,$t=\dfrac{L}{U}t_1$;$\phi'=f_0UL\phi'_1$;$\phi_s=R_0c_0^2\phi_{s1}$

则考虑地形的正压原始方程组的一级近似形式为

$$\begin{cases}\left(\dfrac{\partial}{\partial t}+u^{(0)}\dfrac{\partial}{\partial x}+v^{(0)}\dfrac{\partial}{\partial y}\right)u^{(0)}-\beta_0yv^{(0)}-f_0v^{(1)}=-\dfrac{\partial \phi^{(1)}}{\partial x} \\ \left(\dfrac{\partial}{\partial t}+u^{(0)}\dfrac{\partial}{\partial x}+v^{(0)}\dfrac{\partial}{\partial y}\right)v^{(0)}+\beta_0yu^{(0)}+f_0u^{(1)}=-\dfrac{\partial \phi^{(1)}}{\partial y} \\ \left(\dfrac{\partial}{\partial t}+u^{(0)}\dfrac{\partial}{\partial x}+v^{(0)}\dfrac{\partial}{\partial y}\right)\phi^{(0)}+c_0^2\left(\dfrac{\partial u^{(1)}}{\partial x}+\dfrac{\partial v^{(1)}}{\partial y}\right)=u^{(0)}\dfrac{\partial \phi_s}{\partial x}+v^{(0)}\dfrac{\partial \varphi_s}{\partial y}\end{cases} \tag{7.145}$$

考虑纬向气流准地转,经向气流非地转,对切变线上扰动采用半地转近似(仅考虑 φ_s 是 y 的函数,且 $\dfrac{\partial \phi_s}{\partial y}=\mathrm{const}$),即假定被平流风场(指上述方程组左端第一项中被求导的风场部分)是地转风场,而平流风场(指上述方程组左端第一项中不被求导的风场部分)为非地转风。具体作法就是取方程(7.145)各式第一项括号中的 $u^{(0)}$、$v^{(0)}$ 为非地转风 u_j、v_j;取括号外各项中的 $u^{(0)}$,$v^{(0)}$ 为地转风 $u_g>v_g$;风场的一级

近似 $u^{(1)}, v^{(1)}$ 取非地转风场 $u_j > v_j$，这样可保留非地转风的水平辐合辐散作用。则线性化改写后的方程组(7.145)变为

$$\begin{cases}\left(\dfrac{\partial}{\partial t}+\bar{u}_j \dfrac{\partial}{\partial x}\right) u_{gj}-\beta_0 y v_{gj}-f_0 v_j=-\dfrac{\partial \phi_j}{\partial x} \\ \left(\dfrac{\partial}{\partial t}+\bar{u}_j \dfrac{\partial}{\partial x}\right) v_{gj}+\beta_0 y u_{gj}+f_0 u_j=-\dfrac{\partial \phi_j}{\partial y} \\ \left(\dfrac{\partial}{\partial t}+\bar{u}_j \dfrac{\partial}{\partial x}\right) \phi_j+c_0^2\left(\dfrac{\partial u_j}{\partial x}+\dfrac{\partial v_j}{\partial y}\right)=v_{gi} \dfrac{\mathrm{d} \phi_s}{\mathrm{d} y}\end{cases} \tag{7.146}$$

其中 $j=1,2$，分别表示分界面以北、以南的各物理量场。

由式(7.146)整理得

$$\left(\frac{\partial}{\partial t}+\bar{u}_j \frac{\partial}{\partial x}\right) \zeta_{gj}+\beta_0 v_{gj}=-\frac{f_0}{c_0^2}\left[v_{gj} \frac{\mathrm{d} \phi_s}{\mathrm{d} y}-\left(\frac{\partial}{\partial t}+\bar{u}_j \frac{\partial}{\partial x}\right) \phi_j\right] \tag{7.147}$$

其中，$\zeta_{gi}=\dfrac{\partial v_{gj}}{\partial x}-\dfrac{\partial u_{gj}}{\partial y}$ 为地转风涡度。

在气流分界面上，取位势场(相当于气压场)连续的条件，则风速切变线上的动力学边界条件为

$$\left(\frac{\partial}{\partial t}+\bar{u}_j \frac{\partial}{\partial x}\right)\left(\phi_1-\phi_2\right)+v_j \frac{\partial}{\partial y}\left(\bar{\phi}_1-\bar{\phi}_2\right)=0, y=y_o \text{ 时} \tag{7.148}$$

取南北两侧的自然边界条件为

$$\begin{cases}y \rightarrow-\infty, & \phi_1 \rightarrow 0 \\ y \rightarrow \infty, & \phi_2 \rightarrow 0\end{cases} \tag{7.149}$$

因为基本重力位势高度满足地转关系，即

$$\frac{\partial \bar{\phi}_1}{\partial y}=-f_1 \bar{u}_1, \quad \frac{\partial \overline{\phi_2}}{\partial y}=-f_2 \bar{u}_2 \tag{7.150}$$

则描述风速切变线上的内边界条件式(7.148)可以转换为

$$y=y_0 \text{ 时}$$
$$\left(\frac{\partial}{\partial t}+\bar{u}_j \frac{\partial}{\partial x}\right)\left(\phi_1-\phi_2\right)-\left(f_1 \bar{u}_1-f_2 \bar{u}_2\right)_{v_j}=0 \tag{7.151}$$

因为地转涡度和地转风与重力位势的关系为

$$v_{gj}=\frac{1}{f_0} \frac{\partial \phi_j}{\partial x}, \quad u_{gj}=-\frac{1}{f_0} \frac{\partial \phi_j}{\partial y}, \quad \zeta_{gi}=\frac{\partial v_{g_j}}{\partial x}-\frac{\partial u_{gj}}{\partial y}=\frac{1}{f_0} \nabla^2 \phi_j \tag{7.152}$$

由方程组(7.147)结合式(7.152)可得

$$\left(\frac{\partial}{\partial t}+\bar{u}_j \frac{\partial}{\partial x}\right)\left[\nabla^2 \phi_j-\frac{f_0^2}{c_0^2} \phi_j\right]+\beta_0 \frac{\partial \phi_j}{\partial x}=-\frac{f_0}{c_0^2} \frac{\mathrm{d} \phi_s}{\mathrm{d} y} \frac{\partial \phi_j}{\partial x} \tag{7.153}$$

假设方程(7.153)有如下形式的波动解

$$\phi_j=\Phi_j(y) \mathrm{e}^{\mathrm{i} k(x-c t)} \tag{7.154}$$

将式(7.154)代入到式(7.153)，在 $\overline{u}_j - c \neq 0$ 时有

$$\frac{\mathrm{d}^2\Phi_j}{\mathrm{d}y^2} - \left[k^2 + \frac{f_0^2}{c_0^2} - \frac{\beta_0}{\overline{u}_j - c} - \frac{f_0 \dfrac{\mathrm{d}\phi_s}{\mathrm{d}y}}{c_0^2(\overline{u}_j - c)}\right]\Phi_j = 0 \tag{7.155}$$

令 $\alpha_j = k^2 + \dfrac{f_0^2}{c_0^2} - \dfrac{\beta_0}{u_j - c} - \dfrac{f_0 \dfrac{\mathrm{d}\phi_s}{\mathrm{d}y}}{c_0^2(\overline{u}_j - c)}$，量纲分析得 $O\left(\dfrac{f_0^2}{c_0^2}\right) < O\left(\dfrac{f_0 \dfrac{\mathrm{d}\phi_s}{\mathrm{d}y}}{c_0^2(\overline{u}_j - c)}\right)$，略去小项 $\dfrac{f_0^2}{c_0^2}$，由于研究的是 α 中尺度天气系统，可采用 f 常数近似，略去 $\dfrac{\beta_0}{\overline{u}_j - c}$ 项，则 $\alpha_j = k^2 - \dfrac{f_0 \dfrac{\mathrm{d}\phi_s}{\mathrm{d}y}}{c_0^2(\overline{u}_j - c)}$，其中：$k$ 为波数，c 为波速，则常微分方程(7.155)的通解为

$$\begin{cases} \Phi_1(y) = A\mathrm{e}^{\sqrt{\alpha_1}y} + C^{-\sqrt{\alpha_1}y} \\ \Phi_2(y) = D\mathrm{e}^{\sqrt{\alpha_2}y} + B^{-\sqrt{\alpha_2}y} \end{cases} \tag{7.156}$$

根据自然边界条件式(7.149)得

$$\begin{cases} \phi_1 = A\mathrm{e}^{\sqrt{\alpha_1}y}\mathrm{e}^{\mathrm{i}k(x-ct)} \\ \phi_2 = B^{\mathrm{e}^{-\sqrt{\alpha_2}y}}\mathrm{e}^{\mathrm{i}k(x-ct)} \end{cases} \tag{7.157}$$

将式(7.154)代入方程(7.146)的第一式可得

$$v_j = \mathrm{i}kf_0^{-2}\left[(f_0 - \beta_o y)\phi_j - (\overline{u}_j - c)\frac{\partial \phi_j}{\partial y}\right] \tag{7.158}$$

将式(7.157)和式(7.158)代入内边界条件式(7.151)，在 $y = y_0$ 处得到

$$\begin{cases} \left[f_0(\overline{u}_1 - c) + (\overline{u}_2 - \overline{u}_1)(f_0 - \beta_0 y) - (\overline{u}_2 - \overline{u}_1)(\overline{u}_1 - c)\sqrt{\alpha_1}\right]A\mathrm{e}^{\sqrt{\alpha_1}y} - \\ \quad f_0(\overline{u}_1 - c)B\mathrm{e}^{-\sqrt{\alpha_2}y} = 0 \\ f_0(\overline{u}_2 - c)A\mathrm{e}^{\sqrt{\alpha_1}y} + \left[f_0(\overline{u}_2 - c) + (\overline{u}_2 - \overline{u}_1)(f_0 - \beta_0 y) + \right. \\ \quad \left.(\overline{u}_2 - \overline{u}_1)(\overline{u}_2 - c)\sqrt{\alpha_2}\right]B\mathrm{e}^{-\sqrt{\alpha_2}y} = 0 \end{cases} \tag{7.159}$$

式(7.158)为系数 A、B 的齐次线性方程组，有非零解的条件为

$$\begin{vmatrix} \begin{matrix} f_0(\overline{u}_1 - c) + (\overline{u}_2 - \overline{u}_1)(f_0 - \beta_0 y) - \\ (\overline{u}_2 - \overline{u}_1)(\overline{u}_1 - c)\sqrt{\alpha_1} \end{matrix} & -f_0(\overline{u}_1 - c) \\ f_0(\overline{u}_2 - c) & \begin{matrix} -f_0(\overline{u}_2 - c) + (\overline{u}_2 - \overline{u}_1)(f_0 - \beta_0 y) + \\ (\overline{u}_2 - \overline{u}_1)(\overline{u}_2 - c)\sqrt{\alpha_2} \end{matrix} \end{vmatrix} = 0 \tag{7.160}$$

其解为

$$c=\frac{2\overline{u}_2 f_0\sqrt{\alpha_2}+2\overline{u}_1 f_0\sqrt{\alpha_1}-(\overline{u}_2-\overline{u}_1)(\overline{u}_2+\overline{u}_1)\sqrt{\alpha_1\alpha_2}\pm\sqrt{(\overline{u}_2-\overline{u}_1)^2\sqrt{\alpha_1\alpha_2}\left[\sqrt{\alpha_1\alpha_2}(\overline{u}_2-\overline{u}_1)^2-4f_0^2\right]}}{2\left[f_0\sqrt{\alpha_2}+f_0\sqrt{\alpha_1}-(\overline{u}_2-\overline{u}_1)\sqrt{\alpha_1\alpha_2}\right]} \tag{7.161}$$

上式表示的即为由于切变线两侧纬向风速切变导致的分界面上产生的波动。从中可以分析出高原切变线引起的波动包括切变波、惯性波和重力外波，将其统称为地形切变波(下同)。该波动是双向传播的频散波，波速与基本气流和基本气流切变有关，还与科里奥利参数 f_0、牛顿声速 c_0^2、地形坡度 $\frac{\mathrm{d}\phi_s}{\mathrm{d}y}$ 以及波数 k 有关。

由于式(7.161)中的 $\sqrt{\alpha_j}=\sqrt{k^2-\frac{f_0\frac{\mathrm{d}\varphi_s}{\mathrm{d}y}}{c_0^2(u_j-c)}}$，其数学形式会增加求解的复杂性，因此在求解中视该项为一个整体来处理。式(7.161)给出了包含地形南北坡度时的波型解，当切变线两侧基本气流的风速 $\overline{u}_1$、$\overline{u}_2$ 及地形坡度 $\frac{\mathrm{d}\varphi_s}{\mathrm{d}y}$ 等确定时，通过式(7.161)便可求解出波速 c。

该切变波的不稳定性取决于 $(\overline{u}_2-\overline{u}_1)^2\sqrt{\alpha_1\alpha_2}\left[\sqrt{\alpha_1\alpha_2}(\overline{u}_2-\overline{u}_1)^2-4f_0^2\right]$ 的正负。由于 $(\overline{u}_2-\overline{u}_1)^2\sqrt{\alpha_1\alpha_2}$ 始终为正，那么波动稳定性取决于 $\sqrt{\alpha_1\alpha_2}(\overline{u}_2-\overline{u}_1)^2$ 和 $4f_0^2$ 相对大小。量纲分析表明：$f_0\sim10^{-4}\,\mathrm{s}^{-1}$，则 $\sqrt{\alpha_1\alpha_2}(\overline{u}_2-\overline{u}_1)^2\sim10^{-8}\,\mathrm{s}^{-2}$ 时，两者才有可比性。高原上南北坡度 $\frac{\mathrm{d}\varphi_s}{\mathrm{d}y}\sim10^{-1}\,\mathrm{m\cdot s^{-2}}$，基本气流 $\overline{u}_j\sim10\mathrm{m\cdot s^{-1}}$，$c_0^2\sim10^5\,\mathrm{m^2\cdot s^{-2}}$，$\frac{f_0\frac{\mathrm{d}\varphi_s}{\mathrm{d}y}}{c_0^2(\overline{u}_j-c)}\sim10^{-11}\,\mathrm{m}^{-2}$，因此地形坡度会导致波动在南北坡移速的差异，但对波动不稳定性影响较小，这可能是高原上容易形成横切变线的原因。根据量级比较，波动不稳定性取决于波数平方的量级，当 $O(k^2)>10^{-10}\,\mathrm{m}^{-2}$，波动总是稳定的；$O(k^2)<10^{-10}\,\mathrm{m}^{-2}$，波动总是不稳定的，而 $O(k^2)\sim10^{-10}\,\mathrm{m}^{-2}$，则会出现中性不稳定。

7.4.6.1　考虑地形坡度时切变波不稳定的必要条件

参考青藏高原大地形作用下 Rossby 波的分析方法(刘式适 等，2000a)，且考虑地形坡度，由于零级近似满足水平无辐合辐散，则引入速度流函数后有

$$\begin{cases}\left(\frac{\partial}{\partial t}+u^{(0)}\frac{\partial}{\partial x}+v^{(0)}\frac{\partial}{\partial y}\right)(f+\zeta^{(0)})=-f_0 D\\ \left(\frac{\partial}{\partial t}+u^{(0)}\frac{\partial}{\partial x}+v^{(0)}\frac{\partial}{\partial y}\right)(f_0\psi)=-c_0^2 D+\frac{\partial\psi}{\partial x}\frac{\mathrm{d}\phi_s}{\mathrm{d}y}\end{cases} \tag{7.162}$$

其中：$\psi=\dfrac{\phi}{f_0}$ 为流函数，D 为(水平)散度，$\zeta^{(0)}$ 为涡度的零级近似，$v_g=\dfrac{1}{f_0}\dfrac{\partial\varphi}{\partial x}=\dfrac{\partial\psi}{\partial x}$。

由式(7.162)得

$$\left(\frac{\partial}{\partial t}+u^{(0)}\frac{\partial}{\partial x}+v^{(0)}\frac{\partial}{\partial y}\right)(f+\zeta^{(0)}-\lambda_0^2\psi)+\frac{f_0}{c_0^2}\frac{\partial\psi}{\partial x}\frac{\mathrm{d}\phi_s}{\mathrm{d}y}=0 \tag{7.163}$$

其中 $\lambda_0^2=\dfrac{f_0^2}{c_0^2}$。

令 $q=f+\zeta^{(0)}-\lambda_0^2\psi=f+\nabla_h^2\psi-\lambda_0^2\psi$，$q$ 为正压模式下准地转位涡，则有

$$\left(\frac{\partial}{\partial t}+u^{(0)}\frac{\partial}{\partial x}+v^{(0)}\frac{\partial}{\partial y}\right)q+\frac{f_0}{c_0^2}\frac{\partial\psi}{\partial x}\frac{\mathrm{d}\phi_s}{\mathrm{d}y}=0 \tag{7.164}$$

将上式进行线性化，即设 $u=\overline{u}+u'$，$v=v'$，$q=\overline{q}+q$，得

$$\frac{\partial q'}{\partial t}+\overline{u}\frac{\partial q'}{\partial x}+v'\frac{\partial\overline{q}}{\partial y}+\frac{f_0}{c_0^2}\frac{\partial\psi'}{\partial x}\frac{\mathrm{d}\phi_s}{\mathrm{d}y}=0 \tag{7.165}$$

其中，

$$\overline{q}=f-\frac{\partial\overline{u}}{\partial y}-\lambda_0^2\overline{\psi};\dot{q}=\nabla_h^2\psi'-\lambda_0^2\psi';\frac{\partial\overline{q}}{\partial y}=\beta_0-\frac{\partial^2 u}{\partial y^2}+\lambda_0^2\overline{u};\overline{\zeta}=-\frac{\partial\overline{u}}{\partial y};\zeta'=\nabla_h^2\psi'$$

式(7.165)可改写成

$$\left(\frac{\partial}{\partial t}+\overline{u}\frac{\partial}{\partial x}\right)(\nabla_h^2\psi'-\lambda_0^2\psi')+\frac{\partial\psi}{\partial x}\left(\beta_0-\frac{\partial^2\overline{u}}{\partial y^2}+\lambda_0^2\overline{u}+\frac{f_0}{c_0^2}\frac{\mathrm{d}\varphi_s}{\mathrm{d}y}\right)=0 \tag{7.166}$$

把 $\psi'=\varphi(y)\mathrm{e}^{\mathrm{i}k(x-ct)}$ 代入式(7.166)

$$\frac{\mathrm{d}^2\varphi}{\mathrm{d}y^2}-\left(k^2+\lambda_0^2-\frac{\beta_0-\dfrac{\partial^2\overline{u}}{\partial y^2}+\lambda_0^2\overline{u}+\dfrac{f_0}{c_0^2}\dfrac{\mathrm{d}\phi_s}{\mathrm{d}y}}{\overline{u}-c}\right)\varphi=0 \tag{7.167}$$

令 $c=c_r+\mathrm{i}c_i$；$\varphi=\varphi_r+\mathrm{i}\varphi_i$；$\delta=\dfrac{1}{\overline{u}-c}=\dfrac{\overline{u}-c_r}{|\overline{u}-c|^2}+\dfrac{\mathrm{i}c_i}{|\overline{u}-c|^2}=\delta_r+\mathrm{i}\delta_i$，代入式(7.167)，并分离实、虚部后分别得到

$$\frac{\mathrm{d}^2\phi_r}{\mathrm{d}y^2}-\left[k^2+\lambda_0^2-\left(\beta_0-\frac{\partial^2\overline{u}}{\partial y^2}+\lambda_0^2\overline{u}+\frac{f_0}{c_0^2}\frac{\mathrm{d}\phi_s}{\mathrm{d}y}\right)\delta_r\right]\phi_r-\left(\beta_0-\frac{\partial^2\overline{u}}{\partial y^2}+\lambda_0^2\overline{u}+\frac{f_0}{c_0^2}\frac{\mathrm{d}\phi_s}{\mathrm{d}y}\right)\delta_i\phi_i=0 \tag{7.168}$$

$$\frac{\mathrm{d}^2\phi_i}{\mathrm{d}y^2}-\left[k^2+\lambda_0^2-\left(\beta_0-\frac{\partial^2\overline{u}}{\partial y^2}+\lambda_0^2\overline{u}+\frac{f_0}{c_0^2}\frac{\mathrm{d}\phi_s}{\mathrm{d}y}\right)\delta_r\right]\phi_i+\left(\beta_0-\frac{\partial^2\overline{u}}{\partial y^2}+\lambda_0^2\overline{u}+\frac{f_0}{c_0^2}\frac{\mathrm{d}\phi_s}{\mathrm{d}y}\right)\delta_i\varphi_r=0 \tag{7.169}$$

$\varphi_i\times$式(7.168)$-\varphi_r\times$式(7.169) 并整理得

$$ic_i\int_{y_1}^{y_2}\left(\beta_0-\frac{\partial^2\overline{u}}{\partial y^2}+\lambda_0^2\overline{u}+\frac{f_0}{c_0^2}\frac{\mathrm{d}\varphi_s}{\mathrm{d}y}\right)\frac{|\varphi|^2}{|\overline{u}-c|^2}\mathrm{d}y=0 \tag{7.170}$$

如果扰动是不稳定的($c_i\neq 0$),则必有

$$\int_{y_1}^{y_2}\left(\beta_0-\frac{\partial^2\overline{u}}{\partial y^2}+\lambda_0^2\overline{u}+\frac{f_0}{c_0^2}\frac{\mathrm{d}\phi_s}{\mathrm{d}y}\right)\frac{|\phi|^2}{|\overline{u}-c|}\mathrm{d}y=0 \tag{7.171}$$

上式要成立,忽略 β_0(因为切变线为中尺度系统),得到波动不稳定条件是在区间 (y_1,y_2) 内,至少有一点满足如下条件

$$\left(-\frac{\partial^2\overline{u}}{\partial y^2}+\lambda_0^2\overline{u}+\frac{f_0}{c_0^2}\frac{\mathrm{d}\phi_s}{\mathrm{d}y}\right)=0 \tag{7.172}$$

尽管物理考虑与数学处理方法不同,但式(7.172)与伍荣生(1964)和吕克利(1987)所得结果是一致的。对式(7.172)的物理意义可做如下讨论:

当不考虑地形坡度且为均匀的西风基流或东风基流时,叠加在基本气流上的扰动总是稳定的,由此也可看出切变气流和地形坡度对激发扰动不稳定的重要性。由于 $O(\lambda_0^2\overline{u})\sim 10^{-12}\,\mathrm{m}^{-1}\cdot\mathrm{s}^{-1}$,$O\left(\frac{f_0}{c_0^2}\frac{\mathrm{d}\phi_s}{\mathrm{d}y}\right)\sim 10^{-10}\,\mathrm{m}^{-1}\cdot\mathrm{s}^{-1}$,北坡 $\frac{\mathrm{d}\phi_s}{\mathrm{d}y}<0$,南坡 $\frac{\mathrm{d}\phi_s}{\mathrm{d}y}>0$,因此总是有利于地形切变线上扰动不稳定发展。

对于 $\frac{\partial\overline{u}}{\partial y}=c$ 且 $\frac{\partial^2\overline{u}}{\partial y^2}=0$ 的西风切变基流(或东风切变基流),与上述讨论结果相同。

对于切变基流 $\frac{\partial\overline{u}}{\partial y}\neq c$,量纲 $O(\lambda_0^2\overline{u})\sim 10^{-12}\,\mathrm{m}^{-1}\cdot\mathrm{s}^{-1}$,$O\left(\frac{f_0}{c_0^2}\frac{\mathrm{d}\varphi_s}{\mathrm{d}y}\right)\sim 10^{-10}\,\mathrm{m}^{-1}\cdot\mathrm{s}^{-1}$,$O\left(\frac{\partial^2\overline{u}}{\partial y^2}\right)>O\left(\frac{f_0}{c_0^2}\frac{\mathrm{d}\phi_s}{\mathrm{d}y}\right)$,可看出地形坡度项对波动不稳定的贡献较小,波动的不稳定主要取决于 $\frac{\mathrm{d}^2\overline{u}}{\mathrm{d}y^2}$ 在区间内是否变号。

由以上几点讨论可见,地形坡度对波动不稳定贡献的大小取决于基本气流的纬向分布状况。

7.4.6.2　不考虑地形坡度时的切变波

如果不考虑地形南北坡度 $\frac{\mathrm{d}\phi_s}{\mathrm{d}y}$,并且由于 $\frac{f_0^2}{c_0^2}$ 数值较小而忽略不计,波速公式可简化为

$$c=\frac{2\overline{u}_2f_0k+2\overline{u}_1f_0k-(\overline{u}_2-\overline{u}_1)(\overline{u}_2+\overline{u}_1)k^2\pm\sqrt{(\overline{u}_1-\overline{u}_2)^2k^2\left[k^2(\overline{u}_1-\overline{u}_2)^2-4f_0^2\right]}}{4f_0k-2(\overline{u}_2-\overline{u}_1)k^2} \tag{7.173}$$

当 $\overline{u}_1=\overline{u}_2$ 时，则波 $c=\overline{u}_1=\overline{u}_2=\overline{u}$，即为基本气流，此时切变线上不会产生波动。

通过式(7.173)可得波动稳定性判据为

$$(\overline{u}_1-\overline{u}_2)^2k^2[k^2(\overline{u}_1-\overline{u}_2)^2-4f_0^2]\begin{cases}>0 & \text{波动稳定}\\=0 & \text{中性}\\<0 & \text{波动不稳定}\end{cases} \tag{7.174}$$

由式(7.174)所示波动稳定性判据的中性情况，可得波动处于临界状态时

$$(\overline{u}_1-\overline{u}_2)^2k^2[k^2(\overline{u}_1-\overline{u}_2)^2-4f_0^2]=0 \tag{7.175}$$

从而得到临界波数

$$k_c=\frac{2f_0}{|\overline{u}_1-\overline{u}_2|} \tag{7.176}$$

当 $k>k_c$ 时，波动是稳定的；当 $k<k_c$，波动才可能不稳定发展。

当水平风切变呈气旋性旋转时(即 $\overline{u}_1<\overline{u}_2$)，由 $(\overline{u}_1-\overline{u}_2)^2k^2[k^2(\overline{u}_1-\overline{u}_2)^2-4f_0^2]<0$ 得出波动不稳定条件为

$$\overline{u}_2-\overline{u}_1<\frac{2f_0}{k} \tag{7.177}$$

即切变线上扰动不稳定与基本气流切变的大小、波数和所处纬度有关。

同样，可得临界波长

$$L_c=\frac{2\pi}{k_c}=\frac{\pi|\overline{u}_1-\overline{u}_2|}{f_0} \tag{7.178}$$

当 $L<L_c$，波动是稳定的；当 $L>L_c$，波动才可能不稳定发展。

上述讨论表明如果基流存在南北切变，切变线上波长较长的波易发生不稳定而得以优先发展。

波动处于不稳定状态时，波速

$$c=\frac{2\overline{u}_2f_0k+2\overline{u}_1f_0k-(\overline{u}_2-\overline{u}_1)(\overline{u}_2+\overline{u}_1)k^2}{4f_0k-2(\overline{u}_2-\overline{u}_1)k^2}\pm \mathrm{i}\sqrt{\frac{(\overline{u}_1-\overline{u}_2)k^2[4f_0^2-k^2(\overline{u}_1-\overline{u}_2)^2]}{[4f_0k-2(\overline{u}_2-\overline{u}_1)k^2]^2}} \tag{7.179}$$

则波动不稳定增长率为

$$|kc_i|=\sqrt{\frac{(\overline{u}_1-\overline{u}_2)k^2[4f_0^2-k^2(\overline{u}_1-\overline{u}_2)^2]}{[4f_0-2(\overline{u}_2-\overline{u}_1)k]^2}} \tag{7.180}$$

综合以上讨论可以看出，有利于切变波不稳定发展的条件有：基流南北切变或南北辐合要强，扰动系统的水平尺度要比较大。

7.4.6.3 波动不稳定的必要条件

为明确切变波不稳定与涡旋波不稳定之间的关系，下面我们用类似于正压不稳

定的分析方法进行以下讨论。

不考虑地形坡度，考虑水平辐合辐散，引入速度流函数有

$$\begin{cases}\left(\frac{\partial}{\partial t}+u^{(0)}\frac{\partial}{\partial x}+v^{(0)}\frac{\partial}{\partial y}\right)(f+\zeta^{(0)})=-f_0D\\ \left(\frac{\partial}{\partial t}+u^{(0)}\frac{\partial}{\partial x}+v^{(0)}\frac{\partial}{\partial y}\right)(f_0\psi)=-c_0^2D\end{cases}\tag{7.181}$$

如果扰动是不稳定的($c_i\neq 0$)，则有

$$\int_{y_1}^{y_2}\left(\beta_0-\frac{\partial^2\overline{u}}{\partial y^2}+\lambda_0^2\overline{u}\right)\frac{|\varphi|^2}{|\overline{u}-c|^2}\mathrm{d}y=0\tag{7.182}$$

上式若要成立，在区间 (y_1,y_2) 内必有

$$\left(\beta_0-\frac{\partial^2\overline{u}}{\partial y^2}+\lambda_0^2\overline{u}\right)=0\tag{7.183}$$

忽略 β_0 后得到波动不稳定条件是在区间内至少有一点满足

$$\frac{\partial^2\overline{u}}{\partial y^2}-\lambda_0^2\overline{u}=0\tag{7.184}$$

由上式可知在纬向基流呈波动型($\overline{u}=C_1\mathrm{e}^{\lambda_0 y}+C_2\mathrm{e}^{-\lambda_0 y}$)分布时，更有利于切变波不稳定发展。

为讨论有利于涡旋波不稳定发展的形式，在涡层内主要考虑涡度，即假定扰动水平无辐合辐散，水平散度项 $D=0$，则讨论的方程变为

$$\left(\frac{\partial}{\partial t}+u^{(0)}\frac{\partial}{\partial x}+v^{(0)}\frac{\partial}{\partial y}\right)(f+\zeta^{(0)})=0\tag{7.185}$$

各符号代表物理量与上述一致，依旧令绝对涡度 $\zeta_a=f+\zeta^{(0)}=f+\nabla_h^2\psi$，得

$$\left(\frac{\partial}{\partial t}+u^{(0)}\frac{\partial}{\partial x}+v^{(0)}\frac{\partial}{\partial y}\right)\zeta_a=0\tag{7.186}$$

将式(7.186)进行线性化，$u=\overline{u}+u'$，$v=v'$，$\zeta_a=\overline{\zeta}_a+\zeta_a'$，得

$$\left(\frac{\partial}{\partial t}+\overline{u}\frac{\partial}{\partial x}\right)\nabla_h^2\psi'+\frac{\partial\psi'}{\partial x}\left(\beta_0-\frac{\partial^2\overline{u}}{\partial y^2}\right)=0\tag{7.187}$$

类似长波正压不稳定的讨论可得

$$\mathrm{i}c_i\int_{y_1}^{y_2}\left(\beta_0-\frac{\partial^2\overline{u}}{\partial y^2}\right)\frac{|\varphi|^2}{|\overline{u}-c|^2}\mathrm{d}y=0\tag{7.188}$$

如果扰动是不稳定的($c_i\neq 0$)，则应有

$$\int_{y_1}^{y_2}\left(\beta_0-\frac{\partial^2\overline{u}}{\partial y^2}\right)\frac{|\varphi|^2}{|\overline{u}-c|^2}\mathrm{d}y=0\tag{7.189}$$

上式要成立，在区间 (y_1,y_2) 内至少有一点必有

$$\left(\beta_0-\frac{\partial^2\overline{u}}{\partial y^2}\right)=0\tag{7.190}$$

忽略 β_0，得到涡旋波波动不稳定条件是在区间内，至少有一点满足

$$\frac{\partial^2 \overline{u}}{\partial y^2}=0 \tag{7.191}$$

7.4.6.4 切变波不稳定和涡旋波不稳定之间的联系

结合上述切变波不稳定必要条件的讨论和关于涡旋波不稳定必要条件的讨论，结合式(7.188)和式(7.191)可以看出，切变波不稳定和涡旋波不稳定之间有一定联系。

根据量纲分析来看，由于 $O\left(\frac{\partial^2 \overline{u}}{\partial y^2}\right)>O(\lambda_0^2\overline{u})$，略去小项简化后可以看出涡旋不稳定和简化了的切变波不稳定是等价的，则可认为涡旋波不稳定是切变波不稳定的一种特殊形式。

由于分析主要针对风呈气旋性切变形成的横切变线，即在切变线以北基本气流是东风基流（$\overline{u}<0$），切变线以南基本气流是西风基流（$\overline{u}>0$）。在切变线以南如果基本气流分布满足 $\frac{\partial^2 \overline{u}}{\partial y^2}<0$（$\frac{\partial^2 \overline{u}}{\partial y^2}>0$），切变线以北满足 $\frac{\partial^2 \overline{u}}{\partial y^2}>0$（$\frac{\partial^2 \overline{u}}{\partial y^2}<0$），在切变线以南必有 $\frac{\partial^2 \overline{u}}{\partial y^2}-\lambda_0^2\overline{u}<0$（$\frac{\partial^2 \overline{u}}{\partial y^2}-\lambda_0^2\overline{u}>0$），在切变线以北必有 $\frac{\partial^2 \overline{u}}{\partial y^2}-\lambda_0^2\overline{u}>0$（$\frac{\partial^2 \overline{u}}{\partial y^2}-\lambda_0^2\overline{u}<0$），则在切变线上很容易满足 $\frac{\partial^2 \overline{u}}{\partial y^2}-\lambda_0^2\overline{u}=0$，即有利于切变波不稳定发展。在切变线两侧气流满足上述分布条件下，切变线上必有 $\frac{\partial^2 \overline{u}}{\partial y^2}=0$，有利于涡旋波不稳定发展。以上分析可见涡旋不稳定是切变不稳定的特殊形式，切变波不稳定有利于激发涡旋波不稳定。

从以上分析可以看出，切变线位置与 $\frac{\partial^2 \overline{u}}{\partial y^2}=0$ 区域相对应，切变线两侧只要 $\frac{\partial^2 \overline{u}}{\partial y^2}$ 符号发生改变，就有利于切变波不稳定发展，进而也有利于涡旋波不稳定。如前讨论切变线上存在切变波，而高原低涡中的波动包括涡旋波（李国平 等，2011；Chen 和 Li，2014），切变波的不稳定发展会引发涡旋波不稳定，即高原切变线上扰动不稳定发展可诱发高原低涡的生成及加强，从而出现高原切变线与高原低涡并行的常见天气形势，有利于产生强天气过程。

综上所述，基于 z 坐标系下考虑地形的正压模式方程组，利用小参数法求得其一级近似形式，对包含地形坡度与不考虑地形坡度的切变波和涡旋波及其关系进行了理论分析。得出切变线上的波动包括切变波、惯性波和重力外波，属于双向传播的频散波。考虑地形坡度时，波动不稳定条件与波数有关，地形坡度对波动不稳定

贡献大小取决于基本气流的纬向分布状况。在不考虑地形坡度时，基流存在南北切变且波长较长时，易出现切变波不稳定。涡旋波不稳定是切变波不稳定的一种特殊形式，即切变线上的波动可通过不稳定发展而形成低涡。理论分析与个例应用表明水平尺度较长的横切变线在一定条件下可诱发低涡生成及东移，从而有利于形成低涡暴雨等极端天气事件(杜梅 等,2020)。

7.4.7　高原切变线上扰动的不稳定及其与低涡的联系

本节讨论的高原横切变线也是夏季最易出现的高原切变线(何光碧和师锐,2014)，可以仅考虑切变线两侧纬向风切变。借鉴谢义炳和黄寅亮(1964)研究赤道辐合带上扰动稳定性问题的方法，我们可讨论风速分界面上扰动的稳定性问题，以此来分析高原切变线与高原低涡的关系。

自由大气运动方程组为

$$\begin{cases}\dfrac{\partial u}{\partial t}+u\dfrac{\partial u}{\partial x}+v\dfrac{\partial u}{\partial y}+w\dfrac{\partial u}{\partial z}=-\dfrac{1}{\rho}\dfrac{\partial p}{\partial x}+fv\\ \dfrac{\partial v}{\partial t}+u\dfrac{\partial v}{\partial x}+v\dfrac{\partial v}{\partial y}+w\dfrac{\partial v}{\partial z}=-\dfrac{1}{\rho}\dfrac{\partial p}{\partial y}-fu\\ \dfrac{\partial w}{\partial t}+u\dfrac{\partial w}{\partial x}+v\dfrac{\partial w}{\partial y}+w\dfrac{\partial w}{\partial z}=-\dfrac{1}{\rho}\dfrac{\partial p}{\partial z}-g\\ \dfrac{\partial \rho}{\partial t}+\dfrac{\partial \rho u}{\partial x}+\dfrac{\partial \rho v}{\partial y}+\dfrac{\partial \rho w}{\partial z}=0\end{cases} \tag{7.192}$$

采用小扰动法($u=\overline{u}+u'$;$v=v'$;$w=w'$;$\rho=\rho$;$p=\overline{p}(y,z)+p'$)线性化后得到

$$\begin{cases}\dfrac{\partial u'}{\partial t}+\overline{u}\dfrac{\partial u'}{\partial x}=-\dfrac{1}{\rho}\dfrac{\partial p'}{\partial x}+fv'\\ \dfrac{\partial v'}{\partial t}+\overline{u}\dfrac{\partial v'}{\partial x}=-\dfrac{1}{\rho}\dfrac{\partial p'}{\partial y}-fu'\\ \dfrac{\partial w'}{\partial t}+\overline{u}\dfrac{\partial w'}{\partial x}=-\dfrac{1}{\rho}\dfrac{\partial p'}{\partial z}\\ \dfrac{\partial \rho u'}{\partial x}+\dfrac{\partial \rho v'}{\partial y}+\dfrac{\partial \rho w}{\partial z}=0\end{cases} \tag{7.193}$$

假设大气正压且密度-速度场无水平辐合辐散，则有

$$\begin{cases}\dfrac{\partial u'}{\partial t}+\overline{u}\dfrac{\partial u'}{\partial x}=-\dfrac{1}{\rho}\dfrac{\partial p'}{\partial x}+fv'\\ \dfrac{\partial v'}{\partial t}+\overline{u}\dfrac{\partial v'}{\partial x}=-\dfrac{1}{\rho}\dfrac{\partial p'}{\partial y}-fu'\\ \dfrac{\partial \rho u'}{\partial x}+\dfrac{\partial \rho v'}{\partial y}=0\end{cases} \tag{7.194}$$

令 $m_1=\rho u'$；$m_2=\rho v'$，则式(7.194)前两项改写为

$$\begin{cases}\dfrac{\partial m_1}{\partial t}+\overline{u}\dfrac{\partial m_1}{\partial x}=-\dfrac{\partial p'}{\partial x}+fm_2\\ \dfrac{\partial m_2}{\partial t}+\overline{u}\dfrac{\partial m_2}{\partial x}=-\dfrac{\partial p'}{\partial y}-fm_1\end{cases}\tag{7.195}$$

将式(7.195)变形得

$$\left(\frac{\partial}{\partial t}+\overline{u}\frac{\partial}{\partial x}\right)\left(\frac{\partial^2 m_2}{\partial x^2}+\frac{\partial^2 m_2}{\partial y^2}\right)=0\tag{7.196}$$

设波动解为

$$m_2=M_2(y)\mathrm{e}^{\mathrm{i}(kx-\omega t)}\tag{7.197}$$

将式(7.197)代入式(7.196)得到

$$\frac{\mathrm{d}^2M_2}{\mathrm{d}y^2}-k^2M_2=0\tag{7.198}$$

如图 7.6b，式(7.194)切变线两侧边界条件为

$$y=\pm y_0\text{ 时},v'=0\tag{7.199}$$

分界面上($y=0$ 处)满足条件

$$\begin{cases}v'=\dfrac{\partial\eta}{\partial t}+\overline{u}\dfrac{\partial\eta}{\partial x}\\ p'_1=p'_2\end{cases}\tag{7.200}$$

其中：η 为分界面形状，p'_1 代表切变线以南气压；p'_2 代表切变线以北气压，则在 $\pm y_0$ 范围内的通解为

$$\begin{cases}M_2=c_1\mathrm{e}^{k(y-y_0)}+c_2\mathrm{e}^{-k(y-y_0)},\text{分界面以北}\\ M_2=c_1\mathrm{e}^{ky(y+y_0)}+c_2\mathrm{e}^{-k(y+y_0)},\text{分界面以南}\end{cases}\tag{7.201}$$

同式(7.197)，设波动解形式为

$$m_1=M_1(y)\mathrm{e}^{\mathrm{i}(kx-\omega t)},p'=p(y)\mathrm{e}^{\mathrm{i}(kx-\omega t)},\eta=H\mathrm{e}^{\mathrm{i}(kx-\omega t)}\tag{7.202}$$

将式(7.197)代入式(7.201)，在边界 $y=\pm y_0$ 处，则有

$$M_2=0\tag{7.203}$$

将式(7.202)代入式(7.201)，则分界面上($y=0$)

$$M_2=\rho H(-\mathrm{i}\omega+\overline{u}\mathrm{i}k)=\rho H\mathrm{i}(\overline{u}k-\omega)\tag{7.204}$$

令 $R=(\overline{u}k-\omega)$，则 $y=0$ 时有

$$\begin{cases}M_2=\rho H\mathrm{i}(\overline{u}k-\omega)\\ p_1=p_2\end{cases}\tag{7.205}$$

结合公式(7.201)、(7.203)、(7.204)得方程(7.201)的特解，在分界面以南

$$M_2=c_1\mathrm{e}^{k(y+y_0)}+c_2\mathrm{e}^{-k(y+y_0)}\tag{7.206}$$

$y=-y_0$ 时，$M_2=0$，得 $c_2=-c_1$；当 $y=0$ 时，$M_2=\rho H\mathrm{i}R$，得 $c_1=\dfrac{\rho H\mathrm{i}R}{\mathrm{e}^{ky_0}-\mathrm{e}^{-ky_0}}$

则在切变线以南有特解

$$M_2^{\mathrm{s}}=\frac{\mathrm{i}\rho_1 R_1 H}{\mathrm{sh}ky_0}\mathrm{sh}k(y+y_0) \tag{7.207}$$

其中右上角"s"代表切变线以南的解。

同理可得切变线以北的特解为

$$M_2^{\mathrm{n}}=\frac{\mathrm{i}\rho_2 R_2 H}{\mathrm{sh}ky_0}\mathrm{sh}k(y-y_0) \tag{7.208}$$

其中右上角"n"代表切变线以北的解。

将式(7.202)代入方程(7.195)变形可得

$$p=-\mathrm{i}\left(\frac{f}{k}M_2+\frac{R}{K^2}\frac{\partial M_2}{\partial y}\right) \tag{7.209}$$

式(7.206)、式(7.207)代入式(7.208)，在切变线以南有

$$p_1=\frac{f}{k}\frac{\rho_1 R_1 H}{\mathrm{sh}ky_0}\mathrm{sh}k(y+y_0)+\frac{\rho_1 HR_1^2}{k\,\mathrm{sh}ky_0}\mathrm{ch}ky(y+y_0) \tag{7.210}$$

在切变线以北有

$$p_2=-\left[\frac{f}{k}\frac{\rho_2 R_2 H}{\mathrm{sh}ky_0}\mathrm{sh}k(y-y_0)+\frac{\rho_2 HR_2^2}{k\,\mathrm{sh}ky_0}\mathrm{ch}ky(y-y_0)\right] \tag{7.211}$$

利用分界面条件当 $y=0$ 时，$P_1=P_2$ 得

$$R_1^2\coth ky_0+R_2^2\coth ky_0+fR_1-fR_2=0 \tag{7.212}$$

将 $R_1=(\overline{u}_1 k-\omega)$，$R_2=(\overline{u}_2\mathrm{k}-\omega)$ 一并代入式(7.212)得

$$2\coth ky_0\omega^2-2k(\overline{u}_1+\overline{u}_2)\coth ky_0\omega+k^2(\overline{u}_1^2+\overline{u}_2^2)\coth ky_0+fk(\overline{u}_1-\overline{u}_2)=0 \tag{7.213}$$

方程(7.213)的判别式为

$$A=[2k(\overline{u}_1+\overline{u}_2)\coth ky_0]^2-4\times 2\coth ky_0[k^2(\overline{u}_1^2+\overline{u}_2^2)\coth ky_0+fk(\overline{u}_1-\overline{u}_2)] \tag{7.214}$$

式(7.213)即为高原横切变线上波动的圆频率方程，判断波动稳定性的充分条件为上式一元二次方程是否有虚根，即判断 A 的正负情况。

当波动处于不稳定状态时，满足以下条件

$$A<0 \tag{7.215}$$

则有波动不稳定的充分条件

$$(\overline{u}_1-\overline{u}_2)^2+\frac{2f}{k\coth ky_0}(\overline{u}_1-\overline{u}_2)>0 \tag{7.216}$$

当 $\overline{u}_1>\overline{u}_2$，上式恒成立，即圆频率 ω 的解为复数（$\omega_i\neq 0$），则必有波动不稳定发展。

从以上理论分析可知，当横切变线两侧风呈气旋性切变时（$\overline{u}_1>\overline{u}_2$），风速分界面上扰动总会呈现不稳定发展。若将低涡视为扰动，说明高原横切变线是高原低涡产生的重要背景场，横切变线附近容易诱发低涡的产生。但风速分界面上扰动的不稳定发展并不一定必定形成低涡，还需要结合其他因素一并考虑。

7.5 热力强迫对低涡非线性波解的影响

在上节求解非线性重力内波型高原低涡和仅考虑了潜热影响的基础上，本节我们进一步细致考虑不同型式的热源强迫对大气非线性重力内波的影响，这对于深入了解大气非线性重力波的产生及其与热源强迫的关系，更好地监测和预报中小尺度天气，特别是灾害性天气（如低涡、切变线、暴雨、飑线、沙尘暴等）具有重要的理论意义和一定的应用价值。

7.5.1 常定热源强迫

假定热源强迫作用是常定的，并且对热源的性质不加区分，即设 $Q=\text{const.}$。考虑到中小尺度天气系统的强对流特征，采用如下的非静力平衡下的二维 Boussinesq 方程组

$$\begin{cases}\dfrac{\partial u}{\partial t}+u\dfrac{\partial u}{\partial x}+w\dfrac{\partial u}{\partial z}=-\dfrac{1}{\rho}\dfrac{\partial p'}{\partial x}\\ \dfrac{\partial w}{\partial t}+u\dfrac{\partial w}{\partial x}+w\dfrac{\partial w}{\partial z}=-\dfrac{1}{\rho}\dfrac{\partial p'}{\partial z}-g\dfrac{\rho'}{\rho}\\ \dfrac{\partial u}{\partial x}+\dfrac{\partial w}{\partial p}=0\\ \dfrac{\partial \rho'}{\partial t}+u\dfrac{\partial \rho'}{\partial x}-\dfrac{N^2}{g}\rho w=-Q\end{cases} \tag{7.217}$$

其中 $Q=\dfrac{\rho}{c_pT}Q^*$，Q^* 是外源对单位质量空气的加热率。令

$$u=U(\theta),w=W(\theta),p'=P(\theta),\rho'/\rho=\Pi(\theta),\theta=kx+nz-\nu t \tag{7.218}$$

将式(7.218)代入上述方程组(7.217)得

$$\begin{cases}(-\nu+kU+nW)U'=-\dfrac{k}{\rho}P'\\ (-\nu+kU+nW)W'=-\dfrac{n}{\rho}P'-g\Pi\\ kU'+nW'=0\\ (-\nu+kU)\Pi'-\dfrac{N^2}{g}W=-\dfrac{Q}{\rho}\end{cases} \tag{7.219}$$

由方程(7.219)第 3 式积分得(取积分常数为零)

$$W=-kU/n \tag{7.220}$$

由式(7.219)消元可得关于 U' 的单变量方程

$$\rho\nu(k^2+n^2)U''-\frac{k(\rho kN^2U+ngQ)}{-v+kU}=0 \tag{7.221}$$

考虑到重力内波的快波特性,将 $\dfrac{1}{-\nu+kU}$ 作 Taylor 级数展开并略去二次以上项得

$$U''+\frac{k^2}{(k^2+n^2)\nu^2}\left(N^2+\frac{ngQ}{\rho\nu}\right)U+\frac{k^3ng}{(k^2+n^2)\nu^3}\left(\frac{N^2}{ng}+\frac{Q}{\rho\nu}\right)U^2+\frac{kngQ}{(k^2+n^2)\rho\nu^2}=0 \tag{7.222}$$

上式对 θ 微分得

$$U''+\frac{k^2}{(k^2+n^2)\nu^2}\left(N^2+\frac{ngQ}{\rho\nu}\right)U'+\frac{2k^3ng}{(k^2+n^2)\nu^3}\left(\frac{N^2}{ng}+\frac{Q}{\rho\nu}\right)UU'=0 \tag{7.223}$$

式(7.223)即为 KdV 方程所对应的常微分方程。令

$$a=\frac{k^2}{(k^2+n^2)\nu^2}\left(N^2+\frac{ngQ}{\rho\nu}\right),\ b=\frac{k^3ng}{(k^2+n^2)\nu^3}\left(\frac{N^2}{ng}+\frac{Q}{\rho\nu}\right),\ d=\frac{kngQ}{(k^2+n^2)\rho\nu^2} \tag{7.224}$$

则式(7.222)可简写为

$$U''+aU+bU^2+d=0 \tag{7.225}$$

以 U' 乘式(7.225)并积分得

$$\frac{1}{2}\left(\frac{\mathrm{d}U}{\mathrm{d}\theta}\right)^2+\frac{1}{2}aU^2+\frac{1}{3}bU^3+dU=C_1 \tag{7.226}$$

其中 C_1 为积分常数。

此问题的定解条件可设为

$$\text{当 }\theta\to\infty\text{ 时},U\to U_0\ (\text{常数}),U'\to 0,U''\to 0 \tag{7.227}$$

由此可确定出积分常数

$$C_1=\frac{1}{2}aU_0^2+\frac{1}{3}bU_0^3+dU_0 \tag{7.228}$$

则式(7.226)变为

$$\left(\frac{\mathrm{d}U}{\mathrm{d}\theta}\right)^2=a(U_0^2-U^2)+\frac{2}{3}b(U_0^3-U^3)+2d(U_0-U) \tag{7.229}$$

上式右端变形后为

$$(U_0-U)\left[-\frac{2b}{3}(U_0-U)U-\left(a+\frac{4b}{3}U_0\right)(U_0-U)+(2bU_0^2+2aU_0+2d)\right] \tag{7.230}$$

当 $2bU_0^2+2aU_0+2d=0$，即 $U_0=(-a\pm\sqrt{a^2-4bd})/2b$ 时，式(7.229)变为

$$\left(\frac{\mathrm{d}U}{\mathrm{d}\theta}\right)^2=(U_0-U)^2\left(-\frac{2}{3}bU-a-\frac{4}{3}bU_0\right) \tag{7.231}$$

令

$$A=-U_0,\ B=-\frac{2}{3}b,\ E=-a-\frac{4}{3}bU_0 \tag{7.232}$$

则式(7.231)可化为

$$\frac{\mathrm{d}U}{\mathrm{d}\theta}=\pm(U+A)\sqrt{BU+E} \tag{7.233}$$

可以证明正负号并不影响积分的结果，故对于式(7.233)下面只讨论取正号的情形。令 $F=U+A$，对式(7.233)积分得

$$\int\frac{\mathrm{d}F}{F\sqrt{BF+(E-AB)}}=C_2\pm\theta \tag{7.234}$$

其中 C_2 也是积分常数。

当 $E-AB<0$，即取 $U_0=(-a+\sqrt{a^2-4bd})/2b$ 时，积分上式并整理后得

$$U=-\frac{E}{B}+\frac{AB-E}{B}\tan^2\left[\frac{\sqrt{AB-E}}{2}(C_2\pm\theta)\right] \tag{7.235}$$

这里 C_2 作为波形的初位相角，在不改变波形的前提下，适当平移 θ 坐标轴，总可使得 $C_2=0$，则使得波动的初位相角为零。然后将式(7.232)代入上式并考虑到 $\tan^2\theta$ 的偶函数特性有

$$U=-\frac{3a}{2b}-2U_0-\left(\frac{3a}{2b}+3U_0\right)\tan^2\left(\frac{\sqrt{a+2bU_0}}{2}\theta\right) \tag{7.236}$$

式(7.236)描写的是 KdV 方程在特定条件 $U_0=(-a+\sqrt{a^2-4bd})/2b$ 下的一类波解，此解的波型与椭圆余弦波非常相似，但波峰处存在周期性间断点。该解与本问题所给的定解条件不符，属于无意义解，故以下我们不再讨论该解。

当 $E-AB>0$ 且 $\sqrt{BF+(E-AB)}-\sqrt{E-AB}<0$，积分式(7.233)可得

$$U=-A-\frac{E-AB}{B}\mathrm{sech}^2\left[\frac{\sqrt{E-AB}}{2}(C_3\pm\theta)\right] \tag{7.237}$$

同样先平移 θ 轴可使 $C_3=0$，再将式(7.218)代入并考虑到的 $\mathrm{sech}^2\theta$ 的偶函数特性，则有

$$U=U_0-\left(3U_0+\frac{3a}{2b}\right)\mathrm{sech}^2\left(\frac{\sqrt{-a-2bU_0}}{2}\theta\right) \tag{7.238}$$

当 $E-AB>0$ 且 $\sqrt{BF+(E-AB)}-\sqrt{E-AB}>0$，类似于上述数学处理过程可得

$$U = -A + \frac{E - AB}{B}\mathrm{csch}^2\left[\frac{\sqrt{E - AB}}{2}(C_3 \pm \theta)\right] \tag{7.239}$$

或

$$U = U_0 + \left(3U_0 + \frac{3a}{2b}\right)\mathrm{csch}^2\left(\frac{\sqrt{-a - 2bU_0}}{2}\theta\right) \tag{7.240}$$

式(7.240)所表示的解为 KdV 方程的奇异孤立波解[不同于式(7.238)描述的经典孤立波解]。在 $\theta = 0$ 处,该类奇异孤立解存在间断点,下面我们重点讨论此波解。由前可知,此波解存在的条件为 $E - AB = -a - 2bU_0 > 0$,这要求取 $U_0 = (-a - \sqrt{a^2 - 4bd})/2b$ 。因此,若 U_0 是实数,必有 $a^2 - 4bd > 0$,即

$$\rho^2\nu^2N^4 - 2\rho\,\nu ng\,N^2Q - 3n^2g^2Q^2 > 0 \tag{7.241}$$

分析上述条件可知在稳定层结中($N^2 > 0$),加热($Q > 0$)有利于向西移动的孤立波的产生;而不稳定层结中($N^2 < 0$),加热($Q > 0$)有利于向东移动的孤立波的产生。

在固定时刻和固定高度的情况下,由式(7.240)、式(7.220)可知:此时水平风场和垂直风场的分布皆为双曲余割型函数。根据风场及相关位势高度场的这种特点,在一定程度上可将青藏高原 500 hPa 上的一类常见“空心”低涡(卫星云图上低涡中心多为无云区)视为此处讨论的奇异孤立波,则以上分析的层结稳定度与孤立波移动方向的关系符合高原这类低涡的天气事实。因此,这里得到的一类有间断点的奇异孤立波解在一定程度上可以从理论上解释上述涡眼现象。进一步推断,在中纬度反气旋中也可能存在类似的涡眼(空心)结构,只不过要用观测事实(如卫星云图)加以验证会更加困难。

7.5.2　对流凝结潜热

假定只考虑对流凝结潜热的作用,并且将其用垂直速度参数化,即设 $Q = \eta w$ (η 为大于零的加热系数,设为常数),则热源强迫的非线性重力内波的热力学方程变为

$$\frac{\partial\rho'}{\partial t} + u\frac{\partial\rho'}{\partial x} - \left(\frac{N^2}{g}\rho - \eta\right)w = 0 \tag{7.242}$$

运动方程和连续方程同前。类似于 7.5.1 的处理过程,可得

$$U'' + aU + bU^2 = 0 \tag{7.243}$$

其中

$$a = \frac{k^2(\rho N^2 - g\eta)}{(k^2 + n^2)\rho\nu^2},\ b = \frac{k^3(\rho N^2 - g\eta)}{(k^2 + n^2)\rho\nu^3} \tag{7.244}$$

对式(7.243)求导得

$$U''' + aU' + 2bUU' = 0 \tag{7.245}$$

此式即为 KdV 方程对应的常微分方程。当 $2bU_0^2+2aU_0=0$，即 $U_0=-a/b$ 时，类似于前面的数学处理，可得 KdV 方程在特定条件下两类有意义的孤立波解分别为

$$U=-\frac{a}{b}+\frac{3a}{2b}\mathrm{sech}^2\left(\frac{\sqrt{a}}{2}\theta\right) \tag{7.246}$$

和

$$U=-\frac{a}{b}-\frac{3a}{2b}\mathrm{csch}^2\left(\frac{\sqrt{a}}{2}\theta\right) \tag{7.247}$$

类似地，可得出孤立波解存在的条件为

$$\rho N^2-g\eta>0\text{，即 }N^2>g\eta/\rho \tag{7.248}$$

这说明在层结稳定度较强的大气中，有利于孤立波的形成。而波动形成后加强了大气的垂直运动，从而有利于潜热释放，使层结趋于不稳定，这又不利于孤立波的形成或抑制其发展。另外，波动的振幅与热源强迫作用无关，只与波数有关；而波宽则与包括热源强迫等多个因子有关。当对流凝结加热增大时，波宽也增大。当振幅为正时，波动自西向东传播，此时风场对应峰式孤立波，由式(7.120)可知垂直运动场对应下沉运动；振幅为负时，波动自东向西传播，此时风场对应谷式孤立波，垂直运动场对应上升运动，并且振幅越大，波传播得越快，这符合中小尺度强对流天气系统的移动特征。

7.5.3 区别考虑感热和对流凝结加热

根据感热和对流凝结加热的特点，设热源强迫 $Q=Q_S+Q_L$，其中凝结加热 $Q_L=\eta w$，感热 $Q_S=Q_0=\mathrm{const.}$，则非线性大气重力内波所满足的热力学方程为

$$\frac{\partial\rho'}{\partial t}+u\frac{\partial\rho'}{\partial x}-\left(\frac{N^2}{g}\rho-\eta\right)w+Q_0=0 \tag{7.249}$$

其他方程同前。采用类似的作法，可得

$$U''+aU+bU^2+d=0 \tag{7.250}$$

其中

$$a=\frac{k^2(\rho\nu N^2-g\nu\eta+ngQ_0)}{(k^2+n^2)\rho\nu^3},\ b=\frac{k^3(\rho\nu N^2-g\nu\eta+ngQ_0)}{(k^2+n^2)\rho\nu^4},\ d=\frac{kngQ_0}{(k^2+n^2)\rho\nu^2} \tag{7.251}$$

经过同样的数学处理，得到此加热条件下的两类有意义的孤立波解分别为

$$U=U_0-\left(3U_0+\frac{3a}{2b}\right)\mathrm{sech}^2\left(\frac{\sqrt{-a-2bU_0}}{2}\theta\right) \tag{7.252}$$

和

$$U = U_0 + \left(3U_0 + \frac{3a}{2b}\right)\operatorname{csch}^2\left(\frac{\sqrt{-a-2bU_0}}{2}\theta\right) \tag{7.253}$$

其中 $U_0 = (-a - \sqrt{a^2 - 4bd})/2b$ 。此时孤立波解存在的条件为

$$\rho^2\nu^2N^4 + g^2\nu^2\eta^2 - 2\rho g\nu^2N^2\eta + 2ng^2\nu\eta Q_0 - 3n^2g^2Q_0^2 - 2\rho\nu ngN^2Q_0 > 0 \tag{7.254}$$

从中可以发现感热和对流凝结潜热对孤立波形成的作用是不一样的。潜热有利于孤立波的产生，而感热不利于孤立波的产生。同样若将低涡视为孤立波，则潜热对低涡形成的促进作用已被人们公认，而感热的作用过去一般认为与潜热相同，即有利于低涡形成。但有研究者在数值试验中发现感热对低涡的生成和发展有抑制作用(Dell′osso 和 Chen，1986)，这与本分析结果是一致的。波的振幅和波宽也与热源强迫的性质有关，凝结潜热使振幅增大，波宽减小，波形变陡；而感热在使振幅增大的同时，也使波宽增大。

通过以上的分析和讨论，我们得到以下三点认识：

(1)热源强迫对重力内孤立波有重要的影响。主要表现在改变了孤立波的形成条件和波形(即波的振幅和宽度)。

(2)感热和对流凝结潜热对孤立波的作用相反，潜热有利于孤立波的形成，感热不利于孤立波的形成，并且两者对波宽的影响也有所不同。

(3)波形和垂直运动的综合分析表明：上升运动与谷式孤立波相联系，下沉运动与峰式孤立波相联系。

最后应指出的是，本节考虑的加热型式较为简单，对热源作用的讨论缺乏定量的比较，定性讨论也不够深入；对孤立波在物理空间移动的图像以及在高度场或气压场上的表现形式还研究得不够，这些都有待于进一步的研究工作加以完善。

7.6　波流相互作用

大气中存在着两种最基本的运动现象：波动和基本流。基本流上叠加有各种不同时空尺度的波动，波与流之间不断有能量的转换，即存在着明显的波流相互作用，从而形成千变万化的天气现象。

7.6.1　瞬变波与纬向平均流的相互作用

人们从高空观测资料中分析到几种重要的天气现象：一种是赤道平流层东西风的准两年振荡(QBO)，即出现周期近两年的东西风的交替变化。1968 年，Lindzen (1968)利用重力波上传破碎理论，科学地解释了这一现象，这是波流相互作用研究

中的第一次创新。另一种现象("柏林现象")是极地平流层平均3~4年一次明显的爆发性增温(SSW)。1970年,Matsuno(1970)提出行星波上传与临界层作用的理论,很好地解释了这一现象,成为波流相互作用研究中的第二次创新。还有一种现象是对流层顶附近的高空急流有时出现明显的加速与增强现象。Eliassen和Palm(1961)提出波动的热量通量和动量通量对平均流的强迫效应(后来称为E-P通量)理论以及后来Andrews和McIntyre(1976)提出的正压大气的广义E-P通量理论,虽然对解释高空急流增强的现象有很大推动,但都无法很好地诊断、解释这一现象。高守亭等(1989)发展的斜压大气的广义E-P通量理论可以较好地解释高空急流的加强、加速现象。

7.6.2 与地形有关的波流相互作用

观测事实和数值试验都表明:有些天气系统的形成及加强可能是区域外的强迫及其波流相互非线性作用的动力过程造成的,大地形强迫因子与波流相互作用可以形成阻塞流型,具有偶极子系统特征。区域性持续灾害天气往往与某些相隔遥远的海陆热力差异、极地或高原等强迫源的影响密切相关,这些大气动力过程构成了不同尺度的遥相关流型。通过1951—1990年40年的江淮夏季降水量与北半球海平面气压场的相关分析发现,青藏高原地区为北半球上述两要素的高相关区之一。特别是江淮夏季旱涝与前期青藏高原地面温度存在较显著的相关,江淮夏季降水与前期3月地面气温在中国东部呈负相关(在长江中下游更显著),在中国西部呈负相关(在中国西南地区和青藏高原南侧尤为显著)。用大气环流模式(GCM)进行数值试验表明:青藏高原下垫面的适度增温有利于乌拉尔山阻塞高压和鄂霍次克海高压的加强,形成"双阻"环流背景。江淮流域处于两阻高脊之间的低槽底部,槽后冷空气与副热带高压西侧的暖空气在江淮地区交汇,形成有利于持续暴雨的环流形势。而当高原地面增温过强时,乌拉尔山阻塞高压明显减弱,江淮地区处于副热带高压脊西侧的单一西南气流控制之下,则冷暖气流的交汇区在西南地区。

另一类与地形有关的波流相互作用是气流遇山的受阻现象。我国地形复杂是众所周知的,天山、秦岭等都是阻挡气流的屏障。加之我国地处典型的季风影响区域,夏季风及冬季风都会遇到这些地形屏障而产生流动的阻滞及形变,形成与地形有关的波流相互作用。夏季风受阻时,会因地形抬升而导致对流云的发展,甚至产生风暴系统,造成山地(突发性)暴雨等灾害天气。冬季风受阻时,在山的迎风面会形成冷垫,甚至低层的冷空气会迎坡爬升,致使其进一步绝热降温,结果造成迎风面的低温区。若其上有来自相反方向的暖空气爬升,则在隆冬季节造成典型的雨雪冰冻天气,在春季则形成典型的低温连阴雨天气。由7.1可知,Froude数是表征冷空气遇山受阻强度最有效的参数。

第 8 章　高原上的热带气旋类低涡

本章尝试以一种新的研究思路，即借鉴研究热带气旋类低涡的方法，将暖性青藏高原低涡视为受加热和摩擦强迫作用且满足热成风平衡的轴对称涡旋系统，通过求解线性化的柱坐标系中的涡旋模式，分析了不同型式的非绝热加热以及边界层动力"抽吸"对高原低涡流场结构以及低涡发展的作用，并给出高原低涡流场的三维图像和概念性发展模式。通过对边界层低涡模型解析解的动力学分析和讨论，给出了高原低涡的结构转化成热带气旋类低涡（TCLV）结构的条件。

关键词：热带气旋类低涡，暖心，涡眼，螺旋云带，感热，潜热，边界层，动力抽吸，涡旋解，涡旋波

8.1　物理模型及分析方法

高原低涡（简称高原涡）是指发生在青藏高原主体的低涡，主要活动在 500 hPa 等压面上，平均水平尺度为 400～500 km，垂直厚度一般在 400 hPa 以下，多数为暖性结构，生命周期为 1～3 d，它不但是青藏高原雨季中主要的降水系统之一，而且在一定条件下东移出高原后往往引发我国东部（特别是四川盆地）一次大范围的暴雨、雷暴、恶劣能见度等灾害性或危险性天气。由于高原下垫面特性和周围环境场的综合效应，使高原低涡（特别是暖性低涡）的性质以及发生规律更类似于热带气旋而不同于温带气旋，这种现象在低涡发展初期更为明显。

而热带气旋类低涡或称为类热带气旋低涡（Tropical Cyclone-Like Vortices，TCLV；也有人称为 Tropical-Cyclone-Type Systems）是指一类与热带气旋相似的低压系统，它具有与热带气旋相似的眼结构、暖心结构以及地面风场最强等结构特征和发展机制，多在热带或副热带等不同纬度的洋面上生成、发展，例如某些极涡和地中海气旋。由于暖性高原低涡的生成环境和结构特点与 TCLV 类似，所以可运用研究 TCLV 的方法来研究这类暖性高原低涡。

自从 1979 年夏季我国进行第一次青藏高原气象科学试验（QXPMEX）以来，国内外不少学者对青藏高原天气系统开展了大量的研究，加深了人们对青藏高原系统

以及高原作用的认识。但以往对青藏高原低涡的研究多侧重于天气学分析、能量诊断和数值模拟试验,在为数不多的动力学研究中,基本上采用涡度倾向方程、对称不稳定、热成风适应理论或非线性波动分析方法等,而较少将青藏高原低涡与热带气旋类低涡作对比研究。另外,地面感热和凝结潜热是否都有利于高原低涡的发展,以及在高原低涡不同发展阶段的作用尚存在不同看法,并且对高原低涡三维流场细微结构的了解也很不够。

考虑所研究的高原低涡为受加热和摩擦强迫且满足热成风平衡的轴对称涡旋系统,取柱坐标系的原点位于涡旋中心,则低涡的动力学方程组为

$$\begin{cases}\dfrac{\mathrm{d}u}{\mathrm{d}t}-\dfrac{v^2}{r}-fv=-\dfrac{\partial\phi}{\partial r}\\ \dfrac{\mathrm{d}v}{\mathrm{d}t}+\dfrac{uv}{r}+fu=0\\ \dfrac{\partial\phi}{\partial z}=g\ \dfrac{\theta}{\theta_0}\\ \dfrac{1}{r}\ \dfrac{\partial(ru)}{\partial r}+\dfrac{\partial(\rho w)}{\rho\partial z}=0\\ \dfrac{\mathrm{d}\theta}{\mathrm{d}t}=Q\end{cases} \tag{8.1}$$

其中:r 为半径,为简化的流体静力学方程,z 是虚拟高度

$$z=\left[1-\left(\frac{p}{p_0}\right)^{\frac{\gamma-1}{\gamma}}\right]\frac{\gamma-1}{\gamma}\ \frac{p_0}{l_0 g} \tag{8.2}$$

γ 是比热递减率,g 为重力加速度,p 是气压,l 是大气密度,下标 0 表示边界层顶的值(下同)。类似地,可引入虚拟密度 $\rho=\rho(z)=l_0\left(\dfrac{p}{p_0}\right)^{\frac{1}{\gamma}}$。另外,$t$ 为时间,u、v、w 分别为径向风速、切向风速和垂直风速,ϕ 为位势,θ 为位温,$\theta_0=\mathrm{const.}$,f 为 Coriolis 参数,Q 为非绝热加热率,$\dfrac{\mathrm{d}}{\mathrm{d}t}=\dfrac{\partial}{\partial t}+u\ \dfrac{\partial}{\partial r}+w\ \dfrac{\partial}{\partial z}$。

方程组(8.1)第 1 式若不考虑径向加速度($\dfrac{\mathrm{d}u}{\mathrm{d}t}=0$),并对 z 微商同时利用静力学平衡关系式(8.1)第 3 式,则可导出低涡满足梯度风平衡

$$\left(f+\frac{2v}{r}\right)\frac{\partial v}{\partial z}=\frac{g}{\theta_0}\ \frac{\partial\theta}{\partial r} \tag{8.3}$$

上式表明:由于低涡内风随高度减小,即 $\dfrac{\partial v}{\partial z}<0$,则有 $\dfrac{\partial\theta}{\partial r}<0$,低涡的温度场呈现暖心结构。由此可见这种温度场结构特征不但是下垫面加热的结果,也是低涡满足静力学平衡和梯度风平衡的要求。由质量连续方程组(8.1)第 4 式可知:在径向垂

直剖面(r-z 面)上流场满足无辐散条件下,则可引入流函数 ψ 将低涡流场表示为

$$(\rho u,\rho w)=\left[-\frac{\partial\psi}{\partial z},\frac{1}{r}\frac{\partial(r\psi)}{\partial r}\right] \tag{8.4}$$

则式(8.3)、方程组(8.1)第 2 和第 5 式、式(8.4)构成平衡的涡旋模式

$$\begin{cases}\left(f+\dfrac{2v}{r}\right)\dfrac{\partial v}{\partial z}=\dfrac{g}{\theta_0}\dfrac{\partial\theta}{\partial r}\\ \dfrac{\partial v}{\partial t}+\dfrac{u}{r}\dfrac{\partial(rv)}{\partial r}+w\dfrac{\partial v}{\partial z}+fu=0\\ \dfrac{\partial\theta}{\partial t}+u\dfrac{\partial\theta}{\partial r}+w\dfrac{\partial\theta}{\partial z}=Q\\ (\rho u,\rho w)=\left[-\dfrac{\partial\psi}{\partial z},\dfrac{1}{r}\dfrac{\partial(r\psi)}{\partial r}\right]\end{cases} \tag{8.5}$$

在低涡系统的上边界(即低涡顶部, $z=z_T$ 处),设 $\psi(r,z_T)=0$, 即流动是封闭的;而低涡系统下边界取在大气边界层顶,并设系统在下边界处于定常状态,则 $\dfrac{\partial}{\partial t}$ 项可忽略。由方程组(8.5)第 2 式可得

$$u\left[f+\frac{1}{r}\frac{\partial(rv)}{\partial r}\right]+w\frac{\partial v}{\partial z}=0 \tag{8.6}$$

引入绝对涡度 $\zeta=f+\dfrac{\partial(rv)}{r\partial r}$, 则上式变为

$$\zeta u=-w\frac{\partial v}{\partial z} \tag{8.7}$$

利用大气边界层上、下边界条件可得

$$\frac{\partial v}{\partial z}=\frac{v_0-0}{h_B-h_S}=\frac{v_0}{h_B-h_S} \tag{8.8}$$

其中, h_B 为边界层厚度。在低涡系统的下边界(即大气边界层的上边界),利用动量总体输送系数(即无量纲拖曳系数) C_D 和径向水平风速 $U=\pm(u_0^2+v_0^2)^{1/2}$ 可将下边界的垂直速度参数化为 $w_0=C_DU$, 则有

$$\zeta_0u_0=-\frac{C_DUv_0}{h_B} \tag{8.9}$$

同样,利用边界层的上、下边界条件可得

$$\frac{\partial w}{\partial z}=\frac{w_0-0}{h_B-0}=\frac{w_0}{h_B} \tag{8.10}$$

在低涡系统的下边界,式(8.10)代入方程组(8.1)第 4 式得

$$\frac{1}{r}\frac{\partial}{\partial r}(ru_0)+\frac{w_0}{h_B}=0 \tag{8.11}$$

式(8.9)、式(8.11)联立消去 $h_B u_0$ 项，可得低涡系统在其下边界的垂直速度为

$$w_0 = \frac{1}{r}\frac{\partial}{\partial r}\left(\frac{1}{\zeta_0}C_D U v_0 r\right) \tag{8.12}$$

又由式(8.4)可得

$$w = \frac{1}{r}\frac{\partial}{\partial r}\left(\frac{1}{\rho}\psi r\right) \tag{8.13}$$

则在下边界应有

$$w_0 = \frac{1}{r}\frac{\partial}{\partial r}\left(\frac{1}{\rho}\psi_0 r\right) \tag{8.14}$$

比较式(8.12)、式(8.14)，可确定出低涡的下边界条件为

$$\psi_0 = \frac{\rho}{\zeta_0}C_D U v_0 \tag{8.15}$$

因此，高原低涡流场的上、下边界条件分别为

$$\begin{cases}\psi(r, z_T) = 0 \\ \psi_0 = \dfrac{\rho}{\zeta_0}C_D U v_0\end{cases} \tag{8.16}$$

设处于发展阶段初期的低涡是一个平衡的、小振幅的弱涡，相对于静止的基本状态而言，该涡旋可看作是一小扰动，则可用微扰法将上面得到的低涡动力学方程组和边界条件线性化。设 $u = \overline{u} + u'$，$v = \overline{v} + v'$，$w = \overline{w} + w'$，$\theta = \overline{\theta} + \theta'$，$\psi = \overline{\psi} + \psi'$；并设系统的基本状态开始时处于静止，则有 $\overline{u}$、$\overline{v}$、$\overline{w}$、$\overline{\psi} = 0$，$\overline{\zeta} = f$，$\overline{\theta} = \theta_0 = \text{const}$ 。另外，由于大气边界层厚度比低涡系统厚度约小一个量级，因此可认为边界层紧贴于地面，此时近似取低涡系统下边界高度 $z \approx 0$(相当于取薄层近似)。相应地，下标 0 以后就表示下边界即地面的值。同时，在地面引入线性拖曳系数，即 $k = C_D U$，可得受加热和摩擦强迫的高原低涡的线性化方程组为

$$\begin{cases}f\dfrac{\partial v'}{\partial z} = \dfrac{g}{\theta}\dfrac{\partial \theta'}{\partial r} \\ \dfrac{\partial v'}{\partial t} + f u' = 0 \\ \dfrac{\partial \theta'}{\partial t} = Q \\ (\rho u', \rho w') = \left[-\dfrac{\partial \psi'}{\partial z}, \dfrac{1}{r}\dfrac{\partial (r\psi)}{\partial r}\right]\end{cases} \tag{8.17}$$

和边界条件为

$$\begin{cases}\psi'(r, z_T) = 0 \\ \psi'(r, 0) = \dfrac{\rho k}{f}v'_0\end{cases} \tag{8.18}$$

8.2　非绝热加热对高原低涡流场结构及发展的作用

由于青藏高原低涡是在高原特殊的热力和地形条件下生成的一类中间尺度或次天气尺度副热带低涡系统，并且诊断分析、动力学研究和数值试验都表明：高原上的非绝热加热对低涡的形成和发展有重要作用，并且一般认为低涡生成初期，地面感热输送起主要作用，而凝结潜热释放在低涡发展阶段有重要贡献。因此，本节重点考虑高原的非绝热加热（由地面感热和凝结潜热两部分构成）对低涡结构及发展的作用，需要指出的是，由于本节采用的是线性模式，因此凝结潜热作用的结果仅适用于低涡发展阶段的初期或代表发展低涡的某些平均结构和发展趋势。而高原的地形摩擦作用只作为边界条件加以考虑。这样的处理也基于以下的天气分析事实：高原低涡主要在高原地区生消，且多消失于地形的下坡处，而与一般低压在下坡方生成和加强完全不同，可见高原低涡是高原地区特别是高原地面加热作用下的产物。

8.2.1　地面感热加热的作用

地面感热通量的总体计算公式为

$$F_H = \rho c_p C_H U (T_S - T_0) \tag{8.19}$$

其中：c_p 为空气的定压比热，C_H 为地面热量的总体输送系数，ρ 为空气密度，T_S 为地面温度，T_0 为地面气温。由此可得单位质量空气的地面感热加热率

$$Q_1' = -\frac{1}{\rho}\frac{\partial F_H}{\partial z} = -\frac{1}{\rho}\frac{0 - F_H}{z_T - 0} = \frac{c_p C_H U (T_S - T_0)}{z_T} \tag{8.20}$$

为了更好地反映感热加热的水平分布状况，引入地面感热加热率参数 $\beta_1(r)(0<\beta_1<1)$。在涡眼区，β_1 较大（接近 1）；在涡眼以外区域，β_1 较小（$\beta_1<1$），且越往外 β_1 越小，即 $\frac{\partial \beta_1}{\partial r}<0$。则式(8.20)可化为

$$Q_1' = \beta_1 \frac{c_p C_H U (T_S - T_0)}{z_T} \tag{8.21}$$

经推导有关系式

$$\frac{\partial^2 \psi'}{\partial z^2} = \frac{\rho g}{f^2 \bar{\theta}}\frac{\partial Q_1'}{\partial r} \tag{8.22}$$

式(8.21)经线性化后代入式(8.22)，可得

$$\frac{\partial^2 \psi'}{\partial z^2} = \frac{\rho g c_p C_H (\overline{T_S} - \overline{T_0})}{f^2 \bar{\theta} z_T}\frac{\partial (\beta_1 U')}{\partial r} \tag{8.23}$$

由于初生的低涡系统其强度主要受切向速度支配，可设 $U'=v'_0$，则上式变为

$$\frac{\partial^2\psi'}{\partial z^2}=\frac{\rho g c_p C_H(\overline{T_S}-\overline{T_0})}{f^2\overline{\theta}z_T}\left(\beta_1\frac{\partial v'_0}{\partial r}+v'_0\frac{\partial\beta_1}{\partial r}\right) \tag{8.24}$$

上式对 z 积分两次并利用边界条件，可得低涡的流函数解为

$$\psi'=\frac{\rho g c_p C_H(\overline{T_S}-\overline{T_0})}{f^2\overline{\theta}z_T}\left(\frac{z^2}{2}-\frac{zz_T}{2}\right)\left(\beta_1\frac{\partial v'_0}{\partial r}+v'_0\frac{\partial\beta_1}{\partial r}\right)+\frac{\rho k v'_0}{f}\left(1-\frac{z}{z_T}\right) \tag{8.25}$$

式(8.25)代入方程组(8.17)第4式可得感热加热时低涡的水平流场为

$$u'=-\frac{g c_p C_H(\overline{T_s}-\overline{T_0})}{f^2\overline{\theta}z_T}\left(z-\frac{z_T}{2}\right)\left(\beta_1\frac{\partial v'_0}{\partial r}+v'_0\frac{\partial\beta_1}{\partial r}\right)+\frac{k v'_0}{f z_T} \tag{8.26}$$

对于低涡，$v'_0>0$，则在其眼壁内区域（$\partial v'_0/\partial r>0$，$\partial\beta_1/\partial r<0$），在 $(\beta_1\partial v'_0/\partial r+v'_0\partial\beta_1/\partial r)>0$，即假定切向风场水平分布不均匀作用大于加热效率分布不均匀作用的条件下，径向流场随高度的变化为：当 $z<z_T/2$ 时，$u'>0$，即水平流场整体由涡心向外流出，产生“热扩散效应”，但高度越高，“热扩散效应”越弱；当 $z=z_T/2$ 时，$u'=0$，无径向水平流出或流入；当 $z>z_T/2$ 时，$u'<0$，即水平流场整体向涡心流入，产生“热辐合效应”，且高度越高，“热辐合效应”越强。由此可见 $z=z_T/2$ 处为一水平无辐散层，其上为辐合层，其下为辐散层。同时可将 $z=z_T/2$ 视为动力变性高度，在此高度上眼壁内气流由低层的流出式气流转变为高层的流入式气流。而对于眼壁外区域 $\left(\frac{\partial v'_0}{\partial r}<0,\ \frac{\partial\beta_1}{\partial r}<0\right)$，由于 $\left(\frac{\beta_1\partial v'_0}{\partial r}+\frac{v'_0\partial\beta_1}{\partial r}\right)<0$，可得到与上述眼壁内区域相反的结论：径向气流由低层（$z<z_T/2$）的流入式气流转变为高层（$z>z_T/2$）的流出式气流。

在近地层（$z\approx 0$），可进一步分析低涡的径向流场结构。由式(8.26)得

$$u'_0=\frac{g c_p C_H(\overline{T_S}-\overline{T_0})}{2f^2\overline{\theta}}\left(\beta_1\frac{\partial v'_0}{\partial r}+v'_0\frac{\partial\beta_1}{\partial r}\right)+\frac{k v'_0}{f z_T} \tag{8.27}$$

对于眼壁内区域（$u'_0>0$），即在近地层产生“热扩散效应”，若不计其他因子的影响，地面径向风速 u'_0 与地-气温差 ΔT（$=T_S-T_0$）存在正比关系。当地面感热向上输送（$\Delta T>0$，即地面加热大气）时，地-气温差越大，地面的“热扩散效应”越强，越有利于高原低涡水平流场的发展；地面径向风速 u'_0 与地面热量总体输送系数 C_H 有类似的正比关系。而对于眼壁外区域，$u'_0<0$，即在近地层产生“热辐合效应”，且 ΔT 越大，“热辐合效应”越强；C_H 越大，“热辐合效应”越强。由于高原低涡的涡眼区域比眼壁外区域小得多，因此，地面感热作用下的高原低涡的水平流场总体上表现为低涡的下半部（包括边界层）为辐合层，上半部为辐散层，这与观测事实基本上是一致的，其原理也类似于吴国雄和张永生(1998)提出的“感热驱动气泵”理论。

将流函数解(8.25)代入方程组(8.17)第4式可得低涡的垂直速度解

$$w' = \frac{gc_pC_H(\overline{T_S} - \overline{T_0})}{f^2\overline{\theta}z_T}\left(\frac{z^2}{2} - \frac{zz_T}{2}\right)\left[\beta_1\left(\frac{1}{r}\frac{\partial v'_0}{\partial r} + \frac{\partial^2 v'_0}{\partial r^2}\right) + v'_0\left(\frac{1}{r}\frac{\partial \beta_1}{\partial r} + \frac{\partial^2 \beta_1}{\partial r^2}\right) + 2\frac{\partial \beta_1}{\partial r}\frac{\partial v'_0}{\partial r}\right] + \frac{k}{f}\left(\frac{\partial v'_0}{\partial r} + \frac{v'_0}{r}\right)\left(1 - \frac{z}{z_T}\right) \tag{8.28}$$

上式第一项是由于切向风速及感热径向的分布不均匀所强迫的垂直速度项，第二项是由于边界条件强迫的垂直速度项。由于 $\frac{z^2}{2} - \frac{z_T z}{2} < 0$，所以在涡心满足 $\left[\beta_1\left(\frac{1}{r}\frac{\partial v'_0}{\partial r} + \frac{\partial^2 v'_0}{\partial r^2}\right) + v'_0\left(\frac{1}{r}\frac{\partial \beta_1}{\partial r} + \frac{\partial^2 \beta_1}{\partial r^2}\right) + 2\frac{\partial \beta_1}{\partial r}\frac{\partial v'_0}{\partial r}\right] > 0$（“内冷外热”型加热分布）时，$w' < 0$，感热强迫出下沉运动，在眼壁外“内热外冷”型加热分布区域 $\left(\left[\beta_1\left(\frac{1}{r}\frac{\partial v'_0}{\partial r} + \frac{\partial^2 v'_0}{\partial r^2}\right) + v'_0\left(\frac{1}{r}\frac{\partial \beta_1}{\partial r} + \frac{\partial^2 \beta_1}{\partial r^2}\right) + 2\frac{\partial \beta_1}{\partial r}\frac{\partial v'_0}{\partial r}\right] < 0\right)$，才出现通常认为的热源强迫产生的上升运动。所以热力强迫的垂直运动形式与热源的径向分布有很大关系。而对于边界条件强迫的垂直速度项，由于 $1 - z/z_T > 0$，所以在低涡眼壁内区域，$\frac{\partial v'_0}{\partial r} > 0$，$w' > 0$，强迫出上升运动，不利于高原低涡眼结构的形成。而在低涡眼壁外区域，虽然 $\frac{\partial v'_0}{\partial r} < 0$，如果切向风速较大则有 $\left(\frac{\partial v'_0}{\partial r} + \frac{v'_0}{r}\right) > 0$，仍然会产生上升气流。另外，由于地面摩擦作用越强，边界层 Ekman 抽吸强迫的低涡垂直运动就越强，而高原边界层中存在较强的湍流摩擦作用，故有利于低涡产生较强的垂直运动。因此，当眼壁内区域的热源强迫作用大于边界层 Ekman 抽吸作用时，两种作用综合的结果就会出现垂直速度 $w' < 0$，使得眼壁内区域出现下沉运动，有利于形成涡眼结构。

综合上述低涡水平流场和垂直流场的分析结果，可归纳出如图 8.1 所示的低涡流场结构。

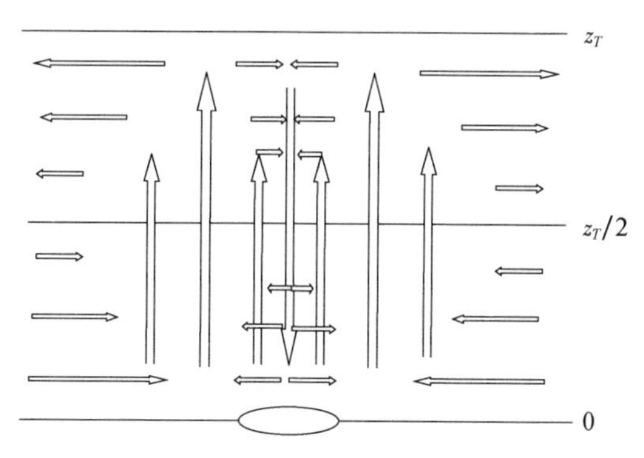

图 8.1　TCLV 型高原低涡流场垂直剖面结构示意图

在地面,由式(8.27)并利用方程组(8.17)第2式可得

$$\frac{\partial v_0'}{\partial t}=-\frac{gc_pC_H(\overline{T_S}-\overline{T_0})}{2f\bar{\theta}}\left(\beta_1\frac{\partial v_0'}{\partial r}+v_0'\frac{\partial \beta_1}{\partial r}\right)-\frac{kv_0'}{z_T} \tag{8.29}$$

若低涡发展,要求 $\partial v_0'/\partial t>0$。以下要讨论的问题是:在低涡的切向风速达到最大值的区域(即涡旋眼壁),低涡系统不稳定发展的条件如何。

在低涡眼壁,$\partial v_0'/\partial t=0$,则有

$$\frac{\partial v_0'}{\partial t}=-\left[\frac{gc_pC_H(\overline{T_S}-\overline{T_0})}{2f\bar{\theta}}\frac{\partial \beta_1}{\partial r}+\frac{k}{z_T}\right]v_0' \tag{8.30}$$

可用求解初值问题的方法得出地面切向风速随时间的变化。将式(8.30)对时间 t 积分一次,求得地面切向风速为

$$v_0'=C_1\exp\left[-\frac{gc_pC_H(\overline{T_S}-\overline{T_0})}{2f\bar{\theta}}\frac{\partial \beta_1}{\partial r}-\frac{k}{z_T}\right]t \tag{8.31}$$

其中 C_1 为积分常数。引入低涡系统的不稳定增长率 σ,使 $v_0'=C_1\mathrm{e}^{\sigma t}$,则有

$$\sigma=-\frac{gc_pC_H(\overline{T_S}-\overline{T_0})}{2f\bar{\theta}}\frac{\partial \beta_1}{\partial r}-\frac{k}{z_T} \tag{8.32}$$

当地面感热加热中心与低涡中心配置一致时,由于 $\frac{\partial \beta_1}{\partial r}<0$,不计其他因子的影响,高原低涡系统的不稳定增长率 σ 与地气温差成正比。当地面感热向上输送(即地面加热大气)时,地-气温差越大,σ 越大,越有利于低涡发展。σ 也与 C_H 有类似的正比关系,即 C_H 越大,越有利于低涡发展。另外,低涡发展与地面感热加热的非均匀程度有关,加热强度最大区对应涡区时,越有利于低涡的发展。值得注意的是,如果地面感热中心与低涡中心配置不一致,例如 $\frac{\partial \beta_1}{\partial r}>0$ 时,地面感热加热就会抑制低涡的发展。因此,这一结果将有助于理解为什么存在地面感热输送有利于或不利于高原低涡发展的两种对立的观点。

另外,高原低涡系统的不稳定增长率与纬度成正比,即纬度越低,越有利于低涡发展。因此,如果不考虑高原水汽条件较差这一条件,即使在同样的热力强迫下,高原低涡也不会发展到热带气旋那样的强度,这也是热带气旋类高原低涡与热带气旋的重要区别之一。而感热加热下的地面摩擦作用是不利于低涡发展的。

8.2.2 凝结潜热加热的作用

若将凝结潜热加热率用垂直速度参数化,则有

$$Q_2'=Q_0G(z)w_0' \tag{8.33}$$

其中:Q_0 为平均加热强度,$G(z)$ 为加热垂直分布函数 $(0<G(z)<1)$,w_0' 为近地

层垂直速度。设凝结潜热加热垂直分布函数为

$$G(z)=\sin\left(\frac{\pi z}{z_T}\right) \tag{8.34}$$

式(8.34)代入式(8.33)得

$$Q'_2=Q_0 w'_0 \sin\left(\frac{\pi z}{z_T}\right) \tag{8.35}$$

引入加热水平分布函数或效率参数 $\beta_2(r)$ 后，上式变为

$$Q'_2=\beta_2 Q_0 w'_0 \sin\left(\frac{\pi z}{z_T}\right) \tag{8.36}$$

需要说明的是，由于斜压涡旋中流场的结构与潜热加热函数垂直分布的形式有很大关系，因此下面讨论的凝结潜热对低涡的作用应视为是在式(8.34)这种特定加热垂直分布形式下的结果，并且仅适用于说明低涡发展阶段初期的某些平均结构和不稳定发展趋势。类似于地面感热加热的处理过程可得

$$\frac{\partial^2 \psi'}{\partial z^2}=\frac{\rho g Q_0}{f^2 \overline{\theta}}\left(\beta_2 \frac{\partial w'_0}{\partial r}+w'_0 \frac{\partial \beta_2}{\partial r}\right)\sin\left(\frac{\pi z}{z_T}\right) \tag{8.37}$$

$$\psi'=-\frac{\rho g Q_0 z_T^2}{\pi^2 f^2 \overline{\theta}}\left(\beta_2 \frac{\partial w'_0}{\partial r}+w'_0 \frac{\partial \beta_2}{\partial r}\right)\sin\left(\frac{\pi z}{z_T}\right)+\frac{\rho k v'_0}{f}\left(1-\frac{z}{z_T}\right) \tag{8.38}$$

同样，根据方程组(8.17)第 4 式和式(8.38)可得低涡的垂直流场为

$$w'=-\frac{g Q_0 z_T^2}{\pi^2 f^2 \overline{\theta}}\sin\left(\frac{\pi z}{z_T}\right)\left[\beta_2\left(\frac{1}{r}\frac{\partial w'_0}{\partial r}+\frac{\partial^2 w'_0}{\partial r^2}\right)+w'_0\left(\frac{1}{r}\frac{\partial \beta_2}{\partial r}+\frac{\partial^2 \beta_2}{\partial r^2}\right)+2\frac{\partial \beta_2}{\partial r}\frac{\partial w'_0}{\partial r}\right]+\frac{k}{f}\left(\frac{\partial v'_0}{\partial r}+\frac{v'_0}{r}\right)\left(1-\frac{z}{z_T}\right) \tag{8.39}$$

上式第一项是由于近地层垂直速度及潜热径向的分布不均匀所强迫的垂直速度项，第二项是由于边界条件强迫的垂直速度项。由于 $\sin\left(\frac{\pi z}{z_T}\right)>0$，所以在涡心满足 $\left[\beta_2\left(\frac{1}{r}\frac{\partial w'_0}{\partial r}+\frac{\partial^2 w'_0}{\partial r^2}\right)+w'_0\left(\frac{1}{r}\frac{\partial \beta_2}{\partial r}+\frac{\partial^2 \beta_2}{\partial r^2}\right)+2\frac{\partial \beta_2}{\partial r}\frac{\partial w'_0}{\partial r}\right]>0$（“内冷外热”型加热分布）时，$w'<0$，潜热强迫出下沉运动，在眼壁外“内热外冷”型加热分布区域 $\left(\left[\beta_2\left(\frac{1}{r}\frac{\partial w'_0}{\partial r}+\frac{\partial^2 w'_0}{\partial r^2}\right)+w'_0\left(\frac{1}{r}\frac{\partial \beta_2}{\partial r}+\frac{\partial^2 \beta_2}{\partial r^2}\right)+2\frac{\partial \beta_2}{\partial r}\frac{\partial w'_0}{\partial r}\right]<0\right)$，强迫产生出上升运动。

根据方程组(8.17)第 4 式和式(8.38)可得低涡的水平流场为

$$u'=\frac{g Q_0 z_T}{\pi f^2 \overline{\theta}}\left(\beta_2 \frac{\partial w'_0}{\partial r}+w'_0 \frac{\partial \beta_2}{\partial r}\right)\cos\left(\frac{\pi z}{z_T}\right)+\frac{k v'_0}{f z_T} \tag{8.40}$$

类似于式(8.26)的讨论，由式(8.40)可得：在眼壁内区域 $\left(w'_0<0,\ \frac{\partial w'_0}{\partial r}>0,\right.$

$\dfrac{\partial\beta_2}{\partial r}>0$)，在 $\left(\dfrac{\beta_2\partial w'_0}{\partial r}+\dfrac{w'_0\partial\beta_2}{\partial r}\right)>0$，即在垂直运动水平分布不均匀作用大于加热效率分布不均匀作用的条件下，有凝结潜热加热时（$Q_0>0$），$z<z_T/2$ 的区域出现 $u'>0$，即水平流场整体由涡心向外流出，产生“热扩散效应”；$z=z_T/2$ 处，$u'=0$，无径向水平流出或流入；$z>z_T/2$ 的区域 $u'<0$，即水平流场整体向涡心流入，产生“热辐合效应”。在眼壁外区域（$w'_0>0$，$\dfrac{\partial w'_0}{\partial r}<0$，$\dfrac{\partial\beta_2}{\partial r}<0$)，则形成与眼壁内侧相反的径向流动。因此，凝结潜热和地面感热加热对高原低涡水平流场结构的作用是相同的，则流场结构示意图同图 8.1。

由式(8.40)可得近地层的径向风速

$$u'_0=\frac{gQ_0z_T}{\pi f^2\overline{\theta}}\left(\beta_2\frac{\partial w'_0}{\partial r}+w'_0\frac{\partial\beta_2}{\partial r}\right)+\frac{kv'_0}{fz_T}\tag{8.41}$$

则由方程组(8.17)第 2 式得

$$\frac{\partial v'_0}{\partial t}=-\frac{gQ_0z_T}{\pi f\overline{\theta}}\left(\beta_2\frac{\partial w'_0}{\partial r}+w'_0\frac{\partial\beta_2}{\partial r}\right)-\frac{kv'_0}{z_T}\tag{8.42}$$

又由式(8.39)得

$$\frac{\partial w'_0}{\partial r}=\frac{k}{f}\frac{\partial^2v'_0}{\partial r^2}+\frac{k}{fr}\frac{\partial v'_0}{\partial r}-\frac{k}{fr^2}v'_0\tag{8.43}$$

将式(8.39)、式(8.43)代入式(8.42)得

$$\frac{\partial v'_0}{\partial t}=-\frac{gQ_0z_Tk}{\pi f^2\overline{\theta}}\left(\frac{1}{r}\frac{\partial\beta_2}{\partial r}v'_0+\frac{\partial\beta_2}{\partial r}\frac{\partial v'_0}{\partial r}+\frac{\beta_2}{r}\frac{\partial v'_0}{\partial r}+\beta_2\frac{\partial^2v'_0}{\partial r^2}-\frac{\beta_2}{r^2}v'_0\right)-\frac{kv'_0}{z_T}\tag{8.44}$$

低涡的发展要求 $\partial v'_0/\partial t>0$，即式(8.44)的右端项大于零，显然这是一个综合条件，不仅取决于凝结潜热加热强度，也与加热的水平分布和径向风速的水平分布等有关。以下要讨论的问题是：在低涡的切向风速达到最大值的区域（即涡旋眼壁），低涡系统发展需要满足的条件如何？

在低涡眼壁，$\dfrac{\partial v'_0}{\partial r}=0$，$\dfrac{\partial^2v'_0}{\partial r^2}=0$，则有

$$\frac{\partial v'_0}{\partial t}=\left[\frac{gQ_0z_Tk}{\pi f^2\overline{\theta}}\left(\frac{\beta_2}{r^2}-\frac{1}{r}\frac{\partial\beta_2}{\partial r}\right)-\frac{k}{z_T}\right]v'_0\tag{8.45}$$

及

$$v'_0=C_2\exp\left[\frac{gQ_0z_Tk}{\pi f^2\overline{\theta}}\left(\frac{\beta_2}{r^2}-\frac{1}{r}\frac{\partial\beta_2}{\partial r}\right)-\frac{k}{z_T}\right]t\tag{8.46}$$

其中 C_2 为积分常数。则凝结潜热加热下高原低涡的不稳定增长率为

$$\sigma=\frac{gQ_0z_Tk}{\pi f^2\overline{\theta}}\left(\frac{\beta_2}{r^2}-\frac{1}{r}\frac{\partial\beta_2}{\partial r}\right)-\frac{k}{z_T}\tag{8.47}$$

当 $\left(\beta_2/r-\frac{\partial\beta_2}{\partial r}\right)>0$，高原低涡系统的不稳定增长率 σ 与平均加热强度 Q_0 成正比，即平均加热越强，σ 越大，越有利于低涡发展。因此，凝结潜热加热可以加强低涡的发展，这与其他学者的研究结果是一致的。另外，σ 与纬度成反比，即纬度越低，越有利于低涡发展；σ 还与 z_T 成正比，即对于凝结潜热而言，深厚型低涡比浅薄型低涡更易发展。需要注意的是，式(8.47)中地面摩擦作用具有二重性，与地面感热加热时地面摩擦只对低涡发展起抑制作用有所不同。一方面，其动力阻尼作用不利于低涡进一步加强；但另一方面，地面摩擦与凝结潜热作用具有伴随性，地面摩擦作用越强，边界层辐合作用也越强，则由此产生的上升运动有利于凝结潜热释放，从而又有利于低涡的发展。

本节我们将青藏高原低涡视为受加热和摩擦强迫作用并满足热成风平衡的轴对称涡旋系统，通过求解线性化的柱坐标系中的涡旋模式，分析了地面感热和一种特定垂直分布形式的凝结潜热对高原低涡流场结构及发展的影响，给出了高原低涡眼壁内、外侧不同高度上的水平流场和垂直流场的结构特征，讨论了低涡发展与其水平尺度、垂直厚度和所处纬度等因子的关系。结果表明：地面感热和凝结潜热这两种不同形式的非绝热加热对低涡的发展都具有重要影响，但两者在低涡发展的不同阶段、对低涡不同区域发展的贡献以及影响低涡流场的方式等方面存在差异；地面感热对低涡的生成和发展有重要作用，但这种作用是否有利于低涡的发展与低涡中心和感热加热中心的配置有关；凝结潜热释放可使低涡在眼壁内侧首先得到发展；地面摩擦对低涡发展的影响在地面感热和凝结潜热这两种不同加热形式下的表现有所不同。

但本节对非绝热加热的定性讨论还不够全面(如涡眼半径的变化、低涡发展过程中眼壁内外的差异)，分析结果也是初步的、概念性的，对低涡流场图像的刻画和发展趋势的分析还需与天气观测的事实作进一步的对比以及用数值试验的结果加以验证，凝结潜热对高原低涡流场结构及发展(特别是在强盛发展期)的影响也应采用非线性模式加以深入研究。

8.3　边界层动力“抽吸泵”对高原低涡的作用

对青藏高原科学试验获得的观测资料的研究表明：高原边界层的高度比平原地区的边界层高度要高，并且高原地区深厚的边界层中存在强 Ekman“抽吸泵”的动力机制。另外，以地面感热为主的热力强迫在高原低涡生成过程中的重要作用已得到普遍认可。于是，在这种独特的边界层动力和热力机制作用下，中低层强湍流或上升运动有利于高原对流云向上发展，形成高原地区常见的“爆米花”云结构，进一步可发展成深厚、成熟的超级对流云团，使高原地区成为中国东部地区产生洪涝灾害的对流云系统或扰动胚胎（如低涡系统）的重要源地。高原边界层的 Ekman 抽吸作用或动力“抽吸泵”强度比平原地区大许多，对边界层对流活动和高原低涡的发生、发展具有重要的作用。

物理模型方程组仍采用(8.17)，为考虑边界层动力“抽吸泵”作用，经数学推导低涡线性化方程组的边界条件定为

$$\begin{cases}\psi'(r,z_T)=0\\ \psi'(r,0)=\dfrac{\rho k}{f}v_0'+\dfrac{\rho w_e}{2}r\end{cases}\tag{8.48}$$

式(8.24)对 z 积分两次并利用边界条件(8.48)，可得低涡的流函数解为

$$\psi'=\frac{\rho g c_p C_H(\overline{T_s}-\overline{T_0})}{f^2\bar{\theta}z_T}\left(\frac{z^2}{2}-\frac{zz_T}{2}\right)\left(\beta_1\frac{\partial v_0'}{\partial r}+v_0'\frac{\partial\beta_1}{\partial r}\right)+\left(\frac{\rho k v_0'}{f}+\frac{\rho}{2}rm_e\right)\left(1-\frac{z}{z_T}\right)\tag{8.49}$$

将式(8.49)代入方程组(8.17)第 4 式，可得地面感热加热和边界层抽吸作用下低涡的水平流场为

$$u'=-\frac{g c_p C_H(\overline{T_s}-\overline{T_0})}{f^2\bar{\theta}z_T}\left(z-\frac{z_T}{2}\right)\left(\beta_1\frac{\partial v_0'}{\partial r}+v_0'\frac{\partial\beta_1}{\partial r}\right)+\frac{1}{z_T}\left(\frac{k v_0'}{f}+\frac{r w_e}{2}\right)\tag{8.50}$$

由于地面感热对高原低涡结构和发展的影响在 8.2.1 已有详细讨论，这里不再赘述。下面，我们重点讨论边界层抽吸与低涡水平流场的关系。当 $w_e>0$ 时，Ekman 抽吸速度为正，此时边界层抽吸作用称为“抽”，即大气边界层顶有上升运动，根据式(8.50)有 $u'>0$，则水平流场由涡心向外流出，表现为水平辐散，且高度越高，辐散越弱。即这种情况下边界层内为水平辐合，边界层以上为水平辐散。而当 $w_e<0$ 时，Ekman 抽吸速度为负，此时边界层抽吸作用称为“吸”，即大气边界层顶有下沉运动，根据式(8.50)，有 $u'<0$，水平流场向涡心流入，表现为水平辐合，且高度越高，辐合越强。即这时边界层内为水平辐散，边界层以上为水平辐合。

利用方程组(8.17)第 4 式和式(8.49)，可有

$$w'=\frac{g c_p C_H(\overline{T_s}-\overline{T_0})}{f^2\bar{\theta}}\left(\frac{z^2}{2}-\frac{zz_T}{2}\right)\left[\beta_1\left(\frac{1}{r}\frac{\partial v_0'}{\partial r}+\frac{\partial^2 v_0'}{\partial r^2}\right)+v_0'\left(\frac{1}{r}\frac{\partial\beta_1}{\partial r}+\frac{\partial^2\beta_1}{\partial r^2}\right)+2\frac{\partial\beta_1}{\partial r}\frac{\partial v_0'}{\partial r}\right]+\left[\frac{k}{f}\left(\frac{v_0'}{r}+\frac{\partial v_0'}{\partial r}\right)+\left(w_e+\frac{r}{2}\frac{\partial w_e}{\partial r}\right)\right]\left(1-\frac{z}{z_T}\right)\tag{8.51}$$

在近地层，有

$$w_0'=\frac{k}{f}\left(\frac{v_0'}{r}+\frac{\partial v_0'}{\partial r}\right)+\left(w_e+\frac{r}{2}\frac{\partial w_e}{\partial r}\right)\tag{8.52}$$

当 $w_e>0$ 时，气流从大气边界层顶向上运动（即边界层动力“抽吸泵”表现为

“抽”)，如果 $\frac{\partial w_e}{\partial r}>0$，即上升运动随涡旋半径的增大而加强(上升运动“内弱外强”型，如图 8.2a 所示)，根据式(8.51)有 $w'>0$，即低涡(上部或主体)伴随上升运动；如果 $\frac{\partial w_e}{\partial r}<0$，即上升运动随涡旋半径增大而减弱(上升运动“内强外弱”型，如图 8.2b 所示)，且 $\left|\frac{\partial w_e}{\partial r}\right|>\frac{2w_e}{r}$，即假设 Ekman 抽吸速度随涡旋半径增大而减小并且减小幅度较大时，有 $w'<0$，即低涡伴随下沉运动。

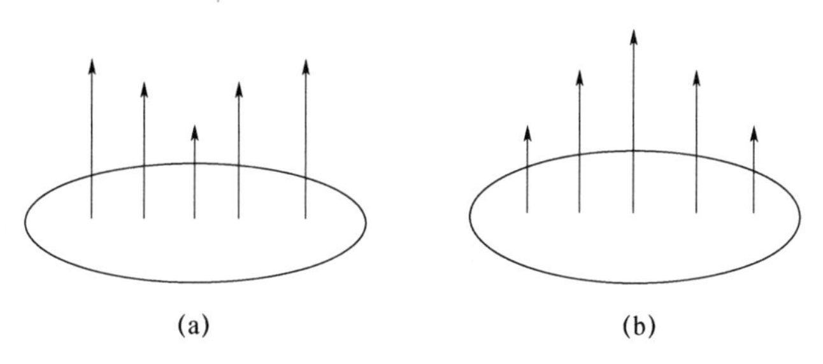

图 8.2　低涡内水平分布型式不同的两种上升运动

当 $w_e<0$ 时，气流从大气边界层顶向下运动(即边界层动力“抽吸泵”表现为“吸”)，如果 $\frac{\partial w_e}{\partial r}>0$，即下沉运动随涡旋半径的增大而减弱(下沉运动“内强外弱”型，如图 8.3a 所示)，且 $\frac{\partial w_e}{\partial r}>\left|\frac{2w_e}{r}\right|$，即假设 Ekman 抽吸速度随涡旋半径的增大而减小并且减小幅度较大时，则有 $w'>0$，即有利于低涡的垂直流场为上升运动；如果 $\frac{\partial w_e}{\partial r}<0$，下沉运动随涡旋半径增大而增大(下沉运动“内弱外强”型，如图 8.3b 所示)，则有 $w'<0$，即有利于低涡的垂直流场为下沉运动。

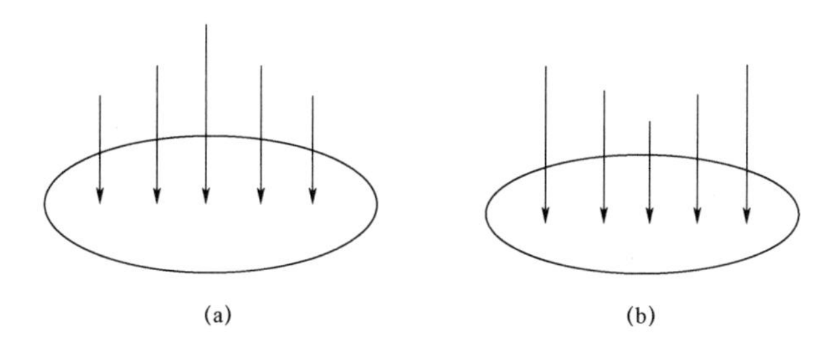

图 8.3　低涡内水平分布型式不同的两种下沉运动

另外，由式(8.51)可知，垂直运动的强度与地面摩擦作用成正比。如前所述，由于高原边界层中存在较强的湍流摩擦作用，故也有利于产生较强的垂直运动。

在地面，由方程组(8.17)第2式得 $\frac{\partial v_0'}{\partial t}=-fu_0'$，再利用式(8.50)可得

$$\frac{\partial v_0'}{\partial t}=-\frac{gc_p C_H(\overline{T_S}-\overline{T_0})}{2f\bar{\theta}}\left(\beta_1\frac{\partial v_0'}{\partial r}+v_0'\frac{\partial \beta_1}{\partial r}\right)-\frac{1}{z_T}\left(kv_0'+\frac{rfw_e}{2}\right) \tag{8.53}$$

当低涡发展时，要求 $\frac{\partial v_0'}{\partial r}>0$。以下要讨论的问题是：在低涡的切向风速达到最大值的区域（即涡旋眼壁），有利于低涡系统不稳定发展的条件怎样。在低涡眼壁，$\frac{\partial v_0'}{\partial r}=0$，则有

$$\frac{\partial v_0'}{\partial t}=-\left[\frac{gc_p C_H(\overline{T_S}-\overline{T_0})}{2f\bar{\theta}}\frac{\partial \beta_1}{\partial r}+\frac{k}{z_T}\right]v_0'-\frac{rf}{2z_T}w_e \tag{8.54}$$

当 $w_e>0$ 时，边界层顶有上升运动，则 $\frac{\partial v_0'}{\partial t}<0$，低涡强度随时间衰减（称为“旋转减弱”），同时边界层内的对流运动是增强的，这与边界层对流活动的观测事实是吻合的。当 $w_e<0$ 时，边界层顶有下沉运动，则 $\frac{\partial v_0'}{\partial t}>0$，低涡强度随时间增强（称为“旋转加强”），同时边界层内的对流运动是减弱的。因此，就系统发展趋势而言，边界层动力“抽吸泵”对边界层中的对流活动和边界层以上的高原低涡的作用正好相反。

通过以上动力学分析和讨论，在高原边界层动力抽吸效应对高原天气系统的作用方面得到以下几点认识：

(1)高原上深厚的边界层有利于产生较强的湍流垂直输送和较强的Ekman抽吸作用，即相对于平原地区，高原具有较强的边界层动力“抽吸泵”。

(2)高原边界层抽吸对高原低涡的流场结构及发展具有重要作用。

(3)边界层抽吸与低涡水平散度场的分布有密切关系。

(4)当边界层动力“抽吸泵”表现为“抽”的效应时，上升运动为“内弱外强”型，或当边界层动力“抽吸泵”表现“吸”的效应时，下沉运动为“内强外弱”型，都有利于低涡流场产生上升运动。

(5)边界层抽吸作用与边界层对流运动发展和边界层以上低涡发展的配置关系正好相反。当边界层动力“抽吸泵”表现为“抽”的效应时，有利于边界层中对流运动的发展；当边界层动力“抽吸泵”表现为“吸”的效应时，有利于边界层以上的高原低涡的发展。

最后应指出的是，反映高原环境和边界层作用的相关参数（如动力泵抽吸强度、地面拖曳系数、地面加热率）的定量分析、边界层动力抽吸效应对低涡发展的定量作用以及高原与平原边界层作用差异的定量化都有待于进一步的数值计算研究。另外，边界层顶部常覆盖有逆温层，它将抑制垂直运动和湍流的发展，因此建立更加细

致、逼真的边界层模型也有助于边界层动力抽吸作用的深入研究。

8.4　热源强迫的边界层内高原低涡

青藏高原地区的大气行星边界层厚度可达 2250 m。由于青藏高原本身的平均海拔高度为 4000 m，则高原大气边界层厚度位于 600～400 hPa，因此高原低涡是一种典型的边界层低涡。而关于边界层低涡的动力学研究相对比较少。本节采用 Boussinesq 近似方程组，将边界层低涡视为受加热和摩擦强迫作用且满足热成风平衡的轴对称涡旋系统，通过求解线性化的柱坐标系中的涡旋模式，分析了各种热源强迫对低涡流场结构的作用，并且将讨论结果用来解释高原低涡的一些重要特征。本研究不但有助于深入认识热源强迫对可产生致洪暴雨的高原低涡系统结构的影响，也为今后开展高原低涡的定量计算和数值模拟工作奠定了动力学理论基础。

8.4.1　边界层高原低涡的物理模型及分析方法

考虑所研究的边界层低涡为受加热和摩擦强迫且满足热成风平衡的轴对称 $\left(\dfrac{\partial}{\partial\theta}=0\right)$ 涡旋系统，取柱坐标系 $\{r,\theta,z\}$ 的原点位于涡旋中心，且假定径向是平衡运动，同时满足静力平衡条件，并应用 Boussinesq 近似，则描写这类低涡运动的方程组为

$$\begin{cases}-\dfrac{v^2}{r}-fv=-\dfrac{1}{\bar{\rho}}\dfrac{\partial p'}{\partial r}\\ \dfrac{\mathrm{d}v}{\mathrm{d}t}+\dfrac{uv}{r}+fu=0\\ 0=-\dfrac{1}{\bar{\rho}}\dfrac{\partial p'}{\partial z}-g\dfrac{\rho'}{\bar{\rho}}\\ \dfrac{1}{r}\dfrac{\partial(ru)}{\partial r}+\dfrac{\partial w}{\partial z}=0\\ \dfrac{\theta'}{\bar{\theta}}=-\dfrac{\rho'}{\bar{\rho}}=\dfrac{T'}{\bar{T}}\\ \dfrac{\mathrm{d}\theta'}{\mathrm{d}t}=\dfrac{\bar{\theta}}{c_p\bar{T}}Q\end{cases}\tag{8.55}$$

其中：r 为半径，z 为高度，t 为时间，u，v，w 分别为径向风速、切向风速和垂直风速，$\bar{\theta}$,$\bar{\rho}$,$\bar{T}$ 分别为静止背景大气的位温、密度和温度，p' 和 θ' 分别是气压和位温扰动，f 为 Coriolis 参数，g 为重力加速度，Q 为非绝热加热率，c_p 为空气的定压比热，

$\frac{\mathrm{d}}{\mathrm{d}t}=\frac{\partial}{\partial t}+u\frac{\partial}{\partial r}+w\frac{\partial}{\partial z}$。

将方程组(8.55)第1式对 z 微商同时利用静力学平衡关系式(8.55)第3式和状态方程(8.55)第5式,则可知低涡的切向风应满足梯度风平衡关系

$$\left(f+\frac{2v}{r}\right)\frac{\partial v}{\partial z}=\frac{g}{\bar{\theta}}\frac{\partial \theta'}{\partial r}=\frac{g}{\bar{T}}\frac{\partial T'}{\partial r} \tag{8.56}$$

上式表明:由于边界层摩擦力作用,低涡内风速随高度的增加而减弱,即 $\frac{\partial v}{\partial z}<0$,则有 $\frac{\partial T'}{\partial r}<0$,这时低涡的温度场呈暖心结构。由此可见,低涡的这种温度场结构特征不但是高原下垫面加热的结果,也是低涡满足静力学平衡和梯度风平衡在动力学和热力学上的要求。

由质量连续方程(8.55)第4式可知:在径向垂直剖面(r-z 面)上,流场满足二维无辐散条件,则可引入流函数 ψ,将低涡流场表示为

$$(u,w)=\left[-\frac{\partial \psi}{\partial z},\frac{1}{r}\frac{\partial (r\psi)}{\partial r}\right] \tag{8.57}$$

则式(8.56)、方程组(8.55)第2和6式、式(8.57)可构成平衡的涡旋模型

$$\begin{cases}\left(f+\frac{2v}{r}\right)\frac{\partial v}{\partial z}=\frac{g}{\bar{\theta}}\frac{\partial \theta'}{\partial r}\\ \frac{\partial v}{\partial t}+\frac{u}{r}\frac{\partial (rv)}{\partial r}+w\frac{\partial v}{\partial z}+fu=0\\ \frac{\partial \theta'}{\partial t}+u\frac{\partial \theta'}{\partial r}+w\frac{\partial \theta'}{\partial z}=\frac{\bar{\theta}}{c_p\bar{T}}Q\\ (u,w)=\left[-\frac{\partial \psi}{\partial z},\frac{1}{r}\frac{\partial (r\psi)}{\partial r}\right]\end{cases} \tag{8.58}$$

在低涡系统的下边界(即低涡底部,$z=0$ 处),设 $\psi(r,0)=0$,即流动是封闭的。低涡系统的上边界取为边界层顶,则根据大气边界层理论有关公式,在大气边界层顶(即 $z=h_B=\pi\sqrt{2k/f}$)低涡的垂直速度可取为

$$w_B=\frac{1}{2}h_E\zeta_g=\frac{1}{2}\sqrt{\frac{2k}{f}}\frac{1}{r}\frac{\partial}{\partial r}(rv_B)=\frac{1}{r}\frac{\partial}{\partial r}\left(rv_B\sqrt{\frac{k}{2f}}\right) \tag{8.59}$$

其中:w_B 是边界层顶的垂直速度,h_E 是 Ekman 标高,v_B 和 ζ_g 分别是低涡系统上边界(即边界层顶)处的切向速度和地转风涡度,k 是边界层的垂直湍流系数。

又由式(8.57)得

$$w_B=\frac{1}{r}\frac{\partial}{\partial r}(r\psi_B) \tag{8.60}$$

比较式(8.59)、式(8.60),可确定出低涡在边界层顶的边界条件为

$$\psi_B = v_B\sqrt{\frac{k}{2f}} \tag{8.61}$$

则最终可确定出高原低涡流场的上、下边界条件分别为

$$\begin{cases}\psi(r,h_B)=\psi_B=v_B\sqrt{\dfrac{k}{2f}}\\ \psi(r,0)=0\end{cases} \tag{8.62}$$

其中 h_B 是边界层顶高度。

设处于发展阶段初期的边界层低涡是一个平衡的、小振幅(即强度较弱)的涡旋系统,相对于静止的基本状态而言,该涡旋可视为小扰动,则可用微扰法低涡动力学模型线性化。设 $u=\overline{u}+u'$, $v=\overline{v}+v'$, $w=\overline{w}+w'$, $\psi=\bar{\psi}+\psi'$, $Q=\bar{Q}+Q'$,并假定系统的基本状态初始时处于静止,则有 $\overline{u}$, $\overline{v}$, $\overline{w}$, $\bar{\psi}$, $\bar{Q}=0$。这样,受加热和摩擦强迫的低涡的线性化方程组为

$$\begin{cases}f\dfrac{\partial v'}{\partial z}=\dfrac{g}{\bar{\theta}}\dfrac{\partial \theta'}{\partial r}\\ \dfrac{\partial v'}{\partial t}+fu'=0\\ \dfrac{\partial \theta'}{\partial t}=\dfrac{\bar{\theta}}{c_p\overline{T}}Q'\\ (u',w')=\left[-\dfrac{\partial \psi'}{\partial z},\dfrac{1}{r}\dfrac{\partial(r\psi')}{\partial r}\right]\end{cases} \tag{8.63}$$

边界条件为

$$\begin{cases}\psi'(r,h_B)=v'_B\sqrt{\dfrac{k}{2f}}\\ \psi'(r,0)=0\end{cases} \tag{8.64}$$

由方程组(8.63)前 3 式经过数学推导可得

$$\frac{\partial u'}{\partial z}=-\frac{g}{c_p\overline{T}f^2}\frac{\partial Q'}{\partial r} \tag{8.65}$$

又由方程组(8.63)第 4 式得

$$\frac{\partial u'}{\partial z}=-\frac{\partial^2 \psi'}{\partial z^2} \tag{8.66}$$

比较式(8.65)、式(8.66),可得

$$\frac{\partial^2 \psi'}{\partial z^2}=\frac{g}{c_p\overline{T}f^2}\frac{\partial Q'}{\partial r} \tag{8.67}$$

8.4.2 径向分布型热源对低涡的作用

如果不考虑非绝热加热 Q' 随高度的变化，将式(8.22)对 z 积分两次并利用边界条件可得低涡的流函数解为

$$\psi' = \frac{g}{2c_p\overline{T}f^2}\frac{\partial Q'}{\partial r}(z^2 - h_B z) + \frac{v'_B z}{2\pi} \tag{8.68}$$

将式(8.68)代入方程组(8.63)第4式可得低涡的水平流场为

$$u' = -\frac{g}{c_p\overline{T}f^2}\frac{\partial Q'}{\partial r}\left(z - \frac{h_B}{2}\right) - \frac{v'_B}{2\pi} \tag{8.69}$$

将式(8.69)代入柱坐标系中并注意到运动的轴对称特点，则得低涡的水平散度场为

$$D' = -\frac{g}{c_p\overline{T}f^2}\left(\frac{\partial^2 Q'}{\partial r^2} + \frac{1}{r}\frac{\partial Q'}{\partial r}\right)\left(z - \frac{h_B}{2}\right) - \frac{\zeta'_g}{2\pi} \tag{8.70}$$

其中 $\zeta'_g = \dfrac{\partial v'_B}{\partial r} + \dfrac{v'_B}{r}$，为边界层顶的扰动地转风涡度。

上式右端第一项是热源强迫(即加热径向分布不均匀)引起的散度项，第二项是大气边界层 Ekman 抽吸作用引起的散度项。对于热源强迫项，在 $\dfrac{\partial^2 Q'}{\partial r^2} + \dfrac{1}{r}\dfrac{\partial Q'}{\partial r} > 0$(即加热场的径向分布呈“内冷外热”型)的区域，水平散度场随高度的变化为：当 $z < h_B/2$ 时，$D' > 0$，即低涡的低层为辐散，但随着高度升高，辐散减弱；当 $z = h_B/2$ 时，式(8.70)第一项的热源强迫散度项 $D' = 0$，此为热源强迫的无辐散层；当 $z > h_B/2$ 时，热源强迫散度项 $D' < 0$，即高层为辐合，且高度越高，辐合越强。由此可见，热源强迫的散度场在 $z = h_B/2$ 处为一水平无辐散层，其上为辐合层，其下为辐散层，因此可将 $z = z_C = h_B/2$ 看作动力变性高度，在此高度上，$\dfrac{\partial^2 Q'}{\partial r^2} + \dfrac{1}{r}\dfrac{\partial Q'}{\partial r} > 0$(“内冷外热”型)区域内的气流由低层辐散气流转变为高层辐合气流。而对于 $\dfrac{\partial^2 Q'}{\partial r^2} + \dfrac{1}{r}\dfrac{\partial Q'}{\partial r} < 0$(“内热外冷”型)的区域，可得到与上述区域相反的结论，即低层辐合气流转变为高层辐散气流。对于 Ekman 抽吸作用项，若边界层顶有气旋性涡度时，$\zeta'_g > 0$，通过 Ekman 抽吸作用引起低涡的辐合运动；若边界层顶有反气旋性涡度时，$\zeta'_g < 0$，通过 Ekman 抽吸作用引起低涡的辐散运动。

利用切向流场倾向 $\dfrac{\partial v'}{\partial t}$ 来讨论热源强迫对低涡切向流场结构变化的作用。将式(8.69)代入方程组(8.63)第2式可得

$$\frac{\partial v'}{\partial t} = \frac{g}{c_p\overline{T}f}\frac{\partial Q'}{\partial r}\left(z - \frac{h_B}{2}\right) + \frac{f v'_B}{2\pi} \tag{8.71}$$

上式右端第一项是由于热源径向的分布不均匀所强迫的切向流场的时间变化项，第二项是边界层 Ekman 抽吸作用引起的切向流场的时间变化项。对于热源强迫项，当热源加热中心与低涡中心一致时，$\frac{\partial Q'}{\partial r}<0$，则在动力变性高度之下，$\frac{\partial v'}{\partial t}>0$，切向流场随时间增强，并且增幅随高度减小；而在动力变性高度之上，$\frac{\partial v'}{\partial t}<0$，切向流场随时间减弱，并且减幅随高度增大。当热源加热中心与低涡中心不一致时，$\frac{\partial Q'}{\partial r}>0$，则在动力变性高度之下，$\frac{\partial v'}{\partial t}<0$，切向流场随时间减弱，并且减幅随高度减小；而在动力变性高度之上，$\frac{\partial v'}{\partial t}>0$，切向流场随时间增强，并且增幅随高度增大。对于 Ekman 抽吸作用项，若边界层顶有气旋性气流时，$v'_B>0$，可使低涡切向流场加强；若边界层顶有反气旋性气流时，$v'_B<0$，则低涡切向流场减弱。

将式(8.68)代入方程组(8.63)第 4 式可得低涡的垂直速度解

$$w'=\frac{g}{2c_p\overline{T}f^2}\left(\frac{\partial^2 Q'}{\partial r^2}+\frac{1}{r}\frac{\partial Q'}{\partial r}\right)(z^2-h_B z)+\frac{z\zeta'_g}{2\pi} \tag{8.72}$$

同样，上式右端第一项是由于热源径向的分布不均匀所强迫的垂直速度项，第二项是边界层 Ekman 抽吸作用引起的垂直速度项。对于热源外强迫对垂直运动的影响，由于 $(z^2-h_B z)<0$，所以在低涡“内冷外热”型加热分布区域 $\left(\frac{\partial^2 Q'}{\partial r^2}+\frac{1}{r}\frac{\partial Q'}{\partial r}>0\right)$，$w'<0$，热源强迫出下沉运动，在“内热外冷”型加热分布区域 $\left(\frac{\partial^2 Q'}{\partial r^2}+\frac{1}{r}\frac{\partial Q'}{\partial r}<0\right)$，才出现通常认为的热源强迫产生的上升运动。所以热力强迫出的垂直运动的具体形式与热源的径向分布有很大关系。对于 Ekman 抽吸作用项，若边界层顶有气旋性涡度时，$\zeta'_g>0$，通过 Ekman 抽吸作用引起低涡的上升运动，并且上升运动随高度增强；若边界层顶有反气旋性涡度时，$\zeta'_g<0$，通过 Ekman 抽吸作用引起低涡的下沉运动，并且下沉运动随高度增强。

8.4.3　垂直分布型热源对低涡的作用

8.4.3.1　感热型热源强迫

首先考虑非绝热加热以感热为主的情形。根据 7 月青藏高原地区感热加热率的垂直分布廓线(图 8.4)，可设感热加热随高度的变化形式(图 8.5)为

$$Q'=Q'_1(r)\mathrm{e}^{-\mu z} \tag{8.73}$$

即感热加热随高度呈指数递减，其中 μ 是感热的垂直递减参数，Q_1' 是平均感热加热强度。

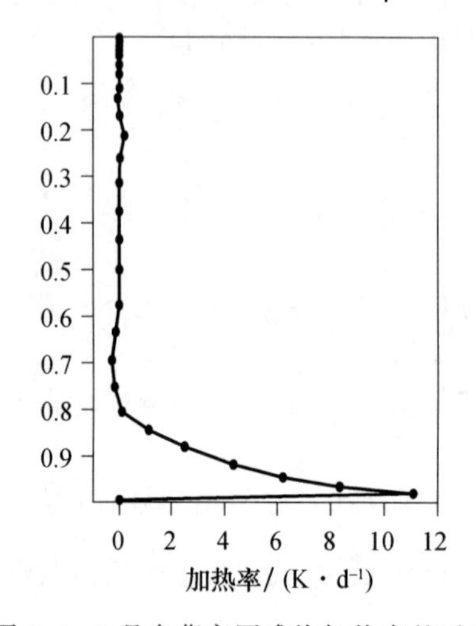

图 8.4　7 月青藏高原感热加热率的垂直廓线，纵坐标采用 σ 坐标（$\sigma=\dfrac{p-p_T}{p_s-p_T}$，$p_T$ 为大气上界气压，p_s 为地面气压）

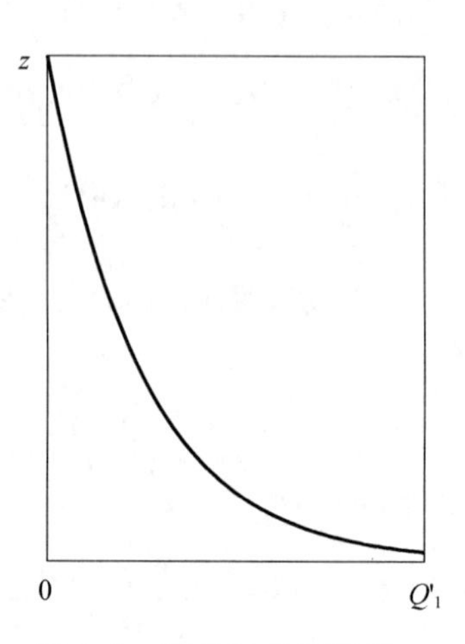

图 8.5　感热加热随高度 z 的变化示意图

将式(8.73)代入式(8.67)，对 z 积分两次并利用边界条件可得此时低涡的流函数解为

$$\psi'=\frac{g}{c_p\overline{T}f^2\mu^2}\frac{\partial Q_1'}{\partial r}\left[\mathrm{e}^{-\mu z}-1-\frac{z}{h_B}(\mathrm{e}^{-\mu h_B}-1)\right]+\frac{v_B'z}{2\pi} \tag{8.74}$$

将式(8.74)代入方程组(8.63)第 4 式可得低涡的水平流场为

$$u'=\frac{g}{c_p\overline{T}f^2\mu}\frac{\partial Q_1'}{\partial r}\left(\mathrm{e}^{-\mu z}-\frac{1-\mathrm{e}^{-\mu h_B}}{\mu h_B}\right)-\frac{v_B'}{2\pi} \tag{8.75}$$

相应地，低涡的水平散度场为

$$D'=\frac{g}{c_p\overline{T}f^2\mu}\left(\frac{\partial^2 Q_1'}{\partial r^2}+\frac{1}{r}\frac{\partial Q_1'}{\partial r}\right)\left(\mathrm{e}^{-\mu z}-\frac{1-\mathrm{e}^{-\mu h_B}}{\mu h_B}\right)-\frac{\zeta_g'}{2\pi} \tag{8.76}$$

上式右端第一项即感热强迫的散度场同样存在一个动力变性高度：$z_C=\dfrac{1}{\mu}\ln\dfrac{\mu h_B}{1-\mathrm{e}^{-\mu h_B}}$。在 $z=z_C$ 的高度，感热强迫的散度 $D'=0$；在此高度以上，$\dfrac{\partial^2 Q_1'}{\partial r^2}+\dfrac{1}{r}\dfrac{\partial Q_1'}{\partial r}>0$（感热呈“内冷外热”型）区域内的气流由低层辐散气流转变为高层辐合气流。而对于 $\dfrac{\partial^2 Q_1'}{\partial r^2}+\dfrac{1}{r}\dfrac{\partial Q_1'}{\partial r}<0$（感热呈“内热外冷”型）的区域，可得到与上述区域相反的结

论，即低层辐合气流转变为高层辐散气流。

将式(8.75)代入方程组(8.63)第 2 式可得

$$\frac{\partial v'}{\partial t}=-\frac{g}{c_p\overline{T}f\mu}\frac{\partial Q_1'}{\partial r}\left(\mathrm{e}^{-\mu z}-\frac{1-\mathrm{e}^{-\mu h_B}}{\mu h_B}\right)+\frac{fv_B'}{2\pi} \tag{8.77}$$

对上式右端第一项，当感热加热中心与低涡中心一致时，$\frac{\partial Q_1'}{\partial r}<0$，则在感热强迫动力变性高度之下，$\frac{\partial v'}{\partial t}>0$，切向流场随时间增强，并且增幅随高度减小；而在动力变性高度之上，$\frac{\partial v'}{\partial t}<0$，切向流场随时间减弱，并且减幅随高度增大。当感热加热中心与低涡中心不一致时，$\frac{\partial Q_1'}{\partial r}>0$，则在感热强迫动力变性高度之下，$\frac{\partial v'}{\partial t}<0$，切向流场随时间减弱，并且减幅随高度减小；而在动力变性高度之上，$\frac{\partial v'}{\partial t}>0$，切向流场随时间增强，并且增幅随高度增大。

将式(8.74)代入方程组(8.63)第 4 式可得低涡的垂直速度解

$$w'=\frac{g}{c_p\overline{T}f^2\mu^2}\left(\frac{\partial^2 Q_1'}{\partial r^2}+\frac{1}{r}\frac{\partial Q_1'}{\partial r}\right)\left[\mathrm{e}^{-\mu z}-1-\frac{z}{h_B}\left(\mathrm{e}^{-\mu h_B}-1\right)\right]+\frac{z\zeta_g'}{2\pi} \tag{8.78}$$

对上式右端第一项，当高度 z 满足条件：$\mathrm{e}^{-\mu z}-1-\frac{z}{h_B}(\mathrm{e}^{-\mu h_B}-1)<0$ 时，在 $\frac{\partial^2 Q_1'}{\partial r^2}+\frac{1}{r}\frac{\partial Q_1'}{\partial r}>0$ 的区域，有 $w'<0$，即感热强迫出下沉运动；在 $\frac{\partial^2 Q_1'}{\partial r^2}+\frac{1}{r}\frac{\partial Q_1'}{\partial r}<0$ 的区域，强迫出上升运动。

8.4.3.2　潜热型热源强迫

根据夏季青藏高原地区潜热加热率的垂直分布廓线(图 8.6)，可设潜热加热在垂直方向呈正弦式分布(图 8.7)为

$$Q'=Q_2'(r)\sin\left(\frac{\pi z}{h_B}\right) \tag{8.79}$$

即最大加热层位于低涡系统的中层附近，其中 Q_2' 是平均潜热加热强度。将式(8.79)代入式(8.22)，对 z 积分两次并利用边界条件可得此时低涡的流函数解

$$\psi'=-\frac{gh_B^2}{c_p\overline{T}\pi^2f^2}\frac{\partial Q_2'}{\partial r}\sin\left(\frac{\pi z}{h_B}\right)+\frac{v_B'z}{2\pi} \tag{8.80}$$

将流函数解式(8.80)代入方程组(8.63)第 4 式可得低涡的水平流场

$$u'=\frac{gh_B}{c_p\overline{T}\pi f^2}\frac{\partial Q_2'}{\partial r}\cos\left(\frac{\pi z}{h_B}\right)-\frac{v_B'}{2\pi} \tag{8.81}$$

以及低涡的水平散度场

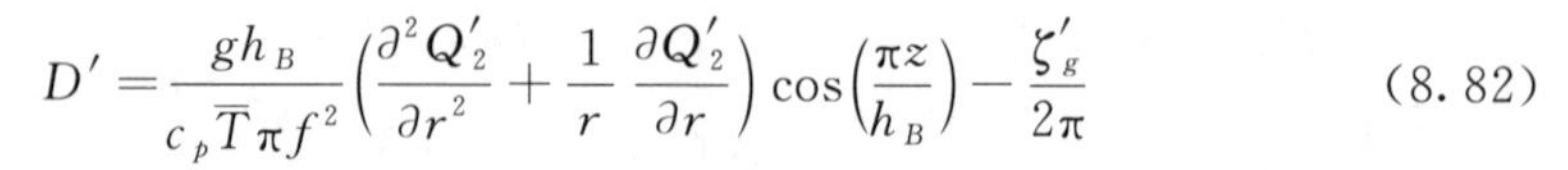

$$D'=\frac{gh_B}{c_p\overline{T}\pi f^2}\left(\frac{\partial^2 Q'_2}{\partial r^2}+\frac{1}{r}\frac{\partial Q'_2}{\partial r}\right)\cos\left(\frac{\pi z}{h_B}\right)-\frac{\zeta'_g}{2\pi} \tag{8.82}$$

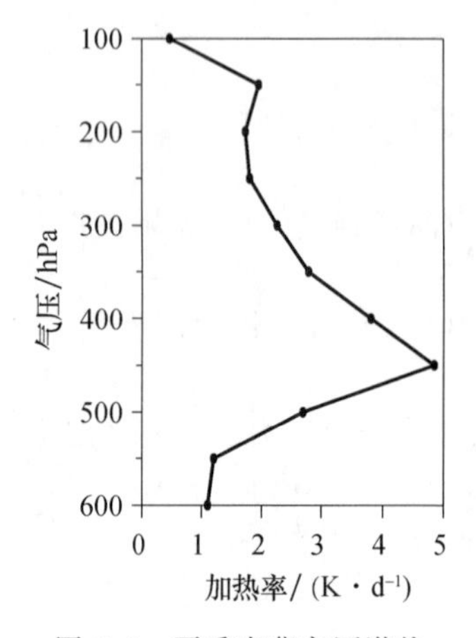

图 8.6　夏季青藏高原潜热加热率垂直廓线

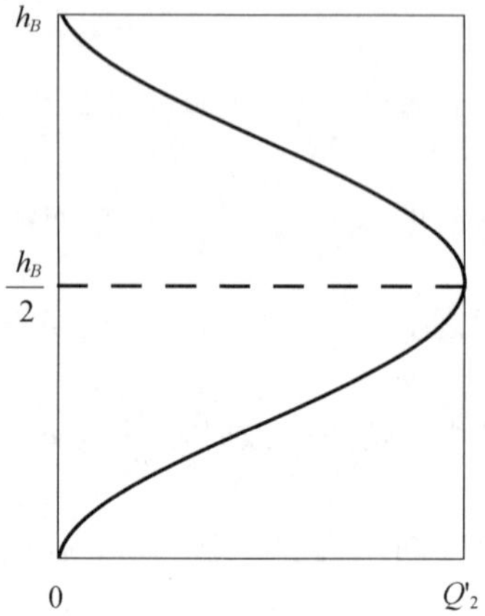

图 8.7　潜热加热随高度 z 的变化示意图

上式右端第一项即潜热强迫的散度场同样也存在动力变性高度 $z_C=h_B/2$，在 $z=z_C$ 的高度，潜热强迫的散度 $D'=0$；在此高度以上，$\frac{\partial^2 Q'_2}{\partial r^2}+\frac{1}{r}\frac{\partial Q'_2}{\partial r}>0$（潜热为“内冷外热”型）区域内的气流由低层辐散气流转变为高层辐合气流。而对于 $\frac{\partial^2 Q'_2}{\partial r^2}+\frac{1}{r}\frac{\partial Q'_2}{\partial r}<0$（潜热为“内热外冷”型）的区域，可得到与上述区域相反的结论，即低层辐合气流转变为高层辐散气流。

将式(8.81)代入方程组(8.63)第 2 式可得

$$\frac{\partial v'}{\partial t}=-\frac{gh_B}{c_p\overline{T}\pi f}\frac{\partial Q'_2}{\partial r}\cos\left(\frac{\pi z}{h_B}\right)+\frac{fv'_B}{2\pi} \tag{8.83}$$

对上式右端第一项，当潜热加热中心与低涡中心一致时，$\frac{\partial Q'_2}{\partial r}<0$，则在潜热强迫动力变性高度之下，$\frac{\partial v'}{\partial t}>0$，切向流场随时间增强，并且增幅随高度减小；而在动力变性高度之上，$\frac{\partial v'}{\partial t}<0$，切向流场随时间减弱，并且减幅随高度增大。当潜热加热中心与低涡中心不一致时，$\frac{\partial Q'_2}{\partial r}>0$，则在潜热强迫动力变性高度之下，$\frac{\partial v'}{\partial t}<0$，切向流场随时间减弱，并且减幅随高度减小；而在动力变性高度之上，$\frac{\partial v'}{\partial t}>0$，切向流场随时间增强，并且增幅随高度增大。

将流函数解式(8.80)代入方程组(8.63)第 4 式可得低涡的垂直运动解

$$w'=-\frac{gh_B^2}{c_p\overline{T}\pi^2f^2}\left(\frac{\partial^2Q_2'}{\partial r^2}+\frac{1}{r}\frac{\partial Q_2'}{\partial r}\right)\sin\left(\frac{\pi z}{h_B}\right)+\frac{z\zeta_g'}{2\pi} \tag{8.84}$$

对上式右端第一项，由于 $\sin\left(\frac{\pi z}{h_B}\right)>0$，在 $\frac{\partial^2Q_2'}{\partial r^2}+\frac{1}{r}\frac{\partial Q_2'}{\partial r}>0$ 的区域，出现 $w'<0$，即潜热强迫出下沉运动；在 $\frac{\partial^2Q_2'}{\partial r^2}+\frac{1}{r}\frac{\partial Q_2'}{\partial r}<0$ 的区域，潜热强迫出上升运动。

根据前面各类热源强迫对边界层低涡流场结构作用的讨论，在低涡的中心区域呈“内冷外热”型(即 $\frac{\partial^2Q'}{\partial r^2}+\frac{1}{r}\frac{\partial Q'}{\partial r}>0$)加热分布时，则低涡中心低层 ($z<z_C$) 会强迫出辐散气流和随时间减弱的切向流场，高层 ($z>z_C$) 强迫出辐合气流和随时间增强的切向流场，并且易在涡心产生下沉运动，有利于形成涡眼结构，在卫星云图上表现为无云区或空心区；而在低涡眼壁以外的外围区域的热源径向分布形式容易满足“内热外冷”型(即 $\frac{\partial^2Q'}{\partial r^2}+\frac{1}{r}\frac{\partial Q'}{\partial r}<0$)，则在低涡外围的低层产生辐合气流和随时间增强的切向流场，高层产生辐散气流和随时间减弱的切向流场，并且产生上升运动。高原低涡的这种流场结构与台风类似，因此可认为高原低涡的结构此时转化成了热带气旋类低涡。

通过以上对边界层低涡模型解析解的动力学分析和讨论，本节在热源强迫对热带气旋类高原低涡的作用方面得到以下认识：

(1)热源强迫的边界层低涡的散度场存在一个动力变性高度，高度的位置与边界层顶高度有关。

(2)通过边界层 Ekman 抽吸作用，当边界层顶有气旋性涡度时，能引起边界层低涡的水平辐合运动和随高度增强的上升运动，并可增强低涡的切向流场。

(3)如果低涡的中心区域为“内冷外热”型加热分布，则热源强迫的低涡中心区域下层为辐散气流和随时间减弱的切向流场，上层为辐合气流和随时间增强的切向流场，并伴有下沉运动，从而形成涡眼结构，有利于热带气旋类高原低涡的产生。

8.5　TCLV 型高原低涡结构的动力学研究

本节对上述 2000—2014 年我们课题组对热带气旋类低涡(TCLV)型夏季高原低涡结构的动力学理论研究的系列成果予以归纳、串联和集成。①利用卫星资料分析了两例夏季青藏高原低涡形成过程，重点揭示高原低涡的一些新的观测事实；

②应用涡旋动力学方法研究高原热源和边界层对高原低涡结构的作用，得出高原低涡暖心和涡眼（或称空心）结构的形成条件；③讨论高原低涡与 TCLV 的可能联系；④对高原低涡中所含的涡旋波动进行分析；⑤最后对研究的主要结论进行归纳并对今后工作予以展望。这有助于拓展高原低涡若干典型结构特征的认识，加深了解高原低涡东移及和波动能量的频散机制及其对下游地区的影响，对于开展高原低涡的天气学动力学研究具有重要的学术价值，对高原低涡的业务预报也有指导意义，并可为高原低涡的数值模拟、预报提供理论基础。

8.5.1 基于卫星观测的青藏高原低涡结构分析

由于高原上站点稀少，用常规资料很难捕捉到中小尺度天气系统（如高原低涡），但用时空分辨率高的静止卫星云图，不仅可以观测大范围云系分布，而且可以观测中小尺度云系的发生发展和消散演变的全过程。钱正安和焦彦军（1997）从可见光云图研究了高原低涡结构特征，郁淑华（2008）指出卫星水汽图对移出高原低涡具有指示作用。下面应用卫星云图资料对两例夏季高原低涡发生发展过程及其结构演变进行分析。

图 8.8 为 2005 年 7 月 29 日低涡发展过程的风云-2C 分裂窗云图。本例低涡是在 28 日晚高原云系减弱后又继续发展形成的低涡云系。02:00（北京时，下同）云系发展加强并东移，05:00（图 8.8a），已出现一积云云系。到 06:30（图 8.8b）在 87.54°—91.85°E 和 30°—34°N 范围内形成一成熟的高原低涡，可以看到其具有明显的眼结构，眼区水平直径约 35 km。08:00，涡眼变大，低涡开始消亡（图 8.8c）。图 8.9 为相应时刻配有云顶亮温的 MTSAT 红外 1 标准区域云图，图中低涡云顶温度的极低值达－70 ℃，表明云体高度高，温度低；而眼区的温度约为－48 ℃，为少云区，温度明显高于周围云体，表明该高原低涡具有涡眼（或空心）和暖心结构。这与动力学理论分析出的高原低涡的结构特征相符。这次低涡的生命史并不长（约为 7 h），属于不发展型高原低涡，整个天气过程中没有出现降水。

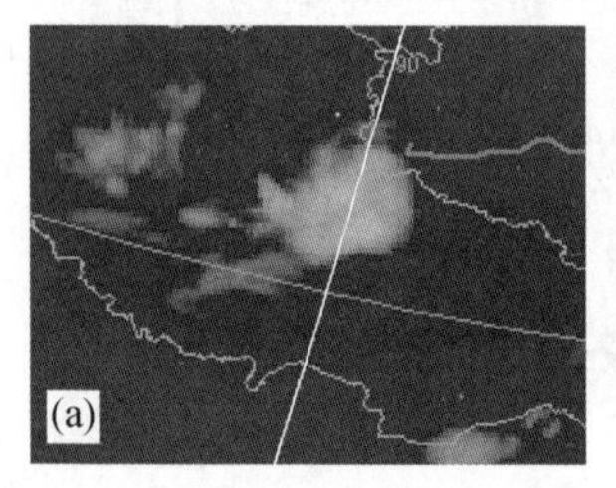

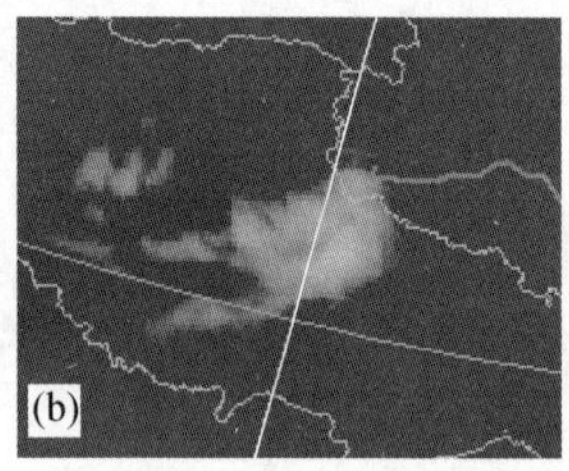

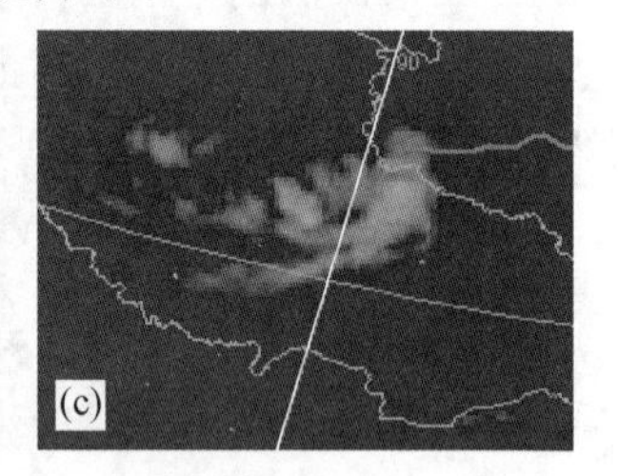

图 8.8　2005 年 7 月 29 日高原低涡发展过程的风云-2C 分裂窗图像

(a)05:00，(b)06:30，(c)08:00

2006 年 8 月 14 日出现一持续时间较长的高原低涡过程，在低涡控制范围内的

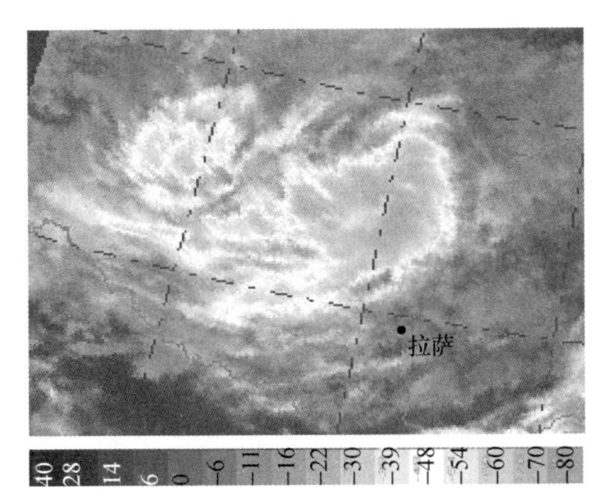

图 8.9　2005 年 7 月 29 日 06:30 的 MTSAT 红外 1 标准区域云图

（图下为温度色标，单位：℃）

申扎和定日两站都观测到降水。图 8.10 中可见本次低涡起源于一个对流扰动群，随着时间推移，对流云群发展壮大形成低涡。具体演变过程为：14:00，高原西部有少数小尺度积云，并且在高原西部经昌都—甘孜—西安一线呈现由不连续的小尺度积云组成的云带。15:30（图 8.10a），高原西部 80°—90°E 和 30°—35°N 范围内有更多对流云快速形成并出现合并。17:30（图 8.10b），多个不同尺度的对流云系已合并为一个对流云团，云团中间开始出现涡眼。此后该云团不断旋转东移发展，云团逐渐形成涡旋结构。19:00（图 8.10c），低涡中心区的涡眼非常明显，此时低涡发展到最强盛阶段，水平尺度约为 500 km，眼区直径约 55 km，强对流区位于涡眼区外围。

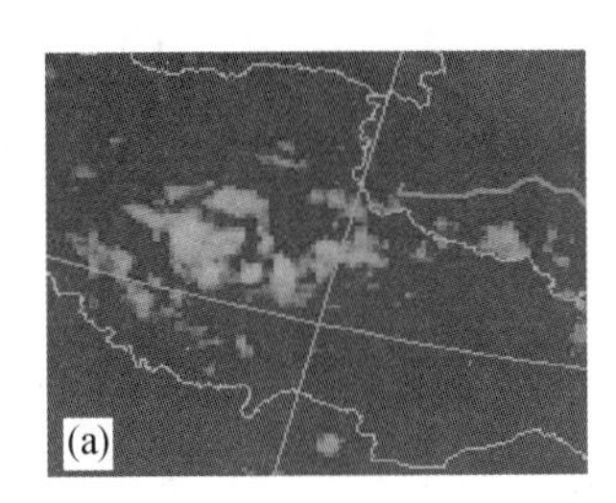

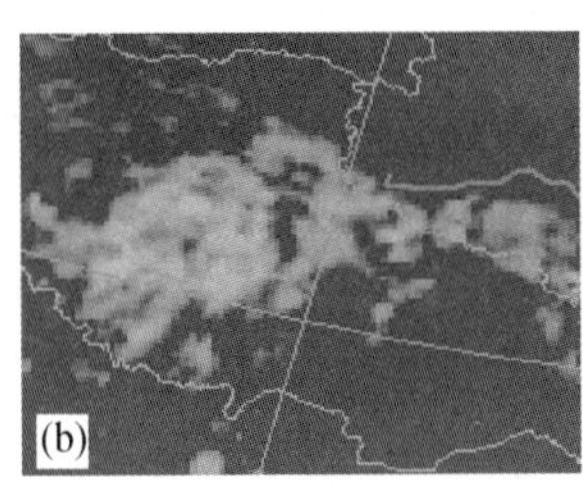

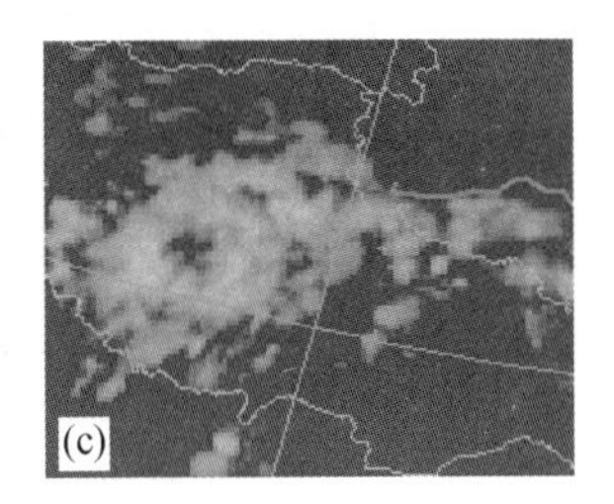

图 8.10　2006 年 8 月 14 日高原低涡发展过程的风云-2C 红外云图

(a)15:30，(b)17:30，(c) 19:00

对应时刻的卫星水汽图（图 8.11）也表明，强水汽区（湿区）位于涡眼区外围，即眼区外围是对流强盛区，而涡眼区为弱水汽区（干区），预示涡眼区有弱的下沉气流。低涡云顶亮温极低值为−70 ℃（图 8.12），说明对流旺盛，云顶高度较高；而眼区内基本为无云区，亮温值约为 6 ℃，这说明眼区温度明显高于周围云体，高原低涡的暖心结构明显。

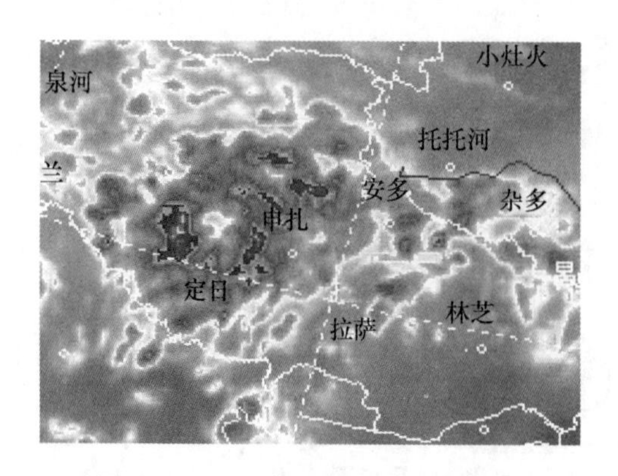

图 8.11　2006 年 8 月 14 日 19:00 的风云-2C 水汽图

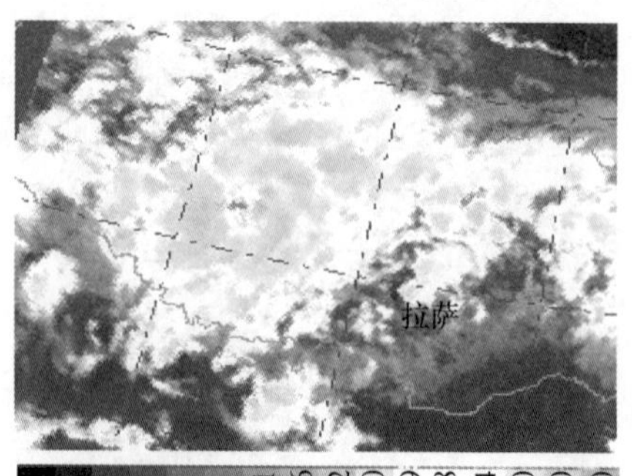

图 8.12　2006 年 8 月 14 日 19:33 的 MTSAT 红外 1 标准区域云图（图下为温度色标，单位：℃）

8.5.2　热源强迫和边界层对高原低涡的作用

大气边界层是对流层下部直接受地面影响的气层，主要位于大气低层 1～3 km，在地面与大气之间的动量、热量和水汽等交换过程中起着十分重要的作用。青藏高原低涡属于边界层低涡，但关于边界层低涡的动力学研究相对比较少。下面本工作运用 Boussinesq 方程组，将边界层低涡视为受加热和摩擦强迫作用且满足热成风平衡的轴对称涡旋系统，通过求解线性化的柱坐标系中的涡旋模式，分析边界层及热源强迫对低涡流场结构的作用，并且将讨论结果用来解释高原低涡的一些重要特征。这有助于深入认识热源强迫对可产生致洪暴雨的高原低涡系统结构的影响，也可为今后开展高原低涡的定量计算和数值模拟工作提供动力学理论基础。

8.5.2.1　边界层低涡的动力学模型及其分析方法

考虑所研究的边界层低涡为受加热和摩擦强迫且满足热成风平衡的轴对称 $\left(\dfrac{\partial}{\partial\theta}=0\right)$ 涡旋系统，取柱坐标系 $\{r,\theta,z\}$ 的原点位于涡旋中心，且假定径向是平衡运动，同时满足静力平衡条件，并取 Boussinesq 近似，则描写这类低涡运动的方程组为

$$-\frac{v^2}{r}-fv=-\frac{1}{\bar{p}}\frac{\partial p'}{\partial r} \tag{8.85}$$

$$\frac{\mathrm{d}v}{\mathrm{d}t}+\frac{uv}{r}+fu=0 \tag{8.86}$$

$$0=-\frac{1}{\bar{p}}\frac{\partial p'}{\partial z}-g\frac{\rho'}{\bar{p}} \tag{8.87}$$

$$\frac{1}{r}\frac{\partial(ru)}{\partial r}+\frac{\partial w}{\partial z}=0 \tag{8.88}$$

$$\frac{\theta'}{\overline{\theta}}=-\frac{\rho'}{\overline{\rho}}=\frac{T'}{\overline{T}} \tag{8.89}$$

$$\frac{\mathrm{d}\theta'}{\mathrm{d}t}=\frac{\overline{\theta}}{c_p\overline{T}}Q \tag{8.90}$$

方程组中：r 为半径，z 为高度，t 为时间，u，v，w 分别为径向风速、切向风速和垂直风速，$\overline{\theta}$,$\overline{\rho}$,$\overline{T}$ 分别为静止背景大气的位温、密度和温度，p' 和 θ' 分别是气压和位温扰动，f 为 Coriolis 参数，g 为重力加速度，Q 为非绝热加热率，c_p 为空气的定压比热，$\frac{\mathrm{d}}{\mathrm{d}t}=\frac{\partial}{\partial t}+u\frac{\partial}{\partial r}+w\frac{\partial}{\partial z}$。

由质量连续方程(8.88)可知：在径向垂直剖面（r-z 面）上，流场满足二维无辐散条件，则可引入流函数 ψ 来表示低涡流场。在低涡系统的下边界（即低涡底部，$z=0$ 处），设 $\psi(r,0)=0$，即认为流动是封闭的。低涡系统的上边界取为边界层顶，则根据大气边界层理论可确定出高原低涡流场的上、下边界条件分别为

$$\psi(r,h_B)=\psi_B=v_B\sqrt{\frac{k}{2f}} \tag{8.91}$$

$$\psi(r,0)=0 \tag{8.92}$$

其中 h_B 是边界层顶高度。

设处于发展阶段初期的边界层低涡是一个平衡的、小振幅（即强度较弱）的涡旋系统，相对于静止的基本状态而言，该涡旋可视为小扰动，则可用微扰法将上面得到的低涡动力学模型线性化。即设 $u=\overline{u}+u'$，$v=\overline{v}+v$，$w=\overline{w}+w'$，$\psi=\overline{\psi}+\psi'$，$Q=\overline{Q}+Q'$，并假定系统的基本状态初始时处于静止，则有 $\overline{u}$，$\overline{v}$，$\overline{w}$，$\overline{\psi}$，$\overline{Q}=0$。这样，受加热和摩擦强迫的低涡的线性化方程组和边界条件为

$$f\frac{\partial v'}{\partial z}=\frac{g}{\overline{\theta}}\frac{\partial\theta'}{\partial r} \tag{8.93}$$

$$\frac{\partial v'}{\partial t}+fu'=0 \tag{8.94}$$

$$\frac{\partial\theta'}{\partial t}=\frac{\overline{\theta}}{c_p\overline{T}}Q' \tag{8.95}$$

$$(u',w')=\left[-\frac{\partial\psi'}{\partial z},\frac{1}{r}\frac{\partial(r\psi')}{\partial r}\right] \tag{8.96}$$

$$\psi'(r,h_B)=v'_B\sqrt{\frac{k}{2f}} \tag{8.97}$$

$$\psi'(r,0)=0 \tag{8.98}$$

由式(8.93)、式(8.94)和式(8.95)经数学推导可得

$$\frac{\partial^2 \psi'}{\partial z^2}=\frac{g}{c_p \overline{T} f^2} \frac{\partial Q'}{\partial r} \tag{8.99}$$

8.5.2.2 热源对低涡的作用

高原地区强烈的太阳辐射给地表以充足的加热，使大气边界层底部受到强大的地面加热作用，从而奠定了高原低涡产生、发展的热力基础。青藏高原低涡正是在高原特殊的热力和地形条件下生成的。从青藏高原全年平均状况来说，在地面热源三个分量中，以湍流感热输送为最大，有效辐射次之，蒸发潜热最小。并且一般认为低涡生成初期，地面感热输送起主要作用，而凝结潜热释放在低涡发展阶段有重要贡献。根据这一加热特点，本工作侧重研究以地面感热为主的高原地面热源对低涡结构的作用。

如果不考虑非绝热加热 Q' 随高度的变化，将式(8.99)对 z 积分两次并利用边界条件可得低涡的流函数解为

$$\psi'=\frac{g}{2c_p \overline{T} f^2} \frac{\partial Q'}{\partial r}(z^2-h_B z)+\frac{v'_B z}{2\pi} \tag{8.100}$$

将流函数解式(8.100)代入式(8.96)可得低涡的水平流场为

$$u'=-\frac{g}{c_p \overline{T} f^2} \frac{\partial Q'}{\partial r}\left(z-\frac{h_B}{2}\right)-\frac{v'_B}{2\pi} \tag{8.101}$$

由此可导出柱坐标系中低涡的水平散度场为

$$D'=-\frac{g}{c_p \overline{T} f^2}\left(\frac{\partial^2 Q'}{\partial r^2}+\frac{1}{r} \frac{\partial Q'}{\partial r}\right)\left(z-\frac{h_B}{2}\right)-\frac{\zeta'_g}{2\pi} \tag{8.102}$$

其中 $\zeta'_g=\frac{\partial v'_B}{\partial r}+\frac{v'_B}{r}$ 为边界层顶的扰动地转风涡度。

式(8.102)的第一项是热源强迫(即加热径向分布不均匀)引起的散度项，第二项是大气边界层 Ekman 抽吸作用引起的散度项。对于热源强迫项，在 $\frac{\partial^2 Q'}{\partial r^2}+\frac{1}{r}\frac{\partial Q'}{\partial r}>0$(即加热场的径向分布呈“内冷外热”型)的区域，水平散度场随高度的变化为：当 $z<\frac{h_B}{2}$ 时，$D'>0$，即低涡的低层为辐散，但随着高度升高，辐散减弱；当 $z=\frac{h_B}{2}$ 时，式(8.102)第一项的热源强迫散度项 $D'=0$，此为热源强迫的无辐散层；当 $z>\frac{h_B}{2}$ 时，热源强迫散度项 $D'<0$，即高层为辐合，且高度越高，辐合越强。由此可

见,热源强迫的散度场在 $z=\frac{h_B}{2}$ 处为一水平无辐散层,其上为辐合层,其下为辐散层,因此可将 $z=z_C=\frac{h_B}{2}$ 看作动力变性高度,在此高度上,$\frac{\partial^2 Q'}{\partial r^2}+\frac{1}{r}\frac{\partial Q'}{\partial r}>0$("内冷外热"型)区域内的气流由低层辐散气流转变为高层辐合气流。而对于 $\frac{\partial^2 Q'}{\partial r^2}+\frac{1}{r}\frac{\partial Q'}{\partial r}<0$("内热外冷"型)的区域,可得到与上述区域相反的结论,即低层辐合气流转变为高层辐散气流。

将流函数解式(8.100)代入式(8.96)还可得低涡的垂直速度解

$$w'=\frac{g}{2c_p\overline{T}f^2}\left(\frac{\partial^2 Q'}{\partial r^2}+\frac{1}{r}\frac{\partial Q'}{\partial r}\right)(z^2-h_B z)+\frac{z\zeta'_g}{2\pi} \tag{8.103}$$

同样,上式第一项是由热源径向的分布不均匀所强迫的垂直速度项,第二项是边界层 Ekman 抽吸作用引起的垂直速度项。对于热源外强迫对垂直运动的影响,由于 $(z^2-h_B z)<0$,所以在低涡"内冷外热"型加热分布区域($\frac{\partial^2 Q'}{\partial r^2}+\frac{1}{r}\frac{\partial Q'}{\partial r}>0$),$w'<0$,热源强迫出下沉运动,在"内热外冷"型加热分布区域($\frac{\partial^2 Q'}{\partial r^2}+\frac{1}{r}\frac{\partial Q'}{\partial r}<0$),才出现通常认为的热源强迫产生的上升运动。所以热力强迫出的垂直运动的具体形式与热源的径向分布有很大关系。

8.5.2.3　边界层动力抽吸泵对高原低涡的作用

高原地区强烈的太阳辐射奠定了边界层对流产生、发展的热力基础,同时高原地区复杂的地形、地貌使高原边界层内的风场经常具有较强的不均匀性,不同层次之间常出现垂直切变,而强切变的存在加强了对流混合,这又为对流发展提供了强大的动力基础。研究表明,青藏高原上空湍流边界层的高度可达 2200 m,比平原地区明显偏高,湍流交换强度也比平原地区要强。根据大气边界层理论和高原边界层观测试验,高原边界层的 Ekman 抽吸作用或动力"抽吸泵"强度比平原地区大许多,这对于高原边界层内的对流活动和高原低涡的发生发展具有重要作用。

由式(8.103)可知,对于 Ekman 抽吸作用项,若边界层顶有气旋性涡度时,$\zeta'_g>0$,通过 Ekman 抽吸作用引起低涡的上升运动,并且上升运动随高度增强;若边界层顶有反气旋性涡度时,$\zeta'_g<0$,通过 Ekman 抽吸作用引起低涡的下沉运动,并且下沉运动随高度增强。

8.5.3　高原低涡与热带气旋类低涡的可能联系

长期以来,人们对热带气旋(台风)中的涡眼结构已有较深入的认识和研究,从飞机和卫星的观测上得到证实，并用动力学理论和数值模拟对此加以解释。但对中高纬度的低压涡旋是否存在类似于台风的涡眼结构及其成因还了解得不多。但国内外学者在模拟中纬度气旋的发生、发展过程中，观察到类似台风涡眼的结构。热带气旋类低涡(TCLV)是指一类与热带气旋相似的低压涡旋系统，它具有与热带气旋相似的眼结构、暖心结构以及地面风场最强等结构特征和发展机制，多在热带或副热带等不同纬度的洋面上生成、发展，例如某些极涡和地中海气旋。

地面感热作用的数值试验和能量诊断分析揭示出高原低涡初期和成熟期扰动动能的来源方式类似于热带大气中能量的转换方式。而青藏高原 500 hPa 低涡的天气学诊断和动力学结构分析也表明：由于青藏高原下垫面的热力性质与热带海洋有相似之处，所以不少高原低涡的结构与海洋上的热带气旋(TC)或热带气旋类低涡(TCLV)十分相似。在云形上主要表现为气旋式旋转的螺旋云带，低涡中心多为无云区(空心)。卫星云图资料也表明盛夏时高原低涡的云型与海洋上热带气旋非常类似，螺旋结构十分明显；高原低涡也具有与热带气旋相似的眼结构、暖心结构等特征。因此可以认为由于高原独特下垫面特性和周围环境场的综合效应，使夏季高原低涡(特别是暖性低涡)的性质以及发生规律更类似于热带气旋而不同于温带气旋，这种现象在低涡发展初期更为明显，可以将这类暖性高原低涡视为 TCLV，只是由于高原不像海洋上那样有充分的水汽供应，因而高原低涡不像台风那样可以强烈发展，涡眼不那么清楚，生命史也较短。

根据前面所述热源强迫对边界层低涡流场结构作用的讨论，在低涡的中心区域呈“内冷外热”型(即 $\dfrac{\partial^2 Q'}{\partial r^2}+\dfrac{1}{r}\dfrac{\partial Q'}{\partial r}>0$)加热分布时，低涡中心低层($z<z_C$)会强迫出辐散气流和随时间减弱的切向流场，高层($z>z_C$)强迫出辐合气流和随时间增强的切向流场，并且易在涡心产生下沉运动，有利于形成涡眼结构，这在卫星云图上表现为无云区或空心区；而在低涡眼壁以外的外围区域的热源径向分布形式容易满足“内热外冷”型(即 $\dfrac{\partial^2 Q'}{\partial r^2}+\dfrac{1}{r}\dfrac{\partial Q'}{\partial r}<0$)，则在低涡外围的低层产生辐合气流和随时间增强的切向流场，高层产生辐散气流和随时间减弱的切向流场，并且产生上升运动。高原低涡的这种结构与热带气旋类似，因此可认为此时高原低涡的结构已转化为热带气旋类低涡，可把这类高原低涡看作 TCLV 的新例证。

8.5.4 高原低涡中的涡旋波动

一些强烈发展的高原低涡云系还表现出螺旋形态，一般认为这种外在的螺旋形态实际反映出涡旋系统内部某些动力学特征，与波动联系密切，认清螺旋带的发展问题对于了解涡旋的演变有重要意义。目前研究较多的是台风中的螺旋雨带，发展了惯性重力波理论和涡旋 Rossby 波理论来解释其成因，对于高原低涡螺旋云系的研究较少，最早叶笃正等(1979)利用 NOAA 卫星云图资料分析出强烈发展的高原低涡具有螺旋云系和涡心无云或少云的特征，乔全明和张雅高(1994)也指出，盛夏时高原低涡的云型与海洋上热带气旋非常类似，螺旋结构十分明显，但缺乏相应的理论解释。高原低涡的螺旋云带是如何形成的，它与高原低涡本身的结构特征有何联系，其中的动力学机制是什么，反映出何种波动特征等等，这些基础且重要的问题值得进行研究。下面我们试图从涡旋波动的角度对高原低涡进行波动分析。

讨论高原低涡波动特征的简化模型取为

$$\begin{cases}\dfrac{\partial u}{\partial t}+u\dfrac{\partial u}{\partial r}-\dfrac{v^2}{r}=-g\dfrac{\partial h}{\partial r}+fv\\[2mm]\dfrac{\partial v}{\partial t}+u\dfrac{\partial v}{\partial r}+\dfrac{uv}{r}=-fu\\[2mm]\dfrac{\partial h}{\partial t}+u\dfrac{\partial h}{\partial r}+\dfrac{h}{r}\dfrac{\partial ru}{\partial r}=0\end{cases}\tag{8.104}$$

此简化动力学模型与一些研究热带气旋和热带气旋类低涡所采用的模型相似，主要因为此模型能够较好地描述涡旋运动的主要动力学特征。在多数研究热带气旋、热带气旋类低涡所含波动的工作里，都是根据一定的观测或模拟假定了涡旋的基本流场，然后在此流场基础上来进一步分析涡旋中的波动特征，而本研究则是在前面动力学推导得出高原低涡流场的基础上，进一步分析高原低涡中的涡旋波。

对方程组(8.104)用微扰法进行线性化处理，并注意基本场满足梯度风平衡 $\overline{v}^2/r+f\overline{v}=g\,\mathrm{d}\overline{H}/\mathrm{d}r$，基本切向场有径向切变 $\overline{v}=\overline{v}(r)$，另外 $u=u'$，$v=\overline{v}+v'$，$H=\overline{H}(r)+h'$，可得如下形式的小扰动方程组

$$\begin{cases}\dfrac{\partial u'}{\partial t}-\left(\dfrac{2\overline{v}}{r}+f\right)v'=-g\dfrac{\partial h'}{\partial r}\\[2mm]\dfrac{\partial v'}{\partial t}+\left(\dfrac{\mathrm{d}\overline{v}}{\mathrm{d}r}+\dfrac{\overline{v}}{r}+f\right)u'=0\\[2mm]\dfrac{\partial h'}{\partial t}+\overline{H}\dfrac{\mathrm{d}u'}{\mathrm{d}r}+\left(\dfrac{\mathrm{d}\overline{H}}{\mathrm{d}r}+\dfrac{\overline{H}}{r}\right)u'=0\end{cases}\tag{8.105}$$

设此方程组具有特征波解，可令 $u'=\hat{U}(r)\mathrm{e}^{\mathrm{i}(m\lambda-\omega t)}$，$v'=\hat{V}(r)\mathrm{e}^{\mathrm{i}(m\lambda-\omega t)}$，$h'=\hat{H}(r)\mathrm{e}^{\mathrm{i}(m\lambda-\omega t)}$，其中 m 为切向(绕圆周方向)波数，则得如下常微分方程组

$$\begin{cases}\mathrm{i}\omega\hat{U}+\left(\dfrac{2\overline{v}}{r}+f\right)\hat{V}=g\dfrac{\mathrm{d}\hat{H}}{\mathrm{d}r}\\[2mm]\mathrm{i}\omega\hat{V}-\left(\dfrac{\mathrm{d}\overline{v}}{\mathrm{d}r}+\dfrac{\overline{v}}{r}+f\right)\hat{U}=0\\[2mm]\mathrm{i}\omega\hat{H}-\overline{H}\dfrac{\mathrm{d}\hat{U}}{\mathrm{d}r}-\left(\dfrac{\mathrm{d}\overline{H}}{\mathrm{d}r}+\dfrac{\overline{H}}{r}\right)\hat{U}=0\end{cases}\tag{8.106}$$

对以上方程组消元可得微分方程

$$-\frac{\overline{H}}{B}\frac{\mathrm{d}^2\hat{v}}{\mathrm{d}r^2}+\left(\frac{2\beta_t\overline{H}}{B^2}-\frac{2}{B}\frac{\mathrm{d}\overline{H}}{\mathrm{d}r}-\frac{\overline{H}}{Br}\right)\frac{\mathrm{d}\hat{v}}{\mathrm{d}r}+\left(\frac{2\overline{v}}{gr}+\frac{f}{g}-\frac{\omega^2}{Bg}-\frac{2\beta_t^2\overline{H}}{B^3}+\frac{A\overline{H}}{B^2}+\right.$$
$$\left.\frac{2\beta_4}{B^2}\frac{\mathrm{d}\overline{H}}{\mathrm{d}r}+\frac{\overline{H}\beta_4}{B^2r}-\frac{1}{B}\frac{\mathrm{d}^2\overline{H}}{\mathrm{d}r^2}-\frac{1}{Br}\frac{\mathrm{d}\overline{H}}{\mathrm{d}r}+\frac{\overline{H}}{r^2B}\right)\hat{v}=0 \tag{8.107}$$

此方程中 $A=\frac{1}{r}\frac{\mathrm{d}^2\overline{v}}{\mathrm{d}r^2}-\frac{2}{r^2}\frac{\mathrm{d}\overline{v}}{\mathrm{d}r}+\frac{2\overline{v}}{r^3}$, $B=\frac{\mathrm{d}\overline{v}}{\mathrm{d}r}+\frac{\overline{v}}{r}+f=\overline{\zeta}_z+f$ 。方程中已略去含有 $\frac{\mathrm{d}^3\overline{v}}{\mathrm{d}r^3}$ 的项,即不计切向速度的三阶切变。

直接求解方程(8.107)非常复杂,有必要对方程进行适当简化。把 $\frac{\mathrm{d}\overline{H}}{\mathrm{d}r}=\frac{\overline{v}^2}{gr}+\frac{f\overline{v}}{g}$ 代入后对式(8.107)进行量级分析,保留量级最大项和次最大项,最后可得方程(8.107)的简化形式

$$r^2\frac{\mathrm{d}^2\hat{v}}{\mathrm{d}r^2}+\left(\frac{\omega^2r^2}{g\overline{H}}-\frac{\beta_*r}{B}-\frac{Ar^2}{B}\right)\hat{v}=0 \tag{8.108}$$

方程(8.108)的边界条件为:$r=R$(低涡边缘)处,速度为零;$r=0$ 处,速度有界。则方程具有正弦函数解

$$\sin\left(\sqrt{\frac{\omega^2}{g\overline{H}}+\frac{\beta_*}{RB}-\frac{A}{B}}\right)=0 \tag{8.109}$$

进而可求得涡旋波的频率方程(或频散公式)

$$\omega=\pm\frac{\sqrt{g\overline{H}}}{(\overline{\zeta}_z+f)}\sqrt{n^2\pi^2(\overline{\zeta}_z+f)^2+\beta_*/R+A}\,(n\in\text{整数}) \tag{8.110}$$

从波动频散关系式(8.110)中可以看出,此波动既包含涡旋 Rossby 波,同时也包含惯性重力波,且具有不可分的特性,属于第二类混合波动。该类混合波是在特定背景场条件下同时兼具几种基本波动性质的特殊波动,其物理量场的分布具有明显的涡度和散度共存的现象。可见在高原低涡这种涡散共存的 α 中尺度系统中,具有涡旋 Rossby-惯性重力混合波动的特征。

这种混合波动的机理可以由位涡守恒定律来解释,由方程组(8.105)可以导出 Rossby 位涡守恒公式

$$\left(\frac{\partial}{\partial t}+u'\frac{\partial}{\partial r}\right)\left(\frac{\overline{\zeta}_z+\zeta'_z+f}{\overline{H}+h'}\right)=0 \tag{8.111}$$

即在位涡守恒的约束下,环境位涡的变化同时会引起涡旋运动和辐合辐散运动的变化。由于涡度的变化会导致 Rossby 波的形成和传播,而散度运动的变化又会引起惯性重力内波的激发与演变。因此,环境位涡梯度不仅是涡旋 Rossby 波的成波机

制，也是惯性重力外波的成波机制。

综上所述，首先利用卫星云图通过两个个例揭示出夏季一类高原低涡结构的基本观测事实：低涡形成过程中螺旋结构明显，具有涡眼结构，且为暖心，眼中心为下沉气流。然后借鉴研究热带气旋类低涡的方法，将暖性青藏高原低涡视为受加热和摩擦强迫作用，且满足热成风平衡的轴对称涡旋系统，通过求解线性化的柱坐标系中的涡旋模式，得出了边界层动力作用下低涡的流函数解，比较细致地用定性分析的方法重点讨论了地面热源强迫和边界层动力“抽吸泵”对高原低涡流场结构以及发展的作用。结果表明，地面热源强迫有利于高原低涡的生成，对高原低涡流场结构的形成具有重要作用。热源强迫的边界层低涡的散度场存在一个动力变性高度，高度的位置与边界层顶高度有关。通过边界层 Ekman 抽吸作用，当边界层顶有气旋性涡度时，能引起边界层低涡的水平辐合运动和随高度增强的上升运动，并可增强低涡的切向流场；如果低涡的中心区域为“内冷外热”型加热分布，则热源强迫的低涡中心区域下层为辐散气流和随时间减弱的切向流场，上层为辐合气流和随时间增强的切向流场，并伴有下沉运动，从而形成涡眼结构，有利于热带气旋类低涡型高原低涡形成。进一步通过低涡模型对高原低涡所含涡旋波动性质的分析讨论得知：高原低涡中既含有涡旋 Rossby 波（内圈区域），又含有惯性重力波（外圈区域），呈现涡旋 Rossby-惯性重力混合波（涡心区域）的特征。

8.6　TCLV 型高原低涡的数值模拟

8.6.1　高原低涡结构特征的 MM5 模拟

利用二重嵌套的美国 PSU/NCAR 的高分辨率中尺度非静力 MM5 模式对 2005 年 7 月 28—29 日的一次高原低涡过程进行数值模拟。在此基础上，利用模式输出的高分辨率资料对高原低涡的空心结构进行了初步分析，以期望能够通过数值模拟这种研究手段加深人们对对高原低涡结构特征及发展演变等认识。

8.6.1.1　模式方案设计

本研究利用美国 PSU/NCAR 的非静力平衡中尺度数值模式 MM5，采用双重嵌套网格对 2005 年 7 月 28—29 日的一次高原低涡过程进行数值模拟。模式区域中心位置为(85°E，36°N)，粗网格为 85 ×85 个格点，格距为 36 km，细网格为 100 ×100 个格点，格距为 12 km，模式区域在垂直方向上分为不等距 20 层，模式顶为 100 hPa，时间步长为 120 s。双重嵌套网格采用的参数化方案一致，行星边界层物理过程采用

Eta 方案,水汽变化过程采用 Reisner 方案,辐射过程采用 CCM2 云辐射方案,网格和次网格尺度降水均采用 Grell 积云对流参数化方案。模式使用 NCEP 每 6 h 一次的 1°×1°再分析资料作为初始场及边界条件。此次模拟过程初始时刻选为 2005 年 7 月 28 日 12 时(世界时),共积分 24 h,每 1 h 输出一次模拟结果。

黄楚惠和李国平(2007)利用卫星资料对本研究的高原低涡过程进行分析发现,高原低涡于 7 月 28 日 18 时(北京时)开始发展,到 22:30 左右已发展成一个成熟涡,并且呈现明显的涡眼(空心)结构,眼区水平直径约为 35 km。为了更详细地了解低涡空心结构的特征,下面通过 MM5 模式输出的格距为 36 km 的高分辨率资料,重点对成熟高原涡的结构特征进行分析。MM5 输出的模拟流场分析表明 7 月 28 日 22—23 时为低涡发展最旺盛时期,在 22 时 500 hPa 流场图(图略)中,86°—90°E,33°—36°N 范围内有明显的气流辐合和气旋性环流。到 23 时,气旋性环流更加明显,形成了一闭合中心(图 8.13),高原低涡趋于成熟,涡旋环流中心位于 88°E,35°N。

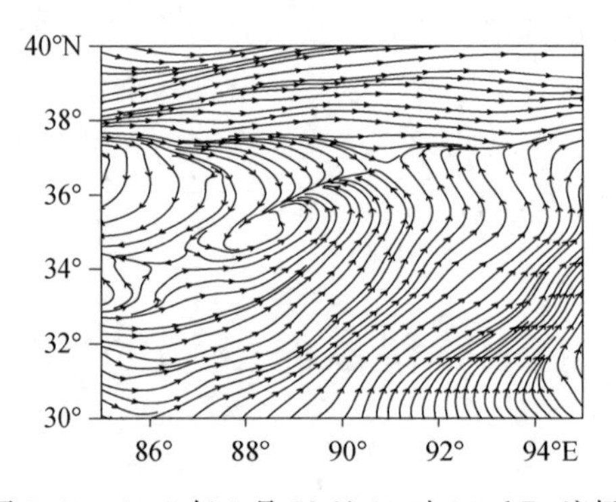

图 8.13　2005 年 7 月 28 日 23 时 500 hPa 流场

本节利用 MM5 中尺度数值模式,对一次高原低涡过程进行了数值模拟,并对成熟高原涡的结构特征从流场、温度场、涡度场、散度场和垂直速度场等方面进行了诊断分析(图 8.14),得到以下几点结论:

(1)中尺度非静力数值模式 MM5 对此次低涡过程有较好的模拟能力,能够模拟出高原低涡的一些特殊结构。

(2)流场和温度场的分析揭示出成熟高原低涡内呈气旋性环流,并且有一明显的闭合的气旋中心。涡心的温度高于四周,具有暖心结构。

(3)涡度场分析表明,低涡下层为正涡度区,上层为负涡度区。涡区四周的正涡度伸展高度高于涡眼区。

(4)成熟高原低涡的主要结构特征为:涡眼区,低层辐散下沉,高层辐合上升;涡心四周,低层辐合上升,高层辐散下沉。这种低涡流场结构与热带气旋类似。进一步论实了某些高原低涡可以具有与热带气旋(TC)或热带气旋类低涡(TCLV)类似的空心(涡眼)和暖心等结构。

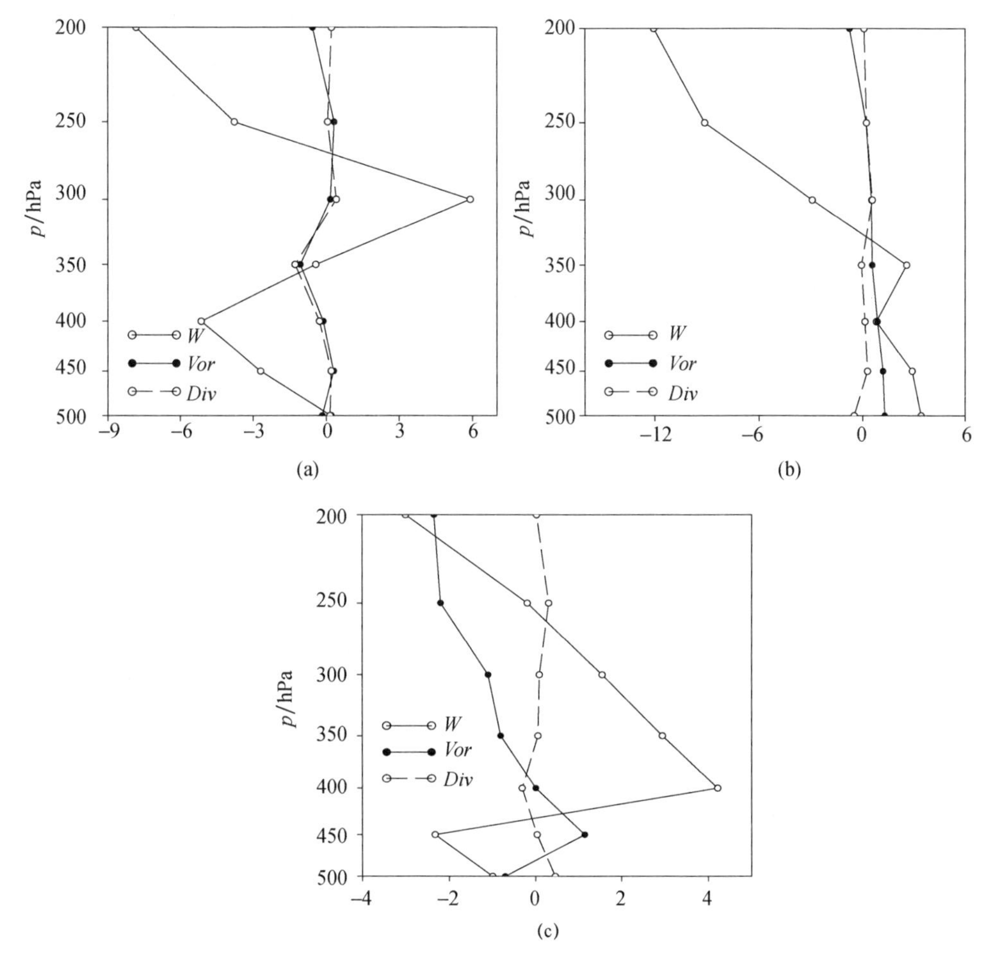

图 8.14 模式模拟的不同时刻高原低涡中心物理量的垂直廓线

(涡度:10^{-4} s^{-1};散度:10^{-4} s^{-1};垂直速度:10^{-1} m·s^{-1})

(a)29 日 08 时,(b)29 日 12 时,(c)30 日 00 时

类似地,利用非静力中尺度数值模式 MM5 对 2009 年 7 月 29—31 日的一次高原低涡过程进行了数值模拟与诊断分析得出:FY-2C 气象卫星反演得到的 TBB 分布表明高原低涡在发展过程中具有与热带气旋类低涡相似的涡眼结构,即中心为无云区(空心)。西南风输送的暖湿气流使正位涡区随着高原低涡的东移而东移。在动力结构上,低涡发展过程中,涡心处的散度和涡度变化不大,垂直速度由上升运动变为下沉运动。涡眼处的涡度垂直分布与位涡比较一致,即涡心位于一个倒 Ω 型的

区域内，两侧各有一个正涡度（正位涡）柱；涡心低层到高层为辐散下沉运动。在热力结构上，低涡区为“南暖北冷”的结构，涡眼位于垂直剖面的相对低值区。通过MM5模拟还可得到雨、雪以及软雹（如果存在的话）的混合比率，从而计算出相当雷达反射率因子。雷达反射率能基本反映出TBB所呈现的低涡基本特征。云区主要集中在高原上，位置和卫星TBB图上的基本一致，云团呈零星的块状分布；高原上存在风场辐合区，辐合中心与低涡中心相对应。但模拟的雷达反射率反映的云团在高原上较为零散，螺旋结构不如实况明显，这可能是本研究选取的雷达图像为单一层次而非多个层次的叠加所致。

8.6.2 高原低涡内波动特征及空心结构的WRF模拟

本节使用由美国环境预测中心（NCEP）和美国国家大气研究中心（NCAR）等机构联合开发的新一代中尺度数值天气预报模式WRF对2006年8月14日一次高原低涡过程进行了三重嵌套的高分辨率数值模拟，希望得到更加细致的低涡内波动与空心结构特征。

8.6.2.1 模式与低涡过程

WRF（Weather Research and Forecast）模式是由美国环境预测中心（NCEP）和美国国家大气研究中心（NCAR）等联合开发的新一代中尺度数值天气预报模式，采用Arakawa C水平网格和地形追随非静力气压垂直坐标附带静力选项，支持双向移动网格的嵌套，具有完整的科氏力以及曲率的条件和完整的物理过程参数化方案包括陆面、行星边界层、大气与表面辐射、微物理与积云对流等参数化方案，在V3.1版本当中，还加入了重力波拖曳效应。WRF有两种动力核心，分别是：WRF-ARW（Advanced Research WRF）由美国NCAR/MMM维护和开发；WRF-NMM（Non-hydrostatic Mesoscale Model）由美国NOAA/NCEP维护和开发。

选择对本次低涡过程进行模拟主要由于本次低涡发展较为强盛，眼与云带结构较为明显，具有一定的代表性。这是一次持续时间较长，虽仍未达到发展型涡标准但有降水的高原低涡（黄楚惠和李国平，2007）。在低涡控制范围内的扎和定日两站都有观测到降水。卫星云图显示14—17时（北京时，下同）是高原低涡初生的阶段，17—19时是低涡最强盛的阶段，19时低涡中心处的涡眼非常明显（图8.15），此时低涡发展到最强盛时期，水平尺度约为500 km，眼区水平距离约55 km，眼区中心位于（约86°E，31°N），云区大致范围为（83°—88°E，29°—33°N），呈东北—西南椭圆分布。强对流区位于涡眼外围。此后低涡开始减弱。到20时涡眼范围扩大，涡心东北移（86.14°E，31.07°N），低涡外围云区出现明显的不连续，23:30低涡消亡。

8.6.2.2　模拟方案与模拟概况

背景场使用 NCEP 1°×1°再分析资料，模式模拟区域使用三重双向嵌套网络，最外层的固定区域使用 45 km 分辨率，地形使用 5 弧度秒（约 9 km）分辨率用来模拟系统发展的天气尺度的背景场，并且为细网格提供边界条件。这个区域取得足够大，目的是使侧边界条件对低涡发展的影响降到最低。区域 2 网络格距 15 km，地形分辨率 2 弧度秒（约 3.6 km）。最内层区域 3 采用 5 km 格距，地形分辨率 30 弧度秒（约 950 m），此区域是模拟高原低涡结构的重点区区。参数化方案的选择上，在此主要介绍区域 3 所使用的方案，微物理过程使用 WSM6 方案，该方案能够较好地模拟云物理过程（Hong 和 Lim，2006）。长波辐射方案使用 RRTM（Rapid Radiative Transfer Model），短波辐射使用 Dudhia 方案。边界层使用 Mellor-Yamada-Janjic 方案。积云参数化使用 Kain-Fritsch（new Eta）方案。模拟时间 24 h，2006 年 8 月 14 日 08 时—15 日 08 时包含此次低涡的发展与成熟时期。

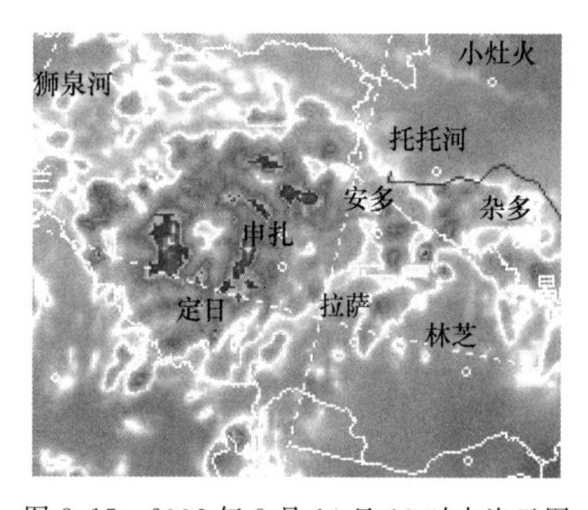

图 8.15　2006 年 8 月 14 日 19 时水汽云图

由模式输出结果来看，300 hPa 的模拟流场（图 8.16）以反气旋气流为主，符合通常对高原低涡场的研究，中心位置表现为比较流线比较稀疏，能够与云图上的眼区对应，同时反气旋气流占主导的区域也能够与低涡主要云区对应。另外，对比 500～100 hPa 水汽合成图与卫星水汽图可以看出（图 8.17），低涡眼区是水汽的小值区，同时低涡南部部的水汽量较大，而北部较小，这种差异在模拟图像上表现得更为明显，低涡南部，水汽混合比最大值达到 8 g/kg，而在北部只有 5.5 g/kg。总体来讲，模拟与实况比较接近，因此模式输出的数据可以作为进一步分析的基础。

8.6.2.3　高原低涡内波动分析

在本次高原低涡的数值模拟中发现，散度、涡度在各层次上均存在着正负值区

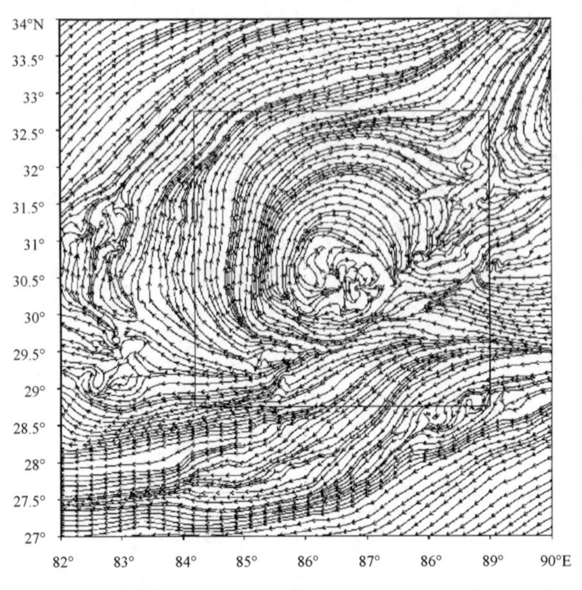

图 8.16　2006 年 8 月 14 日 19 时 300 hPa 的模拟流场

（黑色方框表示云图中低涡主要云区范围）

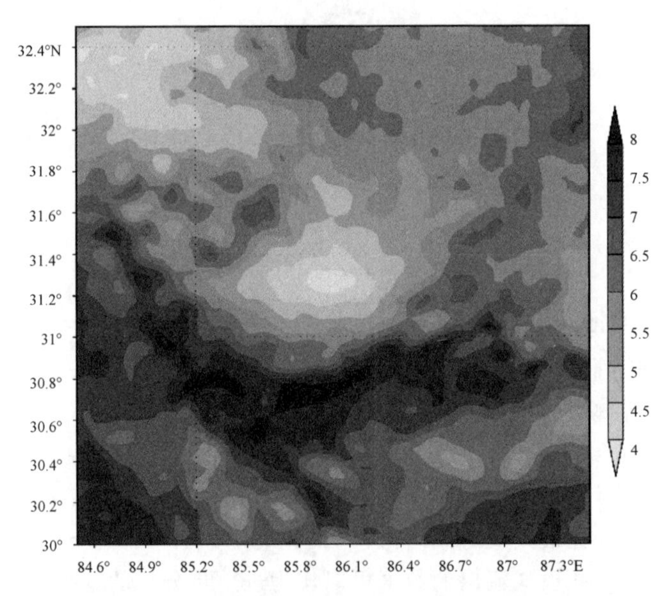

图 8.17　2006 年 8 月 14 日 19:40 500～100 hPa 模拟水汽合成图

（单位：g/kg）

域的相邻交替分布，体现出一定的波动性，同时也随时间的变化而旋转。以 31°N、86°E 为中心，向正南对 500 hPa 平均涡度做经向剖面（图 8.18）可以看出，在 86°E 低涡眼区域，平均涡度较小，向外涡度增大，在 86.3°—86.4°E 达到最大值后，逐渐减小，涡旋 Rossby 波产生的根源是平均涡度具有径向梯度(余志豪，2002)。显然，高原低涡也能满足这样的条件，能够产生涡旋 Rossby 波。在研究热带气旋中涡旋 Rossby 波的特征时，由于螺旋雨带和强正涡度带或位涡带有很好的对应关系，通常采用的方法是分析涡旋中涡度或位涡大值区的分布及移动。本研究也采用这种方法分别从切向和径向分析了高原低涡中涡度大值区的分布。同时，低涡中的辐合辐散运动也很强烈，具备了产生惯性重力波的条件。因此本研究同样分析了辐合辐散在低涡切向与径向的分布状况，以便更加清晰地说明高原低涡中涡旋波动的特征。

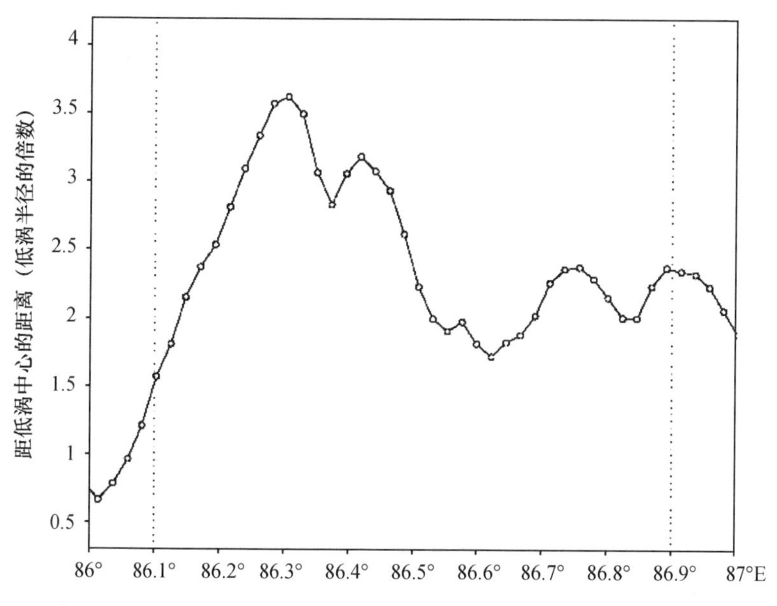

图 8.18 500 hPa 2006 年 8 月 14 日 17—20 时平均涡度沿 31°N 剖面

(单位：$10^{-4}s^{-1}$)

本次模拟的高原低涡中心涡度较小，向外约 50 km 达到最大，因此以(86°E，31°N)为圆心，以 50 km 为半径，绘制了 500 hPa 上半径为 50 km 圆周(图 8.20a)上的涡度-方位角分布廓线，来分析强正涡度带在高原低涡切向上的分布及移动，图中是从 17—20 时，共 4 个时次圆周上涡度分布状况，这 4 个时次也是高原低涡最为旺盛的阶段，横坐标为方位角，0°、90°、180°、270°分别代表东、北、西、南四个方向，涡度大值区的移动是向左方的，实际即代表涡度极大值顺时针方向移动，这种移动在图 8.19 中表现得更为明显，这 4 个时次之外(图中未画出)，涡度大值区域已表现得不明显，整个过程涡度大值区由低涡的西南方移至正北方后明显减弱，未完成整个圆周的传播，在正北方向断裂。

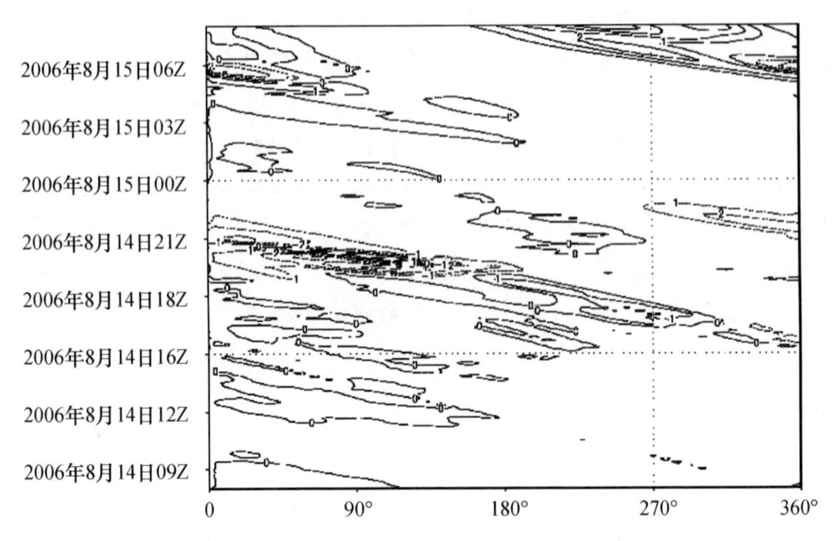

图 8.19 2006 年 8 月 14—15 日涡度-时间方位角截面

(纵坐标为时间,横坐标为方位角,单位:$10^{-4}\ s^{-1}$)

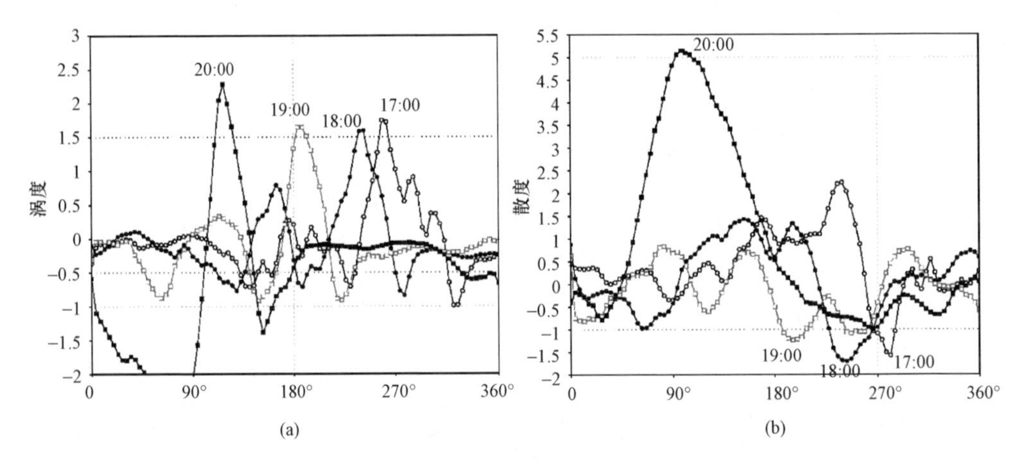

图 8.20 2006 年 8 月 14 日 17—20 时 500 hPa 涡度及散度-方位角分布廓线

(a)涡度廓线,(b)散度廓线

(横坐标为方位角,0°、90°、180°、270°分别代表东、北、西、南四方向,

四条曲线分别代表 17、18、19、20 时的廓线,单位:$10^{-4}\ s^{-1}$)

高原低涡中的散度与涡度具有相同量级,因此采用了同样的方法做出了散度-方位角分布廓线,图 8.20b 中可以看出,在 17—19 时,低涡南部涡度的大值区与辐合区对应较好,这同卫星水汽图上亮温较高的区域对应,表明对流活动强烈。同时整个圆周上来看,各时刻辐合辐散交替分布,并整体向左方,即顺时针方向传播。与涡度

不同的是,19 时低涡的强盛时期,散度正负值的交替次数多与涡度的交替次数,同意圆周上的波数不同。20 时在正北方向出现了较强的辐散这可能与低涡北部水汽条件较弱,低涡的瓦解首先从北部开始有关。

高原低涡涡旋波动在径向上的传播状况可以概括为由初始的沿径向向内传播转换为成熟期之后的向外传播。经低涡中心做 500 hPa 扰动涡度的时间纬向剖面来表示波动沿径向的传播,图 8.21a 中可以看出,在约 19 时之前的时刻,涡度扰动分别由两侧向中心(31°N 附近)移动,之后逐渐转换为向外的传播。同样经低涡中心做 500 hPa 扰动散度的时间-经向剖面(图 8.21b),约 19 时之前,散度扰动向内传播,而后向外。另外,散度扰动在涡旋南侧更为强烈一些,这与低涡南部水汽条件相对充足,发展更为强烈有关。这种径向传播特征也可以看出低涡发展阶段对应了能量的向内聚,而逐渐减弱的阶段也对应了能量向外频散,具有和热带气旋相似的特征(Montgomery 和 Kallenbach,1997)。

在分析了高原低涡涡旋波动切向与径向的特征后,根据所取圆半径 50 km,涡度波峰移动方位角约 135°,我们可以粗略估算出高原低涡中的涡度大值区沿切向的传播速度为 8 m/s,这样的速度大于涡旋 Rossby 的理论移速而小于惯性重力波的理论移速,因此高原低涡中的这种涡旋波很可能是由于两种波动的混合而形成的。而在低涡生命期中的不同阶段以及低涡由内到外的不同范围之中,起主导作用的波动也不尽相同,首先从位置上来说,本例中距离高原低涡中心 50 km 以外涡度的径向梯度已不再明显(如图 8.21 所示),即径向变化很弱,因此在这以外的区域当中已不具备涡旋 Rossby 波生成的条件,因此主要表现为惯性重力波的传播,而在半径 50 km 以内的中心区域,则体现出两种波动的混合性。从时间上来说,低涡初期中心的区域由于较大的平均涡度径向梯度而产生涡旋 Rossby 波,而这种波动产生的涡度变化能够激发辐合辐散的交替变化从而产生惯性重力波,在本例中表现为 17—18 时涡度极值的波峰略微领先散度的波谷,19 时,二者移动速度基本同步,而散度的正负值的变动,即符合辐散的交替次数在同一圆周以比涡度交替更多,已经出现不同步,说明可能随着低涡的减弱过程,产生涡旋 Rossby 的条件越来越弱,整个低涡当中的波动则以前期激发产生的惯性重力波逐渐占主导。另外,高原低涡的生命期较短,本例中只有其最强盛时期的几小时具备产生涡旋 Rossby 波的条件,涡旋 Rossby 波无法完成一个圆周的转播,加上水汽南多北少的分布状况,使得波动的发展也在南侧首先产生,移动到北侧过程中减弱消失,因此本例中涡区北侧的波动状况不明显,这种情况的存在也从波动的角度解释了大多高原低涡螺旋形态的发展并不均匀或并不完整的原因,较难形成如同海上热带气旋般比较均匀和完整的螺旋云带。

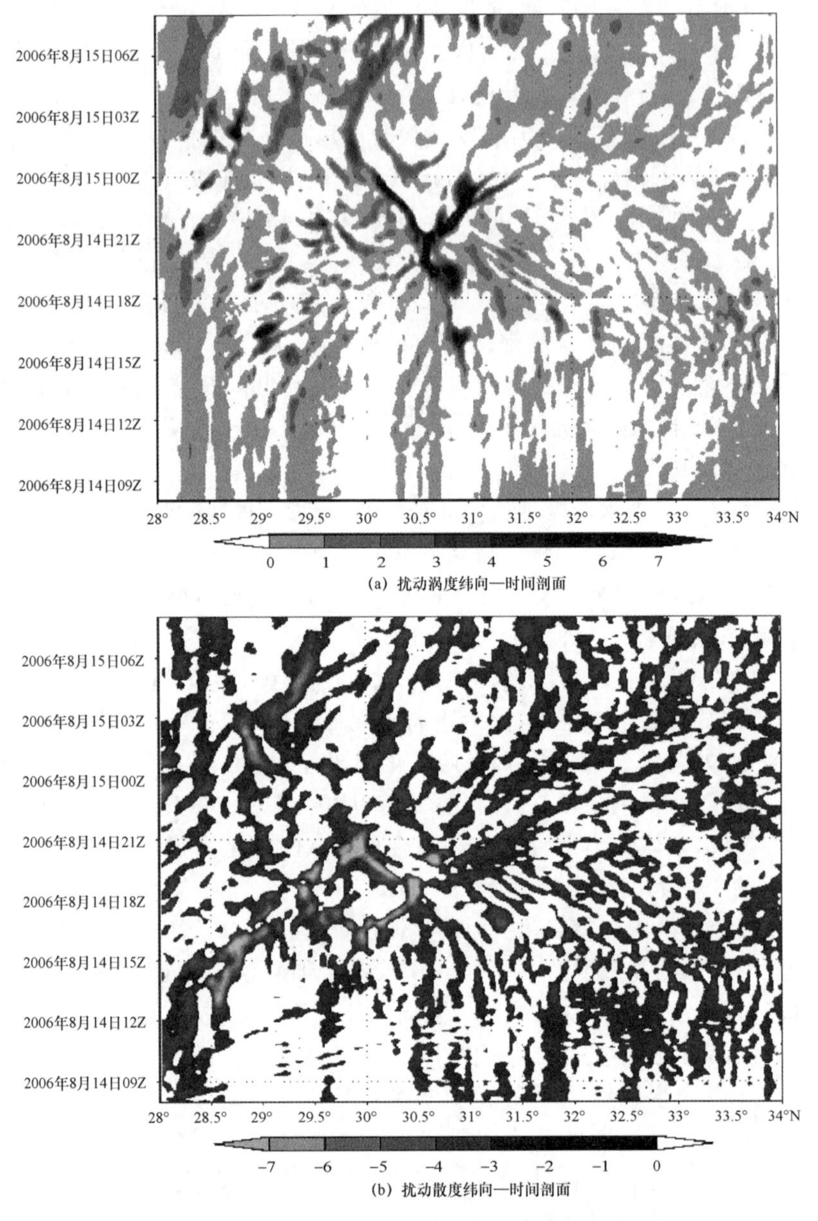

图 8.21 2006 年 8 月 14—15 日 500 hPa 扰动涡度与扰动散度纬向-时间剖面

[横坐标为纬度，纵坐标为时间。(a)中色标表示正涡度，白色区为负涡度区；(b)中色标表示辐合，白色区域为辐散区，单位：$10^{-4}s^{-1}$]

8.6.2.4　低涡空心结构

在卫星水汽图上可明显地看出本次模拟的高原低涡具有眼结构，在模拟输出的结果中，低涡成熟时期这种眼结构也很明显，即图8.17中低涡中水汽相对周围较少的区域。图8.21结果显示，本次模拟的高原低涡眼区的直径大约在0.5个经度，也就是约55 km。垂直结构方面，由经过低涡眼区的经向剖面图(图8.22)可以看出，成熟阶段的高原低涡中心温度相对较高，具有暖心结构，不过这种暖心结构限于高原低涡强盛时期500～300 hPa，同时期同剖面的垂直速度图8.23上来看，低涡中心区域低层有弱的下沉气流，中高层则无明显上升或下沉运动，说明低涡中心存在一个相对平静的区域，没有很强的对流活动，表现为眼结构，在相对平静的眼区周边两侧则是上升气流，本例中垂直运动较弱的区域向上层有一定的向东偏移，说明眼区也并非完全垂直，而是有一定偏向；而在外围垂直运动则逐渐减弱。由以上可以看出这种空心结构与热带气旋中心眼类似。

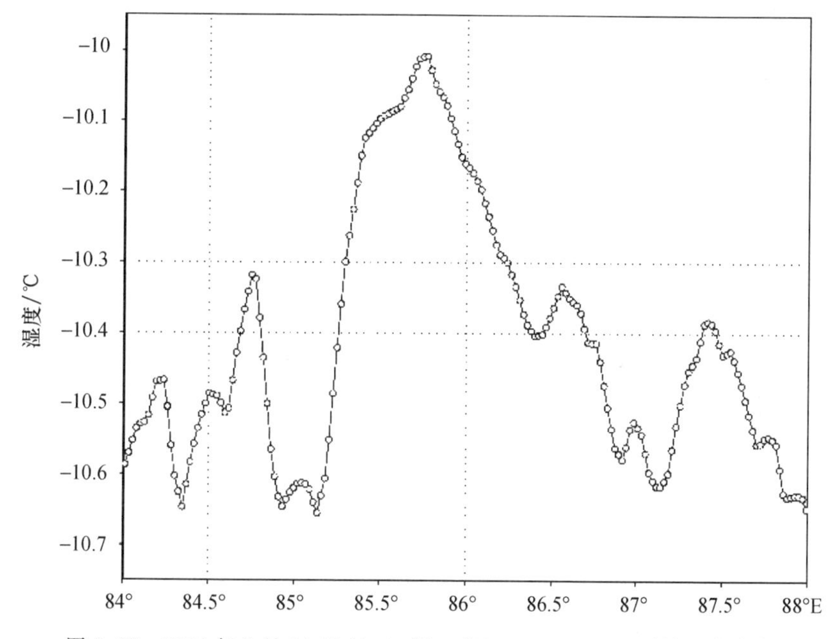

图8.22　2006年8月14日19:40沿31°N 500～300 hPa平均温度分布

眼区随时间的演变方面，仅从模拟显示的水汽混合比上来看，低涡发展初期眼区不完整，水汽含量上并没有产生如同图8.17时候明显的中心水汽较少的情况，而是随着低涡不断发展逐渐形成。同时，低涡眼区温度的随时间的变化上来说，同样也是初期暖心结构不明显，在成熟时期才逐渐产生，这可能与低涡逐渐成熟，对流活动强烈，水汽不断释放凝结潜热的过程有关。

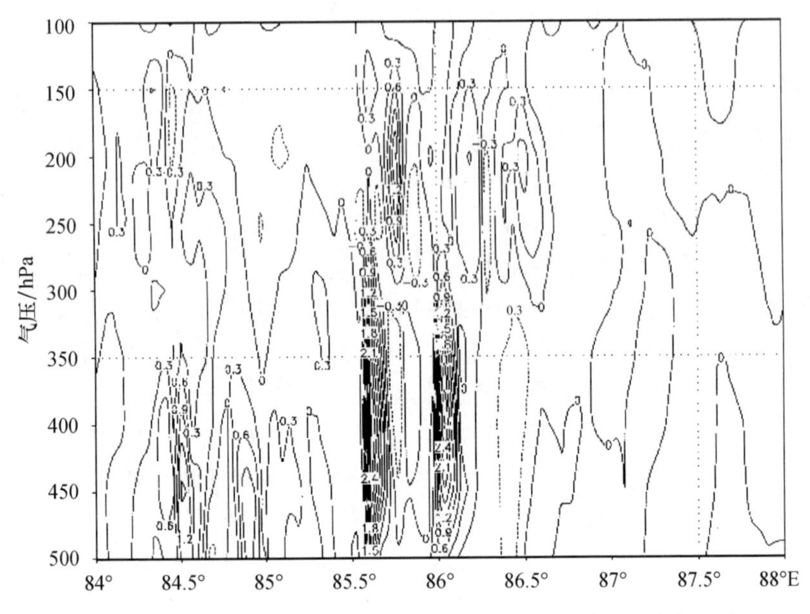

图 8.23　2006 年 8 月 14 日 19:40 沿 31°N 垂直速度截面(单位:m/s)

初生涡在 500 hPa 涡度场上对应有三处正涡度区,这与 20 时卫星云图上的强对流区相对应。500 hPa 散度场上涡区具有较强的辐合气流。300 hPa 辐合辐散较弱,反气旋流场初步形成。成熟高原低涡的结构可概括为:涡心四周存在较强的上升气流,高层 200 hPa 以上转为下沉运动;在近地层为向涡心的气旋性辐合气流,400 hPa 以上转为反气旋辐散气流,这种三维气流结构与热带气旋类似。而涡心近地层 500 hPa 为弱下沉气流,而中上部无明显的上升或下沉运动,表现为涡眼结构。在温度场上涡心区域表现为暖心结构,这种暖心结构在 400～300 hPa 表现得最为明显。高原低涡的这种流场与温度场结构与卫星云图上呈现的低涡具有涡眼和暖心结构的现象相吻合。

本节使用由美国环境预测中心(NCEP)和美国国家大气研究中心(NCAR)等联合开发的 WRF 模式对本次高原低涡进行模拟的效果较好,对其输出的高时空分辨率资料详细分析后得出:

(1)高原低涡中同时满足产生涡旋 Rossby 波和惯性重力波的条件,在本次高原低涡的数值模拟中发现,散度、涡度在各层次上均存在着正负值区域的相邻交替分布,体现出一定的波动性,这种波动具有涡旋波与惯性重力波混合的特性,其沿低涡切向的传播速度介于涡旋 Rossby 波与惯性重力波的理论移速之间。

(2)在低涡中不同区域波动的性质不尽相同,在低涡中心区域,由于较高的涡度径向梯度,同时有较强的辐合辐散,表现出以涡旋 Rossby 波与惯性重力波混合的特性为主，而低涡中心外围区域中涡度径向梯度大大减弱，失去了产生涡旋 Rossby 的条件，显现为惯性重力波的特性。另外，涡心区域产生涡旋 Rossby 波对与惯性重力波有一定的激发作用。

(3)高原低涡生命期相对较短，水汽输送不均匀，本例中只有其最强盛时期的几小时具备产生涡旋 Rossby 波的条件，涡旋 Rossby 波无法完成一个圆周的转播，波动的发展在南侧产生，在北侧减弱消失，因此涡区北侧的波动状况不明显，这说明可能大多高原低涡螺旋形态的发展并不均匀或并不完整，较难形成如同海上热带气旋般比较均匀和完整的螺旋云带。

(4)本次高原低涡在原地生消，整个过程与高原地区的地面感热通量输送和水汽通量输送相配合，当地面感热逐渐增强，同时又有水汽输送供应时，高原低涡开始发展，水汽通量散度出现较强辐合；当高原地区地面感热逐渐减弱，同时水汽输送带断裂后，高原低涡减弱、消亡。本次模拟高原低涡在成熟时期具有暖心结构，并且低涡中心区域垂直运动较弱，呈现出相对平静的涡眼结构，这与卫星云图上涡心的无云区(空心)相对应，这从数值模拟的角度证实了成熟期高原低涡具有涡眼和暖心结构。

第 9 章　高原大气低频振荡

作为大气多尺度振荡现象的重要组成部分，大气低频振荡（Low-Frequency Oscillation，LFO）自 20 世纪 70、80 年代以来受到广泛关注。LFO 通常指时间尺度在 10～90 d 内的大气运动变化。而准两周或准双周（10～20 d 或 10～30 d）振荡（Quasi-Biweekly Oscillation，QBWO 或 BWO）和次季节或季节内（约 30～60 d）振荡（Subseasonal Oscillation 或 Intra-Seasonal Oscillation，ISO）或 MJO（Madden and Julian Oscillation），都是 LFO 的重要的组成部分，其活动异常对不少地区的天气和气候都有着重要影响，其研究对于延伸期预报和短期气候预测极具意义。本章主要介绍大气低频振荡在青藏高原的主要表现形式与独特周期，高原低频变化的基本分析方法，以及低频振荡对高原低涡发生的调制作用。

关键词：低频振荡，低频波，低频分量，低频变化，次季节振荡，准两周振荡，左手准则，土壤湿度后延效应，MJO 指数，高原低涡群发性，调制

9.1　高原低频振荡的基本特征

大气运动就时间尺度而言可以大致分为高频尺度、天气尺度、低频尺度、季节尺度、年际尺度、年代际尺度和地质纪尺度变化等。各尺度间相互独立，又相互作用、相互联系。短期天气可视为周振荡，中期天气（延伸期天气）的振荡周期为 10～30 d（准两周振荡）。自从 Madden 和 Julian（1971）通过谱分析发现热带大气在风场和地面气压场的变化存在周期为 10～20 d、40～50 d 的低频振荡以来，人们对大气的低频变化做了广泛而深入的研究，但是研究的重点集中于热带低纬地区。对于中高纬度地区周期为 10～20 d、30～60 d 的低频振荡的存在，最早可见于 Anderson 和 Rosen（1983）关于大气角动量输送的研究。1985 年，基于对 FGGE 资料的分析，Krishnamurti 和 Gadgil（1985）指出 30～60 d 的低频振荡是一种全球大气变化现象。进一步的研究表明，中高纬与低纬的次季节振荡在垂直结构、纬向尺度、纬向传播方向及时空演变等方面存在差异。具体来讲，中高纬的次季节振荡具有正压结构特征，位势场上主要表现为纬向波数为 2～4 的波，振荡主要以向西传播为主，具有二维 Rossby 波的特征。

随着大气低频振荡现象及特征的揭示，人们开始探索大气低频振荡产生的原因。可把大气低频振荡产生的原因分为6种，但实际上可概括为两大类机制，即大气对外源的强迫响应和大气运动的非线性相互作用。但应看到，关于低纬大气低频振荡的动力学机制研究的较多，取得了不少成果。而对于中高纬大气低频振荡形成机制的研究相对较少。章基嘉等(1988)研究指出，青藏高原(夏半年)是30～60 d大气低频振荡的活跃区和重要源地，并认为大地形的动力作用和热力作用可激发出低频波。张可苏(1987)、杨大升和曹文忠(1995)的研究表明，基本流的正压不稳定是激发中高纬低频振荡的重要机制。李崇银等(1995)进一步说明了基流的动力不稳定对激发中高纬大气低频振荡的重要性。罗德海等(1994)研究了在地形和常数基流作用下的30～60 d大气低频振荡，说明了地形对激发低频振荡的重要作用。

杨大升和曹文忠(1995)、刘式适等(2000a,2000b)构造了一个包含大地形和基流作用的正压模式方程组，讨论了有基流和无基流时大地形对中纬二维Rossby波的动力影响。在没有考虑基流的情况下，通过有无地形时二维Rossby波圆频率的对比分析得出：地形的抬升作用有利于Rossby波向低频波发展。而罗德海和李崇银(2000)的研究也指出：除了西风风速和Rossby波数要满足一定关系之外，还要求地形达到一定高度时，地形强迫的Rossby波才能出现不稳定和30～60 d尺度的低频周期。通过地形坡度对Rossby波圆频率的影响分析(参见7.3.3)得出：地形北坡更有利于Rossby波趋向低频，并且地形坡度的作用比高度的作用更大。只有在纬向1波的小地形坡度时才会出现30～60 d的低频周期，并且向东、西两个方向传播，南坡可出现不稳定。随着波数和地形坡度的增加，波动周期变短且波动保持稳定。在考虑基流的情况下，当波的模数m的数值较小($m=0$)时，北坡东风基流有利于低频波的出现，但北坡波是稳定的，可向东、西方向传播；随着m的增加，南坡西风更有利于低频波的形成，而且低频波发生不稳定，并集中在30～60 d的尺度范围内，当基流为西风时向西传播，基流为东风时向东传播。另外，随着波数的增加，低频波出现的可能性减小。因此，大地形对Rossby波的改变十分明显，起作用的地形因子主要是地形的最大高度和地形坡度，前者的作用主要是使Rossby波向低频发展，后者的作用主要是改变Rossby波的稳定性和传播特性，两者的共同作用可以产生季节内时间尺度的低频波(低频振荡)。如果再考虑大地形的热力作用，类似的研究表明：地形非绝热加热也可以改变Rossby波的稳定性，促进中高纬低频振荡的形成。

狭义MJO指热带30～60 d低频振荡，而广义MJO指热带以外地区10～90 d低频振荡。天气尺度涡旋与大气低频(环)流之间的反馈效应被认为对于维持热带外大气低频振荡LFO起着至关重要的作用，并且天气尺度涡旋是LFO的主要能量供给者，异常的涡旋通量(包括涡度通量、位涡通量、水汽通量、热通量)通常指向低频流的左侧，称为左手准则。同时在天气尺度涡旋短暂的生命期中，低频流可以使其发生形变(变形)。当天气尺度涡旋通过平直的背景低频流时，其南北侧纬向风会对涡旋结构产生切变作用,使得涡旋结构持续发生倾斜。一方面,异常涡旋活动可以维持月或季节尺度气候变率;另一方面,背景低频环流可以调节涡旋活动产生异常,促使其发生涡旋反馈。

孙国武和陈葆德(1994)分析青藏高原上空低频系统与高原低涡相互之间的联系。通过普查统计 1973—1987 年 5—8 月高原低涡出现次数,指出夏半年高原低涡具有明显的群发特性,统计结果表明,在高原的西部、中部和东部地区,分别是高原大气低频系统生成的 3 个高频中心,也是高原低涡发生的 3 个高频中心;指出高原地区大气低频系统、高原低涡和高频扰动动能之间有很好的对应关系。高原大气瞬变扰动与低涡的联系,可能与瞬变扰动的高频、低频部分的叠加有关,它们之间存在着正反馈作用。青藏高原是低频振荡的活跃区和重要源地之一,高原次季节振荡和高原天气、气候相互作用的物理过程具有重要研究价值。

9.2 高原地面热源的低频特征

以 1997 年 9 月—1998 年 10 月青藏高原西部改则地区自动气象站近地层连续观测的梯度资料为基础,计算了高原西部地面感热通量、蒸发潜热通量及地面热源强度,应用 Marr 小波变换分析得出地表热通量输送以及与此相关的降水量、土壤湿度和土壤热通量的周期振荡特征(张鹏飞 等,2009)。

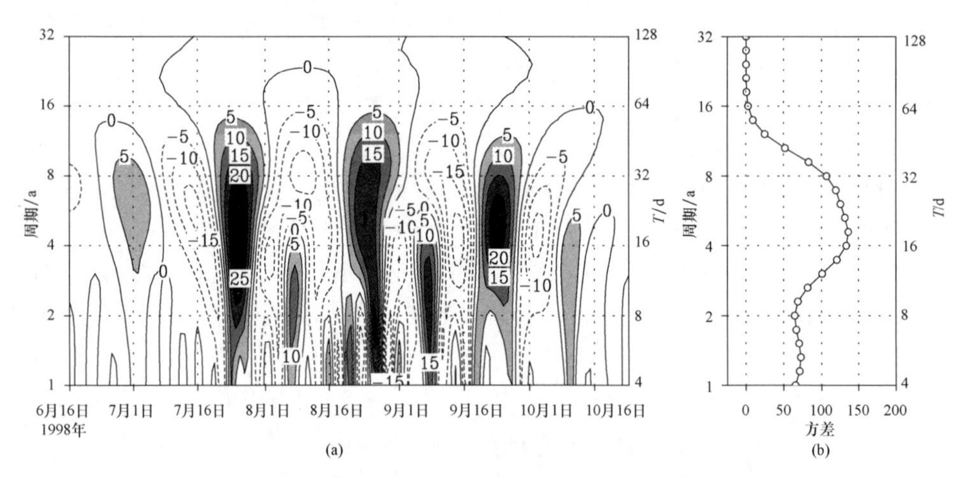

图 9.1 1998 年 6 月 16 日—10 月 24 日改则站日平均蒸发潜热对其季节趋势偏差的小波变换(a)和小波方差贡献(b)

从图 9.1a 上不难发现,7 月中旬以前潜热活动相对较弱,7 月下旬以后,随着雨季降水过程的增多,准两周振荡很明显;9 月以后,随着雨季结束,潜热输送迅速减弱。从蒸发潜热的小波方差(图 9.1b)可以很清楚地看到,高原西部雨季蒸发潜热的30～60 d低频特征不明显,第一显著周期是 T=18.4 d准两周振荡,第二显著周期是 T=4.6 d中期振荡。因此,高原东、西部雨季均存在准两周振荡,而低频振荡和中期振荡的特征有所不同,这可能与高原东、西部雨季降水特征的差异有关。

高原西部的非绝热加热作用的季节内尺度的周期特征中,地面感热以 30～60 d低频振荡为主,夏季还存在明显的准 8 d 的中期振荡,从夏季到初秋蒸发潜热具有明显的准两周和准 5 d 振荡周期。地面热源强度的振荡周期主要由地面感热控制,以30～60 d 的低频振荡为主,夏季有明显的准两周振荡。有意思的是,在高原雨季前后,高原西部地区热源分量中以感热为主,东部则以潜热为主;西部感热的中期振荡为准 8 d,潜热为准 5 d,东部潜热为准 8 d,感热为准 5 d,也就是说在地面热源中占多数的分量的中期振荡特征是准 8 d,次分量为准 5 d,这可能与高原东西部天气尺度系统(如高原低涡、高原切变线和高原低槽等)的活动有关。

小波变换结果不仅清楚地反映了 1997 年改则站降水的季节变化(即 128 d 左右的时间尺度)特征,即 7 月以前的初夏降水较少,降水主要集中在 8 月;而且降水活跃期和中断期还有明显的准两周变化特征。在 8～16 d 的周期中,1998 年夏季改则出现 8 次降水的活跃期,第一次出现在 7 月中旬,最后一次出现在 10 月中旬,这两次也属最强,说明在雨季的开始和结束时有强的阵性降水,而雨季中的降水过程持续稳定,但强度相对较弱;有 5 个降水活跃期发生在 8 月,即 1998 年改则夏季降水主要集中在盛夏的 8 月。除了准两周振荡外,降水量还有明显的周振荡特征,对应的是天气尺度的过程。经计算降水量的方差贡献,改则站降水量的第一显著周期为 T=18.4 d 的准两周振荡,第二显著周期为 T=6.1 d 的周振荡。即在雨季,高原西部降水量存在明显的准两周振荡和天气尺度振荡,前者与同期潜热的主振荡周期一致,这也说明降水过程与蒸发潜热有密切关系。由于高原低涡是高原地区夏季的主要降水系统,则此周振荡可能与天气尺度系统的活动有关。

高原西部土壤相对湿度在冬季以明显的 30～50 d 的低频振荡为主,夏季以 20～30 d 低频振荡为主,这可能是由于雨季降水量对土壤相对湿度有很大影响,降水的周期特征对土壤相对湿度的周期性有重要影响,结合对蒸发潜热通量和降雨量的周期分析,准两周的降水活动周期影响土壤含水量,而通过地表水分蒸发产生的潜热通量的变化周期亦为这个尺度(准两周),但土壤湿度的显著周期(T=22.4 d)较降水和蒸发潜热的显著周期(T=18.4 d)要长一些,说明相对于降水量而言土壤相对湿度不但具有一定的滞后性(后延效应)而且具有较大的惰性,这可能是因为本研究土壤含水量是取 0～30 cm 平均的原因,而影响蒸发潜热的土壤含水量主要是在土壤表层,故土壤相对湿度周期相对略长。

土壤热通量的次季节振荡也有季节差异,冬季以 30～50 d 的低频振荡为主,夏季除 30～50 d 低频振荡外,还存在明显的周振荡;土壤热通量最明显的活跃期出现在1月和7、8月，即土壤热量传输在隆冬和盛夏达到最大，而且盛夏季节出现多次强热量传输，而夏季高原土壤中这些强的热量输送可对大气产生强烈的热力强迫，这种土壤中热量的周期性传输，会对大气运动特别是大气周期振荡产生重要影响。土壤热通量的小波方差贡献的计算表明，冬季土壤热通量的第一显著周期是$T=36.8$ d的低频振荡，夏季的第一显著周期与冬季相当，第二显著周期为$T=9.1$ d的周振荡，这与同期地面感热的第二显著周期一致，夏季的高原地表对大气是一个强大的热力强迫源，土壤中的热量输送过程与地气热量交换可能有一定联系。

综上所述，青藏高原西部地表热通量输送存在低频振荡和周振荡的时频特征。地面感热在全年均存在明显的30～60 d低频振荡，在夏季还存在准8 d的周振荡；雨季中，潜热的振荡周期为准两周振荡和准5 d中期振荡；地面热源强度的振荡周期主要由地面感热控制，30～60 d的低频振荡的方差贡献最为明显；在夏季，蒸发潜热的贡献也有所体现，此时地面热源强度表现为准两周振荡特征。高原西部地区降水量的准两周振荡与蒸发潜热的一致，从侧面说明降水与蒸发潜热关系密切。地表热通量输送影响较大的地表温湿参量也具有明显的低频特征，土壤相对湿度在冬季最明显的是30～50 d的低频振荡，夏季则为20～30 d的低频振荡，这种低频振荡季节分布差异可能与夏季准两周的降水周期影响土壤相对湿度，进而影响通过土壤水分蒸发产生的蒸发潜热的周期。土壤热通量在全年都存在30～50 d的低频振荡，夏季还存在与感热一致的准8 d中期振荡。

9.3 青藏高原低涡群发性与大气10～30 d振荡

本节通过统计1998年和2003年5—9月500 hPa高原低涡出现的时空位置和频数，确定出1998年和2003年的低涡群发期(图9.2)，着重讨论1998年夏季500 hPa相对涡度场、射出长波辐射(OLR)的10～30 d低频振荡特征。结果表明：高原低涡的发生具有群发性特点，低涡群发期的出现具有周期性特征。低涡群发期与10～30 d大气低频振荡有密切联系，尤其10～30 d振荡对低涡的群发具有重要影响。绝大多数高原低涡出现在10～30 d大气低频振荡的正位相(气旋性)位相期和对流扰动的负位相(对流性)位相期，高原低涡群发期几乎都对应相对涡度10～30 d振荡的气旋性位相期。10～30 d大尺度正涡度的扰动为高原低涡的发生和维持提供了气旋性旋转的动力条件，促使高原低涡在扰动正位相期频繁发生，大气相对涡度的10～30 d振荡对高原低涡的群发性具有重要的调制作用。青藏高原地区对流活动10～30 d振荡的对流性位相是以低涡的群发为主要特征，高原低涡在对流位相期反复、连续地发生发展，促使高原对流扰动活跃发展(张鹏飞 等，2010)。

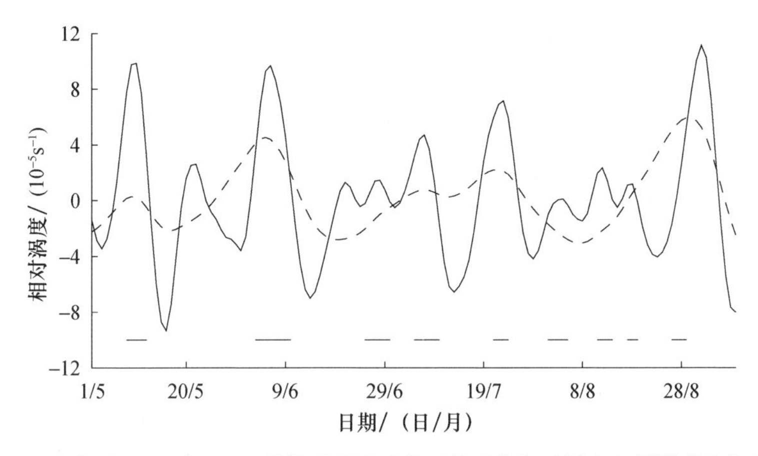

图9.2　1998年和2003年5—9月带通滤波后的区域平均相对涡度与低涡群发期的关系
（实线为10～30 d滤波，断线为30～50 d滤波，粗线段表示高原低涡群发期）

1998年夏季青藏高原500 hPa低压涡旋的发生具有群发性特点，低涡群发期也具有周期性特征。高原地区大气10～30 d振荡较为活跃，大多数高原低涡集中性地出现在大气10～30 d振荡的正值扰动期，1998年夏季高原低涡的群发期均出现在相对涡度10～30 d振荡的正位相期(图9.3)，其可能物理机制是：正的相对涡度扰动意味着大气运动产生气旋式旋转，则夏季10～30 d大气大尺度正涡度环流为中尺度青藏高原低涡的发生提供了所需的背景条件，促使相对涡度正扰动的正位相期间集中性地出现较多的低涡活动，低涡群发期亦出现在这个时期，只有少数低涡发生在扰动的负位相期，因此我们认为正涡度扰动周期性变化对高原低涡集中性的发生有重要的调制作用。

进一步利用每天2次500 hPa天气图、欧美多种再分析资料和卫星反演的亮温资料，研究了1998年5—9月青藏高原低涡与10～30 d次季节振荡的关系。研究揭示出活跃期与非活跃期的高原低涡存在显著差异。1998年高原低涡有9个活跃期，高原低涡的群发与气旋式环流联系的500 hPa涡度场的次季节振荡有关。夏季高原低涡的群发现象明显受10～30 d振荡的调制，所有高原低涡的活跃期都位于10～30 d振荡的正位相。该结果显现出10～30 d振荡通过提供有利于(不利于)气旋式(反气旋式)环境流场直接调制着高原低涡的活动；大气低频振荡分析表明：10～30 d尺度上，在来自印度季风区低层暖对流引起的对流不稳定配合下，西风槽扰动可激发高原低涡活动。来自高原西南边界的水汽输送是对流能量汇聚的一个重要影响因子。研究结果使我们认识到10～30 d次季节振荡的预测将有助于提升高原低涡及其影响高原下游地区天气、气候的中期预报能力(Zhang et al，2014)。

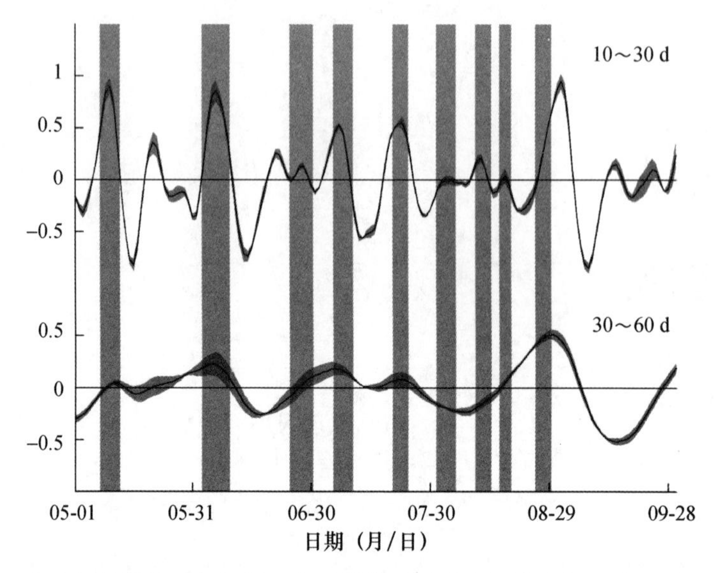

图 9.3　1998 年高原低涡的 9 个群发期(柱型阴影)和青藏高原中东部(29°—36°N,85°—100°E)基于 CFSR、ERA-40 和 NCEP 再分析资料计算的 500 hPa 相对涡度($10^{-5}s^{-1}$)10～30 d(上)和 30～60 d(下)次季节振荡及标准差(波型阴影)合成时序图

9.4　热带大气低频振荡对高原低涡的调制作用

采用 1998－2010 年 NCEP/NCAR 逐日再分析资料(纬向风 u、经向风 v、位势高度、大气温度及比湿,分辨率为 2.5°×2.5°)、NOAA 逐日向外长波辐射(OLR)资料、澳大利亚气象局 RMM(Real-time Multivariate MJO)实时多变量 MJO 指数(简称实时 MJO 指数)以及中国气象局成都高原气象研究所等(2020a)编撰的《青藏高原低涡切变线年鉴》中高原低涡统计数据,其中 RMM 指数最早由 Wheeler 和 Hendon(2004)创建并使用,随后便在全球范围内[如澳大利亚气象局、美国气候预报中心(CPC)、日本气象厅等]广泛用于业务,并将该指数作为对 MJO 进行短期气候预测的有效工具,以揭示 MJO 的振幅(强度)及 MJO 的传播过程(对流位置)。该指数是由热带地区(15°S—15°N)平均向外长波辐射(OLR)、200 hPa 和 850 hPa 纬向风进行 EOF 分解,得到前两个空间型并将逐日观测资料向前两个空间型上进行投影以提取包含 MJO 分量的前两个时间系数 RMM_1 和 RMM_2,振幅为($\sqrt{RMM_1^2+RMM_2^2}$)。

统计高原低涡的方法为:利用实时 MJO 指数(RMM),以振幅 1 和 0.8 这两个不同的衡量标准来考察 MJO 强弱,大于 1(0.8)为 MJO 活跃期,小于 1(0.8)为 MJO

不活跃期，本工作分别统计了MJO活跃期与不活跃期高原低涡频数对比以及活跃期中各位相高原低涡频数分布。对青藏高原范围内各气象要素采用小波分析，以确定青藏高原大气振荡周期，然后采用Lanczos带通滤波器对各要素进行滤波处理。通过运用小波分析、合成分析等方法从多个角度研究了热带大气低频振荡（MJO）对高原低涡的调制作用，得出以下新认识：

高原低涡主要生成于MJO活跃期，1998—2010年MJO活跃期高原低涡频数为381次，MJO不活跃期高原低涡频数为126次，活跃期与不活跃期频数比约为3∶1。MJO活跃期中，生成于第1和第2位相的高原低涡频次偏多，第3和第7位相高原低涡频次偏少，说明MJO对高原低涡的生成具有显著的调制作用。在青藏高原范围内，30～60 d的周期振荡现象明显，并显现出冬春季强、夏秋季弱的特征。第1位相（高原低涡高发位相）下呈现出各种有利于高原低涡生成的条件，如高原地区存在低频低压气旋环流、较大的低频正涡度值、较大的低频上升速度、强烈的水汽辐合、较强的对流活动、较高的大气有效位能和涡动有效位能等，而在第7位相（高原低涡低发位相）下有利于高原低涡生成的因素却很少。动力作用、能量条件和水汽条件是制约高原低涡生成的三大影响因子。MJO在向东传播的过程中，MJO对流中心东移，热带地区大气垂直环流结构随之改变，由于中低纬大气环流的相互作用，中低纬间的大气斜压性、大气有效位能以及涡动有效位能分布状况也随之改变，这使得青藏高原及周边大气环流结构发生变化，水汽输送因此产生明显差异，高原的潜热分布随之发生变化，有利于和不利于高原低涡生成的条件交替出现，从而造成不同位相高原低涡的频数呈现显著差异（赵福虎 等，2014）。

9.5　强弱MJO调制高原低涡生成的机制

利用NCEP/DOE再分析资料、NOAA向外长波辐射资料、澳大利亚气象局实时MJO指数和中国气象局成都高原气象研究所等（2020a）高原低涡年鉴统计数据，运用合成分析方法初步探讨了热带大气低频振荡（MJO）对高原低涡发生的调制作用。本工作研究了热带MJO对高原低涡发生的可能影响，揭示出MJO对高原低涡形成的调制作用，获得以下主要结论：

强（弱）MJO下，青藏高原被低频低压气旋（高压反气旋）系统控制，高原上空的大气环流条件有利于（不利于）高原低涡的生成。强（弱）MJO下，东亚天气尺度系统较多（少），以经（纬）向型环流为主，中低纬能量和物质交换（不）活跃，大气有效位能较高（低），涡动有效位能较高（低），有利于（不利于）高原低涡生成。强（弱）MJO下，高原东部盛行南（北）风，西部盛行北（南）风，高原北部盛行东（西）风，南部盛行西

(东)风,有利于(不利于)高原低空气旋环流(高原低涡)的形成。强(弱)MJO下有较强的动能制造,高原上大气低频动能较高(低),低频涡动动能也随之偏高(低),能够(不能)为高原低涡生成提供充足的旋转动能,有利于(不利于)高原低涡的形成。强MJO下高原主体水汽不充沛,水汽对高原低涡生成的作用不明显;但南支槽和中国南海的低频高压气旋系统对孟加拉湾水汽的输送对高原低涡的东移发展有重要作用。

由于MJO强度在向东传播的过程中不断变化,热带地区的对流强度和大气垂直环流结构也相应改变,由在中低纬大气环流的相互作用下中纬大气的斜压性、有效位能以及涡动有效位能分布状况也随之改变,这会影响到青藏高原及周边大气的环流、温度和能量结构以及水汽输送,有利于和不利于高原低涡生成的条件交替出现,从而造成强弱下高原低涡的频数呈现显著差异(Li et al,2017)。

第 10 章　高原大气科学研究回顾与展望

作为本书的结语，本章系统性总结了高原大气科学研究的科学意义，回顾了在高原大气科学试验、高原天气动力学、高原数值试验、高原中尺度气象学、高原气候变化等高原气象学研究领域的发展历程，关注了从高原气象到高原山地气象、从第三极环境到泛第三极及丝绸之路资源环境等研究新动向，梳理了正在进行的高原大气研究的重点项目和热点问题，对高原大气科学研究的未来进行了展望。希望以更高站位、更大格局深化人们对高原作用的理解，促进多学科合作研究，不断通过新的进步来提高极端天气、气候事件的预测水平，增强对全球及区域性气候与环境变化的监测能力，努力使青藏高原气象学的研究成为我国最可能为世界大气科学事业作出重要贡献的领域。

关键词：高原气象，山地气象，地形气象，第三极环境，泛第三极资源环境，生态文明

10.1　研究的科学意义

青藏高原占我国陆地面积的 1/4，亚洲面积的 1/6，平均海拔在 4000 m 以上，伸入大气对流层的中部，是全球海拔最高、地形最为复杂的高原，号称地球"世界屋脊""南极、北极之外的第三极""亚洲水塔"。作为地球上一块隆起的高地，其位于大气对流层中部、以感热、潜热和辐射加热的形式成为一个高耸入大气的热源。一方面，高原下边界的物理性质，如近地层大气层结稳定度、地面植被、高原积雪以及土壤温度、湿度的变化都直接影响着地-气系统间的感热和潜热交换，从而引起地-气系统三维热力结构的变化。另一方面，青藏高原的位置在冬季位于西风急流的纬带上，夏季处于东西风带的交界处，对东亚大气环流、气候变化以及灾害性天气的形成和发展都有重要影响，并且在不同的季节起着不同的作用。因此青藏高原大气科学研究受到世界气象界的高度重视，是具有明显地域特色的大气科学分支领域。

青藏高原的动力作用对大气环流的季节变化有显著影响，同时它作为一个热源，对东亚大气环流、亚洲季风、东亚梅雨以及海-气相互作用过程（如 ENSO）也有极

为重要的热力作用。因此，青藏高原夏季是一个强烈的对流性天气系统活跃区，从大气动力学和热力学的观点来看，青藏高原也是一个动力和热力扰动源。我国是一个频受气象灾害侵袭的国家，无论急性灾害(Acute Disaster)还是慢性灾害(Chronic Disaster)基本上都与高原的动力和热力作用有关。例如青藏高原影响着我国东部大范围的暴雨、雷暴等恶劣天气；青藏高原的能量和水分循环对亚洲季风的形成和演变具有十分重要的作用；作为天气系统的扰动源，影响我国东部大范围暴雨、雷暴、冰雹等灾害性天气过程，其初始扰动多可以追溯到青藏高原。例如1991年江淮流域、1998年长江流域出现的持续性特大暴雨及洪水，2004年川渝地区大暴雨、洪水。造成这些暴雨的某些涡旋系统，其胚胎常可以追踪到青藏高原上空。因此，青藏高原地-气系统物理过程对全球气候与东亚大气环流以及我国灾害性气候和天气异常都有关键性的重大影响。除我国科学家之外，世界上(特别是日本、美国、韩国等)还有不少科学家也关注着或直接参与青藏高原物理过程对天气和气候影响的研究。

高原动力气象学及其所研究的问题主要来源于高原观测分析揭示的气象现象和天气、气候事实，通过反映高原特点的大气运动基本方程组或针对性的简化方程组进行物理的、定性或定量的分析、解释，揭示出高原大气运动的基本规律和物理机制，使人们对高原大气运动的感性认识升华为理性认识，同时为天气预报和数值模式工作提供理论依据。因此，高原动力气象学所讨论的问题不仅具有重要的理论意义，同时也有很高的应用价值。

值得注意的是，不能采取完全实用主义态度来看待并轻视理论研究特别是动力学理论研究，让我们重温一下发现混沌现象的著名理论气象学家Lorenz(1963)的一段演讲词：“我很清楚，一个有经验的预报员和一个没有经验的预报员作出的预报，其准确率可以相差很大，主观经验是很有价值的，应该提倡在实践中积累经验。但是，经验没有历史，经验父亲不能传给儿子，丈夫不能传给妻子，人存经验在，人亡经验消。要发展气象科学，提高天气预报准确率，经验方法不能作为主要途经。而要依靠将经验的方法转变为数学和物理的方法。”

10.2 研究历史回顾

在高原大气科学试验及观测资料分析方面。我国于1979年5—8月实施了代号为QXPMEX的第一次青藏高原气象科学试验，取得了十分宝贵的资料，揭示了一些不为人知的天气事实和一些重要的物理过程。在观测资料分析方面，叶笃正等(1979)首先对青藏高原地-气系统的物理过程及其对全球(特别是东亚)大气环流的影响进行了系统性的研究，总结出夏季高原大气热源的物理特性，从理论上论证了高原动力和热力作用对大气平均环流形成的贡献以及对亚洲季风季节变化和我国夏季旱涝的影响。时隔 15 年后，我国又开展了代号为 TIPEX 的第二次青藏高原大气科学试验，整个研究期为 1994—2000 年，加强观测期(IOP)为 1998 年 5—8 月，这次试验的科学目标是揭示地-气相互作用的物理过程、高原大气边界层和对流层结构、云-辐射过程，并研究高原动力和热力作用对大气环流、季风、气候变化和灾害性天气形成和发展的影响。这次现场观测第一次采用了边界层综合探测系统，取得了一批价值较高的高原边界层实测资料，并建立了高原边界层综合数据库系统。采用这些新的观测资料，结合环境大气综合观测资料(包括卫星遥感等信息)，在观测研究、理论研究及模式研究等方面获得了一些新的研究成果，使高原气象研究取得了重要的新进展，填补了国际上在高原边界层问题及地-气物理过程研究领域的部分空白。例如，首次采用 NCEP 再分析水汽输送通量、TIPEX 期间高原中部雷达回波图像、卫星水汽云图、卫星遥感 TBB 时间剖面、卫星云图动态演变等资料，综合追踪分析了 1998 年 7 月下旬长江中游特大暴雨期间高原云系的动态演变过程，发现青藏高原腹地是长江流域暴雨过程中对流云团的源地。

另外，我国在 1986 年与美国、20 世纪 90 年代与日本(中日西藏高原地面热量平衡和水分平衡合作观测，1993 年 7 月一1999 年 3 月)、韩国、挪威、德国等国合作在青藏高原不同区域进行了多次地面热源观测、大气边界层物理过程观测，充分利用国内外先进的探测手段(如新一代气象卫星、Doppler 声雷达、系留气艇、自动气象观测站、超声风速温度仪、脉动通量观测仪、光学雨量计、无线电低空探测仪、多层塔装观测系统等)，获得了内容丰富、十分珍贵的高原多种观测资料。周明煜等(2000)通过对 TIPEX 加强观测期大气边界层观测资料的分析刻画出了青藏高原地-气过程动力、热力结构的综合物理图像。从 2010 年起中国气象局成都高原气象研究所每年的 6 月下旬至 7 月底，在位于西南涡源地的川西高原到移动路径上的川西盆地都同步开展以时空加密探空气球观测为主的西南涡加密观测科学试验。在试验期 41 d 的四川现有业务观测站网基础上，新建 4 个临时探空站(空间加密)，基本覆盖西南涡的主要生成地和活动区，除了每天在北京时的 08 时、20 时进行常规探空观测外，还补充进行 02 时、14 时的时间加密探空观测。

近年来，中国气象局、国家自然科学基金委员会、中国科学院共同推动发起了第三次青藏高原大气科学试验(TIPEX Ⅲ)，2013 年开始预试验，随后分两期(2014—2017 年为第一期：边界层与对流层观测；2019—2021 年为第二期：高原地-气相互作用及其对下游天气气候的影响)正式实施。已在高原土壤湿度的组网观测、高原大气可降水量观测的对比分析、高原对流云的雷达观测、高原深对流云垂直结构的多源卫星和地基雷达观测对比分析、卫星反演青藏高原夏季对流云微物理特征、静止卫星反演的高原及周边地区夏季对流的气候特征、南亚夏季风爆发对高原地表热通量的影响、高原感热对中国东部夏季降水的影响、高原上空热力异常与其上下游大气环流联系、高原地表位涡密度强迫对中国南方降水过程的影响、高原上空重力波过程、高原对流系统移出高原的背景场、数值模式对高原大气边界层模拟的适用性、高原云和降水微物理特征的数值模拟等领域已确定了一批新的研究成果。TIPEX Ⅲ在高原西部狮泉河、改则和申扎新建全自动探空系统，填补了高原西部缺少常规探空站的空白；在高原中部、西部建成土壤温度、湿度观测网；实施了高原尺度和那曲区域尺度的边界层观测，那曲多型雷达和机载设备的云降水物理特征综合观测，高原多站的对流层-平流层大气成分观测。相关研究结果指出，与中日亚洲季风研究计划、TIPEX 的同类研究结论类似，再次证实在高原中部、西部草原、草甸和裸土下垫面状况下地表热量湍流交换系数和感热通量明显低于过去（如 QXPMEX）较早的估计值；高原主体的对流云活动主要不是来自南亚季风区的向北传播，而可能是局地发展所致；揭示出那曲对流云日变化特征、云宏微观特征以及云中水不同相态之间的转化机制，提出了夏季高原加热在维持亚洲大气“水塔”中的作用，以及高原加热对亚洲、非洲、北美洲气候的调节作用。在数值预报模式中，Γ 分布比 M-P 分布更适合于高原雨滴谱特征，通过改进高原热传导过程参数化方案可以降低模式中高估的地表感热，并提升模式对中国中部、东部雨带的模拟能力；此外，考虑青藏高原关键区信号可以提升中国中部、东部降水的预报技巧。TIPEX Ⅲ还带动了地面和高空常规观测、天气业务雷达和风廓线雷达等观测数据加工处理业务技术的发展，提升了中国国家级土壤湿度、水汽含量等遥感产品和高分辨率多源降水融合产品的质量，促进了气象监测、预报和数据共享业务的发展。

在利用数值模式对高原大气进行研究方面，开展了青藏高原对冬季（Manabe 和 Terpstra，1974）和夏季（Hahn 和 Manabe，1975）环流动力作用的数值试验。20 世纪 80 年代，研究主要集中在对夏季青藏高原动力学和热力学影响的数值试验，朱抱真和骆美霞（1985）研究了青藏高原大地形对亚洲大气环流的动力作用，指出在几天的时间尺度里，主要影响大气低层的运动；探讨了大型瞬变扰动和定常扰动对东西风带季节突变的作用，并对夏季青藏高原和落基山上空的高压进行了对比性模拟试验。人们还发现冬季地区准定常波的激发、东亚大槽的维持以及平流层阿留申高压的形成均与高原的存在有关。另外，有人研究了不同山脉形状对涡旋系统发生、发展的作用，进行了青藏高原不同尺度地形对东亚大气环流（大型天气变化过程）的动力效应以及高原对天气系统作用的数值试验。20 世纪 80 年代中期，不少中、美气象学者对 1981 年 7 月 11—15 日发生在四川盆地十分典型的西南低涡型特大暴雨天气过程（四川特大洪灾）进行了大量的诊断和数值模拟研究。另外，有学者分析了高原近地层热力混合层的热力和动力特征。郑庆林等（2001）通过 CCM3 气候模式进行的青藏高原对热带大气环流影响的季节模拟表明，在 6 月初夏季节，青藏高原动力作用和热力作用在 30°N 和 30°S 一带有明显的增温效果，有利于北半球副热带西风减弱北移、热带高层东风增强北进、南半球西风带北压、赤道中低层西风形成和加强，加速了季节转换过程，有利于增强越赤道气流和南北半球的大气交换作用，还有利于在南海、菲律宾以东海面上热带气旋的形成和发展，以及140°E以东热带太平洋地区东风波动的形成和发展。钱永甫等(1978)研究了气流绕流和爬越高原的问题，王安宇等(1983)、王谦谦等(1984)进行的数值试验指出：当高原地区的地形高度超过3 km后，低空西风气流主要从高原的南北两侧绕过，并在高原东侧的江淮流域形成气流辐合区或切变线。Wu(1984)进一步从理论上证实，当高原地形超过1 km后就迫使低层气流开始绕过高原，地形高度越高，迫使气流绕过高原的作用越大，否则气流以爬越高原为主。另外，在青藏高原流体力学(流体物理)模型实验等方面进行了不少研究(叶笃正和张捷迁，1974；李国庆，1986；高守亭和陈辉，2000)。

在高原天气研究领域。夏半年青藏高原位于副热带高压带中，100 hPa高空盛行强大而稳定的南亚高压(有时也称青藏高压)，它是比北美落基山上空的高压更为强大的全球大气活动中心之一。在青藏高原中部500 hPa层，夏季常出现高原低涡和东西向的高原切变线，则高原上空呈现“上高下低”的气压场配置。受高原主体和四周局地山系的地形强迫作用，低层的西风气流在高原西坡出现分支，从南北两侧绕流，在高原东坡汇合。因而在青藏高原南(北)侧形成常定的正(负)涡度带，有利于在高原北侧产生南疆和河西高压(或称兰州高压)，在高原东坡产生西南低涡，从而形成了极具高原特色的天气系统(李国平，2007)。青藏高原天气系统包括：高原低涡(主要位于500 hPa高原主体，简称高原涡)、西南低涡(主要位于700 hPa高原东坡，简称西南涡)、柴达木盆地低涡、高原切变线、高原低槽(主要指南支槽，或称印缅槽、季风槽)、高原MCS和南亚高压(青藏高压)。对高原天气系统的研究始于20世纪40年代(顾震潮，1949)，研究成果在1960年形成高原气象学的开篇之作《西藏高原气象学》(杨鉴初 等，1960)。陶诗言和朱福康(1964)指出夏季青藏高原上空的南亚高压存在东西向摆动。1975—1978年开展的高原气象全国协作研究和1979年开展的第一次青藏高原气象科学试验(QXPMEX)对高原天气系统进行了会战式的集中研究，研究成果总结、升华为高原气象学的奠基之作《青藏高原气象学》(叶笃正等，1979)。在第一次青藏高原气象科学实验的基础上，20世纪80年代我国学者对高原天气问题开展了持续性研究(成都中心气象台和云南大学物理系气象专业，1975；青藏高原低值系统会战组，1977；青藏高原低值系统协作组，1978；青藏高原气象会议论文集编辑小组，1981；青藏高原科学研究拉萨会战组，1981；青藏高原科学实验文集编辑组，1984a，1984b，1987；卢敬华，1986；章基嘉 等，1988；罗四维，1992；乔全明和张雅高，1994)，由天气事实分析提出了相对涡度、正压不稳定、风垂直切变、地面感热、层结不稳定度和潜热为高原低涡生成、发展的气候因子以及低涡生成的概念模式。罗四维(1992)系统性地研究、总结了青藏高原及其邻近地区的几类天气系统。在1998年进行的第二次青藏高原大气科学试验(TIPEX)、1993—1999年进行的中日亚洲季风机制合作研究以及2006—2009年中日气象灾害高原研究项目(JICA/Tibet)中,也有高原天气的研究内容。进入21世纪后的近十年来,高原天气研究的主要系统有:高原低涡、西南低涡、高原切变线、高原MCS和南亚高压,前四类合称高原低值系统。分析所用资料主要有:天气图(历史、MICAPS)、卫星遥感资料(云、水汽、TBB、OLR、TRMM、GPM等)、再分析、中尺度模式输出(MM5、WRF等)、加密探空、多普勒雷达、GPS/MET、廓线、边界层资料等。研究方法基本为:天气学、诊断计算、气候统计、流体力学模型实验、数值模拟试验、动力学理论分析。作为高原气象学研究的重要基础和活跃领域,近年来高原天气研究方法逐步向手段综合、个例合成、成果集成的方向发展,研究的主要(热点)问题有:高原及临近地区的暴雨研究,高原低值系统(切变线、高原低涡、西南低涡)活动,高原低值系统与川渝、长江流域、黄淮流域和华南前汛期暴雨的关系,高原地形、热源、陆面物理过程、土壤湿度和积雪冻土变化对高原天气系统、大气环流的影响等。

在高原低涡研究领域。近年来,国家自然科学基金、国家重点基础研究发展计划(973计划)、财政部、科技部公益性行业(气象)科研专项等资助的研究项目中都有对高原低涡的专题研究。尤其是在科技部科技基础性工作专项资助下,中国气象局成都高原气象研究所编写了《青藏高原低涡切变线年鉴》(1998—2005年,2007—2018年),为高原低值系统的规范化研究创造了良好的资料基础。近年来高原低涡研究的特点有:分析中使用了卫星遥感等新的观测资料(TBB、水汽图像、TRMM、GPS-PWV等);利用一些新型物理量进行诊断分析(湿螺旋度、非地转湿$\boldsymbol{Q}$矢量、湿涡度矢量、对流涡度矢量等);采用了高分辨率的中尺度数值模式(如WRF);从波动、群发性和低频振荡(10~30 d振荡)等一些新视角,以及一些新观点(气候变化下的天气系统与影响过程)开展研究,深化了对高原低涡的认识,所研究个例的资料和方法也更加丰富。主要研究领域涉及高原低涡的观测事实统计(5~30 a,涡源、结构与性质、日变化、移动路径、天气影响等),进一步开展了天气诊断计算、数值模拟与试验(地形、感热、潜热、水汽)、动力学分析(奇异孤波解、边界层涡旋解、涡旋Rossby-惯性重力混合波),更加关注高原低涡的东移演变以及触发灾害性天气的机理问题。因此,高原低涡研究现状可概括为:对高原低涡的研究从方法上讲以天气统计分析和数值模式试验为主,多侧重于低涡过程的个例分析,研究方案主要是高原低涡过程和结构的天气学分析、生成和移动特征的气候统计,低涡形成和发展过程中能量构成及转换、动力学量、水汽量的诊断计算,高原热力和动力作用对低涡结构特征及发展过程影响的数值模拟试验等。

在西南低涡研究领域。西南低涡的研究历史悠久,至今已有70余年。根据不完全文献检索,最早见诸文献报道研究西南低涡(时称西南低气压)是顾震潮(1949)。随后顾震潮、叶笃正、杨鉴初、罗四维、王彬华等老一辈气象学家在20世纪50年代中期开始较多地关注西藏高原影响下的西南低涡。在第一次青藏高原气象科学试验

(QXPMEX)和第二次青藏高原大气科学试验(TIPEX)的推动，以及四川盆地"81·7"特大暴雨造成的严重灾情引起全球关注下，国内外气象工作者对以西南低涡为代表的高原低值天气系统做了不少研究分析，特别是前两次高原试验以及"81·7"四川特大暴雨发生后那样的阶段性、集中式研究(Chen和Dell′osso,1984;Wu和Chen,1985;Shen et al,1986a,1986b;Dell′osso和Chen,1986;Wang,1987;Wang和Qranski,1987;Kuo et al,1988)，取得了不少重要成果，加深了对高原天气系统的科学认识。但关于西南涡的成因，至今尚无定论，大致分为三类:其一归因为地形，例如高原大地形影响下的背风气旋、尾流涡或南支涡(Wu和Chen,1985;杨伟愚和杨大升,1987;高守亭,1987);其二归因加热，如高原加热作用、热成风适应的结果(Wang,1987;李国平 等,1991a,1991b);其三归因为倾斜地形上的加热，如倾斜涡度发展及斜坡加热强迫的作用(吴国雄 等,1999)。

近30年来，国内外学者从天气学、动力学和数值模拟三个主要方面对西南低涡开展了大量研究。在西南低涡天气事实统计(10～30 a,涡源、成因、性质、移动路径、天气影响等)、影响因子研究(地形、感热、潜热、边界层、水汽)、结构与环流背景场分析、诊断计算(非热成风涡度、重力波指数、GPS/西南涡试验)、数值模拟、动力学机制(倾斜涡度发展，非平衡动力强迫)、时空分布的气候特征与天气影响的变化等方面取得了重要进展。近年来，在西南低涡活动的观测事实与统计特征、台风对西南低涡的作用，影响长江上游(川渝)、中游(湖北)以及南方(湖南、广东、广西)暴雨的西南低涡特征，汛期西南低涡移向频数的年际变化与降水的关系，大尺度环流背景下西南低涡发展的物理过程及其对暴雨发生的作用，凝结潜热与地表热通量对西南低涡暴雨的影响，青藏高原对流系统东移对夏季西南低涡形成的作用，高原低涡诱发西南低涡特大暴雨成因，以及东移西南低涡空间结构的气候学特征等方面开展了较之高原低涡更多的研究。此外，对于冷空气对西南低涡特大暴雨的触发作用，以及低温雨雪冰冻灾害期间冬季青藏高原低值系统的持续活跃现象亦有相关分析工作。值得一提的是，2010年起，每年6—7月，中国气象局成都高原气象研究所牵头组织开展了西南涡外场观测试验。作为第三次青藏高原大气科学试验的预试验，西南涡外场观测试验是在现有业务观测网基础上，在关键地区增布移动观测装备，同时提高整个观测网络的观测频次，获取高时空分辨率探测资料。另外，中国气象局成都高原气象研究所在1998年起编写《高原低涡切变线年鉴》之后，2012年开始也编写《西南低涡年鉴》。这些举措对于揭示西南涡的结构特征及其演变机理，促进西南涡的精细化研究及预报技术的发展非常必要，基础意义重大。

近年来，刘红武等(2016)综合分析了由西南涡引发的我国南方特大暴雨的典型个例，总结出西南涡暴雨发生的一些有利条件:中低层流场呈"鞍"型场配置，西南地区低层不断有西南气流输送的大量暖湿空气聚集，而在高层有干冷空气侵入，导致西南涡强烈发展、东移，产生强降水。傅慎明等(2011)研究了青藏高原对流系统东移对夏季西南涡形成的作用，认为高原对流系统移出高原后在四川盆地引发稳定少动的西南涡并触发一系列暴雨过程，或在四川盆地先触发西南涡，西南涡生成后在引导槽的作用下沿梅雨锋东移，沿途引发系列暴雨。赵玉春和王叶红(2010)对高原涡诱生西南涡特大暴雨成因进行了个例研究，认为高原涡形成后沿高原东北侧下滑，在四川盆地诱生出西南涡，川中特大暴雨在西南涡形成过程中由强中尺度对流系统(MCSs)造成。潘旸等(2011)研究了东移西南涡空间结构的气候学特征，指出高层风速差异的纬向梯度加强了长江中游地区的高空辐散，在西南涡东部形成有利于降水和气旋性环流发展的动力抬升机制。同时，对流层低层的西风偏差在青藏高原南麓至我国东部长江以南形成一条异常的水汽输送带，加强了低涡南侧的偏西风水汽输送，为低涡东部的降水潜热反馈作用提供了充足的水汽。西南涡在这样有利的环流形势和水汽条件下更容易移出盆地而发展。陈涛等(2011)研究了广西特大暴雨中西南涡与中尺度对流系统发展的相互关系，提出中尺度对流系统在对流层造成位涡下正上负的结构，积云对流加热与正位涡异常之间的正反馈过程形成西南涡快速发展的机制。杜倩等(2013)应用 FY-2 卫星资料对西南涡造成华南暴雨进行了观测分析，得出红外和水汽图像配合可以刻画西南涡发展东移过程中低层辐合带云系、高空扰动云系和弱冷空气的不同作用。Li 等(2014)应用集成方法分析了西南涡中尺度预报敏感性，证明集合预报系统可有效诊断引起西南涡东移加强的动力—热力过程。Wang 和 Tan(2014)研究了多尺度地形对西南涡形成的控制作用，敏感性试验表明青藏高原和横断山脉对西南涡生成的位置和尺度起主要作用，其次才是四川盆地的作用。Fu 等(2015)通过涡度和能量收支给出了长生命史西南涡演变机理及能量转化特征，并用合成方法揭示了西南涡的三维形态。胡祖恒等(2014)诊断分析了中尺度对流系统对西南涡持续性暴雨的作用，认为在西南涡发展过程中，MCS 有利于激发上升气流，中低层的上升气流和正涡度的配合有利于热量和水汽垂直输送，高层的辐散进一步促使 MCS 的发展，并且 MCS 对西南涡的移动有一定的引导作用。张虹等(2014)应用中尺度滤波方法分析了西南涡区域暴雨，认为选取恰当的滤波参数，中尺度滤波可以更好地刻画出西南涡的中尺度环流特征。

刘晓冉等(2014a，2014b)对东移型西南涡进行的数值模拟及位涡收支诊断表明，非绝热作用项的垂直结构与垂直通量散度项相反，潜热释放造成的非绝热作用项有利于低层位涡增长、抑制高层位涡增长，对西南涡的生成、发展有重要作用。邱静雅等(2015)利用位涡诊断了高原涡与西南涡相互作用引发的四川盆地暴雨，得出高原涡与西南涡处于非耦合状态时，高原涡东侧的下沉气流会抑制盆地西南涡的发展；而当高原涡东移出高原与盆地西南涡垂直耦合后可激发西南涡加强，使高原涡与西南涡垂直合并为一个深厚强涡。Feng 等(2016)基于 NCEP CFSR 资料揭示了西南涡的气候特征及合成结构，将西南涡分为冬春干涡、暖季夜雨涡、混合边界层浅涡和山区强降水涡等四类。郝丽萍等(2016)对西南涡暴雨天气过程开展了波动分析和数值模拟，认为高原切变线上风切变的大小对于切变线上扰动的形成和维持以及西南涡致灾暴雨的形成有重要作用，西南涡沿切变线东移可在四川盆地产生持续性暴雨。

由于青藏高原和川渝地区地形复杂，导致观测资料稀少，难以揭示西南涡的内部结构，尤其对降水结构和云系特征的认识较为缺乏。TRMM（Tropical Rainfall Measure Mission）卫星为研究高原及其周边天气系统提供了新的手段、方法，可提供热带、副热带降水、云中液态水的含量、潜热释放、亮度温度等观测数据，是一种高时空分辨率资料。基于 TRMM 卫星的探测资料，蒋璐君等（2014）对 2007 年 7 月 17 日发生在川渝地区的一次西南涡暴雨过程进行分析研究，期望对降水云团的热力、动力结构以及云中微物理过程的发展过程能有新认识。Aqua 卫星上搭载的大气红外探测器（AIRS，Atmospheric Infrared Sounder）能够提供较高精度的大气温湿、地表温度和云的数据，其高光谱分辨率和全球覆盖能力使其可以观测全球的大气状态及其变化，对于天气及气候方面的研究具有非常实用的价值。研究结果表明，AIRS 卫星资料在我国川藏地区具有较好的适用性，能有效弥补探空资料在该区域（尤其是高原地区）的覆盖不足（倪成诚 等，2013）。Ni 等（2017）利用 AIRS 卫星资料、西南涡加密观测试验资料以及 MICAPS 实况资料，对 2012 年 7 月 10—13 日一次西南涡引发的区域性暴雨过程进行综合分析，揭示了与西南涡密切相关的对流、水汽及降水活动的演变状况。大气水汽总量（又称可降水量）与天气系统的演变存在密切关系，GPS 遥感结果可以反映大气水汽总量（GPS-PWV）的细致变化，增强对天气系统的监测能力。2010 年 7 月 15—18 日，四川盆地东北部出现了区域持续性暴雨天气，造成此次持续性暴雨天气过程的重要原因是由于西南涡在四川盆地长时间的停滞少动。邓佳和李国平（2012）、郝丽萍等（2013）以及 Li 和 Deng（2013）利用 1 h 一次的成都地基 GPS 水汽监测网资料、地面自动站资料、探空站资料和 6 h 一次的 NCEP1°×1°再分析资料，综合分析了此次持续性暴雨中西南涡形成的大尺度环流条件，并用再分析资料结合 GPS-PWV 资料对这次暴雨过程中的垂直运动与水汽输送及聚集的情况进行了研究，探索将 GPS-PWV 应用于西南涡暴雨天气的机理研究。

对大尺度大气运动来说，位涡是一个非常有效的动力性示踪物。因为在笛卡儿坐标系中位温面与水平面是近似平行的，涡度矢量和位温梯度矢量的交角较小，两个矢量点乘的积是明显的。但是在中尺度大气运动以及深对流系统的发展演变过程中，由于湿等熵面的倾斜，位温梯度矢量与涡度矢量的交角变大，两个矢量的点乘积趋于零，位涡变得较弱，其诊断效果变差。Gao 等（2004）将位涡定义推广，即把位势涡度定义中涡度矢量和位温梯度的点乘改为叉乘得到了一个新的物理量，称为对流涡度矢量（Convective Vorticity Vector，CVV）。2010 年 7 月 16—18 日四川盆地发生了一次区域持续性暴雨天气过程，中尺度系统西南涡的发生发展及其沿辐合线的移动直接造成了这次强降水过程。陶丽和李国平（2012）利用 CVV 对此次西南涡暴雨过程进行诊断，检验了这种新型物理量在诊断复杂地形下中尺度系统引发的暴雨时的效果及应用方法。NOAA 大气资源试验室开发的基于拉格朗日方法的气流轨迹模式 HYSPLIT 主要用于模拟空气中污染物的扩散和传输,但也可通过该模式对水汽输送的轨迹及来源进行分析研究。岳俊和李国平(2016)通过拉格朗日方法追踪 2013 年 6 月 29 日—7 月 19 日起间四川盆地相继发生的三次暴雨过程中水汽的来源,重点研究了孟加拉湾地区水汽对四川盆地暴雨的影响,结合 HYSPLIT v4.9 提供的聚类分析方法探讨了孟加拉湾水汽输送通道对三次四川盆地暴雨过程的作用。研究说明,四川盆地暴雨的水汽大多来源于孟加拉湾且主要从中低层输入四川盆地,这条孟加拉湾水汽输送通道与大气河(Atmospheric River,AR)之间有一定的相似性。西南涡作为主体存在边界层的低涡系统,边界层风场动力作用是西南涡产生的重要成因之一。刘晓冉和李国平(2014a,2014b)选取 WRF 中尺度数值模式中四种边界层参数化方案,对 2011 年 6 月 16—18 日引发强降水的西南涡过程进行高分辨率数值模拟,分析不同边界层参数化方案对西南涡过程模拟结果的影响。母灵和李国平(2013)利用中尺度非静力平衡模式 WRF v3.4.1 对 2010 年 7 月 16—18 日出现在四川盆地的一次西南涡暴雨过程进行了控制试验和 3 组地形敏感性试验,王沛东和李国平(2016)利用 CFSv2 再分析资料和中尺度数值模式 WRF v3.7.1 对一次西南涡大暴雨过程进行数值试验,重点研究了秦巴山区地形对此次暴雨过程的影响。这些研究表明秦巴山山脉对西南涡的形成不具有决定性影响,但对西南涡的维持、移动和发展非常重要,秦巴山区地形对西南涡降水的增幅作用明显。横断山脉、云贵高原和青藏高原对西南涡能否生成以及生成位置、强度和移动路径有重要影响。

公益性行业(气象)科研专项项目“西南涡及其暴雨中尺度特征的观测试验、诊断分析和预报技术研究”(2012—2017)在西南涡主要源区及上下游影响区的四川、西藏和云南开展了西南涡加密探空和雷达外场观测试验。针对西南涡及其暴雨的中尺度特征,全面、系统开展了加密资料应用、中尺度诊断分析、地形数值试验以及西南涡与高原涡等高原天气系统相互作用的研究,提炼出了若干应用效果好的物理诊断量及有预报应用价值的判据指标阈值,发展了面向西南涡暴雨的中尺度滤波分析方法和新一代卫星资料和雷达资料应用技术,开展了高分辨率数值模拟试验,分析了近 60 年西南涡的特征与异常发生的流型,构建了西南涡数据集,完善了西南涡暴雨预报的中尺度概念模型,建立了西南涡数据共享平台。该项目的针对性研究加深了对西南涡及天气影响机理方面的理解,并在西南涡暴雨中尺度概念模型方面获得了一些新的认识(李国平和陈佳,2018)。

在高原低涡、切变(线)以及高原切变线研究方面。引发中国东部夏季降水的高原低值天气系统中,高原低涡、高原切变线扮演着十分重要的角色。高原低涡和高原切变线既是相互独立的系统,又存在相互影响和相伴相随过程,高原地区强降水以及高原以东地区强降水通常是高原低涡与切变线共同作用的结果。1998 年,长江流域发生了自 1954 年以来的最大洪水，对形成该年长江上游 8 次洪峰的 13 次强降雨天气过程的影响系统分析表明：生成于青藏高原东部并在四川盆地发展东移的高原低涡以及与其相连的切变线是该年特大暴雨产生的主要天气系统（郁淑华，2000；杨克明和毕宝贵，2001）。由此可见，在引发中国东部夏季降水的高原低值天气系统中，高原低涡、高原切变线均扮演着十分重要的角色。高原低涡和高原切变线既是相互独立的系统，又存在相互影响和相伴相随过程，高原低涡与高原切变线的协同作用是西南地区强降水天气的一种基本样式，天气预报员常将其简称为"低涡切变（线）"，高原及高原下游地区的强降水通常是高原低涡与高原切变线共同作用的结果。因此高原低涡、高原切变线的联合研究对深入认识这两类高原天气系统，提升高原及其东侧地区灾害性天气的分析预报水平具有重要的科学意义和业务应用价值。

青藏高原气象科学研究拉萨会战组（1981）对夏半年青藏高原 500 hPa 低涡、切变线进行了开创性研究，罗四维（1992）对包括高原低涡、切变线在内的青藏高原及其邻近地区几类天气系统的研究进行了阶段性归纳、总结。何光碧等（2009）梳理了夏季青藏高原低涡、切变线这一并存现象的多年观测事实，郁淑华等（2013）通过统计分析、何光碧和师锐（2014）以个例分析对高原切变线活动特征及其对中国降水的影响展开了研究。叶笃正等（1979）早就指出，高原主体上低涡活动最频繁地区与夏季高原准定常的横切变线位置基本重合。青藏高原气象科学研究拉萨会战组（1981）指出，高原切变线活动比高原低涡活动更活跃，高原低涡在高原上多沿切变线而东移，低涡移出通常呈现低涡、切变线伴随东移的形态，约有 2/3 的高原低涡是在切变流场中随切变流场的活动移出高原。屠妮妮和何光碧（2010）个例分析也指出部分高原低涡的发生可能是高原切变线诱发的结果。郁淑华等（2013）对观测事实的统计分析表明：绝大多数年份每年有 1～3 次移出高原的横切变线，可影响到中国西南部、中部产生暴雨以上的降水，有的可影响到华东、华南及华北产生暴雨或大暴雨。在高原低涡、切变线的数值研究方面，彭新东和程麟生（1992，1994）对高原东侧低涡切变线发展个例进行过天气诊断分析和中尺度模式数值试验。Gao（2000）、高守亭和周玉淑（2001）研究了切变线上涡旋的不稳定发展，李子良和万军（1995）利用孤立波理论研究了准地转动量近似下风速切变线上的波动，并推测了切变波与高原低涡的可能联系。应用非线性波动分析方法得出的孤立波解和涡旋波解已成功地在理论上与高原低涡建立起联系（Li et al，1996；Chen 和 Li，2014）。刘建勇等（2012）将梅雨期暴雨分为外强迫型、自组织型和非组织化局地型 3 种类型，并认为其中的自组织型中，暴雨对流系统具有较长生命周期，并以合并增长、上下游发展和新生中尺度涡旋等形式而传播、发展，是在切变线、水汽辐合带和低空急流等弱环境强迫下形成的一类暴雨。孙建华等（2015 年）的数值模拟结果表明在川西高原地形阻挡影响下，偏东气流被迫抬升，配合中低层低涡发展形成的辐合上升形成有利于对流系统发生和维持的环境条件。

近年来越来越多的学者开始应用再分析资料对高原低涡、高原切变线进行客观识别研究(林志强 等,2013;Lin,2015;Zhang et al,2016;张博 等,2017;刘自牧 等,2018;刘自牧和李国平,2019;Lin et al,2020)。因此,随着高原大气科学试验的常态化和全球气候变化背景下日益增长的防灾减灾需求,对能够引发暴雨的高原灾害性天气系统的研究由冷转热,高原低涡、切变线及其暴雨的研究已进入新阶段。近年来,李山山等(2017)利用 NCEP1°×1°再分析资料和中国自动气象站与 CMORPH 融合的逐时降水资料,采用非地转湿 **Q** 矢量和水汽通量散度,对 2013 年 7 月 28—29 日一次高原东部切变线引起的强降水进行了诊断分析。得出强的辐合切变线沿着变形场的拉伸轴分布,切变线位于上升区和下沉区之间。500 hPa 非地转湿 **Q** 矢量与未来 6 h 的累积降水中心有很好的对应关系。水汽通量散度场显示水汽辐合带基本位于切变线上,风场的分布以及切变线的形成对水汽的辐合作用尤为重要。水汽辐合带和非地转湿 **Q** 矢量辐合带的重叠区对强降水落区有较好的指示意义。屠妮妮和何光碧(2010)的个例分析指出,部分高原低涡的发生可能是高原切变线诱发的结果。郁淑华等(2013)对观测事实的统计分析表明:与高原切变线有关的低涡移出高原的次数虽不多,但持续时间长,一经移出高原,往往对高原以东暴雨洪涝产生较大影响。而高原低涡在东移中加深与 500 hPa 切变环境场变宽有密切联系。Chen 和 Luo(2003,2004)对东移气旋涡旋动力学发展机理的研究也表明,正涡度场切变基流与低涡的相互作用以及涡流与低涡的合并,是东移低涡强度得以维持和发展的一个直接原因,而切变线恰恰提供了有利的正涡度环境场条件。

高原低涡形成的动力条件常与高原切变线有关,高原切变线附近的气旋式涡度场有利于低涡生成,水平辐合场亦有利于水汽汇聚以及高原低涡进一步发展。在高原低涡、切变线的数值研究方面,彭新东和程麟生(1992,1994)对高原东侧低涡切变线发展个例进行过天气诊断分析和数值试验,Liu 和 Roebbe(2008)对变形流中激发的涡旋开展了敏感性试验,周瑾(2015)的动力学特征分析和数值模拟研究表明与高原低涡性质相近的西南低涡的发生及其暴雨可能与水平切变线有密切关联。在涡旋与切变线的关系方面,已有一些理论研究。Gao(2000)研究了切变线上涡旋族的不稳定发展,高守亭和周玉淑(2001)从理论上探究了水平切变线上涡层不稳定这一基本问题。Luo 和 Liu(2007)讨论了水平切变流中涡源的轴对称问题,Shen 等(2006)分析了中尺度线状扰动的性质及稳定性,Gao 等(2008)讨论了变形量在变形场主导的流型中对强降水天气的作用。国外学者对低涡—切变线这类天气系统组合也已开展了不少机理性研究,李子良和万军(1995)利用孤立波理论研究了准地转动量近似下风速切变线上的波动,并推测了切变波与高原低涡的可能联系。应用非线性波动分析方法得出的孤立波解和涡旋波解已成功地在理论上与高原低涡建立起联系。张鹏飞等(2010)综合分析了 10～30 d 次季节振荡对高原低涡群发性的调制作用,初步揭示了高原水汽辐合、气旋式涡度、切变线等环境因子对高原低涡发生发展的作用。李山山和李国平(2017)引入描写热带气旋的 Okubo-Weiss(OW)参数来定量表达低涡、切变气流中旋转和变形的相对大小,确定高原切变线的潜在生成区域和发展状况,得出在高原切变线生成阶段,500 hPa 等压面上 OW 值由正转负,OW 负值带可以很好地指示高原切变线的潜在生成区域。OW 负值强度与高原切变线强度有很好的相关性。高原切变线上以 OW 负值中心为主,但也会存在正值中心,说明在切变线上也会有气旋性涡度。高原切变线以伸缩变形为主,高原切变线沿变形场的拉伸轴分布。进一步通过涡度方程和总变形方程分析了高原低涡减弱、高原切变线生成的动力机制,认为高原低涡的减弱、消失主要受散度项的影响,时间演变分析表明系统由强气旋性涡度的高原低涡演变为强辐合性的高原切变线。总变形方程中的扭转项对高原切变线的生成贡献最大,其次为水平气压梯度项,切变线可能是影响低涡发展的背景流场。由此可见高原切变线与高原低涡关系的理论研究虽有一定基础,但研究尚显薄弱。

刘自牧和李国平(2019)利用计算机客观识别技术,稳定地识别出高原切变线并形成数据集。作为目前为数不多的高原切变线客观识别研究,该工作初步建立的客观识别方法可以高效、定量地识别高原切变线,在一定程度上避免了人工识别带来的主观偏差,减轻了识别的工作量,为统计分析高原切变线提供了一种新的技术手段,可较为高效地识别切变线、建立切变线数据库,为进一步开展高原切变线的天气、气候研究提供了新途径和便利条件。散度、涡度和总变形这三个物理量强度与高原切变线的位置和生成时间联系较为紧密。冬季切变线主要以变形风为主,夏季切变线主要以旋转风和辐合风为主。但客观识别结果与《青藏高原低涡切变线年鉴》在切变线数量上尚存一定差异,总吻合率为 50.5%。夏季是高原切变线的高发期,再加上高原南部充足的水汽供应,容易造成高原以及周边地区出现由高原切变线诱发的强降水及洪涝灾害。陈佳和李国平(2018)利用涡生参数表示大气中水平涡度向垂直涡度转化的特性,使用 NASA MERRA 0.625°×0.5°逐 3 h 再分析资料诊断计算了 2016 年 6 月 29—30 日一次高原切变线降水过程,表明涡生参数可作为高原切变线的一个动力性指标,其正值大小可作为高原切变线生成和加强的一个明显前兆信号。广义湿位涡与涡生参数在诊断上的优势互补,可有效提升对高原切变线活动及降水的表征能力。相较于常规的热力、动力诊断,能量诊断更有利于从本质上理解天气系统演变与造成灾害的原因。罗潇和李国平(2019a)采用动能梯度的定义和扰动动能方程,对 2014 年 8 月 25—27 日初生于青海省东南部之后东移到四川省中部产生天气影响过程的高原切变线进行的能量诊断分析表明扰动动能可以反映切变线的基本结构特征,而动能梯度有助于从能量变化视角来理解高原切变线的发展演变。强降水过程中,与强降水有关的扰动气流和大尺度背景场发生相互作用,低层能量从背景场向扰动场转换,即能量发生降尺度级串输送,从而有利于与降水相关的扰动场的发展和维持。应用 NCEP FNL1°×1°全球分析资料和动能的空间尺度分解方法，罗潇和李国平(2019b)对2014年8月25—27日的一次高原切变线过程进行了能量诊断，背景场和扰动场的相互作用使得扰动动能增大而平均动能减小，形成动能的降尺度级串，有利于中尺度高原切变线生成。

国家自然科学基金项目“高原切变线与高原低涡相互作用的动力学机理研究”(2017—2020)主要基于波动分析和波流相互作用等动力学理论研究，并结合天气统计、诊断计算、数值试验等方法手段，探索了高原切变线与高原低涡相互作用的动力学机理这一科学问题，加深了对高原低涡、切变线活动规律及其影响下降水特征的认识，阐明了高原切变线诱发高原低涡的动力学机理。研究结果有助于揭示高原切变线与高原低涡相互作用过程中散度、涡度、变形、能量等动力学物理量场的结构特征与转化途径，从动力学本质上认识高原切变线与高原低涡相互作用的物理机理，对推动青藏高原天气动力学的理论发展具有重要科学意义，可为高原灾害性天气分析预报的应用实践提供理论指导。

在青藏高原动力学研究方面，早在20世纪50年代，我国气象工作者就注意到了青藏高原的动力作用，开始对此进行了研究，如顾震潮(1951)、叶笃正(1952)、朱抱真(1957a,1957b)、巢纪平(1957)等的工作，当时研究的重点是高原及其他大地形对气流阻挡而产生的动力作用以及大尺度热源(热汇)对西风带的常定扰动。曾庆存(1979)研究了青藏高原纯动力作用下准地转运动的破坏与维持问题。郭秉荣和丑纪范(1980)讨论了青藏高原纯动力作用下的地转适应问题，并提出“地形适应”的概念。对于青藏高原对地转适应过程的影响，研究表明：地形和气流之间存在一定程度的适应。当地形在气流中引起非地转运动时，就会激发出一种具有频散性的快波，这种波动导致运动趋向地转平衡的状态。地形对气流的动力作用来自两种制约因素，一种是地形迫使气流绕着高原流动，另一种是地形迫使气流爬越它。爬越地形的气流是非地转的。但经过适应以后绕着高原流动的运动是主要的，并且是地转的。

数值试验还指出地形对气流的动力作用不仅决定于地形本身，气流结构也是一个重要因素。陈秋士(1980)研究了地形对长波和超长波不稳定发展的影响。20世纪80年代之后，随着数值模式的迅速发展，数值试验手段有从辅助、验证动力学研究的地位变化到完全取代动力学研究的倾向，使得高原动力学研究的工作更加稀少。李国平等(1991a,1991b)将陈秋士(1963)提出的热成风适应理论应用于西南低涡的研究，给出了暖性西南低涡生成的一种可能机制，即由于地面感热加热与暖平流作用在西南低涡源地形成较大的非热成风涡度，在一定的层结和尺度条件下($L<L_m$)，其热成风调整过程可在低层形成暖性西南低涡。20世纪80年代中期以后，随着非线性研究的兴起，人们开始用非线性波动分析的方法研究高原大地形影响下的大气运动。吕克利(1987)讨论了大地形与正压Rossby波的关系。朱开成等(1991)研究了地形强迫下的非线性Rossby波。刘式适等(2000a)研究了青藏高原大地形

作用下的 Rossby 波。吴国雄和刘还珠(1999)导出了全型垂直涡度方程，提出了倾斜涡度发展理论(SVD)，并用于动力学诊断高原东坡(川西高原)西南低涡的形成。刘新等(2002a,2002b)讨论了夏季高原加热和青藏高压的关系，提出了热力适应的概念。另外，有人也将热带低频振荡(或低频波)的研究引入到青藏高原及其邻近地区(章基嘉和孙国武，1991；付尊涛 等，1998；刘式适 等，2000b)。

Li 和 Lu(1996)、李国平和陶建玲(1998)、李国平和蒋静(2000)、李国平等(2002)、李国平和徐琪(2005)、李国平和刘红武(2006)从动力学的角度对高原低涡的结构做了系统性深入研究，线性动力学方面，借鉴研究热带气旋类低涡(TCLV)的方法将暖性高原低涡视为受加热和摩擦强迫作用，且满足热成风平衡的轴对称涡旋系统，分析了地面感热对高原低涡流场结构及发展的影响，并从动力学角度论证了高原低涡"涡眼"结构的存在；非线性动力学方面，利用相平面分析法，由非绝热大气运动方程组导出了与非线性重力内波有关的 KdV 方程，求解出一类奇异孤立波解，并将其用于青藏高原低涡结构的研究，建立起这类奇异孤立波解与青藏高原暖性低涡的联系，使高原低涡的一些重要特征在理论上得到了较好的解释，并且从动力学角度分析了高原加热和层结稳定度对高原低涡生成和移动的作用。而后 Liu 和 Li(2007)、黄楚惠和李国平(2007)、宋雯雯和李国平(2011)也分别采用动力学理论、诊断分析和数值模拟的方法验证了其得出的结论。陈功和李国平(2011)着重研究了高原低涡云系的螺旋结构，结论将高原低涡螺旋形云系的产生发展过程与涡旋 Rossby 波和惯性重力波的某种混合波动联系起来，认为高原低涡对周边区域的影响可能与波动的传播有密切联系。

利用 z 坐标系下考虑地形的正压模式方程组和小参数近似法，对包含地形坡度的切变波和涡旋波及其关系进行了理论探讨(杜梅 等，2018)，得出切变线上的波动包括切变波、惯性波和重力外波，属于双向传播的频散波。考虑地形坡度时，波动不稳定条件与波数有关，地形坡度对波动不稳定贡献的大小取决于基本气流的纬向分布状况。涡旋波不稳定是切变波不稳定的一种特殊形式，即切变线上的波动可通过不稳定发展而形成低涡。理论分析与个例应用表明水平尺度较长的横切变线在一定条件下可诱发低涡生成并东移，从而有利于在高原下游触发低涡暴雨等极端天气事件。这项工作从当前不多见的动力学视角从理论上分析了地形南北坡度对切变线上波动的影响以及高原切变线与高原低涡之间的可能联系，探讨了高原横切变线上的波动及其不稳定条件，有助于深化对于"低涡切变"这一常见高原天气系统组合形式的机理认识。杜梅等(2020)基于运动方程组及散度方程，对高原横切变线上扰动稳定性问题以及切变线诱发高原低涡的动力学机制进行了理论分析并用 ERA-Interim 再分析资料对理论结果进行验证，得出高原横切变线是高原低涡产生的重要背景场，切变线以南的水汽输送与辐合对低涡的诱发作用是大气处于不平衡状态而引起散度场调整的结果，辐合增强区有利于高原低涡生成，低涡中心对应非平衡正值中心，低涡外围为非平衡项负值区。非平衡项负值大值与水汽辐合带的重叠区对降水落区有较好指示意义。当高原南部的西南风带向东或东北方向移动或当低涡下游出现非平衡项负值中心时，低涡亦同向移动。若高原出现气旋式环流并且环流中心与非平衡项正值中心对应时，有利于低涡生成；当低涡中心与非平衡项正值中心对应且正值中心数值不断增大时，低涡将发展加强。本研究基于理论模型揭示出高原横切变线以及伴随切变线的水汽输送与辐合对于诱发高原低涡的重要作用，初步提出了高原切变线影响高原低涡生成与移动的一种动力学机制，分析方法及结论有助于细化高原切变线作为背景场对高原低涡生成、移动具有重要影响的认识，更加全面地理解高原切变线与高原低涡两者的关系及相互作用。

综上所述，在三次大规模的青藏高原大气科学试验及常规、非常规的气象观测在高原不断增多之后，我们已拥有较为丰富的高原观测资料。通过大量的分析研究工作，揭示出了高原许多重要的大气现象，期待深入的动力学理论以获取更加丰硕的高原气象学的研究成果。但总的来说，在高原动力作用的研究方面，近年来我国气象工作者作了一些工作，但比起高原气象研究的其他分支领域（如场地观测研究、诊断计算分析、数值模拟试验）还很不够，急需今后加强。

10.3 高原气象学与山地气象学

高原的定义为海拔高度一般在 1000 m 以上，面积广大，地形开阔，周边以明显的陡坡为界，比较完整的大面积隆起地区称为高原。如：南极冰原、巴西高原、青藏高原（包括帕米尔高原）、伊朗高原、德干高原、川西高原、云贵高原、黄土高原、蒙古高原、盖马高原等。作为面积世界第三（北半球或中纬度最大）、全球海拔最高、地形最复杂的大高原，青藏高原特指位于副热带、中国西南部面积约为 260 万 km^2 的高海拔地区（高原主体平均海拔在 4000 m 以上、伸展至对流层大气的中部；高原周边或邻近地区平均海拔在 3000 m 以上），具体包括中国 6 省（区）：西藏自治区和青海省全部，新疆北部、云南省西北部的迪庆藏族自治州（青藏高原东南缘）、四川省西部（川西高原、青藏高原东坡）和甘肃省西南缘（青藏高原东北角），以及位于珠峰南坡的尼泊尔地区。

山地是海拔在 500 m 以上的高地，其地形特征为起伏大，坡度险峻并且沟谷幽深，多呈脉状分布。山地有别于单一的山或山脉，是一个众多山所在的地域。按此定义高原是特殊的山地。世界上有一半的面积为山地，全球约一半的人口依靠山地资源而生存。山地指由一定相对高度和较陡坡度以及山前坡麓带和岭间谷地等地貌要素组成的地域。在这个地域内，具有能量、坡面物质的梯度效应，表现为气候、生物、土壤等自然要素的垂直变化，是地球陆地表层系统中的一种特殊类型。山地最基本的特征是拥有较大的相对高度和较陡的坡度并有岭谷的组合，垂直分布差异是山地科学研究的最基本问题。因此有学者把山地定义为“有一定海拔、相对高度及坡度的自然-人文综合体”，把山地科学研究对象确定为“作为自然-人文综合体而存在的山地地域系统”。当前，国际上把山地视为全球变化的前哨。

山地气象学是山地科学的一个重要分支学科，主要研究山地地形与大气及其运动、自然环境和人类活动之间相互作用的学科。在山地气象科学考察与试验的研究中，大气科学工作者除了专注于山地的地-气物理量交换、大气冷热源、大气环境、屏障作用与山谷通道作用等研究外，还与地理学、地球物理学、生物学、生态学、资源和环境科学等学科合作，探讨上述山地作用与自然环境和人类活动之间的关系。国外一般把与地形有关的气象问题称为“山地气象学”或“高山气象学”。在中国“山地气象”常称为“高原气象”，但从定义、学科属性及研究内容来看，高原是一块高海拔的山地，“高原气象学”应该是“山地气象学”的重要组成部分。青藏高原学在理论及应用方面取得了许多重大突破，代表着中国山地科学研究的最高水平，青藏高原气象学在中国已发展成为大气科学中相对成熟并具有中国特色和世界影响的分支学科。

山地气象学也有人将其称为“地形气象学”，其研究范畴即地形对大气的影响主要有以下几方面：①热力作用。同纬度地区，地势越高，气温越低。冷湖和暖带是垂直气候带中两个因地形作用而形成的局地现象。由山麓向上，随着高度的升高，通常在山坡存在一个温度相对较高的地带，称之为暖带；而冷湖是指冷空气从山地较高处向下流泄，在地势低洼的山谷汇集而成的冷空气湖。②动力作用(机械阻挡作用)。地形是气流运行的主要障碍，可形成阻挡、爬坡、绕流和狭管等四种效应，也可以改变季风的强度和方向。地形能够显著改变边界层的气流，如强风通过山脉时，在下风方向可形成一系列背风天气系统。地形的动力作用与山脉的特征关系密切，特别是地形的空间尺度对地形的动力作用影响很大。气象中的大地形指地球上水平尺度达数百到数千千米的山脉，如青藏高原、落基山、安第斯山、阿尔卑斯山、格陵兰等，其动力和热力作用可影响大范围地区的天气和环流。而中小尺度地形往往只影响局地的天气和环流，如山谷风、焚风、峡谷风和地形云(积状云、波状云或层状云)。③对降水的影响。山脉可使湿润气团的水分在迎风坡由于地形抬升形成大量降水(地形雨)，背风坡则由于气流下沉少雨变得异常干燥。所以山脉两侧的气候可以出现极大的差异，往往成为气候区域的分界线。如在冬半年，当冷暖气团势均力敌，或由于地形阻滞作用，锋面很少运动或在原地来回摆动，从而形成准静止锋(例如昆明准静止锋)，对这些地区及其附近的天气产生很大影响。④对局地气候的影响。受海拔高度和山脉地形的影响，在山地地区形成的一种地方性气候，称为山地气候。随着高度的升高，大气成分中的二氧化碳、水汽、微尘和污染物质等逐渐减少，气压降低，风力增大，日照增强，气温降低，干燥度减小，气候垂直变化显著。在一定高度内，湿度大、多云雾、降水多。迎风坡降水多，背风坡降水少。在一定坡向，一定高度范围内，降水量随高度而加大，过了最大降水带之后，降水又随高度而减小。山地气候还因坡向、坡度及地形起伏、凹凸、显隐等局地条件不同，而具有“一山有四季，十里不同天”的显著差异性。

西部山地突发性暴雨是我国重大自然灾害之一，其预警与防范是国家防灾减灾重大而迫切的战略需求。西部山地突发性暴雨预报预警难点是提升暴雨发生时间、区域和强度预报预警的准确性和时效性。因山地暴雨复杂性和突发性特点，亟需基于山地中尺度天气的综合观测，系统地开展山地定量降水估算研究，建立山地突发暴雨的形成机制理论，创新复杂地形、地貌下的精细化暴雨预报技术，集成和优化山地突发性暴雨及其诱发的山洪地质灾害预报预警系统。在国家重点研发计划“重大自然灾害监测预警与防范”重点专项“山地突发性暴雨特征与机理研究”(2019—2021)项目的支持下，针对西部山地突发性暴雨，中国气象局武汉暴雨研究所、成都信息工程大学等单位正在通过联合攻关研究建立综合观测数据集，发展多尺度信息提取分析方法；揭示其多尺度天气学特征与动力学机制；构建复杂地形地貌下的精细化暴雨预报模式，发展强降水定量预报和中小河流面雨量概率预报方法；研发基于地质结构和水文气象耦合的山洪地质灾害预报预警技术，为提高西部山地突发性暴雨预报准确率和山洪地质灾害防御能力提供科技支撑。

10.4 问题与展望

青藏高原气象学研究内容涉及边界层研究，地-气系统物理过程，热源研究，气象要素研究，天气系统研究，高原对天气系统、大气环流和气候变化的影响等。研究方法主要有：边界层观测资料分析，天气、大气环流客观分析，天气系统统计分类，卫星云图和雷达图像分析，物理量和能量诊断分析，数值试验及模拟，流体力学模型实验及动力学理论研究等。由于在青藏高原上观测资料缺乏、再分析资料失真、下垫面过程极其复杂、研究结论的确定性和一致性不高、高原影响难以具体化和定量化，没有适合高原的数值模式，高原影响在天气预报与短期气候预测的应用中难以定量评估等，都是高原气象学快速发展的障碍。特别是由于青藏高原大气动力学问题的复杂性、难度以及课题资助政策的导向，这一领域的研究比起其他分支研究领域(如观测资料分析和数值试验)，还显得研究工作较少并且出现愈来愈少的令人担忧的局面，因此青藏高原动力气象学的研究一直是高原气象研究的一个重要但又相对薄弱的研究领域，这一点应当引起高度重视。

高原低涡作为青藏高原独特的天气系统，同时又是一种能带来灾害性天气的中尺度系统，近年来对它的研究取得了丰硕的成果。不过，目前依然还存在多方面的不足，需要重点关注的问题是：①高原地区的资料丰富与完整程度依然不足，有必要进行各种加密观测试验和大规模科学考察试验来获取更全面的资料，同时应该更加重视卫星、雷达等新型观测资料的分析，目前，基于这些新型观测资料的研究还不够丰富。进一步加强资料的分析与综合应用，会对高原低涡天气气候与活动特征有更深入的认识。②在高原低涡生成与发展的研究方面，目前明确了低涡作为青藏高原特殊的天气系统，高原的动力和热力作用对它的产生、发展以及移动的影响十分显著，但是不同个例以及同一个例的不同阶段，高原的动力和热力作用有何区别，影响是否具有普遍性等问题并未圆满回答，还需继续深入研究。③高原低涡并非一独立存在的系统，其自身的发展变化以及东移过程也受诸多其他系统的影响，目前对高原低涡与高原 500 hPa 切变线、西南低涡等其他系统相互作用有了一定的研究，但多数仅讨论两系统之间的外部关系与相互影响，多系统相互作用的机制问题也需要给予一定的重视。④对东移出高原的高原低涡研究逐渐重视，对此有了许多新的认识，不过还需有更多个例分析加以充实，加强对东移高原低涡结构的研究，这仍然是高原低涡研究的重点问题。同时，也不能忽略有些在高原上强烈发展但消亡而并未移出高原的低涡系统，这些高原低涡也可能通过波动传播与波动能量频散的机制，诱发下游的天气变化。⑤目前，高原低涡动力学的研究还不够系统，对于高原低涡的一些观测事实，还缺乏动力学基本理论的解释。理论研究是高原低涡研究的难点，但对于提高对低涡发生发展的认识至关重要，也有助于提升对青藏高原及其周边地区天气预报的能力。⑥高原低涡的数值模拟研究得出了许多有意义的结果。虽然中尺度数值模式有了很大发展，但各模式在高原地区的性能还需更多的检验，应与高分辨率的卫星、雷达资料进行对比，了解模式的局限性。同时，也应该利用卫星、雷达和加密观测资料进行同化模拟试验，提高模拟效果，用好数值模式这个有用的分析研究工具。

西南低涡作为青藏高原周边天气影响力最大的、排名仅次于台风(TC)的暴雨天气系统，其研究存在的问题有：①由于台站稀少，基础工作十分薄弱，没有一个关于西南低涡强度及其灾害的评价指标，也没有完整的历史个例档案，更没有建立起关于西南低涡的专业数据库系统。因此，对西南低涡的涡源时空分布、结构、移动规律等天气事实的揭示还不够充分，尤其需要加强利用新型探测技术（如气象卫星、新一代天气雷达、自动站、边界层铁塔、GPS/MET、WVR 等）对西南低涡的加密探测，以及基础信息数据库的建设。②大气运动的动力与热力作用对西南低涡的发展影响十分显著，但是不同个例和同一个例的不同阶段，动力与热力作用对西南低涡发展的影响是不一样的。需要深入分析不同类型的加热因子和动力因子对西南低涡结构及发生、发展不同阶段的影响。③西南低涡与高原低涡、低空急流、印度季风槽、梅雨锋以及热带气旋等天气系统的相互作用有了一定的研究，但还不是很充分，与其他天气系统如南压高压等相互作用的研究还较少，这方面的研究需要加强。④西南低涡发生发展机制、诱发暴雨天气机理和短时临近预警关键技术、可预报性试验，以及对我国重大灾害性天气的影响机理与预测技术，也应是西南低涡研究及业务应用的重点。今后西南低涡新的研究方向可能有：①采用人工识别与智能识别技术，基于常规资料与高分辨再分析资料的西南涡数据集创建。②西南涡形成的动力学机制、结构特征、影响因子及作用。③多尺度相互作用下的西南涡东移演变机理，移出源地的大尺度条件与影响因子（如地形、加热、边界层、水汽）及其在不同阶段的作用。④西南涡与暴雨的关系，以及中尺度结构、演变规律等机理问题的新认识或再认识。⑤高原涡与西南涡的耦合加强作用，高原切变线与西南涡的关系（如切变线对低涡的诱发、涡导效应）。⑥西南涡与高、低空急流（SW LLJ）、季风槽（南支槽）、江淮气旋、梅雨锋（东亚梅雨）、热带气旋（台风）、西太平洋副热带高压的相互作用。⑦西南涡与高原波动（中尺度惯性重力波、涡旋波、准静止行星波）的内在联系，引发、耦合高原下游强天气的方式（如东移式的直接触发或波能频散的上游效应）与物理机理。⑧西南涡生成频数、空间分布的气候特征和长期变化趋势（如年际变化、年代际变化）以及由此对我国天气、气候格局以及极端事件（暴雨、干旱、冰雪、高温、污染天气）的可能影响。

高原切变线与高原低涡两者关系的认识尚不明确，相互作用机理还不清楚。过去高原气象及周边地区观测资料单一、分辨率低且连续性、可靠性欠佳，数值模式对复杂地形模拟能力薄弱，加之高原天气系统及物理过程又具有特殊性等，以往对高原切变线—低涡相互关系的专门研究既少又多着墨于单一系统的研究，要么以高原低涡为主，要么以高原切变线为主，另一方仅作为背景或陪衬，相互关系与相互作用机理研究急待加强。尽管高原切变线与高原低涡之间关系的初步研究已取得一些有意义、令人鼓舞的结果，但高原低涡、切变线作为青藏高原特色天气系统，有其特殊性和相当难度，目前研究还多是基于环流分型、统计分析和基本物理量的诊断方法，与低涡切变线有关的突发而持续的特大暴雨过程及其相伴的中尺度系统发生发展、结构演变的数值模拟研究并不多。对低涡与切变线之间关系的理论认知分歧较大，一种观点认为高原切变线可以激发或诱发高原低涡（“先线后涡”），而另一种观点却认为高原低涡是高原切变线形成的基础（“先涡后线”）。

高原切变线与高原低涡相互作用的理论研究还非常匮乏，动力学机理方面的研究尤其稀缺，未解之谜尚存不少：譬如高原低涡与切变线形成的先后、因果关系究竟是怎样的；譬如高原切变线是如何诱发高原低涡的，其动力学机理是什么；譬如高原切变线上散度场、涡度场和变形场在高原低涡形成过程中有何作用又是如何转化的，高原切变线伴随的水汽辐合对低涡发展有何影响；譬如高原低涡、切变线系统中存在哪些波动，切变线上扰动形成的切变波与高原低涡到底有何联系；譬如高原低涡常沿切变线移出高原，是否存在类似于“波导”那样的“涡导”作用；譬如(涡旋)波与(切变)流的相互作用是如何进行的，高原低涡生成后对高原切变线维持、移动又有何影响，等等。

综上所述，高原切变线与高原低涡都是高原及周边地区重要的灾害天气系统，两者往往伴随出现并且协同产生重要天气影响，但两者间关系的理论观点分歧较大，两者相互作用机理尚不清楚。随着第三次青藏高原大气科学试验和一些高原专项观测试验以及青藏高原重大研究计划的实施，高原观测资料的改善，高原天气事实的不断揭露，高原边界层参数化方案的发展，天气诊断分析技术的提高，以及高原低涡、高原切变线研究成果的不断积累和年鉴、数据集的逐步建立，破解高原切变线与高原低涡之间关系与相互作用机理这一重要科学问题的需求日益迫切，研究条件也日臻成熟。采用动力学理论研究为主，辅以分析计算与数值模拟等技术手段，通过线性和非线性波动分析以及散度、涡度和变形场特征及其转化过程的诊断，研究高原切变线与高原低涡的关系及其相互作用，重点探索高原切变线影响高原低涡发生发展的动力学机理，探索高原低涡、切变线活动以及高原多系统相互作用的规律，揭示其影响下的降水特征；阐明高原低涡、切变线之间的关系及高原切变线诱发高原低涡的动力学机理，指出高原低涡发展对高原切变线维持和移动的影响途径。相信这些研究结果有助于提升对高原灾害天气系统及其相互作用机理的认识，夯实高原天气动力学的理论基础，可对高原灾害性天气动力学的理论发展有所贡献，对于高原及周边地区的天气预报工作也有重要的理论指导意义和业务应用前景。目前，高原低涡、切变线的研究还多侧重于单一系统的研究，要么以高原低涡为主，要么以高原切变线为主，并且相对而言高原低涡的研究更多一些，两者的联合研究(即“低涡切变”及其暴雨)与相互关系的探讨亟待加强(姚秀萍 等，2014)。高原切变线与高原低涡虽然同属高原中尺度低值天气系统，但两者的几何形状迥异，对暴雨天气的作用也不尽相同，两者的联合研究尤其是相互作用的研究在理论观点、诊断技术、综合方法等方面都将面临新的挑战。

未来探究的方向：①在高原切变线、高原低涡的统计研究方面，高分辨率再分析资料在高原地区的刻画能力及可靠性评估(尤其是在高原西部、大气低层以及对于中小尺度系统)是一个值得重视的问题。客观识别标准(判据及阈值)也还需要根据长序列、大样本的统计结果加以优化。如何做到人机有效结合，主客观方法优势互补，从单一资料到多源资料(包括应用高时空分辨率再分析资料、新一代卫星资料、高原加密试验资料乃至高分辨率数值模式产品)，单一高度层次到多层次，单一要素到多要素，单一识别方法到多方法组合，应是人工智能技术(AI)在高原天气系统识别领域应用的更高追求。②高原切变线与高原低涡的伴随性及先后关系以及切变线的垂直伸展范围等问题需要进一步明确或厘清。由于高原切变线、高原低涡多活动于高原及地形复杂地区，加强多尺度地形对天气影响系统及暴雨的强迫与协同作用显得尤为重要。高原切变线与平原切变线(如江淮切变线)以及相应暴雨特征的对比分析也是很有意义的工作。③虽然一些新的物理诊断量(如广义湿位涡、涡生指数、OW参数、形变量、波活动量)开始在高原低涡、切变线及其暴雨的研究中得到初步应用,但结合多种动力、热力和水汽因子进行组合诊断,高原地面感热通量、潜热通量和降水过程中释放的凝结潜热对于高原切变线的影响,以及高、低空急流耦合对高原切变线的作用等问题,都值得在今后研究中关注。④理论上讨论切变线风场时目前仅考虑了纬向风的切变,对经向风的辐合尚未考虑,并且理论应用于天气实践检验的个例还不多。此外,切变波与涡旋波之间如何相互作用与相互转换,高原切变线、切变线上波动、高原低涡之间联系链条的完整建立等问题的解决,有待今后研究中通过理论完善、数值试验及更多应用检验等多路径不断向前推进。⑤在讨论水汽输送对低涡生成及移动的作用时,动力学方程组中直接考虑水汽因子尚存困难,影响低涡移速的内外因条件的讨论还不够深入。分析水汽辐合对低涡生成、移动的作用时,尚缺少与无水汽辐合条件下高原横切变线情况的对比,这些不足都有待发展完善。⑥通过中尺度数值模拟试验研究高原切变线及其暴雨是一种行之有效的技术手段,争取在高原及周边地区成功实现更高分辨率(如1 km)的数值模拟,无疑对揭示高原切变线、高原低涡这类中尺度天气系统更为精细的结构特征是值得期待的。

以上我们回顾了高原低涡、高原切变线和西南低涡这些青藏高原及周边地区基本天气系统研究的历史,尤其是对进入21世纪后的近十年以来,青藏高原天气研究领域中有关高原低涡、西南低涡的若干重要进展作了简要综述,初步总结了相关研究涉及的重要问题及取得的主要成果,在此基础上提出了当前高原天气研究存在的主要科学问题和需要加强的若干方向:①高原典型天气数据集的创建。涉及高原天气系统定义及统计标准的规范、统一,高原低涡、切变线和西南低涡年鉴的连续、及时出版,常规资料和高原试验资料质量控制与开放共享,高原天气系统自动识别技术探索,以及高原天气系统活动指数的创建。②高原低值系统形成的动力学机制、结构特征、影响因子及作用(感热、潜热及加热廓线)。例如:地面感热对高原低涡生成的作用究竟如何,对低涡形成是促进还是抑制,白天加热与夜间加热对低涡生成作用的差异,加热中心与低涡中心的配置对低涡生成的影响。③多尺度相互作用下的高原低值系统及其东移演变机理,移出高原的大尺度条件与影响因子(地形、加热、边界层、水汽)及其在不同阶段的作用。例如:西南低涡与暴雨、正涡度区、水汽与潜热的关系到底如何(学者与预报员的观点经常不同),是低涡催生前方正涡度区还是正涡度区引导低涡的移动,是“涡生雨”还是“雨生涡”,是低涡降水形成强潜热区还是水汽辐合引起的潜热加热引导低涡的移动,如何更好地刻画高原低值系统的精细结构及其演变,怎样发展改进高原天气分析预报方法与业务系统。④关于西南低涡的成因,已有不少不同的观点,如背风气旋、尾流涡、南支涡、西南风动量输送、热成涡、倾斜涡度发展及斜坡加热强迫等。因此，西南低涡的生成机制，西南低涡及其暴雨的中尺度结构与演变规律等机理问题需要新认识和再认识。例如：是哪些因子控制西南低涡的形成、维持、移动和发展，什么条件下西南低涡容易引发暴雨，移出型与源地型、暴雨型与少雨型的西南低涡有何异同，西南低涡及其物理量场分布与雨区有怎样的配置关系，西南低涡与中尺度对流系统（包括高原移出的MCC、MCS）有何联系，CloudSat 、CALIPSO 、IASI、AIRS、GPM等新型卫星遥感资料在高原天气分析可以发挥什么作用，能否对高原低涡、西南低涡从局部到整体进行大涡模拟（Large Eddy Simulation，LES），如何从理论上解释高原两涡的结构特征和形成机理，中尺度模式如何成功模拟高原低涡、高原切变线，从而实现高原天气系统的业务数值预报。⑤高原低涡与西南低涡的耦合加强作用，高原切变线与高原低涡的关系（切变线对低涡的诱发、涡导效应）。⑥高原低值系统与低空急流、季风槽（南支槽）、江淮气旋、梅雨锋（东亚梅雨）、热带气旋（台风）的相互作用。⑦高原低值系统与高原波动（中尺度惯性重力波、涡旋波、准静止行星波）的关系，触发高原下游强天气的方式（直接引发，间接影响）与机理（波能频散，上下游效应）。⑧高原低涡活动（频数、群发性，移动路径）与高原次季节振荡（准两周振荡、低频振荡）的关联。⑨南亚高压（青藏高压）对高原低涡及高原天气的影响。⑩在全球变暖、青藏高原也发生明显气候变化的背景下，高原天气系统活动有无变异；这种变化趋势对我国天气、气候以及极端事件（暴雨、干旱、冰雪）有何影响；高原天气系统空间分布的气候特征和长期变化趋势（年际变化，年代际变化）以及由此对我国天气、气候格局的可能影响。

需要指出的是，由于青藏高原天气问题的复杂性，与高原气象学其他分支研究领域（如观测试验、数值模拟、气候变化分析）相比，高原天气研究队伍还比较薄弱、也不够稳定，持续性研究及其成果也不算多。因此，青藏高原天气研究一直是高原气象研究的一个具有重要科学意义与业务应用价值而又急需加强的研究领域。随着气象探测技术的发展和第三次高原大气科学试验的启动，高原观测资料会不断增多，有可能揭示出新的高原大气现象，提出新的高原天气问题，这些都会促使高原天气的理论研究与业务应用不断产生压力和动力，挑战与机遇并存。我们完全有理由相信，以新一轮高原大规模大气科学试验、公益性行业（气象）科研专项的重大项目以及国家自然科学基金委有关重大计划、国家重点研发计划“重大自然灾害监测预警与防范”重点专项的实施为契机，青藏高原天气学的研究今后必将成为我国及全球气象研究的热点，青藏高原对我国灾害性天气影响的机理和预测理论的研究将持续、深入进行。这对于攻克灾害性天气形成机理、预报技术等方面的难点和重点问题，发展高原对我国灾害性天气影响的理论，提高我国暴雨、洪涝、干旱等灾害性天气的预报预测水平的科技支撑能力具有重要意义。

在为数很少的青藏高原动力气象（大气动力学）研究工作中，也主要集中在适应问题、物理量动力学诊断、地形背风波、地形动力和热力作用下的线性波和非线性波、高原天气系统(青藏高压、高原低涡和西南低涡)动力学机制等几个方面,研究的范围还不够宽。另外,对高原地形和加热作用的考虑也较为简单、粗糙,例如高原地面动力和热力作用的表征参数,高原地面热源强度的时空分布及变化规律等。另外,对于高原大气边界层动力学、高原切变线动力学机制、高原对亚洲季风建立、维持及活动的影响、高原独特作用对我国灾害性天气和气候的影响机制(如高原积雪异常的天气、气候效应)以及动力学模式中如何更好地考虑高原地-气物理过程等许多重要的问题,都非常缺乏动力学方面的理论研究。应该看到,动力学理论研究既然是用数理方法来研究大气问题,就不能不受到数学、物理学本身发展水平的限制,也将随着数学、物理学的发展而发展。由于支配大气运动的数学方程如此复杂、包含的物理过程如此繁多(特别是在高原地区),我们常常面对这样的困境:为了求得方程组的解析解,所做的简化(近似)不合乎实际,而合乎实际的简化方程组仍然难以求得解析解,从而制约动力学理论研究的深入进行。这就要求在动力学研究中灵活采用其他研究方法特别是数值模式方法作为配合、补充。此外,注意采用新的资料(如 GPS/MET、WVR、风廓线仪)、新的信息技术手段(如 3S:GIS,GPS,RS)及可视化、人工智能技术对于拓展和深化青藏高原动力学的研究也是有益的。另一方面,随着探测技术的发展,高原观测资料的增多,揭示出了新的高原大气现象,提出了新的问题,这些都使动力学理论研究不断产生压力和动力。

2014—2017 年,在财政部、科技部公益性行业(气象)重大项目支持下,中国气象局牵头实施了第三次青藏高原大气科学试验(TIPEX Ⅲ)第一期,项目的主要目标:构建青藏高原及周边区域三维点面结合综合观测系统,实现青藏高原陆面、边界层、对流层的天基、空基和地基一体化观测。下设 6 个课题:青藏高原及周边资料融合与分析技术、青藏高原陆面-边界层物理过程、青藏高原云降水物理过程与大气水循环、青藏高原影响及下游灾害天气的诊断与预报、青藏高原对中国旱涝影响机理及预测方法和技术和高原平流层-对流层交换过程综合观测。

2019—2021 年,在国家重点研发计划“重大自然灾害监测预警与防范”重点专项的支持下,第三次青藏高原大气科学试验(TIPEX Ⅲ)第二期的主要目标为高原地-气相互作用及其对下游天气气候的影响。项目下设 6 个课题:高原陆面-边界层物理过程的观测和机理研究、青藏高原云-降水物理过程及大气水循环的观测和机理研究、青藏高原及对流层-平流层大气成分交换的观测及气候效应研究、高原陆-气-云过程对组织化对流系统发展的影响机理研究、高原关键区信号对下游灾害天气的影响机理及预报方法研究、高原关键区信号对中国旱涝的影响机理及预测方法研究,主要研究内容有:建立青藏高原主体(中东部)、东北部(青海、甘肃和陕西)陆面-边界层综合观测系统,开展青藏高原主体高原主体(中东部)与东南部、东北部开展云降水物理过程与大气水循环观测试验;开展在青藏高原主体开展平流层-对流层交换观测;研究高原不同区域以及高原整体陆-气相互作用机理及其对对流的组织化作用,研究青藏高原关键区信号对我国天气气候预测的影响。项目的考核指标有:建立至少6个边界层综合观测基地,最终建成青藏高原主体、青海、甘肃和陕西陆面-边界层观测网;在青藏高原中部、南部、东北部、东南部完成4个云降水物理过程地基和空基观测联合试验;在青藏高原西部、中东部、东北部和东南部7个站完成对流层-平流层交换观测试验;建立青藏高原边界层-对流层-平流层过程科学试验多源信息数据库;提出青藏高原不同区域和整体的陆面、边界层结构和加热强度的物理方案并用于数值模式,使模式模拟能力在原有模式基础上提高5%。实施方案为:利用地面、边界层和常规探空设备、地基雷达、机载设备和大气成分探测设备等,以高原中东部、东北部和东南部为重点,开展陆面-边界层、云降水物理过程与大气水循环过程以及对流层-平流层水汽、臭氧、气溶胶等加密观测。利用加密观测数据、卫星和再分析产品、数值模式,项目组将发展估算高原热源的方法,研究地-气热量和水分交换特征、边界层结构、云-降水和大气水分循环物理模型、对流层-平流层大气成分交换及其对全球的贡献,研发高原陆面-边界层和云-降水物理过程参数化方案;研究高原组织化对流系统的宏、微观特征及地-气过程对局地对流云形成发展的影响,高原天气系统影响下游灾害天气的机理,高原对中国旱、涝年际变率的影响及相应的预测方法,发展高原多源观测数据在天气、气候模式中的应用技术。

2013—2022年,在国家自然科学基金委重大计划支持下,青藏高原地-气耦合过程及其全球气候效应项目主要研究以下三个核心科学问题:①青藏高原大地形对全球大气环流的调控(研究青藏高原地表过程与地-气相互作用;青藏高原多尺度地形的动力效应及其影响;青藏高原大地形对大气环流变化的影响)。②青藏高原地-气耦合系统变化对全球能量、水分循环的影响(研究青藏高原云降水物理及大气水循环;青藏高原能量和水分循环的联系及其影响;高原地-气耦合过程影响季风与能量和水分循环的机制;青藏高原和海洋对区域和全球气候变化的协同影响;青藏高原对流层-平流层大气相互作用)。③青藏高原地-气耦合系统对我国灾害性天气气候的影响机理(研究高原地-气过程对我国灾害性天气的影响机制;高原多圈层相互作用对亚洲季风和中国旱涝的影响;青藏高原对全球季风及气候异常的影响;天气与气候系统模式、物理过程、再分析资料和数据同化关键技术)。下设5个主题:卫星观测和同化资料在青藏高原的应用、青藏高原场地观测的现状与展望、青藏高原地表和大气热状况及其变化、青藏高原和海-气相互作用对气候的协同影响、青藏高原地区对流层-平流层相互作用。重点资助研究方向基本为:青藏高原区域多源信息融合和地-气系统(陆面)资料同化及再分析、青藏高原地-气耦合系统数值模式研究(复杂地形处理,物理过程参数化)、青藏高原多尺度地形的动力、热力效应、青藏高原云降水物理的宏微观特征、青藏高原地-气耦合过程影响全球及区域能量和水分循环的机制、青藏高原对流层-平流层大气相互作用、青藏高原和海洋对东亚季风变化的协同影响、青藏高原对我国灾害性天气与旱涝的影响机制、青藏高原气候变化的特征及机制。

2019—2021年,在国家重点研发计划"重大自然灾害监测预警与防范"重点专项的支持下,从青藏高原气象学向山地气象学拓展研究项目"我国西部山地对突发性暴雨影响机理及预报理论研究"拉开帷幕。项目下设5个课题:综合观测和定量降水估计关键技术研究、山地突发性暴雨的特征与机理研究、西部山地突发性暴雨预报方法研究、山洪地质灾害预报预警关键技术研究、预报预警系统检验评估与应用,主要研究内容为:开展我国西部山地突发性暴雨外场观测研究;分析山区突发暴雨发生发展的天气背景条件和局地环境因素、中尺度对流系统的结构和典型演变特征;开展反映山区复杂地形地貌特征的区域暴雨精细化模式系统关键技术及与水文模型的耦合技术等研究;开展山区突发性暴雨预报的不确定性研究,发展强降水集合预报技术和基于降水集合预报的中小河流面雨量概率预报方法;开展暴雨发展演变机制及作用于不同地质结构并引发山洪地质灾害的机理研究。考核指标有:发展山地条件下基于雷达和自动雨量观测的精细定量降水估计技术和山区中小河流面雨量算法,精度较改进前提高5%;建立适合于我国西部山地条件的暴雨数值预报系统,预报准确率高于国际先进的全球模式5%。项目研究的关键科学问题有:西部山地突发性暴雨的多尺度天气学特征和动力学机制;西部山地复杂地形地貌下的精细化暴雨预报模式;西部山地突发性暴雨诱发山洪地质灾害的演化机理。关键技术问题有:西部山地突发性暴雨的综合观测和多尺度信息提取技术;基于多元资料的西部山地精细定量降水估计复杂地形非静力模式的建立、对流尺度集合预报和临近预报技术;基于地质结构和水文气象耦合的山洪地质灾害预报预警技术。研究内容主要有:发展山地综合观测技术,提出山地定量降水估计新算法;研究造成西部山地突发性暴雨的中小尺度对流系统的形成与发展的条件、结构和演变等特征,揭示地形与多尺度天气系统影响突发性暴雨的机理;发展反映山地复杂地形特征的非静力暴雨精细化模式系统;研发基于演化机理的突发暴雨诱发山洪地质灾害预报预警技术;提出预报预警系统的检验评估方法。

相信以高原大规模大气科学试验现场观测为引领,今后青藏高原气象学的研究将成为我国及全球气象研究的热点之一,争取在青藏高原场地观测站网建设及业务化、高原气象科学研究再分析资料(数据集)、青藏高原及邻近地区中小尺度天气系统发生发展机理及预测技术、青藏高原数值预报模式与新技术、青藏高原气候变化对我国生态环境变化影响等方面取得突破。并以现代气候系统的观点来研究青藏高原热力和动力过程及其对全球气候变化和生态环境的影响,在深层次上全面研究高原天气、气候致灾系统产生的环境条件、结构特征和移动规律以及与高原加热和地形作用的关系,形成全新的概念模式和预测理论。进一步分析高原近地层能量收支的变化,有助于加深对青藏高原陆面过程和地-气相互作用机理的认识,改进并提出新的地-气系统物理过程的参数化计算方案;有助于细致了解青藏高原热力过程在我国灾害性天气、亚洲季风系统和全球大气环流中的作用；有助于改进全球气候模式和天气预报模式在高原地区的陆面参数化方案，更客观地反映高原的作用，改进数值模式中对高原作用的描述，深化人们对高原作用的认识，并通过新的认识来提高灾害性天气和气候的预测水平，增强对全球及区域性气候与环境变化的预测能力，努力使青藏高原气象学的研究成为我国最可能为世界大气科学事业做出重要贡献的领域。

符　　号

$'$（上标）：扰动量

s（下标）：与地面或地形有关的量

$-$（上标）：平均量

粗斜体：矢量

a：(1)地球半径，(2)波的振幅，(3)方程系数，(4)加热区域的半径

b：(1)方程系数，(2)浮力

c：(1)波速（相速度），(2)方程系数，(3)滤波权重参数，(4)单位质量空气凝结比率

$c_0(C_0)$：表面重力波（重力外波）的波速

c_d：惯性重力波的波速

c_p：干空气的定压比热

c_v：干空气的定容比热

c_x：波速的 x（东西向）分量

C_a：层结稳定度参数

d：(1)波宽，(2)方程系数

e：云雨的蒸发比率

e：指数函数符号（自然对数的底）

e_m：平均有效位能

e_t：扰动有效位能

f：Coriolis 参数（$=2\Omega\sin\varphi$）

$\tilde{f}$：变形的 Coriolis 参数（$=2\Omega\cos\varphi$）

f_0：常数形式的 Coriolis 参数

g：重力加速度

h：(1)流体层的深度，(2)局地螺旋度

h_B：(1)地形高度，(2)Ekman 高度

h_E：Ekman 标高

$\boldsymbol{i}$：沿 x 轴的单位矢量

$\boldsymbol{j}$：沿 y 轴的单位矢量

k：(1)纬向波数，(2)湍流的垂直交换系数

κ :卡曼常数

$\boldsymbol{k}$:沿 z 轴的单位矢量

k_L :湍流的水平交换系数

k_m:平均动能

k_t:扰动动能

l :经向波数

m :(1)垂直波数,(2)模数,(3)地图因子,(4)角动量平流

n :垂直波数

p :(1)气压,(2)气压扰动

p_s :地面气压

q :(1)比湿,(2)位涡

q_{gs} :地面饱和比湿

r :(1)球坐标系中的径距(半径),(2)径向坐标

S^* :非绝热加热和摩擦作用

t :时间

t_E :旋转减弱时间

u :纬向速度

u_0:地面风速

u_g :地转风的纬向速度分量

u_r :绕流风矢的纬向分量

u_p :爬流风矢的纬向分量

v :经向速度

v_g :地转风的经向速度分量

v_r :(1)径向速度,(2)绕流风矢的经向分量

v_p :爬流风矢的经向分量

v_θ :切向速度

w :垂直速度

w_E :Ekman 抽吸速度(Ekman 层顶的垂直速度)

w_s :地形引起的垂直速度

w^* :对数压力坐标系中的垂直速度

x :球坐标系中自原点向东的距离

y :球坐标系中自原点向北的距离

z :(1)球坐标系中自原点向上的距离;(2)(海拔)高度

z_0:地面风速的粗糙度

z_{0E} :地面水汽的粗糙度

z_{0H} :地面气温的粗糙度

z_S :地形高度

z_T :模式大气层顶高度

z^* :对数压力坐标系中的垂直坐标

A :(1)面积,(2)波的振幅,(3)波作用量,(4)积分常数,(5)水汽通量散度

A_g :地面反射率

A^* :波的振幅

B :(1)常数,(2)波文比

C (C_1, C_2):积分常数

C_D :地面动量通量输送系数(拖曳系数)

C_E :地面水汽通量输送系数

C_H :地面热量通量输送系数

$\mathbf{C}_g$:地转风矢量

C_{gx} :地转风的纬向分量

C_{gy} :地转风的经向分量

C_R :能量闭合度

C_T :综合热力参数

D :(1)特征垂直尺度,(2)水平散度,(3)积分常数,(4)总变形

D_Q:非地转湿 $\mathbf{Q}$ 矢量散度

D_s :切变变形

D_t :伸缩变形(简称伸缩)

D_ϕ :位势散度

E :(1)地面有效辐射,(2)摩擦耗散项,(3)全位能,(4)蒸发总量

$\tilde{E}$:波能密度

F:(1)湿螺旋度散度,(2)锋生函数

F_A :地面动植物新陈代谢引起的热量转换和植物组织内部及植冠层中热量储存的通量

F_H :感热通量

F_L :潜热通量

F_{Gq}:准地转 $\mathbf{Q}$ 矢量锋生函数

F_P :地面植被光合作用和其他各种热量转换的通量

F_Q:非地转湿 $\mathbf{Q}$ 矢量锋生函数

F_S :地表层土壤热交换通量

Fr :Froude 数

F_v：水汽收支

$F_{x,y,z}$：摩擦力在 x 、y 、z 方向的分量

$F_{\lambda,\varphi,r}$：摩擦力在径向、切向和半径方向的分量

$\boldsymbol{F}$：摩擦力

$\boldsymbol{F}_D$：摩擦力

$\boldsymbol{F}_\zeta$：摩擦耗损

H：(1)均质大气高度，(2)对流层高度，(3)特征垂直尺度，(4)非绝热加热项，(5)螺旋度

K：(1)水平波数，(2)(水平)动能，(3)K 指数

K_s：静止波数

K_T：湍流热量输送系数

L：(1)水平特征尺度，(2)(水平)波长，(3)莫宁-奥布霍夫稳定度参数(M-O 长度)

L_0：(1)正压 Rossby 变形半径，(2)热成风适应的特征水平尺度

L_1：斜压 Rossby 变形半径

L_E：潜热系数

M：(1)蒙哥马利流函数，(2)地图因子，(3)绝对角动量，(4)资料样本数

$\boldsymbol{M}$：湿涡度矢

M_c：积云质量通量

N：Brunt-Vaisala 频率(浮力频率)

P：降水总量

P_0：标准参考气压

P_E：Ertel 位涡

P_m：广义湿位涡

P_{ro}：中性 Prandtl 数

P_T：模式大气层顶的气压

Q：(1)非绝热加热，(2)地面热力强迫项，(3)水汽输送通量

Q_0：(1)常定形式的非绝热加热，(2)地面热源的强度

Q_1：视热源(单位质量大气热量的源汇)

Q_2：视水汽汇

Q_L：潜热加热

Q_m：(1)湿位涡，(2)加热率

Q_{m0}：加热率

Q_R：净辐射加热(冷却)

Q_S：感热加热

Q_s：二阶位涡

Q_{sm}：二阶湿位涡

Q_T：除凝结加热以外的非绝热加热项

Q^*：单位质量空气的非绝热加热率

$\boldsymbol{Q}$：Q 矢量

Q_Ψ：水汽通量的旋转分量

Q_Ψ：水汽通量的辐散分量

$Q_{x,y}$：Q 矢量的纬向、经向分量

R：(1)干空气的比气体常数，(2)地面辐射平衡

R_B：辐射平衡(净辐射、辐射差额)

Ri：Richadson 数

Ri_b：总体 Richadson 数

R_{LD}：长波逆辐射

R_{LN}：地面有效辐射

R_{LU}：地面放出的长波辐射

Ro：Rossby 数

R_{SD}：地面吸收的太阳短波辐射(太阳总辐射)

R_{SU}：反射的太阳辐射

RH：相对湿度

S'：扰动感热通量

S_p：层结稳定度参数

T：气温

T_0：(1)平均气温，(2)地面气温

T_a：地面气温

T_b：气层的平均温度

T_e：气块的温度

T_g：地面(土壤)温度

T_p 代表环境的温度

T_S：地面土壤温度

T_{ve}：环境的虚温

T_{vp}：气块的虚温

U：水平速度的特征尺度

U_0：纬向速度解的终态值

$\overline{U}$：基本气流的速度

$\mathbf{V}$：(1)全速度矢，(2)水平速度矢

$\boldsymbol{V}_c$：爬流速度

$\boldsymbol{V}_r$：绕流速度

V：(1)特征水平速度，(2)水平风速

V'：地转偏差

W：(1)特征垂直速度，(2)土壤湿度

$\boldsymbol{W}$：波活动通量(T-N 通量矢量)

W_e：饱和土壤湿度

W_{ec}：临界土壤湿度

Z_i：气块起始抬升高度

Z_{LFC}：自由对流高度

α：(1)比容，(2)地面反射率，(3)摩擦系数，(4)方程系数

β：(1)Rossby 参数，(2)热量随高度衰减系数，(3)摩擦系数，(4)土壤湿度有效因子(蒸发系数)，(5)风向角

β_1：感热加热的效率参数

β_2：潜热加热的效率参数

γ：(1)气温直减率，(2)方程系数

γ_d：气温干绝热直减率

Γ：(1)对数压力坐标系中位温的直减率，(2)湿静力稳定度

Γ_q：水汽散度垂直通量

δ：(1)层结稳定度，(2)水平散度

ε：(1)长波发射系数，(2)加热衰减系数

ζ：(垂直相对)涡度

ζ_a：绝对涡度(的垂直分量)

ζ_g：地转风涡度

$\hat{\zeta}$：流场的热成风涡度

$\hat{\zeta}_T$：温度场的热成风涡度

ζ'：地转风涡度偏差

ζ'_T：热成风涡度偏差

ζ_θ：相对涡度在等熵面上的垂直分量

η：(1)绝对涡度的水平分量，(2)加热强度系数，(3) η 坐标系中的垂直坐标，(4)流体扰动深度

θ：(1)位温，(2)位相函数，(3)切向坐标

$\dot{\theta}$：非绝热加热率

θ^*：广义位温

θ':扰动位温

θ_0:地面位温

θ_e:相当位温

θ_{se}:假相当位温

θ_z:垂直位温

τ_0:地面应力(动量通量)

μ:波的陡度

λ:(1)经度,(2)径向坐标,(3)垂直波数

ν:波的圆频率

π:Exner 函数

π:数学常数(圆周率)

ρ:密度

ρ_s:地面空气密度

σ:(1)静力稳定度参数,(2)σ 坐标系中的垂直坐标,(3)Stefan-Boltzmann 常数,(4)不稳定增长率,(5)波的圆频率

σ_s:层结稳定度参数

τ:特征时间尺度

X:势函数

ϕ:重力位势(函数)

ϕ_s:地形位势函数

φ:(1)切向坐标,(2)纬度,(3)重力位势

Φ:重力位势

Ψ:流函数

Ψ_s:地形流函数

Ψ ($\bar{\psi}$, $\hat{\Psi}$):(1)流函数,(2)流函数的振幅

ω:(1) p 坐标系中的垂直速度,(2)波的圆频率

Ω:(1)地球自转角速度,(2) p 坐标系中垂直速度的特征值

缩略词

AI:Artificial Intelligence(人工智能)

AIRS:Atmospheric Infrared Sounder(大气红外探测仪)

APE:Available Potential Energy(有效位能)

AR:Atmospheric River(大气河)

AREM:Advanced Regional Eta Model(改进的区域 η 模式)

AWS:Automatic Weather Station(自动气象站)

CAPE:Convective Available Potential Energy(对流有效位能)

CAT:Clear Air Turbulence(晴空湍流)

CCM:Climatic Change Model(气候模式)

CERES:Clouds and Earth Radiant Energy System(云和地球辐射系统)

CISK:Conditional Instability of the Second Kind(第二类条件不稳定)

CIN:Convective Inhibition(对流抑制能)

CMORPH:CPCMORPHing technique(美国气候预测中心融合技术)

COADS:Comprehensive Ocean-Atmosphere Data Set(全球海洋大气综合数据集)

CPC:Climate Prediction Center(美国气候预测中心)

CSI:Conditional Symmetry Instability(条件对称不稳定)

CVV:Convective Vorticity Vector(对流涡度矢量)

DOE:Department of Energy(美国能源部)

ECMWF:European Centre for Medium-Range Weather Forecasts(欧洲中期天气预报中心)

EL:Equilibrium level(平衡高度)

ENSO:El Nino and Southern Oscillation(厄尔尼诺及南方涛动)

E-P 通量矢:Eliassen-Palm 通量矢量

ERA:(1)ECMWF Re-Analysis(欧洲中期天气预报中心再分析资料),(2)European Research Area (欧洲研究区)

ETC:Extratropical Cyclone(温带气旋)

FGGE:First GRAP Global Experiment(全球大气研究计划第一期全球试验)

GAME:GEWEX Asian Monsoon Experiment(全球能量和水循环试验-亚洲季风试验)

GARP:Global Atmospheric Research Program(全球大气研究计划)

GEWEX:Global Energy and Water Experiment(全球能量和水循环试验)

GCM:General Circulation Model(大气环流模式)

GFDL:Geophysical Fluid Dynamics Laboratory(美国地球物理流体动力学实验室)

GIS:Geographic Information System(地理信息系统)

GMT:Greenwich Mean Time(格林尼治平均时)

GNSS:Global Navigation Satellite System(全球导航卫星系统)

GPM:Global Precipitation Measurement(全球降水测量)

GPS:Global Positioning System(全球定位系统)

GPS/MET:GPS Meteorology(GPS 气象学或全球定位系统气象学)

GWD:Gravity Wave Drag(重力波拖曳)

HYSPLIT:Hybrid Single-Particle Lagrangian Integrated Trajectory(混合单粒子拉格朗日积分轨迹)

IOP:Intensive Observation Period(加强或加密观测期)

IPV: Isentropic Potential Vorticity(等熵位涡)

ISO:(1)Intra Seasonal Oscillation(次季节振荡或季节内振荡),(2)International Organization for Standardization(国际标准化组织)

ITCZ:Intertropical Convergence Zone(赤道辐合带)

JEDAC:Joint Environmental Data Analysis Center(联合环境资料分析中心)

KdV 方程:Korteweg-de Vries 方程(考特维-德伏里斯方程)

LES:Large Eddy Simulation(大涡模拟)

LFC:Level of Free Convection(自由对流高度)

LFO:Low-Frequency Oscillation(低频振荡)

LI:Lifted Index(抬升指数)

LIS:Lighting Infrared Scanner(闪电成像仪)

LLJ:Low Level Jet(低空急流)

LST:(1)Local Solar Time(当地太阳时),(2)Local Standard Time(当地标准时)

mKdV 方程:modified KdV(修正的 KdV 方程)

MCC:Mesoscale Convective Complex(中尺度对流复合体)

MCS:Mesoscale Convective System(中尺度对流系统)

MERRA:Modern-Era Retrospective analysis for Research and Applications(NASA 新一代用于研究和应用的回溯分析资料)

MICAPS:Meteorological Information Comprehensive Analysis and Process System(气象信息综合分析与处理系统)

MJO:Madden-Julian Oscillation (麦登-朱利安振荡或次季节振荡或季节内振荡)

MM4:Fourth generation Mesoscale Model(第四代中尺度模式)

MM5:Fifth generation Mesoscale Model(第五代中尺度模式)

MPV:Moist Potential Vorticity(湿位涡)

MVV:Moist Vorticity Vector(湿涡度矢量)

MWR:Microwave Radiometer(微波辐射计)

NACR:National Center for Atmospheric Research(美国国家大气科学研究中心)

NASA:National Aeronautics and Space Administration(美国国家航空航天局)

NCEP:National Centers for Environmental Prediction(美国国家环境预测中心)

NDVI:Normalized Difference Vegetation Index(标准化植被指数)

NOAA:National Oceanic and Atmospheric Administration(美国国家海洋大气局)

NWP:Numerical Weather Prediction(数值天气预报)

PBL:Planetary Boundary Layer(行星边界层)

PR:Precipitation Radar(降水雷达)

PSU:Pennsylvania State University(宾夕法尼亚州立大学)

PW:Precipitable Water(可降水)

PWV:Precipitable Water Vapor(可降水量或水汽总量)

QBO:Quasi-Biennial Oscillation(准两年振荡)

QBWO:Quasi-Biweekly Oscillation(准两周振荡或准双周振荡)

OLR:Outgoing Longwave Radiation(向外射出长波辐射)

QXPMEX:Qinghai-Xizang Plateau Meteorological Science Experiment(第一次青藏高原气象科学试验)

RS:Remote Sensing(遥感)

RMM:Real-time Multivariate MJO(实时多变量 MJO 指数,简称实时 MJO 指数)

SAH:South Asian High(南亚高压)

SI:Showalter Index(沙氏指数)

SL:Surface Layer(近地层)

SSW:Stratospheric Sudden Warmings(平流层爆发性增温)

SVD:(1)Slantwise Vorticity Development(倾斜涡度发展),(2)Singular Value Decomposition(奇异值分解)

SWEAT:Severe WEAther Threat index(强天气威胁指数)

SWV:(1)Southwest Vortex 或 South-west Vortex(西南低涡),(2)Slant Water Vapor(倾斜路径水汽量)

TBB:Temperature of Black Body(黑体辐射温度)

TC:Tropical Cyclone(热带气旋)

TCLV:Tropical Cyclone-Like Vortices(热带气旋类低涡或类热带气旋低涡)

TIPEX:Tibetan Plateau Experiment(第二次青藏高原大气科学试验)

TIPEX Ⅲ:Tibetan Plateau ExperimentⅢ(第三次青藏高原大气科学试验)

TMI:TRMM Microwave Imager(TRMM 卫星的微波成像仪)

TPH:Tibetan Plateau High(青藏高压)

TPV:Tibetan Plateau Vortex (高原低涡)

TPSL:Tibetan Plateau Shear Line(高原切变线)

TRMM:Tropical Rainfall Measuring Mission(热带降雨测量任务)

UHI:Urban Heat Island(城市热岛)

UTC: Universal Time Coordinated(世界通用协调时)

UTLS:Upper Troposphere and Lower Stratosphere(对流层上部和平流层下部或上对流层/下平流

层区域）

VIRS：Visible and Scanner（可见光和红外扫描仪）

WAF：Wave-activity Flux（波活动通量）

WKBJ 方法：Wentzel-Kramers-Brillouin-Jeffreys 方法

WMO：World Meteorological Organization（世界气象组织）

WRF：Weather Research and Forecasting Model（天气研究和预报模式）

主要参考文献

白彬人,胡泽勇,2016. 高原热力作用对高原夏季风爆发的指示意义[J]. 高原气象,**35**(2):329-336.

白虎志,董文杰,马振锋,2004. 青藏高原及邻近地区的气候特征[J]. 高原气象,**23**(6):890-897.

白虎志,马振锋,董文杰,2005. 青藏高原地区季风特征及与我国气候异常的联系[J]. 应用气象学报,**16**(4):484-491.

白虎志,谢金南,李栋梁,2001. 近40年青藏高原季风变化的主要特征[J]. 高原气象,**20**(1):22-27.

包庆,Wang Bin,刘屹岷,等,2008. 青藏高原增暖对东亚夏季风的影响——大气环流模式数值模拟研究[J]. 大气科学,**32**(5):997-1005.

卞林根,陆龙骅,逯昌贵,等,2001. 1998年夏季青藏高原辐射平衡分量特征[J]. **25**(5):577-588.

蔡英,钱正安,吴统文,等,2004. 青藏高原及周围地区大气可降水量的分布、变化与各地多变的降水气候[J]. 高原气象,**23**(1):1-10.

巢纪平,1957. 斜压西风带中大地形有限扰动的动力学[J]. 气象学报,**28**(4):303-313.

巢纪平,1999. 热带斜压大气的适应运动和发展运动[J]. 中国科学:D辑,**29**(3):279-288.

陈伯民,钱正安,1992. 一个适合青藏高原地区修改了的Kuo型积云参数化方案[J]. 高原气象,**11**(1):1-11.

陈伯民,钱正安,张立盛,1996. 夏季青藏高原低涡形成和发展的数值模拟[J]. 大气科学,**20**(4):491-502.

陈功,李国平,2011. 夏季青藏高原低涡的切向流场及波动特征分析[J]. 气象学报,**69**(6):956-963.

陈功,李国平,李跃清,2012. 近20年来青藏高原低涡的研究进展[J]. 气象科技进展,**2**(2):6-12.

陈海山,孙照渤,2003. 欧亚积雪异常分布对冬季大气环流的影响Ⅰ:观测研究[J]. 大气科学,**27**(3):304-316.

陈海山,孙照渤,2003. 欧亚积雪异常分布对冬季大气环流的影响Ⅱ:数值模拟[J]. 大气科学,**27**(5):847-860.

陈佳,李国平,2018. 应用NASA MERRA再分析资料对一次高原切变线的诊断分析[J]. 气象科学,**38**(3):320-330.

陈炯,刘式适,1999. 含大地形的准地转正压模式的孤立波解[J]. 应用气象学报,**10**(3):299-306.

陈烈庭,2001. 青藏高原异常雪盖和ENSO在1998年长江流域洪涝中的作用[J]. 大气科学,**25**(2):184-192.

陈隆勋，丁一汇，村上胜人，等，1999. 亚洲季风机制研究新进展[M]. 北京：气象出版社.

陈隆勋，段廷扬，李维亮，1985. 1979 年夏季青藏高原上空大气热源的变化及大气能量收支特性[J]. 气象学报，**43**(1)：1-12.

陈隆勋，李维亮，1983. 亚洲季风区各月的大气热源结构[C]// 全国热带夏季风学术会议文集. 昆明：云南人民出版社，246-255.

陈隆勋，朱乾根，罗会邦，1991. 东亚季风[M]. 北京：气象出版社.

陈乾金，高波，李维京，等，2000. 青藏高原冬季积雪异常和长江中下游主汛期旱涝及其与环流关系的研究[J]. 气象学报，**58**(5)：582-595.

陈乾金，高波，张强，2000. 青藏高原冬季雪盖异常与冬夏季风变异及其相互联系的物理诊断研究[J]. 大气科学，**24**(4)：477-492.

陈乾金，王丽华，高波，等，2000. 青藏高原 1985 年冬季异常少雪和 1986 年异常多雪的环流及气候特征对比研究[J]. 气象学报，**58**(2)：202-213.

陈秋士，1963. 简单斜压大气中热成风的建立与破坏[J]. 气象学报，**33**(1)：51-63.

陈秋士，1980. 地形对长波或超长波不稳定发展的影响[J]. 气象学报，**38**(1)：1-15.

陈涛，张芳华，端义宏，2011. 广西“6.12”特大暴雨中西南涡与中尺度对流系统发展的相互关系研究[J]. 气象学报，**69**(3)：472-485.

陈炜，李跃清，2019. 青藏高原东部重力波过程与西南涡活动的统计关系[J]. 大气科学，**43**(4)：773-782.

陈兴芳，宋文玲，2000. 冬季高原积雪和欧亚积雪对我国夏季旱涝不同影响关系的环流特征分析[J]. 大气科学，**24**(5)：587-592.

陈学龙，马耀明，胡泽勇，等，2010. 季风爆发前后青藏高原西部改则地区大气结构的初步分析[J]. 大气科学，**34**(1)：83-94.

陈忠明，刘富明，赵平，等，2001. 青藏高原地表热状况与华西秋雨[J]. 高原气象，**20**(1)：94-99.

陈忠明，闵文彬，缪强，等，2004. 高原涡与西南涡耦合作用的个例诊断[J]. 高原气象，**23**(1)：75-80.

陈忠明，徐茂良，闵文彬，等，2003. 1998 年夏季西南低涡活动与长江上游暴雨[J]. 高原气象，**22**(2)：162-167.

谌芸，李泽椿，2005. 青藏高原东北部区域性大到暴雨的诊断分析及数值模拟[J]. 气象学报，**63**(3)：289-300.

成都中心气象台，云南大学物理系气象专业，1975. 西南低涡形成及其涡源问题[J]. 气象，**1**(4)：11-14.

程龙，刘海文，周天军，等，2013. 近 30 余年来盛夏东亚东南季风和西南季风频率的年代际变化及其与青藏高原积雪的关系. 大气科学[J]. **37**(6)：1326-1336.

丑纪范，1989. 数值模式中处理地形影响的方法和问题[J]. 高原气象，**8**(2)：114-120.

丑纪范，刘式达，刘式适，1994. 非线性动力学[M]. 北京：气象出版社.

戴加洗，1990. 青藏高原气候[M]. 北京：气象出版社.

戴逸飞，王慧，李栋梁，2016. 卫星遥感结合气象资料计算的青藏高原地面感热特征分析[J]. 大气科学，**40**(5)：1009-1021.

邓佳,李国平,2012. 引入地基 GPS 可降水量资料对一次西南涡暴雨水汽场的初步分析[J]. 高原气象,**31**(2):400-408.

丁一汇,张莉,2008. 青藏高原与中国其他地区气候突变时间的比较[J]. 大气科学,**32**(4):794-805.

董敏,朱文妹,徐祥德,2001. 青藏高原地表热通量变化及其对初夏东亚大气环流的影响[J]. 应用气象学报,**12**(4):458-468.

董元昌,李国平,2014. 凝结潜热在高原涡东移发展不同阶段作用的初步研究[J]. 成都信息工程学院学报,**29**(4):400-407.

董元昌,李国平,2015. 大气能量学揭示的高原低涡结构及降水特征[J]. 大气科学,**39**(6):1136-1148.

杜梅,李国平,丁晨晨,2018. 高原横切变线上的波动及其与低涡的可能联系[J]. 高原气象,**37**(6):1605-1615.

杜梅,李国平,李山山,2020. 高原横切变线与高原低涡关系的初步研究[J]. 大气科学,**44**(2):269-281.

杜倩,覃丹宇,张鹏,2013. 一次西南低涡造成华南暴雨过程的 FY-2 卫星观测分析[J]. 气象,**39**(7):821-831.

杜行远,1961. 高原地形对气压变化的影响[J]. 气象学报,**31**(2):93-100.

段安民,吴国雄,2003. 7 月青藏高原大气热源空间型及其与东亚大气环流和降水的相关研究[J]. 气象学报,**61**(4):447-456.

段安民,吴国雄,2005. 青藏高原气温的年际变率和大气环状波动模[J]. 气象学报,**63**(5):790-798.

段安民,吴国雄,刘屹岷,2006. 定常条件下感热和地形影响的 Rossby 波[J]. 气象学报,**64**(2):129-136.

段安民,肖志祥,王子谦,2018. 青藏高原冬春积雪和地表热源影响亚洲夏季风的研究进展[J]. 大气科学,**42**(4):755-766.

段安民,肖志祥,吴国雄,2016. 1979—2014 年全球变暖背景下青藏高原气候变化特征[J]. 气候变化研究进展,**12**(5):374-381.

段旭,李英,2001. 低纬高原地区一次中尺度对流复合体个例研究[J]. 大气科学,**25**(5):676-682.

付尊涛,刘式适,王树涛,1998. 正压模式中大地形作用下的低频波[J]. 高原气象,**17**(3):223-230.

傅慎明,孙建华,赵思雄,等,2011. 梅雨期青藏高原东移对流系统影响江淮流域降水的研究[J]. 气象学报,**69**(04):581-600.

高笃鸣,李跃清,程晓龙,2018. 基于西南涡加密探空资料同化的一次奇异路径耦合低涡大暴雨数值模拟研究[J]. 气象学报,**76**(3):343-360.

高珩洲,李国平,2020. 黔东南地形影响局地突发性暴雨的中尺度天气分析与数值试验[J]. 高原气象,**39**(2):301-310.

高荣,韦志刚,董文杰,等,2003. 20 世纪后期青藏高原积雪和冻土变化及其与气候变化的关系[J]. 高原气象,**22**(2):191-196.

高守亭,1987. 流场配置及地形对西南低涡形成的动力作用[J]. 大气科学,**11**(3):263-271.

高守亭,陈辉,2000. 大地形背风波的转槽实验研究[J]. 气象学报,**58**(6):653-664.

高守亭,冉令坤,李娜,等,2014. 集合动力因子暴雨预报方法研究[J]. 暴雨灾害,**32**(4):289-302.

高守亭,陶诗言,丁一汇,1989. 表征波与流相互作用的广义 E-P 通量[J]. 中国科学(B辑),**19**(7):774-784.

高守亭,周玉淑,2001. 水平切变线上涡层不稳定理论[J]. 气象学报,**59**(4):393-402.

高守亭,朱文姝,董敏,1998. 大气低频变异中的波流相互作用(阻塞形势)[J]. 气象学报,**56**(6):665-679.

高文良,郁淑华,2007. 高原低涡东移出高原的平均环流场分析[J]. 高原气象,**26**(1):208-214.

葛旭阳,陶立英,朱永禔,等,2001. 青藏高原热力状况异常与长江中下游地区梅雨关系的相关分析及数值模拟[J]. 应用气象学报,**12**(2):159-166.

巩远发,纪立人,段廷扬,2004. 青藏高原雨季的降水特征与东亚夏季风爆发[J]. 高原气象,**23**(3):313-322.

巩远发,许美玲,何金海,等,2006. 夏季青藏高原东部降水变化与副热带高压带活动的研究[J]. 气象学报,**64**(1):90-99.

顾伟,伍荣生,1995. 气流过山运动的非线性浅水理论[J]. 气象学报,**53**(4):30-37.

顾小祥,李国平,2019. 云微物理参数化方案对一次高原切变线暴雨过程数值模拟的影响[J]. 云南大学学报(自然科学版),**41**(3):526-536.

顾震潮,1949. 中国西南低气压形成时期之分析举例[J]. 气象学报,**20**(1-4):61-63.

顾震潮,1951. 西藏高原对东亚环流的动力影响和它的重要性[J]. 中国科学,**2**(3):283-303.

顾震潮,叶笃正,1955. 关于我国天气过程大地形影响的几个事实和计算[J]. 气象学报,**26**(3):167-181.

关良,李栋梁,2019. 青藏高原低涡的客观识别及其活动特征[J]. 高原气象,**38**(1):55-65.

郭秉荣,丑纪范,1980. 青藏高原对风场的影响[M]//第二次全国数值天气预报会议论文集. 北京:科学出版社.

郭洁,李国平,2007. 若尔盖高原沼泽湿地气候变化及其对湿地退化的影响[J]. 高原气象,**26**(2):422-428.

韩熠哲,马伟强,马耀明,等,2018. 南亚夏季风爆发前后青藏高原地表热通量的长期变化特征分析[J]. 气象学报,**76**(6):920-929.

郝丽萍,邓佳,李国平,等,2013. 一次西南涡持续暴雨的 GPS 大气水汽总量特征[J]. 应用气象学报,**24**(2):230-239.

郝丽萍,周瑾,康岚,2016. 西南涡暴雨天气过程分析和数值模拟试验[J]. 高原气象,**35**(5):1182-1190.

何光碧,2006. 高原东侧陡峭地形对一次盆地中尺度涡旋及暴雨的数值试验[J]. 高原气象,**25**(3):430-441.

何光碧,陈静,李川,等,2005. 低涡与急流对"04.9"川东暴雨影响的分析与数值试验[J]. 高原气象,**24**(6):1012-1023.

何光碧,高文良,屠妮妮,2009. 2000—2007 年夏季青藏高原低涡切变线观测事实分析[J]. 高原气象,**28**(3):549-555.

何光碧,师锐,2014. 三次高原切变线过程演变特征及其对降水的影响[J]. 高原气象,**33**(3):615-625.

何金海,丁一汇,陈隆勋,1996. 亚洲季风研究的新进展[M]. 北京:气象出版社.

何金海,徐海明,钟珊珊,等,2011. 青藏高原大气热源特征及其影响和可能机制[M]. 北京:气象出版社.

何钰,李国平,2013. 青藏高原大地形对华南持续性暴雨影响的数值试验[J]. 大气科学,**37**(4):933-944.

贺懿华,李才媛,金琪,等,2006. 夏季青藏高原 TBB 低频振荡及其与华中地区旱涝的关系[J]. 高原气象,**25**(4):658-664.

侯建忠,孙伟,杜继稳,2005. 青藏高原东北侧一次 MCC 的环境流场及动力分析[J]. 高原气象,**24**(5):805-810.

胡姮,曹云昌,尹聪,等,2018. 青藏高原大气可降水量单站观测对比分析[J]. 气象学报,**76**(6):1029-1039.

胡亮,徐祥德,赵平,2018. 夏季青藏高原对流系统移出高原的气象背景场分析[J]. 气象学报,**76**(6):944-954.

胡亮,杨松,李耀东,2010. 青藏高原及其下游地区降水厚度季、日变化的气候特征分析[J]. 大气科学,**34**(2):387-398.

胡祖恒,李国平,官昌贵,等,2014. 中尺度对流系统影响西南低涡持续性暴雨的诊断分析[J]. 高原气象,**33**(1):116-129.

黄楚惠,顾清源,李国平,等,2010. 一次高原低涡东移引发四川盆地暴雨的机制分析[J]. 高原气象,**29**(4):832-839.

黄楚惠,李国平,2007. 一次东移高原低涡的天气动力学诊断分析[J]. 气象科学,**27**(增刊):36-43.

黄楚惠,李国平,2009. 基于螺旋度和非地转湿 Q 矢量的一次东移高原低涡强降水过程分析[J]. 高原气象,**28**(2):319-326.

黄楚惠,李国平,牛金龙,等,2011. 一次高原低涡东移引发四川盆地强降水的湿螺旋度分析[J]. 高原气象,**30**(6):1427-1434.

黄楚惠,李国平,牛金龙,等,2015. 近 30 年夏季移出型高原低涡的气候特征及其对我国降雨的影响[J]. 热带气象学报,**31**(6):827-838.

黄楚惠,李国平,张芳丽,等,2020. 近 10 年气候变化影响下四川山地暴雨事件的演变特征[J]. 暴雨灾害,**39**(4):335-343.

黄荣辉,1988. 青藏高原对我国和世界气候环境的影响[J]. 地球科学信息,(6):25-26.

黄思训,张铭,1987. 大气中非线性波动的非频散解—Ⅱ. 非线性波速公式[J]. 中国科学(B 辑),**17**(11):1236-1246.

黄樱,钱永甫,2003. 南亚高压与华北夏季降水的关系[J]. 高原气象,**22**(6):602-607.

霍飞,江志红,刘征宇,2014. 春夏季青藏高原积雪对中国夏末秋初降水的影响及其可能机制[J]. 大气科学,**38**(2):352-362.

季国良,姚兰昌,杨化镒,等,1986. 1982 年冬季青藏高原地面和大气加热场特征[J]. 中国科学(B 辑),**16**(2):214-224.

假拉,周顺武,2002. 西藏高原夏季旱涝年 OLR 分布差异[J]. 应用气象学报,**13**(3):371-376 .
江灏,程国栋,王可丽,2006. 青藏高原地表温度的比较分析[J]. 地球物理学报,**49**(2):391-397.
江吉喜,范梅珠,2002a. 青藏高原夏季 TBB 场与水汽分布关系的初步研究[J]. 高原气象,**21**(1):20-24.
江吉喜,范梅珠,2002b. 夏季青藏高原上的对流云和中尺度对流系统[J]. 大气科学,**26**(2):263-270.
江野,陈嘉滨,1992. 重力波阻参数化方案及其预报试验[J]. 高原气象,**11**(2):152-160.
姜勇强,张维桓,周祖刚,等,2004. 2000 年 7 月西南涡暴雨过程的分析和数值模拟[J]. 高原气象,**23**(1):55-61.
蒋璐君,李国平,母灵,等,2014. 基于 TRMM 资料的西南涡强降水结构分析[J]. 高原气象,**33**(3):607-614.
蒋璐君,李国平,王兴涛,2015. 基于 TRMM 资料的高原涡与西南涡引发强降水的对比研究[J]. 大气科学,**39**(2):249-259.
金妍,李国平,2021. 爬流和绕流对山地突发性暴雨的影响[J]. 高原气象,**40**(2):DOI:. 10.7522/j. issn. 1000-0534. 2020. 00041.
李博,杨柳,唐世浩,2018a. 基于静止卫星的青藏高原及周边地区夏季对流的气候特征分析[J]. 气象学报,**76**(6):983-995.
李博,张淼,唐世浩,等,2018b. 基于组网观测的那曲土壤湿度不同时间尺度的变化特征[J]. 气象学报,**76**(6):1040-1052.
李驰钦,左群杰,高守亭,等,2018. 青藏高原上空一次重力波过程的识别与天气影响分析[J]. 气象学报,**76**(6):904-919.
李崇银,1995. 大气低频振荡[M]. 北京:气象出版社 .
李崇银,曹文忠,李桂龙,1995. 基本气流对中高纬度大气季节内振荡不稳定激发的影响[J]. 中国科学(B 辑),**25**(9):978-985.
李菲,段安民,2011. 青藏高原夏季风强弱变化及其对亚洲地区降水和环流的影响—2008 年个例分析[J]. 大气科学,**35**(4):694-706.
李斐,李建平,李艳杰,等,2012. 青藏高原绕流和爬流的气候学特征[J]. 大气科学,**36**(6):1236-1252.
李国平,2002. 青藏高原动力气象学[M]. 北京:气象出版社 .
李国平,2007. 青藏高原动力气象学(第二版)[M]. 北京:气象出版社 .
李国平,2013. 高原涡、西南涡研究的新进展及有关科学问题[J]. 沙漠与绿洲气象,**7**(3):1-6.
李国平,2016. 近 25 年来中国山地气象研究进展[J]. 气象科技进展,**5**(3):115-122.
李国平,陈佳,2018. 西南涡及其暴雨研究新进展[J]. 暴雨灾害,**37**(4):293-302.
李国平,段廷扬,巩远发,2000. 青藏高原西部地区的总体输送系数和地面通量[J]. 科学通报,**45**(8):865-869.
李国平,段廷扬,巩远发,等,2002. 青藏高原近地层通量特征的合成分析[J]. 气象学报,**60**(4):453-460.
李国平,段廷扬,吴贵芬,2003. 青藏高原西部的地面热源强度及地面热量平衡,地理科学,**23**(1):13-18.

李国平,蒋静,2000. 一类奇异孤波解及其在高原低涡结构分析中的应用[J]. 气象学报,**58**(4):447-456.

李国平,李山山,黄楚惠,2017. 高原切变线与高原低涡相互作用的研究现状与展望[J]. 地球科学进展,**32**(8):789-795.

李国平,刘红武,2006. 地面热源强迫对青藏高原低涡作用的动力学分析,热带气象学报,**22**(6):632-637.

李国平,刘晓冉,黄楚惠,等,2011. 夏季青藏高原低涡结构的动力学研究[J]. 成都信息工程学院学报,**26**(5):461-469.

李国平,刘行军,1994. 西南低涡暴雨的湿位涡诊断分析[J]. 应用气象学报,**5**(3):354-360.

李国平,卢会国,黄楚惠,等,2016. 青藏高原夏季地面热源的气候特征及其对高原低涡生成的影响[J]. 大气科学,**40**(1):131-141.

李国平,罗喜平,陈婷,等,2011. 高原低涡中涡旋波动特征的初步分析[J]. 高原气象,**30**(3):553-558 .

李国平,陶红专,2005. 高原降雨天气过程中总体输送系数的变化特征[J]. 高原气象,**24**(4):577-584.

李国平,陶建玲,1998. 非线性惯性重力内波的特征及天气意义[J]. 成都气象学院学报,**13**(1):23-29.

李国平,万军,邓思华,1991a. 青藏高原 500 hPa 暖性高压生成的热成风适应机制,成都气象学院学报,**6**(3-4):1-8.

李国平,万军,卢敬华,1991b. 暖性西南低涡生成的一种可能机制[J]. 应用气象学报,**2**(1):91-99.

李国平,肖杰,2007. 青藏高原西部地面反射率的日变化以及与若干气象因子的关系,地理科学,**27**(1):63-67.

李国平,徐琪,2005. 边界层动力“抽吸泵”对青藏高原低涡的作用[J]. 大气科学,**29**(6):965-972.

李国平,杨小怡,1998. 热力强迫对非线性重力内波影响的初步分析[J]. 大气科学,**22**(5):791-797.

李国平,张万诚,2019. 高原低涡、切变线暴雨研究新进展[J]. 暴雨灾害,**38**(5):464-471.

李国平,张泽铭,刘晓冉,2008. 青藏高原西部土壤热量的传输及其参数化计算方案[J]. 高原气象,**27**(4):719-726.

李国平,赵邦杰,卢敬华,2002a. 青藏高原地面总体输送系数的研究[J]. 气象学报,**60**(1):60-67.

李国平,赵邦杰,杨锦青,2002b. 地面感热对青藏高原低涡流场结构及发展作用的动力学分析[J]. 大气科学,**26**(3):519-525.

李国平,赵福虎,黄楚惠,等,2014. 基于 NCEP 资料的近 30 年夏季青藏高原低涡的气候特征[J]. 大气科学,**38**(4):756-769.

李国庆,1986. 地形对斜压流体多流态影响的实验研究[J]. 中国科学(B 辑),**16**(4):441-448.

李家伦,洪钟祥,孙菽芬,2000. 青藏高原西部改则地区大气边界层特征[J]. 大气科学,**24**(3),301-312.

李娟,李跃清,蒋兴文,等,2016. 青藏高原东南部复杂地形区不同天气状况下陆气能量交换特征分析[J]. 大气科学,**40**(4):777-791.

李山山,李国平,2017. 一次鞍型场环流背景下高原东部切变线降水的湿 Q 矢量诊断分析[J]. 高原气象,**36**(2):317-329.

李山山,李国平,2017. 一次高原低涡与高原切变线演变过程与机理分析[J]. 大气科学,**41**(4):713-726.

李山山,王晓芳,万蓉,等,2020. 青藏高原东坡不同海拔高度区域的雨滴谱特征[J]. 高原气象,**39**(5):899-911.

李伟平,吴国雄,刘屹岷,等,2001. 青藏高原表面过程对夏季青藏高压的影响—数值试验[J]. 大气科学,**25**(6):809-816.

李永华,卢楚翰,徐海明,等,2011. 夏季青藏高原大气热源与西南地区东部旱涝的关系[J]. 大气科学,**35**(3):422-434.

李跃清,2000. 青藏高原上空环流变化与其东侧旱涝异常分析[J]. 大气科学,**24**(4):470-476.

李跃清,2003. 青藏高原地面加热及上空环流场与东侧旱涝预测的关系[J]. 大气科学,**27**(1):107-114.

李子良,2006. 三维多层流过山产生的山地重力波研究[J]. 高原气象,**25**(4):593-600.

李子良,万军,1995. 准地转动量近似下风速切变线上的波动[J]. 气象学报,**53**(3):289-298.

梁潇云,刘屹岷,吴国雄,2005a. 青藏高原对亚洲夏季风爆发位置及强度的影响[J]. 气象学报,**63**(5):799-805.

梁潇云,刘屹岷,吴国雄,2005b. 青藏高原隆升对春、夏季亚洲大气环流的影响[J]. 高原气象,**24**(6):837-845.

梁潇云,刘屹岷,吴国雄,2006. 热带、副热带海陆分布与青藏高原在亚洲夏季风形成中的作用[J]. 地球物理学报,**49**(4):983-992.

林志强,周振波,假拉,2013. 高原低涡客观识别方法及其初步应用[J]. 高原气象,**32**(6):1580-1588.

刘冲,赵平,2020. 1979—2016 年四川盆地低涡的气候特征分析[J]. 气候变化研究进展,**16**(2):203-214.

刘富明,濮梅娟,1986. 东移的青藏高原低涡的研究[J]. 高原气象,**5**(2):125-134.

刘舸,赵平,南素兰,等,2018. 夏季青藏高原上空热力异常与其上下游大气环流联系的研究进展[J]. 气象学报,**76**(6):861-869.

刘红武,邓朝平,李国平,等,2016. 东移影响湖南的西南低涡统计分析[J]. 气象与环境科学,**39**(1):59-65.

刘红武,李国平,2008. 近三十年西南低涡研究的回顾与展望[J]. 高原山地气象研究,**28**(2):68-73.

刘华强,孙照渤,王举,等,2005. 青藏高原东西部积雪效应的模拟对比分析[J]. 高原气象,**24**(3):357-365.

刘辉志,张伯寅,桑建国,等,2000. 不稳定边界层下地形重力内波[J]. 大气科学,**24**(4):509-518.

刘建勇,谈哲敏,张熠,2012. 梅雨期 3 类不同形成机制的暴雨[J]. 气象学报,**70**(3):452-466.

刘黎平,郑佳锋,阮征,等,2015. 2014 年青藏高原云和降水多种雷达综合观测试验及云特征初步分析结果[J]. 气象学报,**73**(4):635-647.

刘森峰,段安民,2017. 基于青藏高原春季感热异常信号的中国东部夏季降水统计预测模型[J]. 气象学报,**75**(6):903-916.

刘式达,刘式适,1982. 大气非线性波动方程的解[J]. 气象学报,**40**(3):25-34.

刘式适,柏晶瑜,陈华,2000a. 青藏高原大地形作用下的 Rossby 波[J]. 高原气象,**19**(3):331-338.

刘式适,柏晶瑜,徐祥德,等,2000b. 青藏高原大地形的动力、热力作用与低频振荡[J]. 应用气象学报,**11**(3):312-321.

刘式适,刘式达,谭本馗,1996. 非线性大气动力学[M]. 北京:国防工业出版社.

刘式适,谭本馗,1988. 地形作用下的非线性 Rossby 波[J]. 应用数学和力学,**3**(9):45-56.

刘晓冉,李国平. 2007a. 热源强迫的边界层低涡解及其应用. 应用数学和力学,**28**(4):391-400.

刘晓冉,李国平,2007b. 非绝热强迫的非线性奇异惯性重力内波及其与青藏高原低涡的关系[J]. 高原气象,**26**(2):225-232.

刘晓冉,李国平,2008. 青藏高原前期冬春季地面热源与我国夏季降水关系的初步分析[J]. 大气科学,**32**(3):561-571.

刘晓冉,李国平,2014a. WRF 模式边界层参数化方案对西南低涡模拟的影响[J]. 气象科学,**34**(2):162-170.

刘晓冉,李国平,2014b. 一次东移型西南低涡的数值模拟及位涡诊断[J]. 高原气象,**33**(5):1204-1216.

刘晓冉,李国平,胡祖恒,等,2020. 一次高原低涡诱发西南低涡耦合加强的动力诊断分析[J]. 气象科学,**40**(3):363-373.

刘晓冉,李国平,李永华,等,2018. 一次引发重庆大暴雨的西南低涡动力诊断分析[J]. 西南大学学报(自然科学版),**40**(5):160-169.

刘新,李伟平,吴国雄,2002a. 夏季青藏高原加热和北半球环流年际变化的相关分析[J]. 气象学报,**60**(3):267-277.

刘新,吴国雄,刘屹岷,等,2002b. 青藏高原加热与亚洲环流季节变化和夏季风爆发[J]. 大气科学,**26**(6):781-793.

刘屹岷,燕亚菲,吕建华,等,2018. 基于 CloudSat/CALIPSO 卫星资料的青藏高原云辐射及降水的研究进展[J]. 大气科学,**42**(4):847-858.

刘云丰,李国平,2016. 夏季高原大气热源的气候特征以及与高原低涡生成的关系[J]. 大气科学,**40**(4):864-876.

刘自牧,李国平,2019. 高原切变线的客观识别与时空分布的统计分析[J]. 大气科学,**43**(1):13-26.

刘自牧,李国平,张博,2018. 高原涡与高原切变线伴随出现的统计特征[J]. 高原气象,**37**(5):1233-1240.

卢敬华,1986. 西南低涡概论[M]. 北京:气象出版社.

卢敬华,雷小途,1995. 非绝热加热对孤立波的影响及其在大气中的应用[J]. 气象学报,**53**(增刊):539-549.

卢敬华,李国平,1994. 层结稳定度和波速对孤立波解的影响[J]. 地球物理学报,**37**(增刊Ⅱ):46-56.

卢敬华,李国平,石磊,等,2003. 青藏高原东部及东侧地区低值系统与高原积雪的相关研究[J].

高原气象,**22**(2):121-126.

陆慧娟,高守亭,2003. 螺旋度及螺旋度方程的讨论[J]. 气象学报,**61**(6):684-691.

吕克利,1987. 大地形与正压 Rossby 孤立波[J]. 气象学报,**45**(3):267-273.

吕克利,蒋后硕,1996. 近共振地形强迫 Rossby 孤立波[J]. 气象学报,**54**(2):142-153.

罗德海,1994. 大气中调制 Rossby 波的振荡特征和中纬低频振荡[J]. 成都气象学院学报,**9**(4):25-33.

罗德海,李崇银,2000. 缓慢移动性 Rossby 波与大尺度地形的近共振相互作用[J]. 大气科学,**24**(2):271-283.

罗四维,1989. 有关青藏高原天气和环流研究工作的回顾[J]. 高原气象,**8**(2):121-126.

罗四维,1992. 青藏高原及临近地区几类天气系统的研究[M]. 北京:气象出版社.

罗四维,何梅兰,刘晓东,1993. 关于夏季青藏高原低涡的研究[J]. 中国科学(B 辑),**23**(7):778-784.

罗四维,杨洋,1991. 一次青藏高原夏季低涡的诊断分析研究[J]. 高原气象,**10**(1):1-12.

罗潇,李国平,2019a. 动能空间尺度分解及其在高原切变线的分析应用[J]. 高原气象,**38**(2):314-324.

罗潇,李国平,2019b. 一次东移型高原切变线过程的扰动动能特征[J]. 气象科学,**39**(2):226-236.

罗雄,李国平,2018a. 一次高原切变线过程的数值模拟与阶段性结构特征[J]. 高原气象,**37**(2):406-419.

罗雄,李国平,2018b. 高空急流对高原切变线影响的数值试验与动力诊断[J]. 气象学报,**76**(3):361-378.

罗亚丽,孙继松,李英,等,2020. 中国暴雨的科学与预报:改革开放 40 年研究成果[J]. 气象学报,**78**(3):419-450.

马婷,刘屹岷,吴国雄,等,2020. 青藏高原低涡形成、发展和东移影响下游暴雨天气个例的位涡分析[J]. 大气科学,**44**(3):472-486.

马婷婷,吴国雄,刘屹岷,等,2018. 青藏高原地表位涡密度强迫对 2008 年 1 月中国南方降水过程的影响 Ⅰ:资料分析[J]. 气象学报,**76**(6):870-886.

马耀明,姚檀栋,王介民,2006. 青藏高原能量和水循环试验研究:GAME/Tibet 与 CAMP/Tibet 研究进展[J]. 高原气象,**25**(2):344-351.

马振锋,2003. 高原季风强弱对南亚高原活动的影响[J]. 高原气象,**22**(2):143-146.

毛飞,唐世浩,孙涵,等,2008. 近 46 年青藏高原干湿气候区动态变化研究[J]. 大气科学,**32**(3):499-507.

梅垚,胡志群,黄兴友,等,2018. 青藏高原对流云的偏振雷达观测研究[J]. 气象学报,**76**(6):1014-1028.

苗秋菊,徐祥德,张胜军,等,2005. 长江流域水汽收支与高原水汽输送分量"转换"特征[J]. 气象学报,**63**(1):93-99.

母灵,李国平,2013. 复杂地形对西南低涡生成和移动影响的数值试验分析[J]. 成都信息工程学院学报,**28**(6):241-248.

倪成诚,李国平,熊效振,2013. AIRS 资料在中国川藏地区适用性的验证研究[J]. 山地学报,**31**

(6):656-663.

宁亮,钱永甫,2006. 北非和青藏高原感热振荡特征及与我国东部夏季降水的关系[J]. 高原气象,**25**(3):357-365.

牛涛,陈隆勋,王文,2002. 青藏高原冬季平均温度、湿度气候特征的 REOF 分析[J]. 应用气象学报,**13**(5):560-570.

牛涛,刘洪利,宋燕,等,2005. 青藏高原气候由暖干到暖湿时期的年代际变化特征研究[J]. 应用气象学报,**16**(6):763-771.

潘旸,李建,宇如聪,2011. 东移西南低涡空间结构的气候学特[J]. 气候与环境研究,**16**(1):60-70.

庞紫豪,王东海,姜晓玲,等,2019. 基于变分客观分析方法的青藏高原试验区夏季对流降水过程热动力特征分析[J]. 大气科学,**43**(3):511-524.

彭京备,陈烈庭,张庆云,2005. 青藏高原异常雪盖和 ENSO 的多尺度变化及其与中国夏季降水的关系[J]. 高原气象,**24**(3):366-377.

彭世球,徐祥德,施晓晖,2008."世界屋脊"大地形坡面探测同化信息对下游天气的预警效应[J]. 科学通报,**53**(24):3134-3138.

彭新东,程麟生,1992. 高原东侧低涡切变线发展的个例数值研究 I—分析和诊断[J]. 兰州大学学报:自然科学版,**28**(2):163-168.

彭新东,程麟生,1994. 高原东侧低涡切变线发展的个例数值研究 II—中尺度数值模拟[J]. 兰州大学学报:自然科学版,**30**(1):124-131.

濮梅娟,徐裕华,1991. 用尺度分离法揭示中尺度高原低涡[J]. 气象,**17**(8):38-41.

气象会议论文集编辑小组,1981. 青藏高原气象会议论文集(1977—1978 年)[M]. 北京:科学出版社.

钱永甫,颜宏,骆启仁,等,1978. 一个有大地形影响的初始方程数值预报模式[J]. 大气科学,**2**(2):91-102.

钱永甫,钟中,1985. 大气动力学方程组在有地形的离散格点模式中的一般形式[J]. 高原气象,**4**(1):1-13.

钱正安,焦彦军,1997. 青藏高原气象学的研究和进展[J]. 地球科学进展,**12**(3):207-216.

钱正安,刘明,衣育红,1992. 亚洲地区云量参数化的对比试验及云的影响[J]. 气象学报,**50**(1):50-59.

钱正安,吴统文,梁潇云,2001. 青藏高原及周围地区的平均垂直环流特征[J]. 大气科学,**25**(4):444-454.

乔全明,张雅高,1994. 青藏高原天气学[M]. 北京:气象出版社.

青藏高原低值系统会战组,1977. 盛夏青藏高原低值系统[J]. 气象,**3**(9):4-7.

青藏高原低值系统协作组,1978. 盛夏青藏高原低涡发生发展的初步研究[J]. 中国科学,**3**(4):341-350.

青藏高原科学实验文集编辑组,1984a. 青藏高原科学实验文集(一)[M]. 北京:科学出版社.

青藏高原科学实验文集编辑组,1984b. 青藏高原科学实验文集(二)[M]. 北京:科学出版社.

青藏高原科学实验文集编辑组,1987. 青藏高原科学实验文集(三)[M]. 北京:科学出版社.

青藏高原科学研究拉萨会战组,1981. 夏半年青藏高原 500 毫巴低涡切变线的研究[M]. 北京:科学出版社.

青藏高原气象会议论文集编辑小组,1981. 青藏高原气象会议论文集(1977—1978)[M]. 北京:科学出版社.

青藏高原气象科研协作领导小组,1997. 青藏高原气象会议论文集(1975—1976)[D]. 兰州:中国科学院兰州高原大气物理研究所.

邱静雅,李国平,郝丽萍,2015. 高原涡与西南涡相互作用引发四川盆地暴雨的位涡诊断[J]. 高原气象,**34**(6):1556-1565.

任倩,周长艳,何金海,等,2017. 前期印度洋海温异常对夏季高原"湿池"水汽含量的影响及其可能原因[J]. 大气科学,**41**(3):648-658.

桑建国,刘辉志,洪钟祥,1998. 二维地形的地形阻力[J]. 大气科学,**22**(2):243-246.

沈志宝,成天涛,王可丽,2002. 青藏高原地面-对流层系统的能力收支[J]. 高原气象,**21**(6):546-551.

盛华,陶诗言,1988. 青藏高原和落基山对气旋的动力影响[J]. 气象学报,**46**(2):130-141.

宋雯雯,李国平,2010. 高原低涡结构特征模拟与诊断的初步研究[J]. 成都信息工程学院学报,**25**(3):282-285.

宋雯雯,李国平,2011. 一次高原低涡过程的数值模拟与结构特征分析[J]. 高原气象,**30**(2):267-276.

宋雯雯,李国平,2016. 两类涡度矢量对四川盆地一次暴雨过程的分析应用[J]. 高原气象,**35**(6):1464-1475.

宋雯雯,李国平,龙柯吉,等,2018. 两类动力因子对四川盆地一次低涡暴雨的应用研究[J]. 高原气象,**37**(5):1289-1303.

宋雯雯,李国平,唐钱奎,2012. 加热和水汽对两例高原低涡影响的数值试验[J]. 大气科学,**36**(1):117-129.

苏文颖,毛节泰,纪飞,2000. 青藏高原出射长波辐射特征分析[J]. 大气科学,**24**(3):313-323.

孙国武,陈葆德,1994. 青藏高原大气低频振荡与低涡群发性的研究[J]. 大气科学,**18**(1):113-121.

孙建华,李娟,沈新勇,等,2015. 2013 年 7 月四川盆地一次特大暴雨的中尺度系统演变特征[J]. 气象,**41**(5):533-543.

孙颖,丁一汇,2002. 青藏高原热源异常对 1999 年东亚夏季风异常活动的影响[J]. 大气科学,**26**(6):817-828.

汤懋苍,1996. 高原隆起与大气环流[M]//孙鸿烈. 青藏高原的形成演化. 上海:上海科学技术出版社:152-193.

汤懋苍,程国栋,林振耀,1998. 青藏高原近代气候变化及其对环境的影响[M]. 广州:广东科技出版社.

唐洁,郭学良,常祎,2018. 2014 年夏季青藏高原云和降水微物理特征的数值模拟研究[J]. 气象学报,**76**(6):1053-1068.

唐南军,任荣彩,邹晓蕾,等,2019. 夏季青藏高原地区水汽向平流层的等熵绝热和非绝热传输的气候学特征及其与落基山地区的对比[J]. 大气科学,**43**(1):183-201.

陶丽,李国平,2011. 一次西南低涡诱发川南特大暴雨的综合诊断[J]. 气象科技进展,**1**(3):45-49.

陶丽，李国平，2012. 对流涡度矢量垂直分量在西南涡暴雨中的应用[J]. 应用气象学报，**23**(6)：702-709.

陶诗言，陈联寿，徐祥德，等，1998. 第二次青藏高原大气科学试验研究进展(一)[M]. 北京：气象出版社.

陶诗言，陈联寿，徐祥德，等，2000a. 第二次青藏高原大气科学试验研究进展(二)[M]. 北京：气象出版社.

陶诗言，陈联寿，徐祥德，等，2000b. 第二次青藏高原大气科学试验研究进展(三)[M]. 北京：气象出版社.

陶诗言，李毓芳，温玉璞，1965. 东亚对流层上部和平流层中下部大气环流的初步研究[J]. 气象学报，**36**(2)：41-51.

陶诗言，罗四维，张鸿材，1984. 1979 年 5—8 月青藏高原气象科学实验及其观测系统[J]. 气象，**10**(7)：2-5.

陶诗言，朱福康，1964. 夏季亚洲南部 100 毫巴流型的变化及其与西太平洋副热带高压进退的关系[J]. 气象学报，**34**(4)：385-396.

田珊儒，段安民，王子谦，等，2015. 地面加热与高原低涡和对流系统相互作用的一次个例研究[J]. 大气科学，**39**(1)：125-136.

田雨润，李国平，刘云丰，2017. 三种再分析资料计算青藏高原大气热源的比较[J]. 沙漠与绿洲气象，**11**(4)：1-8.

屠妮妮，何光碧，2010. 两次高原切变线诱发低涡活动的个例分析[J]. 高原气象，**29**(1)：90-98.

万军，卢敬华，1986. 论西南低涡初期发展的一种机制[J]. 成都气象学院学报，**5**(4)：30-39.

汪会，郭学良，2018. 青藏高原那曲地区一次深对流云垂直结构的多源卫星和地基雷达观测对比分析[J]. 气象学报，**76**(6)：996-1013.

汪青春，李林，李栋梁，等，2005. 青藏高原多年冻土对气候增暖的响应[J]. 高原气象，**24**(5)：708-713.

王安宇，胡琪，秦广言，1983. 东亚加热场和大地形对大气环流季节变化影响的数值试验[J]. 高原气象，**2**(1)：30-38

王澄海，董文杰，韦志刚，2003. 青藏高原季节冻融过程与东亚大气环流关系的研究[J]. 地球物理学报，**46**(3)：309-316.

王澄海，余莲，2011. 区域气候模式对不同的积云参数化方案在青藏高原地区气候模拟中的敏感性研究[J]. 大气科学，**35**(6)：1132-1144.

王川，杜川利，寿绍文，2005. Q 矢量理论在青藏高原东侧大暴雨过程中的诊断应用[J]. 高原气象，**24**(2)：261-267.

王存贵，初奕琦，檀望舒，等，2018. 结合激光雷达和探空资料研究青藏高原地区混合层高度特征[J]. 大气科学，**42**(5)：1133-1145.

王介民，1999. 陆面过程实验和地气相互作用研究：从 HEIFE 到 IMGRASS 和 GAME-Tibet/TIPEX[J]. 高原气象，**18**(3)：280-294.

王婧羽，王晓芳，汪小康，等，2019. 青藏高原云团东传过程及其中中尺度对流系统的统计特征[J]. 大气科学，**43**(5)：1019-1040.

王黎娟，葛静，2016. 夏季青藏高原大气热源低频振荡与南亚高压东西振荡的关系[J]. 大气科学，**40**(4)：853-863.

王凌云，李国平，2017. 应用 AIRS 卫星资料对一次青藏高原东南部 MCSs 的对流指数分析[J]. 云南大学学报(自然科学版)，**39**(1)：88-97 .

王凌云，李国平，2017. 应用 AIRS 卫星资料对一次青藏高原东南部 MCSs 的对流指数分析[J]. 云南大学学报(自然科学版)，**39**(1)：88-97.

王美蓉，周顺武，段安民，2012. 近 30 年青藏高原中东部大气热源变化趋势：观测与再分析资料对比[J]. 科学通报，**57**(Z1)：178-188.

王沛东，李国平，2016. 秦巴山区地形对一次西南涡大暴雨过程影响的数值试验[J]. 云南大学学报(自然科学版)，**38**(3)：418-429.

王谦谦，王安宇，李学锋，等，1984. 青藏高原大地形对夏季东亚大气环流的影响[J]. 高原气象，**3**(1)：13-26.

王赛西，1992. 西南低涡形成的气候特征与角动量输送的关系[J]. 高原气象，**11**(2)：144-151.

王鑫，李跃清，郁淑华，等，2009. 青藏高原低涡活动的统计研究[J]. 高原气象，**28**(1)：66-73.

王咏青，陈联寿，罗哲贤，2002. 青藏高原对其东北侧干旱形成的数值试验[J]. 高原气象，**21**(6)：529-535.

王智，高坤，翟国庆，2003. 一次与西南低涡相联系的低空急流的数值研究[J]. 气象学报，**27**(1)：75-85.

韦晶晶，李国平，2016. 一次东南路径西南低涡引发广西强降水的湿位涡和二阶湿位涡特征[J]. 成都信息工程大学学报，**31**(6)：592-598.

韦志刚，黄荣辉，陈文，等，2002. 青藏高原地面站积雪的空间分布和年代际变化特征[J]. 大气科学，**26**(4)：496-508.

韦志刚，黄荣辉，董文杰，2003. 青藏高原气温和降水的年际和年代际变化[J]. 大气科学，**27**(2)：157-170.

吴池胜，1994. 地形对重力惯性波发展的影响[J]. 大气科学，**18**(1)：81-88.

吴国雄，2001. 全型涡度方程和经典涡度方程的比较[J]. 气象学报，**59**(4)：385-392.

吴国雄，蔡雅萍，唐晓菁，1995. 湿位涡和倾斜涡度发展[J]. 气象学报，**53**(4)：387-405.

吴国雄，刘还珠，1999. 全型垂直涡度倾向方程和倾斜涡度发展[J]. 气象学报，**57**(1)：1-13.

吴国雄，刘屹岷，2000. 热力适应、过流、频散和副高 I. 热力适应和过流[J]. 大气科学，**24**(004)：433-446.

吴国雄，刘屹岷，何编，等，2018. 青藏高原感热气泵影响亚洲夏季风的机制[J]. 大气科学，**42**(3)：488-504.

吴国雄，刘屹岷，刘新，等，2005. 青藏高原加热如何影响亚洲夏季的气候格局[J]. 大气科学，**29**(1)：47-56.

吴国雄，毛江玉，段安民，等，2004. 青藏高原影响亚洲夏季气候研究的最新进展[J]. 气象学报，**62**(5)：528-540.

吴国雄，张永生，1998. 青藏高原热力和机械强迫作用以及亚洲季风的爆发：I 爆发地点[J]. 大气科学，**22**(6)：825-838.

吴国雄，张永生，1999. 青藏高原热力和机械强迫作用以及亚洲季风的爆发：Ⅱ爆发时间[J]. 大气科学，**23**(1)：51-61.

吴敬之，李丁华，郝素明，1989. 近中性条件下青藏高原行星边界层厚度及其特征分析[J]. 高原气象，**8**(4)：351-356.

吴统文，钱正安，2000. 青藏高原冬春积雪异常与中国东部地区夏季降水关系的进一步分析[J]. 气象学报，**58**(5)：570-581.

伍荣生，1964. 大地形与正压扰动的移行[J]. 气象学报，**34**(2)：68-73.

伍荣生，1990. 大气动力学[M]. 北京：气象出版社.

夏大庆，郑良杰，董双林，等，1983. 气象场的几种中尺度分离算子及其比较[J]. 大气科学，**7**(3)：303-311.

谢义炳，黄寅亮，1964. 赤道辐合带上扰动不稳定性的简单理论分析[J]. 气象学报，**22**(2)：198-210.

徐祥德，2009. 青藏高原“敏感区”对我国灾害天气气候的影响及其监测. 中国工程科学，**11**(10)：98-109.

徐祥德，陈联寿，2006. 青藏高原大气科学试验研究进展[J]. 应用气象学报，**17**(6)：756-772.

徐祥德，陶诗言，王继志，等，2002. 青藏高原—季风水汽输送“大三角扇型”影响域特征与中国区域旱涝异常的关系[J]. 气象学报，**60**(3)：257-266.

许利，毕云，钱永甫，2004. 青藏、伊朗高原春夏季高层热力异常与我国夏季气温的关系[J]. 高原气象，**23**(3)：323-329.

许利，毕云，钱永甫，2004. 青藏、伊朗高原地区 300 hPa 温度场异常与我国降水的关系[J]. 高原气象，**23**(4)：465-471.

许鲁君，刘辉志，徐祥德，等，2018. WRF 模式对青藏高原那曲地区大气边界层模拟适用性研究[J]. 气象学报，**76**(6)：955-967.

颜宏，1987. 复杂地形条件下嵌套细网格模式的设计——(一)数值模式的基本原理[J]. 高原气象，**6**(S1)：1-63.

杨本湘，陶祖钰，2005. 青藏高原东南部 MCC 的地域特点分析[J]. 气象学报，**63**(2)：236-242.

杨大升，曹文忠，1995. 中高纬大气 30—60 天低频振荡的一种动力学机制[J]. 大气科学，**19**(2)：209-218.

杨鉴初，陶诗言，叶笃正，等，1960. 西藏高原气象学[M]. 北京：科学出版社.

杨凯，胡田田，王澄海，2017. 青藏高原南、北积雪异常与中国东部夏季降水关系的数值试验研究[J]. 大气科学，**41**(2)：345-356.

杨克明，毕宝贵，2001. 1998 年长江上游致洪暴雨的分析研究[J]. 气象，**27**(8)：9-14.

杨伟愚，杨大升，1987. 正压大气中青藏高原地形影响的数值实验[J]. 高原气象，**6**(2)：117-128.

杨伟愚，叶笃正，吴国雄，1990. 夏季青藏高原气象学若干问题的研究[J]. 中国科学(B 辑)，**20**(10)：1100-1111.

姚秀萍，孙建元，康岚，等，2014. 高原切变线研究的若干进展[J]. 高原气象，**33**(1)：294 -300.

叶笃正，1952. 西藏高原对于大气环流影响的季节变化[J]. 气象学报，**23**(Z1)：35-49.

叶笃正，1988. 夏季青藏高原上空热力结构、对流活动和与之相关的大尺度环流现象[J]. 大气科学特刊,北京:科学出版社,1-12.
叶笃正,高由禧,等,1979. 青藏高原气象学[M]. 北京:科学出版社.
叶笃正,顾震潮,1955. 西藏高原对于东亚大气环流及中国天气的影响[J]. 科学通报,**4**(6):32-36.
叶笃正,罗四维,朱抱真,1957. 西藏高原及其附近的流场结构和对流层的热量平衡[J]. 气象学报,**15**(2):20-33.
叶笃正,徐淑英,朱抱真,1954. 海陆分布对于大气环流的地形与热力的影响[J]. 气象学报,**12**(2):67-84.
叶笃正,张捷迁,1974. 青藏高原加热作用对夏季东亚环流影响的初步模拟实验[J]. 中国科学,**8**(1):301-320.
叶瑶,李国平,2016. 近61年西南低涡的统计特征与异常发生的流型分析[J]. 高原气象,**35**(4):946-954.
于佳卉,刘屹岷,马婷婷,等,2018. 青藏高原地表位涡密度强迫对2008年1月中国南方降水过程的影响:Ⅱ数值模拟[J]. 气象学报,**76**(6):887-903.
余志豪,2002. 台风螺旋雨带涡旋Rossby波[J]. 气象学报,**60**(4):502-507.
宇如聪,1989. 陡峭地形有限区域数值预报模式设计[J]. 大气科学,**13**(2):139-149.
郁淑华,2000. 长江上游暴雨对1998年长江洪峰影响的分析[J]. 气象,**26**(1):56-57.
郁淑华,2008. 夏季青藏高原低涡研究进展述评[J]. 暴雨灾害,**27**(4):81-86.
郁淑华,高文良,2006. 高原低涡移出高原的观测事实分析[J]. 气象学报,**64**(3),392-399.
郁淑华,高文良,2018 冷空气对夏季高原涡移出高原后长久与短期活动影响的对比分析[J]. 大气科学,**42**(6):1297-1326.
郁淑华,高文良,顾清源,等,2007. 近年来影响我国东部洪涝的高原东移涡环流场特征分析[J]. 高原气象,**26**(3):466-475.
郁淑华,高文良,彭骏,2013. 近13年青藏高原切变线活动及其对中国降水影响的若干统计[J]. 高原气象,**32**(6):1527-1537.
郁淑华,高文良,彭骏,2015. 高原低涡移出高原后持续的对流层中层环流特征[J]. 高原气象,**34**(6):1540-1555.
郁淑华,何光碧,滕加谟,等,1997. 青藏高原切变线对四川盆地西部突发性暴雨影响的数值试验[J]. 高原气象,**16**(3):306-311.
袁重光,曾庆存,1987. 正压地形扰动的数值试验[J]. 大气科学,**11**(1):40-47.
岳俊,李国平,2015. 大气河对2013.7.9四川盆地持续性暴雨作用的诊断分析[J]. 成都信息工程学院学报,**30**(1):72-80.
岳俊,李国平,2016. 应用拉格朗日方法研究四川盆地暴雨的水汽来源[J]. 热带气象学报,**32**(2):256-264.
臧增亮,张铭,2004. 三层模式背风波的理论研究[J]. 气象学报,**62**(4):395-400.
曾庆存,1979. 数值天气预报的数学物理基础(第一卷)[M]. 北京:科学出版社.
张博,李国平,2017. 基于CFSR资料的高原低涡客观识别技术及其应用[J]. 兰州大学学报(自然科学版),**53**(1):106-111.
张博,李国平,段炼,等,2018. 基于客观识别技术的高原低涡近30年气候特征[J]. 兰州大学学报

（自然科学版），**54**(1)：104-119.

张冬峰，高学杰，白志虎，等，2005. RegCM3 模式对青藏高原地区气候的模拟[J]. 高原气象，**24**(5)：714-720.

张芳丽，李国平，罗潇，2020. 四川盆地东北部一次突发性暴雨事件的影响系统分析[J]. 高原气象，**39**(2)：321-332.

张虹，李国平，王曙东，2014. 西南涡区域暴雨的中尺度滤波分析[J]. 高原气象，**33**(2)：361-371.

张敬萍，傅慎明，孙建华，等，2015. 夏季长江流域两类中尺度涡旋的统计与合成研究[J]. 气候与环境研究，**20**(3)：319-336.

张可苏，1987. 40～50 d 的纬向基流低频振荡及其失稳效应[J]. 大气科学，**11**(3)：227-236.

张鹏飞，李国平，2007. 青藏高原西部地区地表反射率的合成分析[J]. 山地学报，**25**(6)：649-654.

张鹏飞，李国平，王旻燕，等，2010. 青藏高原低涡群发性与 10～30 d 大气低频振荡关系的初步研究[J]. 高原气象，**29**(5)：1102-1110.

张鹏飞，李国平，尹建昌，2009. 青藏高原西部地表热通量输送的低频特征[J]. 高原气象，**28**(3)：556-563.

张庆云，金祖辉，彭京备，2006. 青藏高原对流时空变化与东亚环流的关系[J]. 大气科学，**30**(5)：802-812.

张少波，吕世华，赵勇，等，2019. 基于风场季节变率的高原季风指数算法的改进及对比[J]. 气象学报，**77**(2)：315-326.

张顺利，陶诗言，2001. 青藏高原积雪对亚洲夏季风影响的诊断及数值研究[J]. 大气科学，**25**(3)：372-390.

张顺利，陶诗言，2002. 青藏高原对 1998 年长江流域天气异常的影响[J]. 气象学报，**60**(4)：442-452.

张硕，姚秀萍，巩远发，2019. 基于客观判识的青藏高原横切变线结构及演变特征合成研究[J]. 气象学报，**77**(6)：1086-1106.

张恬月，李国平，2018. 青藏高原夏季地面感热通量与高原低涡生成的可能联系[J]. 沙漠与绿洲气象，**12**(2)：1-6.

张晓，段克勤，石培宏，2015. 基于 CloudSat 卫星资料分析青藏高原东部夏季云的垂直结构[J]. 大气科学，**39**(6)：1073-1080.

张宇，吕世华，2002. 藏北高原陆面过程的模拟试验[J]. 大气科学，**26**(3)：387-393.

张镇宏，蔡景就，乔云亭，等，2019. 青藏高原夏季大气视热源与中国东部降水的关系的年代际变化[J]. 大气科学，**43**(5)：990-1004.

章基嘉，孙国武，1991. 青藏高原低频变化的研究[M]. 北京：气象出版社.

章基嘉，徐祥德，苗峻峰，1995. 青藏高原地面热力异常对夏季江淮流域持续暴雨形成作用的数值试验[J]. 大气科学，**19**(3)：270-276.

章基嘉，朱抱真，朱福康，等，1988. 青藏高原气象学进展[M]. 北京：科学出版社.

赵福虎，李国平，黄楚惠，等，2014. 热带大气低频振荡对高原低涡的调制作用[J]. 热带气象学报，**31**(1)：119-128.

赵平，陈隆勋，2001. 35 年来青藏高原大气热源气候特征及其与中国降水的关系[J]. 中国科学：D

辑,**31**(4):327-332.

赵平,李跃清,郭学良,等,2018. 青藏高原地气耦合系统及其天气气候效应:第三次青藏高原大气科学试验[J]. 气象学报,**76**(6):833-860.

赵声蓉,宋正山,纪立人,2003. 青藏高原热力异常与华北汛期降水关系的研究[J]. 大气科学,**27**(5):881-893.

赵玉春,王叶红,2010. 高原涡诱生西南涡特大暴雨成因的个例研究[J]. 高原气象,**29**(4):819-831.

郑庆林,王必正,宋青丽,1997. 青藏高原背风坡地形对西南涡过程影响的数值试验[J]. 高原气象,**16**(3):225-233.

郑庆林,王三杉,张朝林,等,2001. 青藏高原动力和热力作用对热带大气环流影响的数值试验[J]. 高原气象,**20**(1):14-21.

郑庆林,邢久星,1990. 一个六层亚洲有限区域模式及对一次西南涡过程的数值模拟[J]. 应用气象学报,**1**(1):12-23.

郑益群,钱永甫,苗曼倩,等 2000. 青藏高原积雪对中国夏季风气候的影响[J]. 大气科学,**24**(6):761-773.

中国气象局成都高原气象研究所,中国气象学会高原气象学委员会,2020a. 青藏高原低涡切变线年鉴(2018)[M]. 北京:科学出版社.

中国气象局成都高原气象研究所,中国气象学会高原气象学委员会,2020b. 西南低涡年鉴(2018)[M]. 北京:科学出版社.

周长燕,李跃清,李薇,等,2005. 青藏高原东部及邻近地区水汽输送的气候特征[J]. 高原气象,**24**(6):880-888.

周冠博,高守亭,2014. 二阶位涡在暴雨预报中的应用[J]. 暴雨灾害,**33**(4):320-324.

周瑾,2015. 水平切变线上西南涡暴雨的特征分析和数值模拟[J]. 青岛:中国海洋大学.

周淼,刘黎平,王红艳,2014. 一次高原涡和西南涡作用下强降水的回波结构和演变分析[J]. 气象学报,**72**(3):554-569.

周明煜,钱粉兰,陈陟,等,2002. 西藏高原斜压对流边界层风、温、湿廓线特征[J]. 地球物理学报,**45**(6):773-783.

周明煜,徐祥德,卞林根,等,2000. 青藏高原大气边界层观测分析与动力学研究[M]. 北京:气象出版社.

周强,李国平,2013. 边界层参数化方案对高原低涡东移模拟的影响[J]. 高原气象,**32**(2):334-344.

周文,杨胜朋,蒋熹,等,2018. 利用 COSMIC 掩星资料研究青藏高原地区大气边界层高度[J]. 气象学报,**76**(1):117-133.

周秀骥,李维亮,陈隆勋,等,2004. 青藏高原地区大气臭氧变化的研究[J]. 气象学报,**62**(5):513-527.

周秀骥,罗超,李维亮,等,1995. 中国地区臭氧总量变化与青藏高原低值中心[J]. 科学通报,**40**(15):1396-1398.

周秀骥,赵平,陈军明,等,2009. 青藏高原热力作用对北半球气候影响的研究[J]. 中国科学(D

辑),**52**(11):1679-1693.

周玉淑,邓涤菲,陈秋士,2012. 等σ面相当重力位势分析方法及其对高原低涡个例的检验应用[J]. 大气科学,**36**(1):47-62.

周玉淑,颜玲,吴天贻,等,2019. 高原涡和西南涡影响的两次四川暴雨过程的对比分析[J]. 大气科学,**43**(4):813-830.

朱抱真,1957a. 大尺度热源、热汇和地形对西风带的常定扰动(二)[J]. 气象学报,**28**(3):198-224.

朱抱真,1957b. 大尺度热源、热汇和地形对西风带的常定扰动(一)[J]. 气象学报,**28**(2):122-140.

朱抱真,1964. 大地形热源的动力控制与超长波活动的关系[J]. 气象学报,**34**(3):285-298.

朱抱真,1983. 青藏高原天气的动力学模拟研究[J]. 气象,**9**(11):2-4.

朱抱真,金飞飞,刘征宇,1991. 大气和海洋的非线性动力学概论[M]. 北京:海洋出版社.

朱抱真,骆美霞,1985. 大地形对青藏高原夏季低层大气环流的动力作用[J]. 科学通报,**30**(13):1005-1007.

朱丰,徐国强,李莉,等,2014. 同化青藏高原地区 GPSPW 数据对长江中下游地区降水预报的影响评估[J]. 大气科学,**38**(1):171-189.

朱禾,邓北胜,吴洪,2002. 湿位涡守恒条件下西南涡的发展[J]. 气象学报,**60**(3):343-351.

朱开成,王琴,李湘如,1991. 地形强迫下的非线性 Rossby 波[J]. 高原气象,**10**(3):233-239.

朱士超,银燕,金莲姬,2011. 青藏高原一次强对流过程对水汽垂直输送的数值模拟[J]. 大气科学,**35**(6):1057-1068.

朱玉祥,丁一汇,刘海文,2009. 青藏高原冬季积雪影响我国夏季降水的模拟研究[J]. 大气科学,**33**(5):903-915.

竺夏英,刘屹岷,吴国雄,2012. 夏季青藏高原多种地表感热通量资料的评估[J]. 中国科学(地球科学),**42**(7):1104-1112.

卓嘎,徐祥德,陈联寿,2002a. 青藏高原边界层高度特征对大气环流动力学效应的数值试验[J]. 应用气象学报,**13**(2):163-169.

卓嘎,徐祥德,陈联寿,2002b. 青藏高原对流云团东移发展的不稳定特征[J]. 应用气象学报,**13**(4):448-456.

邹晓蕾,叶笃正,吴国雄,1991. 北半球两大地形下游冬季环流的动力分析—Ⅰ. 环流、遥相关和定常波的联系[J]. 气象学报,**49**(2):3-14.

Abdullah A J,1955. The atmospheric solitary wave[J]. *Bull. Amer. Meteor. Soc.*,**36**:511-518.

Anderson J R,Rosen R D,1983. The latitude height structure of 40-50 day variations in atmospheric angular momentum[J]. *J. Atmos. Sci.*,**40**:1584-1591.

Andrews D G,McIntyre M E,1976. Planetary waves in horizontal and vertical shear:the generalized Eliassen-Palm relation and the mean zonal acceleration[J]. *J. Atmos. Sci.*,**33**:2031-2048.

Bai Aijuan,Li Guoping,2016. Climatology of monsoon precipitation over the Tibetan Plateau from 13-year TRMM observations[J]. *Theoretical and Applied Climatology*,**126**(1):5-26.

Bao Q,Yang J,Liu Y,et al,2010. Roles of anomalous Tibetan Plateau warming on the severe 2008 winter storm in central-southern China[J]. *Mon. Wea. Rev.*,**138**(6):2375-2384.

Boyer D L,Chen R R,1987. Laboratory simulation of mountain effects on large-scale atmospheric mountain system: the Rocky Mountains[J]. *Atmos. J. Sci.*, 44:23-42.

Boos W R, Kuang Z M, 2010. Dominant control of the South Asian monsoon by orographic insulation versus plateau heating[J]. *Nature*, **463**:218-223.

Businger J A, Wyngaard J C, Izumi Y, et al, 1971. Flux-profile relationship in the atmospheric surface layer[J]. *J. Atmos. Sci.*, **28**:181-189.

Byun D W, 1990. On the analytical solutions of flux-profile relationships for the atmospheric surface layer[J]. *J. Appl. Meteor.*, **29**:652-657.

Charney J G, Eliassen A, 1949. A numerical method for predicting the perturbations of the middle latitude westerlies[J]. *Tellus*, **1**(2):38-54.

Chen B, Hu Z Q, Liu L P, et al, 2017. Raindrop size distribution measurements at 4500 m on the Tibetan Plateau during TIPEX Ⅲ[J]. *J. Geophys. Res. Atmos.*, **122**(20):11092-11106.

Chen Chuan, Li Jing, He Guangbi, 2007. A diagnostic analysis of the impact of complex terrain in the eastern Tibetan Plateau, China, on a severe storm[J]. *Arctic, Antarctic, and Alpine Research*, **39**(4):699-707.

Chen Gong, Li Guoping, 2014. Dynamic and numerical study of waves in the Tibetan Plateau vortex [J]. *Adv. Atmos. Sci.*, **31**(1):131-138 .

Chen Lianshou, Luo Zhexian, 2003. A preliminary study of the dynamics of eastward shifting cyclonic vortices[J]. *Adv. Atmos. Sci.*, **20**:323-332.

Chen Lianshou, Luo Zhexian, 2004. A study of the effect of topography on the merging of vortices [J]. *Adv. Atmos. Sci.*, **21**:13-22.

Chen Longxun, Li Wei, Zhao Ping, 2001. Impact of winter thermal condition of the Tibetan Plateau on the zonal wind anomaly over equatorial Pacific[J]. *Science in China* (Series D), **44**:400-409.

Chen Longxun, Reiter E R, Feng Z Q, 1985. The atmospheric heat source over the Tibetan Plateau: May—August 1979[J]. *Mon. Wea. Rev.*, **113**:1771-1790.

Chen Ruirong, Li Guoqing, 1982. An experimental Simulation on the mechanical effect of Tibetan plateau on zonal circulation of stratified atmosphere[J]. *Scientia Sinica* (B), 25:1091-1102.

Chen S J, Dell'osso L, 1984. Numerical prediction of the heavy rainfall vortex over the Eastern Asian monsoon region[J]. *J. Meteor. Soc. Japan*, **62**:730-747.

Chen Yongren, Li Yueqing, Kang Lan, 2019. An index reflecting mesoscale vortex-vortex interaction and its diagnostic applications for rainstorm area[J]. *Atmospheric Science Letters*, **20**(6), https://doi.org/10.1002/asl.902.

Chen Lieting, Wu Renguang, 2000. Interannual and decadal variations of snow cover over Qinghai-Xizang Plateau and their relationships to summer monsoon rainfall in China[J]. *Adv. Atmos. Sci.*, **17**:18-30.

Christie D R, Muirhead K J, Hales A L, 1978. On solitary waves in the atmosphere[J]. *Journal of the Atmospheric Sciences*, **35**:805-825.

Curio J, Chen Yongren, Schiemann R, et al, 2018. Comparison of a manual and an automated tracking method for Tibetan Plateau vortices[J]. *Adv. Atmos. Sci.*, **35**(8):965-980.

Curio J, Schiemann R, Hodges K I, et al, 2019. Climatology of Tibetan Plateau vortices in reanalysis data and a high-resolution global climate model[J]. *J. Climate*, **32**: 1933-1950.

Dell'osso L, Chen S J, 1986. Numerical experiments on the genesis of vortices over the Qinghai-Xizang Plateau[J]. *Tellus*, **38**A: 236-250.

Dong Yuanchang, Li Guoping, Yuan Meng, et al, 2017. Evaluation of five grid datasets against radiosonde data over the eastern and downstream regions of the Tibetan Plateau in summer[J]. *Atmosphere*, **8**(3), Article ID 56, 19 pages, DOI: 10.3390/atmos8030056.

Draizn P G, 1961. On the steady flow of a fluid of variable density past an obstacle[J]. *Tellus*, **13**: 239-251.

Drazin P G, Johnson R S, 1986. Solitons: an introduction[M]. Cambridge: Cambridge University Press.

Duan A M, Wang M R, Lei Y H, et al, 2012. Trends in summer rainfall over China associated with theTibetan Plateau sensible heat source during 1980—2008[J]. *J. Climate*, **26**: 261-275.

Duan Anmin, Liu Yimin, Wu Guoxiong, 2005. Heating status of the Tibetan Plateau from April to June and rainfall and atmospheric circulation anomaly over East Asia in midsummer[J]. *Science in China* (Series D), **48**: 250-257.

Dunkerton T J, Montgomery M T, Wang Z, 2009. Tropical cyclogenesis in a tropical wave critical layer: easterly. waves. Atmos[J]. *Chem. Phys.*, **9**(15): 5587-5646.

Eliassen A, PalmE, 1961. On the transfer on energy in stationary mountain-waves [J]. *Geofys. Publ.*, **22**: 1-23.

Fan Yuyue, Li Guoping, Lu Huiguo, 2015. Impacts of abnormal heating of Tibetan Plateau on Rossby wave activity and hazards related to snow and ice in South China[J]. *Adv. Meteor.*, Article ID 87847, 19 pages, DOI: 10.1155/2015/878473.

Feng X, Liu C, Fan G, et al, 2016. Climatology and structures of southwest vortices in NCEP Climate Forecast System Reanalysis[J]. *Journal of Climate*, **29**(21), 7675-7701.

Feng X, Liu C, Rasmussen R, et al, 2014. A 10-yr Climatology of Tibetan Plateau Vortices with NCEP Climate Forecast System Reanalysis[J]. *J. Appl. Meteor. & Climato.*, **53**(1): 34-46, 67.

Flohn H, 1968. Contributions to a meteorology of the Tibetan Highlands[J]. *J. Atmos. Sci.* Paper, No. 130, Colorado State Univ. Fort Collins.

Fu S M, Mai Z, Sun J H, et al, 2019. Impacts of convective activity over the Tibetan Plateau on plateau vortex, southwest vortex, and downstream precipitation[J]. *J. Atmos. Sci.*. doi: 10.1175/JAS-D-18-0331.1.

Fu S M, Sun J H, Luo Y L, et al, 2017. Formation of long-lived summertime mesoscale vortices over central east China: Semi-idealized simulations based on a 14-year vortex statistic[J]. *J. Atmos. Sci.*, **74**: 3955-3979.

Fu S M, Li W, Sun J, et al, 2015. Universal evolution mechanisms and energy conversion characteristics of long-lived mesoscale vortices over the Sichuan Basin[J]. *Atmos. Sci. Lett.*, **16**: 127-134.

Fu Yunfei, Ma Yaoming, Zhong Lei, et al, 2020. Land-surface processes and summer-cloud-precipitation characteristics in the Tibetan Plateau and their effects on downstream weather: a review and perspective[J]. *National Science Review*, **7**(3):500-515.

Fujinami H, Yasunari T, 2009. The effects of midlatitude waves over and around the Tibetan Plateau on submonthly variability of the East Asian summer monsoon[J]. *Mon. Wea. Rev.*, **137**(7): 2286-2304.

Gao Rong, Wei Zhigang, Dong Wenjie, et al, 2005. Impact of the anomalous thawing in the Tibetan Plateau on summer precipitation in China and its mechanism[J]. *Adv. Atmos. Sci.*, **22**:238-245.

Gao Shouting, 2000. The instability of the vortex sheet along the shear line[J]. *Adv. Atmos. Sci.*, **17**:525-537.

Gao Shouting, Fan Ping, 2005. An experiment study of lee vortex with large topography forcing[J]. *Chinese Science Bulletin*, **50**:248-255.

Gao Shouting, Wang Xingrong, Zhou Yushu, 2004. Generation of generalized moist potential vorticity in a frictionless and moist adiabatic flow[J]. *Geophysical Research Letters*, **31**(12), L12113.

Gao Shouting, Yang Shuai, Xue Ming, et al, 2008. Total deformationand its role in heavy precipitation events associated with deformation-dominant flow patterns[J]. *Adv. Atmos. Sci.*, **25**(1): 11-23.

Gray S L, Craig G C, 1998. A simple model for the intensification of tropical cyclones and polar lows [J]. *Q. J. R. Meteor. Soc.*, **124**:919-947.

Hahn D G, Manabe S, 1975. The role of mountains in the South Asian monsoon circulation[J]. *J. Atmos. Sci.*, **32**(8):1515-1541.

He H, McGinnis J W, Song Z, et al, 1987. Onset of the Asian summer monsoon in 1979 and the effects of Tibetan Plateau[J]. *Mon. Wea. Rev.*, **115**:1966-1995.

He Yu, Li Guoping, 2015. The effects of the plateau's topographic gradient on Rossby waves and its numerical simulation[J]. *J Trop Meteoro*, **21**(4):337-351.

Hong S Y, Lim J O J, 2006. The WRF single-moment 6-class microphysics scheme(WSM6)[J]. *J. Korean Meteor. Soc.*, **42**:129-151.

Hoskins B J, Karoly D J, 1981. The steady linear response of a spherical atmosphere to thermal and orographic forcing[J]. *J. Atmos. Sci.*, **38**:1179-1196.

Huang Ronghui, Gambo K, 1982. The response of a hemispheric multi-level model atmosphere to forcing by topography and stationary heat sources[J]. *J. Meteor. Soc. Japan*, **60**:78-108.

Jian Maoqiu, Qiao Yunting, Yuan Zhuojian, et al, 2006. The impact of atmospheric heat sources over the eastern Tibetan Plateau and the tropical western Pacific on the summer rainfall over the Yangtze-River Basin[J]. *Adv. Atmos. Sci.*, **23**:149-155.

Jiang Lujun, Li Guoping, 2015. Analysis of heavy precipitation caused by the vortices in the lee of the Tibetan Plateau from TRMM(the Tropical Rainfall Measuring Mission) observations[J]. Proceedings of SPIE(The International Society for Optics and Photonics), Vol. 9640, Remote Sensing of Clouds and the Atmosphere XX, 96400H1-96400H12, DOI:10.1117/12.2191821.

Jin Liya, Wang Huijun, Chen Fahu, et al, 2006. A possible impact of cooling over the Tibetan Plateau on the mid-Holocene East Asian monsoon climate[J]. *Adv. Atmos. Sci.* ,**23**:543-550.

Krishnamurti T N,Gadgil S,1985. On the structure of the 30 to 50 day mode over the globe during FGGE[J] ,*Tellus*,**37**A:336-360.

Kuo H L,Qian Y F,1981. Influence of the Tibetan Plateau on cumulative and diurnal changes of weather and climate in summer[J]. *Mon. Wea. Rew.* ,**109**:2337-2356.

Kuo Y H,Cheng L S,Anthes R A,1986. Mesescale analysis of Sichuan flood catastrophe,11-15 July,1981[J]. *Mon. Wea. Rev.* ,**114**:1984-2003.

Kuo Y H,Cheng L,Bao J W,1988. Numerical simulation of the 1981 Sichuan flood,Part I:Evolution of a mesoscale southwest vortex[J]. *Mon. Wea. Rev.* ,**116**:2481-2504.

Leith C E, 1971. Atmospheric predictability and two-dimensional turbulence[J]. *J. Atmos. Sci.* , **28**:145-161.

Li Guoping,Deng Jia,2013. Atmospheric water monitoring by using ground-based GPS during heavy rains produced by TPV and SWV[J]. *Adv. Meteor.* , Article ID 793957, 12 pages, DOI: 10.1155/2013/793957.

Li Guoping,Duan Tingyang,Gong Yuanfa,2000. The bulk transfer coefficients and surface fluxes on the western Tibetan Plateau[J]. *Chinese Science Bulletin*,**45**(13):1221-1226.

Li Guoping,Duan Tingyang,Gong Yuanfa,et al,2003. A composite study of the surface fluxes on the Tibetan Plateau[J]. *Acta Meteor Sini*,**17**(2):218-229.

Li Guoping,Duan Tingyang,Shigenori Haginoya,et al,2001. Estimates of the bulk coefficients and surface fluxes over the Tibetan Plateau using AWS data[J]. *J. Meteoro. Soc. Japan*, **79** (2): 625-635.

Li Guoping,Duan Tingyang,Wan Jun,et al,1996. Determination of the drag coefficient over the Tibetan Plateau[J]. *Adv. Atmos. Sci.* ,**13**(4):511-518.

Li Guoping,Fu Congbin,Ye Duzheng,1991. A study on the influence of large-scale persistent rainfall anomalies on land surface processes[J]. *Chinese Journal of Atmospheric Sciences*,**15**(1): 62-71.

Li Guoping,Lu Jinghua,1996. Some possible solutions of nonlinear internal inertial gravity wave equations in the atmosphere[J]. *Adv. Atmos. Sci.* ,**13**(2):244-252.

Li Guoping,Lu Jinghua,Jin Bingling,et al,2001. The effects of anomalous snow cover of the Tibetan Plateau on the surface heating[J]. *Adv. Atmos. Sci.* ,**18**(6):1206-1214.

Li Guoping,Zhao Fuhu,2017. Analysis of the mechanism underlying Tibetan Plateau vortex frequency differences between strong and weak MJO periods[J]. *J. Meteoro. Res.* ,**31**(3):530-539.

Li Jun,Du Jun,Zhang Da-Lin,et al,2014. Ensemble-based analysis and sensitivity of mesoscale forecasts of a vortex over southwest China[J]. *Quart. J. Roy. Meteor. Soc.* ,**140**:766-782.

Li L,Zhang R H,Wen M,2019. Large-scale backgrounds and crucial factors modulating the eastward moving speed of vortices moving off the Tibetan Plateau[J]. *Climate Dynamics*. **53**: 1711-1722.

Li L,Zhang R H,Wen M,et al,2019a. Development and eastward movement mechanisms of the Tibetan Plateau vortices moving off the Tibetan Plateau[J]. *Climate Dynamics*, **52**:4849-4859.

Li L, Zhang R H, Wen M, et al, 2019b. Characteristics of the Tibetan Plateau vortices and the related large-scale circulations causing different precipitation intensity[J]. *Theor. Appl. Climatol.*, **138**:849-860.

Li L, Zhang R, Wen M, 2011. Diagnostic analysis of the evolution mechanism for a vortex over the Tibetan Plateau in June 2008[J]. *Adv. Atmos. Sci.*, **28**:797-808.

Li L, Zhang R, Wen M, 2014a. Diurnal variation in the occurrence frequency of the Tibetan Plateau vortices[J]. *Meteor. Atmos. Phys.*, **125**:135-144.

Li L, Zhang R, Wen M, et al, 2014b. Effect of the atmospheric heat source on the development and eastward movement of the Tibetan Plateau vortices[J]. *Tellus* A, **66**:24451, doi:10.3402/tellusa.v66.24451.

Li L, Zhang R, Wen M, 2017. Genesis of Southwest Vortices and its relation to Tibetan Plateau Vortices[J]. *Quart J Roy Meteoro Soci*, DOI:10.1002/qj.3106.

Li L, Zhang R H, Wen M, 2018a. Modulation of the atmospheric quasi-biweekly oscillation on the diurnal variation of the occurrence frequency of the Tibetan Plateau vortices[J]. *Climate Dynamics*, **50**(11-12):4507-4518.

Li L, Zhang R H, Wen M, 2018b. Diurnal variation in the intensity of nascent Tibetan Plateau vortices[J]. *Quart. J. Roy. Meteor. Soc.* **144**:2524-2536.

Li Liming, Huang Feng, Chi Dongyan, et al, 2002. Thermal effects of the Tibetan Plateau on Rossby waves from the diabatic quasi-geostrophic equations of motion[J]. *Adv. Atmos. Sci.*, **19**:901-913.

Li Y, Gao W, 2007. Atmospheric boundary layer circulation on the eastern edge of the Tibetan Plateau, China, in summer[J]. *Arctic, Antarctic, and Alpine Research*, **39**(4):708-713.

Li Yaodong, Wang Yun, Song Yang, et al, 2008. Characteristics of summer convective systems initiated over the Tibetan Plateau. Part I: Origin, track, development, and precipitation [J]. *J. Appli. Meteoro. & Climato.*, **47**(10):2679-2695.

Lin Benda, 1982. The behavior of winter stationary wave forced by topography and diabatic heating [J]. *J. Atmos. Sci.*, **39**:1206-1226.

Lin Z, Guo W, Jia L, et al, 2020. Climatology of Tibetan Plateau vortices derived from multiple reanalysis datasets[J]. *Clim. Dyn.* https://doi.org/10.1007/s00382-020-05380-6.

Lin Zhiqiang, 2015. Analysis of Tibetan Plateau vortex activities using ERA-Interim data for the period 1979—2013[J]. *J Meteoro Res*, **29**:720-734.

Lindzen R S, 1968. A theory of the quasi-biennial oscillation[J]. *J. Atmos. Sci.*, **25**:1095-1107.

Liu Huaqiang, Sun Zhaobo, Wang Ju, et al, 2004. A modeling study of the effects of anomalous snow cover the Tibetan Plateau upon the South Asian summer monsoon[J]. *Adv. Atmos. Sci.*, **21**:964-975.

Liu Liping, Feng Jinming, Chu Rongzhong, et al, 2002. The diurnal variation of precipitation in monsoon season in the Tibetan Plateau[J]. *Adv. Atmos. Sci.*, **19**:365-378.

Liu Xiaoran, Li Guoping. 2007. Analytical solutions for the thermal forcing vortices in the boundary layer and its applications[J]. *Applied Mathematics and Mechanics*, **28**(4): 429-439.

Liu Xin, Wu Guoxiong, Li Weiping, et al, 2001. Thermal adaptation of the large-scale circulation to the summer heating over the Tibetan Plateau[J]. *Progress in Natural Science*, **11**: 207-214.

Liu Zhiyuan, Roebbe P J, 2008. Vortex-driven sensitivity in deformation flow[J]. *J. Atmos. Scie.*, **65**(12): 3819-3839.

Lorenz E N, 1963. Deterministic nonperiodic flow[J]. *J. Atmos. Sci.*, **20**(2): 130-141.

Luo H, Yanai M, 1984. The large-scale circulation and heat source over the Tibetan Plateau and surrounding areas during the early summer of 1979, part Ⅱ: heat and moisture budgets[J]. *Mon. Wea. Rev.*, **112**: 966-989.

Luo Zhexian, Liu Chongjian, 2007. An investigation into axisymmetrization of a vortex embedded in horizontal shearing currents[J]. *J Geophysi Res*, **112**(D6): 151-156.

Madden R A, Julian P R, 1971. Detection of a 40-50 day oscillation in the zonal wind in the tropical Pacific[J]. *J. Atmos. Sci.*, **28**: 702-708.

Mai Z, Fu S M, Sun J H, et al, 2020. Key statistical characteristics of the mesoscale convective systems generated over the Tibetan Plateau and their relationship to precipitation and southwest vortices[J]. *International J. Climatol.*, DOI: 10. 1002/joc. 6735.

Manabe S, Hahn D G, 1981. Simulation of atmospheric variability[J]. *Mon. Wea. Rev.*, **109**: 2260-2286.

Manabe S, Terpstra T B, 1974. The effects of mountains on the general circulation of the atmosphere as identified by numerical experiments[J]. *J. Atmos. Sci.*, **31**(1): 3-42.

Matsuno T, 1970. Vertical propagation of stationary planetary waves in the winter Northern Hemisphere[J]. *J. Atmos. Sci.*, **27**: 871-883.

Mesinger F, 1979. Dependence of vorticity analogue and the Rossby wave phase speed on the choice of horizontal grid[J]. *Bull. Acad. Serbe Sci. Arts Cl. Sci. Math. Natur.* **10**: 5-15.

Mintz Y, 1965. Very long-term global integration o! the primitive equations of atmospheric motion [J]. *WMO Tech. Note*, (66): 141-167.

Montgomery M T, Kallenbach R J, 1997. A theory for vortex Rossby waves and its application to spiral bands and intensity changes in hurricanes[J]. *Quart. J. Roy. Meteor. Soc.*, **123**: 435-465.

Nakamura H, T Doutain, 1985. A numerical study on the coastal Kelvin wave features about the cold surges around the Tibetan Plateau[J]. *J. Meteor. Soc. Japan*, **63**: 547-563.

Ni Chengcheng, Li Guoping, Xiong Xiaozhen, 2017. Analysis of a vortex precipitation event over Southwest China Using AIRS and in situ measurements[J]. *Adv. Atmos. Sci.*, **34**(4): 559-570.

Nicholls M E, Piecke R A, Cotton W R, 1991. Thermally forced gravity waves in an atmosphere at rest[J]. *J. Atmos. Sci.*, **48**(16): 1869-1884.

Nitta T, 1983. Observational study of heat source over the Eastern Tibetan plateau during summer monsoon[J]. *J. Meteor. Soc. Japan*, **61**: 590-605.

Niu Tao, Chen Longxun, Zhou Zijiang, 2004. The characteristics of climate change over the Tibetan Plateau the last 40 years and the detection of climatic jumps[J]. *Adv. Atmos. Sci.*, **21**: 193-203.

Panchev S,1985. Dynamic meteorology(English edition)[M]. Dordrecht:D. Reidel Publishing Company.

Paulson C A,1970. The Mathematical representation of wind speed and temperature profiles in the unstable atmospheric surfacelayer[J]. *J. Appl. Meteor.* ,**9**:857-861.

Qian Yongfu,Zhang Yan,Huang Yanyan,et al,2004. The effects of the thermal anomalies over the Tibetan Plateau and its vicinities on climate variability in China[J]. *Adv. Atmos. Sci.* , **21**: 369-381.

Redekopp L G,1977. On the theory of solitary Rossby-waves[J]. *J. Fluid Mech.* ,**82**:725-745.

Reiter E R,Gao D,1982. Heating of the Tibet Plateau and movements of the South Asia high during spring[J]. *Mon. Wea. Rev.* ,**110**:694-1711.

Reiter E R,Tang M,1984. Plateau effects on diurnal circulation patterns[J]. *Mon. Wea. Rev.* ,**112**: 638-651.

Shen R J,Reiter E R,Bresch J F,1986a. Numerical simulation of the development of vortices over the Qinghai-Xizang Plateau[J]. *Meteor. Atmos. Phys.* ,**35**:70-95.

Shen R J,Reiter E R,Bresch J F,1986b. Some aspects of the effects of sensible heating on the development of summer weather system over the Qinghai-Xizang Plateau[J]. *J. Atmos. Sci.* ,**43**:2241-2260.

Shen Xinyong,Ding Yihui,Zhao Nan,2006. Properties and stability of a meso-scale line-form disturbance[J]. *Adv. Atmos. Sci.* ,**23**(2):282-290.

Shou Yixuan,Lu Feng,Hui Liu,et al,2019. Satellite-based Observational study of the low systems over the Tibetan Plateau and surrounding areas: Features of deep convective clouds top[J]. *Adv. Atmos. Sci.* ,**36**(2):73-90.

Smith R B,1979. The influence of mountains on the atmosphere[J]. *Adv. In Geophys.* ,**21**:87-230.

Smith R B, 1980. Linear theory of hydrost atic flow over an isolated mountain[J]. *Tellus*, 32: 348-364.

Smith R B,1988. Linear theory of hydrost atic flow over an isolated mountain in isosteric coordinates[J]. *Atmos. J. Sci.* ,**45**:3889-3896.

Smolarkiewicz P K,Rotunno R,1989. Low Froude number flow past three- dimensional obstacles Part1:Baroclinically generated lee vortices[J]. *Atmos. J . Sci.* ,**46**:1154-1164.

Smolarkiewicz P K,Rotunno R,1990. Low Froude number flow past three dimensional obstacles Part2:Up wind flow reversal zone[J]. *Atmos. J. Sci.* ,**47**:1489-1511.

Smolarkiewicz P K,Rotunno R,1991. Further results on lee varties in low Froude-number flow[J] . *Atmos. J. Sci.* ,**48**:2204-2211.

Sugimoto S,Ueno K,2010. Formation of mesoscale convective systems over the eastern Tibetan Plateau affected by plateau-scale heating contrasts[J]. *J Geophys Rese Atmos*,**115**. 10.1029/2009JD013609.

Sumi A, Toyota T, 1988. Observational study on air flow around the Tibetan Plateau[J]. *J. Meteor. Soc. Japan*,**66**:113-124.

Takaya K,Nakamura H,1997. A formulation of a wave-activity flux of stationary Rossby waves on a zonally varying basic flow[J]. *Geophysical Research Letters*,**24**:2985-2988.

Takaya K,Nakamura H,2001. A formulation of a phase-independent wave-activity flux of stationary and migratory quasi-geostrophic eddies on a zonally varying basic flow[J]. *J. Atmos. Sci.* [J]. **58**: 608-627.

Tory K J,Dare R A,Davidson N E,et al,2013. The importance of low-deformation vorticity in tropical cyclone. formation [J]. *Atmos. Chem. Phys.* ,**12**(7):17539-17581.

Wang Bin, 1987. The development mechanism for Tibetan Plateau warm vortices[J]. *J. Atmos. Sci.* ,**44**:2978-2994.

Wang Bin,Oranski I,1987. Study of a heavy rain vortex formed over the eastern flank of the Tibetan Plateau[J]. *Mon. Wea. Rev.* ,**115**:1370-1393.

Wang Q W,Tan Z M,2014. Multi-scale topographic control of southwest vortex formation in Tibetan Plateau region in an idealized simulation[J]. *J. Geophys. Res. Atmos.* ,**119**:11543-11561.

Wang,Z Q,Duan A M,Wu G X,2013. Time-lagged impact of spring sensible heat over the Tibetan Plateau on the summer rainfall anomaly in East China:case studies using the WRF model[J]. *Climate Dynamics*,DOI:10. 1007/s00382-013-1800-2.

Wheeler M C,Hendon H H,2004. An all-season real-timemultivariate MJO index:Development of an index for monitoring and prediction[J]. *Mon. Wea. Rev.* ,**132**:1917-1932.

Wu Di,Zhang Feimin,Wang Chenghai,2018. Impacts of diabatic heating on the genesis and development of an inner Tibetan Plateau vortex[J]. *J Geophysi Res Atmos*,**123**(20):11691-11704.

Wu G X, 1984. The nonlinear response of the atmosphere to large-scale mechanical and thermal forcing [J]. *J. Atmos. Sci.* ,**41** (16):2456-2476.

Wu G X,2006. The influence of mechanical and thermal forcing by the Tibetan Plateau on Asian climate[J]. *J Hydrometeorology-Special Section*,**8**:770-789.

Wu G X,Chen S J,1985. The effect of mechanical forcing on the formation of a mesoscale vortex[J]. *Quart. J. Roy. Meteor. Soc.* ,**111**:1049-1070.

Wu G X,Liu Y,Zhang Q,et al,2007. The influence of mechanical and thermal forcing by the Tibetan Plateau on Asian climate[J]. *J. Hydrometeor.* ,**8**(4):770-789.

Wu Guoxiong,1984. The nonlinear response of large scale mechanical and thermal forcing[J]. *J. atmos. Sci.* ,**41**:2456-2470.

Wu Guoxiong,Zhang Yongsheng,1998. Tibetan Plateau forcing and the monsoon onset over South Asia and the South China Sea[J]. *Mon. Wea. Rev.* ,**126**:913-927.

Wurtele M G, Sharman R D, 1996. A Data, atmospheric lee waves [J]. *J. Annual. Rev. Fluid Mech.* ,**28**:429-476.

Xiang S,Li Y,Li D,et al,2013. An analysis of heavy precipitation caused by a retracing plateau vortex based on trmm data[J]. *Meteorology and Atmospheric Physics*,**122**(1-2):33-45.

Xu X D,Lu C G,Shi X H,et al,2010. Large-scale topography of China:a factor for the seasonal progression of the Meiyu rainband[J]. *J. Geophys. Res.* ,**115**,10. 1029/2009JD012444.

Xu X D,Zhang R H,Koike T,et al,2008. A new integrated observational system over the Tibetan

Plateau[J]. *Bull. Amer. Meteor. Soc.* ,**89**(10):1492-1496.

Xu X,Zhao T,Liu F,et al,2016. Climate modulation of the Tibetan Plateau on haze in China[J]. *Atmos. Chem. Phys.* ,**16**(3):1365-1375.

Xu Xiangde,Zhou Mingyu,Chen Jiayi,et al,2002. A comprehensive physical pattern of land-air dynamic and thermal structure on the Qinghai-Xizang Plateau[J]. *Science in China* (Series D),**45**:577-594.

Yanai M, Esbensen S, Chu J H, 1973. Determination of bulk properties oftropical cloud clusters from large-scale heat and moisture budgets[J]. *J. Atmos. Sci.* ,**30**(4):611-627.

Yanai M,Li C,1994. Mechanism of heating and the boundary layer over the Tibetan Plateau[J]. *Mon. Wea. Rev.* ,**122**:305-323.

Yanai M,Li C,Song Z,1992. Seasonal heating of the Tibetan Plateau and effects evolution of the Asian summer monsoon[J]. *J. Metor. Soc. Japan*,**70**:189-221.

Ye Duzheng,Wu Guoxiong,1998. The role of the heat source of the Tibetan Plateau in the general circulation[J]. *Meteor. Atmos. Phys.* ,**67**:181-198.

Yeh T C,1949. On energy dispersion in the atmosphere[J]. *J. Meteorol.* ,**6**(1):1-16.

Yu Shuhua,Gao Wenliang,Peng Jun,et al,2014. Observational facts of sustained departure plateau vortexes[J]. *J. Meteor. Res.* ,**28**(2):296-307.

Yu Shuhua,Gao Wenliang,Xiao Dixiang,et al,2016. Observational facts regarding the joint activities of the Southwest Vortex and Plateau Vortex after its departure from the Tibetan Plateau[J]. *Adv. Atmos. Sci.* ,**33**(1):34-46.

Zhang F M,Wang C H,Pu Z X,2019. Genesis of Tibetan Plateau vortex:roles of surface diabatic and atmospheric condensational latent heating[J]. *J. Appl. Meteor. Climatol.* ,**58**:2633-2651.

Zhang Fangli,Li Guoping,Yue Jun,2019. The moisture sources and transport processes for a sudden rainstorm associated with double low-level jets in the northeast Sichuan Basin of China[J]. *Atmosphere*,**10**(3),DOI:10.3390/atmos10030160.

Zhang Guangzhi,Xu Xiangde,Wang Jizhi,2003. A dynamic study of Ekman characteristics by using 1998 SCSMEX and TIPEX boundary layer data[J]. *Adv. Atmos. Sci.* ,**20**:349-356.

Zhang Pengfei,Li Guoping,Fu Xiouhua,et al,2014. Clustering of Tibetan Plateau vortices by 10～30-day intraseasonal oscillation[J]. *Monthly Weather Review*,**142**(1):290-300.

Zhang X,Yao X P,Ma J L,et al,2016. Climatology of transverse shear lines related to heavy rainfall over the Tibetan Plateau during boreal summer[J]. *J. Meteor. Res.* ,**30**(6):915-926.

Zhang,Y C,Sun,J H,Fu SM,2014. Impacts of diurnal variation of mountain-plain solenoid circulations on precipitation and vortices east of the Tibetan Plateau during the Mei-yu season[J]. *Adv. Atmos. Sci.* ,**31**:139-153.

Zhao Fuhu,Li Guoping,Huang Chuhui,et al,2016. The modulation of Madden-Julian oscillation on Tibetan Plateau vortex[J]. *J. Trop. Meteor.* ,**22**(1):30-41.

Zhao P,Xu X D,Chen F,et al,2018. The third atmospheric scientific experiment for understanding the earth-atmosphere coupled system over the Tibetan Plateau and its effects[J]. *Bull. Amer.*

Meteor. Soc.,**99**(4):757-776.

Zhao P, Zhou X J, Chen J M, et al, 2019. Global climate effects of summer Tibetan Plateau. *Sci. Bull.*,**60**(1):5-7.

Zhao P,Zhou Z J,Liu J P,2007. Variability of Tibetan spring snow and its associations with the hemispheric extratropical circulation and East Asian summer monsoon rainfall:An observational investigation[J]. *J. Climate*,**20**(15):3942-3955.

Zhao Ping,Chen Longxun,2000. The calculation of solar albedo and radiation balance and the analysis of their climate characteristics over the Qinghai-Tibetan Plateau[J]. *Adv. Atmos. Sci.*,**17**:140-156.

Zhao Ping, Chen Longxun, 2001a. Role of atmospheric heat source/sink over the Qinghai-Xizang Plateau in quasi-4-year oscillation of atmosphere-land-ocean interaction[J]. *Chinese Science Bulletin*,**46**:241-345.

Zhao Ping,Chen Longxun,2001b. Climatic features of atmospheric heat source/sink over the Qinghai-Xizang Plateau in 35 years and its relation to rainfall in China[J]. *Science in China* (Series D),**44**:858-864.

Zhao Ping, Chen Longxun, 2001. Interannual variability of atmospheric heat source/sink over the Qinghai-Xizang (Tibetan) Plateau and its relation to circulation [J]. *Adv. Atmos. Sci.*, **18**:106-116.

Zheng C L,Liou K N,1986. Dynamics and thermodynamic influences of the Tibetan Plateau on the atmosphere in a general circulation model[J]. *J. Atmos. Sci.*,**43**:1340-1354.

Zhong R,Zhong L H, Hua L J,et al,2014. A climatology of the southwest vortex during 1979—2008[J]. *Atmos. Oceanic Sci. Lett.*,**7**(6):577-583.

Zhou Kuo,Liu Haiwen,Zhao Liang,et al,2017. Binary mesovortex structure associated with southwest vortex[J]. *Atmos. Sci. Let.*,**18**:246-252.

Zhou Yushu,Deng Guo,Gao Shouting,et al,2002. The wave train characteristics of teleconnection caused by the thermal anomaly of the underlying surface of the Tibetan Plateau,Part Ⅰ:data analysis[J]. *Adv. Atmos. Sci.*,**19**:583-593.

Zhu Guofu,Chen Shoujun,2003. A numerical case study on a mesoscale convective system over the Qinghai-Xizang(Tibetan)Plateau[J]. *Adv. Atmos. Sci.*,**20**:385-397.

Zhu Guofu,Chen Shoujun,2003. Analysis and comparison of mesoscale convective systems over the Qinghai-Xizang (Tibetan) Plateau[J]. *Adv. Atmos. Sci.*,**20**:311-322.

Zhu Wenqin,Chen Longxun,Zhou Zijiang,et al,2001. Several characteristics of contemporary climate change in the Tibetan Plateau[J]. *Science in China* (Series D),**44**:410-420.

Zuo Hongchao,Hu Yinqiao,Li Doliang,et al,2005. Seasonal transition and its boundary layer characteristics in Anduo area of Tibetan Plateau[J]. *Progress in Natural Science*,**15**:239-245.